EUROPA LEHRMITTEL

EUROPA-FACHBUCHREIHE
für Farbtechnik und Raumgestaltung

Tabellenbuch Farbtechnik

Maler und Lackierer

Werkstoffe – Arbeitstechniken – Gestaltung

1. Auflage

VERLAG EUROPA-LEHRMITTEL · Nourney, Vollmer GmbH & Co. KG
Düsselberger Straße 23 · 42781 Haan-Gruiten

Europa-Nr.: 44280

Autoren des Tabellenbuchs Farbtechnik „Maler und Lackierer“

Helmut Sirtl	Studiendirektor	Reutlingen
Thomas Seeger	Studienrat	Darmstadt
Andreas Fritzsch	Oberstudienrat	Reutlingen

Lektorat und Leitung des Arbeitskreises

Helmut Sirtl

Bildbearbeitung

Zeichenbüro des Verlags Europa-Lehrmittel, Ostfildern

Bildentwürfe: Die Autoren

Fotos: Leihgaben der Firmen (Verzeichnis Seite 406 – 407)

Die Verwendung nur eines grammatikalischen Geschlechts bei Berufs- und Gruppenbezeichnungen wurde im Hinblick auf den Lesefluss gewählt. Sie stellt keine Meinungsäußerung zur Geschlechterrolle dar.

1. Auflage 2024

Druck 5 4 3 2 1

Alle Drucke derselben Auflage sind parallel einsetzbar, da sie bis auf die Korrektur von Druckfehlern identisch sind.

ISBN 978-3-8085-4428-0

Umschlag: Mediacreativ, Hr. Kuhl, 40724 Hilden

Umschlagfotos: © New Africa - stock.adobe.com; © VRVIRUS - stock.adobe.com

Satz: Grafische Produktionen Jürgen Neumann, 97222 Rimpar

Druck: mediaprint solutions GmbH, 33100 Paderborn

Dieses Tabellenbuch Farbtechnik ergänzt die Fachbuchreihe für Farbtechnik. Das Buch kann sowohl eigenständig, als auch in Verbindung mit anderen Lehrwerken in der Aus- und Weiterbildung sowie in der beruflichen Praxis als schnelles Nachschlagewerk verwendet werden. Es deckt inhaltlich die aktuelle Ausbildungsordnung sowie den aktuellen Rahmenlehrplan zum Ausbildungsberuf Maler und Lackierer und Malerin und Lackiererin ab.

Durch übersichtliche Konzeption und klare Gliederung der Kapitel und Abschnitte ist ein schneller Zugriff zu den Inhalten möglich, ebenso über das umfangreiche Sachwortverzeichnis.

Die Autoren verstehen sich nicht nur als Übermittler der Inhalte von Normen und Vorschriften, sondern als Vermittler handwerklicher Erfahrungen unter Einbindung der Normen und Vorschriften in die Erlebniswelt des Malers und Lackierers. Ergänzende Texte zur Erklärung der Tabellen und Formeln in der Sprache der Lernenden erklären und erleichtern das Verstehen von Zusammenhängen. Durch begleitende Bilder und Grafiken unterstützt dieses Buch den Gedanken der Inklusion, indem es die unterschiedlichen Lernfähigkeiten von Schülern und Schülerinnen berücksichtigt.

Das Tabellenbuch ist nach folgenden Schwerpunkten gegliedert:

Kap. 1 Berufsfeld und Sicherheit
Kap. 2 Beschichtungsstoffe
Kap. 3 Untergründe und ihre Beschichtung
Kap. 4 Verfahrenstechniken
Kap. 5 Besondere Arbeitsbereiche
Kap. 6 Fachmathematik
Kap. 7 Gestaltung
Kap. 8 Naturwissenschaftliche Grundlagen

Die detaillierte Gliederung zeigt das Inhaltsverzeichnis. Zu jedem Kapitel liegt diese nochmals auf dessen erster Zugriffsseite vor.

Normen und Regelwerke im Buch befinden sich auf dem aktuellen Stand. Verbindlich sind jedoch nur die neuesten Ausgaben der Herausgeber.

Frühjahr 2024 Autoren und Verlag

1 Berufsfeld und Sicherheit 9 – 46
2 Beschichtungsstoffe 47 – 92
3 Untergründe und ihre Beschichtung 93 – 158
4 Verfahrenstechniken 159 – 188
5 Besondere Arbeitsbereiche 189 – 260
6 Fachmathematik 261 – 310
7 Gestaltung 311 – 374
8 Naturwissenschaftliche Grundlagen 375 – 396

1 Berufsfeld und Sicherheit 9

1.1 Arbeitsfeld des Malers und Lackierers 10
1.1.1 Bedeutung des Malerberufs 10
1.1.2 Rechtliche Grundlagen 11
1.1.3 Arbeitsplatz 12

1.2 Arbeits- und Umweltschutz 14
1.2.1 Umweltschutz 14
1.2.2 Wasserreinhaltung 15
1.2.3 Umweltschutz bei Lackierarbeiten 15
1.2.4 Umgang mit Abfällen im Betrieb 16
1.2.5 Gefahren bei Malerarbeiten 17
1.2.6 Arbeitsschutz 17
1.2.7 Gefährdungsbeurteilung 19
1.2.8 Umgang mit gefährlichen Stoffen 20
1.2.9 Sicherheitskennzeichnung von Gefahrstoffen 22
1.2.10 Sicherheitsmaßnahmen im Betrieb 25
1.2.11 Sicherheitskennzeichen 27
1.2.12 Arbeiten auf Leitern und Gerüsten 29
1.2.13 Umgang mit elektrischen Geräten und Anlagen 33
1.2.14 Persönliche Schutzausrüstung 35
1.2.15 Maßnahmen zur Unfallverhütung 40

1.3 Brandschutz 42
1.3.1 Brandschutz Grundlagen 42
1.3.2 Brandverhalten von Baustoffen 43
1.3.3 Brandschutzbeschichtung auf Holz und Metall 44
1.3.4 Brandschutz an Gebäuden mit WDV-Systemen 45
1.3.5 Brandschutz im Gebäudeinnern 45
1.3.6 Brandschutz in der Werkstatt 46

2 Beschichtungsstoffe 47

2.1 Bindemittel 48
2.1.1 Zusammensetzung von Beschichtungsstoffen 48
2.1.2 Herstellung eines Lackes 49
2.1.3 Einordnung von Beschichtungsstoffen 50
2.1.4 Die wichtigsten Bindemittel und Beschichtungsstoffe 52

2.2 Lösemittel 62
2.2.1 Aufgaben und Eigenschaften von Lösemitteln 62
2.2.2 Wasser als Lösemittel 62
2.2.3 Einteilung und Verwendung organischer Lösemittel 63
2.2.4 Herstellung von organischen Lösemitteln 63
2.2.5 Merkmale und Kenndaten der Lösemittel 64
2.2.6 Lösemittel, Nichtlöser und Verdünnungen 65
2.2.7 Gefahren und Schutz im Umgang mit Lösemitteln 66

2.3 Farbmittel und Additive 67
2.3.1 Farbmittel, Pigmente, Farbstoffe und Füllstoffe 67
2.3.2 Farbstoffe 68
2.3.3 Füllstoffe 68
2.3.4 Einteilung der Pigmente 69
2.3.5 Aufgaben und Eigenschaften der Pigmentierung 69
2.3.6 Herstellung von Pigmenten 71
2.3.7 Besondere Pigmente für Effektlacke 72
2.3.8 Additive 74

2.4 Beschichtungssystem 75
2.4.1 Schichten im Beschichtungssystem 75
2.4.2 Schichtdicke 76
2.4.3 Spachtelschichten im Beschichtungssystem 77
2.4.4 Trocknung von Beschichtungen 77
2.4.5 Piktogramme in Technischen Merkblättern 80

2.5 Qualitätsprüfung am Lack und Lackierergebnis 81
2.5.1 Möglichkeiten der Qualitätsprüfung 81
2.5.2 Prüfung der Haftung 82
2.5.3 Prüfung der Viskosität 83
2.5.4 Schichtdickenmessung 83
2.5.5 Prüfung des Deckvermögens 83
2.5.6 Prüfung der Belastbarkeit durch Witterungseinflüsse 84
2.5.7 Prüfung der mechanischen Beanspruchbarkeit 85
2.5.8 Prüfung der Chemikalienbeständigkeit 85

2.6 Besondere Lacke und industrielle Beschichtung 86
2.6.1 Zweikomponentenlacke 86
2.6.2 Spraydosen 87

2.6.3 Pulverbeschichtung 88
2.6.4 Coil Coating 90
2.6.5 Anlagenplanung 90
2.6.6 Industrielle Beschichtungsverfahren 91

3 Untergründe und ihre Beschichtung 93

3.1 Metall und Metallbeschichtung 94
3.1.1 Metall als Werkstoff 94
3.1.2 Eigenschaften der Metalle 96
3.1.3 Einflüsse auf die Qualität einer Korrosionsschutzbeschichtung 98
3.1.4 Untergrundprüfung 99
3.1.5 Rostgrade, Oberflächenvorbereitungsgrade 100
3.1.6 Entrostung, Untergrundvorbereitung 102
3.1.7 Beschichtungssysteme für Eisen/Stahl 103
3.1.8 Zink als Werkstoff und dessen Beschichtung 106
3.1.9 Aluminium als Werkstoff und dessen Beschichtung 107
3.1.10 Kupfer als Werkstoff und dessen Beschichtung 108

3.2 Holz und Holzbeschichtung 109
3.2.1 Holz als Werkstoff 109
3.2.2 Holzwerkstoffe 113
3.2.3 Holzschutz 115
3.2.4 Holzschädigung, Maßnahmen und Schutz 116
3.2.5 Beizen 118
3.2.6 Vorbereitung von Holzuntergründen zur Beschichtung 119
3.2.7 Beschichtungssysteme für Holzuntergründe 121
3.2.8 Beschichtung von Holzfenstern 123

3.3 Kunststoff und Kunststoffbeschichtung 124
3.3.1 Kunststoff als Werkstoff 124
3.3.2 Einteilung von Kunststoffen 125
3.3.3 Duromere Kunststoffe 126
3.3.4 Plastomere Kunststoffe 127
3.3.5 Kunststoff als Untergrund 128
3.3.6 Untergrundvorbereitung 129
3.3.7 Kunststoffbeschichtung am Bau 131

3.4 Mineralische Untergründe und ihre Beschichtung 132
3.4.1 Übersicht über mineralische Untergründe 132
3.4.2 Putz 134
3.4.3 Beton 138
3.4.4 Glas 140
3.4.5 Untergrundprüfung 141
3.4.6 Untergrundvorbereitung 143
3.4.7 Risse im Mauerwerk 144
3.4.8 Feuchte im Bau 145
3.4.9 Einflüsse auf die Wahl des Beschichtungssystems 148
3.4.10 Bearbeitung von Sichtmauerwerk 149
3.4.11 Putze und ihre Verarbeitung 150
3.4.12 Beschichtungsstoffe für mineralische Untergründe 152
3.4.13 Qualitätskriterien von Wandfarben [illegible]
3.4.14 Überstreichbarkeit von Altbeschichtungen 155
3.4.15 Betonschutz 156
3.4.16 Bearbeiten von Porenbeton 157
3.4.17 Asbestzement-Werkstoffe 158
3.4.18 Faserzementplatten und Betondachpfannen 158

4 Verfahrenstechniken 159

4.1 Arbeits- und Beschichtungsverfahren 160
4.1.1 Arbeits- und Beschichtungsverfahren als System 160
4.1.2 Neubeschichtung, Überholungsbeschichtung, Erneuerungsbeschichtung 160
4.1.3 Untergrundmängel und baustellenübliche Prüfungen 161
4.1.4 Abdecken, abkleben und schützen 162
4.1.5 Reinigungsarbeiten 164
4.1.6 Übersicht über die Entschichtungsverfahren 164
4.1.7 Schleifen 165
4.1.8 Hochdruckreinigung 171
4.1.9 Strahlreinigung 172
4.1.10 Thermische Entschichtung unter Einsatz von Hitze 174
4.1.11 Thermische Entschichtung unter Einsatz von Kälte 174

4.1.12 Chemisches Ablaugen und physikalisches Abbeizen 175
4.1.13 Entfernung von Graffiti 176
4.1.14 Spachteln und Verputzen 177
4.1.15 Pinsel und Bürsten 179
4.1.16 Rollen und Walzen 181
4.1.17 Spritzen 183

5 Besondere Arbeitsbereiche 189

5.1 Betoninstandsetzung 191
5.1.1 Grundlagen 191
5.1.2 Arbeitsschritte der Betoninstandsetzung 192
5.1.3 Aufmaß und Berechnung von Betoninstandsetzungsarbeiten 194

5.2 Fußboden 195
5.2.1 Maße und Aufbau 195
5.2.2 Nassestriche 195
5.2.3 Trockenestriche 196
5.2.4 Einteilung von Bodenbelägen 197
5.2.5 Kennzeichnung und Klassifizierung von Bodenbelägen 197
5.2.6 Prüfen und Vorbereiten von Untergründen vor der Belegung 199
5.2.7 Entfernen von Altbelägen 201
5.2.8 Verlegen von textilen Bodenbelägen 202
5.2.9 Verlegen von elastischen Bodenbelägen 204
5.2.10 Verlegen von Holz- und Laminatfußböden 206
5.2.11 Verlegen von Steinfußböden 207
5.2.12 Beschichtung von Fußböden 209

5.3 Fugentechnik 211
5.3.1 Grundlagen 211
5.3.2 Überstreichen von Fugendichtstoffen 212
5.3.3 Verfugen am Hochbau (z. B. Fugen zwischen Betonteilen) 213
5.3.4 Abdichtung von Fugen beim Fliesenlegen in Innenbereichen 214
5.3.5 Abdichtung an Fenstern und Türen 215

5.4 Wärmedämmung 216
5.4.1 Gesetzliche Grundlagen 216
5.4.2 Wärmetransport und Wärmespeicherung 217
5.4.3 Kennwerte des Wärmeschutzes 218
5.4.4 Einfluss der Feuchte auf die Wärmedämmung 219
5.4.5 Wasserdampfdiffusion und sd-Wert 220
5.4.6 Aufspüren von Wärmedämm-Mängeln 220
5.4.7 Wärmedämm-Materialien 221
5.4.8 Werkzeuge für Wärmedämm-Arbeiten 223
5.4.9 Wärmedämmkonstruktionen im Vergleich 224
5.4.10 Innendämmung von Außenwänden 224
5.4.11 Innendämmung im Dachausbau 226
5.4.12 Außendämmung 227
5.4.13 Wärmedämmverbundsysteme WDVS 227
5.4.14 Alternativen zur Dämmung mit WDV-Systemen 228
5.4.15 Schimmelbeseitigung in Wohnbereichen 229

5.5 Trockenbau 230
5.5.1 Gips und andere Werkstoffe des Trockenbaus 230
5.5.2 Trockenbauplatten 231
5.5.3 Wandkonstruktionen in Ständerbauweise 233
5.5.4 Profilleisten aus Metall für Ständerwandkonstruktionen 234
5.5.5 Vorbereitungsarbeiten für Wandkonstruktionen 235
5.5.6 Montageschritte einer Wand mit Metallprofilen und Doppelbeplankung 236
5.5.7 Unterkonstruktion von Vorwandinstallationen und abgehängten Decken 237
5.5.8 Holz im Trockenbau 237
5.5.9 Montage von Gipsplatten 238
5.5.10 Bekleiden von Wänden mit Gipsplatten 238
5.5.11 Gipswandbauplatten 239
5.5.12 Verspachtelung von Gipsplatten 239
5.5.13 Untergrundprüfung und Grundierung 241

5.6 Kleben von Folien 242
5.6.1 Aufbau und Eigenschaften einer Klebefolie 242
5.6.2 Grundausstattung zum Arbeiten mit Folien 243
5.6.3 Verfahren der Folienverklebung 244

5.6.4 Trocken- und Nassverklebung 245
5.6.5 Hinweise zum Verkleben von Folien 246

5.7 Tapezieren 247
5.7.1 Einteilung von Tapeten (DIN EN 235) 247
5.7.2 Untergrundprüfung und Untergrundvorbereitung 249
5.7.3 Ermittlung des Tapetenbedarfs 250
5.7.4 Tapetenkennzeichnung 250
5.7.5 Tapezierwerkzeuge 252
5.7.6 Verkleben von Tapeten 253

5.8 Fachwerk 256
5.8.1 Grundlagen des Fachwerkbaus 256
5.8.2 Sanierung von Fachwerkbauten 258
5.8.3 Beschichtung von Fachwerken 259
5.8.4 Farbgestaltung am Fachwerk 259
5.8.5 Aufmaß am Fachwerk 260

6 Fachmathematik 261

6.1 Grundlagen der Mathematik 262
6.1.1 Zahlen und Zahlensysteme 262
6.1.2 Umwandlung von Einheiten 263
6.1.3 Rechenzeichen 264
6.1.4 Grundrechenarten 264
6.1.5 Bruchrechnen 265
6.1.6 Rechenregeln 266
6.1.7 Gleichungen und Formeln 267
6.1.8 Potenzieren und Radizieren 268
6.1.9 Einfache Verhältnisse 268
6.1.10 Verhältnisrechnen mit dem Dreisatz 269
6.1.11 Prozentrechnen 271
6.1.12 Rabatt, Skonto, Umsatzsteuer 272
6.1.13 Zinsberechnung 273
6.1.14 Formeln Flächenberechnung 274
6.1.15 Formeln Körperberechnung 275

6.2 Aufmaßrechnen 276
6.2.1 Regeln und Vorschriften nach VOB 276
6.2.2 Das Aufmaß 276
6.2.3 Aufmaßregeln 277
6.2.4 Aufmaß besonderer Aufgaben 287

6.3 Materialberechnung, Lohnberechnung, Kalkulation 300
6.3.1 Berechnungen zu Beschichtungsstoffen 300
6.3.2 Tarifverträge und Lohnvereinbarungen 303
6.3.3 Zeitlohn 304
6.3.4 Leistungslohn, Akkordlohn 305
6.3.5 Lohn- und Gehaltsabrechnung 306
6.3.6 Preisberechnung 307
6.3.7 Stundenverrechnungssatz 307
6.3.8 Maschinenkosten 308

6.4 Umgang mit Diagrammen und Tabellen 309
6.4.1 Übersicht 309
6.4.2 Kurvendiagramm 309
6.4.3 Säulendiagramm 309
6.4.4 Kreisdiagramm 309
6.4.5 Organigramm 310
6.4.6 Tabellen 310

7 Gestaltung 311

7.1 Grundlagen der Gestaltung [illegible]
7.1.1 Grundlagen der Formenlehre 312
7.1.2 Grundlagen der Farbenlehre 314
7.1.3 Farbfächer und Farbregister 318
7.1.4 Farbkontraste 320
7.1.5 Harmonisierende Farben 322

7.2 Gestaltung von Räumen und Fassaden 323
7.2.1 Grundlagen der Raumgestaltung 323
7.2.2 Vom Farbton zum Wandton 325
7.2.3 Farbgebung in Innenräumen 325
7.2.4 Farbgebung an Fassaden in Außenräumen 328

7.3 Technisches Zeichnen 331
7.3.1 Entwurfszeichnungen 331
7.3.2 Planzeichnungen 332
7.3.3 Darstellung von Objekten in rechtwinkliger Parallelprojektion 334
7.3.4 Darstellung von Objekten in schräger Parallelprojektion 334
7.3.5 Raumdarstellung in Zentralperspektive 336
7.3.6 Raumkonstruktion in Übereckperspektive 339

7.4 Dekorative Techniken 340
7.4.1 Übersicht 340
7.4.2 Abklatschtechniken 341
7.4.3 Kombinationstechniken 341
7.4.4 Sondertechniken 342

7.4.5 Schleiftechniken 344
7.4.6 Imitationstechniken 344
7.4.7 Einlegetechniken 345
7.4.8 Effektlackierungen 347

7.5 Schrift 348
7.5.1 Schriftentwicklung bis heute 348
7.5.2 Schrift als Mittel der Kommunikation 350
7.5.3 Schriftgruppen nach DIN 352
7.5.4 Schrift und Lesbarkeit 353
7.5.5 Gestaltung mit Schrift 355
7.5.6 Schriftausführung 357
7.5.7 Schriftanwendung an Gebäuden im Stadtkern 358
7.5.8 Schriftanwendung am Industriebau 359

7.6 Stilkunde 360
7.6.1 Wichtige Begriffe zur Architektur 360
7.6.2 Der Maler in der Denkmalpflege von Bauwerken 363
7.6.3 Erste Hochkulturen im Mittelmeerraum 363
7.6.4 Die Griechen – 1 000 v. Chr. – 25 n. Chr. 363
7.6.5 Römer – 500 v. Chr. – 476 n.Chr 364
7.6.6 Frühe Christen – ab 25 n. Chr. 365
7.6.7 Mitteleuropa vor 500 n. Chr. 365
7.6.8 Frühes Mittelalter – 500 – 1000 366
7.6.9 Romanik – 1000 – 1250 366
7.6.10 Gotik – 1250 – 1500 367
7.6.11 Renaissance – 1450 – 1600 368
7.6.12 Barock – 1600 – 1770 369
7.6.13 Klassizismus – 1750 – 1830 370
7.6.14 Historismus – 1830 – 1900 370
7.6.15 Jugendstil – 1900 – 1920 371
7.6.16 Bauhaus und Moderne – 1910 – 1933 371
7.6.17 Bautechnischer Fortschritt 372
7.6.18 1933 – 1945 und danach 372
7.6.19 1960 bis heute 372
7.6.20 Baustil und Farbgebung 374

8 Naturwissenschaftliche Grundlagen 375

8.1 Physik 376
8.1.1 Zustandsformen der Stoffe (Aggregatzustand) 376
8.1.2 Masse, Volumen und Dichte 377
8.1.3 Kohäsionskräfte und Adhäsionskräfte 377
8.1.4 Stoffe und Stoffgemische 378
8.1.5 Lösungen 378
8.1.6 Physikalische Eigenschaften von Stoffen 379
8.1.7 Luftfeuchte 381
8.1.8 Feuchteverhalten von Untergründen 382
8.1.9 Viskosität und Thixotropie 382
8.1.10 Optik 383
8.1.11 Wärmelehre (Kalorik) 386
8.1.12 Akustik 387
8.1.13 Elektrizitätslehre 388

8.2 Chemische Grundlagen 389
8.2.1 Vom Stoff zum kleinsten Baustein 389
8.2.2 Aufbau der Atome 389
8.2.3 Moleküle und ihre Zusammensetzung 391
8.2.4 Chemische Formeln 392
8.2.5 Chemische Reaktionen 392
8.2.6 Elektrolyse 392
8.2.7 Chemie des Wassers 392
8.2.8 Luft und Sauerstoff 393
8.2.9 Oxidation und Reduktion 393
8.2.10 Säuren und Laugen 394
8.2.11 Neutralisation und Salzbildung 395
8.2.12 Kohlenstoff und Kohlenstoffverbindungen 396

Sachwortverzeichnis 397

Bildquellenverzeichnis 406

1 Berufsfeld und Sicherheit

1.1	**Arbeitsfeld des Malers und Lackierers**	**10**
1.1.1	Bedeutung des Malerberufs	10
1.1.2	Rechtliche Grundlagen	11
1.1.3	Arbeitsplatz	12
1.2	**Arbeits- und Umweltschutz**	**14**
1.2.1	Umweltschutz	14
1.2.2	Wasserreinhaltung	15
1.2.3	Umweltschutz bei Lackierarbeiten	15
1.2.4	Umgang mit Abfällen im Betrieb	16
1.2.5	Gefahren bei Malerarbeiten	17
1.2.6	Arbeitsschutz	17
1.2.7	Gefährdungsbeurteilung	19
1.2.8	Umgang mit gefährlichen Stoffen	20
1.2.9	Sicherheitskennzeichnung von Gefahrstoffen	22
1.2.10	Sicherheitsmaßnahmen im Betrieb	25
1.2.11	Sicherheitskennzeichen	27
1.2.12	Arbeiten auf Leitern und Gerüsten	29
1.2.13	Umgang mit elektrischen Geräten und Anlagen	33
1.2.14	Persönliche Schutzausrüstung	35
1.2.15	Maßnahmen zur Unfallverhütung	40
1.3	**Brandschutz**	**42**
1.3.1	Brandschutz Grundlagen	42
1.3.2	Brandverhalten von Baustoffen	43
1.3.3	Brandschutzbeschichtung auf Holz und Metall	44
1.3.4	Brandschutz an Gebäuden mit WDV-Systemen	45
1.3.5	Brandschutz im Gebäudeinnern	45
1.3.6	Brandschutz in der Werkstatt	46

1 Berufsfeld und Sicherheit 9 – 46

2 Beschichtungsstoffe 47 – 92

3 Untergründe und ihre Beschichtung 93 – 158

4 Verfahrenstechniken 159 – 188

5 Besondere Arbeitsbereiche 189 – 260

6 Fachmathematik 261 – 310

7 Gestaltung 311 – 374

8 Naturwissenschaftliche Grundlagen 375 – 396

1.1 Arbeitsfeld des Malers und Lackierers

1.1.1 Bedeutung des Malerberufs

Objektbeispiele, die der Maler und Lackierer beschichtet

Die Beschichtung erfüllt mehrere Aufgaben

Die Aufgaben des Objektes werden verbessert

Gestaltung
Farbe verschönert unansehnliche Untergründe, z. B. durch die Gestaltung von Fassaden, Räumen und Arbeitsplätzen.

Kennzeichnung
Farbe hebt hervor oder lässt zurücktreten. Sie hilft unserer Orientierung, weist auf etwas hin und warnt vor Gefahren.

Der Mensch wird beeinflusst

Hygiene
Fast alle unbehandelten Untergründe verschmutzen leicht, sind aber nur mit Aufwand zu reinigen.

Ein ebener und glatter Beschichtungsfilm verbessert die Reinigungsfähigkeit und somit die Hygiene.

Diese ist besonders wichtig in Wohnräumen, Bädern und Küchen sowie Krankenhäusern und bei Spielgeräten.

Das Objekt wird geschützt

Wetter
z. B. Temperaturwechsel, Feuchte in jeder Form (Wasser, Schnee, Tau, Nebel), UV-Strahlung

Mechanische Beanspruchung
z. B. Abrieb, Dehnung, Schlag

Chemikalien
z. B. Säuren, Laugen, Lösemittel, Öle, Treibstoffe

Schädlinge
z. B. Insekten, Pilze, Algenbefall. Vorbeugend oder bekämpfend

Auftragsabwicklung

1. Informieren
- Kundenwünsche erfragen (Termin, Preisrahmen, Rechnungsabwicklung)
- Objekt prüfen (+ dokumentieren)
- Kunden beraten
- Auftrag bestätigen

2. Planen
- Mögliche Arbeitswege abwägen
- Zeit- und Materialbedarf ermitteln
- Kosten ermitteln

3. Entscheiden
- Optimalen Arbeitsweg wählen
- Personaleinsatz klären
- Material bestellen
- Termin festlegen

4. Ausführen
- Arbeitsplatz einrichten und sichern
- Arbeiten ausführen
- Termin einhalten
- Arbeitsplatz aufräumen

5. Kontrollieren
- Abnahme des Auftrages durch den Kunden
- Wahre Kosten und Aufwand mit dem Planungsergebnis vergleichen

6. Bewerten
- Nachkalkulation
- Aus Fehlern lernen
- Mitarbeiter loben/tadeln

Kontakt zum Kunden halten

1.1.2 Rechtliche Grundlagen

Rechtliche Grundlagen der Auftragsabwicklung	
BGB Bürgerliches Gesetzbuch	Vertragsleistungen, die nicht ausdrücklich nach VOB vereinbart werden, unterliegen der Rechtsprechung nach BGB (z. B. Gewährleistung wegen Sachmängeln §§ 459 bis 493).
VOB Vergabe- und Vertragsordnung für Bauleistungen	Die VOB besteht aus drei Teilen: A: Allgemeine Bestimmungen für die Vergabe von Bauleistungen B: Allgemeine Vertragsbedingungen für die Ausführung von Bauleistungen C: Allgemeine Technische Vertragsbedingungen für Bauleistungen (z. B. DIN-Normen)
Rechtliche Grundlagen der fachlichen Auftragsausführung	
BFS-Merkblätter Bundesausschuss für Farbe und Sachwertschutz	Die technischen Richtlinien beschreiben die fachgerechte Ausführung von Beschichtungsarbeiten und sind somit eine wichtige Orientierungshilfe für Maler, Planer und Architekten.
DIN Deutsches Institut für Normung	Ursprünglich deutsche Normvorschriften, z. B. DIN 18363 VOB/C für Malerarbeiten. Die deutsche Sprachfassung einer europäischen Norm wird als DIN-EN-Norm bezeichnet.
EN Europäische Norm	Auf europäischer Ebene nach einem festgelegten Normungsprozess erlassene Norm, die auf nationaler Ebene übernommen werden muss.
ISO International Organization for Standardization	ISO = deutsch: Internationale Organisation für Normung Auf internationalem Standard basierende Normen, die auch auf europäischer und nationaler Ebene übernommen werden und als DIN-EN-ISO-Normen bezeichnet werden.
Vorschriften der Werkstoffhersteller (Technische Merkblätter)	Herstellerfirmen geben Informationen zur Verarbeitung ihrer Werkstoffe, die vom Verarbeiter einzuhalten sind, da ansonsten Gewährleistungsansprüche nicht berücksichtigt werden können.
Rechtliche Grundlagen der Ausbildung	
HwO Handwerksordnung	Sie beinhaltet die Ausübung des Handwerks, die Berufsbildung, Aussagen zu Meisterbrief und Meistertitel, Organisation des Handwerks sowie Bußgeld-, Übergangs- und Schlussvorschriften.
BBiG Berufsbildungsgesetz	Es regelt die Berufsausbildung im dualen System (Ausbildung in Betrieb und Schule), die Maßnahmen zur Vorbereitung auf den Beruf, die Fortbildung und die berufliche Umschulung.
Ausbildungsordnung	In der Ausbildungsordnung sind die Dauer der Ausbildung, der Ausbildungsberuf, die Ausbildungsinhalte (Ausbildungsrahmenplan) sowie die Prüfungsanforderungen festgelegt.
Prüfungsordnung	In der Prüfungsordnung sind die Prüfungsteile (Praxis, Theorie), der zeitliche Prüfungsrahmen, der Prüfungsablauf und die Gewichtung der Prüfungsanteile zur Bewertung verbindlich vorgeschrieben.
Rahmenlehrplan	Dieser umfasst die schulischen Inhalte, die bezogen auf die Handlungssituation in der betrieblichen Praxis umgesetzt werden müssen.
Rechtliche Grundlagen für das Arbeitsverhältnis	
Tarifrecht	Tarifverträge regeln das Arbeitsverhältnis zwischen Arbeitgebern und Arbeitnehmern. Der Lohntarifvertrag regelt die Bezahlung, der Manteltarifvertrag die sozialen Bedingungen (z. B. Urlaub. Arbeitszeit u. a.).
Vorschriften zur Unfallverhütung	Die Einhaltung des Tech. Arbeitsschutzes wird von der Berufsgenossenschaft überwacht. Technischer Arbeitsschutz: • Gewerbeordnung • Arbeitsschutzgesetz/Arbeitssicherheitsgesetz • Maschinenschutzgesetz • Geräte- und Produktionssicherheitsgesetz • Arbeitsstättenverordnung • Unfallverhütungsvorschriften • Gefahrstoffverordnung Sozialer Arbeitsschutz: • Jugendarbeitsschutzgesetz • Mutterschutzgesetz • Schwerbehindertengesetz • Arbeitszeitgesetz • Bundesurlaubsgesetz • Ladenschlussgesetz

1

BFS-Merkblätter

BFS-Merkblätter beschreiben die anerkannten Regeln der Technik und erforderlichenfalls den Stand der Technik für unterschiedliche Leistungsbereiche des Maler- und Lackiererhandwerks.
Herausgeber: Bundesausschuss Farbe und Sachwertschutz.

1 – Beschichtung / Instandhaltung von Betonaußenflächen (2022)
2 – Imprägnierungen und Beschichtungen auf Kalksandstein-Sichtmauerwerk (2003)
3 – Beschichtungen für Balkone, Loggien und Laubengänge sowie vergleichbar genutzte Flächen aus Beton mit oder ohne Estrich (2022)
4 – Zinkstaubbeschichtungen (2019)
5 – Beschichtungen auf Zink und verzinktem Stahl (2009)
6 – Beschichtungen auf Bauteilen aus Aluminium (2016)
7 – Prüfrichtlinien für Wandbekleidungen vor, bei und nach der Verarbeitung (2013)
8 – Innenbeschichtungen, Tapezier- und Klebearbeiten auf Betonflächen (2010)
9 – Beschichtungen auf mineralischen und pastösen Außenputzen (2019)
10 – Beschichtungen, Tapezier- und Klebearbeiten auf Innenputz (2012)
11 – Beschichtungen, Tapezier- und Klebearbeiten auf Porenbeton (2016)
12 – Oberflächenbehandlung von Gipsplatten (Gipskartonplatten) und Gipsfaserplatten (2007)
13 – Beschichtungen auf Ziegel-Sichtmauerwerk (2000)
14 – Beschichtung von Platten aus Faserzement und Asbestzement (2000)
15 – Brandschutzbeschichtungen auf Holz, Holzwerkstoffen und Stahlbauteilen (2009)
16 – Technische Richtlinien für Tapezier- und Spannarbeiten innen (2013)
17 – Beschichtungen, Tapezier- und Klebearbeiten auf massiven Gips-Wandbauplatten (2016)
18 – Beschichtungen auf Holz und Holzwerkstoffen im Außenbereich (2022)
19 – Risse in Außenputzen; Beschichtung und Armierung (1997)
19.1 – Risse in unverputztem und verputztem Mauerwerk, in Gipskartonplatten und ähnlichen Stoffen auf Unterkonstruktionen; Ursachen und Bearbeitungsmöglichkeiten (1991)
20 – Baustellenübliche Prüfungen zur Beurteilung des Untergrundes für Beschichtungs- und Tapezierarbeiten (2016)
20.1 – Beurteilung des Untergrundes für Putzarbeiten, Maßnahmen zur Beseitigung von Schäden (1991)
21 – Technische Richtlinien für die Planung und Verarbeitung von Wärmedämm-Verbundsystemen (2012)
22 – Beschichtungen auf Kunststoff im Hochbau (1998)
23 – Technische Richtlinien für das Abdichten von Fugen im Hochbau und von Verglasungen (2005)
24 – Beschichtungen auf pulverlackierten Bauteilen (2000)
25 – Richtlinien zur Beurteilung von Farbübereinstimmungen und Farbabweichungen (2003)
26 – Farbveränderung von Beschichtungen im Außenbereich (2007)

1.1.3 Arbeitsplatz

Malerbetrieb

- Niederlassungsverbot in Wohn- und Mischgebieten für störende Handwerksbetriebe (Lärm, Staub, Geruch).
- Die Vorschriften des Arbeits- und Umweltschutzes sind einzuhalten. Umfassende Auskunft erhält man über das örtliche Bauamt und den Landesinnungsverband.

Büro und Kundenempfang

- Es kann ein Raum reichen.
- Besser ist ein Büro für die Firmenleitung + Räumlichkeit für Kundenempfang und -beratung.

Werkstatt

- Hier ist schnelles und vor allem sauberes Arbeiten möglich.
- Bereitstellungsort für alles, was auf der aktuellen Baustelle benötigt wird.
- Der Werkstattraum braucht einen Nassbereich mit Abfluss, eine Mischbank in Fensternähe und Abstellmöglichkeiten für beschichtete Objekte.
- In der Werkstatt ist Ordnung oberstes Gebot.
- Der Zugang sollte ebenerdig möglich sein.
- Eine Teilung der Werkstatt in einen Bereich für Schmutzarbeiten und einen Bereich für saubere Arbeiten kann sinnvoll sein.

Sozial- und Sanitärbereich

- Mitarbeiter brauchen Raum zum Umziehen und Waschen, zum Essen und Ausruhen sowie zum Deponieren persönlicher Wertsachen.

Lager

- Lagerräume müssen auf kurzem Wege erreichbar sein.
- Vorschriften des Arbeits- und Umweltschutzes einhalten, z. B. Fluchtwege, Brandschutz, Waschanlage mit Abscheidung, ausliegende Betriebsanweisung.
- Aufbewahrungsort für Werkstoffe und Geräte, die gerade nicht gebraucht werden oder die als Vorrat zur Verfügung stehen sollen.
- Ordnungssysteme im Lager:
  - Nach Material- und Gerätegruppe
  - Nach Kundenauftrag
  - Nach Dringlichkeit
  - Nach Verwechslungsrisiko
- Lagerung ohne System und Ordnung führt zu Verwechslungen und erhöhter Unfallgefahr.

Außenlager

- Auch hier gelten die Regeln der Lagerhaltung.
- In überdachten Bereichen lagern Dinge, die nicht direkt dem Wetter ausgesetzt werden sollen.

Arbeiten auf der Baustelle

- Immer Ordnung halten
- Gesetzliche Vorschriften einhalten (Warnhinweise, Lagerung)
- Immer alle Arbeitsmittel so lagern, dass Unbefugte und Kinder keinen Zugriff haben. Auf größeren Baustellen einen abschließbaren Raum einrichten, auch um Diebstahl zu verhindern.
- Arbeiten an Gehwegen absichern. Stromführende Freileitungen vom Stromlieferanten absichern lassen. Darüber hinaus ist ein Abstand von 3 m einzuhalten.
- An Gerüsten ist nach Feierabend das unbefugte Aufsteigen zu verhindern (z. B. Leiter entfernen, Brett auf die Leiter binden).
- Abfälle sind mitzunehmen und fachgerecht zu entsorgen.

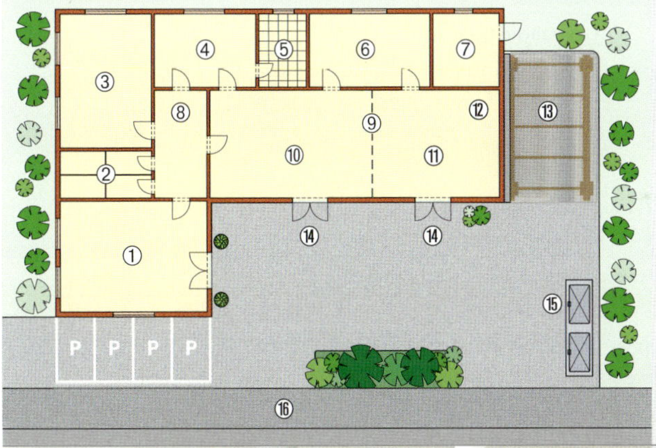

① Empfangsbereich, Auftragsannahme
② Sanitärbereich
③ Büro
④ Sozialraum
⑤ Waschraum
⑥ Farblager
⑦ Heizung, Druckluft
⑧ Flur
⑨ Werkstatt
⑩ Beschichtung und Lackierung
⑪ Vorbereitung und Bereitstellung
⑫ Schmutzarbeiten
⑬ Außenlager (Gerüste, Geräteteile)
⑭ Tor
⑮ Müll
⑯ Gehweg und Straße

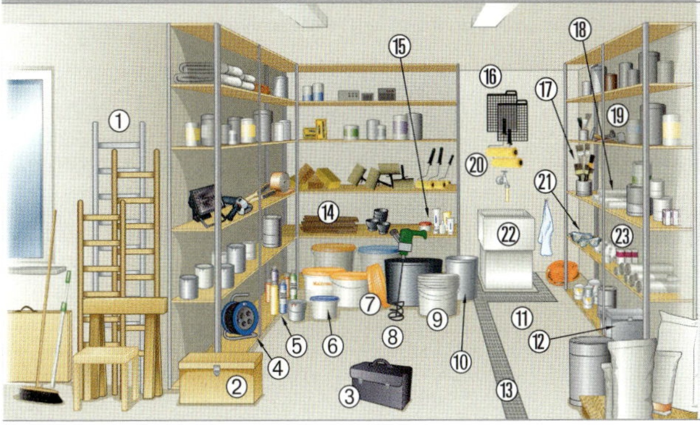

① Leitern
② Ihre eigene Kiste
③ Ihre Privat-Tasche
④ Kabeltrommel
⑤ Abtöntuben
⑥ Wandfarben
⑦ Deckel
⑧ Rührgerät
⑨ Leere Eimer
⑩ Mülleimer
⑪ Abwasserreinigung
⑫ Tapezierwerkzeug
⑬ Abfluss
⑭ Rundhölzer
⑮ Handreiniger, Handcreme
⑯ Gitter
⑰ Pinsel
⑱ Acryl- und Silikonkartuschen
⑲ Werkzeuge
⑳ Rollen
㉑ Schutzbrillen
㉒ Waschbecken
㉓ Masken

1.2 Arbeits- und Umweltschutz

1.2.1 Umweltschutz

Ökologische Kompetenz des Fachmanns	führt zu	Einsparung von –
• Bei der Beratung der Kunden • Bei fachkundiger Ausführung umweltfreundlicher Beschichtungen • Bei Maßnahmen zur Einsparung von Energie • Als fortschrittlicher Betrieb mit umfassendem Umweltkonzept	➡	• Energiekosten • Wasser- und Abwassergebühren • Reinigungsmitteln • Materialverbrauch • Abfallgebühren und Entsorgung

Ökologie, Ökonomie

Ökologie: Diese Wissenschaft erforscht die Wechselbeziehungen zwischen Lebewesen (Menschen, Tiere, Pflanzen) und ihrem Lebensraum (Natur, unsere Erde, Klima) = den Haushalt der Natur. Das Zusammenspiel aller Faktoren nennt man Ökosystem.

Ökonomie: Diese Wissenschaft erforscht wirtschaftliches Handeln, d. h. wie die zur Verfügung stehenden Mittel, z. B. Rohstoffe, Geld u. a., möglichst sinnvoll, rationell und ertragreich verwendet werden können.

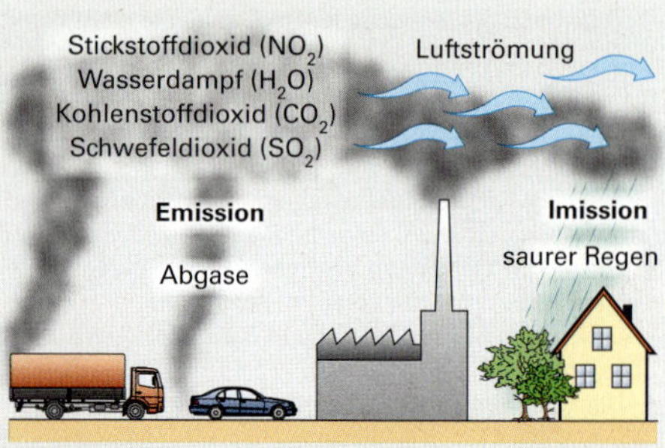

Gesetzliche Grundlagen

- Bundesimmissionsschutzgesetz (BimSchG)
- Kreislaufwirtschaftsgesetz (KrWG)
- Bundesnaturschutzgesetz (BNatSchG)
- Chemikaliengesetz (ChemG)
- Wasserhaushaltsgesetz (WHG)

Emission und Immission

Emission: Ausstoß von Schadstoffen aus Anlagen oder durch technische Vorgänge.
Immission: Einwirkung von Schadstoffen auf lebende Organismen oder Gegenstände.

Verursacherprinzip und Nachhaltigkeit

Verursacherprinzip	Nachhaltigkeit
Wer Umweltbelastungen oder Umweltschäden verursacht, hat die Kosten für deren Vermeidung bzw. Beseitigung zu tragen.	Die Natur muss dauerhaft intakt gehalten werden. Zustand und Wert des Naturvermögens sollen an die kommenden Generationen so übergeben werden, wie sie von den Eltern übernommen wurden.

Umweltbelastung durch Maler und Lackierer und mögliche Maßnahmen

Lärm	• Beim Gerätekauf auf den Lärmpegel achten • Gehörschutz tragen	• Rücksicht nehmen auf Anwohner (Ort, Tageszeit)
Staub	• Atemschutzmaske verwenden • Gefährliche Stäube nicht kehren, sondern absaugen	• Staub an der Quelle absaugen und über Filter reinigen, z. B. im Staubsauger mit Taschenfiltern
Dämpfe	• Atemschutzmaske verwenden	• Dämpfe an der Quelle absaugen und über Aktivkohlefilter reinigen
Abwasser	• Einsatz von Reinigungsanlagen zur Wasserreinigung	• Trockenschliff statt Nassschliff
Abfall	• Abfälle möglichst vermeiden	• Sonderabfälle sind vorschriftsmäßig zu entsorgen

1.2.2 Wasserreinhaltung

Wasserkreislauf

Umweltschützende Fassadenreinigung

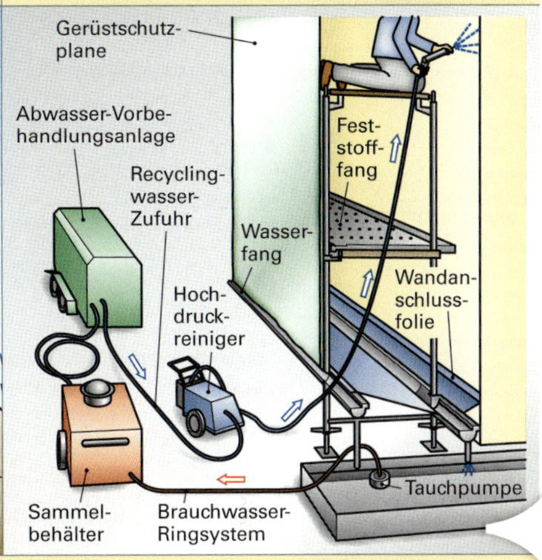

Wasser in Beschichtungsstoffen

Das Wasser in Dispersionen verdunstet und kehrt in den Wasserkreislauf zurück.

Reinigen von Werkzeugen und Geräten

Kläranlagen können mit Malerfarbwasser leicht überlastet werden. Darum verfügt eine gut geführte Malerwerkstatt zur Wasservorreinigung über eine Absetzanlage unter dem Auswaschbecken. Der Farbschlamm ist regelmäßig zu entsorgen.

Großer Schaden an der Umwelt entsteht, wenn Maler Reinigungswasser in die Straßenkanalisation leiten. Das Wasser gelangt nicht in die Kläranlage, sondern direkt in die Natur. Eine Anzeige hat eine hohe Geldstrafe zur Folge.

Immer müssen Maler Säuren, Laugen, flüssige Farbreste, Löse- und Verdünnungsmittel, Abbeizmittel und andere gesundheitsschädliche Stoffe vorschriftsmäßig entsorgen. Die Stadtverwaltung gibt Auskunft.

Reinigen von Untergründen (Hochdruckreinigung)

Bei der Fassadenreinigung ab üblicherweise 300 m² muss das Schmutzwasser aufgefangen werden, je nach Regelung der Stadtverwaltung. Wird nur mit reinem Wasser gereinigt, so reicht ein wirksames Absetzbecken, um Farbreste etc, zu entfernen, bevor das Wasser über die Schmutzwasserkanalisation ins Klärwerk geleitet wird.

Die Einleitungen von Schmutzwasser in öffentliche Abwasseranlagen ist genehmigungspflichtig.

Erfolgt die Fassadenreinigung mit Wasser und chemischen Zusätzen, so muss das Schmutzwasser mit behördlich zugelassenen Abwasservorbehandlungsanlagen gereinigt werden.

Ungereinigtes Wasser, auch ohne chemische Zusätze, darf auf keinen Fall in unbefestigten Boden versickern oder in die Umwelt gelangen. Im Handel gibt es Folien, Rinnen und Absetzbecken für diese Zwecke.

1.2.3 Umweltschutz bei Lackierarbeiten

- Einsatz von lösemittelreduzierten Lacken mit hohem Festkörper (z. B. HighSolid-Lack).
- Einsatz von „Wasserlacken" ohne Lösemittel auf Dispersionsbasis.
- Wahl eines Applikationsverfahrens, bei dem weniger Lack gebraucht wird oder wenig Overspray entsteht.
- Behälter mit Lacken nicht offen stehen lassen.
- Wärme senkt die Viskosität, somit den nötigen Verdünnungsanteil.
- Nicht zu viel Zweikomponenten-Lack ansetzen.
- Objekte nicht überbeschichten.
- Umgebung abdecken, besonders Pflanzen.
- Gebinde und Lackreste mit in den Betrieb nehmen und dort fachgerecht entsorgen.
- Lösemittel zur Reinigung sammeln.

1.2.4 Umgang mit Abfällen im Betrieb

Maler und Lackierer handeln in folgender Reihenfolge

Abfall ist	**zu vermeiden** um die Ressourcen zu schonen	zum Beispiel	• Verzicht auf unnötiges Abkleben • Beschichtungsstoffe aufbrauchen
wenn nicht möglich	**zu verwerten** durch Sammeln und Recycling		• Werkstoffe sammeln, sortieren, weitergeben • Sammelstoffe wieder einsetzen (Lösemittel)
wenn nicht möglich	**zu beseitigen** nach Entsorgungskonzept		• Farbreste eintrocknen lassen • Rücknahme und Wiederverwertung durch Hersteller

Abfallentsorgung

Informationen zur regionalen Abfallentsorgung können bei der Stadtverwaltung eingeholt werden. Gewerbeabfälle sind getrennt zu sammeln:

- **Wertstoffe.** Entleerte und ausgetrocknete Gebinde, Holz und Metall können nach Wiederaufbereitung (Recycling) wieder verwendet werden.
- **Überwachungsbedürftige Gewerbeabfälle.** Diese werden gesammelt und durch Verbrennung zur Energiegewinnung verwendet. Unbrennbare Stoffe müssen auf Deponien gelagert werden, z. B. hart gewordene Pinsel, Rollen etc., eingetrocknete Farben oder mit Zement oder Sägemehl eingedickte Farbreste.
- **Besonders überwachungsbedürftige Gewerbeabfälle** (früher: Sonderabfälle). Diese Stoffe dürfen weder in die Mülltonne noch in die Kanalisation gelangen, z. B. flüssige Lackreste, Kleber, Holzschutzmittel, Chemikalienrest oder teilentleerte Spraydosen. Diese Abfälle dürfen nur von autorisierten Entsorgungsunternehmen befördert, gelagert, behandelt, verbrannt oder auf Deponien gelagert werden.

Bei der Weitergabe von Abfällen muss sich der Unternehmer einen Entsorgungsnachweis ausstellen lassen.

Einordnung der Abfälle nach dem Europäischen Abfallkatalog (EAK). Beispiele:

Abfall-schlüssel	Bezeichnung nach EAK	Beispiele
080111*	Farb- und Lackabfälle, die organische Lösemittel oder andere gefährliche Stoffe enthalten	Nicht ausgehärtete Altlacke und Altfarben oder sonst schadstoffhaltig (z. B. Schwermetallpigmente)
080112	Farb- und Lackabfälle mit Ausnahme derjenigen, die unter 080111 fallen	Ausgehärtete Altlacke und Altfarben, schadstofffrei
080117*	Abfälle aus der Farb- oder Lackentfernung, die organische Lösemittel oder andere gefährliche Stoffe enthalten	Beschichtungsstoffabfälle vom Abbeizen, Strahlen oder Schleifen, lösemittel- oder sonst schadstoffhaltig
080118	Abfälle aus der Farb- oder Lackentfernung, mit Ausnahme derjenigen, die unter 080117 fallen	Beschichtungsstoffabfälle vom Abbeizen, Strahlen oder Schleifen, vollständig ausgetrocknet und schadstofffrei
150202*	Aufsaug- und Filtermaterialien, Schutzkleidung, die durch gefährliche Stoffe verunreinigt ist	Schutzkleidung, Atemschutzmasken und Wischtücher, die bei der Schadstoffsanierung (z. B. PCB- oder Asbestsanierung) getragen bzw. benutzt wurden
200101	Papier und Pappe	Abgelöste Tapeten, Tapetenreste, Abdeckpapier ohne schädliche Anhaftungen

1.2.5 Gefahren bei Malerarbeiten

Mangelhafte Sicherheitsvorrichtungen und -Vorkehrungen	Chemische und physikalische Einwirkungen	Hohe körperliche Belastung
• Sicherheitseinrichtungen fehlen oder sind außer Betrieb gesetzt • Persönliche Schutzausrüstung fehlt • Maschinen und Anlagen entsprechen nicht den Sicherheitsvorschriften	• Einatmen von Dämpfen und gesundheitsschädlichen Stoffen • Lärm • Vibrationen, z. B. durch Schleifarbeiten • Elektrischer Strom	• Ungünstige Körperhaltung beim Arbeiten • Heben von schweren Lasten • Vorzeitige körperliche und geistige Ermüdung bei der Arbeit • Überforderung des Mitarbeiters

Beschichtungsstoffe

Bindemittel	Lösemittel	Pigmente	Zusatzstoffe
• Beim Ansetzen von 2K-Lacken bestehen Gefahren. Der giftige Härter, Isocyanat bei PUR-, EP- und Acryllack, dringt durch die Haut in den Körper ein oder wird beim Verarbeiten eingeatmet. Gleiches gilt für die organischen Peroxide des Polyesters, die zusätzlich stark ätzend wirken. • Bindemittel gelangt beim Spritzen in feinster Tröpfchenform in die Lunge und verklebt sie. Liegt der Beschichtungsstoff ausgehärtet vor, so gehen vom Bindemittel keine Gefahren aus.	Kein organisches Lösemittel ist gesundheitsneutral. Besonders die Lösemittel auf Benzolbasis, die aromatischen Kohlenwasserstoffe, kurz Aromaten genannt, sind sehr gesundheitsschädlich bzw. krebserregend oder potenzschädigend. In Lacken werden oft Aromaten eingesetzt, z. B. Toluol oder Xylol.	Unter den Pigmenten gibt es Zink-, Blei-, Chromat- und andere Schwermetallverbindungen, die gesundheitsschädlich bzw. krebserregend oder potenzschädigend sind. Heute sind die giftigsten Pigmente verboten. Werden jedoch alte Lackschichten geschliffen, so werden diese Stoffe freigesetzt und ohne Atemschutz eingeatmet. Als Feinstaub gelangen sie dann über die Lunge ins Blut.	Zu den Zusatzstoffen, auch Additive genannt, zählen Weichmacher, Lichtschutzmittel, u. a. Diese können auch in kleinen Anteilen Allergikern und Personen mit Neigung zu Erkrankungen der Atemwege Probleme bereiten.

1.2.6 Arbeitsschutz

Arbeitsschutzgesetze

Das Arbeitsschutzgesetz (ArbSchG) setzt die europäische Rahmenrichtlinie Arbeitsschutz 89/391/EWG in deutsches Recht um.

Es bietet nahezu allen Beschäftigten im Rahmen ihrer Beschäftigung bzw. ihrer Arbeit Schutz und Gesundheit.

Unter dem Arbeitsschutzgesetz gibt es weitere Verordnungen, Anordnungen und Arbeitsschutzgesetze.

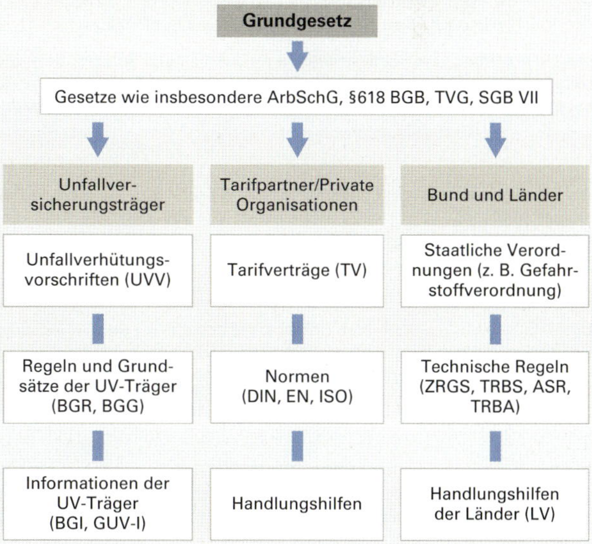

Allgemeines Ziel ist es, den Schritt von der Überwachung und Genehmigung hin zur Meldepflicht aufgrund von Gesetzes- und Regelinhalten zu erreichen. In Zukunft tragen folglich die Betreiber von Einrichtungen (sprich Betriebsinhaber) mehr Risiko und Kosten bei Unfällen.

REACH

2006 wurde von Rat und Parlament der Europäischen Union die Chemikalienverordnung REACH (**R**egistration, **E**valuation and **R**estriction of **C**hemicals) verabschiedet. Sie trat 2007 in Kraft. Zum ersten Mal betrifft eine Chemikalienverordnung nicht nur die Industrie, die chemische Produkte herstellt, sondern alle Unternehmen, die chemische Substanzen oder Zubereitungen verwenden.

GefStoffV, ChemG

Die Verordnung zum Schutz vor gefährlichen Stoffen (Gefahrstoffverordnung, GefStoffV) und das Chemikaliengesetz (ChemG) regeln umfassend die Schutzmaßnahmen für Beschäftigte bei Tätigkeiten mit Gefahrstoffen.

Die Gefahrstoffverordnung gilt für Unternehmen, die mit gefährlichen Stoffen nach § 2 GefstoffV umgehen, diese zubereiten, lagern oder in den Verkehr bringen. Es werden zum Schutz der Arbeitnehmer allgemeine Umgangsvorschriften festgelegt, die sowohl vom Arbeitgeber als auch vom Arbeitnehmer zu beachten sind. REACH ist die unmittelbar gültige und übergeordnete Verordnung.

GHS

Das „**G**lobally **H**armonised **S**ystem of Classification and Labelling of Chemicals", in Deutsch: **G**lobal **h**armonisiertes **S**ystem zur Einstufung und Kennzeichnung von Chemikalien (GHS) umfasst physikalische, gesundheitliche und umweltrelevante Gefahren und bietet eine vereinheitlichte Gefahreninformation für verschiedene Zielgruppen.

VOC

In dieser Verordnung geht es um den Schutz vor **V**olatile **O**rganic **C**ompounds (VOC). Dies bezeichnet alle organischen Lösemittel, die als reines Lösemittel, in Verdünnungen oder in Lacken Gesundheit und Umwelt schädigen. Über einen Stufenplan wurden bisher Grenzwerte immer weiter heruntergesetzt.

TRGS

Die **T**echnischen **R**egeln für **G**efahrstoffe (TRGS) sind Regeln, keine Gesetze. Werden diese Empfehlungen eingehalten, ist in der Regel davon auszugehen, dass die Anlage dem Stand der Technik entspricht. Im Fall eines Unfalls kann der Arbeitgeber nachweisen, dass ihm keine Fahrlässigkeit vorzuwerfen ist.

Die TRGS werden vom Bundesministerium für Arbeit und Soziales (BMAS) veröffentlicht. In der TRGS sind Arbeitsplatzgrenzwerte (AGW) festgelegt, bei welcher Konzentration eines Stoffes akute oder chronische schädliche Auswirkungen auf die Gesundheit im Allgemeinen am Arbeitsplatz nicht zu erwarten sind (§ 3 Abs. 6 GefStoffV).

BetrSichV

Die Betriebssicherheitsverordnung (BetrSichV) gilt seit 2003. Sie regelt in Deutschland die Bereitstellung von Arbeitsmitteln durch den Arbeitgeber, die Benutzung von Arbeitsmitteln durch die Beschäftigten bei der Arbeit sowie den Betrieb von überwachungsbedürftigen Anlagen.

BGV, UVV

Die Unfallverhütungsvorschriften (früher UVV, heute BGV) sind Verordnungen und haben damit Gesetzescharakter. Sie werden von den **Berufsgenossenschaften (BG)**, dem Träger der gesetzlichen Unfallversicherung, erlassen. Dazu erscheinen zahlreiche Merkblätter und Vorschriften.

Der Unternehmer muss entsprechend § 12 Abs. 2 Arbeitsschutzgesetz auf alle Gefahren bei den Arbeiten in verständlicher Weise hinweisen, erforderlichenfalls wiederholt, mindestens jährlich.

Die Berufsgenossenschaften beraten den Unternehmer und überwachen die Einhaltung und Umsetzung der Vorschriften durch Aufsichtspersonen, die mit hoheitlichen Befugnissen ausgestattet sind. Die von den Aufsichtspersonen angeordneten Maßnahmen, z. B. die Stilllegung einer sicherheitswidrig betriebenen Maschine, können notfalls mit Zwangsmitteln durchgesetzt werden.

1.2.7 Gefährdungsbeurteilung

- Die Erstellung durch den Arbeitgeber ist nach dem Arbeitsschutzgesetz (ArbSchG) vorgeschrieben.
- Der Unternehmer (oder in seinem Namen eine beauftragte fachkundige Person) ermittelt alle möglichen Gefährdungen im betrieblichen Geschehen, beurteilt sie, legt Arbeitsschutzmaßnahmen dazu fest und überprüft sie auf ihre Wirksamkeit.
- Besondere Personengruppen sind zu berücksichtigen, wie Jugendliche, werdende Mütter, Praktikanten, Beschäftigte ohne ausreichende Deutschkenntnisse.
- Jeder Mitarbeiter erhält die Dokumentation der Gefährdungsbeurteilung.
- Die Gefährdungsbeurteilung wird laufend überprüft und angepasst. Diese Dokumentation ist die Grundlage des betrieblichen Arbeits- und Umweltschutzes.

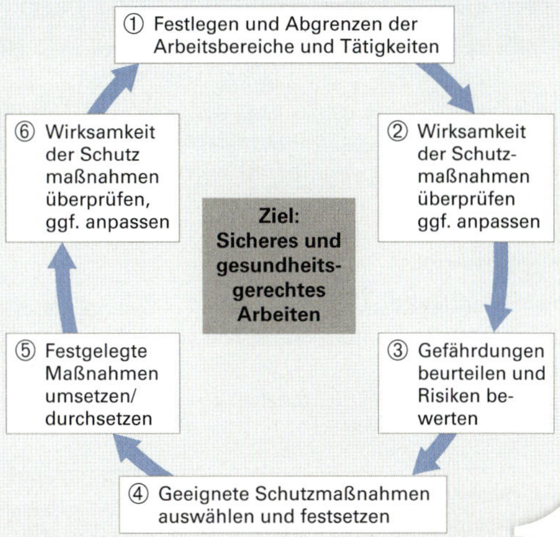

Ablauf	Arbeitsbereich Werkstatt	Arbeitsbereich Lager	Arbeitsbereich Baustelle	Arbeitsbereich Büro/Verwaltung
Verantwortliche einsetzen	Maier	Lütten	Magath	Schulze
Tätigkeiten erfassen	Werkstoffe bereitstellen Arbeitsplatz einrichten Beschichtungsarbeiten Schleifarbeiten u. a.	Lacke mischen Lacke abfüllen Lösemittel abfüllen u. a.	Arbeitsplatz einrichten Arbeiten auf Leitern und Gerüsten u. a.	Arbeiten am Schreibtisch Akten lagern u. a.
Gefährdungen ermitteln	Mechanische Gefährdung (schweres Gerät, herunterfallende Gegenstände ...) Gefährdung durch Stoffe (Lösemittel, wasserverdünnbare Lacke ...) Elektrische Gefährdung (elektrische Geräte, Entfernen von Lampen, Schaltern ...) Belastung bei der Arbeit (anstrengend, gefährlich, konzentriert ...) Arbeitsbedingungen (Lärm, Dämpfe, Licht)			
Gefährdungen beurteilen	• Grenzwerte • Erfahrungswerte • Nachfrage bei der Berufsgenossenschaft • Rechtliche Vorschriften BGV • Messungen			
Aufstellen von Maßnahmen gegen die Gefährdungen	Vermeidung von Gefahrensituationen (Installationen, Unterweisung ...) Verhaltensregeln in der Gefahrensituation (Erste Hilfe, Meldung ...) Einsatz der PSA (Helm, Handschuhe ...)			
Durchführung	Genau festlegen: **Wer** macht **was** bis **wann**			
Überprüfung	Möglichst sofort nach dem Termin			
Weiterführung	Wenn Gefahren später erkannt werden (z. B. über Krankenstand ...) Wenn Gefahren neu dazukommen (neue Werkstoffe, Techniken ...) Erkenntnisse aus Unfällen Neue Gesetze und Vorschriften			
Dokumentation	• Ergebnis der Beurteilung • Ergebnis der Überprüfung • Maßnahmen			
Anpassung	In zeitlichen Abständen (halbjährlich, jährlich ...) Aus Anlass (neue Geschäftsbereiche, neue Mitarbeiter ...)			

1

1.2.8 Umgang mit gefährlichen Stoffen

Man unterscheidet folgende Eigenschaften nach dem ChemG:

Akut toxische (giftige) Eigenschaften	Chronisch toxische (giftige) Eigenschaften	Physikalisch-chemische Eigenschaften	Ökologische Eigenschaften
• Sehr giftig • Giftig • Gesundheitsschädlich • Ätzend • Reizend • Sensibilisierend	• Krebs erzeugend (kanzerogen) • Fruchtbarkeitsgefährdend (reproduktionstoxisch) • Erbgutverändernd (mutagen)	• Explosionsgefährlich • Brandfördernd • Hochentzündlich • Leicht entzündlich • Entzündlich	• Umweltgefährdend Alle Menschen, Tiere und Pflanzen gehören zur Umwelt. Unser aller Lebensraum ist auch für folgende Generationen zu erhalten.

Man unterscheidet:

Gefahrstoffe

Künstliche oder natürliche Stoffe mit gefährlichen Eigenschaften.

Gefährliche Zubereitungen

Gemische, Gemenge oder Lösungen, die gefährliche Stoffe enthalten.

Sicherheitshinweise in Technischen Merkblättern, Hinweise auf dem Gebinde oder das Sicherheitsdatenblatt weisen auf die fachliche Handhabung hin.

Gesetzliche Vorschriften sind zu beachten.

Negative gesundheitliche Auswirkungen:

Für kurze Zeit

Unwohlsein, Brechreiz, Kopfschmerzen

Langzeitwirkungen

Krebs, Entzündungen, chronische Leiden

Überempfindlichkeit

Allergien, Geruchs- oder Geschmacksbeeinflussung

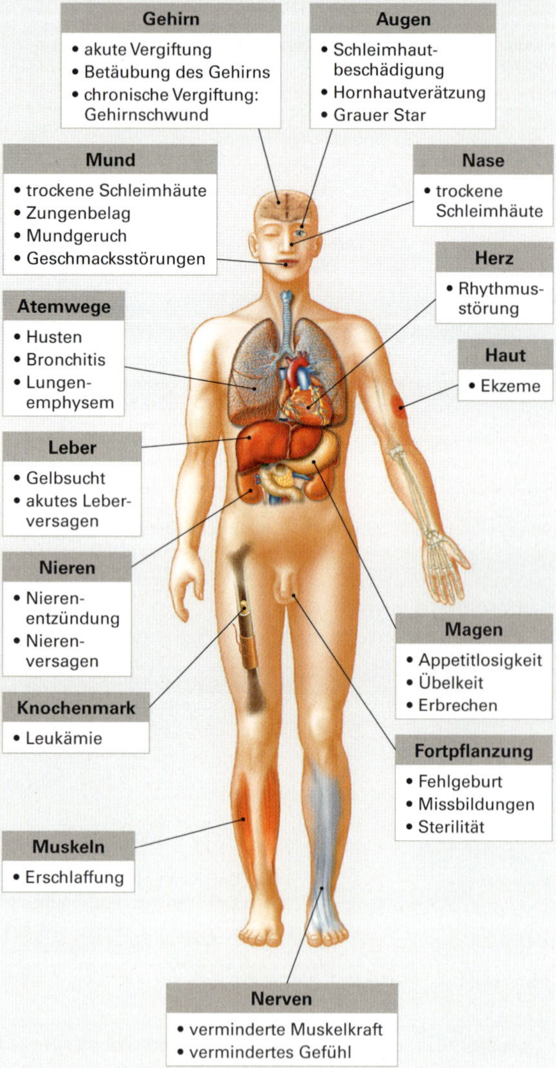

Grenzwerte von Gefahrstoffen

Wege von Gefahrstoffen in den Körper

- Einatmen (inhalativ)
- Verschlucken (oral)
- Hautkontakt (dermal)

Folgen, direkt

- Nachlassen der Konzentration
- Schwindel
- Erbrechen
- Doppelbilder

Folgen, chronisch

- Allergien
- Ausschlag
- Schäden an Organen
- Schäden im Gehirn und an Nerven
- Potenzprobleme

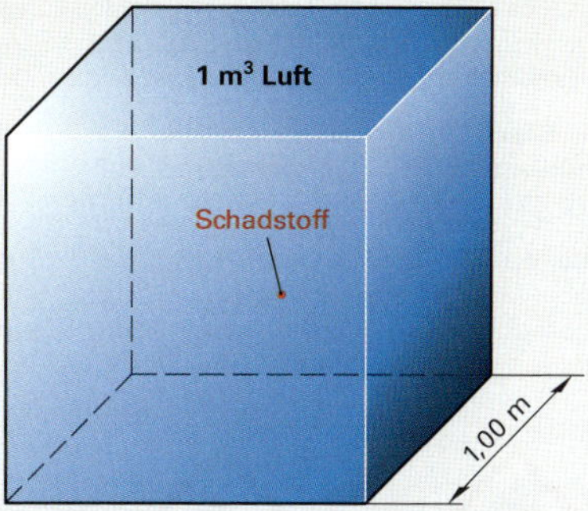

$$\frac{\text{Würfel 2}}{\text{Würfel 1}} = \frac{1\ \text{ml}}{1\ \text{m}^3} = \frac{1\ \text{ml}}{1\,000\,000\ \text{cm}^3} = 1\ \frac{\text{ml}}{\text{m}^3}$$

Darstellung nur näherungsweise

AGW (Arbeitsplatzgrenzwert)

= maximal zulässige Menge des Gefahrstoffes in ml (Gase und Dämpfe) oder mg (Stäube) je Volumeneinheit, z. B. m³ Luft.

Nachzuschlagen in der TRGS 900.

Beispiele:

Aceton	1200 mg/m³, 500 ml/m³
Xylol	440 mg/m³, 100 ml/m³
Testbenzin (Aliphaten)	600 mg/m³
Benzol	0,04 ml/m³

BGW (biologischer Grenzwert)

= maximale Menge des Gefahrstoffes in ml (Gase und Dämpfe) oder mg (Stäube) je Volumeneinheit, meist je Liter (Urin, Blut), die der Körper ohne gesundheitsschädliche Folgen aufnehmen kann.

Nachzuschlagen in der TRGS 903.

Beispiele:

Aceton	80 ml/l
Xylol	1,5 mg/l
Testbenzin (Aliphaten)	Grenzwerte nicht definiert
Benzol	0,3 µg/l

VOC-Verordnung

- VOC (Volatile Organic Compounds) bezeichnet die flüchtigen organischen Verbindungen, die als Lösemittel in Lacken verwendet werden. Sie schädigen die Gesundheit des Menschen und die Umwelt.
- Die VOC-Verordnung schreibt der Lackindustrie einen maximal zulässigen Grenzwert der verwendbaren Lösemittel in Beschichtungsstoffen vor.
- Sie unterscheidet zwölf Produktkategorien, nochmals unterteilt in die Gruppen Wb (Wasserbasis) und Lb (Lösemittelbasis).
- Der VOC-Gehalt der Farben und Lacke wird in Gramm pro Liter (g/l) angegeben. Dieser Wert bezieht sich auf das gebrauchsfertige Beschichtungsmaterial.

Produktkategorie	Lösemittelbasis Lb	Wasserbasis Wb
Beschichtungsstoffe für Holz-, Metall- oder Kunststoffe	300 g/l	130 g/l
Absperrende Grundbeschichtungsstoffe	350 g/l	30 g/l
Ein- oder zweikomponentige Speziallacke	500 g/l	140 g/l
Beschichtungsstoffe für Dekorationseffekte	200 g/l	200 g/l

Produktkategorie	Werkstoff	VOC-Grenzwert
Vorbereitungs- und Reinigungsprodukte	Werkzeugreiniger	850 g/l
	Vorreiniger	200 g/l
Spachtel und Spritzspachtel	Alle Typen	250 g/l
Grundbeschichtungsstoffe	Füller, Grundierungen	540 g/l
	Washprimer	780 g/l
Decklacke	Alle Typen	420 g/l
Speziallacke	Alle Typen	840 g/l

1

1.2.9 Sicherheitskennzeichnung von Gefahrstoffen

Das „Globally Harmonised System of Classifikation and Labellling of Chemicals" nennt physikalische, gesundheitliche und umweltrelevante Gefahren und verbindet diese mit Gefahrensymbolen. Je nach Gefahrenkategorie werden einem Stoff ein Gefahrensymbol, ein Signalwort und ein Gefahrenhinweis zugewiesen.

Brand-fördernd O	Hochentzündlich F + Leicht entzündlich F	Explosions-gefährlich E	Umwelt-gefährdend N	Gesundheits-gefährlich
Stoffe, die eine Verbrennung unterstützen, aber selbst nicht brennbar sind.	Die Einstufung in „entzündliche" Gefahrstoffe erfolgt nach dem Flammpunkt.	Diese Gefahrstoffe können unter bestimmten Bedingungen explodieren.	Diese Gefahrenstoffe schädigen die Natur (Boden, Gewässer, Pflanzen …)	CMR = cancerogen, mutagen, reproduktionstoxisch TOST = target organ systemic, toxicity = chronisch giftig

Sehr giftig T + Giftig T	Ätzend C	Gesundheitsschädlich Xn Reizend Xi	Verdichtete Gase unter Druck
Schon geringe Mengen bewirken beim Einatmen, Verschlucken oder Aufnahme über die Haut Tod bzw. akute oder chronische Gesundheitsschäden.	Diese können lebendes Gewebe und Materialien bei Kontakt zerstören.	Kurzzeitiger, länger anhaltender oder wiederholter Kontakt mit Haut oder Schleimhaut ruft eine Entzündung hervor oder akute oder chronische Gesundheitsschäden.	Kann bei Erhitzung explodieren

Kennzeichnung auf Gebinden

Gefahrstoffe müssen entsprechend ihrer Gefährlichkeitsmerkmale immer wie folgt gekennzeichnet werden, damit sachgemäß damit umgegangen wird:

- Genaue Stoffbezeichnung
- Gefahrensymbole weisen auf die Hauptgefahren hin.
- Alle gefährlichen Inhaltsstoffe müssen aufgezählt werden.
- Risiko- und Sicherheitshinweise
- Name, Anschrift und Telefonnummer des Herstellers

Diese Informationen helfen dem Arzt bei der Einschätzung eines Unfalls und der Ergreifung von Maßnahmen. Bei Unfällen ist es darum wichtig, das Gebinde mit zum Arzt zu nehmen.

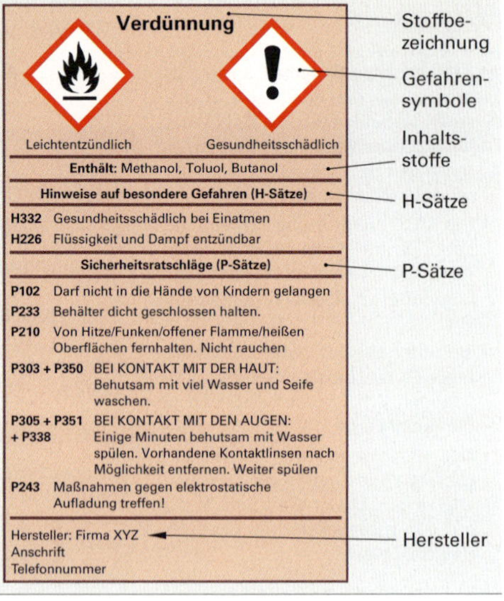

Sicherheitshinweise zu Gefahrstoffen

H-Sätze, hazard statements (Risikosätze)

- H-Sätze sind standardisierte Bezeichnungen.
- Diese beschreiben Gefährdungen (engl. Hazard = Gefahr, Risiko, Gefährdung), die beim Umgang mit chemischen Stoffen oder Zubereitungen auftreten.

H 200-Reihe: Physikalische Gefahren	z. B.	H 200 Instabil, explosiv H 221 Entzündbares Gas
H 300-Reihe: Gesundheitsgefahren	z. B.	H 300 Lebensgefahr beim Verschlucken H 318 Verursacht schwere Augenschäden H 326 Kann Fruchtbarkeit beeinträchtigen

P-Sätze, precautionary statements (Sicherheitssätze)

- P-Sätze sind ebenfalls standardisierte Bezeichnungen.
- Diese beschreiben Sicherheitsvorkehrungen (engl. Precaution = Sicherheitsmaßnahme) beim Umgang mit chemischen Stoffen oder Zubereitungen.

P 200-Reihe: Prävention (Vorbeugung)	z. B.	P 202 Vor Gebrauch alle Sicherheitshinweise lesen und verstehen P 234 Nur in Originalbehältern aufbewahren P 270 Bei Gebrauch nicht essen, trinken oder rauchen
P 300-Reihe: Reaktion (Maßnahme)	z. B.	P 301 Bei Verschlucken … P 304 Bei Einatmen … P 331 Kein Erbrechen herbeiführen P 332 Bei Hautreizung … P 370 Bei Brand …
P 400-Reihe: Aufbewahren	z. B.	P 402 An einem trockenen Ort aufbewahren P 410 Vor Sonnenbestrahlung schützen
P 500-Reihe: Entsorgen	z. B.	P 501 Inhalt/Behälter … zuführen

EUH-Sätze

- Die EU hat zu den international geltenden H- und P-Sätzen noch die sogenannten EUH (EU Hazard statements) eingeführt.

EUH 001	In trockenem Zustand explosiv
EUH 006	Mit oder ohne Luft explosionsfähig
EUH 014	Reagiert heftig mit Wasser
EUH 066	Wiederholter Kontakt kann zu spröder oder rissiger Haut führen
EUH 071	Wirkt ätzend auf die Atemwege
EUH 202	Cyanacrylat. Gefahr. Klebt innerhalb von Sekunden Haut und Augenlider zusammen. Darf nicht in die Hände von Kindern gelangen.

E-Sätze

- E-Sätze geben Ratschläge für die sachgemäße Entsorgung von Chemikalien und gefährlichen Stoffen.

E 2	Neutralisieren, in den Ausguss geben
E 6	Nicht in den Hausmüll geben

Sicherheitsdatenblatt

- Vor dem Einsatz eines neuen Produktes (Lack, Verdünnung, Abbeizer …) hat sich der Unternehmer zu informieren, ob es sich bei diesem Produkt um einen Gefahrstoff handelt. Eine erste Information erhält man durch das Lesen des Etiketts auf dem Gebinde. Wesentlich ausführlicher und umfassender ist das Sicherheitsdatenblatt. Jeder Hersteller muss nach § 6 der Gefahrstoffverordnung seinen Kunden auf Verlangen spätestens mit der Lieferung kostenlos ein Sicherheitsdatenblatt übermitteln.
- Sicherheitsdatenblätter sind immer gleich gegliedert mit gleichlautenden Überschriften und den Angaben, die nach TRGS enthalten sein müssen.
- Die meisten Sicherheitsdatenblätter lassen sich leicht im Internet finden.

Beispiel eines Sicherheitsdatenblattes

Sicherheitsdatenblatt gemäß 1907/2006/EG, Artikel 31

Druckdatum Datum der Überarbeitung

1 Bezeichnung des Stoffes/der Zubereitung und des Unternehmes

Angaben zum Produkt
Handelsname: z. B. IR Spachtelmasse
Verwendung des Stoffes/der Zubereitung
Hersteller/Lieferant
Auskunft/Notrufnummer

2 Mögliche Gefahren

Einstufung des Stoffs oder Gemischs
Kennzeichnungselemente/R-Sätze/S-Sätze

3 Zusammensetzung/Angaben zu Bestandteilen

Stoff/Gemisch

4 Erste-Hilfe-Maßnahmen

Beschreibung
Symptome (Anzeichen)
Ärztliche Soforthilfe oder Spezialbehandlung

5 Maßnahmen zur Brandbekämpfung

Löschmittel/Hinweise zur Brandbekämpfung
Besondere Gefahren im Brandfall

6 Maßnahmen bei unbeabsichtigter Freisetzung

Personenbezogene Vorsichtsmaßnahmen, Schutzausrüstungen
Umweltschutzmaßnahmen
Methoden für Rückhaltung und Reinigung

7 Handhabung und Lagerung

Schutzmaßnahmen, Lagerbedingungen

8 Expositionsbegrenzung (Ausgesetztsein) und persönliche Schutzausrüstung

Zu überwachende Parameter (Größen, Punkte)
Begrenzung und Überwachung

9 Physikalische und chemische Eigenschaften

Angaben zu grundlegenden Eigenschaften

10 Stabilität und Reaktivität

Reaktivität/Chemische Stabilität
Mögliche chemische Reaktionen
Zu vermeidende Bedingungen
Unverträgliche Materialien
Gefährliche Zersetzungsprodukte

11 Toxikologische Angaben

Toxikologische (giftige) Wirkungen

12 Umweltbezogene Angaben

Toxizität (Giftigkeit)
Persistenz (Beständigkeit) und Abbaubarkeit
Bioakkumulationspotential (Ansammlung im Organismus)
Andere schädliche Wirkungen

13 Hinweise zur Entsorgung

Verfahren zur Abfallbehandlung

14 Angaben zum Transport

Versandbezeichnung
Gefahrenklasse(n) Transport
Umweltgefahren

15 Rechtsvorschriften

Nationale Vorschriften/Internationale Vorschriften

16 Sonstige Angaben

Literatur/Schulungshinweise

1.2.10 Sicherheitsmaßnahmen im Betrieb

Unfallversicherung/Berufsgenossenschaft

Jeder Mitarbeiter ist in Deutschland über den Unternehmer in der gesetzlichen Unfallversicherung (DGUV) versichert. Versichert sind: Arbeitsunfälle, Wegeunfälle, Berufskrankheiten

Träger, d. h. verantwortliche Stelle, der gesetzlichen Unfallversicherung sind die Berufsgenossenschaften. Deren Aufgaben sind

- Arbeitnehmer vor Unfall- und Gesundheitsgefahren am Arbeitsplatz bewahren.
- Wirksame Erste-Hilfe-Maßnahmen erstellen.
- Nach einem Arbeitsunfall oder einer Berufskrankheit die Gesundheit des Verletzten wiederherzustellen.
- Verletzte, wenn möglich, beruflich wieder einzugliedern.
- Durch Geldleistungen für die soziale Sicherung des Versicherten und seiner Familie sorgen.

Von der Berufsgenossenschaft werden die Berufsgenossenschaftlichen Vorschriften (BGV) herausgegeben und deren Einhaltung überwacht. Der Unternehmer muss diese Vorschriften im Betrieb aushängen.

Verantwortung im Betrieb

Unternehmer und Leitungspersonal	Sicherheitsfachkraft	Sicherheitsbeauftragter
Der Unternehmer ist für den gesamten Betrieb verantwortlich nach innen (Mitarbeiter) und nach außen (Kunden, Gesellschaft, Staat). Er gibt einen Teil seiner Verantwortung weiter, muss diese Mitarbeiter aber einweisen und schulen. Die Übertragung der Verantwortung lässt er sich schriftlich bestätigen. Vorgesetzte tragen Verantwortung für die ihnen unterstellten Personen. Sie unterweisen ihre Mitarbeiter regelmäßig in Sicherheitsfragen.	Es ist meist ein Meister oder Vorarbeiter, der speziell für Sicherheitsfragen ausgebildet wurde und den Unternehmer in Sicherheitsfragen berät und unterstützt.	Er ist für Betriebe mit mehr als 20 Mitarbeitern zu bestellen. Die Ausbildung zum Sicherheitsbeauftragten erfolgt durch die Teilnahme an Lehrgängen der Berufsgenossenschaft. Er berät und unterstützt den Unternehmer.

Auch ohne besondere Vorschriften sind von allen Personen Regeln zu beachten, die die eigene Gesundheit und die Gesundheit anderer schützen.

Betriebsanweisung

- Ermittelte Gefährdungen und Schutzmaßnahmen sind den Mitarbeitern anhand der Betriebsanweisung zu erläutern.
- Ebenso Anordnungen, die der Unternehmer für seinen Betrieb daraufhin festlegt.
- Die Betriebsanweisung erstellt er selbst oder übernimmt sie vorgefertigt.
- Betriebsanweisungen betreffen ein abgegrenztes Arbeitsfeld, d. h., für jede Maschine und jeden Gefahrstoff muss eine eigene Betriebsanweisung erstellt werden.

Quellen, die bei der Erstellung einer Betriebsanweisung helfen:

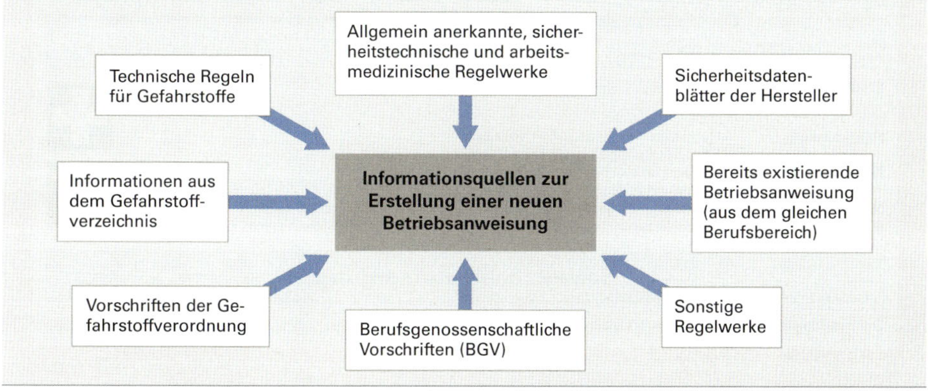

Beispiel einer Betriebsanweisung

Firma:

Arbeitsplatz:

Betriebsanweisung

gemäß § 14 GefStoffV

Tätigkeit:

Arbeitsbereich:

Stand:

Verantwortlich:
Unterschrift

Gefahrstoffbezeichnung

Lösemittelhaltige Lacke
(Inhaltsstoffe: Toluol, Xylol, Ester, Ketone)

Gefahren für Mensch und Umwelt

- Beim Umgang mit Lacken und Lösemittel besteht Brand- und Explosionsgefahr.
- Gesundheitsgefahren durch Einatmen von Dämpfen und Lacknebeln.
- Hauterkrankung, Hautentfettung und Allergie bei Hautkontakt mit Lacken und Lösemitteln möglich.
- Lackspritzer können Augen reizen.
- Lack- und Lösemittelreste nicht ins Abwasser gelangen lassen.

Reizend

Schutzmaßnahmen und Verhaltensregeln

- Rauchen und Umgang mit Feuer verboten.
- Aufbewahrung und Verzehr von Nahrungs- und Genussmittel im Lackierbereich verboten.
- Vor Arbeitsbeginn mit Hautschutzsalbe ______________________ Hände einreiben.
- Zur Pause und Schichtende mit Hautschutzreiniger ______________________ Hände reinigen
- Lösemittel nicht zur Hautreinigung verwenden.
- Verdunstende Lösemittel nicht einatmen.
- Lack- und Lösemittelvorrat nur Tagesbedarf am Arbeitsplatz vorrätig halten.
- Lack- und Lösemittelbehälter geschlossen halten, wenn nicht gestrichen oder gereinigt wird.

Augenschutz: Schutzbrille
Handschutz: Lösungsmittelbeständige Schutzhandschuhe
Hautschutz: Schutzcreme verwenden

Verhalten im Gefahrenfall

Zuständiger Arzt/Klinik:

Unfalltelefon:

Bei Brand: Pulverlöscher vom Standort ______________________ verwenden.
Löschmittel: Pulver, Kohlendioxid
nicht verwenden: Wasserstrahl

Bei Brand entsteht dicker, schwarzer Rauch, nicht einatmen. Gefährliche Brandzersetzungsprodukte nicht einatmen.

Erste Hilfe

Ersthelfer:

Hautkontakt: Getränkte Kleidung sofort ausziehen. Haut mit Reiniger, nicht mit Lösemittel reinigen.
Nach Augenkontakt: Augenspülflasche oder 10 Minuten mit Wasser spülen, Augenarzt aufsuchen
Nach Verschlucken: Betroffenen ruhig halten, kein Erbrechen einleiten, Arzt aufsuchen.
Einatmen: Frischluftzufuhr, stabile Seitenlage, warm halten. Ärztlichen Rat einholen

Sachgerechte Entsorgung

Der betrieblichen Abfallentsorgung zuführen; zuständig: ______________________

Dieser Entwurf muss durch arbeitsplatz- und tätigkeitsbezogene Angaben ergänzt werden.

1.2.11 Sicherheitskennzeichen

Sicherheitsfarben nach DIN EN ISO 7010

Hinweisschilder auf Unfall- oder Gesundheitsgefahren sowie Sicherheitshinweise müssen leicht erkennbar sein. Kontrastfarben sind Weiß und Schwarz.

Farbe	RAL-Nr.	Bedeutung
Rot	(RAL 3001)	**Verbot! Halt!**
Gelb	(RAL 1003)	**Gefahr! Achtung!**
Blau	(RAL 5005)	**Gebote! Hinweise!**
Grün	(RAL 6032)	**Rettung! Hilfe!**

Verbots- und Gebotszeichen

Verbotszeichen sind Piktogramme. Sie weisen wenig oder gar keinen Text auf, da sie auch unabhängig von Sprachkenntnissen verstanden werden sollen. Sie weisen auf Verbote hin.

Verbot	Rauchen verboten	Feuer, offenes Licht und Rauchen verboten	Mit Wasser löschen verboten	Essen und Trinken verboten	Zutritt für Unbefugte verboten

Die wichtigsten **Gebotszeichen**, die den Maler und Lackierer zum Gebrauch seiner persönlichen Schutzausrüstung verpflichten:

Augenschutz benutzen	Kopfschutz benutzen	Fußschutz benutzen	Atemschutz benutzen	Gehörschutz benutzen	Handschutz benutzen

Warnzeichen

Auch Warnzeichen sind Piktogramme. Mit ihnen werden Hindernisse und Gefahrstellen gekennzeichnet.

Warnung vor einer Gefahrenstelle	Warnung vor feuergefährlichen Stoffen	Warnung vor explosionsgefährlichen Stoffen	Warnung vor giftigen Stoffen	Warnung vor ätzenden Stoffen	Warnung vor gefährlicher elektrischer Spannung

Warnung vor brandfördernden Stoffen	Warnung vor radioaktiven oder ionisierenden Stoffen	Warnung vor einem Stoff, der eine Gesundheitsgefahr darstellt	Warnung vor Absturzgefahr	Warnung vor Stolpergefahr	Warnung vor Rutschgefahr

Brandschutzzeichen

Brandschutzzeichen sind Piktogramme, die auf Einrichtungen oder Geräte hinweisen, die für den Brandschutz von Bedeutung sind.

Brandmelde-telefon	Feuerlöscher	Brandmelder	Feuerleiter	Löschschlauch	Mittel und Geräte zur Brand-bekämpfung

Rettungszeichen

Rettungszeichen sind Piktogramme, die auf Einrichtungen, Wege oder Geräte hinweisen, die für die Rettung von Personen wichtig sind.

Richtungsangabe	Erste Hilfe	Krankentrage	Notdusche	Augen-spüleinrichtung	Notruftelefon

Arzt	Sammelstelle	Notausgang, Rettungsweg			

Farbkennzeichnung von Rohrleitungen nach DIN 2403

- Rohrleitungen werden durch farbige Anstriche gekennzeichnet.
- Jedem Stoff, der durch Leitungen fließt, wurde eine Farbe zugeordnet. So erkennt man am Farbton der Leitung, welches Gas, welche Flüssigkeit durch diese Leitung fließt. So weiß man, wie man sich beim Öffnen von Ventilen etc. zu verhalten hat und welchen Gefahren man sich aussetzt.
- Die Kennfarben werden auch an Behältern wie z. B. Gasflaschen eingesetzt und dienen auch dort als Hinweis, zur Orientierung und um nötige Vorsichtsmaßnahmen beim Umgang treffen zu können.

Durchflussstoff	Farbe/Schriftfarbe		RAL-Nr.
Wasser	Grün	Weiß	6032
Säuren	Orange	Schwarz	2010
Wasserdampf	Rot	Weiß	3001
Laugen	Violett	Weiß	4008
Sauerstoff	Blau	Weiß	5005
Brennbare Gase	Gelb	Schwarz	1003/3001
Nicht brennbare Gase	Gelb	Schwarz	1003/9004
Brennbare Flüssigkeiten	Braun	Weiß	8002/3001
Nicht brennbare Flüssigkeiten	Braun	Weiß	8002/9004
Luft	Grau	Weiß	7004

1.2.12 Arbeiten auf Leitern und Gerüsten

Anlegeleitern

Sicherheitsregeln:

- Dauerhaft angebrachte Betriebsanleitungen (z. B. Piktogramme).
- Anlegeleitern nur gemäß ihrer Bestimmung verwenden.
- Vor Benutzung Sichtprüfung durchführen.
- Schadhafte Leitern nicht verwenden.
- Reparatur durch Fachbetrieb.
- Nur sichere Stützpunkte anlegen.
- Anlegewinkel: 65° – 70°.
- Den Stand gegen Wegrutschen sichern.
- Auf Treppen einen Stufenausgleich oder eine Holmverlängerung verwenden.
- Leitern im Verkehrsbereich durch eine Absperrung sichern.
- Leitern als Hilfe zum Übersteigen auf Gerüste mind. 1 m überragen lassen.
- Beim Arbeiten müssen beide Füße auf einer Sprosse stehen.
- Maximale Standhöhe: 7 m ohne Absturzsicherung.
- Nicht seitlich hinauslehnen.
- Bei über 2 m Höhe nicht länger als zwei Stunden von der Leiter aus arbeiten.
- Maximal 10 kg mitgeführtes Material und Werkzeug.
- Leitern einmal jährlich von Fachpersonal prüfen lassen.
- Anlegeleitern nicht zur Überbrückung von Gräben oder Schächten verwenden.

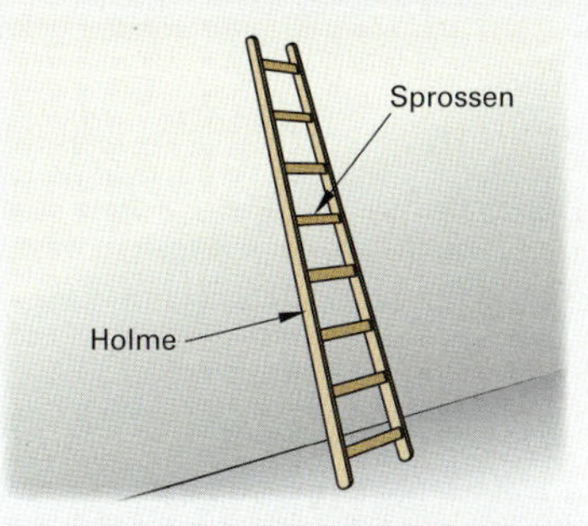

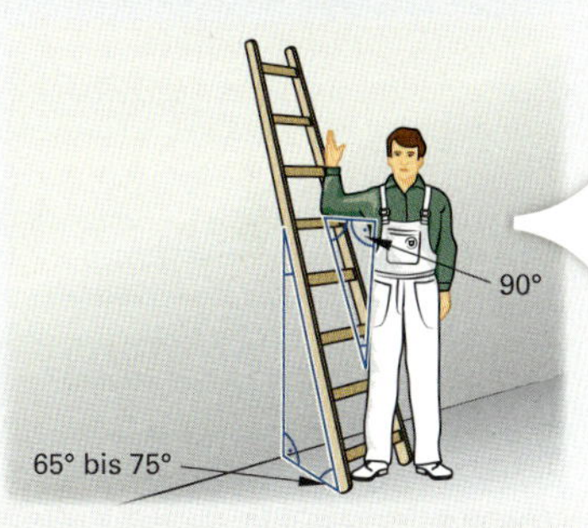

Stehleitern

Sicherheitsregeln:

- Stehleitern nur gemäß ihrer Bestimmung verwenden (z. B. nicht als Anlegeleiter).
- Stehleitern vollständig ausklappen. Die Spreizsicherung muss gespannt sein. Sie kann aus Gurten, Ketten, Stahlseilen oder Gelenkstäben zum Einrasten bestehen.
- Kein Widerlager oberhalb der Scharniere wegen Quetschungsgefahr.
- Höhenverstellbare Sprossenleitern nur betreten, wenn die Spreizsicherung druck- und zugfest wirksam ist.
- Schadhafte Leitern aussondern.
- Unsachgemäßes Instandsetzen ist verboten.
- Nur auf festem Untergrund aufstellen.
- In Treppenhäusern einen Stufenausgleich verwenden.
- Die oberste Sprosse bzw. Stufe darf nicht betreten werden. Ausnahmen bilden Stehleitern mit Plattform und Haltevorrichtung sowie Podestleitern. Letztere bieten dem Benutzer die beste Sicherheit.
- Die oberen vier Sprossen bei Stehleitern mit aufgesetzter Schiebeleiter dürfen nicht betreten werden.
- Leitern und Gerüstteile aus Holz dürfen nur lasierend gestrichen werden, um Schäden durch Quellen und Schwinden des Holzes rechtzeitig erkennen zu können. Bei Leitern aus Aluminium und Stahl besteht diese Gefahr nicht.
- Behelfsgerüste sind von der Berufsgenossenschaft nicht mehr zugelassen.

Fahrgerüste

Fahrgerüste (DIN 4422) bestehen aus Rahmen oder Leitern und weiteren Gerüstbauteilen.

Standsicherheit:

- Ein Fahrgerüst besitzt Fahrrollen. Diese müssen so befestigt sein, dass sie sich nicht lösen können. Nach dem Verschieben müssen die Fahrrollen durch Bremshebel festgesetzt werden.
- Zur Erhöhung der Standsicherheit können Ausleger angebracht werden, die die Grundfläche des Fahrgerüstes vergrößern und damit das Verhältnis zwischen Schmalseite und Belaghöhe begünstigen.
- Ausleger können aus waagerechten, z. T. ausziehbaren Traversen mit Spindeltellern oder aus schrägen Stützstreben bestehen.
- Die Standsicherheit eines Fahrgerüstes ergibt sich aus dem Verhältnis der Schmalseite zur Belaghöhe.
- Dabei ist zu beachten, dass für Fahrgerüste, die im Außenbereich eingesetzt werden, eine maximale Belaghöhe von 8 m vorgeschrieben ist.
- Für den Einsatz im Innenbereich ist eine maximale Belaghöhe von 12 m vorgeschrieben.
- Das Verhältnis von Schmalseite zur Belaghöhe beträgt im Außenbereich maximal 1:3.
- Das Verhältnis von Schmalseite zur Belaghöhe beträgt im Innenbereich maximal 1:4.
- Fahrgerüste, die im Innenbereich eingesetzt werden, dürfen höher und schmaler sein als im Außenbereich, da davon ausgegangen wird, dass innen keine Windlasten auftreten.
- Beim Verfahren von hohen Fahrgerüsten im Freien ist besonders auf Stromleitungen zu achten. Dann muss das Fahrgerüst abgebaut und nach dem Durchschieben wieder aufgebaut werden.
- Zur Stabilisierung kann das Fahrgerüst für die Dauer der Arbeit mit besonderen Auslegestangen gesichert werden.

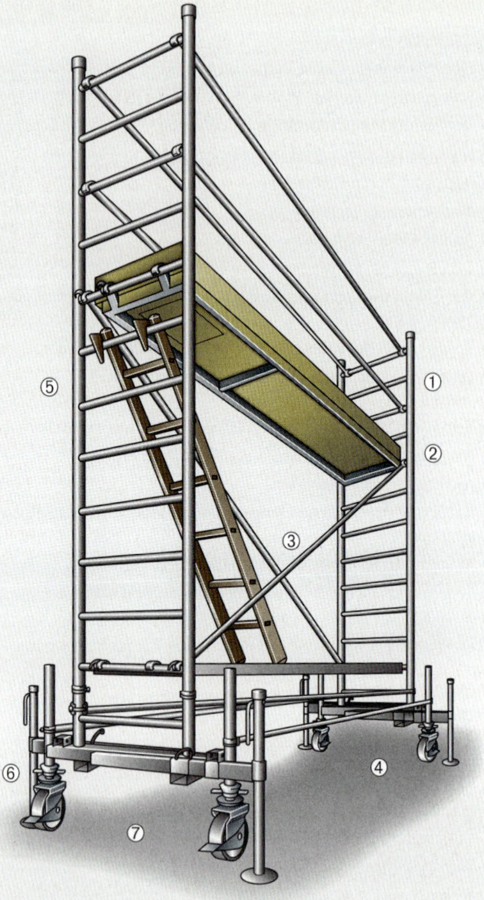

① Seitenschutz ② Belag ③ Diagonalen ④ Untergrund ⑤ Leitergang ⑥ Fahrrollen ⑦ Ausleger

Beim Verfahren	Beim Arbeiten
• Es darf sich niemand auf dem Gerüst befinden. • Vor dem Verfahren Werkzeuge und Material gegen Herabfallen sichern. • Gerüst nur langsam in Längsrichtung oder über Eck verfahren. • Das Gerüst nicht an andere Objekte aufprallen lassen. • Gerüst nur auf ebener Fläche verfahren, dabei die Fußspindeln leicht hochstellen. • Gegebenenfalls lastverteilende Unterlagsbohlen verwenden.	• Vor Benutzung sind die Fahrrollen festzustellen. • Gerüst gegebenenfalls verankern. • Nicht gegen den Seitenschutz stemmen (Kippgefahr). • Nicht von Belagsflächen abspringen. • Durchstiegsklappen nach Benutzung schließen. • Fahrgerüst nicht überlasten. • Bei Sturm (ab Windstärke 6) und nach Arbeitsende Gerüst gegen Umstürzen sichern.

Bestandteile von Rahmengerüsten

Gerüste (DIN 4420) sind Einrichtungen, von denen aus Arbeiten an einem Bauwerk ausgeführt werden können. Gerüste werden an der Arbeitsstelle aus Einzelteilen zusammengesetzt und nach Beendigung der Arbeiten wieder abgebaut. Arbeitsgerüste dienen als Arbeitsplatz. Sie müssen den beschäftigten Personen, deren Arbeitsmitteln und -materialien Platz bieten und diese tragen.

Entscheidend ist der Aufbau der ersten Gerüstlage.
- Sie muss auf sicherem Grund stehen.
- Sie muss im richtigen Abstand zur Fassade stehen.
- Sie muss absolut horizontal stehen.

Der weitere Gerüstaufbau fällt dann leicht.

Die Abnahme eines erstellten Gerüstes erfolgt durch den Auftraggeber (am besten mithilfe eines Protokolls).

Jeder Unternehmer (Malermeister), der Gerüste benutzt, trägt für den ordnungsgemäßen Zustand des Gerüstes die Verantwortung. Er ist für die Sicherheit seiner Beschäftigten verantwortlich.

Stellt der Arbeiter auf dem Gerüst Mängel fest, sind diese unverzüglich zu melden, die Arbeit einzustellen.

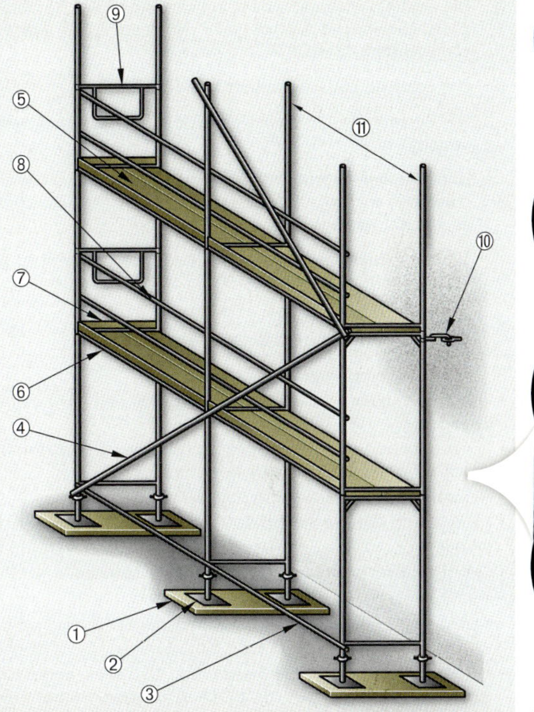

Gerüstteil	Funktion
① Unterlagsbohlen	Sie verteilen das Gewicht des Gerüstes auf eine größere Fläche und verhindern dadurch das Einsinken.
② Spindelfüße	Sie gleichen Bodenunebenheiten aus. Auf diese werden die Vertikalrahmen gesetzt, die die senkrecht wirkenden Kräfte aufnehmen und auf den Untergrund übertragen.
③ Längsriegel	Sie halten die Vertikalrahmen auf Abstand und richten das Gerüst in Längsrichtung aus.
④ Diagonalen	Mit ihnen wird verhindert, dass sich das Gerüst in Längsrichtung verschieben lässt. Zusammen mit Längsriegel bzw. Belagtafel und Vertikalrahmen entsteht ein stabiles Dreieck.
⑤ Belagtafeln	Sie werden in entsprechende Halterungen zug- und druckfest an den Vertikalrahmen eingehängt und dienen zur waagerechten Aussteifung des Gerüstes.
⑥ Bordbrett ⑦ Zwischenholm ⑧ Geländerholm	Sie bilden zusammen den dreiteiligen Seitenschutz. Er verhindert das Abstürzen von Personen und das Herunterfallen von Arbeitsmaterial. Der dreiteilige Seitenschutz ist bei Gerüsten ab 2 Metern Belaghöhe (Absturzhöhe) über dem Boden an der Gerüst-Außenseite und den Gerüststirnseiten vorgeschrieben.
⑨ Stirnseitenschutz	Er hat dieselbe Aufgabe wie der dreiteilige Seitenschutz und wird an den Gerüstenden (Stirnseiten) angebracht.
⑩ Verankerung	Sie muss zug- und druckfest an der Fassade angebracht sein, um zu verhindern, dass das Gerüst nach innen oder außen wegkippt (je nach Fassade mit Gerüstankern oder Ringschrauben: Herstellerangaben beachten!).
⑪ Gerüstfeld	Es bezeichnet den Abstand zwischen zwei Vertikalrahmen. Ab einer Belaghöhe von vier Metern ist ein innerer Aufstieg vorgeschrieben. Dazu werden spezielle Belagtafeln mit Durchstiegsklappe und integrierter Leiter verwendet.

Sicherheitsregeln für Rahmengerüste

① Die Absturzsicherung besteht aus den drei Teilen Bordbrett, Zwischenholm und Geländerholm mit einem lichten Abstand von höchstens 47 cm.

② Das Bordbrett muss mindestens 15 cm hoch sein.

③ Die Gesamthöhe des dreiteiligen Seitenschutzes beträgt mindestens 1 m.

④ Ist der Abstand zwischen Fassade und Gerüst größer als 30 cm, muss auch an der Gerüstinnenseite ein dreiteiliger Seitenschutz angebracht werden.

⑤ Um die vollständige Bewegungsfreiheit auf dem Gerüst zu gewährleisten, sind mindestens 20 cm von der Belagbreite freizuhalten.

⑥ Die Belagfläche muss mindestens 60 cm breit sein.

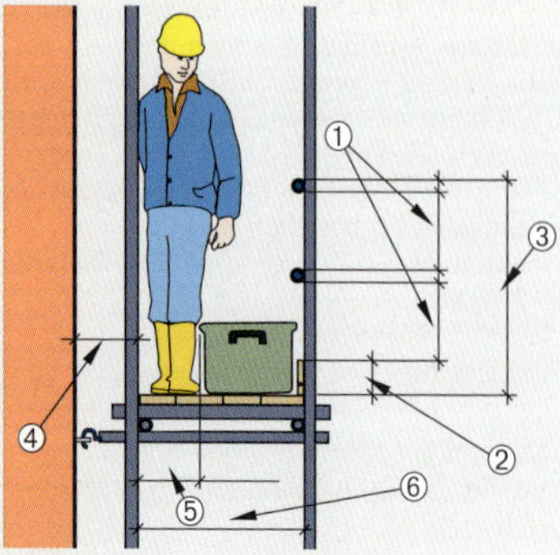

Allgemeine Sicherheitsregeln:

- Entsprechend der Aufbauanleitung aufstellen und nicht baulich verändern.
- In der Nähe von spannungsführenden Leitungen die vorgeschriebenen Sicherheitsabstände einhalten.
- Gerüste nicht vor ihrer Fertigstellung benutzen.
- Mangelhafte Gerüste nicht betreten! Mängel dem Vorgesetzten melden.
- Gerüst nur über dafür vorgesehene Aufstiege betreten.
- Verankerungen ausbauen.
- Gerüste auf öffentlichen Gehwegen müssen bei Dunkelheit beleuchtet werden.
- Öffentliche Anlagen wie z. B. Feuermelder, Hydranten oder Kabelschächte müssen jederzeit zugänglich sein. Gegebenenfalls müssen Gitterträger anstelle von Vertikalrahmen eingebaut werden.
- Werden Netze oder Planen an den Gerüsten angebracht, sind zusätzliche Verankerungen notwendig (Segelwirkung).
- Bei Gerüsten sind die Anordnungen (Anzahl und Höchstabstände) und Verankerungsart der Montageanweisung zu entnehmen.
- Nach der Fertigstellung sind Gerüste deutlich erkennbar zu kennzeichnen.

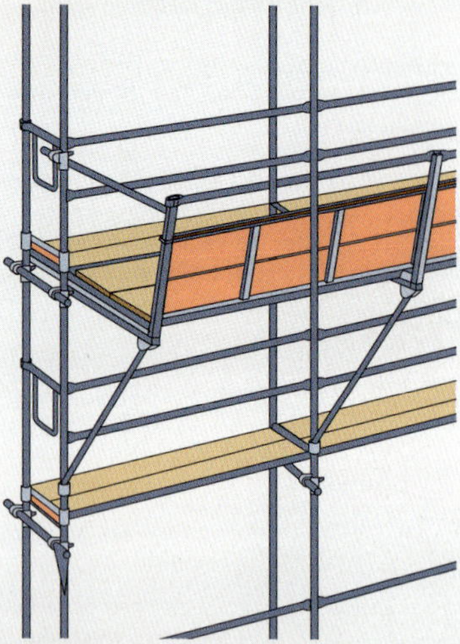

Vollholzbohle	
Stahlboden	
Hohlkasten	
Aluboden	
Stahl-Horizontalrahmen	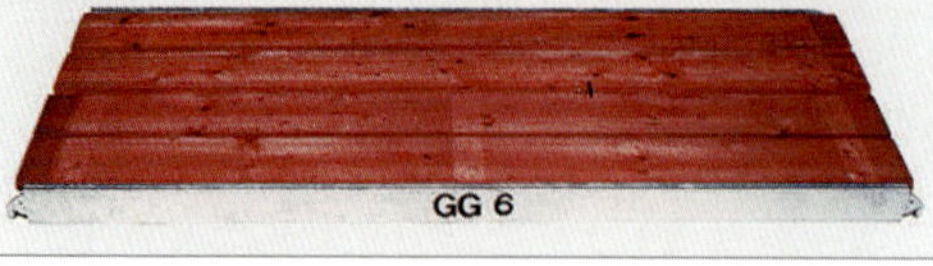

1.2.13 Umgang mit elektrischen Geräten und Anlagen

Grundlagen

Arbeiten mit Schleifgeräten, Rührgeräten u. a., aber auch das Abmontieren einer Lampe oder das Entfernen einer Steckdose gehört heute zum Arbeitsalltag des Malers. Dafür wird elektrischer Strom benötigt. Elektrischer Strom ist Elektronenfluss in leitenden Stoffen.

Können im Atom freie Elektronen auf der äußersten Schale verschoben werden, so kann elektrischer Strom fließen.

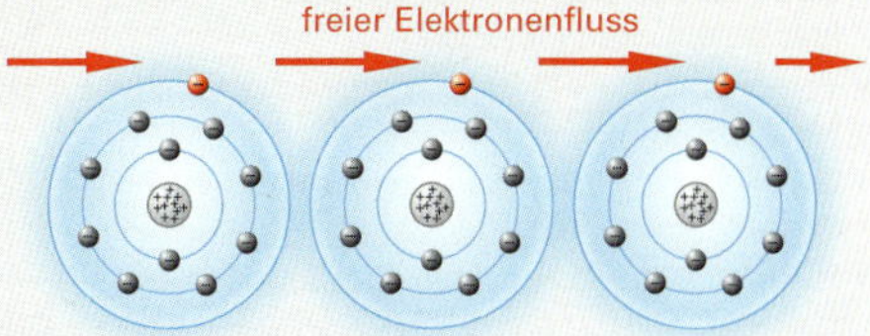

Leiter	Nichtleiter (Isolatoren)
Stoffe mit einzelnen (freien) Elektronen auf der äußersten Schale des Atoms, die sich verschieben lassen, z. B. • Wasser • Metalle	Stoffe mit vollen Atomschalen, aus denen sich Elektronen nicht verschieben lassen, z. B. • Kunststoffe

Herzschlag, Bewegung, Denken, alles im Menschen wird elektrisch gesteuert. Allerdings fließen im Menschen sehr geringe Ströme. Gerät der menschliche Organismus in einen elektrischen Stromkreis, so übertrifft dieser in der Regel die schwachen Impulse im Menschen bei Weitem.

Bei Kontakt besteht Lebensgefahr!

Deshalb sind Kennzeichen auf Geräten und Sicherheitsmaßnahmen zu beachten.

Schutzklassen				Kennzeichen	
Schutzklassen	I	II	III	VDE-Prüfzeichen	DVE
Kennzeichen				Sicherheitszeichen	VDE
Schutzmaßnahme	Schutzleiter	Schutzisolierung	Schutzkleinspannung	VDE-Kabelkennzeichen	◁VDE▷
Beispiele	Elektromotoren	Leuchten, Haushaltsgeräte	Kleingeräte bis 50 V	VDE-Elektronik-Prüfzeichen	GS geprüfte Sicherheit

Bildzeichen für IP-Schutzarten

Bildzeichen	Schutzart	IP-Schutzart	Bildzeichen	Schutzart	IP-Schutzart
	tropfwassergeschützt	IP 31		wasserdicht	IP 67
	regengeschützt	IP 33	...bar	druckwasserdicht	IP 68
	spritzwassergeschützt	IP 54		staubgeschützt	IP 5x
	strahlwassergeschützt	IP 55		staubdicht	IP 6x

x = fehlende Kennziffer

Vor Beginn der Arbeit ist im Verteilerkasten des Hauses die Sicherung für das betroffene Zimmer zu entfernen. Mit dem Phasenprüfer muss überprüft werden, ob die richtige Sicherung entfernt wurde. Frei liegende elektrische Leitungsenden müssen immer mit einer Lüsterklemme versehen werden (siehe Bild rechts).

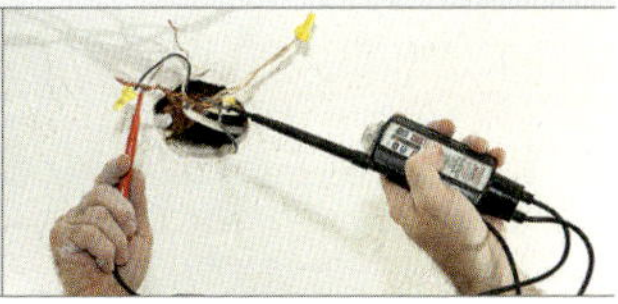

1

Umgang mit elektrischen Geräten im Innenraum

Sicherheitsmaßnahmen:

- Immer zuerst einweisen lassen und nach Gebrauchsanweisung handeln.
- Vor Gebrauch elektrische Geräte kurz durchchecken.
- Bei Bohrarbeiten auf die Lage der Kabel in der Wand achten (s. rechts).
- Elektrische Gerätekabel nie über scharfe Kanten leiten.
- Mehrfachsteckdosen nicht überlasten.
- Lampen nur in ausgeschaltetem Zustand wechseln.
- Nur Handleuchten mit Schutzglas und Schutzkorb verwenden, die schutzisoliert und strahlwassergeschützt sind.
- Nur mit druckluftangetriebenen Schleifmaschinen nass schleifen.

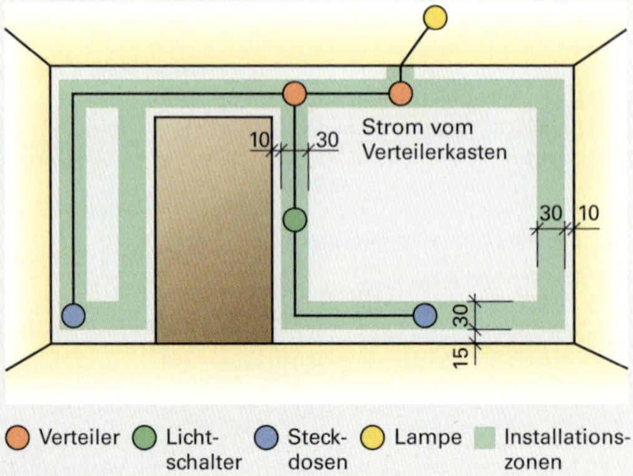

Umgang mit elektrischen Geräten auf der Baustelle

Handwerker brauchen elektrischen Strom bereits in Neubauten ohne eingerichtetes elektrisches Netz. Dafür steht in der Regel ein Baustromverteilerkasten bereit. Dieser wurde beim örtlichen Versorgungsunternehmer vom Bauträger beantragt und von einer Elektrofachkraft aufgestellt.

Blaue Steckdosen	Sie sind für Schuko-Stecker vorgesehen und für elektrische Maschinen und Geräte mit 230 V Wechselstrom geeignet, z. B. Bohrmaschinen, Schleifmaschinen und Baustellensauger.
Rote Steckdosen	Sie sind für 5-polige Stecker nach CEE-Norm vorgesehen und für elektrische Maschinen und Geräte vorgesehen, die mit Kraft- bzw. Drehstrom (380 V) betrieben werden, z. B. Putzmaschinen und Tischkreissägen.

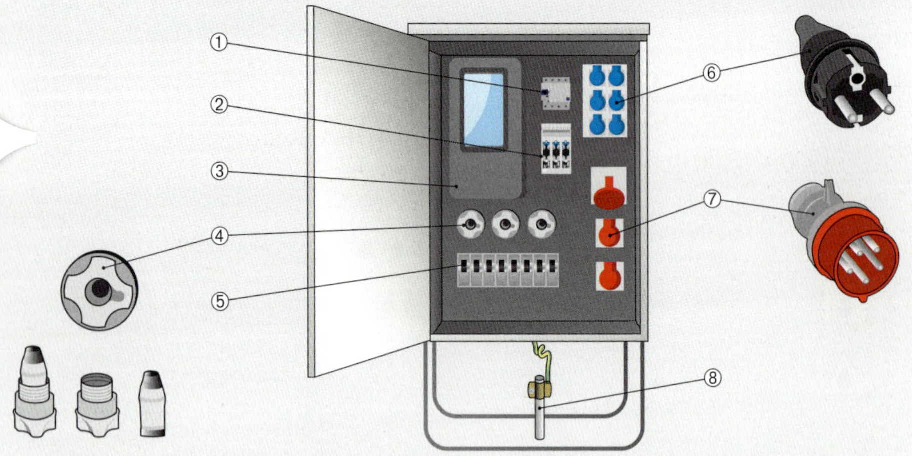

① Fehlerstromschutzschalter (früher „FI-Schutzschalter“)

② NH-Trenner

③ Stromzähler

④ Schmelzsicherung – sie brennt durch und muss ausgetauscht werden. Deshalb sollte immer ein Ersatz vorhanden sein.

⑤ Leitungsschutzschalter – Mit dem kleinen Hebel kann der Strom wieder eingeschaltet werden.

⑥ Schuko-Stecker (230 V)

⑦ 5-poliger CEE-Stecker (Drehstrom: 380 V)

⑧ Staberder

1.2.14 Persönliche Schutzausrüstung

Teile der persönlichen Schutzausrüstung

Atemschutz	Kopfschutz	Hautschutz	Schutz-kleidung	Augenschutz	Fußschutz	Gehörschutz

Atemschutz

Beim Schleifen, Strahlen und Spritzen geraten über die Atmung Schadstoffe in den Körper.

- Verdunstete organische Lösemittel werden als Dämpfe eingeatmet. Sie stören das zentrale Nervensystem.
- Feinstzerstäubte Bindemittel werden auch Aerosole genannt. Geraten diese Aerosole in die feinen Kapillaren der Lunge, so verringert sich die Lungenoberfläche, indem sie diese verkleben.
- Neben Grobstaub fällt gleichzeitig immer ein Anteil an Feinstaub an, der lungengängig ist und sich in der Lunge ablagert. Auch beim Fegen werden Partikel aufgewirbelt. Der Staub darf nicht eingeatmet werden. Anstelle des Fegens ist Saugen mit einem geeigneten Industriesauger vorzuziehen.

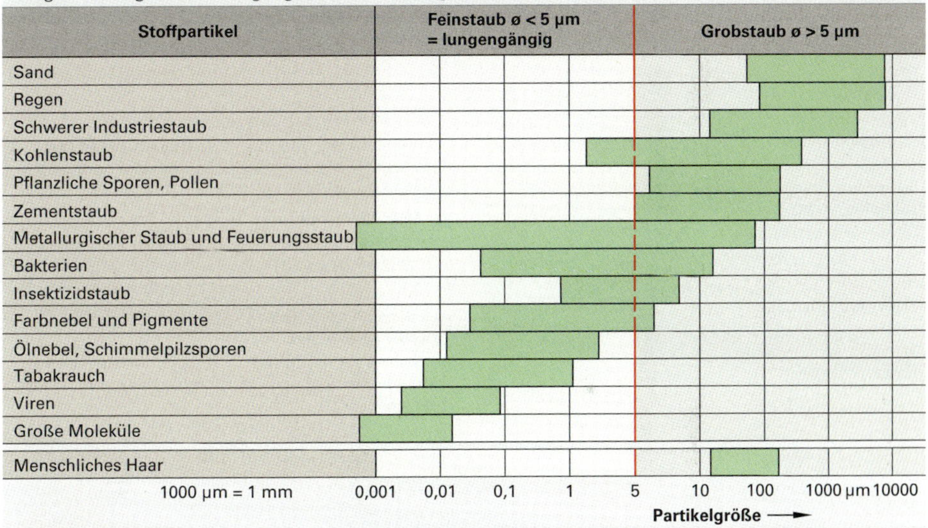

Neben Atemschutzgeräten können auch umgebungsluftunabhängige Filtergeräte verwendet werden. Diese Systeme schützen am zuverlässigsten.

Die Masken werden mit gründlich gefilteter, angewärmter und angefeuchteter Druckluft versorgt.

In der Maske herrscht ein geringer Überdruck, der das Eindringen von gefährlichen Dämpfen verhindert.

Die zugeführte Atemluft muss frei von schädlichen Beimengungen sein und der DIN EN 132 entsprechen.

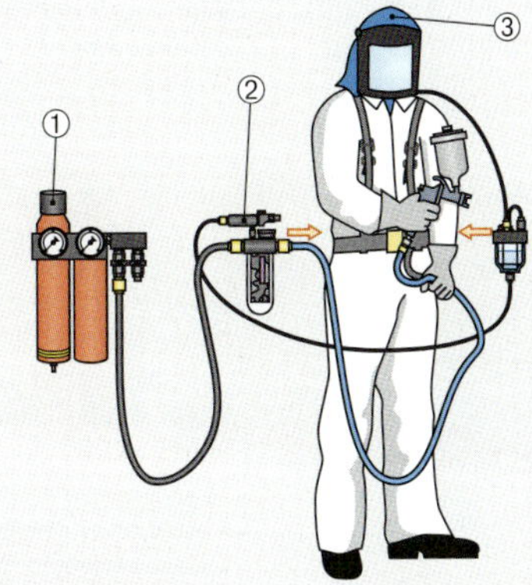

① Druckluftversorgung

② Dosiereinheit mit Filter

③ Frischlufthaube

Atemschutzgeräte			
Umgebungsluftabhängig Die Umgebungsluft wird von Schadstoffen über Filter gereinigt		Unabhängig von der Umgebungsluft Zuführung von Frischluft in die Maske oder Haube	
Staubmaske	Lackiermaske für Teilschutz	Druckluftversorgte Lackiermaske für Teilschutz	Lackierhaube für Vollschutz
		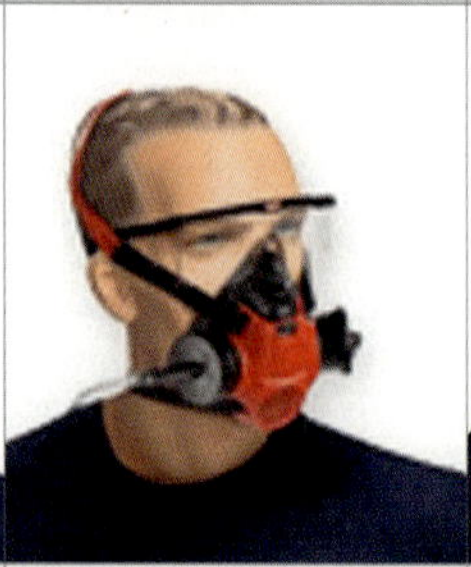	
Zur einmaligen Nutzung für maximal 1 Arbeitstag von 8 Stunden.	Tragezeit max. 120 min	Tragezeit max. 150 min	Keine zeitliche Begrenzung der Tragezeit.
Partikelfiltrierende Halbmasken bieten keinen Schutz vor Gasen und Dämpfen, selbst dann nicht, wenn sie mit einer Einlage aus Aktivkohle versehen sind. Die Wirkung der Staubmaske ist davon abhängig, wie dicht sie im Atmungsbereich anliegen.	Nur für Lackierarbeiten geringen Umfangs, d. h. wenn die verarbeitete Lackmenge kleiner als 0,5 l je Arbeitstag oder wenn weniger als 1 Stunde je Arbeitstag lackiert wird. Hohe Betriebskosten. Filterwechsel mindestens 1x pro Woche. Der Einatmungswiderstand der Filter ermüdet auf Dauer. Eine arbeitsmedizinische Vorsorgeuntersuchung ist vorgeschrieben.	Die Atemluft wird über einen Kompressor zunächst in einen Filter geleitet. Der Filter kann entweder an einem Gurt getragen oder an die Wand gehängt werden. Weil durch den Kompressor keine Atemwiderstände entstehen, ist keine Vorsorgeuntersuchung vorgeschrieben. Eine einmalige Eignungsuntersuchung ist jedoch zu empfehlen.	Die Lackierhaube bietet den höchsten Schutz und kann uneingeschränkt genutzt werden. Es bestehen keine Atemwiderstände, weil die Luft durch einen Kompressor und einen vorgehängten Filter in die Haube gelangt. Deshalb ist keine Vorsorgeuntersuchung vorgeschrieben. Eine einmalige Eignungsuntersuchung ist jedoch zu empfehlen.
Kein Schutz der Augen, Haare und des Gesichts. Problematisch für Bart- und Brillenträger.	Geeignet für Brillenträger. Kein Schutz der Haare und des Gesichts.	Geeignet für Brillenträger. Problematisch für Bartträger. Kein Schutz der Haare und des Gesichts.	Geeignet für Bart- und Brillenträger. Vollständiger Schutz der Haare und des Gesichts.

Ein besonderes Risiko besteht bei der Altbausanierung. Welche Gifte in der Vergangenheit z. B. in Dachbalken von 1900 n. Chr. verarbeitet wurden, die beim Schleifen frei werden, weiß niemand.	
Schimmelsporen	Bei der Schimmelsanierung schädigen die Schimmelsporen sowie die Verwesungsprodukte des Schimmels immer die Gesundheit.
Asbest	Ob es sich bei Dämmmaterial an Altbauten um Asbest handelt, sollte vor Arbeitsbeginn untersucht werden.
Mineralwollen	Auch die Verarbeitung von Mineralwollen zur Dämmung setzt Fasern frei, die sich in der Lunge festsetzen, dort verbleiben und zu Zellenwucherung (Krebs) führen.

Die Atemluft wird bei umgebungsabhängigen Geräten über einen Filter eingeatmet. Dadurch ist man nicht ortsgebunden. Die Preise für diese Masken sind gering. Nachteilig ist das höhere Gewicht der Masken, da der Filter direkt an der Maske angebracht ist.

- Staubmasken werden bei Schleifarbeiten eingesetzt. Die Atemluft wird durch einen Filter aus Schwamm, Kunststoffschwamm oder Watte angesaugt.
- Bei gasfiltrierenden Halb- und Vollmasken sind die Filterpatronen mit Aktivkohle gefüllt. Sie schützen vor gefährlichen Gasen und Dämpfen.
- Kombinationsfilter haben sowohl partikel- als auch gasfiltrierende Eigenschaften.

Filter werden mit einem Kennbuchstaben und einer Kennfarbe gekennzeichnet.

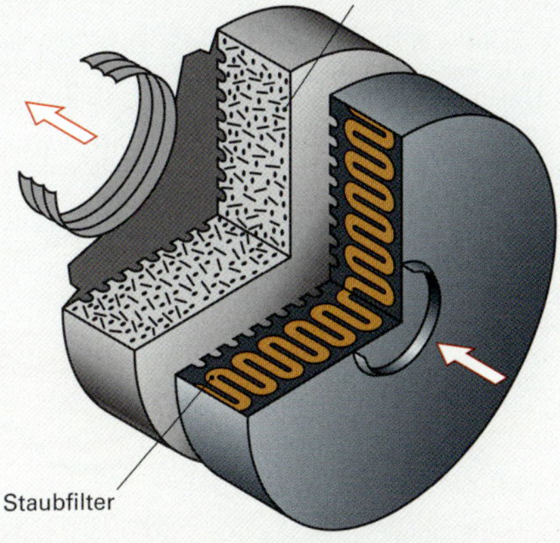

Anwendungsgebiete	Kennbuchstabe	Kennfarbe	Filterstufen	Schutzwirkung gegen …
Partikel (Stäube, Rauch, Nebel)	P	**Weiß**	P1 P2 P3	Mindergiftige feste Stoffe Mindergiftige feste und flüssige Stoffe Giftige feste und flüssige Stoffe
Organische Gase und Dämpfe	A	**Braun**	A1 Ax	Organische Gase und Dämpfe, wie z. B. Lösemittel in Siedepunkten über 65 °C S. o. mit Siedepunkten unter 65 °C
Anorganische Gase und Dämpfe	B	**Grau**	B	z. B. Chlor, Schwefelwasserstoff, Blausäure Kein Schutz gegen Kohlenmonoxid!
Saure Gase, Schwefeldioxid, Hydrogenchlorid	E	**Gelb**	E	Schwefeldioxid, Chlorwasserstoff und andere saure Gase
Ammoniak und organische Ammoniak-Derivate	K	**Grün**	K	Ammoniak und organische Ammoniak-Derivate
Kohlenstoffmonoxid	CO	**Schwarz**	CO	Kohlenstoffmonoxid

Kopfschutz

Schutzhelme sind Kopfbedeckungen aus widerstandsfähigem Material mit spezieller Konstruktion. In Europa ist der Arbeitsschutzhelm nach Norm E397 geformt. Ein Schutzhelm ist immer dann zu tragen, wenn mit herabfallenden Gegenständen zu rechnen ist.

Auf Baustellen und bei Arbeiten auf Gerüsten ist das Tragen eines Schutzhelmes Pflicht.

In auffallenden Farben gehalten, weisen sie dazu auch auf den Arbeiter mit Schutzhelm hin, der sich im Gefahrenbereich aufhält.

Schutzkleidung

Der Maler und Lackierer trägt bei seiner Arbeit einen Arbeitsanzug aus Baumwollfaser. Er muss nicht unbedingt weiß sein, sollte aber auf jeden Fall funktionell (große Taschen, bequemes Tragen, geringes Schwitzen) sein.

Beim Lackieren sollte ein Lackieranzug getragen werden. Er schützt große Bereiche des Körpers vor Farbnebeln. Weil Lösemittel auch über die Haut aufgenommen werden können, besitzen Lackieranzüge auch eine geringere Durchlässigkeit für diese Stoffe als normale Arbeitskleidung.

1

Hautschutz

Gesunde Haut wird durch einen Säureschutzmantel mit einem ph-Wert von ca. 5,5 weitgehend von Keimen und deren Vermehrung geschützt.

Trockene und raue Haut sind die ersten Anzeichen, dass die hauteigenen Schutzmechanismen herabgesetzt sind. Dann besteht die Gefahr von zum Teil langwierigen Hautproblemen. Nur durch den regelmäßigen Schutz und Pflege bleibt die Funktionsfähigkeit der Haut erhalten.

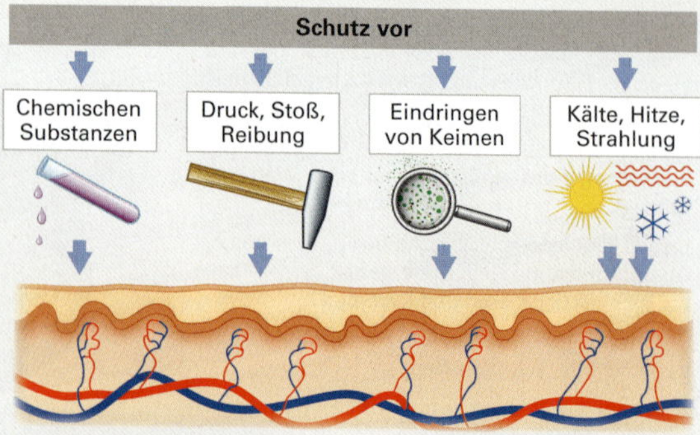

Hautschutz
Hautschutzmittel und Schutzhandschuhe, abgestimmt auf die gefährdenden Stoffe

+

Hautreinigung
Abgestimmt auf den Grad und die Art der Verschmutzung

+

Hautpflege
Unterstützt die Regeneration (Erholung) der Haut

Was? Warum?	Wann?	Womit?	Wie?
Hautschutzmittel Hält Einflüsse temporär von der Haut fern. Verhindert, dass sich Lack in den Hautporen festsetzt.	• Vor Arbeitsbeginn • Nach Pausen • Nach der Handreinigung	• „Lindolan-Schutzcreme" • Nur silikonfreie Produkte verwenden	• Gleichmäßig auf gereinigte und trockene Haut auftragen • Haut zwischen Fingern und um die Fingernägel nicht vergessen • Einziehen lassen
Hautreinigung Entfernt die Verschmutzung. Jede Hautreinigung belastet die Haut.	• Bei Bedarf • Vor Verwendung des Hautschutz- oder Hautpflegemittels	• „Lindolan-forte" • Nie sandhaltige Reiniger oder konzentrierte Lösemittel/Verdünnungen verwenden	• Hautreinigungsmittel sparsam verwenden und gründlich mit lauwarmem Wasser abspülen • Hände sorgfältig und schonend abtrocknen • Anschließend Haut- und Pflegemittel verwenden
Hautpflege Die Schutzwirkung der Haut wird wieder hergestellt.	• Zu Beginn der Pausen • Bei Arbeitsende • Nach Bedarf Hinweis: auch zu Hause und in der Freizeit die Hände pflegen!	• „Lindolan – Pflegelotion" • Nur silikonfreie Produkte verwenden	• Gleichmäßig auf gereinigte und trockene Hände auftragen • Haut zwischen den Fingern und um die Fingernägel nicht vergessen • Einziehen lassen
Schutzhandschuhe Halten Einflüsse über lange Zeit von der Haut fern.	• Bei Arbeiten, z. B. beim Farbenmischen, beim Lackieren • Bei der Reinigung von Werkzeugen und Geräten	• Wahl der Handschuhe mit der GISBAU-Handschuhdatenbank	• Hände vor dem Tragen der Schutzhandschuhe mit Hautpflegemittel pflegen • Auf Tragedauer und Tauglichkeit der Schutzhandschuhe achten • Nach Gebrauch auf weitere Einsatztauglichkeit prüfen

Augenschutz

Besonders in folgenden Situationen ist das Tragen einer Schutzbrille wichtig:

- Verspritzen von Flüssigkeiten (Kalk-, Zement- und Silikatfarben sind alkalisch)
- Wegfliegende Teilchen (z. B. beim Arbeiten mit Trenn- oder Schleifmaschinen)
- Gefährliche Strahlen (z. B. beim Streichen einer weißen Fassade im Sonnenlicht)

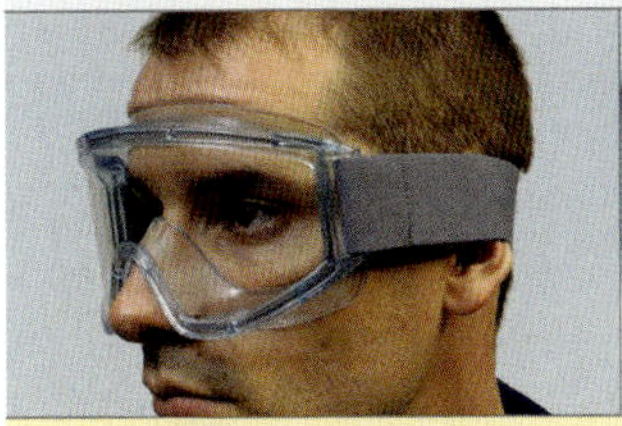
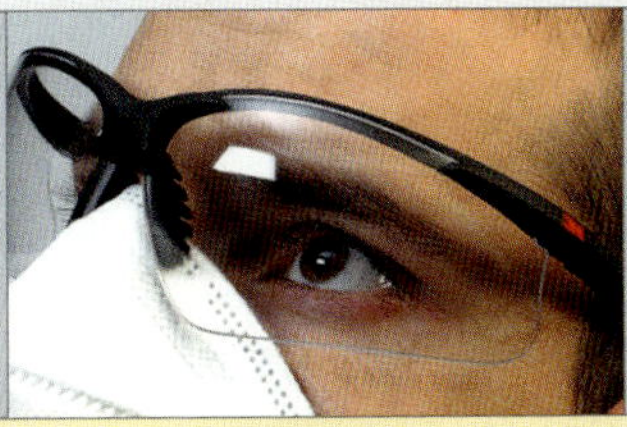
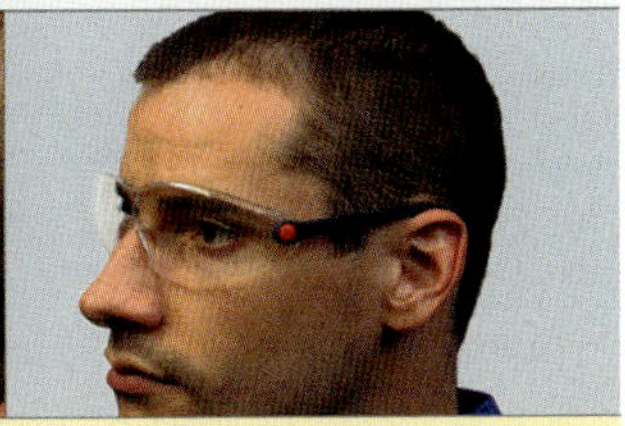

Fußschutz

Arbeitsschuhe schützen den Maler und Lackierer, wenn sie wie folgt ausgerüstet sind:

- Stahlkappe (u. a. Schutz vor fallenden, schweren Gegenständen)
- Dichte Sohle (Schutz vor Nägeln oder Scherben)
- Griffige Sohle (Schutz vor Aus- oder Abrutschen
- Tragekomfort (unbequeme Arbeitsschuhe werden nicht getragen)

Gehörschutz

Durch Lärm entstehen folgende Gefahren für den Beschäftigten:

- Hörschäden: ab einem Schallpegel von 85 dB(A) können Schäden für das Ohr entstehen.
- Wenn man gleich mehreren Geräuschquellen ausgesetzt ist, so steigt die Gefahr eines Hörschadens.
- Psychische Schäden: Lärm macht krank (z. B. Kopfschmerzen).

Bei der Überschreitung der ...	Arbeitgeber	Arbeitnehmer
... unteren Auslösewerte Dauerbelastung: $L_{EX,8h}$ = 80 dB (A) bzw. Spitzenbelastung: $L_{C,peak}$ = 135 dB	• Belehrt die Arbeitnehmer über die Risiken des Lärms • Gewährt den Arbeitnehmern auf Verlangen vorbeugende Untersuchungen des Gehörs • Stellt den Arbeitnehmern persönlichen Gehörschutz zur Verfügung	• Kann, muss aber nicht die angebotenen Maßnahmen wahrnehmen
... oberen Auslösewerte Dauerbelastung: $L_{EX,8h}$ = 80 dB (A) bzw. Spitzenbelastung: $L_{C,peak}$ = 135 dB	• Erarbeitet auf Basis einer Risikobeurteilung ein Lärmminderungsprogramm und führt es durch • Kennzeichnet die Lärmbereiche und schränkt (falls es technisch möglich ist) den Zugang ein • Sorgt dafür, dass der persönliche Gehörschutz auch eingesetzt wird	• Hat Anspruch auf eine arbeitsmedizinische Vorsorgeuntersuchung • Muss den bereitgestellten persönlichen Gehörschutz tragen

Gehörschutz gibt es für verschieden große Lärmbelastungen und für unterschiedliche Lärmfrequenzen. Hierfür stehen verschiedene Gehörschutzarten zur Verfügung:

- Bügelgehörschützer sind schnell und einfach aufzusetzen. Die Stöpsel dringen nicht tief in den Gehörgang ein und sind deshalb bequem zu tragen.
- Wiederverwendbare, vorgeformte Gehörschutzstöpsel aus flexiblen Materialien.
- Vorzuformende PU-Gehörstöpsel. Sie werden zwischen den Fingern zusammengerollt und in den Gehörgang eingesetzt.
- Kapselgehörschützer mit gepolsterten Ohrmuscheln, die mit einem Bügel verbunden sind.
- Otoplastiken. Das sind individuell auf das jeweilige Ohr angepasste Ohrstöpsel.

1

1.2.15 Maßnahmen zur Unfallverhütung

Vorbeugende Maßnahmen zur Unfallverhütung

Für mögliche Unfälle sind Vorbereitungen zu treffen, um die Folgen gering zu halten und eine Abwicklung zu ermöglichen. Die folgende Übersicht zeigt entsprechende Maßnahmen:

Schadensbegrenzung bei Unfällen			
Unfallpläne liegen vor	Erste Hilfe ist eingerichtet	Die Rettungskette funktioniert	Unfallbearbeitung erfolgt reibungslos

Unfallplan

Im Falle eines Unfalls muss jeder wissen, was er zu tun hat. Dafür sind Pläne zu erstellen:

Unfallalarmplan	Wer muss informiert werden? Wie ist er zu erreichen?
Rettungswegeplan	Deutlich sichtbare Pläne informieren über das schnelle Verlassen des Gebäudes (Bild rechts).
Feuerwehrplan	Informiert die Einsatzkräfte z. B. über Lage der Räume, Gefahrgut, Energieversorgung, Löschanlagen u. a.

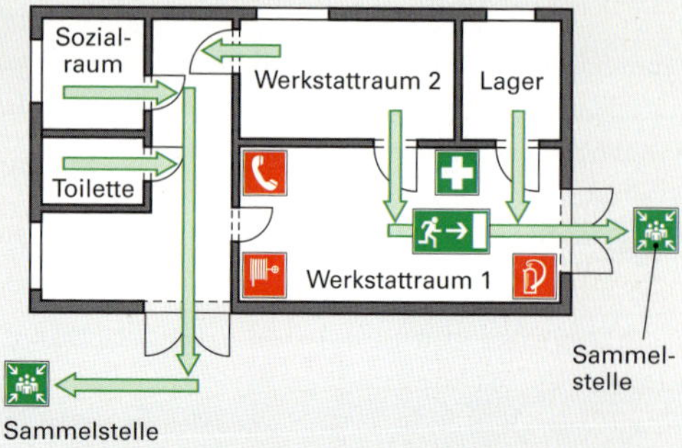

Rettungskette

	Glieder der Rettungskette	Ziel	Maßnahmen
Unfall	Sofortmaßnahmen	Lebenswichtige Funktionen wieder herstellen oder aufrecht erhalten.	• Rettung aus der Gefahrenzone • Atemspende • Blutung stillen • Schock bekämpfen • Sachgerechte Lagerung
	Notruf	Rettungsstelle herbeirufen. Erst auflegen, wenn die Rettungsstelle das Gespräch beendet.	• Wo ist der Unfallort? • Was ist geschehen? • Wie viele Verletzte? • Welche Verletzungen? • Wer ruft an?
	Erste Hilfe	Maßnahmen ergreifen, bis das Rettungspersonal eintrifft.	• Das Plakat „Anleitung zur Ersten Hilfe bei Unfällen" der DGUV muss im Betrieb gut sichtbar aushängen.
	Rettungsdienst	Er übernimmt die weitere Betreuung des Patienten.	• Nach Situation
	Krankenhaus	Fortführung der Maßnahmen.	• Nach Situation

Aktive Erste-Hilfe-Maßnahmen

In jedem Maler- und Lackierer-Betrieb müssen Erste-Hilfe-Maßnahmen organisiert sein.

- Meldeeinrichtungen: Unter der Notrufnummer 112 muss jederzeit unverzüglich Hilfe herbeigerufen werden können.
- Erste-Hilfe-Anleitung: Die von der Berufsgenossenschaft herausgegebenen „Anleitungen zur Ersten Hilfe bei Unfällen" müssen gut sichtbar aushängen.
- Erste-Hilfe-Einrichtungen: Der Erste-Hilfe-Schrank muss leicht zugänglich, gekennzeichnet und aktuell bestückt sein.
- Ersthelfer: Dies sind in Erster Hilfe ausgebildete Personen.

Stabile Seitenlage	• Sicherstellung, dass die bewusstlose Person vor dem Ersticken bewahrt wird • Der Kopf bildet den tiefsten Punkt, sodass Flüssigkeiten aus der Lunge abfließen können • Sie wird immer dann angewendet, wenn Personen bewusstlos sind, aber noch atmen • Das Unfallopfer liegt dabei auf der Seite, der obere Arm wird angewinkelt und die Hand unter den Kopf gelegt • Das obere Bein wird angewinkelt, damit die Person nicht mehr auf den Rücken oder Bauch rollen kann	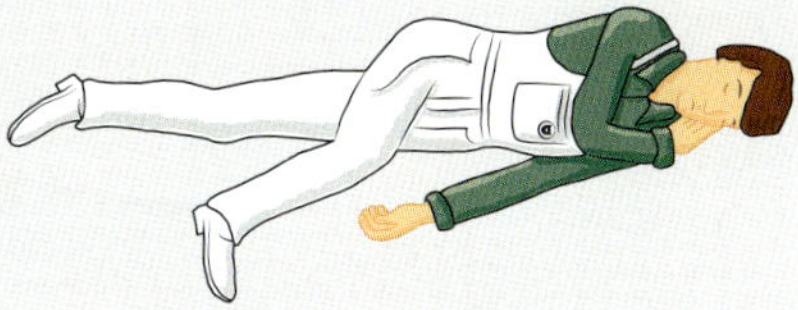
Atemspende	• Damit das Unfallopfer wieder anfängt zu atmen • Die Ursache ist häufig ein Herzstillstand • Meistens in Verbindung mit der Herzdruckmassage • Zunächst den Mundraum entleeren • Den Kopf leicht nach hinten drücken, damit der Rachen und die Lunge für die Atemspende geöffnet werden • Die Nase zuhalten, damit die Luft in den Lungenflügeln ankommt • Mund luftdicht auf den Mund des Unfallopfers legen und so fest ausatmen, dass der Brustkorb sich leicht hebt	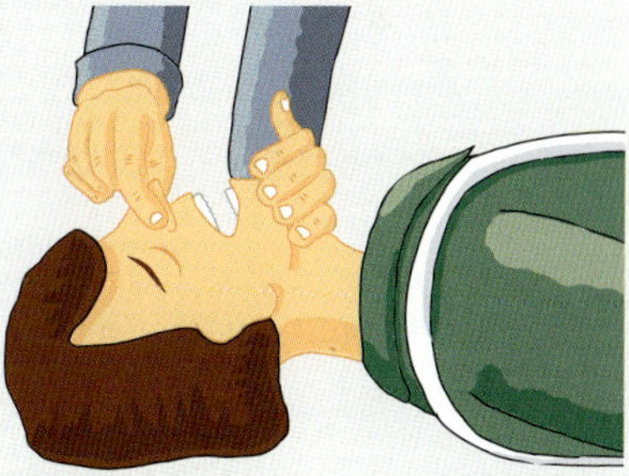
Herzdruckmassage	• Immer in Verbindung mit der Atemspende • Damit das Herz wieder beginnt zu schlagen • Wird in Erste-Hilfe-Kursen an speziellen Puppen geübt • Abwechselnd Atemspende (2x) und Herzdruckmassage (30 Stöße) • Beide Handballen übereinander in die Mitte des Brustkorbes legen • Die Arme gerade ausstrecken • Den Brustkorb des Unfallopfers in kurz aufeinanderfolgenden Stößen 5 – 6 cm eindrücken	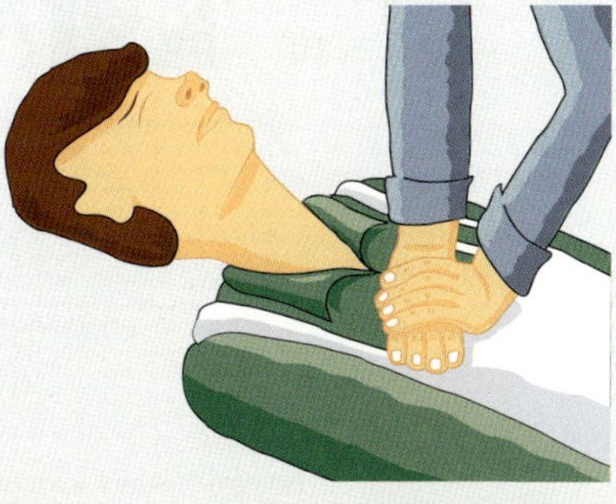

In vielen öffentlichen Gebäuden wie zum Beispiel Flughäfen oder Einkaufszentren stehen selbsterklärende Defibrillationsgeräte (AED) zur Verfügung. Sie sind mit dem rechts abgebildeten Sicherheitszeichen gekennzeichnet.

Über einfach durchführbare Sprachanweisungen wird der Ersthelfer zum erfolgreichen Einsatz des Gerätes angeleitet. Die Herzmassage erfolgt dann immer im Wechsel mit zwei Atemspenden.

1.3 Brandschutz

1.3.1 Brandschutz Grundlagen

Brandverlauf

Übliche Brandphasen eines Wohnungsbrands mit Zuordnung, in welchen Brandphasen die Brennbarkeit der Baustoffe und der Feuerwiderstand der Bauteile von besonderer Bedeutung sind. (Quelle: TU München (TUM), Lehrstuhl für Holzbau und Baukonstruktion).

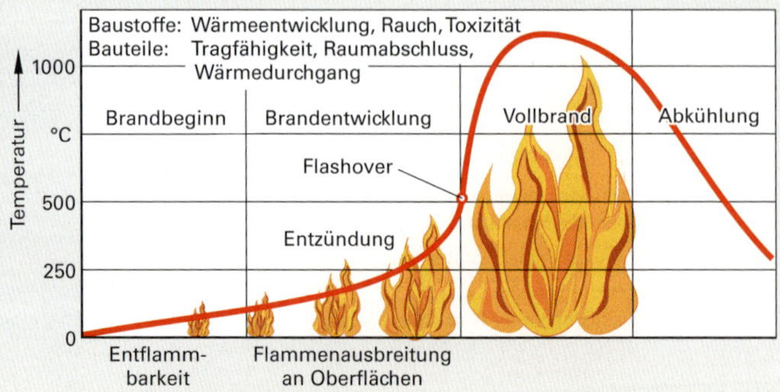

Brandschutzbereiche

Brandschutz → **Leben und Gesundheit erhalten**

- Abwehrender Brandschutz
  - Abwehrender Brandschutz
    - Feuerwehrplan
    - Löschwasser
    - Bewegungsflächen
- Vorbeugender Brandschutz
  - Organisatorischer Brandschutz
    - Evakuierung
    - Rettungswegpläne
    - Ausbildung der Personals
    - Werkfeuerwehr
  - Anlagentechnischer Brandschutz
    - Brandmeldung
    - Rauchableitung
    - Notbeleuchtung
    - Wärmeabzug
  - Baulicher Brandschutz
    - Brandabschnitte
    - Ausbildung der Rettungswege
    - Brennbarkeit
    - Feuerwiderstand
    - → Konstruktiver Brandschutz

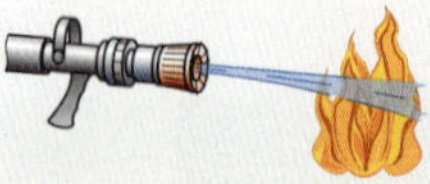

Brandverhalten von Baustoffen und Bauteilen nach DIN 4102

	Baustoffklasse nach DIN 4201 (EN 13501)			Beispiele
A	nicht brennbare Baustoffe	A1 (A1)	nicht brennbar	z. B.: Eisen, Stahl, Beton, Steine
		A2 (A2)	geringe brennbare Anteile	z. B.: Gipskarton, Rockwool (Steilwolle)
B	brennbare Baustoffe	B1 (B)	schwer entflammbar	z. B.: zementgebundene Holzbauplatten
		B2 (D)	normal entflammbar	z. B.: Holz- und Holzwerkstoffe
		B3 (F)	leicht entflammbar	z. B.: dünne Holzfurniere

Feuerwiderstandsklassen nach DIN 4102-2 und DIN EN 13501-2

Feuerwiderstandsklasse	Dauer, wie lange ein Bauteil Feuer und Hitze widerstehen können muss
F30	30 Minuten
F60	60 Minuten
F90	90 Minuten
F120	120 Minuten

1.3.2 Brandverhalten von Baustoffen

Brandverhalten von Metall

- Stahl gehört nach DIN 4102 zur Klasse A1 der nichtbrennbaren Baustoffe.
- Bei brandüblichen Temperaturen von 500 °C und mehr verliert Stahl seine statische Festigkeit. Dies ist schon nach einer Branddauer von etwa 15 min möglich. Einstürze von Stahlkonstruktionen können zu hohen Sach- und Personenschäden führen.
- Dämmschichtbildner verlängern die Standfestigkeit von Stahlbauteilen, sodass das Objekt mindestens der Feuerwiderstandsklasse F30 zugeordnet werden kann.

UA-Wert

Das Verhalten eines Bauteils bei Hitze hängt von seiner Masse und Form ab. Eine feingliedrige Stütze mit großer Oberfläche bietet bei Feuer geringere Stabilität als eine dicke, massive Stütze mit wenig Oberfläche.

Mit dem U/A-Wert wird die Hitzeempfindlichkeit eines Bauteils beschrieben und wie folgt berechnet.

$$\text{U/A-Wert} = \frac{\text{Umfang des Bauteils (in m)}}{\text{Querschnittsfläche des Bauteils (in m}^2\text{)}}$$

Je größer der U/A-Wert umso geringer die Feuerwiderstandsdauer.

Stahlbauteile mit einem U/A-Wert, unter 300 m^{-1} können mit hierfür zugelassenen Dämmschichtbildnern in die Feuerwiderstandsklasse F30 eingestuft werden. Die U/A-Werte zu Stahlprofilen lassen sich auch Tabellen entnehmen. In den Tabellen wird auch berücksichtigt, ob das Feuer den Stahlträger nur von einer oder zwei Seiten oder rundum belasten kann.

U/A-Wert Tabelle
Breiter I-Träger mit parallelen Flanschflächen (HE-A)

Kurzzeichen HE-A	Umfang 3-seitig m^2/lfd. m	U/A-Wert 3-seitig 1/m	Umfang 4-seitig m^2/lfd. m	U/A-Wert 4-seitig 1/m	Fläche m^2/t
100	0,461	217	0,561	265	33,59
120	0,557	216	0,667	264	34,02
140	0,654	208	0,794	253	32,15
160	0,746	192	0,906	234	29,80
180	0,84	185	1,020	225	28,73
200	0,94	175	1,140	212	26,95
220	1,04	162	1,260	196	24,95
240	1,13	147	1,370	178	22,72
260	1,22	141	1,480	171	21,70
280	1,32	136	1,600	164	20,94
300	1,42	127	1,720	154	19,48
320	1,46	118	1,760	142	18,03
340	1,49	112	1,790	135	17,05
360	1,53	107	1,830	128	16,34
400	1,61	101	1,910	120	15,28
450	1,71	96	2,010	113	14,36
500	1,81	91	2,110	107	13,61
550	1,91	90	2,210	104	13,31
600	2,01	89	2,310	102	12,98
650	2,11	87	2,410	100	12,68
700	2,20	85	2,500	96	12,25
800	2,40	84	2,700	94	12,05
900	2,60	81	2,900	91	11,51
1000	2,80	81	3,100	89	11,40

4-seitig

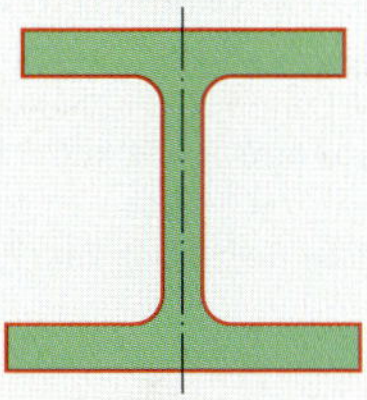

$$\frac{U = 1{,}14\ \text{m}}{A = 0{,}00538\ \text{m}^2} = \mathbf{212\ m}$$

$U = 0{,}94$ m
$A = 53{,}8\ \text{cm}^2$

3-seitig

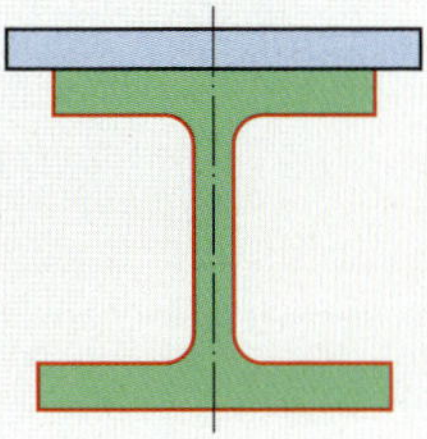

$$\frac{U = 0{,}94\ \text{m}}{A = 0{,}00538\ \text{m}^2} = \mathbf{175\ m}$$

Brandverhalten von Holz

- Holz gehört zu den normal oder leicht entflammbaren Baustoffen (B2, Furniere B3).
- Ein Holzbalken brennt relativ langsam, ca. 1,5 cm je Seite und Stunde. Die entstehende verkohlte Schicht isoliert den Kern und lässt weniger Sauerstoff durch. Darum sind brennende Holzkonstruktionen wesentlich länger standfest als Metallträger-Konstruktionen.
- Hölzer mit einer geringen Rohdichte entflammen schneller als Hölzer mit einer höheren Rohdichte.
- Durch Beschichten mit Dämmstoffbildnern kann Holz die Baustoffklasse B1 (schwer entflammbar) bei Feuerwiderstandsklasse F30 erreichen.

1.3.3 Brandschutzbeschichtung auf Holz und Metall

Beschichtungsstoff

Metall	Holz
• Stahlteile im Trockenbau ummanteln und verputzen. • Beschichtung mit Dämmschichtbildnern	• Einbringen salzhaltiger Feuerschutzmittel • Beschichten mit absperrenden mineralischen Bindemitteln (historisch) • Beschichtung mit Dämmschichtbildnern

Dämmschichtbildner

Diese bestehen aus dem Bindemittel und Kohlenstoff-, Gas- und Säurebildnern, die ab 120 °C die chemische Reaktion des Aufschäumens bewirken.

Das Material schäumt auf und es bildet sich eine 2 bis 3 cm dicke Dämmschicht. Diese poröse Schicht wirkt wärmeisolierend und verzögert das Brandverhalten von Holz und Stahl.

Aufgrund der Bedeutung ihrer Funktion müssen Dämmschichtbildner behördlich zertifiziert sein.

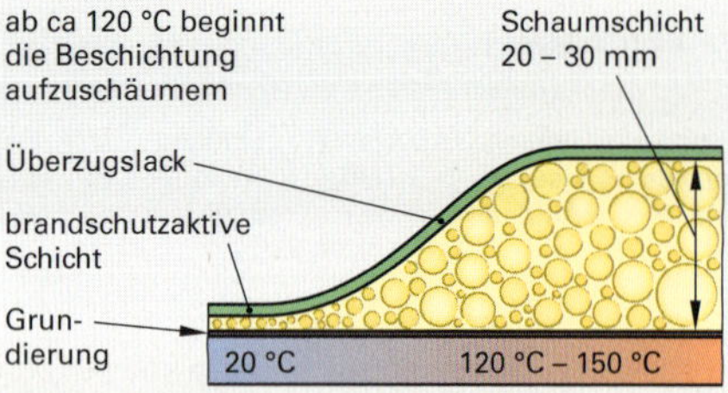

Beschichtungsaufbau mit Dämmschichtbildner

Auf Stahl	Auf Holz
Der Zulassungsbescheid muss an der Verarbeitungsstätte vorliegen.	
Der Untergrund muss sauber, trocken und korrosionsschutzgerecht vorliegen (Sa 2 ½).	Der Untergrund muss sauber, trocken und möglichst glatt vorliegen.
Aufbau	
Geeignete Korrosionsschutzgrundierung	Geeignete Holzschutzgrundierung
Dämmschichtbildner nach Herstellerangabe und entsprechend den Auflagen der Bauaufsichtsbehörde auftragen	
Mit einem Überzugslack schützen und gestalten	

Hinweise

Die jeweils vorgegebenen Auftragsmengen ergeben die erforderlichen Schichtdicken laut Zulassungsbescheid. Diese sind nach der Trocknung zu überprüfen.

Die Ausführung von Brandschutzbeschichtungen darf nur durch vom Hersteller geschultem Personal vorgenommen werden.

Alle brandschutzbeschichteten Konstruktionen müssen mit einem Schild mit wichtigen Angaben zum Brandschutzsystem gekennzeichnet sein.

1.3.4 Brandschutz an Gebäuden mit WDV-Systemen

Brandgefahr

- Etwa 2/3 aller WDV-Systeme basieren auf expandiertem Polystyrol EPS. Dieser Kunststoff ist schwer entflammbar und somit in Baustoffklasse B1.
- In Deutschland enthalten EPS-Dämmstoffe immer Flammschutzmittel, wenn sie für Fassadenanwendungen eingesetzt werden. Im Brandfall schmilzt flammgeschütztes EPS zunächst. Graues EPS (mit Grafitanteil) und moderne Putzsysteme verringern die Brandlast und Intensität eines Brandes nochmals.

Brandriegel

Bei Häusern, deren oberstes begehbares Geschoss in sieben Metern Höhe und darüber beginnt, sind sogenannte Brandriegel vorgeschrieben. Sie bestehen meist aus nicht brennbarer Stein- oder Mineralwolle. Bei Gebäuden mittlerer Höhe (GK 4 und GK 5) umschließen die horizontal angebrachten Brandriegel jedes zweite Stockwerk der mit EPS gedämmten Fassade.

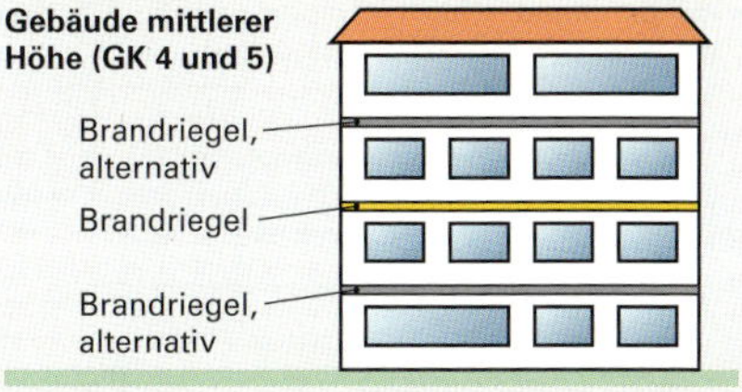

Sturzschutz

Über Fenstern und Türen kann ein „Sturzschutz" aus Mineralfaserplatten ein Ausbreiten von Feuer verhindern. Erforderlich ist ein 20 cm breiter und 30 cm überstehender Streifen oberhalb der Öffnung. So ist die Gefahr geringer, dass Innenraumbrände über die Fenster auf die Fassade überspringen.

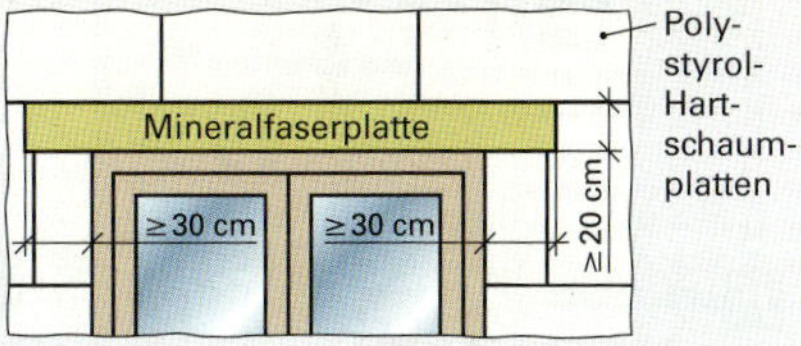

1.3.5 Brandschutz im Gebäudeinnern

Brandgefahr

Eine **Brandwand** hat die Aufgabe, das Übergreifen von Feuer, Hitze und Rauch von einem Gebäude oder Gebäudeteil auf ein anderes zu verhindern. Eine **feuerbeständige Wand** hat die Aufgabe, innerhalb eines Gebäudes oder eines Gebäudeteils den Nutzer vor Feuer, Hitze und Rauch, beispielsweise auf Flucht- und Rettungswegen, zu schützen. Hier können Trockenbaumaßnahmen zur Brandverhinderung beitragen.

Brandschutz mit Gips

Die besondere Brandschutzwirkung von Gips und Gipsbaustoffen beruht auf dem im Gipsmolekül zu rund 20 Gewichts-Prozent chemisch gebundenen Kristallwasser.

Dieses kann im Gipsputz pro 10 mm Putzdicke auf einer Fläche von einem Quadratmeter etwa 2 Liter Wasser kristallin binden. Gips gehört zur Baustoffklasse A1 (nichtbrennbare Baustoffe).

Gips:

$$CaSO_4 \times 2\,H_2O$$

Kristallwasser

Brandschutz mit Gipsplatten

Für den Brandschutz im Trockenbau sind die Normen DIN 4102 bzw. DIN EN 13501 wichtig, die sich auf nichttragende innere Trennwände beziehen.

Schon mit einer einlagigen Beplankung auf jeder Seite mit Feuerschutzplatten von Typ F können Montagewände in der Feuerwiderstandsklasse F30-A ausgeführt werden: Mit doppelter Beplankung ist F90 erreichbar.

Die verbesserte Standfestigkeit der Gipsplatte im Brandfall wird durch Einlagern von Glasfasern erreicht.

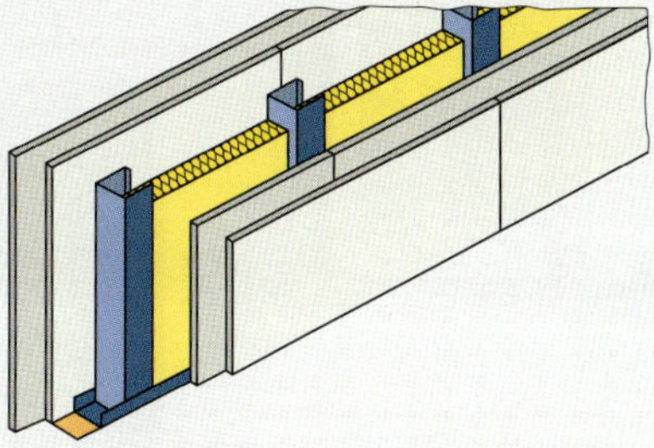

1

1.3.6 Brandschutz in der Werkstatt

Zuständigkeiten

Der Arbeitgeber

Er muss …
- technische und organisatorische Maßnahmen zur Verhütung von Bränden treffen,
- Einrichtungen zur Brandbekämpfung schaffen und unterhalten sowie die Benutzung üben lassen,
- auf die Brandgefahr hinweisen und die Mitarbeiter in den Schutzmaßnahmen unterweisen.

Der Arbeitnehmer

Er muss …
- Anweisungen zur Brandverhütung befolgen,
- Sicherheitsgerechtes Verhalten zur Vermeidung von Bränden zeigen.

Vorschriften

Gefahrenbereiche
müssen gut sichtbar gekennzeichnet werden.

Rettungswegepläne sind an allen entscheidenden Stellen auszuhängen.
Fluchtwege müssen immer freigehalten werden.

Rettungswegeplan

Werkstofflagerung
Siehe Betriebssicherheitsverordnung (BetrSichV) und die TRbF (Techn. Regeln brennbare Flüssigkeiten).

Brennbare Flüssigkeiten sind in einem separaten VbF-Raum zu lagern. Dieser Bereich gilt als explosionsgefährdeter Bereich der Zone 2.

Abluft ist bodennah abzuführen.

Gefahrenkennzeichnung

Verbotszeichen Beispiele

Rauchen verboten

Feuer, offenes Licht und Rauchen verboten

Mit Wasser löschen verboten

Warnzeichen Beispiele

Warnung vor einer Gefahrenstelle

Warnung vor feuergefährlichen Stoffen

Warnung vor explosionsfähiger Atmosphäre

Fluchtwege Beispiele

Rettungsweg (Richtungsangabe nach links)

Hinweis auf Erste Hilfe

Richtungsang. für Erste Hilfe-Einrichtungen

Besonders gefährdete Werkstattbereiche

VbF-Lager (Außenlager im Freien)	Lackvorbereitung	Lacklager

2 Beschichtungsstoffe

2.1	**Bindemittel**	**48**
2.1.1	Zusammensetzung von Beschichtungsstoffen	48
2.1.2	Herstellung eines Lackes	49
2.1.3	Einordnung von Beschichtungsstoffen	50
2.1.4	Die wichtigsten Bindemittel und Beschichtungsstoffe	52
2.2	**Lösemittel**	**62**
2.2.1	Aufgaben und Eigenschaften von Lösemitteln	62
2.2.2	Wasser als Lösemittel	62
2.2.3	Einteilung und Verwendung organischer Lösemittel	63
2.2.4	Herstellung von organischen Lösemitteln	63
2.2.5	Merkmale und Kenndaten der Lösemittel	64
2.2.6	Lösemittel, Nichtlöser und Verdünnungen	65
2.2.7	Gefahren und Schutz im Umgang mit Lösemitteln	66
2.3	**Farbmittel und Additive**	**67**
2.3.1	Farbmittel, Pigmente, Farbstoffe und Füllstoffe	67
2.3.2	Farbstoffe	68
2.3.3	Füllstoffe	68
2.3.4	Einteilung der Pigmente	69
2.3.5	Aufgaben und Eigenschaften der Pigmentierung	69
2.3.6	Herstellung von Pigmenten	71
2.3.7	Besondere Pigmente für Effektlacke	72
2.3.8	Additive	74
2.4	**Beschichtungssystem**	**75**
2.4.1	Schichten im Beschichtungssystem	75
2.4.2	Schichtdicke	76
2.4.3	Spachtelschichten im Beschichtungssystem	77
2.4.4	Trocknung von Beschichtungen	77
2.4.5	Piktogramme in Technischen Merkblättern	80
2.5	**Qualitätsprüfung am Lack und Lackierergebnis**	**81**
2.5.1	Möglichkeiten der Qualitätsprüfung	81
2.5.2	Prüfung der Haftung	82
2.5.3	Prüfung der Viskosität	83
2.5.4	Schichtdickenmessung	83
2.5.5	Prüfung des Deckvermögens	83
2.5.6	Prüfung der Belastbarkeit durch Witterungseinflüsse	84
2.5.7	Prüfung der mechanischen Beanspruchbarkeit	85
2.5.8	Prüfung der Chemikalienbeständigkeit	85
2.6	**Besondere Lacke und industrielle Beschichtung**	**86**
2.6.1	Zweikomponentenlacke	86
2.6.2	Spraydosen	87
2.6.3	Pulverbeschichtung	88
2.6.4	Coil Coating	90
2.6.5	Anlagenplanung	90
2.6.6	Industrielle Beschichtungsverfahren	91

2.1 Bindemittel

2.1.1 Zusammensetzung von Beschichtungsstoffen

Bestandteile			
Bindemittel 	• Wichtigster Bestandteil • Organisch oder anorganisch • Bildet den festen Anstrichfilm • Bestimmt die Eigenschaften • Haftet auf dem Untergrund • Verklebt die Pigmente	Alkydharz Acrylharz Epoxidharz Silikonharz Wasserglas	
Pigmente 	• Feste Teilchen, Ø ~ 1/1000 mm • Unlöslich im Beschichtungsstoff • Geben Farbton und Fülle • Organisch oder anorganisch • Besonderheit: Füllstoffe	Titandioxid Ruß Ocker Eisenoxidrot	
Lösemittel 	• Lösen und verdünnen das Bindemittel • Verdunsten • Entscheiden über die Trocknungsgeschwindigkeit • Organisch • Besonderheit: Wasser	Testbenzin Xylol Butylacetat	
Additive 	• Medizin im Lack • Geringe Mengen verbessern bestimmte Eigenschaften • Anteil unter 1 %	Sikkative Verdickungsmittel Fungizide Entschäumer	

Wichtige Begriffe	
Festkörper	Wichtige Aussage über den Anteil am Beschichtungsstoff, der nach dem Trocknen den Beschichtungsfilm bildet. Er besteht weitgehend aus Pigment und Bindemittel. Additive fallen kaum ins Gewicht. Herkömmliche Lacke: etwa 70 % FK Dispersionsfarbe: etwa 75 % FK
High-Solid-Lack	In High-Solid-Lacken beträgt der Festkörper 80 % – 90 %. Da der Lösemittelanteil dadurch reduziert ist, ist dieser HS-Lack umweltfreundlicher als übliche Lacke.
Flüchtiger Anteil, VOC	In Lacken werden heute noch meist organische Lösemittel, in englisch: Volatile Organic Compounds (VOC), eingesetzt. Da diese der Gesundheit und der Umwelt schaden, muss der VOC-Anteil gesenkt werden.
Name des Beschichtungsstoffes	Die Bezeichnung des Lackes nach dem Bindemittel vermittelt dem Fachmann alle wesentlichen Eigenschaften des Lackes. Sie ist anderen Bezeichnungen vorzuziehen, da diese meist nur begrenzt Informationen liefern, z. B. Fensterlack, Mattlack, Außenfarbe.
Kunstharzlack	Anfangs gab es nur Alkydharz als Kunstharz. In dieser Zeit wurde der Begriff für Alkydharzlacke geprägt. Da heute verschiedene Kunstharze eingesetzt werden, ist die Bezeichnung Kunstharzlack zu allgemein.
Lack, Lasur, Imprägnierung	Je nach Rezeptur bilden Beschichtungsstoffe einen Film auf dem Untergrund (Lack), nur teilweise einen Film, dringen teilweise in den Untergrund ein (Lasur) oder bilden keinen Film, indem sie ganz in den Untergrund eindringen (Imprägnierung). Als Lasur bezeichnet man auch Material, welches den Untergrund nicht vollständig abdeckt, sodass der Untergrund durchscheint.

2.1.2 Herstellung eines Lackes

Bis vor etwa 100 Jahren stellten Maler Grundierung, Vorlack, Lack sowie Wandfarben aus wenigen Rohstoffen selbst her. Heute entwickeln Lacklaboranten im Labor hochwertige Produkte für jede Anwendung.

Rohstoffe, Mengenanteile, Rezeptur

Aus dem umfangreichen Angebot an Bindemitteln, Pigmenten usw. müssen die Stoffe und deren Mengenanteile gefunden werden, die zum gewünschten Ergebnis führen könnten. Eine Rezeptur kann durchaus bis zu 20 Bestandteile enthalten.
Über Versuchsreihen und deren Auswertung entsteht das Rezept des neuen Lackes.

3 verschiedene Bindemittel	= 3 Dosen
jeweils Bindemittel-Anteil 40 %, 50 %, 60 %	= 3 × 3 Dosen
und jeweils in 3 Farbtönen	= 3 × 3 × 3 Dosen
	= 27 Dosen

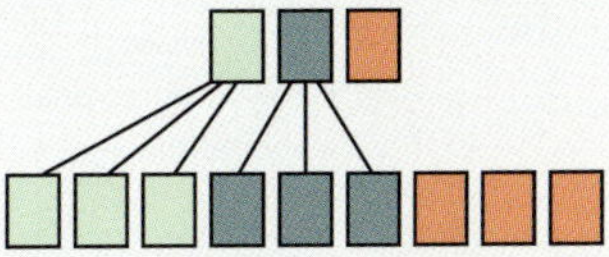

= 1 Versuchsreihe

Das Pigment

Ein Klarlack lässt sich leicht zusammenrühren. Probleme bereitet das Pigment. Die feinen Pigmentteilchen bilden Klumpen (Agglomerate), die sich kaum zu den gewünschten Aggregaten auseinanderrühren lassen). In einem Gramm Pigment können Haftkräfte von bis zu 1 t wirken. Diese Kraft kann von Hand nicht aufgebracht werden.
Zusätzlich lässt sich das Pigment nur schwer durch das Bindemittel benetzen.

Kristalle, die Einzelteilchen der Pigmente, können in den verschiedensten Formen vorliegen.

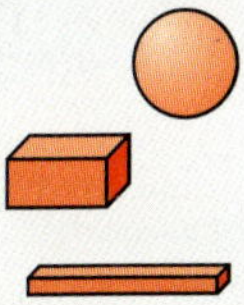

Sie lagern sich flächig zu Aggregaten zusammen.

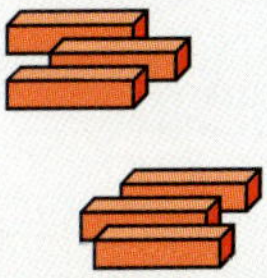

Die Aggregate bilden über Ecken und Kanten Agglomerate.

Produktion und Vertrieb

- Einrühren der Pigmente mit einem schnellen Rührwerk, dem Dissolver mit bis zu 9000 Umdrehungen/min, in einem Teil des Bindemittels.
- Abreiben des Mischansatzes. Die Reibung zerlegt die Agglomerate in gewünschte Aggregate und benetzt das Pigment mit dem Bindemittel. Den Vorgang des Abreibens nennt man auch dispergieren. Heute sind vorwiegend geschlossene und fortlaufend arbeitende Sand- und Perlmühlen im Einsatz. Der Lackansatz wird durch bewegten Sand gedrückt.
- Das Ende des notwendigen Dispergiervorgangs lässt sich über die Messung der geforderten Kornfeinheit erkennen.
- Nach dem Abreiben werden alle anderen Stoffe nach Rezept dazugemischt.
- Vor der Freigabe, der Genehmigung zur Produktion des Lackes, müssen alle geforderten Eigenschaften in Ordnung sein. Dann wird der Lack in Lieferviskosität abgefüllt und ausgeliefert.
- Jede neue Produktionscharge wird vor der Auslieferung geprüft und ein Rückmuster fünf Jahre aufbewahrt.

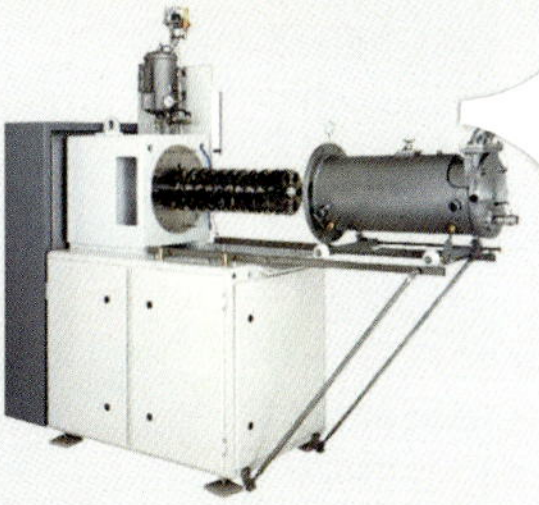

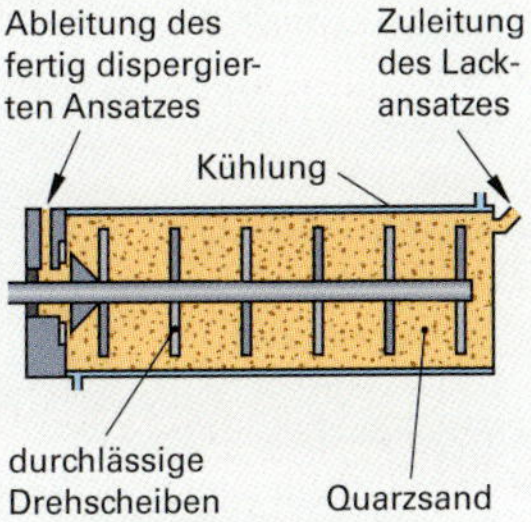

Perlmühle, Aussehen und Funktionsprinzip

2

2.1.3 Einordnung von Beschichtungsstoffen

Gruppe	Bindemittel		Einsatz in Beschichtungsstoffen	Chemische Zugehörigkeit
Mineralische Bindemittel	• Kalk • Weißzement • Wasserglas • Silikonharz		• Kalkfarbe • Zementfarbe • Silikatfarbe • Dispersionssilikatfarbe • Silikonharzfarbe	Anorganisch (Silikonharz ist teils anorganisch, teils organisch).
Dispersionen	• Polyvinylacetat • Polyvinylpropionat • Styrol-Butadien • Acrylate		• Dispersionsfarben und „Wasserlacke“	Organisch
Leime	• Tierische Leime • Pflanzliche Leime • Kasein		• Leimfarbe, Kleister • Malfarben	
Öle	• Leinöl • Holzöl		• Ölfarben	
Harzartige Bindemittel	Naturharze	• Bernstein • Kopal • Dammar • Balsamharz • Kolophonium • Schellack	• Naturharzfarben	
	Veredelte Naturprodukte	• Zellulosenitrat • Asphalt/Bitumen • Chlorkautschuk	• Nitrolack • Asphalt- u. Bitumenlack • Chlorkautschuklack	
	Kunstharze	• Polymerisatharze • Silikonharz • Alkydharz • Acryllack • Epoxidlack • Polyurethanharz • Ungesättigter Polyester • Harnstoff-Melamin-Phenolharz	• Polymerisatharzlack • Vinylharzlack • Silikonharzlack • Alkydharzlack • Acryllack • Epoxidharzlack • Polyurethanharzlack • Polyesterlack • Säurehärtender Lack	

• Verarbeitbarkeit • Abriebfestigkeit • Dehnbarkeit • Korrosionsschutz • Härte • Wetterbeständigkeit • Glanzgrad • Trocknung/Härtung • Chemikalienbeständigkeit • Gesundheits- und Umweltgefährdung • Wasserdampfdurchlässigkeit • Wisch-, Wasch-, Scheuerbeständigkeit • u. a.	• **Wesentliche Eigenschaften** sind vom Bindemittel abhängig. • Häufig werden in Beschichtungsstoffen mehrere Bindemittel kombiniert, um die Eigenschaften der Beschichtung zu optimieren. Bindemittel können nochmals zu drei Gruppen zusammengefasst werden, siehe Seite 51. Diese drei Gruppen unterscheiden sich grundsätzlich und begründen wichtige Eigenschaften von Beschichtungsstoffen.

Bindemittelunterschiede		
Gelöste Harze und Kunststoffe	**Kunststoffe in Dispersionen**	**Mineralische Bindemittel**
Natur-, Kunstharzlacke, Zweikomponentenlacke, Ölfarben	Dispersionsfarben, Kleber, wasserverdünnte Lacke („Wasserlacke“)	Kalkfarbe Zementfarbe Silikatfarbe

Gelöste Harze und Kunststoffe

Natur-, Kunstharzlacke, Zweikomponentenlacke, Ölfarben

Harz/Kunststoff

+

Lösemittel

Das Bindemittel, ein Harz oder Kunststoff, wird in Lösemittel gelöst. Die Bindemittelmoleküle schwimmen frei beweglich im Lösemittel.

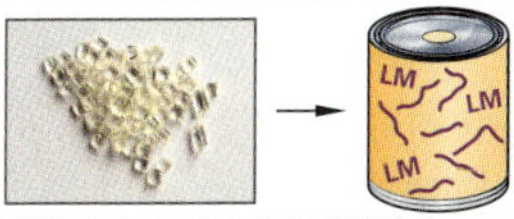

Nach der Verarbeitung trocknet die Beschichtung durch das Verdunsten des Lösemittels:

physikalische Trocknung

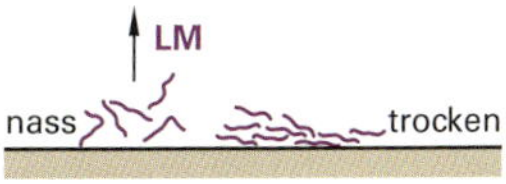

Besonderheiten:
Zweikomponentenlack, Öle

Die Moleküle verbinden sich zusätzlich zu einem Großmolekül. Dies erfolgt durch einen weiteren Stoff (Sauerstoff, Härter):

chemische Trocknung/ Härtung

Kunststoffe in Dispersionen

Dispersionsfarben, Kleber, wasserverdünnte Lacke („Wasserlacke“

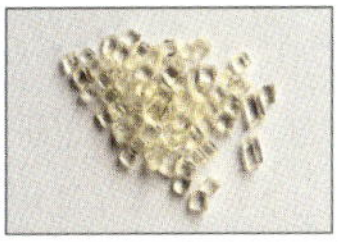

+

Wasser

Harze oder Kunststoffe können in Wasser nicht gelöst werden.

Das Bindemittel wird als feines Pulver hergestellt. Wird dieses Pulver in Wasser gegeben, so schwimmen die Kunststoffkügelchen ungelöst im Wasser. Ein Gemisch von festen Teilchen ungelöst in einer Flüssigkeit nennt man Suspension.

Der Überbegriff lautet:

Dispersion

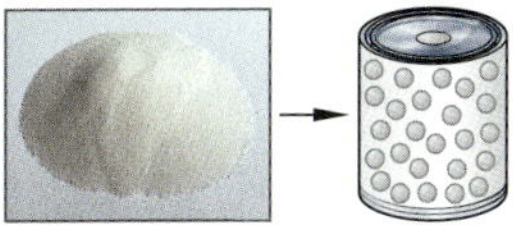

Nach der Verarbeitung verdunstet das Wasser und die etwas weichen Kunststoffkügelchen verschmelzen zum dichten Film. Diesen Trocknungsverlauf nennt man:

Kalter Fluss

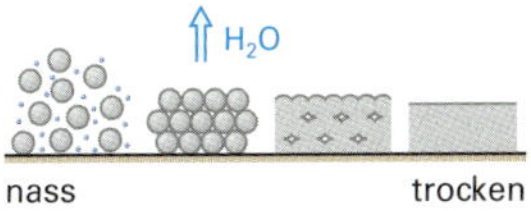

Mineralische Bindemittel

Kalkfarbe
Zementfarbe,
Silikatfarbe

Gesteine (Mineralien) werden umgewandelt, sodass sie als Beschichtungsstoff verarbeitet werden können.

Beispiel: Zement
Kalk, Ton und Quarzsand werden bei 1400 °C geschmolzen.

Nach der Verarbeitung entsteht wieder der harte, wasserunlösliche Stein.

- Kalkfarbe wird zu Kalkstein.
- Silikatfarbe wird zu Kieselstein.
- Zementrohstoffe werden zu Zement, einem neuen „Gestein“.

Besonderheiten:
Silikonharzfarbe, Dispersionssilikatfarbe

Organische Anteile und Dispersionen beeinflussen die mineralischen Eigenschaften dieser Farben.

Lacke und Dispersionen sind von großer Bedeutung für Maler und Lackierer sowie für Fahrzeuglackierer.

Anstriche mit mineralischen Bindemitteln sind für Maler und Lackierer von Bedeutung.

2

2.1.4 Die wichtigsten Bindemittel und Beschichtungsstoffe

Kalk und Kalkfarben

- Kalkstein verändert bei 1400 °C seine chemische Struktur zum gebrannten Kalk. CO_2 entweicht. Gebrannter Kalk ist wasserlöslich.
- Nach Zugabe von Wasser, dem Löschen, kann der gelöschte Kalk als Bindemittel eingesetzt werden.
- Nach der Verarbeitung härtet er durch Carbonatisierung. Dabei wird CO_2 aus der Luft aufgenommen. Das zugegebene Wasser verdunstet. Es entsteht wieder Kalkstein, nun aber als dünne Schicht auf der Wand.
- Bei der Erhärtung wird alkalische Kalklauge frei. Alkalität bedeutet immer Gefahr für Augen und Haut und Schutz vor Algen, Moos und Schimmel.

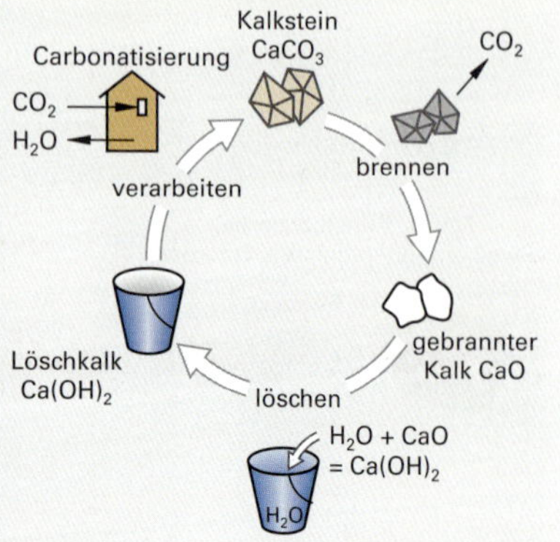

Kalkputz	• Kalk wird mit Wasser und Sand zum Mörtel angerührt. **Mörtelgruppe P I:** Luftkalkmörtel, Wasserkalkmörtel, Hydraulischer Kalkmörtel **Mörtelgruppe P II:** Hochhydraulischer Kalkmörtel, Kalk-Zementmörtel **Mörtelgruppe P III:** Zementmörtel mit Kalkzusatz
Kalkfarbe	• Gelöschter Kalk als Bindemittel + beigemischte Zusätze. • Durch die weiße Eigenfarbe können beim Mischen mit kalkechten Pigmenten nur Pastelltöne erreicht werden. • Zusätze, wie Leinöl, verbessern die Streichbarkeit. • Kalkfarben werden noch in Stallungen und hygienischen Bereichen verwendet. • Industrieluft wandelt nach und nach Kalk in wasserlöslichen Gips um.

Zement und Zementfarbe

- Kalkstein und Ton gemischt und gesintert bei 1400 °C ergeben Zementklinker. Aufbereitung zum Zementpulver.
- Durch Zusätze ergeben sich die verschiedenen Zementsorten. Durch Eisenoxide und weitere Stoffe ergibt sich der typische Grauton.
- Die wichtigste Zementsorte ist Portlandzement.
- Zement ist ein hydraulisches Bindemittel. Das Wasser, mit dem der Zement verarbeitungsfähig angemischt wird, wird bei der Härtung chemisch eingebaut.
- Zement ist alkalisch. Alkalität bedeutet immer Gefahr für Augen und Haut und Schutz vor Algen, Moos und Schimmel.
- Zement ist das Bindemittel des Betons.

Zementputz	**Mörtelgruppe P III b:** Zement + Wasser + Sand **Mörtelgruppe P IIb und P IIIa:** Zement gemischt mit Kalk • Zementputz braucht einen Trägeruntergrund, • Zementputz ist sehr hart und beständig. An Neubauten oft Einsatz im Sockelbereich gegen Feuchte.
Beton	Beton = Zement + Wasser + Kies/ Sand (+ Stahleinlage, Bewehrung) • Beton braucht keinen Trägeruntergrund. • Der flüssige Beton wird in eine Form, die Verschalung, gegossen. Nach der Erhärtung kann diese entfernt werden und das Betonobjekt steht frei. • Beton muss durch Beschichtungen geschützt werden.
Zementfarbe	• Einsatz von Weißzement, eine Zementsorte ohne graufärbende Bestandteile. • Beschichtungen sind sehr hart, spröde, sehr widerstandsfähig und alkalisch.

Wasserglas und Silikatfarben

- Quarzsand und Pottasche, bei 1300 °C verschmolzen, ergeben das Bindemittel Wasserglas.
- Es wird als Bindemittel (Fixativ) für Silikatfarben eingesetzt.
- Silikatfarben trocknen durch Verkieselung mit mineralischen Putzen (außer auf Gipsputz).
- Wasserglas ist alkalisch. Alkalität bedeutet immer Gefahr für Augen und Haut, aber auch Schutz vor Algen, Moos und Schimmel.
- Silikatfarben sind gasdurchlässig. Sie eignen sich nicht zum Schutz von Beton.

Reine Silikat-Farbe	• Komponente 1: Fixativ (Bindemittel) + Komponente 2: Farbpulver (Pigmente + Füllstoffe) werden 1 : 1 eingesumpft. • Vedünnen mit Fixativ (nicht Wasser!) nach Merkblatt. • Angesetztes Material ist begrenzte Zeit verarbeitbar. Schlussanstrich unverdünnt. • Alkalisch, sehr beständig, wasserdampfdurchlässig, umweltfreundlich, verschmutzt nur langsam. • Einsatz an historischen Gebäuden. Als Lasur zur farblichen Angleichung von Natursteinausbesserungen. • Reine Silikatfarben verkieseln mit mineralischen kalkhaltigen Untergründen = kristalline Versteinerung mit dem Untergrund. • Beim Verarbeiten mit der Bürste unbedingt nass-in-nass arbeiten. • Kein Einsatz auf Gipsputz, sie platzt ab.
Dispersions-Silikat-Farbe	• Durch Dispersionszusatz von maximal 5 % kann diese Farbe einkomponentig geliefert werden. • Sie ist bis zu 1 Jahr lagerfähig. • Sie kann mit Wasser verdünnt werden. • Bei einem Dispersionsanteil > 5 % darf im Werkstoffnamen das Wort „Silikat" nicht mehr verwendet werden.
Sol-Silikat-Farbe	• Das Bindemittel besteht aus einer Kombination aus Wasserglas und Kieselsol. • Der organische Anteil liegt bei unter 5 %.
Egalisations-Farbe	• Silikatfarbe mit 20 % Dispersion oder mehr. • Auch als EG-Farbe im Handel. • Kann später mit Dispersions-Silikatfarbe überarbeitet werden.

Silikonharz und Silikonharzfarben

- Silikonharz wird aus den Rohstoffen Quarz und Methylenchlorid hergestellt.
- Dabei entsteht ein Bindemittel aus mineralischem Silizium-Sauerstoff-Gerüst mit organischen Anteilen in Form von Ketonwen.
- Die Silikonmoleküle können in unterschiedlicher Größe hergestellt werden.

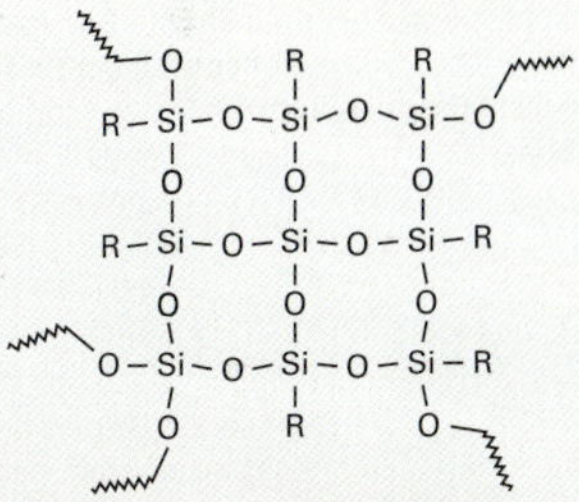

Silikonöle	Silane, Siloxane	Silikonharze
Die sehr kleinen Moleküle liegen in flüssiger Form vor. Silikonöle mit reaktiven, vernetzbaren Gruppen werden als Dichtungsmassen in Sanitärbereichen eingesetzt. Diese Produkte werden für die Beschichtung von Fassaden verwendet.	Diese etwas größeren Moleküle sind ebenfalls flüssig. Sie eignen sich als wasserabweisende Imprägnierung für Beton, als Hydrophobierungsmittel.	Um ein Vielfaches größer sind die Moleküle der Silikonharze. Diese sind zähflüssig bis fest und können in Lösemitteln gelöst werden. Silikonharz kann jedoch als Emulsion wasserverdünnbar hergestellt und verarbeitet.

Silikonharz-farben	• Diese enthalten zum Großteil Silikonharze als Bindemittel. • Pigmente und Füllstoffe werden nur unzureichend gebunden, darum werden Anteile von Kunststoffdispersionen zugegeben. • Je nach Menge und Art der Kunststoffdispersion variiert die Qualität der Silikonharzfarbe. • Silikonharzfarben sind mikroporös. Wasserdampfmoleküle sind etwa 2500-mal kleiner als die Mikroporen. Darum sind Silikonharzfarben wasserabweisend und gleichzeitig sehr gut wasserdampfdurchlässig. • Tuchmatte Optik, geringe Verschmutzungsneigung. • Für mineralische Untergründe, bevorzugt Mischmauerwerk.
Silikonharz-Imprägniermittel	• Diese dringen in den Untergrund ein und reduzieren Wasseraufnahme und Saugvermögen. Keine nennenswerte Schichtbildung. • Hydrophobes Verhalten lässt Wasser an Oberflächen abperlen. • Vorwiegend werden heute Siloxane eingesetzt. Die wasserklare Flüssigkeit muss satt auf den Untergrund aufgetragen werden, damit dieser sich vollsaugen kann. • Für mineralische Putze und Beton. An Klinkerfassaden werden die Fugen damit behandelt. Dafür wird die Imprägnierung auch hier auf die gesamte Fassade aufgetragen.
Silikonöle	• Trennmittel für Verschalungen, Additiv für besseren Verlauf in Lacken.

Kunststoffdispersionen und Dispersionsfarben

- Der Begriff Dispersion bedeutet „Gemenge" = die unlösliche Verteilung eines Stoffes in einem anderen Stoff. Unterbegriffe sind Emulsion (flüssig in flüssig) oder Suspension (fest in flüssig).
- Der Maler versteht unter einer Dispersion die feinste Verteilung eines Kunststoffpulvers in Wasser. Zuerst wird das Kunststoffpulver durch Polymerisation hergestellt.
- Wird das Kunststoffpulver in Wasser gegeben, so hat die Mischung ein milchig-weißes Aussehen. Stabilisatoren und Emulgatoren halten die Dispersion stabil.
- Kunststoffe in Dispersionen sind z. B. Polyvinylacetat, Polyacrylate, Styrol-Butadien und Mischpolymerisate aus verschiedenen Kunststoffen. Je nach Teilchengröße unterscheidet man grobdispers (1 mm – 3 mm Ø), mitteldispers (0,3 mm – 1 mm) und feindispers (um 0,2 mm).
- Trocknung durch „Kalten Fluss". Die etwas weichen Kunststoffkügelchen schmelzen ineinander und bilden den dichten Film. Bildhafter Vergleich ist das Verschmelzen von Karamellbonbons.

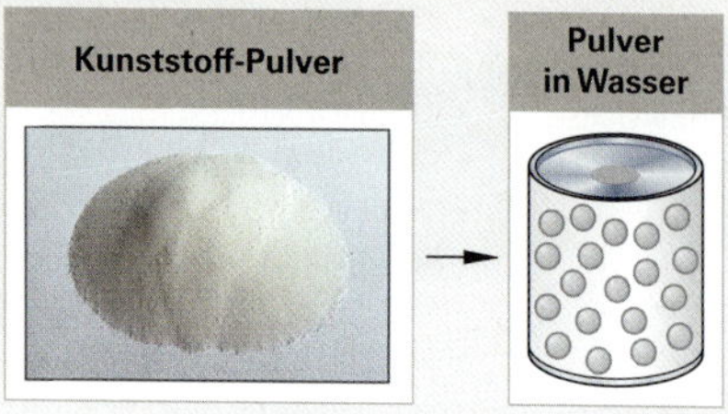

Vom Kunststoff zur Dispersion

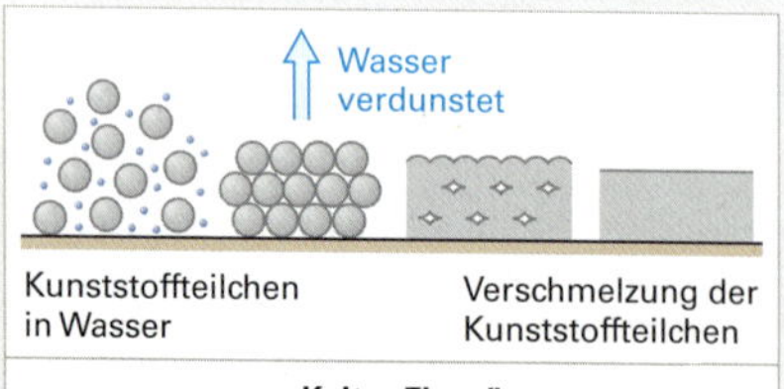

„Kalter Fluss"

Dispersionsfarbe	• Kunststoffdispersion + Pigmente + Füllstoffe + Additive. • Der Name „Dispersionsfarbe" ist geschützt. Nur wenn die Mindestanforderungen nach DIN EN 13300 erfüllt sind, darf die Farbe diesen Namen tragen. • Waschbeständig, Nassabriebklasse 3 nach DIN EN Scheuerbeständig, Nassabriebklasse 2 nach DIN EN • Der Glanzgrad reicht von matt bis hochglänzend, nicht unter 5 °C verarbeiten. • Wasserverdünnbar, lagerbeständig, aber nicht frostbeständig. • Dispersionsfarben können in hoher Schicht aufgetragen werden. Ein Anstrich ergibt 200 µm bis 300 µm Schichtdicke. Die Schicht ist begrenzt wasserdampfdurchlässig. • In den ersten Jahren nach der Verarbeitung ist der Beschichtungsfilm noch thermoplastisch und wird weich bei Erwärmung.

Putzgrundiermittel „Tiefgrund“	• Wasserverdünnbare Acrylharzdispersionen ohne Pigmente. • Umwelfreundlich. • Können bei Minus-Temperaturen gefrieren.
Wandfarbe für Innen	• Enthält meist Leimanteile. • Leime sind wasserlöslich. Darum nicht für außen.
Latexfarbe	• Nach DIN EN gibt es diese Bezeichnung nicht. Man versteht darunter eine scheuerbeständige, hochglänzende Dispersionsfarbe mit wenig Füllstoffen und mehr hochwertigem Bindemittel. • Die Oberfläche ist wasserabweisender und reinigungsfähiger als übliche Dispersionsfarbe.
Fassadenfarbe	• Es kommen nur hochwertige Dispersionen zum Einsatz. • Reine Acrylatdispersionen sind von hoher Qualität. Es ist daher auf die Bezeichnung „100% Reinacrylat“ zu achten. Diese Dispersionsfarben decken Kanten und Putzkörner gut ab und sind besonders wetter- und chemikalienbeständig.
CO_2-Sperre	• Isolierbeschichtung in der Betoninstandsetzung.
Armierungsfarben	• Kurze Kunststofffasern in der Dispersionsfarbe überbrücken feine Risse. • Meist plasto-elastisch.
Kunststoffputz	• Dispersion + Kunststoffgranulat = Putzmaterial. • Viel elastischer als mineralische Putze. • Das Kunststoffgranulat kann in allen Farben eingefärbt werden.
Dispersionslack, Wasserlack	• Spezielle Dispersionen auf Acryl- und/oder Polyurethanbasis für Holz und/oder Metall, deren Kunststoffteilchen etwa 30 mal feiner als in üblichen Dispersionsfarben sind.
Dispersionslasuren	• Dispersion + lasierende Pigmente. • Für Holzuntergründe. • Lasuren, die Pigmente mit UV-Schutzwirkung enthalten, sind für außen geeignet.

Leime, Leimfarben und Kleister

- Leime werden aus Knochen, Haut (tierische Leime), Quark, Milch (Kaseinleime), Kartoffeln (Stärkeleim, -kleister) oder Holz (Zelluloseleim, -kleister) gewonnen.
- Lediglich Kleister zum Tapezieren ist noch von größerer Bedeutung im Malerhandwerk.
- Leime bestehen aus kürzeren Molekülen als Kleister, sind mit weniger Wasser lösbar.
- Leime/Kleister eignen sich nur im Innenbereich. Sie sind wasserlöslich und schimmelanfällig.

Tapeten-Kleister	• Wasserunlösliche Zellulose wird durch chemische Umwandlung in Methylzellulose wasserlöslich. • Spezialkleister für schwere Tapeten enthalten einen Dispersionsanteil, der die Klebekraft verstärkt.
Leimfarbe	• Nur Einsatz im Innenbereich, wenn der Kunde mit einem wischfesten Anstrich zufrieden ist. • Nie im Außenbereich, in Feuchträumen, in Hygienebereichen verarbeiten. • Leimfarben können fertig bezogen oder selbst hergestellt werden. • Kreide wird mit Wasser zum Farbbrei gerührt. Getrennt davon wird Leim in Wasser im Verhältnis 1:25 eingerührt. Das Mischungsverhältnis Farbbrei zu Leimlösung 1 : 1 ergibt wischfeste Leimfarbe, das Mischungsverhältnis 1 : 0,5 ergibt nicht wischfeste Leimfarben, einst für Decken bevorzugt. • Während der Verarbeitung, in nassem Zustand kaum deckend, nach dem Trocknen sehr gut.
Binderfarbe	• Um 1930 kamen erste Leimfarben mit Dispersionsanteil auf den Markt. Diese Werkstoffe wurden als Binderfarbe bezeichnet. • Qualität je nach Anteil Leimfarben und Dispersionsfarbe.

Öle und Ölfarben

- Öle bilden eine eigene Stoffgruppe.
- Trocknende Öle wie Leinöl, Holzöl, Sojaöl und andere werden in Lacken eingesetzt.
- Die Fettsäuren der Öle beeinflussen wesentlich die Eigenschaften der Öle.
- Öle trocknen sehr langsam, meist in Tagen. Es bildet sich ein elastischer, oft weicher Beschichtungsfilm, der im Farbton nach und nach gelbstichig wird.
- Laugen zerstören Öl = „Verseifung".
- Öle sind mit Testbenzin, Terpentin verdünnbar.

Leinsamen

Leinöl	• Leinöl ist das einzige Öl, das heute noch für Beschichtungsstoffe als alleiniges Bindemittel eingesetzt wird. • Die Samen des Flachses werden ausgepresst, danach das Öl aufbereitet. • Reines Leinöl ist erst nach 4-7 Tagen durchgetrocknet. Das Öl nimmt Sauerstoff aus der Luft auf und verbindet damit die kleinen Ölmoleküle zu einem Makromolekül. Den Trocknungsverlauf nennt man chemische Trocknung oder oxidative Trocknung. • Der Trocknungsvorgang kann beschleunigt werden, indem Sauerstoff in erhitztes Öl eingeblasen wird und dieses voroxidiert. **Leinölstandöl** ist ein durch Erhitzen eingedicktes Leinöl. **Leinölfirnis** ist ein Leinöl, dem Trockenstoffe zugesetzt wurden.
Ölfarben	• Reine Ölfarbe ist heute unbedeutend. • Öle werden in anderen Bindemitteln oder Lacken eingesetzt und beeinflussen deren Eigenschaften.
Ölkitt	• Kreide mit Leinöl vermengt ergibt den knetbaren Ölkitt. • Zum Schließen von Löchern und Rissen im Holz sowie zur Fensterverglasung.
Öl im Alkydharz-Lack	• Üblicher „Bautenlack" oder „Kunstharzlack" ist meist Alkydharzlack. Er wird hier mitgenannt, da diese Lacke bis zu 60 % Öl enthalten. • In Alkydharzlacken werden Öle eingesetzt, um die Trocknung zu steuern und elastische Schichten zu erhalten. Die negativen Eigenschaften des Öls müssen dann in Kauf genommen werden (Vergilbung, Verseifbarkeit).

Naturharz und Naturharzfarben

Harz ist ein Bestandteil des Baumes zum Verkleben von Verletzungen. Aus dem Bauminneren tritt es an die Oberfläche. Dort verdunstet das baumeigene Lösemittel und das Harz wird fest und schützt.

- Heute besitzen Naturharze nur noch geringe Bedeutung.
- Naturharze sind teuer.
- Als natürliches Produkt ist die Qualität nicht immer gleich. Außerdem muss man sie erst mal finden.

Rezente Harze
Diese Harze stammen von lebenden Bäumen, z. B. Dammar, Kolophonium. Durch Restlösemittel im Harz sind die rezenten Harze ziemlich weich.

Fossile Harze
Diese Harze stammen von längst abgestorbenen Bäumen. Beispiele sind Kopal und Bernstein. Fossile Harze sind hart.

Helles Koophonium
Dunkles Balsamharz

Schellack

- Ausscheidung der Lackschildlaus, die schon im alten China gezüchtet wurde.
- Getrocknet und in Spiritus gelöst kann es als Bindemittel für hochwertige Lackierungen dienen.
- Heute kann Schellack noch in Polituren eingesetzt worden sein.

Zellulosenitrat und Nitrolacke

- Das Bindemittel, die veresterte Zellulose, wird korrekt als Zellulosenitrat bezeichnet, der Name Nitrozellulose hat sich jedoch eingebürgert.
- Es benötigt zum Lösen viel Lösemittel, sodass bei reinen NC-Lacken der Festkörpergehalt meist nur höchstens 30% beträgt.
- Geeignete Lösemittel sind, je nach Moleküllänge Kohlenwasserstoffe, Ester und Ketone.
- Wegen des hohen Lösemittelanteils verschwinden diese Lacke vom Markt.

Zellulosenitrat ungelöst und gelöst

Reiner Nitrolack (NC-Lack)	• Sehr schnelle Trocknung (physikalisch durch Verdunstung der Lösemittel). • Sehr dünne, harte und spröde Lackfilme. Der Lackfilm ist reversibel. • Reine NC-Lacke sind heute noch als Einlassgrund, Schnellschliffgrund für den Innenausbau mit Holz oder als lösemittelhaltiger Tiefgrund für Putz-Untergründe im Handel, sowie als Fingernagellack. NC-Anteile werden auch gerne in Möbelpolituren eingesetzt. • Die Bezeichnung Zaponlack beschreibt Überzugslacke für Messing und Kupfer. Durch ihre schnelle Trockenzeit wurde um 1920 die Lackierung am Fließband möglich. Damals wurde zum Lösen der Nitrozellulose ein spezielles Lösemittelgemisch entwickelt: die Nitroverdünnung.
Nitrokombilack (NCKb-Lack)	• Wird der Nitrozellulose Alkydharz (bis 50 %) zugegeben, so erhöht sich der Festkörper und höhere Schichten mit höherer Fülle sind erreichbar. • Lacke zur Möbelbeschichtung und Lacke in Sprühdosen.

Asphalt/Bitumen und deren Lacke

- Asphalt und Bitumen sind Rückstände aus der Erdöldestillation.
- Diese werden aufbereitet und in Testbenzin gelöst. Bei Bedarf werden sie mit weiteren Bindemitteln kombiniert. In reiner Form trocknen sie physikalisch.
- Problematisch ist die Neigung bei Erwärmung zu erweichen.

Asphalt-/ Bitumenlacke	• Sehr wasserbeständig und gut chemikalienbeständig. • Die Farbpalette reicht nur von schwarz bis braun. • Flecken an der Kleidung lassen sich kaum entfernen. Werden sie mit üblichen Lacken überarbeitet, so schlagen Flecken durch. • Einsatzgebiete sind Dachrinnen, Abflussrohre sowie Dichtungsanstriche.
EP-Bitumen-Kombination	• In hoher Schicht auftragbar, zäh, äußerst wasserbeständig und mechanisch beanspruchbar. • Einsatzgebiete: Schiffsbau, Hafenanlagen, Schleusen, Kläranlagen.

Polymerisate und Polymerisatharzlacke/Vinyllacke

- Werden Kunststoffe (Polymerisate) mit kurzen Molekülketten hergestellt, so können diese in Lösemitteln gelöst werden. Nach der Verarbeitung verdunstet das Lösemittel, die Trocknung erfolgt physikalisch. Die Beschichtung ist reversibel.
- Diese Lacke werden auch als Vinyllacke bezeichnet.

PVC-Lack (Polyvinylchloridlack) **PVAc-Lack (Polyvinylacetatlack)**	• Geeignet zur Beschichtung von Metallen, Kunststoffen und mineralischen Untergründen. • Typisches Anwendungsbeispiel ist die Beschichtung von Dachrinnen und Geländern in Altkupfer-Effekt. • Mit dem Untergrund kommt es zu keiner chemischen Wechselwirkung.

Chlorkautschuk und Chlorkautschuklack	
• Kautschuk mit Chlorgas behandelt ergibt Chlorkautschuk, abgekürzt ClK. In der Lackherstellung müssen dem spröden Chlorkautschuk weichmachende Stoffe, z. B. Weichmacher, Weichharze, Alkydharz, zugegeben werden. • Chlorkautschuklacke sind chemikalienbeständig, wasserbeständig, aber unbeständig gegen Lösemittel, Fette und Öle. Bei der Verarbeitung ziehen Chlorkautschuklacke Fäden. Die Trocknung erfolgt physikalisch. • Chlorkautschuk mit ringförmigen Molekülen nennt man Cyclokautschuk. Als Lösemittel eignet sich dann Testbenzin.	
Beschichtungsstoff für Wasserbecken	• Der Lack für Schwimmbecken wird aus optischen Gründen blau- bis grünpigmentiert verkauft. Man stelle sich eine Schwimmbadbeschichtung in Rot vor.
Straßenmarkierungsfarbe	• Der Lack eignet sich für weniger belastete Markierungen. Für stark belastete Markierungen, z. B. auf Autobahnen, wird weiß eingefärbter Epoxid-Spezialmörtel bevorzugt.

Silikonharz und Silikonharzlack	
Silikone sind siliziumorganische Stoffe, die aus Quarzsand und Kohle hergestellt werden. Kurze Molekülketten eignen sich als Bindemittel.	
Wasserabweisendes Imprägnierungsmittel	• Es eignet sich für mineralische Untergründe, deren Oberflächenaussehen optisch erhalten bleiben soll. Die Wasserdampfdurchlässigkeit bleibt bestehen.
Hochtemperaturbeständige Korrosionsschutzlacke	• Mit diesem Lack sind bis 600 °C hitzebeständige Beschichtungen möglich.

Alkydharz und Alkydharzlack

- Die Rohstoffe zur Herstellung von Alkydharz sind mehrwertige Alkohole und organische Di- oder Tricarbonsäuren. Würden nur diese Bestandteile miteinander verkocht werden, so entstünde durch Veresterung ein Polyester. Die dritte Komponente ist Öl, ein natürlicher Rohstoff. Diese drei Komponenten werden in großen Kesseln miteinander verkocht. Es entsteht das Alkydharz.
- Durch die Vielzahl der Kombinationsmöglichkeiten von Alkoholen, Säuren und Ölen sowie deren Anteil im Harz lassen sich Alkydharze in schier unbegrenzter Anzahl mit speziellen Eigenschaften herstellen.
- Von besonderer Bedeutung ist im Alkydharz das Öl. Durch die Trocknung des Öls durch Sauerstoffaufnahme aus der Luft kann der Lack nach der Verarbeitung am Objekt bei Normaltemperatur trocknen.
- Es liegt beim Hersteller, das geeignete Öl einzusetzen. Alkydharze mit Soja-Öl vergilben kaum und eignen sich für Heizkörper- und Weißlacke, Holzöl ist wasserbeständiger als Leinöl und eignet sich für Außenlacke.

Typisches Beschichtungsobjekt für Alkydharzlack

	Öl-Anteil	Verdünnung	Trocknung	Einsatzgebiete	Verarbeitung
langölig	über 60 %	Testbenzin	luft-trocknend	„Bautenlacke" • für Holz + Metall • für Innen + Außen	streichen
mittelölig	40 – 60 %	Übergangsbereich			
kurzölig	unter 40 %	Spezial-Lösemittel	ofen-trocknend	Industrielacke Einbrennlacke	spritzen

Alkydharzlack	• „Kunstharzlacke“, „Bautenlacke“ und die speziellen Fenster-, Heizkörper- oder Türenlacke sind in der Regel Alkydharzlacke. Alkydharzlacke besitzen wesentlich bessere Eigenschaften gegenüber Ölfarben. • Alkydharzlacke trocknen schneller, sind härter, neigen weniger zum Kräuseln und sind besser laugen- und säurebeständig. • Durch den Ölanteil müssen auch weniger gute Eigenschaften in Kauf genommen werden: Trocknung im Stundenbereich, Vergilbung und Versprödung im Laufe der Zeit, Chemikalienempfindlichkeit. • Alkydharzlacke trocknen physikalisch und chemisch.
Modifizierte Alkydharzlacke	• Wird bei der Herstellung des Alkydharzes ein vierter Bestandteil mit hineingekocht, z. B. Styrol, Acryl, Epoxid oder Silikon, so lassen sich dadurch bestimmte Eigenschaften des Lackes verbessern, wie Schlagfestigkeit, Trocknung oder Lichtbeständigkeit.
Alkydharz-kombinationen	• Alkydharz + Harnstoffharz = SH-Lack, Säurehärtender Lack. Salzsäure oder Phosphorsäure löst die Härtung aus. • Alkydharz + Nitrozellulose oder Chlorkautschuk oder Vinylharze. Das Alkydharz wirkt im Lackfilm plastifizierend.

Acrylharz und Acrylharzfarben

• Die Herstellung von Acrylharz erfolgt durch Polymerisation aus Acrylsäureestern oder Methacrylsäureestern. Dabei entstehen Molekülketten die, je nach Steuerung, kürzer oder länger sind.

Kurze Acrylmoleküle lösen sich in geeigneten Lösemitteln. Von besonderer Bedeutung sind in dieser Gruppe die vernetzbaren Acrylharze. Bei diesem 2K-Acryllack sind die kurzen Acryl-Ketten der Stammlack. Der Härter (Isocyanate) vernetzt die kurzen Moleküle zum Makromolekül. Dies ist das Bindemittel der 2K-Acryllacke.

Lange Acrylmoleküle entstehen durch Polymerisation. Die Kunststoffteilchen (fest) werden in Wasser (flüssig) fein verteilt. Die Stoffverteilung fest in flüssig nennt man Dispersion, in diesem Falle Kunststoff-Dispersion.

Sehr lange Acrylmoleküle ergeben in Formen Kunststoffteile, Platten, z. B. Acrylglas. Das bekannteste Produkt ist „Plexiglas“. Acrylharz ist glasklar und vergilbungsfrei, hart und zäh, hochglänzend und sehr beständig gegen Chemikalien.

Zweikomponenten-Acryllack	• Für hochwertige Lackierungen. Für Decklacke am Fahrzeug. • Für Zweikomponentenprodukte gelten besondere Verarbeitungshinweise. Trocken und fest wird der Lack durch chemische Härtung.
Lösemittelhaltige Acrylharz-Isoliermittel	• Zum Absperren und Isolieren von Wasserflecken, Nikotinflecken sowie Teer. Wegen des Lösemittelgehalts sind sie nicht für größere Flächen zu empfehlen.
Dispersionsfarben auf Acrylbasis für Wände	• Reine Acrylatdispersionen sind von hoher Qualität. Es ist daher auf die Bezeichnung „100% Reinacrylat“ zu achten. Diese Farben besitzen eine gute Haftung, kleben nicht und decken Kanten und Putzkörner gut ab. Die Trocknung erfolgt physikalisch durch „Kalten Fluss“. • Mit Styrol modifizierte Acryldispersionen sind ebenfalls unter der Bezeichnung Acryldispersion im Handel, allerdings ohne den Begriff „Rein“.
Dispersionslacke	• Spezielle Dispersionen für Holz und /oder Metall, deren Kunststoffteilchen etwa 30 mal feiner als in üblichen Dispersionsfarben sind. Diese Lacke sind umweltfreundlich. • Andere Bezeichnung: „Wasserlacke“. • In der Qualität reichen sie schon nahe an die lösemittelhaltigen Acryllacke heran. Alle bekannten Hersteller bieten Produktlinien auf Dispersionsbasis an.

Epoxidharz und Epoxidharzlacke

- Das Epoxidharz wird durch Polykondensation aus Epichlorhydrin und Bisphenol A hergestellt. Diese Epoxidharze härten durch Zugabe von Aminen, aber auch mit Polyisocyanaten durch Polyaddition aus.
- Lacke und Materialien auf Epoxidharzbasis sind gesundheits- und umweltschädlich.
- Epoxid wird meist mit EP abgekürzt.
- Eingesetzt wird Epoxidharz als Bindemittel in Anstrichstoffen, als Klebstoff, als Spezialmörtel und als Rohstoff zur Herstellung von Formteilen.
- Epoxidharz verfügt über geringen Schwund, außerordentliche Haftung, hohe Härte und Abriebfestigkeit sowie über sehr gute Chemikalienbeständigkeit.

Epoxidharz-Beschichtung auf stark beanspruchtem Fußgängersteg

Zweikomponenten-Epoxidharzlack	• Ansetzen nach Angaben im Technischen Merkblatt. Verarbeitungsviskosität mit Spezialverdünnung einstellen. • Einsatz im Schweren Korrosionsschutz, für Betonfußböden, für Unterwasserbeschichtungen. • Wegen der ausgezeichneten Haftung werden sie in Grundierungen für problematische Untergründe eingesetzt, z. B. für Kunststoffuntergründe, pulverbeschichtete Untergründe, Zinkuntergründe. • Selten jedoch in Decklacken, da sie zum Kreiden neigen. • Unter 10 °C härten 2K-Epoxidharzlacke nicht einwandfrei durch, daher Verarbeitung über 15 °C.
EP-Flüssigkunststoff	• Diese Bezeichnung beschreibt 2K-EP-Lack, der keine Lösemittel enthält. Der Festkörper liegt somit nahe bei 100 %.
Wasserverdünnbarer Epoxidharzlack	• Diese Emulsionen oder Dispersionen sind ebenfalls Reaktionslacke und müssen wie die lösemittelhaltigen 2K-EP-Lacke mit dem geeigneten Härter vor der Verarbeitung gut vermischt werden. • Für Betonböden in Garagen, Lagerhallen etc. Sie eignen sich hier auch für Untergründe in feuchtem Zustand.
Epoxidharzester-Lack	• Wird Epoxidharz mit Fettsäuren verestert, so entsteht ein Bindemittel, welches keinen Härter benötigt. • Die Trocknung dieser Lacke erfolgt über die Aufnahme von Sauerstoff aus der Luft.
2K-EP-Kleber	• Durch die hervorragende Haftung und die innere Festigkeit sind diese Kleber auch für schwer verklebbare Stoffe geeignet.

Polyurethanharz und Polyurethanharzlacke

- Polyurethanharze bestehen aus Polyester bzw. Polyether und Polyisocyanaten. Beide Stoffe verbinden sich chemisch nach dem Mischen zum Polyurethanharz. Da das Harz dann nicht mehr veränderbar ist, werden die beiden Ausgangsstoffe als Stammlack und Härter geliefert und vor Verarbeitung gemischt. Danach erfolgt die Härtung.
- Lacke auf Polyurethanbasis sind gesundheits- und umweltschädlich.
- Häufig mit PUR oder PU abgekürzt.
- Einsatz als Beschichtungsstoff, Kleber, Schaumstoff, Kunststoff-Formteile und Fasern.
- Die Eigenschaften von Polyurethanharz sind im Allgemeinen hervorragend. Sie sind hochglänzend, wetterbeständig, abriebfest und chemikalienbeständig.

Einsatz von 2K-PUR-Lack auf Holzparkett und Holztreppe

Zweikomponenten-Polyurethanharzlack	• Der Mischungsansatz aus Stammlack und Härter kann in der vom Hersteller angegebenen Topfzeit (bis zu 1 Tag) verarbeitet werden. • Für Schweren Korrosionsschutz, Betonfußböden, Holzparkett. • Bewährter Beschichtungsaufbau: EP-Grund / PUR-Lack.
PUR-Flüssigkunststoff	• Enthält kein Lösemittel oder aber reaktionsfähige Lösemittel, die Bestandteil der Lackschicht werden. Festkörper nahe 100 %.
2K-PUR-Acryllack	• Der Acrylharzanteil im Stammlack beeinflusst die Lackeigenschaften. • Von Bedeutung ist dieser Lack in der Fahrzeuglackierung.
Feuchtigkeitshärtender PUR-Lack	• Dieser Lack wird nur als Stammlack geliefert. Der Härter, die 2. Komponente, ist die Feuchte der umgebenden Luft. • Die relative Luftfeuchte sollte zwischen 30 % und 70% liegen. • Da er nicht UV-beständig ist, ist er als Decklack nicht geeignet.
Wasserverdünnbarer 2K-PUR-Lack	• Isocyanate, der Härter, sind ursprünglich nicht wasserlöslich. Dieses Problem wurde gelöst. Die milchig trüben Dispersionen trocknen durch Kalten Fluss, gleichzeitig erfolgt die chemische Härtung. • Topfzeit zwischen ½ und 4 Stunden. Vorwiegend Industrielack.

Ungesättigter Polyester und Polyesterlacke

- Die vorwiegend im Handwerk verarbeiteten **ungesättigten Polyesterharze** werden häufig mit UP abgekürzt. Gesättigte Polyesterharze selten in Lacken.
- Ungesättigte Polyesterharze werden in Styrol gelöst und als Stammlack geliefert. Der Härter (ein Peroxid), löst die chemische Reaktion (Polymerisation) aus, bei der sich das ungesättigte Polyesterharz mit dem Styrol zum festen Polyesterharz verbindet.
- Einsatz als Beschichtungsstoff, Gießharz, in Spachtelmassen, für Fasern und Formteile aus Kunststoff.
- Hoher Glanz, polierfähigkeit, hart und widerstandsfähig, glasklar, hitzebeständig, jedoch nicht schlagfest.

Polyesterbeschichtung

Ungesättigte Polyesterlacke	• Stammlack und Härter vor der Verarbeitung im angegebenen Mischungsverhältnis gut mischen. • Die Topfzeit ist mit 20 bis 30 Minuten relativ kurz. • Achtung: Beim Ansetzen der Mischung wird das Gebinde durch die einsetzende chemische Reaktion sehr heiß. • Da der lösende Stoff, das Styrol, nicht verdunstet, sondern bei der chemischen Härtung in den Beschichtungsfilm eingebaut wird, kann Polyesterlack in sehr hohen Schichtdicken aufgetragen werden. Der Festkörper beträgt 100%. • Einsatz in der Holz-, Möbelbeschichtung und für Metalluntergründe. • Auf exotischen Hölzern und Hölzern mit hohem Gerbstoffgehalt hat sich folgender Beschichtungsaufbau bewährt: PUR-Grund / UP-Lack.

Harnstoff-, Melamin-, Phenolharz und säurehärtende Lacke

- Das Bindemittel der säurehärtenden Lacke ist Harnstoff-, Melamin- oder Phenolharz, meist in Kombination mit Alkydharz.
- Es sind ein- aber auch zweikomponentige SH-Lacke im Handel.

Säurehärtender Lack	• Haftet gut, ist hart und ausreichend beständig gegen Chemikalien. • Er besitzt nur geringe Elastizität. • Eingesetzt werden SH-Lacke auf Holz, als Einbrennlack auf Metallen.

2.2 Lösemittel

2.2.1 Aufgaben und Eigenschaften von Lösemitteln

Lösemittel müssen lösen und verdünnen

Fast alle harzartigen Bindemittel liegen in fester Form vor und müssen zur Herstellung eines Lackes in den flüssigen Zustand gebracht werden. Auch für die weitere Verarbeitung ist in der Regel der flüssige Zustand nötig. Mit einem geeigneten organischen Lösemittel wird das Bindemittel aufgelöst.

Auflösen oder Lösen bedeutet, dass sich die Moleküle des Lösemittels zwischen die Moleküle des Bindemittels schieben. Dabei werden die Bindemittelmoleküle chemisch nicht verändert.

Beim Lösen eines Stoffes in einem Lösemittel wird dieser in Moleküle zerlegt. Zugleich umgeben sich diese Teilchen mit Lösemittelmolekülen. Die Kräfte zwischen den Molekülen des reinen Stoffes werden beim Lösevorgang aufgespalten und durch neue Wechselwirkungskräfte zwischen Stoff und Lösemittel ersetzt.

Festes, ungelöstes Bindemittel

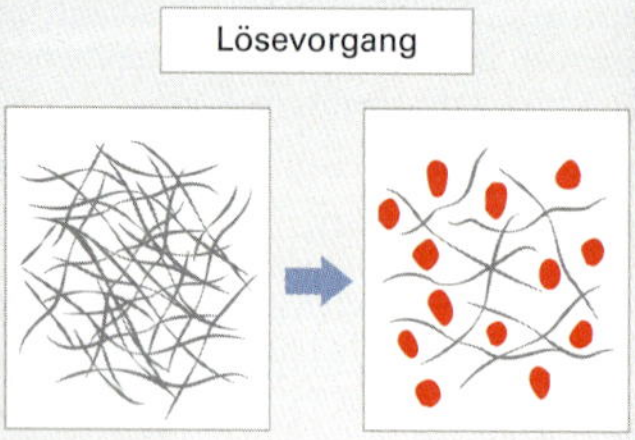

Flüssiges, gelöstes Bindemittel

Lösen unterscheidet sich vom Verdünnen im Vorgang nicht wesentlich. Verdünnen beschreibt nur eine weitere Stufe der Viskosität von hochviskos zu niedrigviskos.

Lösemittel müssen verdunsten

Lösemittel müssen nach der Verarbeitung den Beschichtungsstoff wieder verlassen, sonst würde die Beschichtung nass bleiben. Die Trockenschicht ist nach dem Verdunsten der Lösemittel dünner. Lösemittel verdunsten bei Umgebungstemperaturen. Sie gehen vom flüssigen in den gasförmigen Zustand über. Unter Umständen muss zum Erreichen des gasförmigen Zustandes Wärme im Trockenofen zugeführt werden.

Lösemittel sind gesundheits- und umweltschädlich

Bei den meisten organischen Lösemitteln müssen diese schlechten Eigenschaften in Kauf genommen werden, wenn man sie einsetzen will.

Vom Gesetzgeber wurden als Folge entsprechende Verordnungen erlassen und lösemittelreduzierte oder lösemittelfreie Lacke immer dringlicher eingefordert.

Lösemittel sollten farblos sein

Lösemittel sollten ebenso wie Bindemittel farblos sein. Färbende Möleküle verbleiben im Lackfilm und geben Klarlacken einen Farbstich.

2.2.2 Wasser als Lösemittel

- Wasser ist reichlich vorhanden, ungiftig, preiswert und unbrennbar.
- Harze und Kunststoffe können in Wasser leider nicht gelöst werden. Wasser ist polar, Bindemittel unpolar. Nur „Gleiches löst Gleiches“.
- In Dispersionen ist Wasser nicht Lösemittel, sondern Verdünnungsmittel, z. B. für wasserverdünnbare Lacke („Wasserlacke“).
- Wasser ist ein anorganischer Stoff mit der chemischen Formel H_2O. Aus dem chemischen Aufbau ergeben sich seine Eigenschaften.
- Wasser ist sehr flüssig, verdunstet aber trotzdem recht langsam. Es besitzt eine hohe Oberflächenspannung und benetzt schlecht. Ursache sind Kräfte zwischen den Wassermolekülen. Darum verläuft die Trocknung wasserhaltiger Lacke langsamer. Auf die Trocknungsgeschwindigkeit hat die relative Luftfeuchte Einfluss, da bereits mit Wasser gesättigte Luft nur schwer weiteres Wasser aufnehmen kann.

2.2.3 Einteilung und Verwendung organischer Lösemittel

Lösemittel-Gruppe		Beispiele	Verwendung
Kohlenwasserstoffe	Aliphatische Kohlenwasserstoffe	• Testbenzin	• Lösemittel für Ölfarbe, Alkydharzlack, Asphalt-, Bitumenlack
	Aromatische Kohlenwasserstoffe	• Benzol • Toluol • Xylol • Styrol • Solvent Naphta	• Lösemittel für Ölfarbe, Alkydharzlack, Chlorkautschuklack, Acrylharzlack, Polymerisatharzlack, Nitro- und Nitrokombilack, Epoxidharzlack
	Terpen-Kohlenwasserstoffe	• Terpentinöl • Dipenten	• Lösemittel und Verlaufsmittel für Ölfarbe, Alkydharzlack, Naturharzfarbe
	Hydrierte Kohlenwasserstoffe	• Tetralin • Dekalin	• Lösemittel für Alkydharzlack • Abbeizmittel
	Halogen-Kohlenwasserstoffe	• Dichlormethan (Methylenchlorid) • Trichlorethylen	• Reinigungs- und Abbeizmittel
Alkohole		• Methanol • Ethanol, Spiritus • Isopropanol • Propanol • Butanol	• Lösemittel für Nitro- und Nitrokombilack, Epoxidharzlack
Ester		• Methylacetat • Ethylacetat • Butylacetat • Isobutylacetat	• Lösemittel für Nitro- und Nitrokombilack, Epoxidharzlack, Polyurethanharzlack, Polymerisatharzlack, Chlorkautschuklack u. a.
Ketone		• Aceton • Methylethylketon • Methylisobutylketon • Cyclohexanon, Anon	• Lösemittel für Nitro- und Nitrokombilack, Epoxidharzlack, Polyurethanharzlack, Polymerisatharzlack, Chlorkautschuklack u. a.

2.2.4 Herstellung von organischen Lösemitteln

Destillation

- Destillieren erfolgt nach dem Prinzip des Abdampfens. Lösemittelhaltige Stoffe werden erhitzt, bis das Lösemittel entweicht.
- Der Lösemitteldampf wird eingefangen und abgekühlt. So erhält man das reine, flüssige Lösemittel.
- Im Erdöl sind mehrere Lösemittel enthalten. Die Gewinnung erfolgt durch fraktionierte Destillation, bei der die unterschiedlich schnell verdunstenden Lösemittel voneinander getrennt werden.

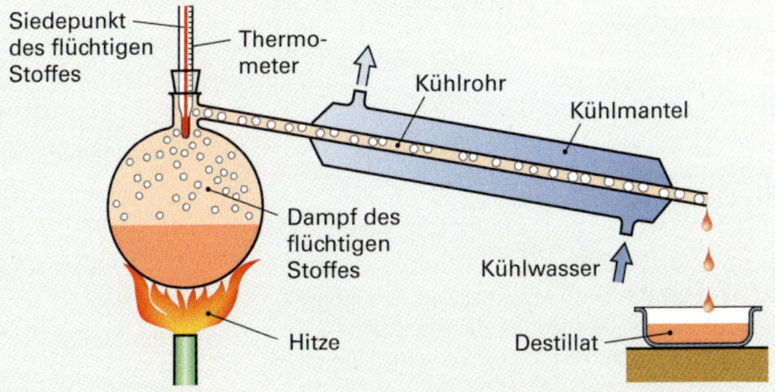

Synthese

- Synthese ist der Zusammenbau von Molekülen durch chemische Reaktionen.
- Die Natur liefert Stoffe, deren chemische Bestandteile als Lösemittel wirken können.
- Beispiele dafür sind Kohlenwasserstoffe, Alkohole, Ester, Ketone.

2.2.5 Merkmale und Kenndaten der Lösemittel

Aus der chemischen Zusammensetzung Lösemittel ergeben sich Eigenschaften, die
- über den Einsatz in Beschichtungsstoffen entscheiden.
- den Trocknungsvorgang beeinflussen.
- der Gesundheit des Verarbeiters schaden.

Dichte

Lösemittel besitzen eine Dichte unter 1,0 kg/dm³ und sind somit leichter als Wasser mit der Dichte 1,0 kg/dm³. Darum sind Lösemittelbrände nicht mit Wasser löschbar.

Lösemitteldämpfe besitzen eine größere Dichte als Luft, sind somit schwerer als Luft. Deshalb sinken Lösemitteldämpfe zu Boden und müssen von dort abgesaugt werden.

Siedebereich, Siedepunkt (SP)

Der Siedepunkt ist die Temperatur, bei der ein flüchtiges Lösemittel vom flüssigen in den gasförmigen Zustand übergeht.

Niedrigsieder (SP bis 100 °C),
Mittelsieder (SP 100 – 150 °C)
Hochsieder (SP über 150 °C).

Flüchtigkeit, Verdunstungszahl (VZ)

Das Maß für die Verdunstungsgeschwindigkeit, ist die Verdunstungszahl. Sie gibt an, um wie viel das Lösemittel langsamer als Diethylether (VZ = 1) verdunstet.

Flammpunkt

Der Flammpunkt ist die Temperatur, bei der sich ein Lösemittel-Luft-Gemisch entwickelt, das sich entzünden lässt.

Gefahrenklasse

Gefahrenklassen:
- hochentzündlich
- leichtentzündlich
- entzündlich

Die Zugehörigkeit zu einer Gefahrenklasse entscheidet bei Lacken und Lösemitteln über den Umgang, aber auch über Lagerungsvorschriften und Versicherungsprämien.

AGW-Werte

AGW-Wert = Arbeitsplatzgrenzwert. Er gibt die Konzentration eines Stoffes am Arbeitsplatz an, die bei gesunden Menschen im erwerbsfähigen Alter bei normaler Vollzeittätigkeit nicht zur Gesundheitsschädigung führen sollte.

Gemessen wird er in ml/m³ oder ppm = parts per million.

Je kleiner der AGW-Wert, umso gefährlicher ist das Lösemittel

Flüchtigkeit	Lösemittel	Verdunstungszahl	Flammpunkt
leichtflüchtig VZ unter 10	Diethylether Aceton Toluol	1 2,1 6,1	– 40 °C 19 °C 5 °C
mittelflüchtig VZ 10 bis 35	Xylol Ethylacetat	13,5 29	25 °C – 4 °C
schwerflüchtig VZ 35 bis 50	Terpentinöl Testbenzin	38 60 bis 70	32 °C 39 °C
	Wasser	80	

Flüchtigkeit und Flammpunkt

Gefahrenklasse nach VbF	Flammpunkt nach VbF	Beschreibung nach Betriebssicherheitsverordnung (nach EU-Gefahrstoffrecht)
A I	< 21 °C	< 0 °C: hochentzündlich < 21 °C: leichtentzündlich
A II	21 °C bis 55 °C	Entzündlich
A III	55 °C bis 100 °C	Nicht mehr geregelt
Wasserlöslich B	< 21 °C	< 0 °C: hochentzündlich < 21 °C: leichtentzündlich 21 °C bis 55 °C: entzündlich

Gefahrenklassen alt und neu

Lösemittel	Arbeitsplatzgrenzwert ml/m³
Aceton	50
Toluol	50
Xylol	100
Ethylacetat	400
Diethylether	400
Ethanol	500
Vergleich: Ethylchloracetat	1 (darum kein Einsatz in Lacken)

AGW-Werte einiger Lösemittel

2.2.6 Lösemittel, Nichtlöser und Verdünnungen

Lösemittelwirkung im Lack

Lösemittel, Löser	Verdünnung	Nichtlöser
Als Lösemittel bezeichnet man einen Stoff, der andere Stoffe, z. B. Bindemittel, lösen kann. Nicht jedes Lösemittel löst jedes Bindemittel. Löst es ein bestimmtes Bindemittel nicht, so ist es in diesem Fall ein Nichtlöser.	Verdünnungen sind Lösemittelgemische aus verschiedenen Lösemitteln und Nichtlösern.	Es handelt sich zwar um Lösemittel, in der speziellen Anwendung lösen sie nicht, daher der Name Nichtlöser. Sie werden auch als Verschnitt- oder Streckmittel bezeichnet.
Beispiel: Testbenzin In Alkydharzlack ist Testbenzin ein Löser.	**Beispiel: Testbenzin** In einer Verdünnung ist Testbenzin ein Bestandteil der Lösemittel-Mischung.	**Beispiel: Testbenzin** In Nitrolack ist Testbenzin ein Nichtlöser.

Verdünnungen auf dem Markt

- **Universalverdünnungen**
  Sie bestehen aus verschiedenen Lösern und Nichtlösern, sodass für viele Lacke in der Verdünnung ausreichend Löser enthalten sind.
- **Spezialverdünnungen**
  Sie werden mit dem Lack zusammen entwickelt und verkauft. Wenn eine Spezialverdünnung vom Hersteller vorgeschrieben ist, darf keine andere eingesetzt werden.
- **Reinigungsverdünnungen**
  Sie eignen sich zum Entfetten. Zum Händereinigen sind sie verboten.
- **Nitroverdünnungen**
  Sie sind als Verdünnung für Nitrolacke kaum mehr im Einsatz. Im Betrieb dienen sie zum Reinigen, da sie schnell verdunsten.

Gründe für das Mischen von Verdünnungen

Beeinflussung des Trocknungsverlaufs

Die richtige Verdünnung sorgt für optimalen Trocknungsverlauf. Die Verdunstung eines reinen Lösemittels verläuft linear, d. h. gleichmäßig über die Zeit.

Im Lack ergibt die Mischung von Lösemitteln häufig nicht den linearen Verlauf im Mittelwert. Die Lösemittel beeinflussen sich gegen seitig. Die Verdunstung verläuft in einer Kurve.

Beispiel: Verdünnungen A und B aus Bild 2:

Für senkrechte Flächen (Geringe Läuferneigung, schnelle An- und Durchtrocknung) eignet sich die Verdünnung A. Die Verdünnung B eignet sich für einen Lack für waagerechte Flächen (längere Offenzeit, dadurch sind größere Flächenteile bei optimalem Verlauf bearbeitbar).

Preis des Beschichtungsstoffes

Teure Lösemittel werden deshalb mit billigem Lösemittel verschnitten. So wird die Verdünnung billiger.

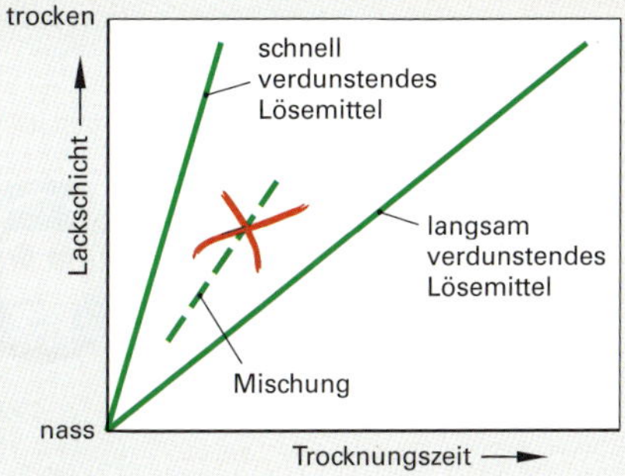

Linearer Verdunstungsverlauf von reinen Lösemitteln

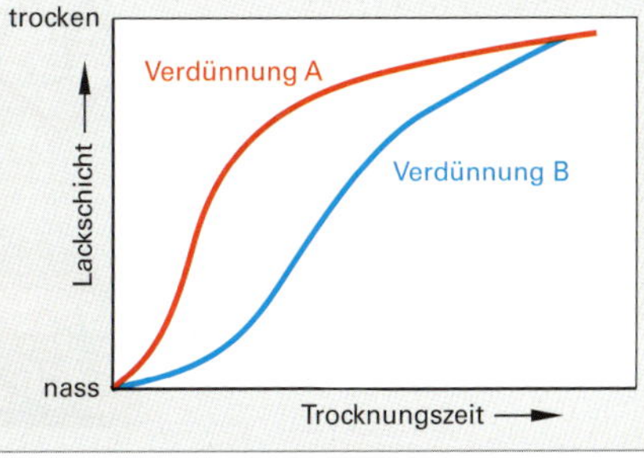

Verdunstungskurven von Lösemittel-Mischungen (Verdünnungen)

2.2.7 Gefahren und Schutz im Umgang mit Lösemitteln

Lösemittel sind –

brennbar/explosiv

Brennen / Explodieren
Im flüssigen Zustand sind Lösemittel brennbar.
Bei Lösemitteldampf wird mit der Entzündung aufgrund der großen Oberfläche schlagartig die gesamte Energie des Brennvorgangs frei, er explodiert.

Jeder Brenn- oder Explosionsvorgang verbraucht Sauerstoff. Von dessen Konzentration hängt es neben der Zündtemperatur ab, ob sich das Lösemittel-Luft-Gemisch entzündet.

Entsorgungsversuche von Lösemitteln oder lösemittelhaltiger Stoffe durch Verbrennen im Ofen führen Lösemittel beim Entzünden unweigerlich zur Explosion im Kamin. Hochgefährlich ist auch der Versuch, mit Lösemitteln ein Feuer in Gang zu setzen.

Maßnahmen
In der Nähe von Lösemitteln und während der Verarbeitung von lösemittelhaltigen Produkten darf kein offenes Feuer oder Zündfunke entstehen.

Rauchverbot
In Lichtschaltern entsteht beim Schalten ein Funke. Deshalb sind in lösemittelbelasteten Räumen ex-geschützte Schalter vorgeschrieben.

Der Feuerlöscher muss greifbar sein.

Ein Lösemittel-Brand darf nicht mit Wasser gelöscht werden. Lösemittel sind leichter als Wasser.

gesundheitsschädlich

Lösemittel narkotisieren
Als Dämpfe werden Lösemittel eingeatmet, gelangen in die Lunge und stören das zentrale Nervensystem. Angenehmer oder unangenehmer Geruch ist ohne Aussage über die Gefährlichkeit.

Maßnahmen
Während und nach der Arbeit ist gut zu lüften.
Kann nicht für ausreichende Belüftung gesorgt werden, ist ein Atemschutz zu verwenden, nach DIN 3181 mit der Kennzeichnung A.

Lösemittel greifen Gewebe an
Die Haut wird entfettet, rissig und anfällig für Infizierungen. Haut und Augen sind vor Lösemittel zu schützen.

Maßnahmen
Geeignete Handschuhe schützen die Hände.
Eine Schutzbrille schützt vor Spritzern.

Lösemittel sind giftig (physiologisch bedenklich)
Lösemittel dürfen nicht in den Magen gelangen.

Maßnahmen
Lösemittel sind sicher in geschlossenen, unverwechselbaren Behältern aufzubewahren.
Sie dürfen flüssig nicht in die Kanalisation und die Natur gelangen.
Besonders auf Baustellen und beim Kunden ist darauf zu achten, dass Unbefugte (Kinder!) Lösemittelbehälter nicht erreichen.

Kennzeichnungen helfen bei der Gefahreneinschätzung und beim Ergreifen notwendiger Maßnahmen.

Angaben zum Flammpunkt und Gefahrenklassen siehe Kapitel 2.2.5

2.3 Farbmittel und Additive

2.3.1 Farbmittel, Pigmente, Farbstoffe und Füllstoffe

Farbmittel

- „Farbmittel" = Sammelname für alle farbgebenden Stoffe
- Decken den Untergrund ab oder wirken lasierend.
- Gestalten Objekte farbig.
- Füllstoffe sind mit den Pigmenten verwandt, sind aber kaum farbgebend.

Pigmente, Farbstoffe, Füllstoffe

Farbstoff

Farbstoffe sind in Lösemitteln und/oder Bindemitteln **lösliche** organische Farbmittel.

Ihre Größe ist kaum messbar. Da der Farbstoff bis auf Molekülgröße aufgelöst wird, liegt der Durchmesser unter 1/100 000 mm.

Farbstoffe setzen sich wegen ihres äußerst geringen Gewichts nicht ab. Sie decken den Untergrund nicht ab, wirken lasierend. Farbstofflösungen sind eingefärbte, durchsichtige Flüssigkeiten.

Einsatzgebiete:

- Zum Einfärben von Textilien
- In Filzstiften und Tinten
- Zum Teil in Beizen, Lasuren und Imprägnierungen
- Nach „Verlackung" als Pigment

Farbmittel

Sammelname für alle farbgebenden Stoffe nach DIN 55 943 und DIN 55 945

Füllstoff

Füllstoffe werden auch als Extender oder Verschnittmittel bezeichnet. Wie die Pigmente sind Füllstoffe in Lösemittel und/oder Bindemittel unlösliche Farbmittel.

Sie besitzen auch die gleichen Eigenschaften wie Pigmente. Wesentliche Unterschiede zu der Gruppe der Pigmente sind
- geringeres Farbvermögen,
- meist größere Teilchen zur Verbesserung des Füllvermögens.

Einsatzgebiete:

- In Beschichtungsstoffen
- Zum Strecken teurer Pigmente in Lacken und Malfarben

Pigment

Pigmente sind in Lösemitteln und/oder Bindemitteln **unlösliche** organische oder anorganische Farbmittel.

Pigmente können in verschiedenenFormen vorliegen (Blättchen, Stäbchen etc.). Der Durchmesser liegt etwa bei 0,4 µm bis 0,5 µm.

Pigmente setzen sich wegen ihres Gewichtes ab. Sie decken den Untergrund ab. Pigmente geben dem Lack den Farbton. Pigmente geben dem Lack Fülle.

Einsatzgebiete:

- In Beschichtungsstoffen
- In Malfarben und Malstiften
- In Kunststoffen
- In Druckfarben

2

2.3.2 Farbstoffe

Farbstoffe werden wegen ihrer Löslichkeit kaum in Beschichtungsstoffen verwendet, da mit ihnen keine deckenden Beschichtungen möglich sind. Ihr Einsatz ist auf Beizen zum Einfärben von rohem Holz beschränkt. Sie werden hauptsächlich zum Einfärben von Textilien, von Kunststoffen und Lebensmitteln verwendet.

Farbstoffe wie Indigo, Purpur, Kermes oder Krapp sind schon seit 2000 Jahren bekannt. Um 1860 wurden aus Teer die Anilin-, Naphthol- und Alizarinfarbstoffe entwickelt.

Heute gibt es mehrere tausend Farbstoffe, z. B. Nitroso-, Azo-, Diazo-, Diphenylmethan-, Xanthen-, Thiazol-, Azinfarbstoffe und Phthalocyanine.

Vom Farbstoff zum Pigment

Verlackung

Unlösliche, schlecht färbende Füllstoffe oder Pigmente können mit dem löslichen Farbstoff dauerhaft eingefärbt werden. So entsteht ein unlösliches Pigment im Farbton des Farbstoffes. Diesen Herstellungsprozess nennt man Verlackung. Das Ergebnis heißt Farblack, nicht zu verwechseln mit Lackfarbe. Durch Verlackung hergestellte Pigmente sind meist nicht sehr hitzebeständig. Beim Glühen verbrennt der Farbstoff, der Farbton des Substrats erscheint.

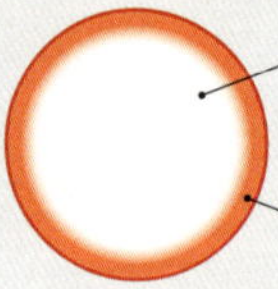

Chemische Reaktion mit Metallsalzen

Pigmente lassen sich auch durch eine chemische Reaktion von Farbstoffen mit Metallsalzen herstellen.

Teerpigmente

Künstlich organische Pigmente, deren Ausgangsprodukt Teer ist, besitzen hohe Farbigkeit.
Zur Gruppe der Teerpigmente gehören
- Azo-Pigmente
- Phthalocyanin-Pigmente
- Carbonyl-Pigmente
- Trophenyl-Pigmente

Teerpigmente werden aufgrund ihres hohes Farbvermögens meist mit anorganischen Pigmenten eingesetzt.

Farbstoffe auf Teerbasis		
Anilin-farbstoffe	Naphthol-farbstoffe	Alizarin-farbstoffe
Herstellung durch Destillation von		
Leichtöl (Anilin, Benzol)	Mittelöl (Naphthalin, Naphthol)	Schweröl (Anthrazen, Alizarin)

2.3.3 Füllstoffe

Füllstoffe sind Mineralien, die in Lacken kaum färben. Quarzmehl, Kreide und Schwerspat (künstlicher Schwerspat heißt Blanc-fixe) gehören zur Gruppe der Füllstoffe.

Einsatz von Füllstoffen

- Zur Verlackung von Farbstoffen. Siehe oben.
- Teure hochfärbende Pigmente werden oft mit billigen Füllstoffen vermischt, gestreckt.
- In Spachtelmassen und Kitten ist eine gute **Fülle** ein wesentliches Qualitätsmerkmal. Verschiedene Korngrößen verbessern das Füllvermögen.
- Füllstoffe entscheiden auch mit über die Ziehbarkeit, Schleifbarkeit und Durchtrocknung von Spachtelmassen.

Die Zugabe von Pigmenten und Füllstoffen erreicht ihre Grenze, wenn das Bindemittel diese Stoffe nicht mehr umhüllen kann.

Je höher der Füllstoffanteil, umso höher die Schichtdicke

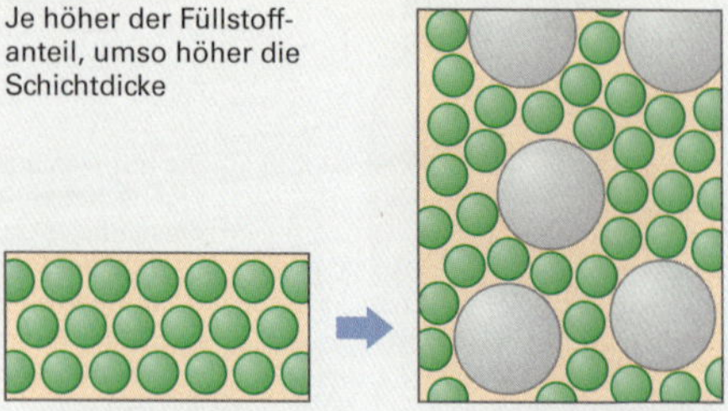

Man unterscheidet mineralische und künstliche Füllstoffe

mineralisch		künstlich
• Quarzmehl • Kreide • Kaolin • Schwerspat	• Bimsmehl • Talkum • Gips	• Kieselgel • gefälltes Caliumcarbonat • Blanc-fixe

2.3.4 Einteilung der Pigmente

Pigmentgruppen nach DIN 55 944			
Anorganische Pigmente		**Organische Pigmente**	
Natürliche anorganische Pigmente (Erdpigmente)	z. B. **Weißpigmente** Kreide Quarz Talkum Schwerspat z. B. **Buntpigmente** Ocker Grünerde Terra di Siena Erdpigmente werden häufig in Kunststoffdispersionsfarben eingesetzt, aber auch in Lacken.	Natürliche organische Pigmente	z. B. Sepia Kasslerbraun Indigo Diese Gruppe ist von geringer Bedeutung. Sie sind nicht lichtbeständig und decken schlecht. Lediglich Kasslerbraun wird vom Maler und Lackierer für Maserierarbeiten eingesetzt.
Künstliche anorganische Pigmente (Mineralpigmente)	z. B. **Weißpigmente** Titandioxid Zinkweiß Lithopone z. B. **Schwarzpigmente** Eisenoxidschwarz z. B. **Buntpigmente** Eisenoxidrot Chromgelb Chromrot Ultramarinblau Kobaltblau Titandioxid ist das am meisten verwendete Weißpigment. Viele Pigmente sind durch Schwermetallbestandteile gesundheitsschädlich.	Künstliche organische Pigmente	z. B. Permanentgelb Phthalocyaningrün Hansagelb Paliogenblau Heliogengrün Dioxazinviolett Diese Pigmente werden entweder synthetisch hergestellt (Pigmentfarbstoffe) oder durch Verlackung eines Substrats mit einem Farbstoff (Farblack). Hochfarbige Decklacke für Fahrzeuglackierer enthalten meist einen hohen Anteil an diesen Pigmenten.
Metallische Pigmente (Bronzen)	z. B. Zinkstaub Eisenglimmer Aluminium Als reine Metalle sind diese Pigmente sehr beanspruchbar.		
Kohlenstoff-Pigmente (Ruße)	z. B. Graphit Ruß (in vielen Variationen) Ruß ist das ideale Schwarzpigment. Eigentlich müsste Ruß zur Reihe der organischen Pigmente gehören, da organische Stoffe verbraucht werden.		

Weitere Einteilungsmöglichkeiten

Je nach Bedarf kann die Einteilung der Pigmente auch erfolgen nach:

- **Farbe**
  Weißpigmente, Schwarzpigmente, Rotpigmente, u. a.
- **Eigenschaften**
  Gesundheitsschädliche Pigmente, Füllstoffe, lichtbeständige Pigmente u. a.
- **Einsatzgebiet**
  Pigmente für Lacke, Pigmente für Kunststoffe, Korrosionsschutzpigmente u. a.
- **Herstellung**
  Synthetische Pigmente, natürliche Pigmente u. a.

2.3.5 Aufgaben und Eigenschaften der Pigmentierung

Der Lacklaborant berücksichtigt bei der Lackherstellung die Vorgaben der gewünschten Eigenschaften des Lackes auch bei der Pigmentierung:

- Lichtechtheit
- Dispergierbarkeit
- Chemikalienbeständigkeit
- Verträglichkeit mit dem Bindemittel
- Verträglichkeit mit anderen Pigmenten
- mechanische Beanspruchbarkeit u. a.

Deckvermögen

Ein Pigment deckt gut, wenn es im trockenen Anstrichfilm fähig ist, Farbton und Farbtonunterschiede des Untergrundes abzudecken. Im Schichtenaufbau kann dafür gesorgt werden, dass extreme Farbtonunterschiede vermieden werden.

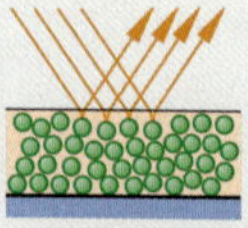
deckender Lack

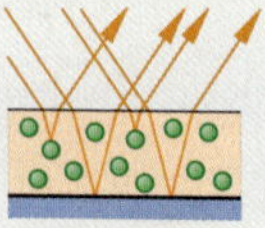
Lasur

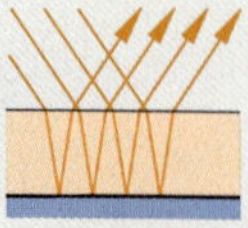
Klarlack

Einflüsse auf das Deckvermögen

Teilchengröße

Ein Fingerhut Titandioxid enthält eine milliarde Teilchen. Die Idealgröße liegt bei 0,2 µm – 0,6 µm. Unter 0,2 µm wird das Deckvermögen wieder schlechter. So kleine Pigmente eignen sich für Holzschutzlasuren und Transparentlacke. Sie färben, aber sie decken nicht.

Pigmentdichte

Je mehr Pigmente im Lack enthalten sind, umso besser das Deckvermögen.
Vorlacke werden maximal pigmentiert und mit Füllstoffen versehen, um gut zu füllen. Da der Schlusslack noch folgen muss, erspart eine raue Oberfläche das Anschleifen, Wetterbeständigkeit ist nicht Aufgabe des Vorlackes. Decklacke sind so pigmentiert, dass die Schutzeigenschaften des Bindemittels gewährleistet bleiben.

Brechzahl

Dringt ein Lichtstrahl in einen dichteren Stoff ein, so wird er an der Grenzfläche gebrochen. Je größer die Differenz der Brechzahlen von Pigment und Bindemittel, umso besser deckt das Pigment. Man spricht von einem Füllstoff bei einer Differenz von unter 0,2. Leimfarbe deckt bei der Verarbeitung nicht (Differenz Kreide – Wasser), aber nach dem Trocknen sehr gut (Differenz Kreide – Luft).

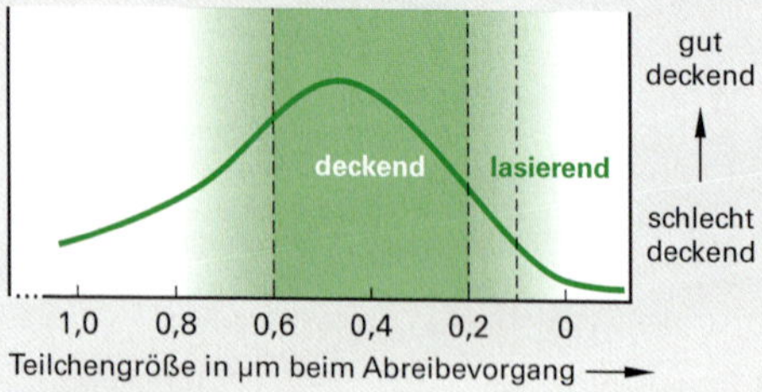

Bindemittel		Pigmente/Füllstoffe	
Leinöl	1,48	Titandioxid R	2,70
Alkydharz	1,55	Titandioxid A	2,55
Nitrozellulose	1,50	Zinkweiß	2,00
Weitere Brechzahlen		Schwerspat	1,64
Wasser	1,33	Kreide	1,57
Luft	1,0003	Ultramarinblau	1,50
Vakuum	1,000		

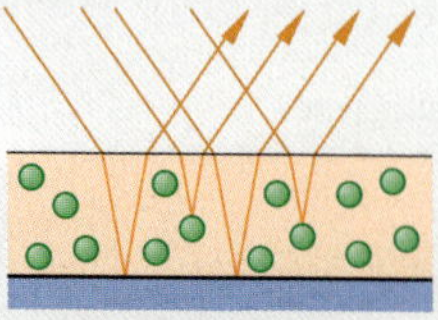
schlecht deckend

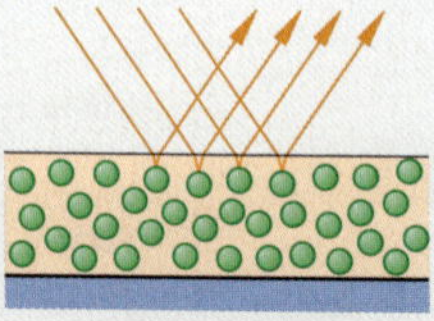
gut deckend

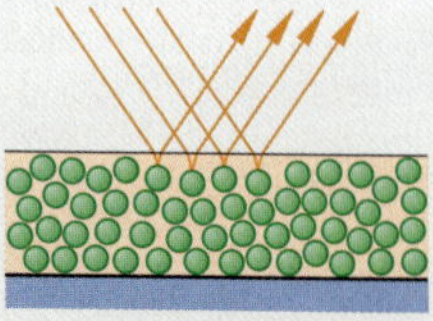
höchst mögliche Pigmentierung

PVK, Pigmentvolumenkonzentration

Die PVK gibt das Verhältnis des Pigmentvolumens zum Gesamtvolumen der filmbildenden, nicht flüchtigen Anteile im Lack an.

Beispiele von PVK-Werten handelsüblicher Farben:

Kunstoffdispersionsfarbe Außen	PVK 45 %
Kunststoffdispersionsfarbe Innen	PVK 60 %
Alkydharzlack (Fensterlack)	PVK 15 %

Als kritische Pigmentvolumenkonzentration (KPVK) wird die höchstmögliche Pigmentierung bezeichnet, ab der die Qualität der Beschichtung wegen Überpigmentierung nachlässt. Das Bindemittel kann darüber hinaus kein weiteres Pigment mehr optimal umhüllen.

Färbevermögen

Je kleiner die Pigmentteilchen, umso besser ihr Färbevermögen. Abtönfarben enthalten gut färbende Pigmente unvermischt in hoher Konzentration. In getönten Beschichtungsstoffen werden teure, hochfärbende Pigmente bei der Herstellung oft bis an die Grenze mit billigeren Pigmenten gestreckt. Negativ fällt dies auf, wenn damit neue Farbtöne gemischt werden sollen.

Gesundheitsgefährdung und Umweltschutz
Pigmente, die Schwermetalle enthalten, sowie viele künstlich organische Pigmente sind gesundheits- und umweltschädlich. Heute sind einige Pigmente, z. B. Bleimennige, Bleiweiß, Chromgelb weitgehend verboten oder vom Markt verschwunden. Altbeschichtungen bei Renovierungen stammen aber häufig aus Zeiten, als ihre Gesundheitsgefährdung nicht beachtet wurde. Darum sind grundsätzliche Regeln beim Schleifen von Altbeschichtungen zu beachten: Staubmaske tragen, nach der Arbeit gründlich Hände waschen. Gefährliche Stäube sind abzusaugen. Kehren wirbelt den Staub unnötig auf.
Korrosionsschutzwirkung
Die rostschützende Wirkung eines Beschichtungssystems kann durch das Pigment alleine (widerstandsfähige Pigmente, Schuppenpigmente, passivierende Pigmente) erfolgen, aber auch in Verbindung mit dem geeigneten Bindemittel (aktive Pigmente). Im Korrosionsschutz setzt man inzwischen weitgehend auf dichte und mechanisch hoch belastbare Bindemittel und Pigmente.

2.3.6 Herstellung von Pigmenten

Pigmentgruppe	Verfahren	Gewinnung, Beispiel
Natürliche anorganische Pigmente	Abbau	Erdpigmente werden durch Abbau aus der Natur gewonnen. Große Mengen werden mit dem Bagger abgebaut, seltene Pigmente, z. B. Pigmente für die Restauration historischer Malereien, werden mit der Schaufel abgegraben. Das Gestein wird zuerst im Backenbrecher zerkleinert, dann fein gemahlen. Erden werden gereinigt und aufbereitet. Anschließend werden sie getrocknet, eventuell geglüht, gemahlen und gesiebt.
Künstliche anorganische Pigmente	Fällungsverfahren	Lösliche Metallsalze werden gelöst. Diese Lösungen können klare Flüssigkeiten sein. Beim Mischen entsteht durch eine chemische Reaktion ein unlöslicher Niederschlag – das Pigment. Der Pigmentbrei wird getrocknet und bei Bedarf gemahlen. Beispiele: Lithopone, Chromgelb, Kadmiumrot. Chromgelb verändert bei Zugabe von Lauge den Farbton von Gelb zu Rot. Mit dosierter Zugabe von Lauge lassen sich alle Farbtonvarianten von Gelb bis Rotorange herstellen.
	Chloridverfahren	Wird Titanerz mit Chlor umgesetzt und anschließend erhitzt, so entsteht Titandioxid.
	Oxidieren	Zink reagiert beim Verdampfen mit Sauerstoff. Durch rasches Abkühlen entsteht Zinkoxid.
	Schmelzen	Die Schmelze aus Ton, Schwefel und Soda ist das Pigment Ultramarinblau.
	Rösten	Durch Rösten wird dem Eisenoxidgelb chemisch gebundenes Wasser ausgetrieben. Es entsteht Eisenoxidrot.
Metallpigmente		Reine Metalle oder Legierungen werden fein gemahlen und poliert.
Kohlenstoffpigmente		Durch die unvollständige Verbrennung von Öl oder Gas entsteht Ruß.
Künstliche organische Pigmente	Chemische Herstellung	Komplizierte chemische Abläufe sind nötig, um aus Teerölen Pigmente zu gewinnen.
	Verlackung	Durch Verlackung wird ein Farbträger mit einem Farbstoff eingefärbt. Es entsteht ein Pigment im Farbton des Farbstoffes.

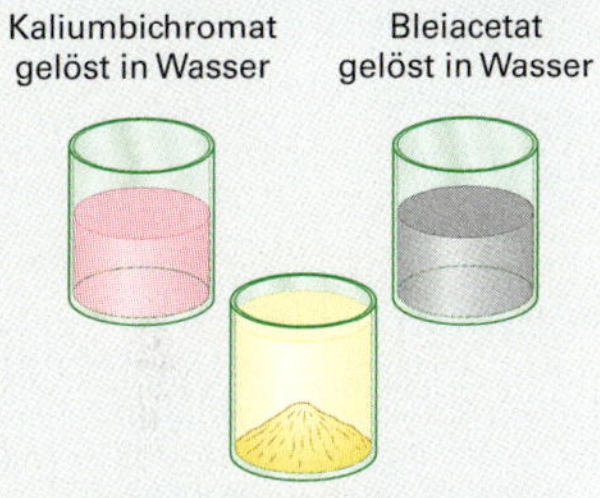

Beim Mischen fällt unlösliches Chromgelb aus und sinkt ab

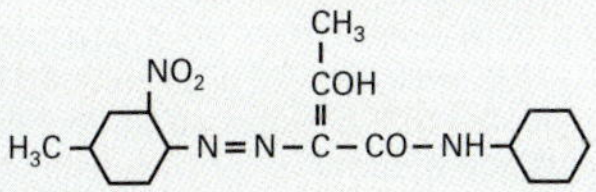

Monoazopigment Hansagelb

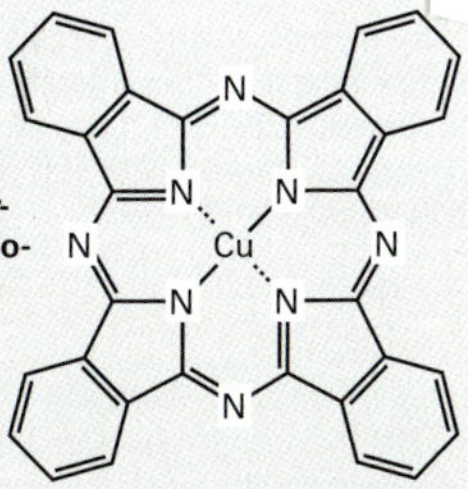

Kupferphthalocyanin

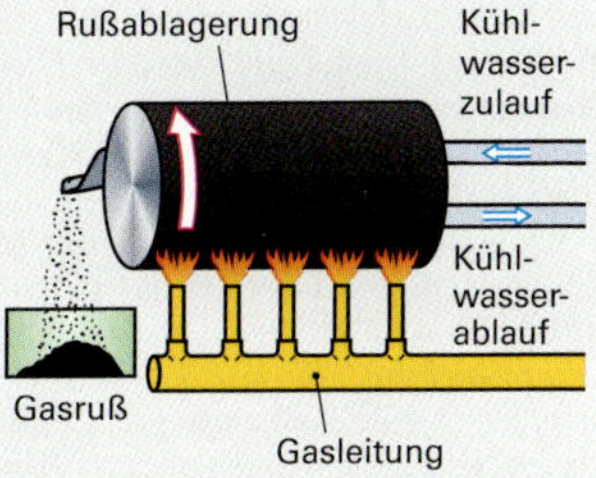

2.3.7 Besondere Pigmente für Effektlacke

Ursache des Effektes

Der Effekt erfordert meist einen weißen Untergrund, Füller

Farbton-steigerung	Nachleuchten	Reflexion	Interferenz	Farbstoffe im Klarlack
• Tagesleucht-Pigmente (Fluoreszierende Pigmente)	• Nachleucht-Pigmente (Phosphoreszierende Pigmente)	• Metalleffekt-Pigmente • MIO-Pigmente • Phthalocyanin-Schuppenpigment • Graphit-Pigmente • Perlglanz-Pigmente	• Flip-Flop-Pigmente • Perlglanz-Pigmente • Perlmutt-Pigmente • Glitter-Pigmente • Holographie-Pigmente	• Zusätzlich zur Pigmentierung erfolgt eine Einfärbung der Schichten im Aufbau.

Tagesleuchtfarben (Fluoreszenz)

Im Tageslicht sind neben den sichtbaren Lichtstrahlen auch Ultraviolett-Strahlen (UV-Strahlung) enthalten. Diese nicht sichtbaren Wellen werden durch das Pigment in sichtbare Wellen umgewandelt. Dadurch erhöht sich die Intensität des ursprünglichen Farbtons über das natürliche Maß hinaus. Der Farbton wirkt dadurch intensiver. Tagesleuchtfarben werden immer auf weißen Vorlack/Füller aufgetragen, um möglichst alle Wellen zu reflektieren. Sie sind nicht wetterbeständig und nicht UV-stabil. Sie müssen durch einen Klarlack geschützt werden. Sie bleichen schon nach kurzer Zeit aus.

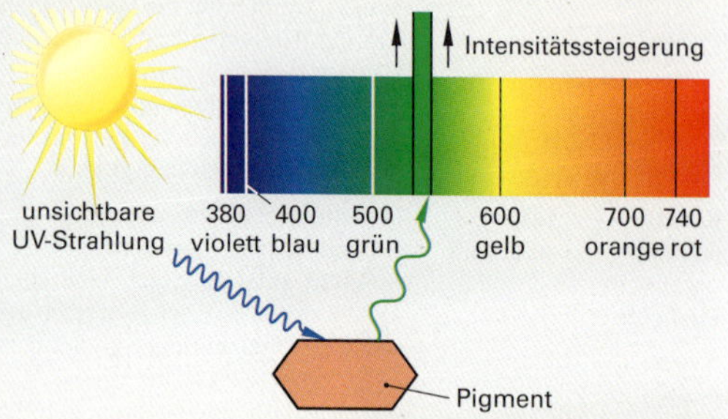

Nachleuchtende Pigmente (Phosphoreszenz)

Lichtenergie wird im normalen Pigment sofort reflektiert oder in Wärme umgewandelt. Nachleuchtende Pigmente können die Lichtenergie bis zu 24 Stunden speichern und das Licht nach und nach abgeben. Als Pulver lässt sich das nachleuchtende Pigment in jeden Klarlack einrühren und verarbeiten.

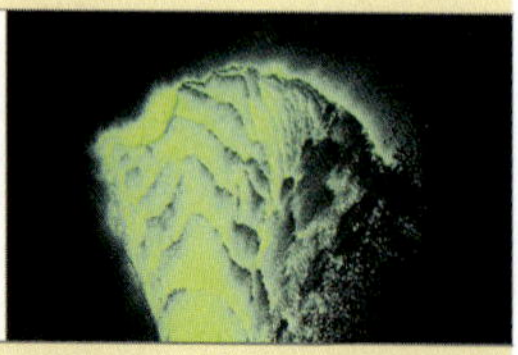

Metalleffekt-Pigmente

Dünne Aluminium-Plättchen reflektieren das Licht an den flachen Seiten. Der Effekt ändert sich je nach Betrachtungswinkel und nach Lage der Teilchen. Die Plättchen richten sich im Lack parallel aus. So ist der Effekt am schönsten, der Flop erfolgt ausgeprägt. Unsauberer, wolkiger Effekt bedeutet ungleichmäßige Ausrichtung der Teilchen.

Je mehr Pigmente im Lack enthalten sind, umso schöner der Effekt. Wird zu viel Aluminiumpulver in den Basislack gegeben, so werden an der Oberfläche die Aluminium-Plättchen nicht mehr abgedeckt. Ein schützender Klarlackauftrag ist darum unumgänglich.

Je größer die Teilchen umso gröber der Effekt. Dafür gibt es Bezeichnungen wie z. B. Raureifeffekt.

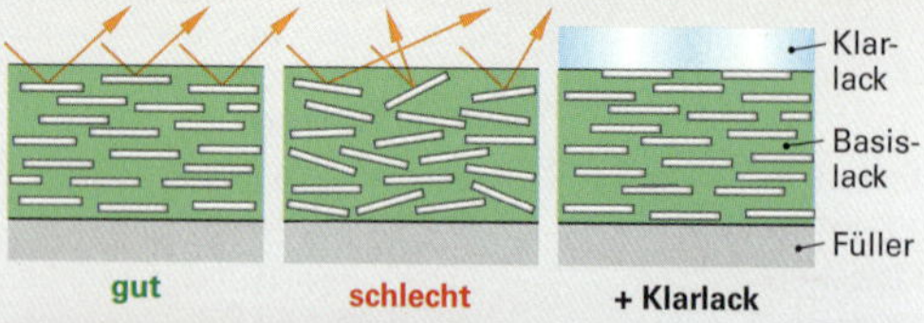

MIO-Pigmente, Graphit-Pigmente

Sechseckige Eisenglimmeroxid-Plättchen mit glatter Oberfläche, zehnmal dicker als Aluminium für den Metalleffekt, reflektieren auch über die Seitenflächen und geben einen besonderen Effekt.

Graphitpigmente besitzen einen schwarzen Farbton, vergleichbar mit den herkömmlichen Schwarzpigmenten, aber glänzender.

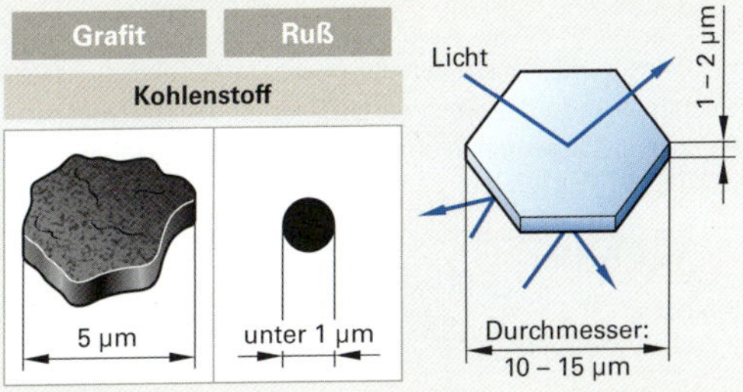

Interferenz-Pigmente

Interferenzpigmente wechseln den Farbton je nach Betrachtungswinkel. Das Zusammenspiel aus Reflexion und Brechung gibt diesen Pigmenten ihr besonderes Aussehen.

Unter Interferenz versteht man die Überlagerung von Wellen: Die Lichtwellen reflektieren an verschiedenen Flächen des Pigmentteilchens und überlagern sich zum Farbton.

Interferenzpigmente sind auch unter der Bezeichnung Flip-Flop-Pigmente im Handel.

Interferenzpigmente bestehen meist aus einem Mica-Teilchen (mineralischer Glimmer), das zwischen 0,1 und 0,4 µm meist mit Titandioxid (TiO_2) oder Eisenoxiden (Fe_2O_3) bedampft wurde. Von der Schichtdicke der Bedampfung hängt der Farbeffekt ab.

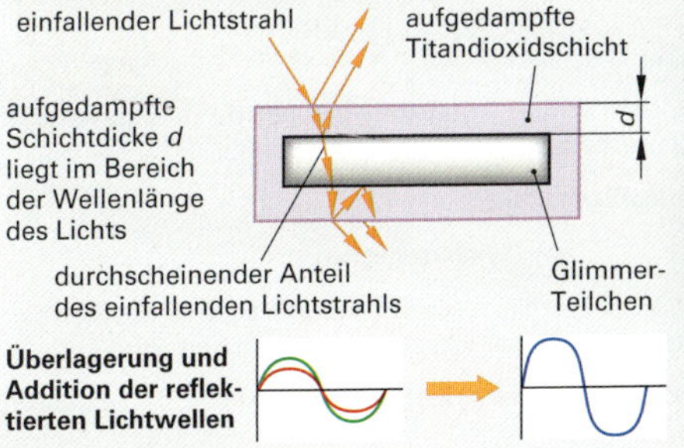

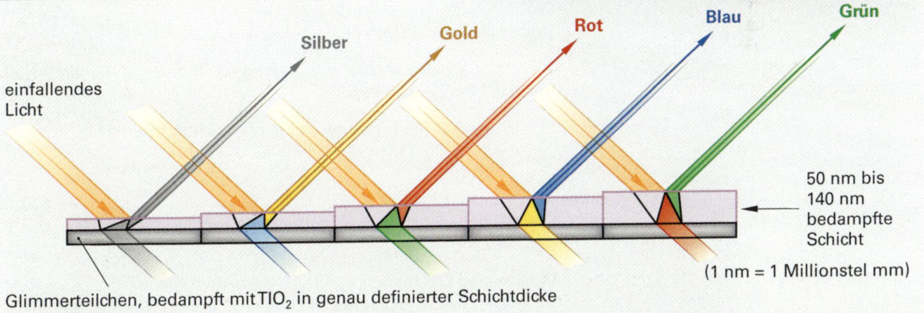

Farbspiele durch Interferenz beherrscht die Natur schon lange, wie an dem Käfer zu sehen ist.
Markennamen sind:

Iriodin®, Colorstream®, Xirallic® (Fa. Merck), Glacier™ Frost White, Lumina® Black Olive™, Firemist®, Mearlite® Metasheen®, MagnaPearl® (Fa. BASF) und andere.

Perlglanzpigmente

Perlglanzpigmente sind lichtechte Glimmer. Sie bestehen aus transparenten Plättchen mit hoher Brechzahl. Durch Mehrfachreflexion des Lichtes wird ein Glanz bewirkt, wie er für Perlen charakteristisch ist.

2

2.3.8 Additive

Aufgabe von Additiven

- Additive werden meist dem Beschichtungsstoff bei der Herstellung zugegeben.
- Einsatz in möglichst kleiner Menge, da ein Additiv Nebenwirkungen auslösen kann.
- Wasser in Dispersionen und Lacken bewirkt andere Probleme als Lösemittel.

Additive in Kunststoff-Dispersionsfarben

Lack-Problem	Additiv	Wirkungsweise
Schlechte Pigmentbenetzung	Netzmittel	Absenkung der Oberflächenspannung des Wassers durch Polyphosphate.
Netzmittel schäumen	Entschäumer	Entschäumer auf Mineralbasis verhindern Bläschenbildung beim Rühren und Rollen.
Pigmente setzen sich in Wasser schnell ab	Verdickungsmittel	Zugabe von Polyacrylaten. In Innenfarben oft Zugabe von Zelluloseleim.
Wasser kann faulen	Konservierungsstoffe	Gegen Bakterien wirken Ammoniak und Phenolverbindungen. Ammoniak verhindert auch die Rostung von Blechbehältern.
Wasser gefriert	Antifrostmittel	Äthylglykol verzögert die Zerstörung der Dispersionsfarbe.
Weiß ist nicht weiß genug	Optische Aufheller	In umweltfreundlichen Dispersionsfarben verzichtet man meist darauf.
Der trockene Beschichtungsfilm reißt	Weichmacher	Zumischen = äußere Weichmachung. Verlässt nach und nach den Beschichtungsfilm. Chemisch an das Bindemittel koppeln = innere Weichmachung.
Schlechter Verlauf	Filmbildungsstoffe	Leichteres Verschmelzen der Kunststoffkügelchen durch Anquellen mit Alkoholen oder Testbenzin.

Additive in lösemittelhaltigen Lacken

Lack-Problem	Additiv	Wirkungsweise
Trocknet schlecht	Trockenstoff Sikkativ	In ölhaltigen Lacken beschleunigen Sikkative die Sauerstoffaufnahme. In ölfreien Lacken Einsatz von schnellflüchtigen Lösemitteln.
Hautbildung	Hautverhinderungsmittel	Sauerstoff wird an der Dosenoberfläche abgefangen. Er verdunstet später nach der Verarbeitung.
Verlaufstörung	Verlaufmittel	Silikonöle entspannen die Oberfläche. Steuerung auch möglich über Lösemittel.
Pigmente setzen sich in der Dose ab	Netzmittel	Die Oberflächenspannung wird verringert. Pigmente werden besser durch das Bindemittel benetzt.
	Verdickungsmittel	Je hochviskoser der Lack, umso geringer das Absetzverhalten.
Farbtonverschiebung beim Trocknen	Antiausschwimmmittel	Verhindern das Entmischen schwerer und leichter Pigmente.
Der Lack ist zu flüssig	Thixotropiermittel	Diese bauen in Ruhe Wasserstoffbrücken auf. Beim Verarbeiten verhält sich der Lack flüssig.
Glanzgrad stimmt nicht	Mattierungsmittel	Wachse und Emulsionen legen sich beim Trocknen auf die Lackschicht und halten ihn gesteuert rau.
UV-Schäden (Risse, Vergilbung..)	UV-Absorber	Fängt UV-Wellen ab. Ebenso durch Eisenoxide in Lasuren.
Lackfilm zu hart, neigt zu Rissbildung	Weichmacher Weichharzen	Weichmacher wirken wie ein Lösemittel, das nicht verdunstet.
Schäden am Holz durch Organismen	Fungizide Insektizide (= Biozide)	Holzschutzmittel dringen in das Holz ein und verhindern Befall. Kein Einsatz im Innenbereich.

2.4 Beschichtungssystem

2.4.1 Schichten im Beschichtungssystem

Schichtenaufbau

Auf Holz, Metall, Kunststoff
Lacksysteme

1 µm = 1/1000 mm

Vergleich:
Übliche Dicke des menschlichen Haares: ~ 100 µm

Eindringzone (je nach Saugverhalten):
- Holz: 10 µm bis 30 µm,
- mineralische Untergründe: 50 µm bis 100 µm

Lacksysteme für Holz, Metall, Kunststoff

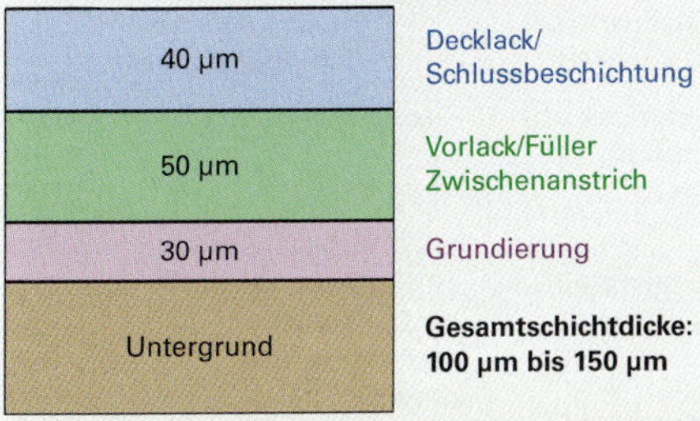

Auf mineralischen Untergründen
Dispersionsfarbe

Dispersionen für mineralische Untergründe

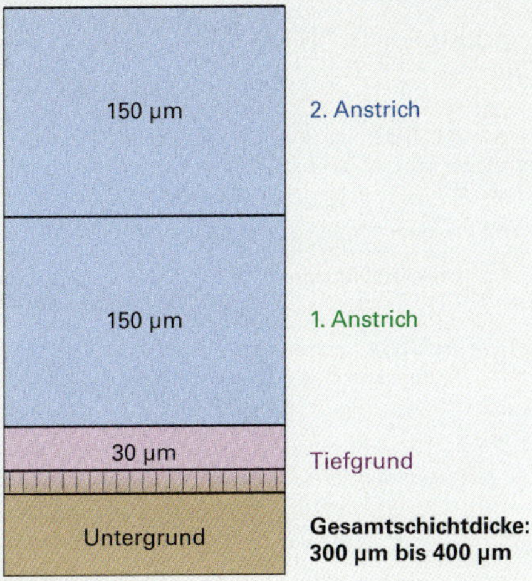

Grundierung

- Erste Schicht auf dem Untergrund.
- Aufgaben und Ausführung hängen von der Beschaffenheit des Untergrundes ab.

Poröse Untergründe
z. B. Putz, Beton, Holz, Gipskarton

Dichte Untergründe
z. B. Metalle, Glas, Kunststoff

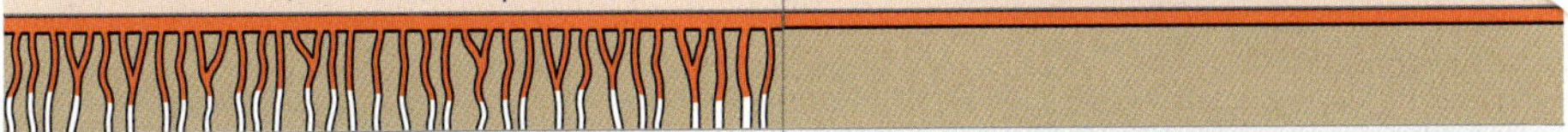

Poröse Untergründe:

Das Grundiermittel dringt durch die offenen Poren in das Kapillar-System des Untergrundes ein. Dafür muss es dünnflüssig und ohne große Teilchen sein.

Es vermindert die Saugfähigkeit des UG und festigt ihn. Wirkstoffe können eingebracht werden, z. B. Fungizide in Holz. Ohne Druck beträgt die Eindringtiefe etwa 1 – 2 mm.

Die Kunstharzgrundierung, feine Dispersion, der Tiefgrund, müssen satt aufgetragen werden, damit sich die Kapillaren vollsaugen können.

Die milchige, unpigmentierte Dispersion trocknet farblos auf.

Dichte Untergründe:

Die Grundierung sorgt für Haftung, sie ist lediglich Brücke zwischen Untergrund und Beschichtung. Eine Ausnahme bildet Kunststoff. Lösemittel in der Grundierung können Kunststoffe anquellen und für eine bessere Verbindung sorgen. Diese Grundierungen dürfen nur gespritzt werden.

Grundsätzlich sind Grundierungen wie Primer, Reaktionsgrund, Haftgrund immer gleichmäßig dünn aufzutragen.

Primer: engl. Bezeichnung für Grundierung

Washprimer: engl. Bezeichnung für Haftgrund

Grundierung/Tiefgrund mit Lösemittel	Grundierung/Tiefgrund ohne Lösemittel	1K-Grundierungen	2K-EP-Grundierungen
1K-Grundierung z. B. auf NC-Basis	Unpigmentierte Dispersionen	1K-Grundierung, z. B. auf Alkydharzbasis	2K-Gundierung auf Epoxidbasis

2

Vorlack/Füller	
Diese Beschichtungsstoffe enthalten viel Füllstoff und Pigment, damit leichte Untergrund-Unebenheiten, Poren und Schleifspuren gefüllt werden. Die trockene Oberfläche ist durch die hohe Pigmentierung etwas rau. Dies sorgt für gute Haftung des Decklackes. Mit Vorlack oder Füller wird der Farbton für die Schlussbeschichtung vorgelegt.	
Vorlack für Holz am Bau	Einkomponentenwerkstoff auf Alkydharzbasis Normal oder HS (High-Solid = hoher Festkörper, wenig Lösemittel)
Füller für Teile am Fahrzeug	2K-Füller auf EP-Basis. Als Schleiffüller (üblich gegen Unebenheiten und Schleifspuren), HS-Füller (mit hohem Festkörper), Nass-in-nass-Füller (der Auftrag von Grundierung und Füller erspart nass in nass einen Trocknungs- und Schleifvorgang), Tönfüller (mit Unilack abtönfähiger Füller zur Farbtonangleichung an den Decklack)

Decklack, Schlussbeschichtung		
Diese letzte Schicht muss vor Wetter, mechanischer und chemischer Belastung etc. schützen. Je nach Beanspruchung enthält der Lack als Bindemittel Alkydharz, Acrylharz oder ein 2K-Bindemittel (UP, PUR, Acryl, selten EP. Die Pigmente müssen komplett im Bindemittel eingelagert sein. Hochglanz kann nur durch eine absolut glatte Oberfläche erreicht werden.		
Einschichtverfahren **Maler**	**Zweischichtverfahren** **Maler und Fahrzeuglackierer**	**Dreischichtverfahren** **Fahrzeuglackierer**
Für einfarbige Lackierungen (Unilackierungen)	Für Metallic- und Perleffektlackierungen, auch für besonders hochwertige Unilackierungen	Für besondere Effektlackierungen
Diese eine Lackschicht erfüllt sämtliche Aufgaben der Decklackierung.	Zuerst wird eine farb- und/oder effektgebende Schicht aufgetragen. Danach erfolgt die Beschichtung mit einer schützenden Klarlackschicht. Beide Schichten erfüllen in ihrer Kombination die Aufgaben des Decklackes.	Einige besondere Effekte ergeben sich erst in Kombination, wenn z. B. eine Effektlackierung zuerst eine eingefärbte Klarlackschicht erhält und anschließend erst mit reinem Klarlack geschützt wird. Beispiel: Candy-Lackierung

2.4.2 Schichtdicke

Die Gesamtschichtdicke setzt sich aus den Schichtdicken der einzelnen Schichten zusammen. Die Schichtdicke wird als Trocken- und/oder Nassschichtdicke angegeben und in µm = 1/1000 mm gemessen (µm: sprich Mikrometer). Die **Nassschichtdicke** ist für die Verarbeitung von Bedeutung. Der Verbrauch in ml entspricht der Nassschichtdicke in µm.

Die **Trockenschichtdicke** gibt die Dicke der schützenden Schicht an, z. B. gegen Korrosion oder mechanische Beanspruchung. Sie ist um den Anteil der Lösemittel im Beschichtungsstoff geringer als die Nassschicht. Je geringer der Lösemittelanteil, umso geringer ist die Differenz zwischen Nass- und Trockenschichtdicke.

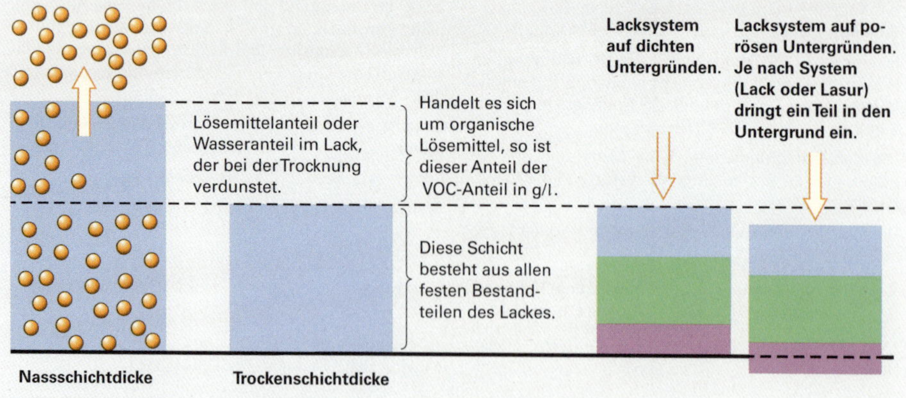

2.4.3 Spachtelschichten im Beschichtungssystem

Spachtelschichten werden nur im Beschichtungssystem eingesetzt, wenn eine glatte Oberfläche gefordert wird, die durch das System nicht erreicht werden kann.

Spachtelmasse

Spachtelmassen sind hoch gefüllte Beschichtungsstoffe. Neben Pigmenten enthalten sie einen hohen Anteil an Füllstoffen. Dadurch wird der Werkstoff pastös und ist in diesem Zustand nicht mehr zu streichen oder zu spritzen.

Um Unebenheiten zu füllen dürfen sie nur wenig oder gar kein Lösemittel enthalten. Dies hängt vom eingesetzten Bindemittel ab. Lösemittelanteile können die Verarbeitbarkeit erleichtern, verringern aber den Festkörper und damit die Fülle der Spachtelmasse. Die Spachtelschicht „fällt ein".

Spachtelmassen müssen in der Verarbeitung gut ziehbar und nach dem Trocknen gut schleifbar sein. Es sollte immer versucht werden, Spachtelmasse so dünn wie möglich aufzutragen. Als „trockenste" Schicht im System ist Spachtelmasse häufig die Ursache von späterer Rissbildung.

	KH-Spachtel	Nitro-Spachtel	Polyester-Spachtel	Acryl-Spachtel
Einsatz	• Er enthält Alkydharz als Bindemittel • Geeignet zum Ausbessern und Überziehen von Holz	• Das Bindemittel ist Zellulosenitrat • Für schnelles Ausbessern. Hoher Lösemittelanteil	• 2K-Material • Für blankes/grundiertes Holz und Metall	• Dispersionsspachtel für Risse in mineralischen Untergründen • (für Maler)
Trocknung	chemisch + physikalisch	physikalisch	chemische Härtung	Kalter Fluss
Trocknung	normal	sehr schnell	schnell	normal
Fülle	normal	sehr gering	sehr hoch	normal

2.4.4 Trocknung von Beschichtungen

Trocknung mit Luftbeteiligung	Physikalische Trocknung	Leimfarbe Kleister Nitrolack Acrylharzlack u.a.
	Chemische Trocknung	Trocknende Öle Ölfarben ohne Lösemittel Acrylharzlack
	Kalter Fluss	Dispersionen Wasserverdünnbarer Tiefgrund
	Verkieselung	Silikatfarbe
	Carbonatisierung	Kalkfarbe
	Hydraulische Härtung	Zementfarbe
	Polymerisation	Plastomere Kunststoffe, PE-Herstellung PVC-Herstellung
	Polykondensation	Alkydharzherstellung
Chemische Härtung ohne Luftbeteiligung	Polyaddition	Duromer-Kunststoffe Epoxidharzlack Polyurethanharzlack 2K Acrylharzlack 2K

Nur für mineralische Untergründe, für Fahrzeuglackierer unbedeutend.

Physikalische und chemische Trocknung

Physikalische Trocknung

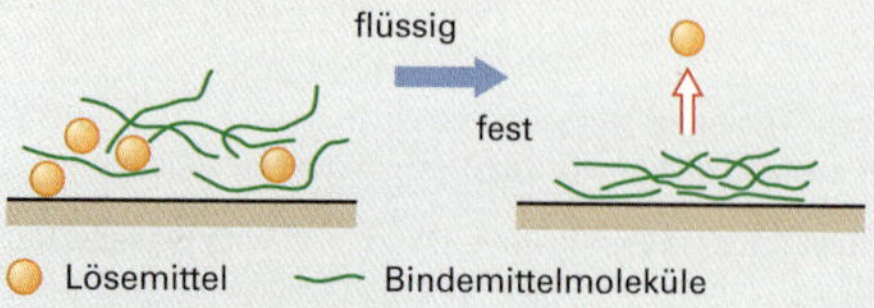

Trocknung durch Verdunsten der Lösemittel. Je schneller das Lösemittel verdunstet, umso schneller trocknet der Anstrichstoff.

Das Bindemittel wird dabei nicht chemisch verändert, es bleibt das gleiche Molekül. Darum handelt es sich bei dieser Trocknung um einen physikalischen Vorgang.

Der Anstrichfilm ist reversibel (wieder anlösbar).
Beispiele:

- Leimfarbe – Kleister
- Nitrolack
- Chlorkautschuklack
- Polymerisatharzlack

Chemische Trocknung

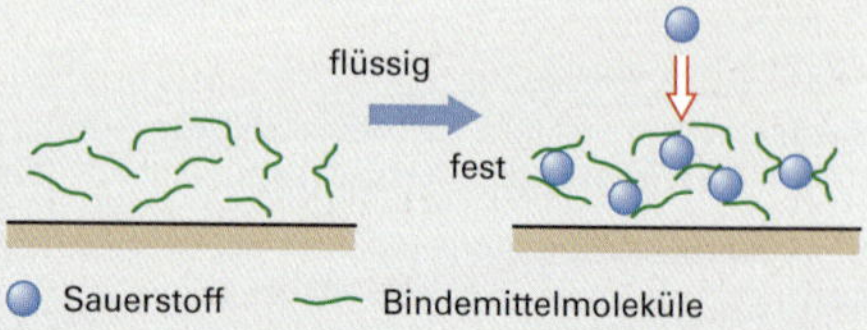

Das Bindemittel Öl nimmt Sauerstoff aus der Luft auf. Die Ölmoleküle sind sehr klein. Darum ist das Öl flüssig. Durch Sauerstoff-Aufnahme verbinden sich die Moleküle zu Makromolekülen (Groß-Molekülen) und der Anstrich wird fest. Die Trocknung verläuft relativ langsam.

Der Anstrichfilm ist irreversibel (nicht wieder anlösbar).

Beispiele:

- Trocknende Öle
- Ölfarben

Gemischte Trocknung

In der Praxis wirken bei der Trocknung von Anstrichstoffen oft die chemische und physikalische Trocknung zusammen. So verdunstet bei Alkydharzlack das Lösemittel physikalisch, während gleichzeitig die chemische Trocknung über das Öl einsetzt.

Kalter Fluss

Die Trocknung von Dispersionsfarben, Dispersionslacken und Dispersionsklebern verläuft rein physikalisch. Während das Wasser verdunstet, lagern sich die Kunststoffteilchen zusammen und verschmelzen, ohne sich chemisch zu verändern. Diesen Vorgang bezeichnet man als „Kalten Fluss". Der Anstrichfilm ist beständig gegen Wasser (Bild 4).

Wasserverdünnbare, zweikomponentige Acryl-, Epoxid- oder Polyurethanlacke sind ebenfalls Dispersionen. Ihnen muss jedoch Härter zugegeben werden. Parallel zum Kalten Fluss setzt die chemische Härtung ein.

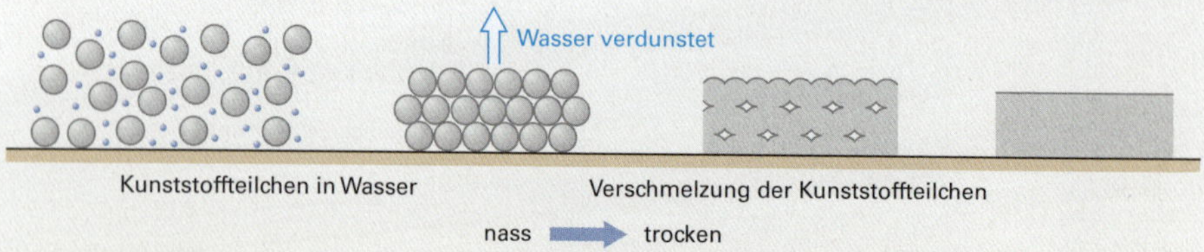

Trocknung mineralischer Bindemittel

Verkieselung	Carbonatisierung	Hydraulische Härtung
Silikatfarbe	Kalkfarbe	Zementfarbe/Zement, Beton
Silikatfarbe verkieselt untrennbar mit mineralischen Putzen, außer mit Gips. Auf Gips darf Silikatfarbe nicht gestrichen werden. Beim Trocknungsvorgang wird aus der Luft CO_2 aufgenommen. Das Wasser der Silikatfarbe verdunstet physikalisch.	Kalkfarbe nimmt beim Trocknen aus der Luft CO_2 auf und gibt Wasser ab. Damit wird der Prozess rückgängig gemacht, mit dem aus Kalkstein Kalkfarbe hergestellt wurde. So entsteht beim Trocknen eine dünne Kalksteinschicht auf der Wand.	Wasser wird beim Härtungsvorgang in den Zement eingebaut. Ohne Feuchte kommt es zu keiner Härtung. Beim Betonieren ist der Wasserzementwert daher von großer Bedeutung. Überschüssiges Wasser muss verdunsten.

2.5 Qualitätsprüfung am Lack und Lackierergebnis

2.5.1 Möglichkeiten der Qualitätsprüfung

Prüfungen am Lack in der Lackfabrik	Der Kunde/Maler und Lackierer erhält das Material, das über die zugesagten Eigenschaften verfügt. Anwendungsbezogene Prüfungen im Labor stehen im Vordergrund (Wetterbeständigkeit, Dehnbarkeit, Härte, Rostschutz, Trocknungsverlauf, Glanzgrad, Haftung innerhalb des Beschichtungssystems u. a.). Außerdem werden allgemeine Produktdaten ermittelt (Viskosität, Dichte, Kornfeinheit, Deckvermögen, Flammpunkt u. a.). Immer gleiche Qualität gewährleistet Sicherheit für den Verarbeiter.
Werkstattübliche Prüfungen am Lack	Die Art der Verarbeitung sowie Untergrund- und Umgebungsbedingungen erfordern die Überprüfung und Einstellung der Viskosität des bereitgestellten Lackes. Die Verarbeitungsangaben im Technischen Merkblatt und auf der Dose sind einzuhalten.
Werkstattübliche Prüfungen am Untergrund	Vor der Bearbeitung ist der Untergrund zu prüfen. Jeder Untergrund besitzt besondere Eigenschaften. Altbeschichtungen sind auf Haftung, Tragfähigkeit und Verträglichkeit mit dem neuen Beschichtungsmaterial zu überprüfen.
Werkstattübliche Prüfungen an der fertigen Beschichtung	Über eine Probebeschichtung kann die erforderliche Nassschichtdicke ermittelt werden, damit nach der Applikation die gewünschte Trockenschichtdicke vorliegt. Nach Möglichkeit werden zur Qualitätsüberprüfung der fertigen Beschichtung (Härte, Dehnbarkeit, Haftung u. a.) zerstörungsfreie Prüfmethoden gewählt. Zerstörende Prüfmethoden schädigen die Beschichtung und müssen wieder ausgebessert werden.

Für den Vergleich von Messergebnissen muss die Beschichtung immer in gleicher Schichtdicke auf dem Prüfuntergrund vorliegen.

Filmziehgerät

- Damit lassen sich für Prüfbleche Lackschichten in immer gleicher Nassschichtdicke auf Prüfbleche auftragen, eine Voraussetzung beim Vergleich von Messergebnissen.
- Ein kleiner Metallrahmen wird auf die nicht saugende Fläche (Glas, Blech) gesetzt und mit Lack gefüllt. Anschließend wird er vom Messspalt weg gleichmäßig über den Untergrund gezogen. Durch die ausgeschliffene Spalthöhe, z. B. 100 µm, wird der Lackfilm immer in gleicher Nassschicht aufgetragen (Bild unten).

Spritzen auf Schichtdicke

- Wenn nicht bekannt ist, mit wie vielen Spritzgängen eine vorgeschriebene Trockenschichtdicke erreicht wird, so muss im Voraus ein Probeblech (blankes Blech ohne Grundierung) gespritzt werden. Vorgehen nach Bild unten.
- Nach Fertigstellung liegt das Blech beschichtet mit ½ bis 4 Spritzgängen vor, je nach Staffelung.
- Nach dem Trocknen wird die Schichtdicke jeder Stufe gemessen. Die Stufe, die der geforderten Schichtdicke entspricht, wurde z. B. in 2 Kreuzgängen erreicht. Unter den gleichen Spritzbedingungen kann davon ausgegangen werden, dass die geforderte Schichtdicke auch am Objekt mit 2 Spritzgängen erreicht wird. Eine Toleranz von ca. 5 µm muss aber grundsätzlich einkalkuliert werden.

Filmziehgerät

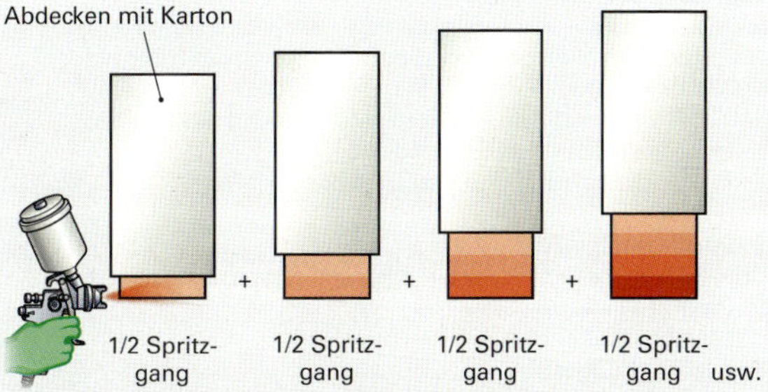

Vorgehen beim Spritzen auf Schichtdicke

2.5.2 Prüfung der Haftung

Klebebandtest

Auf die Beschichtung wird ein Klebeband geklebt, angedrückt und ruckartig abgezogen. Besonders geeignet für mineralische Untergründe. Am Abriss lässt sich auch erkennen, ob ein Untergrundmangel vorliegt. Die Prüfung erfolgt häufig in Verbindung mit der Gitterschnittprüfung.

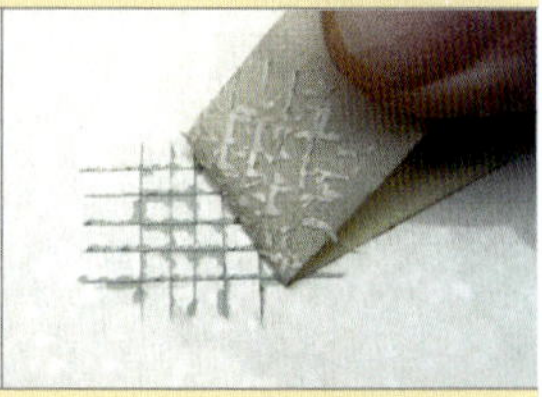

Gitterschnittprüfung

Sie erfolgt nach DIN EN ISO 2409 mit einem Mehrschneidenmesser. Mindestens 6 Schnitte werden im rechten Winkel in die Beschichtung bis zum Untergrund durchgehend gezogen. Auf der Baustelle kann dies mit einem einschneidigen Messer (z. B. Cuttermesser) geschehen. Die Abstände der Schnitte sind in Abhängigkeit zur Schichtdicke zu setzen (Tabelle 1). Im Vergleich (Tabelle 2) erfolgt die Ermittlung des Gitterschnittkennwertes und die Beurteilung der Haftung.

Schichtdicke in µm	Schnittabstand in mm
bis 60	1 mm
60 bis 120	2 mm
über 120	3 mm

Gitterschnittkennwert	Gt 0	Gt 1	Gt 2	Gt 3	Gt 4	Gt 5
Abbildung	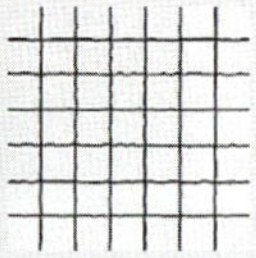	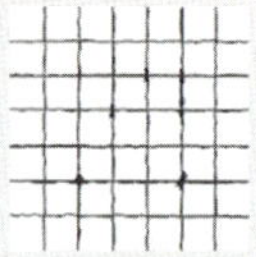				
Beschreibung	Vollkommen glatte Schnittränder, keine Abplatzungen.	Kleine Splitter sind an den Schnittpunkten abgeplatzt. Die abgeplatzte Fläche beträgt ca. 5 % der Teilstücke.	Kleine Absplitterungen an den Schnittpunkten und/oder den Schnitträndern. Die abgeplatzte Fläche beträgt ca. 15 % der Teilstücke.	Abplatzungen an den Schnittpunkten und/oder den Schnitträndern. Die abgeplatzte Fläche beträgt ca. 35 % der Teilstücke.	Abplatzungen an den Schnittpunkten und/oder den Schnitträndern. Die abgeplatzte Fläche beträgt ca. 65 % der Teilstücke.	Abplatzungen, die nicht in Gt 4 eingestuft werden können oder darüber hinausgehen.
Haftung	sehr gut	gut	mäßig	schlecht	sehr schlecht	äußerst schlecht

Verschiedene Aufprallprüfungen

Kugelstrahlschacht
Jeweils 500 kleine Stahlkugeln prasseln bei jedem Durchgang aus einem turmähnlichen Vorratsbehälter aus 40 cm Höhe auf das Prüfblech. Durch Schrägstellung des Bleches wird erreicht, dass alle Kugeln auf dem Prüfblech aufprallen und nicht aufeinanderfallen und das Ergebnis verfälschen.
Je mehr Lack abplatzt, umso schlechter die Einstufung.

Steinschlagprüfgerät
Über den Beschuss mit kleinen runden und eckigen Steinen wird Steinschlag simuliert.

Kugelschlagprüfgerät
In einem Fallrohr lässt man ein 1 kg-Gewicht aus 1 m Höhe auf das Prüfblech fallen.

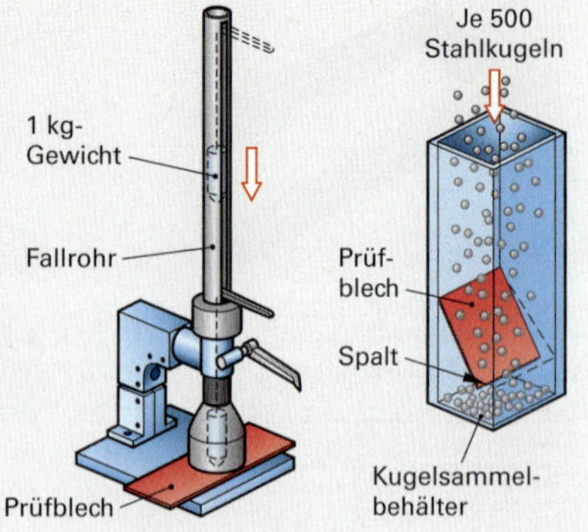

2.5.3 Prüfung der Viskosität

DIN-Becher	Tauchauslaufbecher
Vorwiegend zum Einsatz im Labor.	Sehr gut geeignet für die Anwendung im Malerhandwerk.

In beiden Verfahren wird die Auslaufzeit von 100 ml Lack durch eine 4mm-Düse in Sekunden gemessen.

Der DIN-Becher ist mit einem Stativ absolut horizontal zu justieren, die eingefüllte Lackoberfläche mit einer Glasscheibe glatt abzuziehen (darum der Überlauf-Rand). Mit Wegnahme des Fingers von der Auslaufdüse erfolgt die Zeitmessung.

Der Tauchauslaufbecher ist einfacher zu handhaben. Er wird in das Material eingetaucht und herausgezogen.

Im Falle des DIN-Bechers wird die Zeit in Sekunden bis zum Abreißen des Lackfadens gemessen, beim Tauchauslaufbecher die Zeit, bis die Öffnung von oben sichtbar aufreißt.

Nicht geeignet für thixotrope Lacke.

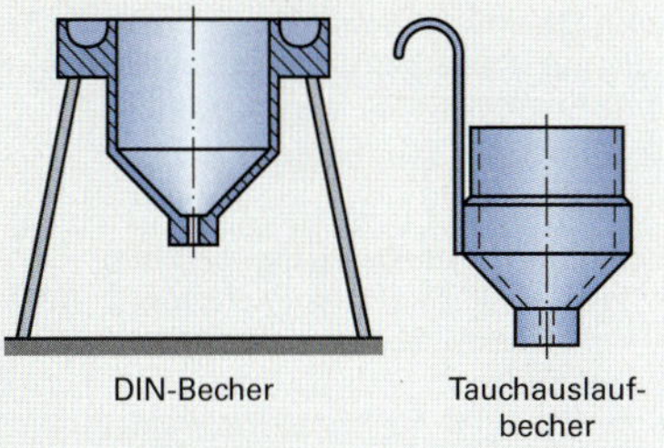

2.5.4 Schichtdickenmessung

Messung der Nassschicht

Nassschichtdickenmessung mit dem Messrad
Zwischen den Führungsscheiben des Gerätes befindet sich eine konzentrische Scheibe, die bei Berührung mit der Lackoberfläche die Nassschichtdicke angibt.

Das scheibenartige Messgerät wird auf dem nassen Film abgerollt und das Ergebnis ausgewertet.

Nassschichtdickenmessung nach Rossmann
Das kammartige Messgerät besitzt in der Zahnung unterschiedliche Höhen in µm. Beim Aufsetzen des Gerätes wird in µm die erste Zahnung ermittelt, die die Anstrichschicht.

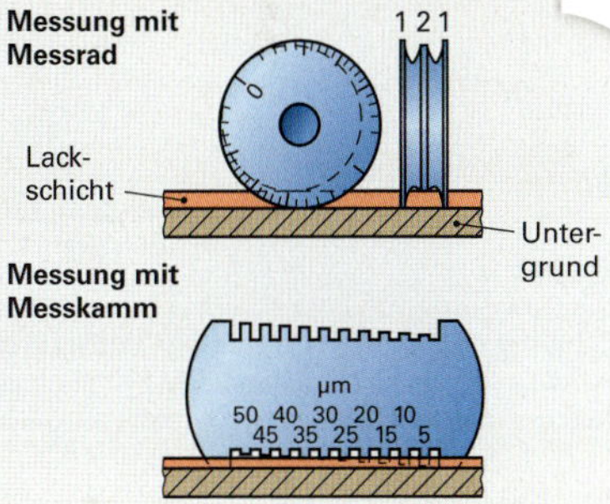

Messung der Trockenschicht

Magnetische Trockenschichtdickenmessung
Gemessen wird die Verringerung magnetischer Kräfte auf Eisen und Stahl durch die isolierende Beschichtung.

In der Regel ist die Messung der Trockenschicht nur bei Metall zerstörungsfrei möglich.

Trockenschichtdickenmessgerät nach Rossmann
Die Anstrichschicht wird bis zum Untergrund an einer kleinen Stelle freigelegt. Gemessen wird der Höhenunterschied zwischen Anstrichoberfläche und Untergrund.

Zerstörende Schichtdicken-Messpunkte an Objekten erfordern Reparaturaufwand. Darum diese Prüfungen nur an unscheinbaren Bereichen des Objektes vornehmen.

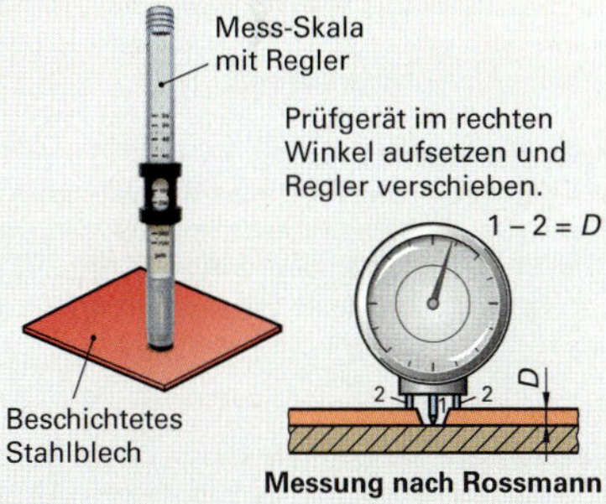

2.5.5 Prüfung des Deckvermögens

Diese Prüfung erfolgt in der Regel im Labor. Kontrastkarten, mit Schwarz-Weiß-Muster, geben Auskunft über das Deckvermögen sowohl auf sehr dunklem als auch auf sehr hellem Untergrund.

Zum Vergleich wird das Material mit einem Filmziehgerät in gleicher Schichtdicke aufgetragen.

Anwender überprüfen das Deckvermögen am Objekt durch Probebeschichtung.

2.5.6 Prüfung der Belastbarkeit durch Witterungseinflüsse

Allgemeine Wetterbeständigkeit

Langzeitbewitterungsstand	Kurzzeitbewitterung, Weather-o-meter
Um die Eigenschaften unter realen und gleichbleibenden Bedingungen zu prüfen, setzt man Musterplatten, aber auch Objekte auf Bewitterungsständen der Freibewitterung aus. Dieses geschieht bei Stadtklima oder an Orten mit extremem Klima. Nachteil dieses Tests ist die lange Dauer, bis erste Ergebnisse vorliegen.	• Das Wetterprüfgerät prüft die Belastung des Lackes durch Regen, Chemikalien, Temperatur, UV-Strahlung, je nach Geräteeinstellung im simulierten zeitlichen Ablauf eines Tages. Die Prüfplatten bewegen sich um ein Zentrum im Kreis und werden in Segmenten belastet. • Eine Runde läuft einen Tag. 100 Stunden im Test entsprechen etwa 1 Jahr Wetterbelastung.

Der Zusatz **„wetterbeständig"** bedeutet,
- dass eine Beschichtung unter normalen Witterungs- und Umwelteinflüssen mindestens zwei Jahre in ihrem zweckentsprechenden Zustand bleibt,
- sie erfüllt ihre Funktion (Korrosionsschutz, Kratzfestigkeit, Glanz ...), sie behält den Farbton und sie haftet auf dem vorgesehenen Untergrund.

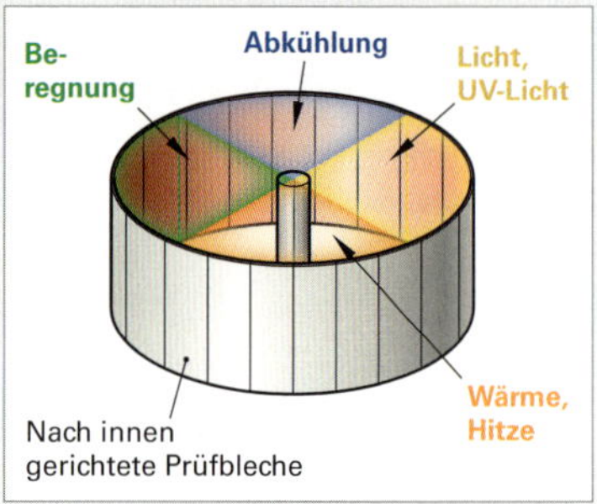

Weather-o-meter

Prüfung auf besondere Wetterauswirkungen

Tropentest
Die Einwirkung von hoher Luftfeuchte und Wasserdampf in Verbindung mit erhöhter Temperatur lässt Beschichtungen aufquellen. Ein Schnitt in der Beschichtung auf dem Prüfblech gibt Auskunft über die Neigung zur Unterrostung von Grundierungen auf Stahl.

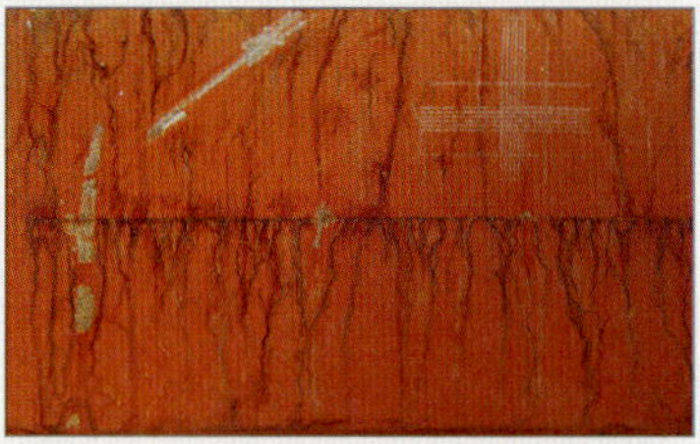

Tropentest

Kältetest, Cold-Check-Test
Um festzustellen, wie der Anstrichfilm die auftretenden Spannungen bei plötzlichem Temperaturwechsel aushält, wird er abwechselnd auf 50 °C erwärmt und innerhalb von 2 bis 3 Minuten auf –20 °C abgekühlt. Der Zyklus wird so lange wiederholt, bis sich erste Zerstörungen des Anstrichfilmes zeigen.

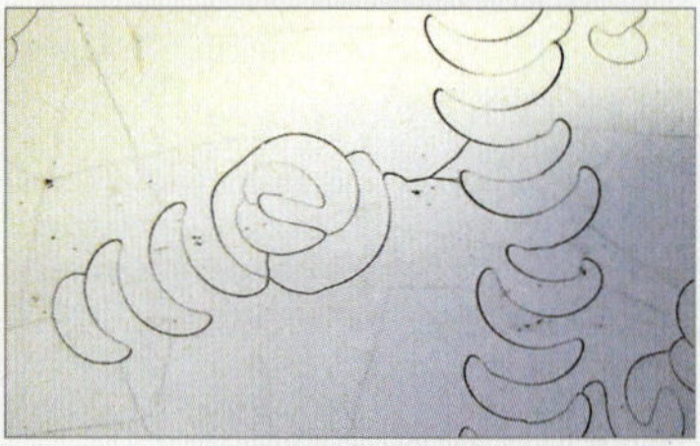

Cold-Check-Test

Farbtonmessgerät
Vor der Farbtonmessung muss der Untergrund absolut sauber vorliegen. Das Farbtonmessgerät ermittelt den Farbton anhand der reflektierten Lichtwellen des Farbspektrums.
Die letzte, abschließende Farbmessung erfolgt immer am getrockneten Prüfblech mit dem geschulten Auge.

Glanzmessgerät
Glatte Beschichtungen reflektieren Lichtstrahlen gerichtet. Raue Beschichtungen reflektieren die einfallenden Lichtstrahlen diffus, d. h. in alle Richtungen gestreut. Das Glanzmessgerät misst, wie viel von der auftreffenden Intensität gerichtet auf eine Silizium-Photodiode trifft unter Berücksichtigung des vom Untergrund absorbierten Anteils. Je nach Glanzgrad wird unter verschiedenen Winkeln (20°, 60°, 85°) gemessen.

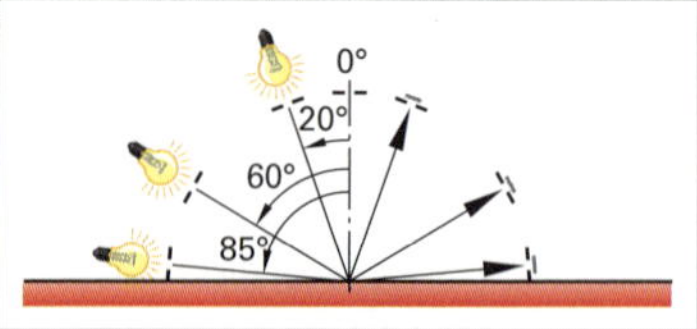

Glanzmessung

2.5.7 Prüfung der mechanischen Beanspruchbarkeit

Härte, Kratzfestigkeit, Steinschlagbeständigkeit	= Widerstand der Beschichtung gegen eindringende Stoffe
Dehnbarkeit Elastizität	= Fähigkeit der Beschichtung, Untergrundbewegungen mitzumachen
Abriebbeständigkeit	= Widerstand der Beschichtung gegen reibende und scheuernde Bewegung

Konischer Dornbiegeprüfer
Das Prüfblech wird über einen konischen Dorn mit steigendem Durchmesser von 3 mm bis 38 mm gebogen. Über den Dorndurchmesser, bei dem die Beschichtung reißt, kann auf die Dehnbarkeit des Beschichtungsstoffes geschlossen werden.

Prüfplatte nach Tiefung

Tiefungsgerät
Damit wird die Dehnbarkeit von Lacken geprüft. Darüber hinaus können Aussagen über die Haftfestigkeit der Lackierung bei Verformung gemacht werden.

Gegen das fest eingespannte Prüfblech wird von hinten eine Metallkugel mit 2 cm Durchmesser langsam vorgedrückt. Mit einer Lupe wird beobachtet, wann der Lack reißt. Je größer der Vorschub bis zur Rissbildung, umso dehnbarer die Beschichtung.

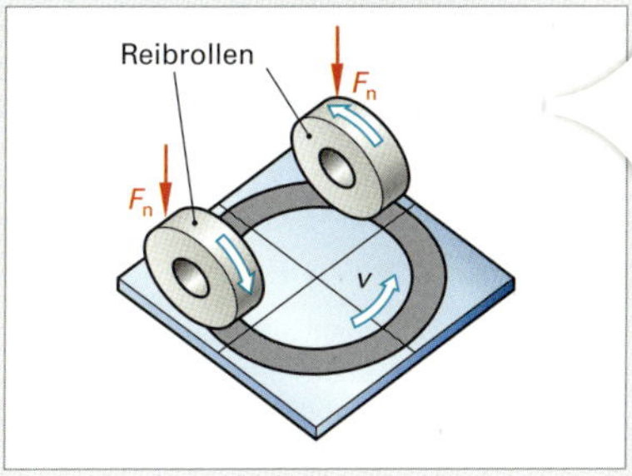

Taber Abraser

Abriebprüfung, Taber Abraser
Mit dem Taber Abraser lässt sich der Abriebwiderstand verschiedenster Materialien ermitteln. Die Abriebbeanspruchung wird von zwei Reibrollen erzeugt, die mit einer festgelegten Kraft auf das rotierende Prüfblech gedrückt werden. Die Rollen sind nicht genau tangential zum Prüfblech ausgerichtet. Die Wahl der Reibrollen, der Andruckkraft und der Abreibzyklen erfolgt nach der zu erwartenden Belastung. Bewertet wird das Schleifergebnis.

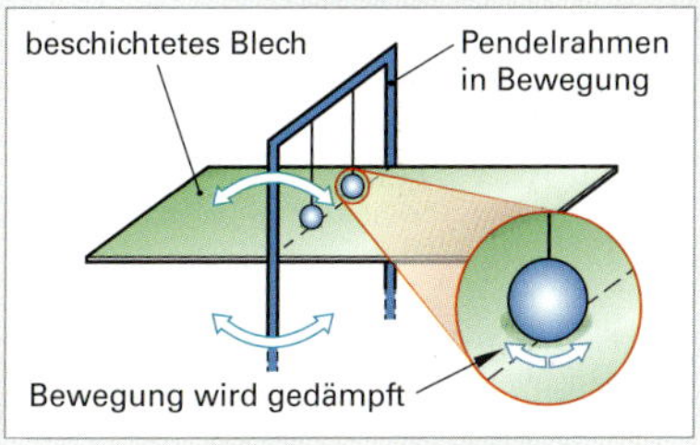

Prüfplatte nach Tiefung

Pendelgerät
Wird das Pendel mit vorgegebenem Ausschlag losgelassen, so dämpft eine weiche Beschichtung die Pendelbewegung mehr als eine harte Beschichtung.

2.5.8 Prüfung der Chemikalienbeständigkeit

Salzsprühnebeltest
Bei erhöhter Temperatur (z. B. 35 °C) wird eine Salzlösung, z. B. 5 %ige Kochsalzlösung, in die Testkammer eingesprüht. Der Nebel schlägt sich auf den Prüfplatten nieder und beansprucht die Beschichtung. Blasen, Roststellen und Unterrostung können die Folge sein.

Test der Benzinbeständigkeit
Unter eine Reihe Fingerhütchen werden benzingetränkte Wattebäuschchen auf das Prüfblech gelegt und in zeitlichen Abständen entfernt. So lässt sich ermitteln, ob und wenn ja, wann das Benzin die Beschichtung angreift.

Vogelkot, Baumharz, Blütenblätter
Nicht jede Chemikalienbelastung lässt sich in den Griff bekommen. Für Schäden an der Lackierung durch Vogelkot, Baumharz oder Verfärbungen durch Blütenblätter übernimmt kein Fahrzeughersteller die Garantie.

2.6 Besondere Lacke und industrielle Beschichtung

2.6.1 Zweikomponentenlacke

Arten von 2K-Lacken

Zweikomponentenlacke gelten im Maler und Lackiererhandwerk als Lacke von höchster Qualität. Wenn extrem beanspruchte Objekte oder Problemuntergründe auch nach Probebeschichtungen nicht mit Zweikomponentenlacken zufriedenstellend beschichtet werden können, so sei dem Fachmann geraten, die Gewährleistung oder gar den Auftrag abzulehnen.

Zweikomponentenlacke:
- Epoxidharzlack
- Polyurethanharzlack
- Ungesättigter Polyesterlack
- Polyurethan-Acrylharzlack

Zweikomponentenlacke werden auch als Reaktionslacke bezeichnet.

Der Verarbeiter bezieht die beiden Komponenten als Stammlack und dazugehörigem Härter. Nach dem Vermischen von Stammlack und Härter setzt eine chemische Reaktion ein, die beide Stoffe miteinander verbindet. Im Idealfall schützt nach Ablauf der chemischen Reaktion ein einziges Riesenmolekül (Makromolekül) den Untergrund.

Harz/Lack	Stammlack	Härter
Acryl	Gelöste Acrylharze	Polyisocyanate, Amine als Katalysator
Polyester	Ungesättigter Polyester in Styrol	Peroxide
Polyurethan	Polyester, Polyether	Polyisocyanate
Epoxid	Gelöste Epoxidharze	Amine, Polyisocyanate

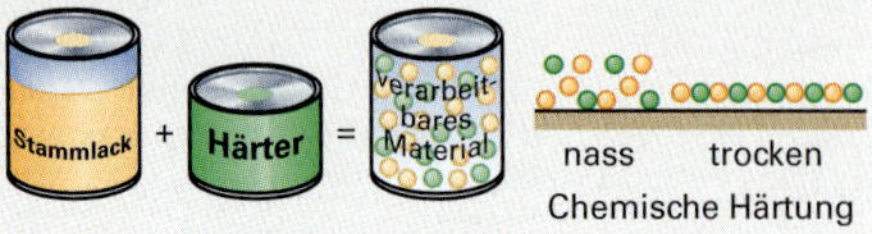

Chemischer Ablauf

Mischungsverhältnis

Um Über- oder Untervernetzung, eine mögliche Ursache für spätere Schäden an der Lackierung, zu vermeiden, muss das vom Hersteller angegebene Mischungsverhältnis von Stammlack und Härter genau eingehalten werden. Ist eine genaue Viskositätseinstellung erforderlich, so wird der Spezialverdünnungsanteil mit angegeben. Nach Herstellerangabe im Technischen Merkblatt oder auf der Dose bezieht sich das Mischungsverhältnis auf das Volumen oder das Gewicht.

Um Fehler beim Ansetzen zu vermeiden, gehen Hersteller verschiedene Wege:
- Die gelieferten Gebinde entsprechen dem Mischungsverhältnis und dürfen nur komplett gemischt werden. Darauf ist bei der Bestellung zu achten.
- Messstäbe mit genauen Einfüllangaben sind zu verwenden. Achtung! In konisch zulaufenden Behältern stimmen die abgemessenen Mengen nicht mehr mit dem Mischungsverhältnis überein.
- Es werden Messbecher mit Einteilung bereitgestellt.

Mischvorgang

Die beiden Komponenten sind innig miteinander zu vermischen. Stammlack- und Härtermoleküle müssen zueinander finden, damit sie miteinander chemisch reagieren können. Hersteller geben oft im Technischen Merkblatt an, dass das Material vor der Verarbeitung umzutopfen ist.

Mit dem Mischen beginnt die chemische Reaktion der Härtung.

Topfzeit

Unter Topfzeit versteht man die Zeitspanne, in der das angesetzte Material verarbeitet werden kann. Mit Ablauf der Topfzeit wird der Mischungsansatz sulzig und muss entsorgt werden.

Gefahr für Gesundheit und Umwelt

Die Bestandteile der 2K-Lacke sind gefährliche Haut- und Atemgifte. Bei der Verarbeitung ist für gute Belüftung zu sorgen oder es ist ein Atemschutz zu tragen.

Schutzhandschuhe verhindern, dass die Bestandteile des 2K-Lackes in die Haut eindringen können.

2K-Lacke sind entzündlich, manche sogar leicht entzündlich.

Reste müssen umweltgerecht entsorgt werden.

2.6.2 Spraydosen

Einsatz von Spraydosen

- zum Nachgrundieren von Durchschliffstellen
- bei der Lackierung von Kleinflächen
- für Ausbesserungsstellen

Schnelle, effektive und kostengünstige Lackreparatur kleiner Schäden	Mobiler und flexibler Einsatz	Weitgehend umweltfreundlich
Mit Spraydosen können Kleinflächen mit Lacken schnell ausgebessert werden. Durch die Weiterentwicklung der Düsentechnologie kann inzwischen mit Rund- oder Breitstrahl gesprüht werden.	Spraydosen können unabhängig von Lackierkabinen, Lackierpistolen, Kompressoren und elektrischen Anschlüssen eingesetzt werden.	Obwohl Lösemittel beim Sprayen ohne Absaugung in die Luft gelangen, fällt die Umweltbilanz für Spraydosen günstig aus. Es fallen keine Reinigungsverdünnungen und Lackreste an, die entsorgt werden müssen. Anstelle der schädigenden FCKW-Treibmittel wird heute zur Druckererzeugung meist Butan-Gas verwendet.

Arbeiten mit Spraydosen

Spraydosen sind meist nur zu einem Drittel gefüllt, Das Treibgas liegt als „Druckpolster" über dem Lack. Damit der Druck beim Sprayen immer gleich bleibt, befindet sich flüssiges Treibmittel unter Druck im Inneren der Spraydose, vergleichbar der Gasfüllung in Gasfeuerzeugen. Wird der Sprühknopf betätigt, drückt das gasförmige Treibmittel auf den Inhalt. Durch den Innendruck der Spraydose (3 bis 6 bar) wird der Lack als Sprühnebel freigesetzt. Das flüssige Gas muss mit dem Lack verträglich sein, sonst „rotzt" die Spraydose.

- **Sprayen**

  Es wird mit einem Abstand von 25 cm bis 30 cm gesprayt. Auf dem Weg des Spritznebels vom Sprühkopf zum Untergrund verflüchtigt sich das Treibgas und ein Teil des Lösemittels.

  Besonders bei Spraydosen mit Lacken auf NC-Basis muss anders lackiert werden, als mit anderen Spritzverfahren. Durch den geringen Festkörper und der damit verbundenen niedrigen Viskosität decken Sprühdosenlacke schlecht. Zu hoher Lackauftrag führt schnell zu Läufern. Darum sollte als Erstes nur kurz angenebelt werden. So entsteht eine raue Oberfläche, auf der die nächsten Spritzgänge, mit Zwischenablüftung, bis zur gewünschten Schicht aufgetragen werden.

- **Reinigung**

  Spraydose umdrehen, dann in einen Lappen Düse freisprühen.

  Wenn nur noch Treibgas austritt, ist das Ventil leergeblasen.

  Wird dieser Vorgang vergessen, so trocknet Lack in der Düse, die Spraydose wird unbrauchbar.

- **Entsorgung**

  Durch Einschlagen eines Nagels wird die Dose vom Druck befreit. Dann können leere Dosen als Restmüll entsorgt werden.

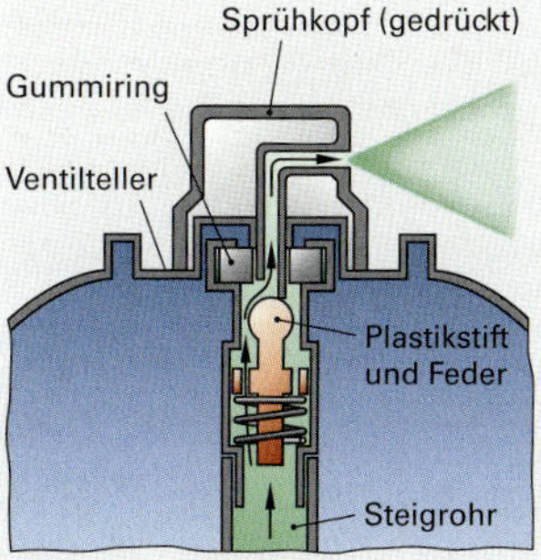

Arbeitshaltung

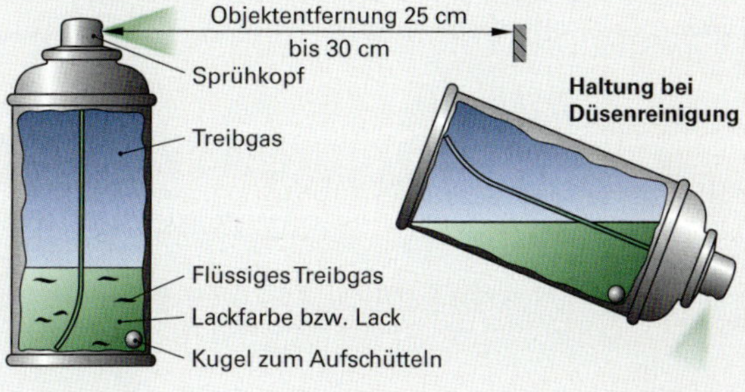

2.6.3 Pulverbeschichtung

Einsatzbereiche

- Beschichtungsverfahren für elektrisch leitfähige Untergründe, wie Bleche und Metallteile.
- Auch Einsatz im Schweren Korrosionsschutz.

Der Maler und Lackierer renoviert pulverbeschichtete Objekte, z. B. Schaufensterrahmen aus Metall, Heizkörper oder Gestänge.

Prinzip der Pulverbeschichtung

Entgegengesetzte elektrische Ladungen ziehen sich an, hier das Beschichtungspulver und das Objekt. Das Pulver wird in entsprechender Tönung, Struktur und Qualität auf das Objekt aufgetragen und verschmilzt und vernetzt anschließend bei einer Temperatur von etwa 200 °C im Ofen zur Lackschicht.

In der DIN 55633 ist die Pulverbeschichtung normiert.

- Sehr umweltfreundlich, da keine Lösungsmittel benötigt werden und Overspray zurückgewonnen wird.
- Sehr gute Korrosionsschutzwirkung durch guten Kantenschutz.
- Hohe mechanische Widerstandsfähigkeit (kratzfest, abriebfest, schlagfest).
- Hohe Sicherheitsauflagen. Ursache ist die Gefahr einer Pulverexplosion. Ein Funke genügt, um schlagartig in der Luft fliegendes Pulver zu verbrennen. Die Verbrennung setzt in Sekundenbruchteilen die Energie frei, die sonst durch langsames Verbrennen abgegeben wird, dies erlebt man als Explosion.

Das Pulver

- Alle Bestandteile des Pulverlackes werden unter Wärme zu einer hochviskosen homogenen Masse verknetet. Nach dem Abkühlen der Schmelze erfolgt das Shreddern und die kleinen Stücke (Chips) werden zum Pulver mit einem Durchmesser von 1 µm bis 100 µm gemahlen. Alle Lackkomponenten liegen nun in jedem duromeren Pulverkorn im richtigen Anteil vor, auch die Pigmente.
- Ein Nachpigmentieren und Nuancieren ist nicht möglich.
- Additive verbessern die Oberflächenbeschaffenheit, z. B. Struktur, Glanz und Oberflächenhärte.

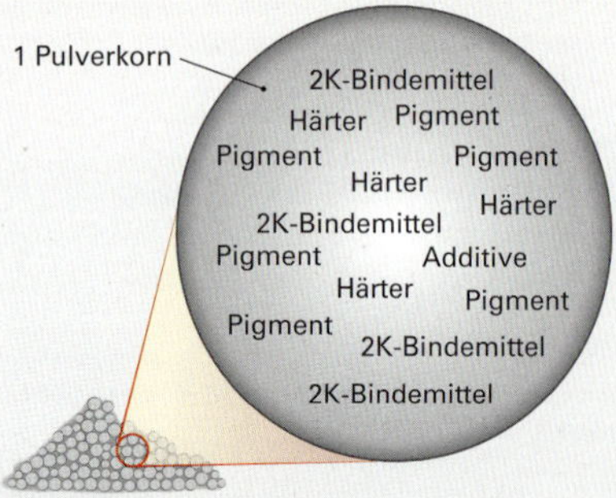

Duromer-Pulver	Bei etwa 180 °C verschmilzt das Pulver und die chemische Reaktion setzt ein.	• Epoxidpulver (für innen, kreidet außen) • Polyester-Pulver (sehr beständig, für außen, hohe Qualität) • Hybridpulver = EP + Polyester (Mittelweg, allgemein gute Eigenschaften) • Acrylatpulver (sehr gute Eigenschaften, seltener im Einsatz) • Polyurethanpulver (sehr gute Eigenschaften, sehr teuer)
Plastomer-Pulver	Bei etwa 180 °C verschmilzt das Pulver. Es setzt **keine** chemische Reaktion ein.	• Polyamid • Polyvinylchlorid • Polyethylen

Die industrielle Pulverbeschichtung

Das Pulver wird mit Corona- oder Triboaufladung auf den zu beschichtenden Untergrund aufgesprüht. Das Corona-Verfahren ist das am meisten eingesetzte Verfahren.

Corona-Verfahren

Das Pulver-Luftgemisch wird durch einen Schlauch zur Pistole transportiert. Im Mündungskanal der Pistole liegt auf einer Koronanadel eine Gleichspannung zwischen' 20 kV und 100 kV.

Hier wird das Pulver **negativ** polarisiert. Die aufgeladene Pulverwolke hat das Bestreben, ihre Ladung wieder abzugeben, fliegt auf den elektrischen Feldlinien zum Objekt und legt sich deshalb auf das positive, geerdete Werkstück.

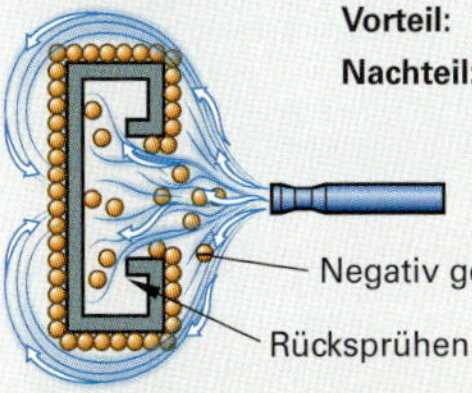

Vorteil: Guter Umgriff
Nachteil: Schlechtes Eindringvermögen (Faraday-Käfig)

Tribo-Verfahren

Das Prinzip ist gleich dem Corona-Verfahren, es fehlt allerdings die Hochspannung. Das Pulver wird innerhalb der Pistole durch innigen Kontakt des Pulvers mit einem sogenannten Reibpartner geladen. Durch möglichst häufigen Kontakt des Pulvers mit den aus PTFE bestehenden Wandungen der Pistole kommt es zu einer Ladungstrennung und damit zur **positiven** Aufladung des Pulvers. Es entsteht kein elektrisches Feld.

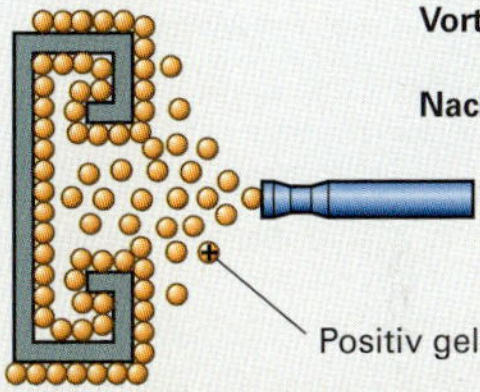

Vorteil: Gutes Eindringvermögen
Nachteil: Schlechter Umgriff

Pulverapplikation

- Das Pulver wird zuerst fluidisiert, d. h. mit Luft verwirbelt.
- Die genaue und gleichmäßige Dosierung des Pulvers zur Förderung zur Pistole erfolgt über Präzisions- und Stabinjektoren.
- Die Applikation erfolgt im Corona- oder Triboverfahren.

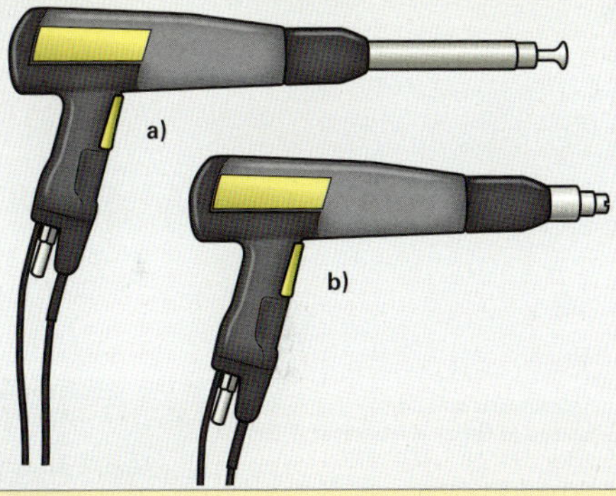

Schichtbildung

Je höher der Pulverauftrag, umso mehr Pulver isoliert das Objekt. Wo noch kein Pulver anlagert, bleibt weiteres hängen, wo schon genug angelagert ist, wird es abgewiesen. So ergibt sich eine gleichmäßige Schichtdicke. Da die Pulverteilchen den Feldlinien folgen und deren Dichte an den Kanten höher ist, ist die Schichtdicke an den Kanten meist höher. Die übliche Schichtdicke liegt bei etwa 150 µm.

Das pulverbeschichtete Teil wird bei 140 °C bis 200 °C gehärtet. Overspray wird gesammelt, gereinigt und dem Frischpulver zugesetzt.

Ausbessern und Überarbeiten durch den Maler und Lackierer

- Pulverlackbeschichtungen können nicht mit Pulverlack ausgebessert werden.
- Da Pulverbeschichtungen im Ergebnis eine 2K-Oberfläche darstellen, können sie mit üblichen 2K-Lacken ausgebessert und beschichtet werden.
- Kleine Schadstellen werden punktuell vorbereitet und möglichst unauffällig in gleicher Farbe und Struktur ausgebessert, z. B. mit einem feinen Pinselchen.
- Soll eine Überholungsbeschichtung erfolgen, dann ebenfalls mit 2K-Lack. Aufgrund der harten Oberfläche muss gründlich angeschliffen werden. Als Haftbrücke ist eine EP-Grundierung zu empfehlen.Oberfläche und Schadstellen sind wie üblich vorzubereiten.

2.6.4 Coil Coating

- Coil = Blechrolle aus Bandstahl oder Aluminium mit einer Länge von mehreren hundert m und einer Breite bis zu 2 m
- Das Coil durchläuft die Walzenanlage mit einer Geschwindigkeit von bis zu 150 m pro min. Dabei wird es –

abgewickelt → gereinigt → beschichtet → getrocknet → aufgewickelt →

- Die beschichteten Blechrollen werden mit einer Schutzfolie kaschiert und an weitere Industriefirmen geliefert, die diese Bleche nach Bedarf stanzen und biegen, z. B. zu Verkleidungen usw.
- Der Lack muss die Verformungen mitmachen, ohne zu reißen oder zu verkratzen.
- Bindemittel ist meist Polyesterharz, mit Melaminharzen oder Isocyanaten vernetzbar.
- Die Lackhärtung erfolgt unter 1 min bei ca. 160 °C bis 300 °C Metalltemperatur.

2.6.5 Anlagenplanung

Beispiel: Lackieranlage für Spanplatten

Vorwärmzone → Schleifen → Entstaubung → Applikationsmaschine → Abdunstzone → Umlufttrockner → Kühlzone →

+ Raumluft-Absauganlage in der Halle

Alle Glieder einer Anlage sind aufeinander abgestimmt. Ziel: hohe Anlagengeschwindigkeit bei hervorragender Qualität.

Beispiel:

Trocknerlänge: 24 m
Länge je Stück + Abstand: 1,5 m
1 Tag: 8 x 60 = 480 min
Anlaufzeit der Anlage: 30 min

→ Zusammenhang Trockengeschwindigkeit und Produktionszahl

Trockenzeit: 8 min/Stück:
$V = s : t$ = 24 m : 8 min = 3 m/min
450 min/Tag x 3 m/min = 1350 m/Tag
1350 m/Tag : 1,5 m/Stück = **900 Stück/Tag**

Trockenzeit: 7 min/Stück:
$V = s : t$ = 24 m : 7 min = 3,43 m/min
450 min/Tag x 3,43 m/min = 1544 m/Tag
1544 m/Tag : 1,5 m/Stück = **1029 Stück/Tag**

Formel Bandgeschwindigkeit

Bandgeschwindigkeit: $v = \frac{s}{t} = \frac{\text{Strecke [Meter]}}{\text{Zeit [Minute]}}$

Mit der Senkung der Trockenzeit um 1 min lässt sich die Produktion um ca 14 % steigern.

Lacke für Anlagen, Industrielacke

Der Kunde bespricht mit der Lackfabrik Verarbeitung, Trocknungszeiten, Anforderungen an die Beschichtung etc. Die Lackfabrik entwickelt und liefert. Dies lohnt sich bei großer garantierter Abnahmemenge. Diese Lackhersteller verkaufen ihre Lacke nicht immer auch auf dem freien Markt und sind dort oft namentlich kaum bekannt.

2.6.6 Industrielle Beschichtungsverfahren

Übersicht

Tauchen	Fluten	Spritzen	Pulver beschichten	Gießen	Walzen	(Drucken)

- Das Streichen ist im Vergleich das langsamste Verfahren. Es kann nur von Hand ausgeführt werden.
- Da die Hauptkosten an einem Produkt die Lohnkosten darstellen, lohnen sich andere Verfahren, auch bei höherem Materialverbrauch und/oder bei höherem Materialpreis, wenn dadurch ganz oder teilweise Arbeitskräfte eingespart werden.

Ohne Rüstzeiten	Zeit je m^2	Verbrauch je m^2
Streichen	6 min	90 g
Spritzen	1,2 min	120 g
Fluten	2 min	100 g
Tauchen	1,4 min	105 g

Industrielle Beschichtungsverfahren wurden oft aus dem Handwerk heraus entwickelt.

Ein anderer Ansatz ergab sich aus den industriellen Fertigungsprozessen. Die Lackierung wurde Endstufe der Bandfertigung.

Der enorme Kostenaufwand zur Errichtung mancher Beschichtungsanlage ist meist nur von kapitalstarken Industriebetrieben aufzubringen und erfordert im Vorfeld eine genaue Marktanalyse.

Die hohen Investitionskosten lohnen sich erst

- bei hohen Stückzahlen.
- bei möglichst vollständiger Auslastung der Anlage.

Fluten und Tauchen sind beim Einsatz einfacher Blechwannen auch handwerkliche Verfahren. Das Spritzen in industriellen Anlagen erfordert bei hohem Qualitätsanspruch immer noch den kompetenten Fachmann, auch die Fehlerbeseitigung an beschichteten Karosserien nach der Serienlackierung.

Tauchen

- Das Objekt wird in das Überzugsmaterial eingetaucht und nach vollständiger Benetzung wieder herausgezogen.
- Lackviskosität, Eintauchgeschwindigkeit und Ablaufgeschwindigkeit müssen aufeinander abgestimmt sein.
- Beim Eintauchen dürfen sich keine Luftkammern bilden, über genau gesetzte Bohrlöcher kann abgeschöpftes Material als allen Winkeln vollständig abfließen.
- Beim Trocknen müssen Öffnungen rechtzeitig aufplatzen, damit keine Läufer entstehen.
- Die Viskosität ist laufend zu überprüfen.

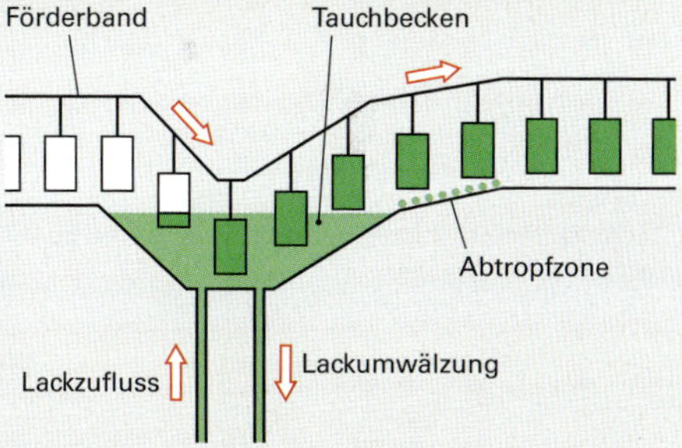

Fluten

- Das zu beschichtende Werkstück durchläuft einen Rahmen mit Flutdüsen, die so angeordnet sind, dass ihr Flutstrahl alle Stellen des Objektes erreicht.
- Eine Pumpe fördert das Material.
- Das überschüssige Material läuft selbstständig ab. Es wird in einer Abtropfzone gesammelt und wieder dem Lackfluss der Fluteinrichtung zugeführt.
- Die Viskosität ist laufend zu überprüfen.

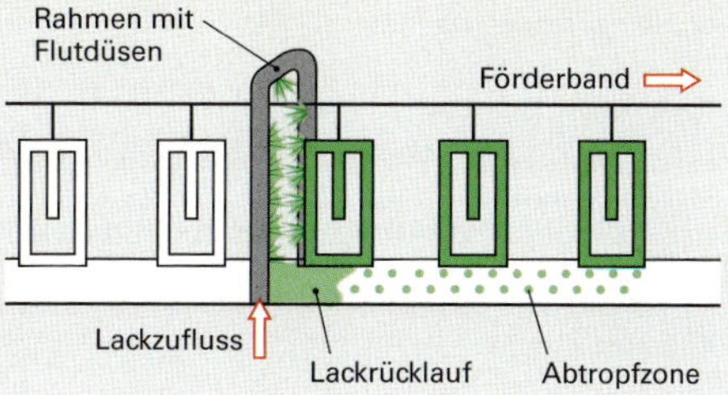

Spritzen

- Das Prinzip der Spritzverfahren wird in Kap 4. ausführlich beschrieben.
- Selbst computergesteuerte Spritzroboter brauchen den Spezialisten. Dieser wird mit Sensoren an Arm und Hand versehen. Dann spritzt er das Objekt. Der gespeicherte Ablauf der optimalen Führung der Spritzpistole wird dann in den Roboter einprogrammiert.
- Beim Spritzen müssen Spritzroboter und Objekt millimetergenau auf ihrem Platz stehen oder beide müssen sich synchron in Bandgeschwindigkeit weiterbewegen.
- Elektrostatisches Spritzen ermöglicht die Beschichtung von Gitterkonstruktionen oder Bordwänden durch fest montierte oder sich auf und ab bewegende Spritzdüsen. Diese werden meist auf beiden Seiten der durchlaufenden Objekte. Dabei erreicht das Material alle Stellen durch den elektrostatischen Umgriff.

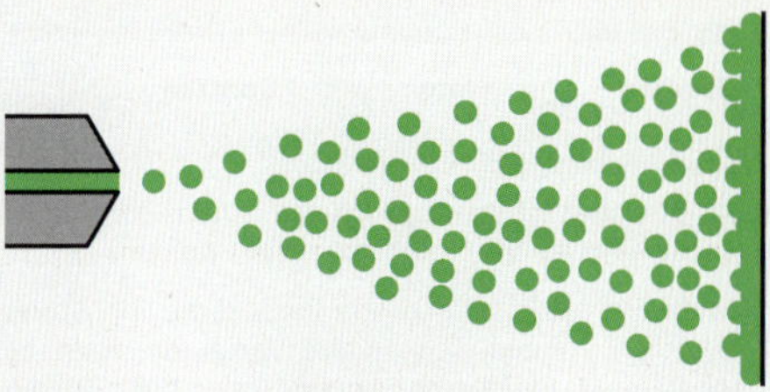

Niederdruckspritzen
Hochdruckspritzen
Airless-Spritzen
Airmix-Spritzen
Elektrostatisches Spritzen

Pulverbeschichtung
= eher ein Sprühverfahren

Gießen

- Bei Gießmaschinen handelt es sich um große Tische, deren Fläche aus Rollen oder Förderbändern besteht, darüber quer angebracht ist der Gießkopf, eine Rinne, in die der Lack gepumpt wird.
- Aus dem schmalen Gießspalt läuft ein dünner, gleichmäßiger Lackvorhang. Wird das Objekt durch ihn hindurchgeführt, so legt sich dieser Vorhang als Lackschicht auf das Objekt.
- Das Verfahren ist nur für plane Flächen geeignet.
- Die Schichtdicke ist von der Viskosität des Materials und der Durchlaufgeschwindigkeit der Objekte abhängig. Die Viskosität ist laufend zu überprüfen.
- Das Verfahren ist für Materialauftrag zwischen 50 ml/m^2 und 500 ml/m^2 geeignet.

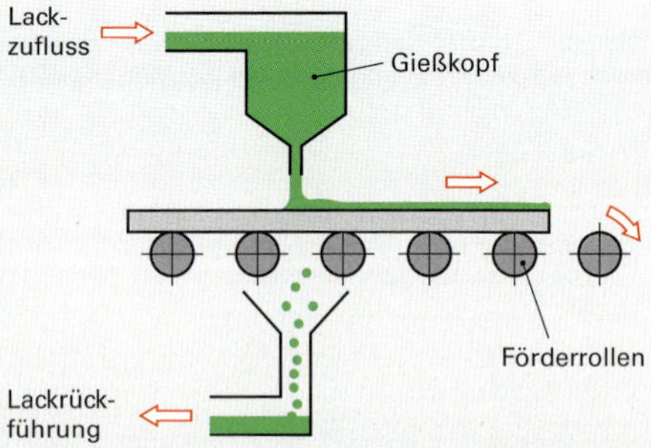

Walzen

- Durch einen verstellbaren Spalt zwischen Dosier- und Auftragswalze wird der Lack direkt auf das Objekt gewalzt.
- Nur für absolut plane Flächen. Der Gummibelag überbrückt nur sehr geringe Unebenheiten.
- Materialauftrag zwischen 10 ml/m^2 und 40 ml/m^2.
- Es lassen sich mehrere Walzen hintereinander anordnen. So können mehrere Farben in einem Durchlauf aufgetragen werden. In diesem Verfahren werden Flächenimitationen aufgewalzt, z. B. die Maserierung von Holz. Da die Schichten sehr dünn sind, ist es eher ein Druckverfahren.

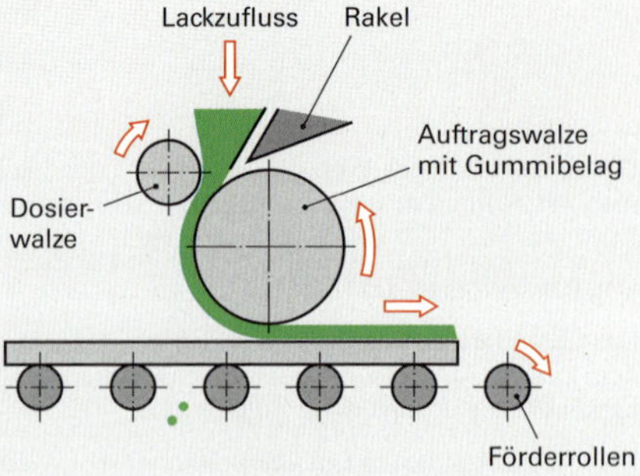

3 Untergründe und ihre Beschichtung

3.1	**Metall und Metallbeschichtung**	**94**
3.1.1	Metall als Werkstoff	94
3.1.2	Eigenschaften der Metalle	96
3.1.3	Einflüsse auf die Qualität einer Korrosionsschutzbeschichtung	98
3.1.4	Untergrundprüfung	99
3.1.5	Rostgrade, Oberflächenvorbereitungsgrade	100
3.1.6	Entrostung, Untergrundvorbereitung	102
3.1.7	Beschichtungssysteme für Eisen/Stahl	103
3.1.8	Zink als Werkstoff und dessen Beschichtung	106
3.1.9	Aluminium als Werkstoff und dessen Beschichtung	107
3.1.10	Kupfer als Werkstoff und dessen Beschichtung	108
3.2	**Holz und Holzbeschichtung**	**109**
3.2.1	Holz als Werkstoff	109
3.2.2	Holzwerkstoffe	113
3.2.3	Holzschutz	115
3.2.4	Holzschädigung, Maßnahmen und Schutz	116
3.2.5	Beizen	118
3.2.6	Vorbereitung von Holzuntergründen zur Beschichtung	119
3.2.7	Beschichtungssysteme für Holzuntergründe	121
3.2.8	Beschichtung von Holzfenstern	123
3.3	**Kunststoff und Kunststoffbeschichtung**	**124**
3.3.1	Kunststoff als Werkstoff	124
3.3.2	Einteilung von Kunststoffen	125
3.3.3	Duromere Kunststoffe	126
3.3.4	Plastomere Kunststoffe	127
3.3.5	Kunststoff als Untergrund	128
3.3.6	Untergrundvorbereitung	129
3.3.7	Kunststoffbeschichtung am Bau	131
3.4	**Mineralische Untergründe und ihre Beschichtung**	**132**
3.4.1	Übersicht über mineralische Untergründe	132
3.4.2	Putz	134
3.4.3	Beton	138
3.4.4	Glas	140
3.4.5	Untergrundprüfung	141
3.4.6	Untergrundvorbereitung	143
3.4.7	Risse im Mauerwerk	144
3.4.8	Feuchte im Bau	145
3.4.9	Einflüsse auf die Wahl des Beschichtungssystems	148
3.4.10	Bearbeitung von Sichtmauerwerk	149
3.4.11	Putze und ihre Verarbeitung	150
3.4.12	Beschichtungsstoffe für mineralische Untergründe	152
3.4.13	Qualitätskriterien von Wandfarben	154
3.4.14	Überstreichbarkeit von Altbeschichtungen	155
3.4.15	Betonschutz	156
3.4.16	Bearbeiten von Porenbeton	157
3.4.17	Asbestzement-Werkstoffe	158
3.4.18	Faserzementplatten und Betondachpfannen	158

3.1 Metall und Metallbeschichtung

3.1.1 Metall als Werkstoff

Aufbau der Metalle

Atom

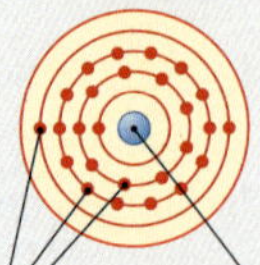

Metallatome besitzen ein oder mehrere „freie" Elektronen.
Diese sind im Metall frei beweglich. Fehlt einem Atom ein Elektron, so ist es ein Ion.

einzelne Metallatome **Metallkörper**

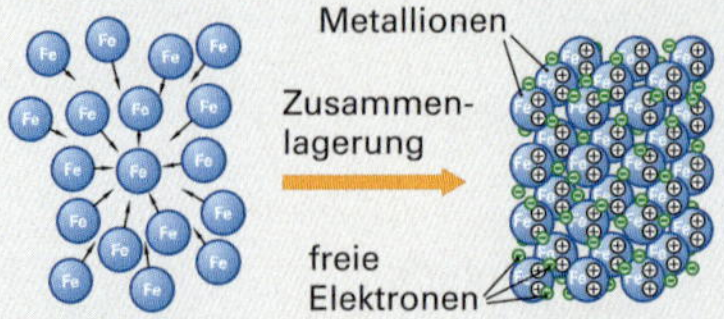

Die elektrischen Anziehungskräfte zwischen den negativ geladenen freien Elektronen und den positiv geladenen Metallionen bewirken den festen Zusammenhalt der Metalle. Es entsteht die Metallbindung über Metallionen und die freien Elektronen.

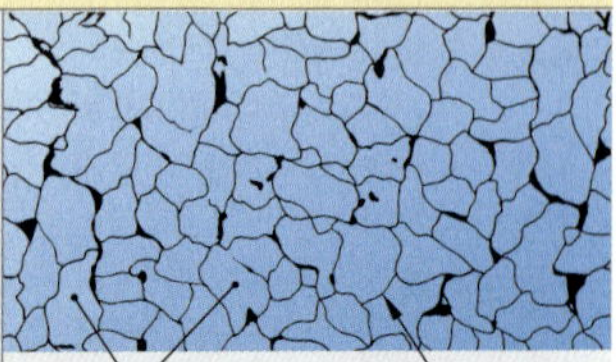

Metallgefüge im Schliffbild unter dem Mikroskop.
Der Aufbau des Gefüges hat wesentlichen Anteil an Festigkeit, Härte, Korrosionsverhalten und anderen Eigenschaften.

Einteilung von Eisenmetallen

Eisengusswerkstoffe Kohlenstoffgehalt > 2 % NICHT schmiedbar und walzbar	**Stahl** Kohlenstoffgehalt < 2 % schmiedbar und walzbar
Grauguss Gusseisen mit Kugelgrafit Temperguss Stahlguss	Stahlguss Unlegierter Stahl Legierter Stahl Nichtrostender Stahl

Möglichkeiten der Einteilung reiner Metalle

Eisenmetalle	**Nichteisenmetalle**
Baustahl Gusseisen Legierte Stähle Nichtrostender Stahl	Kupfer Cu Aluminium Al Blei Pb Zink Zk Zinn Zn Magnesium Titan Ti
Leichtmetalle $\varrho < 4{,}5\ g/cm^3$	**Schwermetalle** $\varrho > 4{,}5\ g/cm^3$
Aluminium Natrium Titan Magnesium	Blei Gold Chrom Cadmium
Edelmetalle Metalle, die langsam Elektronen abgeben (siehe elektrochemische Spannungsreihe)	**Unedle Metalle** Metalle, die schnell Elektronen abgeben
Gold Au Silber Ag Platin Pl Kupfer Cu	Magnesium Mg Aluminium Al Mangan Mg Zink Zn

Einteilung von Legierungen

Neue Metalle mit neuen Eigenschaften durch Verschmelzen

Messing	Bronze	Stahl	Edelstahl
Kupfer und Zink	Kupfer und Zinn	Eisen und Kohlenstoff	Eisen. Chr.m und Nickel

Eisenerz – Eisen – Rost

- In der Natur kommt Eisen in Verbindungen als Eisenerz vor.
- Im Hochofen wird bei einer Temperaturführung von bis zu 1600 °C und der Zugabe von Koks, Kalkstein und weiteren Stoffen aus Eisenerz das reine Eisen gewonnen. Es handelt sich dabei um den chemischen Vorgang der Reduktion, da Sauerstoff entzogen wird. Eisenbegleitstoffe beeinflussen die Qualität. Je nach Kohlenstoffanteil im Stahl unterscheidet man Gusseisen und Stahl.
- Die bei der Reduktion eingebrachte Energie steckt nun im Eisen. Um wieder das niedrige Energieniveau zu erreichen, geht es wieder Verbindungen mit Sauerstoff (Oxidation) ein, die im Ergebnis dem Eisenerz ähnlich sind, dem Rost.
- Darum läuft der chemische Vorgang der Rostung freiwillig ab und muss durch Beschichtung verhindert werden.

Hochofen-schlacke + **Eisen/Stahl Fe**

hohes Energieniveau

Im Hochofen Reduktion des Eisens durch Sauerstoffabgabe bei einer Temperaturführung bis zu 1600 °C

Im verbauten Zustand Neigung zur freiwilligen Oxidation durch Sauerstoffaufnahme

Eisenerz

Rost

Fe_2O_3 Roteisenstein
Fe_3O_4 Magneteisenstein
$FeCO_3$ Spateisenerz

Rostarten:
FeOOH
$Fe(OH)_2$
$Fe(OH)_3$
Fe_2O_3

niederes Energieniveau

Stahlbezeichnungen in europäischen Normen

Kurzname nach EN 10 027 Teil 1

bestehend aus

Hauptsymbolen | **Zusatzsymbole**

z. B. C 45 U

C: Hauptsymbol, Kennbuchstabe, unlegierter Stahl
45: Hauptsymbol, mittlerer C-Gehalt × 100
U: Zusatzsymbol z. B. E für max. S-Gehalt
z. B. U für Werkzeuge

Nummernsystem nach EN 10 027 Teil 2

1 . ☐☐ ☐☐☐☐

Werkstoff-Hauptgruppennummer Stahl

Zählnummer, vergeben durch die Europäische Stahlregistratur

Stahlgruppen-Nummer
z. B. Grundstahl 00, 09
z. B. Qualitätsstahl 01, 91
z. B. Edelstahl 38, 39

Baustähle

Baustähle sind kohlenstoffarme Stähle, bei denen der Kohlenstoffgehalt zwischen 0 % und 0,6 % liegt. Die am meisten verwendeten Sorten zählen zu der Kategorie der Grundstähle, sind meist niedrig legiert und teilweise wärmebehandelt.

Rohre
Profile

Breitflanschträger = Doppel-T-Träger (HEB, HEA und HEM)
U Profile ab einer Steghöhe von 80 mm

Aufbau eines Stahlträgers

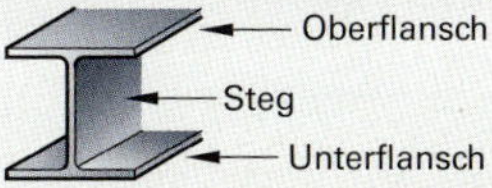

Maschinenverkleidungen, Konstruktionen, Bleche

3.1.2 Eigenschaften der Metalle

Eigenschaften von Eisen und Stahl

- elastisch und zäh
- hart und dicht (Dichte = ca. 7,8 g/ml)
- magnetisch
- elektrisch leitfähig
- wärmeleitfähig
- nicht formstabil. Es besitzt große Wärmedehnung.
- (Die Längendehnung bei 10 °C Temperaturerhöhung beträgt auf 10 m 1,19 mm)
- nicht beständig. Es korrodiert, rostet.

Eisen/Stahl ist ein wichtiger Konstruktionswerkstoff für tragende und nichttragende Bauteile. Einige Eigenschaften können sich in der Anwendung negativ auswirken.

Korrosion (DIN EN ISO 8044)

Unter Korrosion versteht man allgemein die Reaktion eines Werkstoffes mit seiner Umgebung, die eine messbare Veränderung des Werkstoffes bewirkt und zu einer Beeinträchtigung der Funktion des Bauteils oder Systems führen kann. Korrosion tritt an Metallen auf. Das Korrosionsprodukt von Eisen und Stahl nennt man Rost.
Der Begriff gilt aber auch für andere Untergründe, z. B. Betonkorrosion.

Galvanisches Element und elektrochemische Spannungsreihe

Stehen zwei Metalle miteinander über eine elektrisch leitende Flüssigkeit (Elektrolytlösung) wie saurer Regen, Meerwasser oder Handschweiß in Verbindung, so entsteht ein galvanisches Element, indem durch Elektronenfluss das unedlere Metall zerstört wird. Das edlere Metall bleibt erhalten.
Anhand der elektrochemischen Spannungsreihe ist erkennbar, wie edel die Metalle sind und bei welcher Paarung welches Metall zerstört oder geschützt wird.

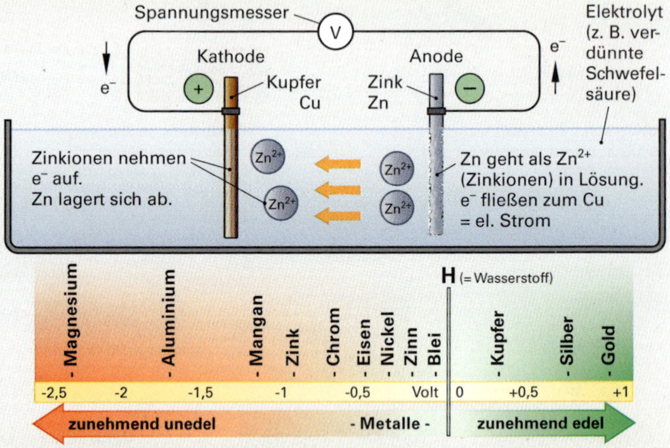

Elektrochemische Korrosion
(siehe elektrochemische Spannungsreihe)

Kontaktkorrosion	Interkristalline Korrosion
Elektronenfluss zwischen verschiedenen Metallen	Elektronenfluss im gleichen Metall durch Unsauberkeiten im Stahl

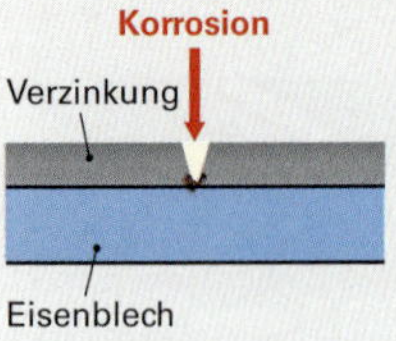

Verzinkung

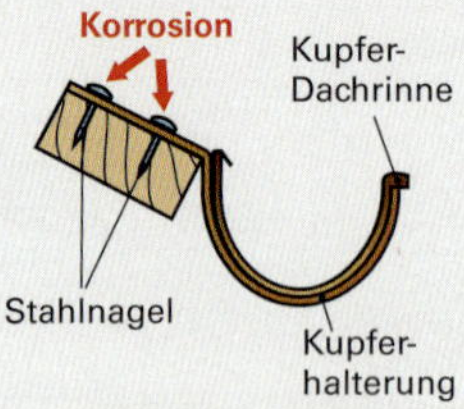

Dachrinnenhalterung

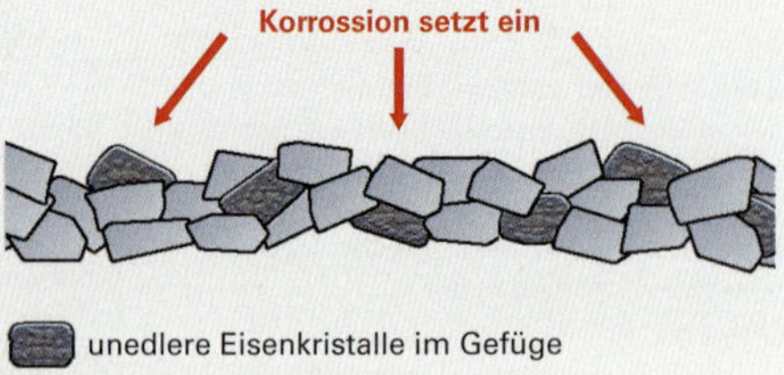

Chemische Korrosion

Auslösung und/oder Beschleunigung der Rostung durch Säuren, Salze oder andere Chemikalien.
NICHT Laugen! Diese verhindern Rostung.

Erscheinungsformen der Korrosion		
Erscheinungsform	**Beschreibung**	**Einflüsse**
Flugrost	Ganzflächig beginnende Rostung	Der Rostvorgang wird beeinflusst durch – • Sauerstoffanteil in der Luft • Feuchte in jeder Form • Chemikalien • Umgebungstemperatur • Art der Altbeschichtung und deren Beschädigung
Flächenrost	Ganzflächig fortgeschrittene Rostung	
Lochfraß	Punktuelle, tiefe Roststellen	
Rostpusteln	Von einem Punkt sich ausbreitende Rostung	
Plattenrost	Sich abhebende, feste Rostschichten	
Fadenkorrosion	Fadenförmige Ausbreitung des Rostes unter der Beschichtung	
Spaltkorrosion	Korrosion in Verbindungsritzen	
Unterrostung	Rostbildung unter der Beschichtung	
Durchrostung	Rostbildung durch die Beschichtung hindurch	
u. a.		

Die Erscheinungsformen überlagern sich meist.

Rost, Walzhaut, Zunder

Oxidationsprodukte von Eisen/Stahl

Rost	Walzhaut, Zunder
Rost enthält Wasser.	Walzhaut und Zunder enthalten kein Wasser.

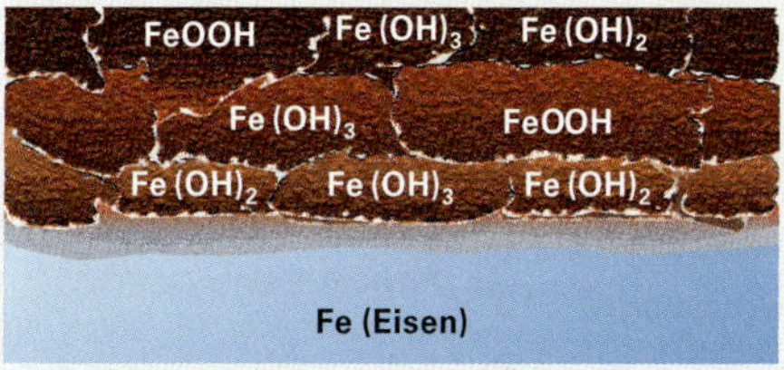

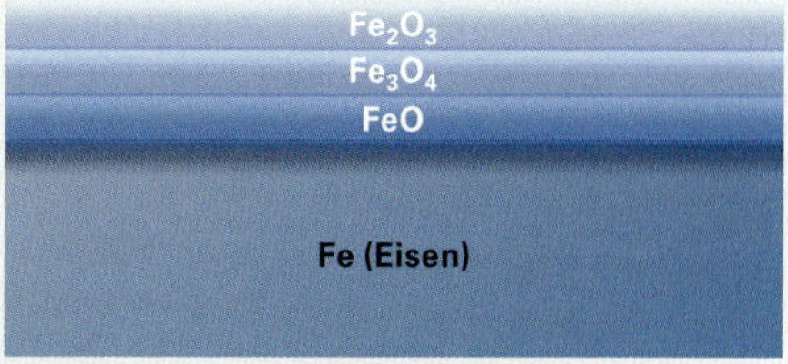

Rost	Walzhaut, Zunder
Alle Oxidationsprodukte (Rostarten) des Eisens mit Wasser und Sauerstoff liegen unregelmäßig vor. Je dunkler der Rost, umso mehr Wasser ist enthalten.	**Walzhaut** entsteht beim schnellen Abkühlen unter Sauerstoffaufnahme, **Zunder** beim Schweißen. Diese Schichten müssen entfernt werden wegen anderer Wärmedehnung als reines Eisen.

Rost ist kein Beschichtungsuntergrund

Rost muss vor der Beschichtung immer vollständig entfernt werden.

- Rost ist schuppig und porös, somit kein tragfähiger Untergrund.
- Rost enthält Wasser. Darum führt Rost zu Weiterrostung, auch unter einer Beschichtung.
- Verrosteter Stahl besitzt ein um etwa 1/3 größeres Volumen. Mit dem größeren Volumen erhöht sich das Gewicht.
- Rost besitzt keine Festigkeit.

3.1.3 Einflüsse auf die Qualität einer Korrosionsschutzbeschichtung

Konstruktiver Korrosionsschutz

Bereits bei der Planung des Objektes sind Konstruktionsfehler zu vermeiden, z. B.

- Stahlstützen stehen ungeschützt im Erdreich.
- Die Konstruktion lässt Wasser nicht ablaufen.
- Das Objekt weist scharfe Kanten auf.

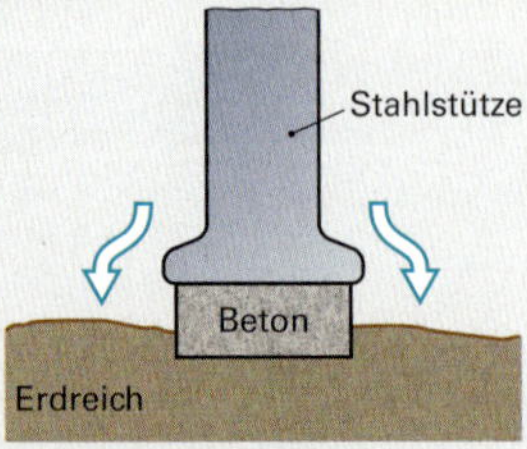

Rundungen, Schrägen und Trennung vom Erdreich schützen Stahlobjekte vor Korossion.

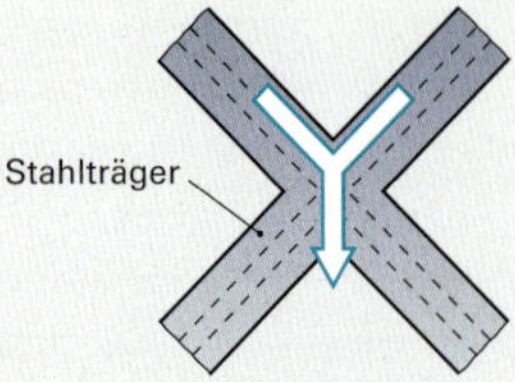

Die senkrechte Bohrung im Zwickel einer Trägerkonstruktion lässt Wasser ablaufen.

Umweltbedingungen und Objektbelastung

- Gegebenheiten, wie Wind, Wetter, Feuchte, Chemikalien etc., sind bereits bei der Auftragsplanung zu berücksichtigen, um die zugesicherte Lebensdauer der Beschichtung einhalten zu können.
- DIN EN ISO 12944 unterscheidet umgebungsbedingte Belastungen. Jedes Auftragsobjekt ist individuell daraufhin zu prüfen.
- In trockenen, beheizten Wohnräumen kann Stahl in der Regel ohne besondere Berücksichtigung des Korrosionsschutzes beschichtet werden.
- Im Schweren Korrosionsschutz gelten häufig vereinbarte Gewährleistungsfristen bis 10 Jahre. Je länger die Beschichtung das Objekt vor Rostung schützt, umso geringer sind die Kosten der Renovierung in der Zukunft.

Kategorie	Belastung	Beispiel
C1	unbedeutend	beheizter Wohnraum
C2	gering	Lagerhalle
C3	mäßig	Bad
C4	stark	Chemieanlage, Hallenbad, Stadtluft
C5 I	sehr stark (Industrie)	Chemieanlage Industriewerkstatt
C5 M	sehr stark (Meer)	Geländer einer Hafenanlage
Im 1	Süßwasser	Schleusenanlage Wasserkraftwerk
Im 2	Meer- oder Brackwasser	Schleuse im Hafenbereich
Im 3	Erdreich	Rohre und Behälter im Erdreich

Umweltbedingte Belastung nach DIN EN ISO 12944

Schwerer Korrosionsschutz

= Korrosionsschutzmaßnahmen an Großobjekten wie Brücken, Tanks, großen Stahlkonstruktionen etc.

- Schutz und Nutzungsdauer stehen im Vordergrund.
- Aufträge dieser Größenordnung werden häufig an Spezialfirmen vergeben.
- Fehler bei den Korrosionsschutzmaßnahmen können schlimme Folgen haben. Ein durchgerosteter Chemikalientank, eine eingestürzte Eisenbahnbrücke können Menschen und der Umwelt große Schäden zufügen und für den Malerbetrieb den Ruin bedeuten.

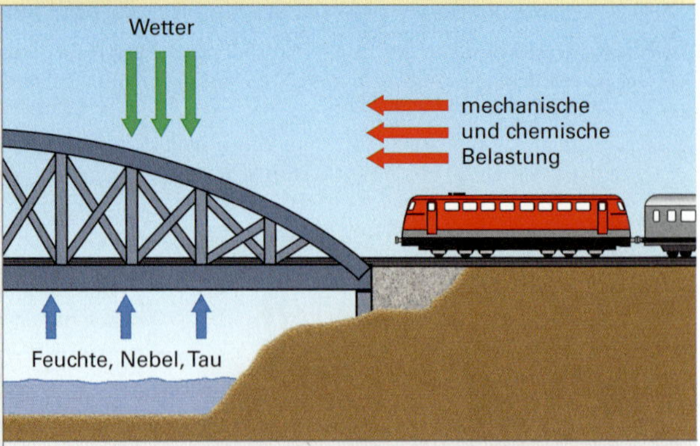

Beispiel für Arbeits- und Umweltbedingungen

Umweltschutzmaßnahmen, Arbeitsschutz
• Schwindelfreiheit und Sorgfalt bei der Sicherung der eigenen Person kann länger dauern als die eigentliche Arbeit. • Der Mitarbeiter muss sich und andere vor Absturz, Haut- und Augenschäden, Elektrizitätsschäden, Vergiftungen und Schäden durch Stäube schützen. • Werkzeuge und Werkstoffe sind gegen Herunterfallen zu sichern. • Altbeschichtungen enthalten oft bleihaltige Pigmente, der Abfall ist Sondermüll. • Einhausen, d.h. das komplette Umhüllen eines Arbeitsbereiches oder das Sperren von Straßen können nötig sein. • **Möglichst Werksbeschichtung** Bei der Neuerstellung von Brücken und ähnlichen Konstruktionen können im Werk beschichtet werden, sodass nach der Montage nurmehr auszubessern ist. • Alle Bereiche müssen zur Kontrollüberwachung und für Überholungs- oder Erneuerungsbeschichtungen gesichert zugänglich sein.

Planungspunkte für Korrosionsschutz-Aufträge	
Immer	**Bei Notwendigkeit**
• Art der Konstruktion • Konstruktiver Korrosionsschutz • Umweltbedingungen • Objektbelastung • Arbeitsbedingungen • Zustand, Untergrundvorbereitung • Beschichtungssystem • Schichtdicke des Beschichtungssystems • Applikationsverfahren	• Entsorgung der Abfälle • Gestaltung • Gesetzliche Vorgaben • Zugänglichkeit der Konstruktion • Sondermaßnahmen (einhausen, belüften, sichern, absperren) • Möglichkeiten der Teilbearbeitung vor der Montage • Terminvorgaben • Mitarbeitereinsatz klären • Verantwortung zuordnen • Abschlagszahlungen vereinbaren • Kontrollüberwachung

3.1.4 Untergrundprüfung

Vor der Beschichtung muss nach VOB der Untergrund beurteilt und geprüft werden.

Untergrundmangel	Prüfmethode	Erkennung
Zunder und Walzhaut	• Augenschein • Kratzprobe • Prüfung mit Kupfersulfatlösung	Bläulich gefärbte, dichte Oberfläche, platzt leicht ab. Kupferverfärbung bei walzhaut- und zunderfreiem Untergrund
Rost	• Augenschein	Rotbraune Färbung. Aussehen je nach Erscheinungsform. Zuordnung eines Rostgrades nach Vergleich.
Verunreinigung Fett, Öle	• Augenschein • Befühlen • Benetzen mit Wasser	Dunkle Flecken Schmierige Oberfläche Wasser perlt ab
Haftung der Altbeschichtung	• Kratzprobe • Gitterschnitt + Klebebandtest	Altanstrich splittert ab
Überarbeitbarkeit der Altbeschichtung	• Augenschein • Lösemitteltest mit Lösemittel der Überarbeitungsbeschichtung	Oberflächenstörung durch Blasen, Risse, etc. Verfärbung des Lappens oder der Watte Quellen der Altbeschichtung

3.1.5 Rostgrade, Oberflächenvorbereitungsgrade

Rostgrade unbeschichteter Stahlflächen

Nach DIN EN ISO 12944 unterscheidet man für **unbeschichtete** Stahlflächen vier Rostgrade.
Die Zuordnung des Rostgrades erfolgt anhand von fotografischen Vergleichsmustern.

Rostgrad	Beschreibung der Rostgrade
A	Weitgehend bedeckt mit fest haftendem Zunder und/oder fest haftender Walzhaut. Im Wesentlichen frei von Rost.
B	Walzhaut und Zunder beginnen abzublättern. Beginnende Rostbildung.
C	Walzhaut und Zunder sind weggerostet oder lassen sich abschaben.
D	Es sind wenige Rostnarben zu sehen. Walzhaut und Zunder sind weggerostet. Zahlreiche Rostnarben sind sichtbar.

Rostgrad A

Rostgrad B

Rostgrad C

Rostgrad D

Rostgrade beschichteter Stahlflächen

Nach DIN EN ISO 4628 unterscheidet man für **beschichtete** Stahlflächen sechs Rostgrade Die Zuordnung des Rostgrades erfolgt anhand von fotografischen Vergleichsmustern oder überschlägiger Erfassung der mit Rost bedeckten Fläche.

Rostgrad	Rostfläche ca.	Rostgrad	Rostfläche ca.
Ri 0	0 %	Ri 3	1 %
Ri 1	0,05 %	Ri 4	8 %
Ri 2	0,5 %	Ri 5	40 % bis 50 %

Oberflächenvorbereitungsgrade

Der Oberflächenvorbereitungsgrad besagt, wie sauber von Rost die Stahloberfläche nach der Entrostung sein soll. Er ist abhängig vom vorliegenden Rostgrad und dem Entrostungsverfahren.

Oberflächenvorbereitungsgrad Sa 2 ½, ausgehend von Rostgrad A

Oberflächenvorbereitungsgrad Sa 2 ½, ausgehend von Rostgrad C

Handentrostung, ausgehend von Rostgrad C

Oberflächenvorbereitungsgrad nach DIN EN ISO 12944 schreibt zusätzlich vor, welches Entrostungsverfahren für den entsprechenden Reinheitsgrad gefordert wird:
Sa: Strahlen, St: Hand- oder maschinelle Entrostung, Fl: Flammstrahlen, B: Beizen

Entrostungs-verfahren	Oberflächen-vorbereitungsgrad	Merkmale
Strahlen	Sa 1	Nur loser Zunder, lose Walzhaut, loser Rost, lose Beschichtung und lose artfremde Verunreinigungen sind **entfernt.**
	Sa 2	Zunder, Walzhaut, Rost und die gesamte Beschichtung sind **nahezu entfernt.**
	Sa 2 1/2	Zunder, Rost und die gesamte Beschichtung sind **weitgehend entfernt.** Nur noch leichte Schattierungen sichtbar.
	Sa 3	Zunder, Rost und die gesamte Beschichtung sind **vollständig entfernt.** Metallisch blanke Oberfläche.
Partielles Strahlen (partiell = in Teilbereichen)		Intakte und haftende Beschichtung wird gereinigt und leicht überstrahlt.
	P Sa 2	Übrige Oberfläche wie Sa 2
	P Sa 2 1/2	Übrige Oberfläche wie Sa 2 1/2
	P Sa 3	Übrige Oberfläche wie Sa 3
Hand- oder maschinelle Entrostung	St 2	Die Oberfläche ist frei von loser Welzhaut, losem Zunder, losem Rost und losen artfremden Verunreinigungen. Nach der Nachreinigung ist ein **schwacher Metallglanz** zu sehen.
	St 3	Die Oberfläche ist frei von loser Walzhaut, losem Zunder, losem Rost und losen artfremden Verunreinigungen. Nach der Nachreininung ist **Metallglanz** zu sehen.
Partielles Strahlen (partiell = in Teilbereichen)		Intakte und haftende Beschichtung wird gereinigt und leicht überstrahlt.
	P St 2	Übrige Oberfläche wie St 2
	P St 3	Übrige Oberfläche wie St 3
Partielles maschinelles Schleifen	P Ma	Die Oberfläche ist frei von Loser Walzhaut, losem Zunder, losem Rost und losen artfremden Verunreinigungen. Nach der nachreinigung ist ein **schwacher Metallglanz** zu sehen.
Flammstrahlen	Fl	Zunder, Walzhaut, Rost und Beschichtungen sind **vollständig entfernt.** Nur noch leichte Schattierung sichtbar.
Beizen mit Säuren (industriell)	Be	Zunder, Walzhaut, Rost und Beschichtungen sind **vollständig entfernt.**

3

3.1.6 Entrostung, Untergrundvorbereitung

Entrostungsverfahren

Die Wahl des Entrostungsverfahren hängt ab vom
- Zustand der Oberfläche,
- geforderten Reinheitsgrad,
- Objekt,
- aufzubringenden Beschichtungssystem.

Mechanische Verfahren (Verfahren mittels Kraft)

Handentrostung	Maschinelle Entrostung	Strahlen
• Pickhammer • Schaber • Schleifpapier • Drahtbürste	• Rotierende Drahtbürste • Rundschleifmaschine • Winkelschleifmaschine • Nadelpistole	• Freistrahlen • Schleuderstrahlen • u. a.

Thermische Verfahren (Verfahren mittels Temperatur)

Flammstrahlen
- Injektor-Kammbrenner mit 3200 °C
- maschinelles Nachbürsten

Chemisches Verfahren (Verfahren mittels Chemikalien)

Beizen mit Säuren	Rostumwandler, Roststabilisatoren
Vorwiegend industrielles Verfahren mit Tauchbecken für Kleinteile	Aufgrund unsicherer Wirkung für tragende Bauteile nicht zu empfehlen

Rautiefe

Metallische Oberflächen sind immer mehr oder weniger rau. Der Abstand zwischen tiefstem Tal und höchstem Berg ist die Rautiefe, angegeben in mm. Nur über das Strahlverfahren wird Rost auch in den tiefsten Tälern entfernt, alle andere Entrostungsverfahren schruppen mehr oder weniger an der Oberfläche.

Schützende Beschichtungssysteme müssen mindestens 3x so dick sein wie die Rautiefe. Darum ist es wichtig, die vorgeschriebenen Verbrauchsmengen je m² einzuhalten, da ein direkter Zusammenhang zwischen Verbrauch und Schichtdicke besteht.

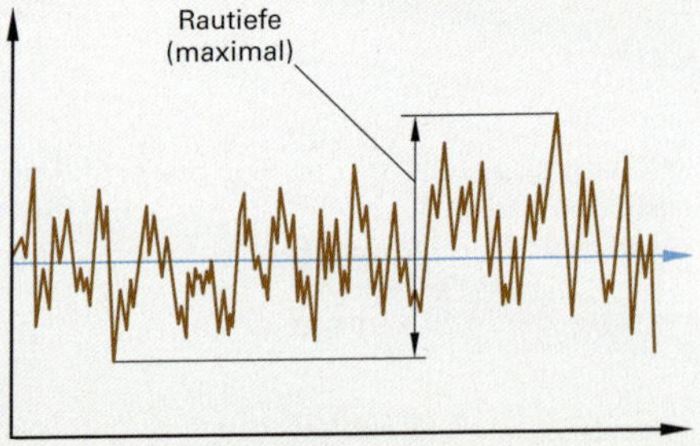

Rostverzögerung durch Passivieren oder Phosphatieren

Passivieren
Diese Schutzschicht auf Metall kann spontan entstehen, z. B. auf Edelstahl oder Chrom, oder gezielt mit Verfahren der Oberflächentechnik. Passivieren verbessert die Korrosionsbeständigkeit und die Haftung für Farben und Lacke.

Phosphatieren
Auf metallischen Oberflächen entsteht mit wässrigen Phosphatlösungen eine dünne, dichte Schutzschicht aus fest haftenden Metallphosphaten. Phosphatieren ist auch unter verschiedenen Markenbezeichnungen wie Bondern, Atramentieren oder Parkerisieren bekannt. Es ergibt schwachen bis mittleren Korrosionsschutz bis zur weiteren Beschichtung. Im Trockenbau werden phosphatierte Schrauben verwendet, damit diese nicht chemisch mit Gips (Calciumsulfat) reagieren. Unbehandelt können sie korrodieren und Rostflecken verursachen.

Rostumwandler

Immer muss zunächst loser Rost entfernt werden, z. B. durch Bürsten, Schleifen oder Sandstrahlen. Fast alle Rostumwandler enthalten Phosphorsäure bzw. Phosphate als wirksamen Bestandteil. Bei der Anwendung wird Eisen(III)-oxid (FeOOH) zu Wasser und Eisen(III)-phosphat ($FePO_4$) umgesetzt. Reste des Rostumwandlers müssen gut mit Wasser abgespült werden. Bei den unterschiedlichen Anteilen verschiedener Rostarten in der Rostschicht bleibt unklar, ob nach der Anwendung alle Rostmoleküle umgewandelt wurden. Das erforderliche Nachwaschen mit Wasser birgt gerade an unzugänglichen Stellen die Gefahr der erneuten Rostung.

Rostumwandler sind für Stahlbauten nicht zugelassen.

In der Entwicklung befinden sich Restrostprimer auf der Basis von tannathaltigen Emulsionen. Diese blockieren die Rostung. Die Entrostung nach St 2 ist ausreichend. Die Überarbeitung kann mit allen gängigen Bindemitteln erfolgen.

3.1.7 Beschichtungssysteme für Eisen/Stahl

Schichtenaufbau

	Grundbeschichtung	Deckbeschichtung
Korrosionsschutzsysteme bestehen in der Regel aus zwei Grundbeschichtungen und zwei Deckbeschichtungen. Jede Schicht besitzt ihre besonderen Aufgaben. Beide ergeben das Korrosionsschutzsystem. Je Beschichtungsgang wird eine Trockenschichtdicke von etwa 40 µm erzielt.	• Benetzung des Stahls • Haftung auf dem Stahl • Haftbrücke zur Deckbeschichtung • Muss/sollte/kann vor Rost schützen, je nach Bindemittel • Muss begrenzt wetterbeständig sein	• Haftung auf der Grundbeschichtung • Wetterbeständig • Widerstandsfähig gegen mechanische Belastung • Widerstandsfähig gegen chemische Belastung

Shopprimer, Washprimer

Shop- und Washprimer gelten nach DIN nicht als Grundbeschichtung.

Shopprimer	Washprimer
Fertigungsbeschichtung im Werk. Sie muss schweißbar sein und 6 bis 12 Monate Schutz bieten.	Diese dienen in einer Schicht von 5 µm bis 10 µm als Haftvermittler

Dickschichtsysteme

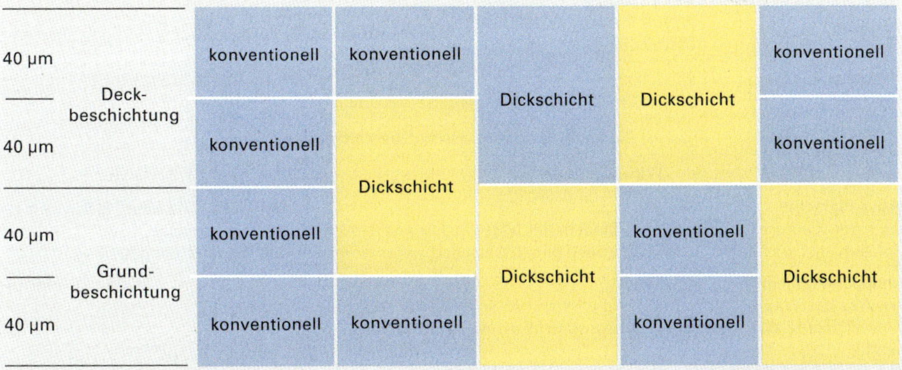

Üblicher (konventioneller) Beschichtungsaufbau — Mögliche Dickschichtsysteme

- Mehr als zwei konventionelle Schichten können mit Dickschichtsystemen nicht ersetzt werden.
- Dickschichtbeschichtungen sind thixotrop eingestellte Materialien, kombiniert mit hoher Strukturviskosität.
- Verarbeitungsvorteile: Zeiteinsparung, tropfen kaum, guter Kantenschutz

3

Schichtdicken von Korrosionsschutzsystemen

Die DIN EN ISO 12944 gibt an, welche Trockenschichtdicke zu verschiedenen Bindemittelsystemen bei entsprechender Objektbelastung der Kategorie C2 bis Im 3 gefordert wird. Angaben in µm.

Kategorie	Belastung	Alkydharz	Acrylharz	PVC	Chlorkautschuk	Epoxidharz	Polyurethanharz
C2	Gering	80 bis 200	100 bis 160	160	160	120 bis 160	80
C3	Mäßig	120 bis 240	160 bis 240	160 bis 240	160 bis 240	120 bis 240	120 bis 240
C4	Stark	200 bis 240	240 bis 280	240 bis 280	240 bis 280	200 bis 320	200 bis 320
C5 I	Sehr stark (Inudstrie)	Für die Belastung ungeeignet			200	200 bis 320	200 bis 320
C5 M	Sehr stark (Meer)				200	200 bis 320	200 bis 320
Im 1	Süßwasser					380 bis 540	380 bis 540
Im 2	Meer- oder Brackwasser					380 bis 540	380 bis 540
Im 3	Erdreich					380 bis 540	380 bis 540

Bindemittelbasis von Korrosionsschutzbeschichtungen

Die Hauptaufgabe des Korrosionsschutzes trägt das Bindemittel. Es bestimmt die Eigenschaften, Verarbeitung und Überarbeitung der Beschichtung. Es ist ratsam, im Schichtenaufbau bei einem System zu bleiben.

Belastung durch	Bindemittel	Je nach Bindemittelbasis ist die Beschichtung:
Wetter und einfache mechanische Einflüsse	Leinöl Alkyd Acryl (lösemittelhaltig) Bitumenkombinationen Dispersionslackfarben PVC, Polymerisatharze	**einkomponentig** (Alkyd) oder **zweikomponentig** (EP, PUR) **lösemittelhaltig** (Alkyd, PUR) oder **wasserverdünnbar** (Acrylatdispersion)
Wasser	Chlorkautschuk Bitumenkombinationen	**reversibel** (PVC) oder **irreversibel** (EP, PUR)
hohe mechanische und chemische Einflüsse	Epoxidharz (für die Grundbeschichtung) Polyurethanharz (für die Deckbeschichtung)	**aktiv rost...** Öl + (Zinkchromat) oder **passiv rostschützend** PUR + (Metallpigmente) Dies ist außer der Korrosionsschutzwirkung auch von Bedeutung für
Hitzeeinwirkung (500 °C)	Phenolharz Ethylsilikat	• die Verarbeitung des Beschichtungsstoffes, • die Überarbeitung der Beschichtung.

Pigmente in Korrosionsschutzbeschichtungen

Wirkungsweise	Beispiele
Aktive Pigmente Mit freien Ölsäuren im (ölhaltigen) Bindemittel bilden sich wasserunlösliche Metallseifen. Durch diese „verfilzte" Schicht dringt Wasser schwerer hindurch.	Zinkweiß, Zinkstaub, Bleicyanamid, Calciumplumbat Bleimennige (verboten)
Schuppen-Pigmente Der Weg des Wassers zum Untergrund wird an den Schuppen entlang länger. Diese Pigmente sind zusätzlich sehr beanspruchbar und schützen vor Beschädigung.	Zinkstaub, Aluminium, Eisenglimmer, Grafit
Passivierende Pigmente Durch elektrochemische Vorgänge zwischen Pigment und Eisen wird das Eisen vor Rost geschützt (elektrochemische Spannungsreihe Kap. 3.1.2)	Bleicyanamid, Zinkstaub, Zinkweiß, Zinkchromat
Widerstandsfähige Pigmente Sie werden im Decklack bei hoher Beanspruchung bevorzugt. Für kurzzeitigen Korrosionsschutz wird in der ersten Schutzbeschichtung gerne Eisenoxidrot eingesetzt.	Zinkstaub, Aluminium, Eisenglimmer, Grafit

Zinkstaubfarben

Damit das Pigment Zinkstaub seine passivierende Wirkung entfalten kann, muss es möglichst in direktem Kontakt zum Stahl stehen. Die Zinkstaubfarben enthalten nur etwa 5 % bis 10 % Bindemittel (EP-Ester, Vinylharze, Ethylsilikat), gerade so viel, dass das Pigment gebunden ist.

Zinkstaubfarben sind widerstandsfähig, bei chemischer Belastung sind zusätzliche oder andere Schutzsysteme erforderlich. Sie werden mit 10 µm bis 100 µm Trockenschicht aufgetragen. Darüber hinaus sind Kohäsionsbrüche möglich.

Einsatz als Grund- oder Deckbeschichtung auf blankem Stahl, zum Ausbessern von Zinkblech und verzinkten Konstruktionen auch als Spray im Handel.

Wassersysteme

Lösemittel bewirken keiner Schutzwirkung in der Beschichtung, da sie verdunsten.

Aus Umweltschutzgründen werden heute Beschichtungssysteme auf Wasserbasis angeboten. Gegen Rostung sind diese leicht alkalisch eingestellt. Da Wasser schlecht benetzt, langsam verdunstet und frostempfindlich ist, ist die Akzeptanz noch gering.

Verarbeitung von Korrosionsschutzsystemen

- Entrostete Flächen nach dem Entstauben immer sofort grundieren, um Flugrost zu vermeiden.
- Angaben dazu im Technischen Merkblatt sind immer einzuhalten.
- Ansonsten liegt das Applikationsverfahren im Ermessen des Fachmanns.
- Für die Grundbeschichtung wird das Streichen empfohlen, da dabei das Material sehr gut in die Rautiefe eingedrückt wird, folglich ergibt sich eine gute Benetzung.
- Auf Kanten und Nieten kann eine Kantenschutzbeschichtung erforderlich sein.
- Während der Beschichtung muss der Untergrund frei von jeder Feuchte gehalten werden.

Osmose

Der Metalluntergrund muss nach der Entrostung/vor der Beschichtung vollkommen salzfrei gehalten werden. Salze ziehen Wasser, auch durch eine Beschichtung. Das gelöste Salz ist größer als das eingezogene Wasser, dies führt zu Blasenbildung und Unterrostung.

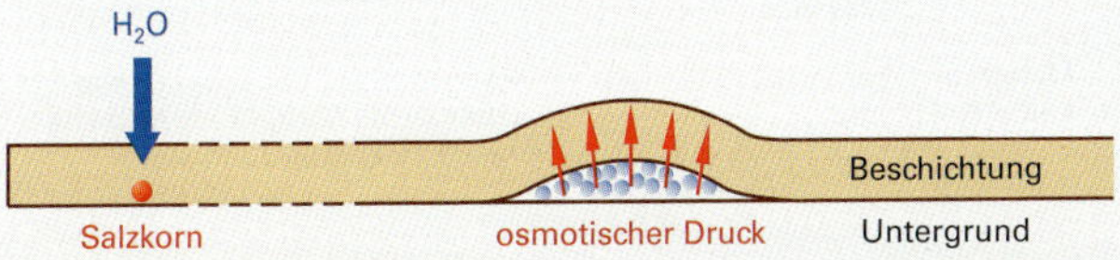

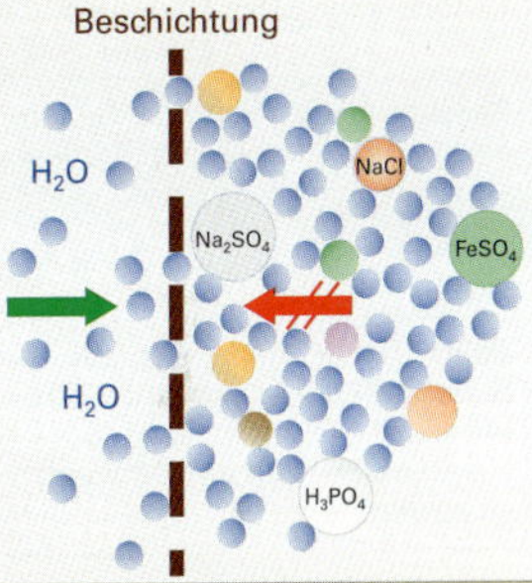

Schutz von Stahl durch andere Überzüge

metallische Überzüge .... Dauerhafte Schutzüberzüge .... nichtmetallische Überzüge

Feuerverzinkung	Galvanisieren	Flammspritzen	Kunststoffüberzug	Beschichtung	Eloxieren
siehe Kap. 3.1.8	Elektrochem. Aufbau einer dünnen, dichten Metallschicht	Aufgeschmolzenes Metall im Spritzverfahren auftragen	Nichthaftender Überzug in nur einer Schicht	Meist als Systemaufbau. Es haftet auf dem Untergrund	Speziell bei Aluminium elektrochem. Aufbau einer dicken, dichten Oxidschicht

Temporäre Schutzüberzüge (für kurze Zeit) – immer nichtmetallisch

Einfetten / Einölen	Transportgrundierung	Schutzwachs
Fette und Öle kriechen in die raue Oberfläche blanker Metalle, bauen sich aber relativ schnell ab.	Vorwiegend von Neuteilen, die den Transport der Auslieferung rostfrei überstehen müssen	Auf lackierten Karosserien für begrenzte Zeit als Schutz vor Feuchte und Witterung

3.1.8 Zink als Werkstoff und dessen Beschichtung

Zink ist ein Schwermetall, das aus zinkhaltigen Erzen gewonnen wird. Durch seine Stellung in der elektrochemischen Spannungsreihe schützt es Stahluntergründe vor Korrosion.

Verzinkungsverfahren

	Feuerverzinkung	Elektrolytische Verzinkung	Flammspritzverzinkung
Durchführung der Verzinkung	Ein bis zwei Minuten gebeizte, d. h. in einem Säurebad behandelte Gegenstände werden in ein etwa 450 °C heißes Zinkbad getaucht. Stahlbleche werden nach dem Sendzimirverfahren im Tauchverfahren verzinkt.	= Galvano-Verzinkung Gebeizte Gegenstände werden als Kathode in ein Zinksalzbad getaucht. Anode ist eine Zinkplatte aus Elektrolytzink.	Zinkpulver oder Zinkdraht wird durch elektrischen Strom oder Gasflamme geschmolzen und mittels Spritzpistole auf den Gegenstand geschleudert. Dort schmelzen die Zinktröpfchen nur begrenzt ineinander.
Objekte	Bandverzinkung von Blechen für Dächer und Verkleidungen. Stückverzinkung für Stahlteile wie Leitplanken, Geländer, Kleinteile.	Kleinteile wie Bolzen und Schrauben. Anwendung in der Automobilindustrie.	Sperrige Objekte. Feststehende Stahlkonstruktionen.
Schichtdicke	• Bandverzinkung: bis 20 µm • Stückverzinkung: 50 µm bis 150 µm	• 2,5 µm bis 10 µm	• 50 µm bis 100 µm
	Bei sehr großer Rautiefe der Oberfläche bilden sich in der Regel dickere Zinküberzüge aus, da die raue Struktur eine größere Reaktionsoberfläche aufweist.		
Aussehen	Beim Erkalten bildet sich mit Sauerstoff die sogenannte **Zinkblume.** Die Oberfläche ist für sichtbare Flächen am Fahrzeug zu strukturiert.	Mattgraue Oberfläche. Keine Zinkblume.	Raue, poröse, daher saugende Oberfläche. Mattgraues Aussehen. Keine Zinkblume.

Untergrundprüfung und -vorbereitung

Problematik/ Untergrundschaden	Erkennung	Maßnahme
Der Zinkuntergrund ist mit Fetten, Ölen usw. verunreinigt.	sichtbar	Nicht mit organischen Lösemitteln reinigen. Für neue und alte Zinkuntergründe:
Zink korrodiert. Es bilden sich an der Luft Zinkoxide und Zinkcarbonat (Weißrost).	sichtbar	**Ammonikalische Netzmittelwäsche:** Ansetzen eines Gemisches aus 10 l Wasser, ½ l 10 %ige Ammoniumlösung (Salmiak) und 2 Kronenkorken eines Netz- oder Spülmittels. Zinkoberfläche mit Kunststoffvlies und dem Gemisch nass schleifen, bis ein feiner Schaum entsteht. Diesen 10 Minuten einwirken lassen und nochmals schleifen Dann gründlich mit klarem Wasser abspülen und trocknen. Arbeitsschutz: Gummihandschuhe und Schutzbrille. Große oder komplizierte Konstruktionen können auch mit dem **Hochdruckreiniger** oder durch **Sweepen** (leichtes Strahlen, ohne die Verzinkung zu beschädigen) gereinigt werden.

Problematik Untergrundschaden	Erkennung	Maßnahme
Zink ist nicht dauerhaft säure- und laugenbeständig.	nicht erkennbar = Wissen	Nicht abwittern lassen, sondern möglichst schnell beschichten. Nicht mit Salzsäure absäuern, da sich sonst mit Zink Zinkchlorid bildet, ein hygroskopisches Salz.
Zink bildet mit Öl an der Grenzschicht Zinkseife (Zinkstearat).	nicht erkennbar = Wissen	Übliche Rostschutzgrundierungen mit direktem Kontakt zu Zink dürfen kein Öl enthalten. Alkydharzgrundierungen sind somit ungeeignet. Nur für Zink geeignete Beschichtungssysteme verwenden.

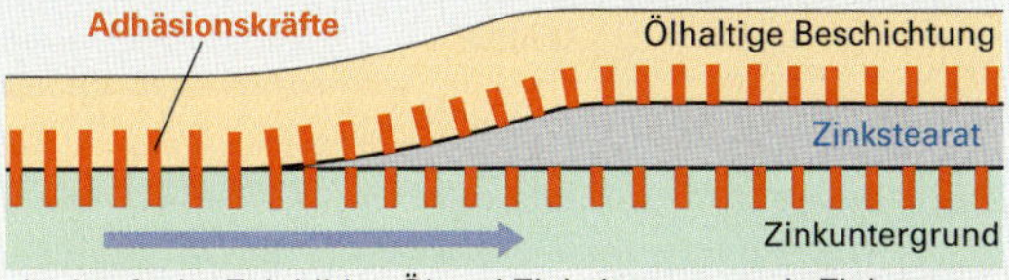

Im Laufe der Zeit bilden Öl und Zink das trennende Zinkstearat

Beschichtung von Zink

Beschichtungssystem	Hinweise
2 x Zinkhaftgrund + 1x Alkydharz	Üblich belastbar Zinkhaftgrund auf Alkydharzbasis ist in der Regel mit Polyurethan modifiziert, um die Fettsäuregruppen des Öls, die für die Zinkstearatbildung nötig sind, abzusättigen.
2 x Zinkstaubanstrich	Durch die graue Farbigkeit des Zinkstaubs sind kaum Farbnuancen möglich. Optimaler Schutz
2 x Polymerisatharzlack	z. B. auf PVC-Basis. Üblich belastbar
2 x Bitumenölkombinationslack	Bitumen schlägt bei der Überarbeitung durch. Es wird bei Wärme weich. Flecken in der Kleidung sind kaum zu entfernen. Daher speziell für die Dachrinneninnenbeschichtung oder Abflussrohre geeignet. Sehr gut feuchtebelastbar
2 x Dispersionsfarbe	Möglich, aber nicht zu empfehlen. Gute Haftung, verschmutzt leicht
1 x EP-Grund + 1x Acrylharzlack	Üblich belastbar
1 x EP-Grund + 2 x PUR-Lack	Zweikomponentensystem für hohe Belastung

Duplex-System

Die Kombination von Verzinkung und Beschichtung nennt man Duplex-System. Damit wird die Lebensdauer des Bauteils erheblich verlängert. Man kann von einem Synergieeffekt des Duplex-Systems sprechen. 1 Verzinkung + 1 Beschichtungssystem = 3fache Haltbarkeit.

3.1.9 Aluminium als Werkstoff und dessen Beschichtung

Aluminium wird mit hohem Energieeinsatz aus dem Mineral Bauxit gewonnen. Erst durch Legieren mit anderen Elementen wie Kupfer, Magnesium, Silizium und Zink erhält reines Aluminium die für die technische Anwendung erforderliche Festigkeit und Härte.

Oxidation von Aluminium

An der Luft bildet Aluminium sehr schnell eine dünne, dichte, festanhaftende Oxidschicht. In der elektrochemischen Spannungsreihe ist Aluminium darum im unedlen Bereich angesiedelt.

In Molekülstärke kommt die Oxidation zum Stillstand und lässt keinen Sauerstoff mehr hindurch. Unter normalen atmosphärischen Bedingungen ist Aluminium beständig und muss nicht beschichtet werden.

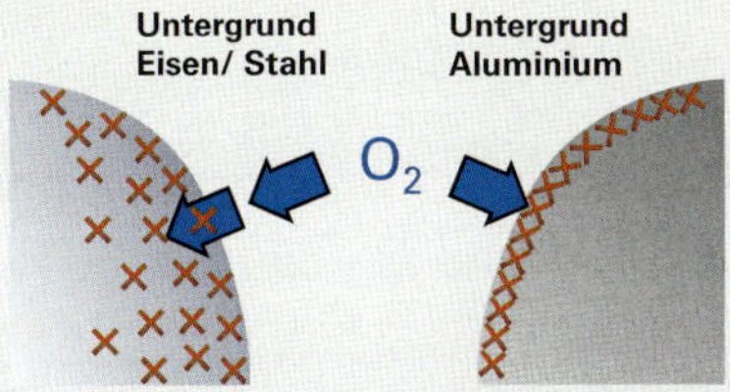

Die Korrosion schreitet nach innen fort

Die Korrosion kommt zum Stillstand

Eloxal
Durch elektrische Oxidation wird die Oxidschicht um das Hundertfache verstärkt (**el**ektrisch **ox**idiertes **Al**uminium = Eloxal). Die Eloxalschicht ist farblos, zur dekorativen Gestaltung kann sie eingefärbt werden. Die Zerstörung von Aluminium wird durch das Eloxieren erheblich verzögert.

Untergrundprüfung und -vorbereitung

Problematik/ Untergrundschaden	Erkennung	Maßnahme
Verunreinigt, alt und verwittert	sichtbar	Mit Schleifpapier abschleifen, keine zu grobe Körnung verwenden. Dann reinigen, aber nicht mit ammoniakalischer Netzmittelwäsche, sondern:
Aluminium ist nicht laugenbeständig	nicht sichtbar = Wissen	Handreinigung mit Kunststoffschleifvlies und Nitroverdünnung. Nachreiben mit einem sauberen Lappen. Dann mit einem lösemittelgetränkten Lappen abwischen, bis dieser nicht mehr grau gefärbt wird. Für große Flächen (Fassaden) Dampfstrahlreinigung mit Zusatz eines schwachen Phosphatreinigers möglich. Die Fläche ist mit klarem Wasser nachzureinigen.
Beschädigungen	sichtbar	Möglichst nicht spachteln wegen schlechter Haftung. Wenn nötig, dann auf der EP-Grundierung

Beschichtung von Aluminium

Beschichtungssystem	Hinweise
1 × EP-Grund + 2 × PUR-Lack	Sehr belastbar
1 × EP-Grund + 2 × Alkydharz	Üblich belastbar
1 × EP-Grund + 2 × Polymerisatharz	Üblich belastbar

3.1.10 Kupfer als Werkstoff und dessen Beschichtung

Kupfer wird aus Kupferkies (Kupfererz) gewonnen. Das Schwermetall erhält die für die technische Anwendung erforderliche Festigkeit und Zähigkeit durch Legieren mit Zink, Zinn, Nickel oder Blei.

Anfangs glänzt Kupfer rötlich, an der Luft bildet sich eine matte, bräunliche Oxidschicht. Bei erhöhter Luftfeuchte bildet sich unter Einwirkung von Kohlendioxid eine grünliche Patina. Durch sauren Regen bilden sich lösliche Salze, die Kupfer schwarz färben.

Untergrundprüfung und -vorbereitung

Problematik Untergrundschaden	Erkennung	Maßnahme
Verunreinigt, alt und verwittert	sichtbar	Nicht mit ammoniakalischer Netzmittelwäsche reinigen. Für Kupferteile wird folgende Vorbehandlung empfohlen: Auftragen einer Lösung aus 10 %iger Salzsäure in Spiritus. Schleifen mit Kunststoffschleifvlies. Gründlich mit klarem Wasser nachwaschen. Salzsäure ätzt. Haut-, Augen- und Atemschutz sind wichtig! Für gute Lüftung sorgen!

Beschichtung von Kupfer

Mit Öl reagiert Kupfer zu Kupfersalzen. Daher sind ölhaltige Beschichtungsstoffe nicht geeignet.

	Beschichtungssystem	Hinweise
Deckende Beschichtung	1 × EP-Grund + 1 × PUR-Lack 1 × EP-Grund + 1 × Acryllack (2K)	Sehr belastbar Sehr belastbar
Farblose Beschichtung	Nitrokombilack (Zaponlack) 1 × EP-Grund + 1 × Acryllack (2K)	Gering belastbar Sehr belastbar

3.2 Holz und Holzbeschichtung

3.2.1 Holz als Werkstoff

Europäisches Nadelholz				
Holzart	**Erkennen der Holzart**	**Besondere Eigenschaften und Beschichtung**	**Häufige Verwendungen**	**Rohdichte* kg/m³**
Tanne (Weißtanne) 	Reifholzbaum, gelblich weißes, nicht glänzendes Holz, keine Harzgallen, kaum Harzgeruch.	Die Eigenschaften sind ähnlich denen der Fichte, durch geringeren Harzgehalt jedoch noch geringere Witterungsbeständigkeit als Fichte. Beschichtung: nach Grundierung problemlos zu beschichten.	Die Verwendung von Tannenholz ist vergleichbar mit der Fichte. Für sichtbare Holzverkleidungen wird es kaum verwendet, da es matt und weniger dekorativ ist.	 450
Fichte (Rottanne) 	Reifholzbaum, gelblich bis rötlich weiß glänzendes Holz mit deutlichen Jahresringen, im Schnittholz viele Harzgallen, intensiver Harzgeruch bei frisch geschnittenem Holz.	Das Holz ist weich bis mittelhart und lässt sich mit dem Fingernagel eindrücken. Durch seine langen Holzfasern ist das Holz sehr tragfähig. Unbehandelt nicht witterungsbeständig. Beschichtung: Harzgallen entfernen, nach Grundierung problemlos zu beschichten.	Hervorragendes und kostengünstiges Nutzholz für alle tragenden Bauteile, die nicht der Witterung ausgesetzt sind: z. B. Kanthölzer für Dachstühle und Deckenbalken etc. Ebenso verwendbar für Holzverkleidungen.	 450 – 470
Kiefer (Föhre) 	Kernholzbaum mit gelblich bis rotbraunem Kern, Splint gelblich weiß, starke und markante Zeichnung, harzreich, intensiver Harzgeruch bei frisch geschnittenem Holz.	Deutlich härter als Fichtenholz und sehr harzreich, das Kernholz ist witterungsbeständig. Beschichtung: Splintholz stark bläueempfindlich, jedoch leicht zu imprägnieren. Beschichtung: austretendes Harz entfernen, nach Grundierung problemlos zu beschichten.	Kiefernholz ist ein beliebtes und dekoratives Holz für Möbel und Innenausbau. Es besitzt eine ausreichende Härte für Treppen und Fußböden sowie gute Witterungsbeständigkeit für Fenster, Türen und Tore.	 520
Lärche 	Kernholzbaum mit braunrotem Kernholz und hellgelbem Splint, harzreich, intensiver Harzgeruch bei frisch geschnittenem Holz.	Schwerstes und härtestes einheimisches Nadelholz, sehr harzhaltig, gute Witterungsbeständigkeit. Beschichtung: Vor der Beschichtung austretendes Harz entfernen, nach Grundierung problemlos zu beschichten.	Lärchenholz ist im Innen- und Außenbereich vielseitig verwendbar: Innen aufgrund seiner Härte auch für Böden und Treppen geeignet, außen aufgrund seiner Witterungsbeständigkeit auch geeignet für Terrassenböden, Holzverschalungen, Türen und Fenster.	 590

Europäische Laubhölzer				
Holzart	**Erkennen der Holzart**	**Besondere Eigenschaften und Beschichtung**	**Häufige Verwendungen**	**Rohdichte* kg/m³**
Buche 	Reifholzbaum, gelbliches bis rötliches Holz ohne besonders auffällige Zeichnung.	Hartes Holz mit guter Abriebfestigkeit (wichtig für Böden). Beschichtung: problemlos. Buche quillt und schwindet jedoch stark und ist nicht witterungsbeständig.	Buchenholz ist ein vielseitiges Holz für hoch beanspruchte Anwendungen ausschließlich im Innenbereich: z. B. Möbel, Treppen, Bodenbeläge.	 720
Eiche 	Kernholzbaum mit starkt unterschiedlicher Färbung von hellem Splint- und dunklem Kernholz, deutliche Jahresringe. Frisch geschlagenes Holz riecht stark nach Gerbsäure.	Eiche ist ein schweres und hartes Holz. Es schwindet wenig und ist sehr witterungsbeständig (Venedig steht seit 800 Jahren auf Eichenholz). Eichen wachsen langsam, wodurch das Holz sehr teuer ist.	Eichenholz ist sehr vielseitig: Es ist dekorativ und beliebt für Möbel. Wegen seiner Härte und dem geringen Schwindverhalten optimal für Treppen, Böden und Parkett. Unverzichtbar ist es für Bauteile, die starker Witterung und ständiger Feuchte ausgesetzt sind.	 750

Außereuropäische Hölzer				
Holzart	**Erkennen der Holzart**	**Besondere Eigenschaften und Beschichtung**	**Häufige Verwendungen**	**Rohdichte* kg/m³**
Hemlock	Ein bis zu 30 m hoher Nadelbaum aus Nordamerika, Splint und Kern gelblichgrau mit feinen Jahresringen, nahezu harzfrei und nahezu geruchlos.	Weiches Holz, nicht witterungsbeständig, schwindet jedoch wenig. Beschichtung: schwer zu imprägnieren, sonst problemlos zu beschichten.	Das Holz wird nahezu astfrei geliefert und im Innenausbau verwendet.	 480
Teak	Das sehr beliebte Holz wird heute in vielen tropischen Ländern kultiviert. Splintholz gelblichgrau, Kernholz gelbbraun, das Holz fühlt sich leicht fettig an.	Sehr festes Holz mit geringem Quell- und Schwindverhalten. Sehr witterungsbeständig. Beschichtung: wegen seiner Inhaltsstoffe problematisch.	Wegen seiner außergewöhnlichen Witterungsbeständigkeit für Gartenmöbel, Schiffs- und Wasserbau.	 680
Meranti Dark Red	Das Holz kommt aus Südostasien. Splintholz gelblichgrau, Kernholz rotbraun mit einem schlichten grobporigen Holzbild.	Mäßig fest und hart mit einer geringen Witterungsbeständigkeit. Beschichtung: problemlos.	Für dekorative Möbel und Innenausbau, bedingt auch für Treppen, Fenster und Türen.	 710

Holzbestandteile		
Bestandteil	**Anteil**	**Erklärung**
Zellulose Hemizellulose	60 % – 80 %	• Sie bilden das Gerüst der Holzzellen. • Sie geben Zugfestigkeit.
Lignin	20 % – 40 %	• Lignin wir in das Zellulosegerüst eingelagert. • Das Holz wird hart und druckfest. • Lignin vergilbt unter UV-Licht.
Öl Farbstoffe Gerbstoffe	> 1 %	• Öle verdünnen das Harz. Typischer Geruch. • Farbstoffe geben dem Holz seinen Farbton. • Gerbstoffe schützen das Holz vor Schädlingen.
Harz	< 1 %	• Vermindert die Wasseraufnahme. • Wird bei Wärme flüssig und schädigt die Beschichtung.

Aufbau eines Baumstammes

Mikroskopische Struktur

- Holz besteht aus einer Vielfalt länglicher Zellen.
- Die Länge einer Zelle entspricht einem Vielfachen der Breite. Man kann sich die Holzstruktur als ein Bündel von Strohhalmen vorstellen.
- Die Eigenschaften des Holzes unterscheiden sich je nach Faserrichtung.

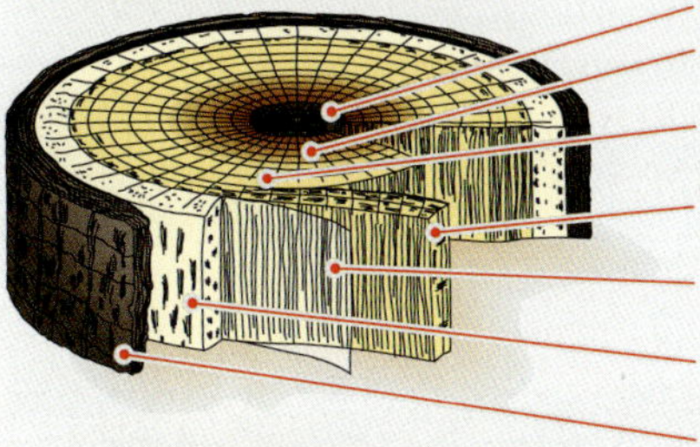

1	Mark	Dunkle, abgestorbene Mitte des Stammes
2	Kernholz	Verbesserte Stütze durch Einlagerung von Gerb- und Farbstoffen
3	Markstrahlen	Querverbindungen im Stamm zum Nährstofftransport
4	Splintholz	Äußere Holzschicht speichert Wasser und Nährstoffe
5	Kambium	Hier läuft das Dickenwachstum, das Zellwachstum ab
6	Bast	Schutzschicht unter der Borke, verteilt Nährstoffe im Baum
7	Borke	Äußere Schutzschicht

Jahresringe

- Neue Holzzellen entstehen durch Zellteilung im Kambium.
- Im Frühjahr/Sommer steht viel Wasser zur Verfügung. Die Zellen wachsen groß und hell.
- Im Herbst/Winter steht kaum Wasser zur Verfügung. Die Zellen wachsen klein und dunkel.
- So wächst jedes Jahr außen ein neuer Ring zu den bereits vorhandenen.

Kernholz – Splintholz

- Kernholz bildet sich in einigen Baumarten durch die Ablagerung von Ölen und Gerbstoffen im Innern des Baumstammes.
- Dadurch wird es härter und widerstandsfähiger als das umgebende Splintholz.
- Das Kernholz ist dunkler als das Splintholz.

Eigenschaften aller Massivhölzer

1. Druckfestigkeit

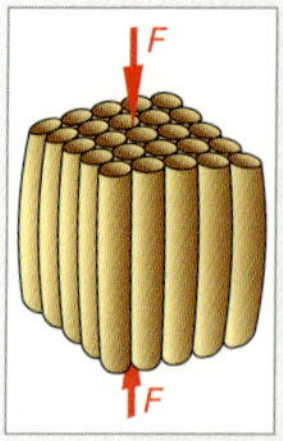

Hohe Druckfestigkeit in Faserrichtung

2. Zugfestigkeit

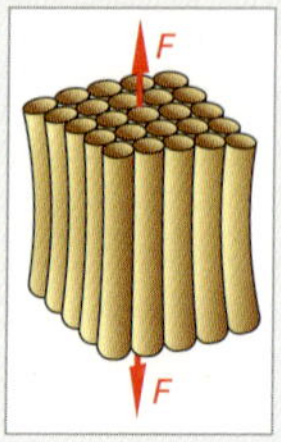

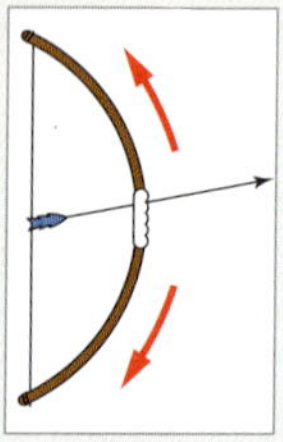

Hohe Zugfestigkeit in Faserrichtung

3. Saugfähigkeit

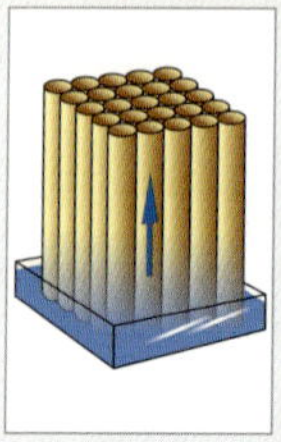
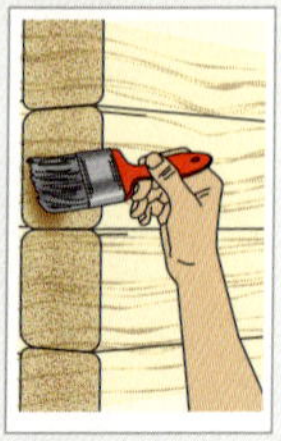

Hohes Saugverhalten in Faserrichtung

1. Druckfestigkeit

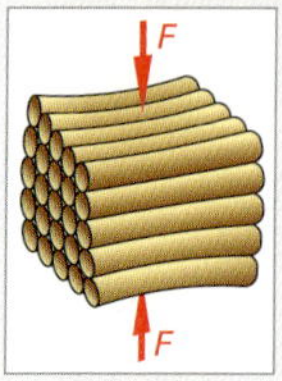

Geringe Druckfestigkeit quer zur Faserrichtung

2. Zugfestigkeit

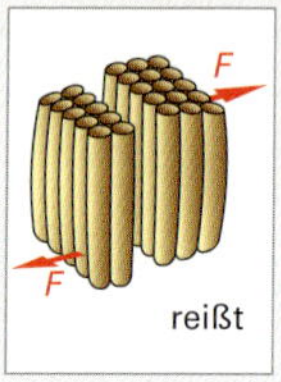

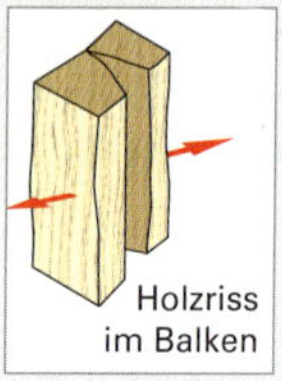

Geringe Zugfestigkeit quer zur Faserrichtung

3. Saugähigkeit

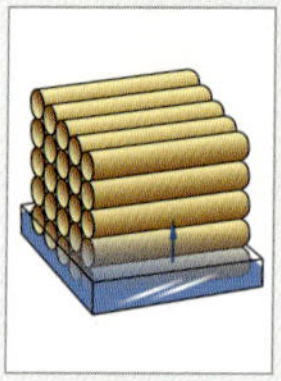
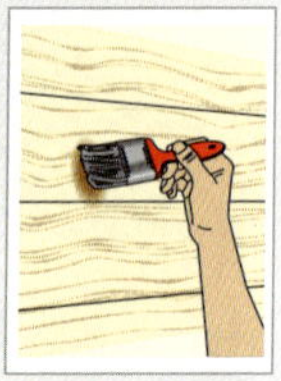

Geringeres Saugverhalten quer zur Faserrichtung

Holzfeuchte, Quellen und Schwinden

- Nach dem Fällen eines Baumes entweicht das freie und zum Teil auch das gebundene Wasser.
- Ist das gesamte Wasser aus den Hohlräumen verdunstet, ist der **Fasersättigungspunkt** erreicht.

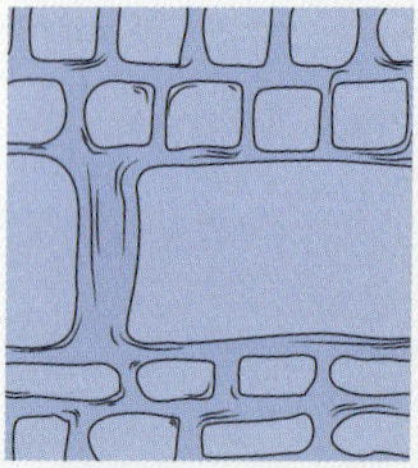

Lebender Baum, 50 % bis 150 %

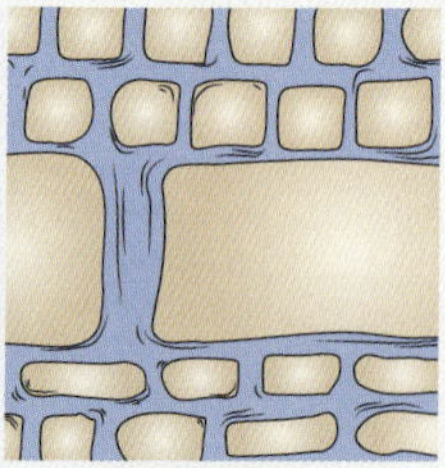

Fasersättigungspunkt, ca. 30 %

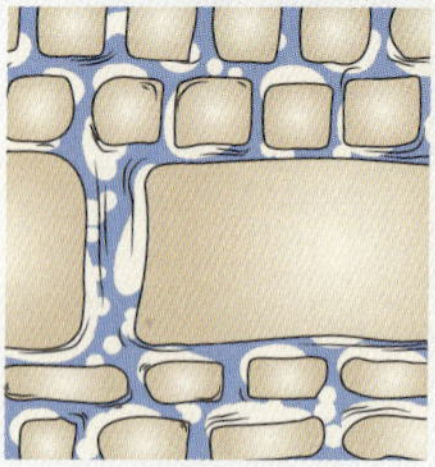

Lufttrockenes Holz, ca. 15 %

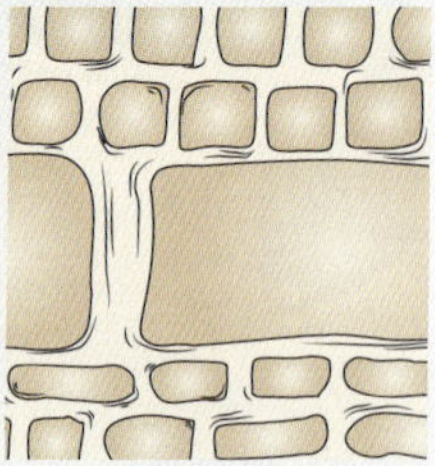

Darrtrockenes Holz, 0 %

Das Holz behält sein Volumen.	Das Holz verändert sein Volumen.
• Das Holz ist „feucht". • Keine Volumenänderung des Holzes. Kann nicht beschichtet werden.	• Das Holz ist „trocken". • Volumenänderung des Holzes je nach umgebender Feuchte.

Schwinden:	Das Holz gibt Feuchte ab, es wird kleiner.
Quellen:	Das Holz nimmt Feuchte auf, es wird größer

} **= Holz „arbeitet"**

Das Quellen und Schwinden des Holzes ist abhängig von

- der relativen Luftfeuchte
- der Faserrichtung des Holzes
- der Holzart

Holzfeuchtemessung

- Einsatz des Holzfeuchtemessgerätes
- Das Gerät misst den elektrischen Widerstand zwischen zwei Elektroden.
- Die Elektroden müssen bei der Messung etwa 5 mm tief ins Holz gedrückt werden.
- Trockenes Holz leitet elektrischen Strom schlecht. Feuchtes oder nasses Holz leitet elektrischen Strom sehr gut.

Maßhaltigkeit

Maßhaltige Bauteile	Begrenzt maßhaltige Bauteile	Nicht maßhaltige Bauteile
		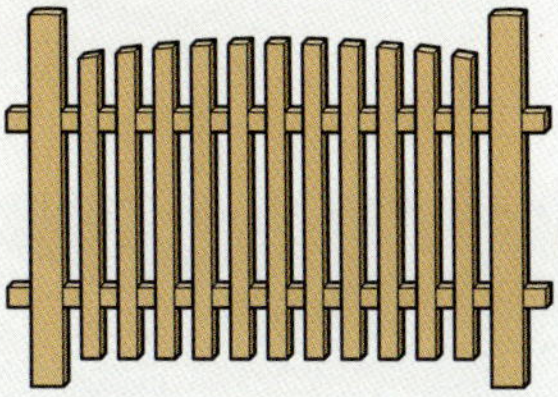
Fenster und Türen dürfen ihre Maße nur in sehr geringem Maße verändern, da sie sonst klemmen und nicht mehr richtig schließen würden. Bei maßhaltigen Bauteilen sind Maßänderungen nur in sehr geringem Umfang zugelassen. Geeignete Anstrichsysteme verhindern die Aufnahme von Feuchtigkeit in das Holz und können so das Arbeiten des Holzes begrenzen.	Bei Verbretterungen und Holzverschalungen mit Nut und Feder sind Maßänderungen durch das Quellen und Schwinden des Holzes in begrenztem Umfang zulässig.	Für Verbretterungen und Holzverschalungen, bei denen sich die einzelnen Holzbretter überlappen, sind die Maßänderungen nicht begrenzt. Ebenso unterliegen Zäune und Gartentore aus Holz keinen Beschränkungen.
Laut BFS-Merkblatt darf die Holzfeuchte bei Beschichtung nicht über 13 ± 2 % betragen.		Laut BFS-Merkblatt darf die Holzfeuchte bei Beschichtung nicht über 18 % betragen.

3.2.2 Holzwerkstoffe

Arten von Holzwerkstoffen

Holzwerkstoffe wurden entwickelt, um zwei wesentlichen, Nachteilen von Vollholz entgegenzuwirken:

- dem Quellen und Schwinden,
- der unterschiedlichen Druck- und Zugfestigkeit in Bezug auf die Faserrichtung.

Holzwerkstoffe

Furnier-Werkstoffe Lagerholz-Werkstoffe	Span-Werkstoffe	Faser-Werkstoffe
Furnier-Schichtholz Sperrholz Tischplatte Multiplex-Platte Siebdruckplatte	Spanplatten Spanstreifenholz OSB-Platte	Hartfaserplatte (HB) Mitteldichte Faserplatte (MDF) Weichfaserplatte Holzwolleplatte

Holzlagen- und Verbundwerkstoffe

Bei Lagen- bzw Verbundholzwerkstoffen werden durch kreuzweise verleimte Schichten eine größere Stabilität und eine geringere Formveränderung durch Quellen und Schwinden erreicht.

Aufbau einer dreilagigen Furnierplatte

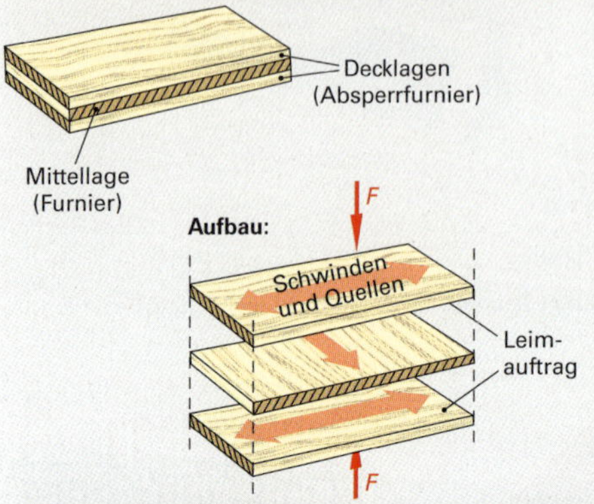

Aufbau einer Tischlerplatte

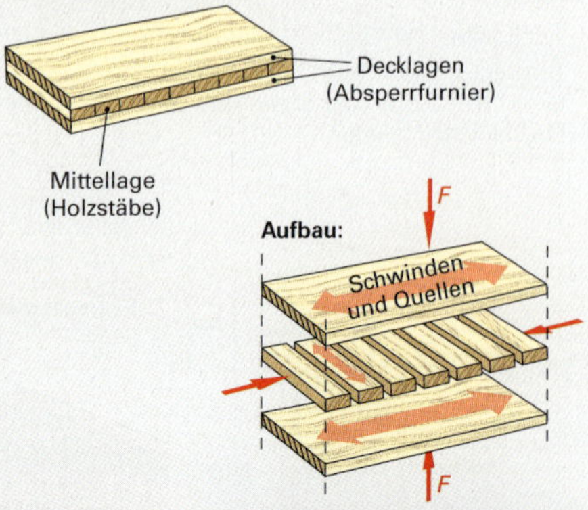

Tischlerplatte

Die Tischlerplatten – auch Mittellagensperrholz oder Baustabsperrholz, BST – bestehen mindestens aus drei Lagen. Die beiden Sperrfurniere schließen eine Mittellage aus Holzleisten ein.

Multiplexplatte

Multiplexplatten sind hochwertige. aus mehreren Lagen verleimte Sperrholzplatten mit vielfältigen Anwendungsmöglichkeiten für den Innenausbau und zur Möbelherstellung.

Siebdruckplatte

Siebdruckplatten sind wasserfest verleimte und mit Phenolharz beschichtete, sehr hochwertige Sperrhölzer. Für hohe Beanspruchungen, z. B. für Einschalungen und Caravan-Innenausbau

Holzspan- und Holzfaserwerkstoffe

Holzspanwerkstoffe werden hergestellt, indem Holzspäne mit einem Bindemittel versetzt und unter hohem Druck und Wärme in die gewünschte Form gepresst werden. Hierdurch entsteht ein homogener Werkstoff mit gleichbleibenden Eigenschaften, z. B. keine Verformung durch Trocknungsspannung.

Aufbau einer Spanplatte

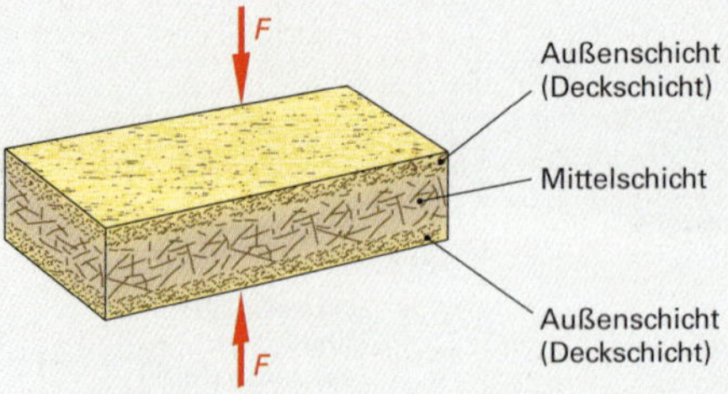

Aufbau einer OSB-Platte

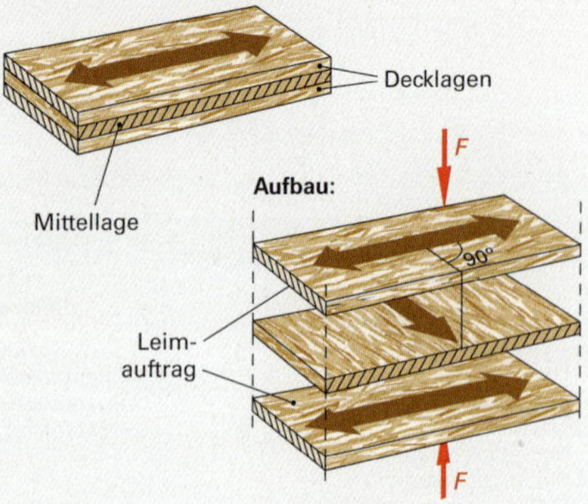

Spanplatte

Meist Herstellung in drei Schichten, wobei die beiden äußeren Schichten aus feineren und dichter gepressten Spänen bestehen.

OSB-Platte
(Oriented Strand Board)

Grobe Holzspäne („Strands") ausgerichtet („Oriented") und in mindestens drei Lagen verpresst und verleimt. Höhere Festigkeit als Spanplatten.

Weichfaserplatte

Mehr oder weniger gepresste Holzfasermischung. Gute Dämmeigenschaften.

MDF-Platte
Medium Density Fibreboard

Sehr glatte Oberflächen und eine homogene Faserstruktur.

Sie werden im Möbel- und Innenausbau verwendet.

Hartfaserplatte

Hartfaserplatten haben eine raue und eine glatte Seite und werden häufig für Rückseiten von Möbeln verwendet.

Holzwolleplatte

Diese bestehen aus zement- oder magnesitgebundenen langfaserigen Holzspänen. Gute Dämmeigenschaften.

3.2.3 Holzschutz

Vorbeugender baulicher Holzschutz

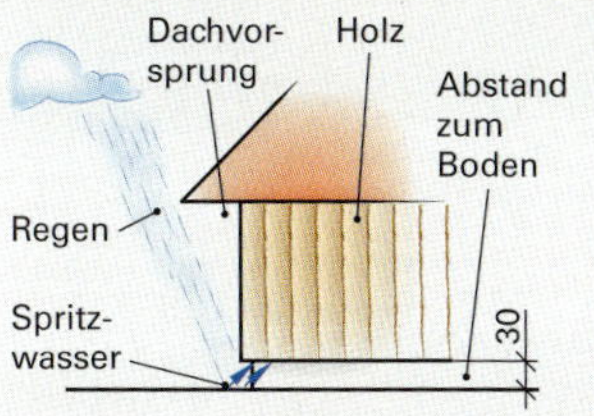

Ein großer Dachvorsprung hält die Fassade trocken. Mit Spritzwasser ist besonders im Bereich der unteren 30 cm zu rechnen.

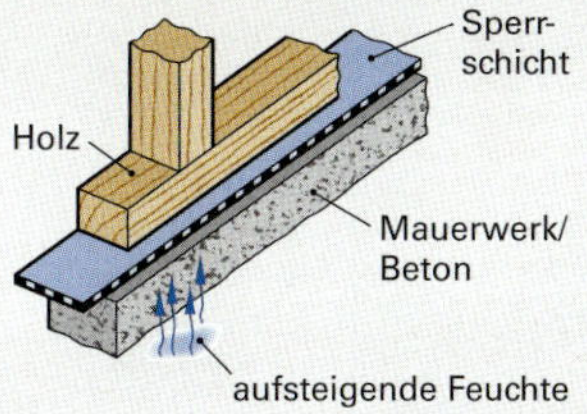

Holzbauteile, die auf Mauerwerk oder Beton aufliegen, müssen durch eine Sperrschicht (z. B. Bitumenpappe) vor aufsteigender Feuchte geschützt werden.

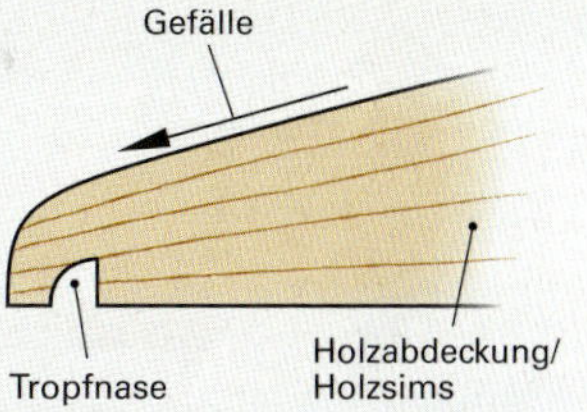

Alle bewitterten Holzflächen sollten mit einem Gefälle über 15° ausgebildet sein. Die „Tropfnase" verhindert, dass Wasser von unten in das Holz eindringt.

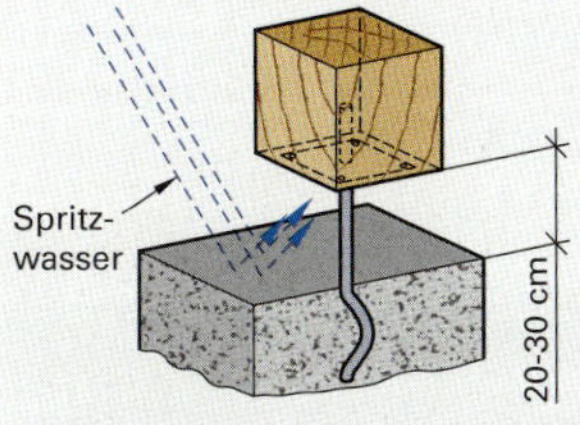

Der Stützenfuß im Freien verhindert aufsteigende Feuchte und eine dauernde Durchfeuchtung durch Spritzwasser.

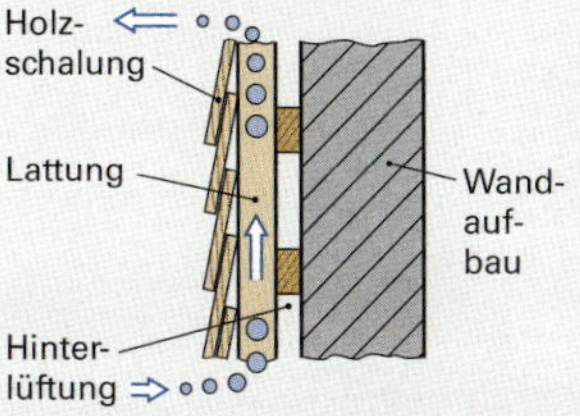

Alle bewitterten Hölzer müssen allseitig gut belüftet sein, damit Feuchte wieder entweichen kann.

	Resistenzklasse	Holzarten
1	Sehr dauerhaft	Teak, Palisander
2	Dauerhaft	Eiche, Edelkastanie
3	Mäßig dauerhaft	Lärche, Douglasie
4	Wenig dauerhaft	Fichte, Tanne
5	Nicht dauerhaft	Buche, Pappel, Birke

Resistenzklassen nach DIN 68 364, EN 350
Wahl einer geeigneten Holzart.

3.2.4 Holzschädigung, Maßnahmen und Schutz

Holzschädlinge

Einfluss auf den Lebensraum von Insekten und Pilzen besitzen

- Feuchte
- Temperatur

Im kritischen Bereich fühlen sich beide Schädlinge wohl.

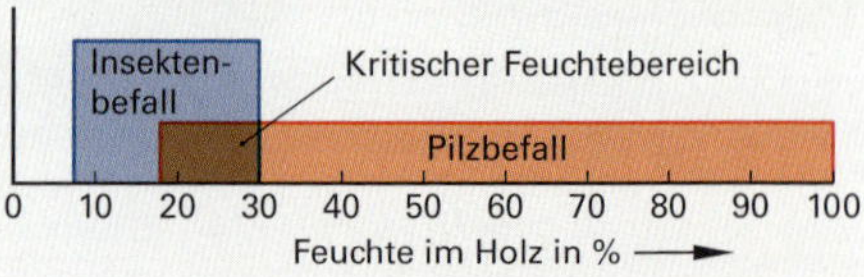

Tierische Holzschädlinge		Pflanzliche Holzschädlinge	
Trockenholzinsekten	Frischholzinsekten	Holzzerstörende Pilze	Holzverfärbende Pilze
Insektenlarven zerstören das Holz • Hausbockkäfer • Gemeiner Nagekäfer und verwandte Arten • Brauner Splintholzkäfer und Arten	Insektenlarven zerstören das Holz • Holzwespen • Borkenkäfer	Abbau der Hauptbestandteile des Holzes (Zellulose, Lignin) • Echter Hausschwamm • Brauner Kellerschwamm • Weißer Porenschwamm (Braunfäule)	Keine Zerstörung des Holzes nur Verfärbung • Bläuepilz

Entwicklungsprozess der tierischen Schädlinge

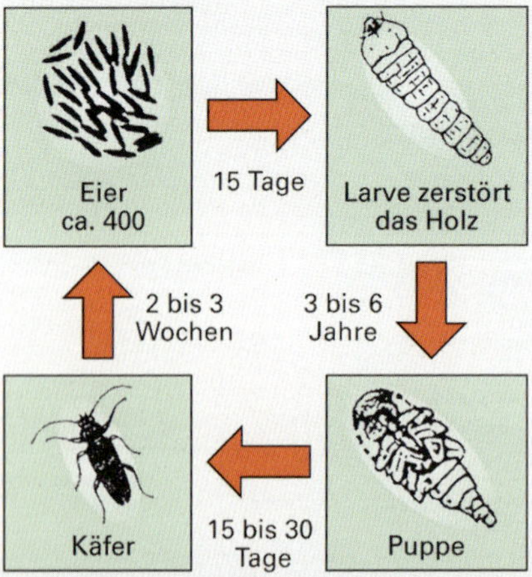

Entwicklungsprozess der pflanzlichen Schädlinge

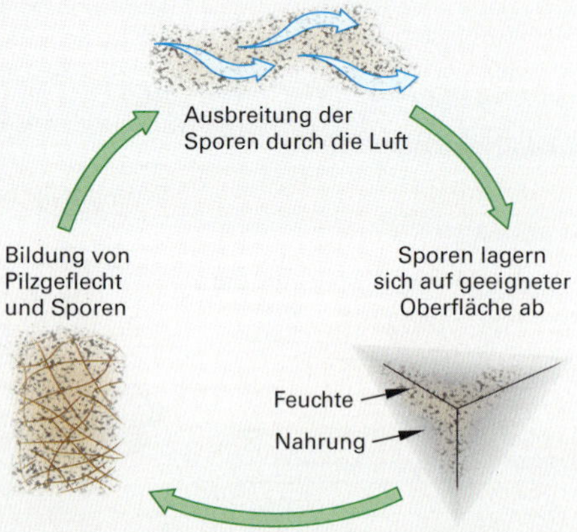

Bekämpfung der tierischen Schädlinge

- Heißluftverfahren. Das befallene Teil 1 Stunde über 55 °C erwärmen
- Begasung mit Stickstoff oder giftigen Gasen
- Bestrahlen mit Mikrowellen über 55 °C
- Chemische Bekämpfungsmittel

Bekämpfung der pflanzlichen Schädlinge

- Heizen und Lüften
- Feuchteursache ermitteln
- Befallene Teile 1 m über den Befall hinaus austauschen und beseitigen

Hausbockbefall

Nagekäferbefall

Braunfäule

Fruchtkörper Hausschwamm

Gebrauchsklassen nach DIN EN 335

- Für tragende Holzbauteile sind in der DIN EN 335 (2013-06) Gebrauchsklassen festgelegt, die verschiedene Gebrauchsbedingungen widerspiegeln.
- In der Neufassung der DIN 68800 ersetzen die Gebrauchsklassen die (alten) Gefährdungsklassen.

<table>
<tr><th colspan="7">Das Bauteil ist der Witterung ausgesetzt?</th></tr>
<tr><td colspan="3">nein</td><td colspan="3">ja</td><td>ja</td></tr>
<tr><td colspan="3">Wird gelegentlich feucht?</td><td colspan="3">Erd- Süßwasserkontakt?</td><td>Meerwasser-kontakt?</td></tr>
<tr><td colspan="2">nein</td><td>ja</td><td colspan="2">nein</td><td>ja</td><td>ja</td></tr>
<tr><td colspan="2">Insektengefährung</td><td></td><td colspan="2">Wasseranreichung?</td><td></td><td></td></tr>
<tr><td>nein</td><td>ja</td><td></td><td>nein</td><td>ja</td><td></td><td></td></tr>
</table>

- Die Einordnung des Objekts in eine Gebrauchsklasse liegt beim Planer/Anwender.
- Fachkenntnis ist daher unbedingt nötig.
- Fehleinschätzung kann falsche Maßnahmen oder den Einsatz ungeeigneter Holzschutzmittel bedeuten, die zu Schäden führen können.

Chemischer Holzschutz (nach überarbeiteter DIN 68800-3)

- Baulicher, konstruktiver Holzschutz hat absoluten Vorrang vor chemischen Holzschutz.

  Umgekehrter Begründungszwang:
  Der, der einen chemischen Holzschutz verwendet, muss sich rechtfertigen und nicht derjenige, der Keinen verwendet. Es kann sogar als Mangel ausgelegt werden, wenn ein baulicher Holzschutz gleichwertig möglich gewesen wäre.
- **Grundsatz:** So viel wie nötig, aber so wenig wie möglich.
- Tragende Holzbauteile sollen nur noch dann behandelt werden, wenn eine tatsächliche Gefahr von Insekten- oder Pilzbefall besteht.

  Dies ist in der Regel **nicht** der Fall, wenn:
  - die Holzfeuchte unter 10 % liegt
  - oder das Holz jederzeit kontrollierbar ist (sichtbare Hölzer)
  - oder das Holz durch eine geeignete Bekleidung geschützt ist (z. B. verputzt).

Neue und alte Kennzeichnung von Holzschutzmitteln

- Bisher wurde die Zulassung grundsätzlich durch das Deutsche Institut für Bautechnik (DIBt) erteilt. Mit Umsetzung der Biozid-Richtlinie beziehungsweise der sie ablösenden Biozid-Verordnung änderte sich das Verfahren über das Inverkehrbringen von Biozid-Produkten. Diese Aufgaben übernimmt nun die Bundeanstalt für Arbeitsschutz und Arbeitsmedizin (BAuA).
- Gegenwärtig können in Deutschland verkehrsfähige Holzschutzmittel **an einer Registriernummer der BAuA** erkannt werden. Diese fünfstellige Zahl, der der Buchstabe „N" vorangestellt ist, muss auf jedem Gebinde aufgebracht sein. Nach Erteilung der Zulassung wird die Registriernummer durch eine Zulassungsnummer ersetzt.

- **Bisherige Prüf- und Gütezeichen dürfen nicht mehr verwendet werden.**
- **Die (alt-) bekannten Kurzbezeichnungen Iv, P, W, E u. a. kommen nicht mehr zum Einsatz.**

Kz	Bedeutung
Iv	Gegen **I**nsekten **v**orbeugend wirksam
Ib	Gegen **I**nsekten **b**ekämpfend wirksam
P	Gegen **P**ilze vorbeugend (Fäulnisschutz)
W	Der **W**itterung ausgesetzte Holzkonstruktion
E	Für Holz unter **ex**tremen Beanspruchungen (ständiger Erd- oder Wasserkontakt sowie Schmutzablagerungen in Rissen und Fugen)
S	Geeignet zum **S**treichen, **S**pritzen oder Tauchen

Nicht mehr gültig!

- Auf der Webseite der BAuA gibt es das Biozidverzeichnis, welches alle von der BAuA zugelassenen Holzschutzmittel samt den deklarierten Anforderungen enthält.

Arten chemischer Holzschutzmittel

Holzschutzimprägnierungen	Wasserlösliche Holzschutzsalze	Bläueschutz
Sie werden meist für Holzverkleidungen außen, Fenster, Türen und Zäune verwendet, mit anschließendem Lasuraufbau. Sie reduzieren das Quell- und Schwindverhalten des Holzes. Holzschutzimprägnierungen sind sowohl auf Wasserbasis als auch auf Lösemittelbasis erhältlich. Sie sind mit transparenten Eisenoxiden pigmentiert. Diese schützen das Holz vor UV-Stralung. Je nach Oxid feuern sie den Holzfarbton an. Mengenanteil der Wirkstoffe im Bindemittel, z. B. 0,95 % Propiconazol und 0,02 % Flufenoxuron oder 0,30 % 3-Iod-2-Propinylbutyl-carbamat 0,60 % Propiconazol	Schwermetallhaltige Verbindungen, die im Innen- und Außenbau vorwiegend für tragendes Gebälk bereits vom Zimmermann behandelt wurden. Wirkstoffe: CK-Salz = Kupfersalze, Chromate CKA-Salz = Kupfersalze mit Arsenverbindungen. Chr.mate CKB-Salz = Kupfersalze mit Bor-Verbindungen. Chr.mate SF-Salz = Silicofluoride CKF-Salz = Kupfersalze mit Fluorverbindungen. Chr.mate	Rohe bläuegefährdete Hölzer von Nadelbäumen im Außenbereich, Außenseiten von Fenstern und Außentüren müssen mit einem Bläueschutzmittel vorbehandelt werden. Dies gilt sowohl für die Erstbeschichtung als auch bei der Renovierung für rohe Stellen. Die Verwendung eines Bläueschutzes ist ausschließlich von der Holzart und nicht von der vorgesehenen Beschichtung (Dünnschichtlasur, Dickschichtlasur, deckende Beschichtung) abhängig. Mengenanteil der Wirkstoffe im Bindemittel z. B. 0,50 % 3-Iod-2-Propinylbutyl-carbamat 0,30 % Tebuconazol oder 0,24 % Propiconazol 0,75 % 3-Iod-2-Propinylbutyl-carbamat

Verarbeiten chemischer Holzschutzmittel

- Durch Streichen, Spritzen, Tauchen, Tränken. Eindringtiefe bis max. 1 cm.
- Kesseldruckimprägnierung. Je nach Druck im Druckkessel werden Eindringtiefen von 3 cm bis Vollschutz erreicht.

3.2.5 Beizen

- Beizen färben das Holz ein und erhalten die Maserung.
- Das Holz muss unbehandelt vorliegen. Mit Bindemittel ausgebesserte Stellen nehmen keine Beize mehr an.
- Keine Schichtbildung. Der Oberflächenschutz erfolgt mit einem Klarlackaufbau je nach Beanspruchung. Holzmasten, Palisadenhölzer.

Arten von Beizen

Echtbeizen (auch Räuchern)	• Nur möglich bei stark gerbsäurehaltigen Hölzern • Ammoniakhaltige Beizen reagieren mit Gerbstoffen und Luftsauerstoff zu dunklen, braunen bis schwarzen Salzen. • Beim Räuchern unter Ammoniakdämpfen lässt sich die Farbentwicklung besser steuern. • Es entsteht ein positives Beizbild. Helle Bereiche bleiben hell, dunkle Bereiche sind dunkel.
Chemische Beizen (auch Doppelbeizen)	• Sind im Holz wenig Gerbstoffe, muss zuerst gerbstoffhaltige Vorbeize aufgetragen werden. • Positives Beizbild
Farbstoffbeizen	• Farbstoffe lagern sich ins Holz ein. • Große Farbenvielfalt • Negatives Beizbild
Kombinationsbeizen	• Kombination aus farbbildenden Chemikalien und Pigmenten

3.2.6 Vorbereitung von Holzuntergründen zur Beschichtung

Untergrundprüfung und Holzfehler von Holz und Holzverbindungen			
Untergrundprüfung/Holzfehler		**Prüfmethode**	**Vorbereitung des Untergrundes**
Feuchtigkeit		Mit dem Holzfeuchtemessgerät	Holz trocknen bzw. warten, bis das Holz getrocknet ist.
Vergrautes Holz		Augenschein	Das UV-Licht der Sonne zerstört bei ungeschütztem Holz das Lignin, wodurch das Holz vergraut. Vergrautes Holz muss vor der Beschichtung abgeschliffen werden.
Risse im Holz		Augenschein	Kleinere Risse im Innenbereich können nach dem Grundieren verkittet oder mit 2K-Material verspachtelt werden. Durch das Arbeiten des Holzes ist das Verspachteln im Außenbereich immer problematisch. Größere Risse in Holzbalken müssen vom Zimmermann mit Holz ausgespänt werden.
Harzgallen und Holzinhaltsstoffe		Augenschein	Harz verflüssigt sich bei 50 °C bis 60 °C (Sonneneinstrahlung) und tritt aus. Harzgallen mit Verdünnung gründlich auswaschen. Bei einigen Holzarten können sich auch Farbstoffe, Öle oder Gerbstoffe auf der Oberfläche absetzen. Dann muss die Oberfläche z. B. mit Aceton gereinigt und mit Sperrgrund behandelt werden.
Lose Äste	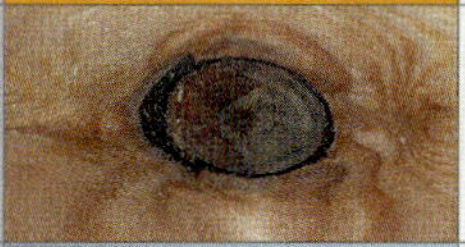	Augenschein	Lose Äste müssen vom Schreiner/Tischler ausgebohrt und diese Löcher dann mit Holzdübeln geschlossen werden. Aus optischen Gründen ist ein deckender Anstrich zu empfehlen.
Holzschädlinge		Augenschein	Wird ein Befall von Holzschädlingen (Pilze oder Insekten) festgestellt, müssen spezielle Holzschutzmaßnahmen ergriffen werden. Um einen erneuten Befall zu verhindern, müssen die Ursachen geklärt und beseitigt werden.
Scharfe Kanten **Kantenflucht**	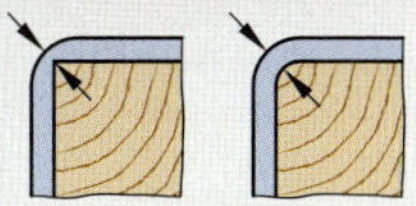	Augenschein	Bei scharfen Kanten besteht die Gefahr, dass weniger Anstrichstoff auf der Kante verbleibt (Kantenflucht). Kanten durch Schleifen runden (Radius mindestens 2 mm).
Unzureichende Ablaufneigung	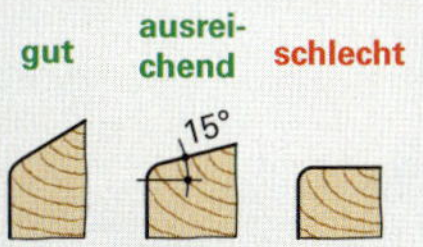	Augenschein	Bei Profilen mit einer Ablaufneigung unter 15° bleibt Regenwasser unnötig lange auf der Oberfläche stehen. Das Wasser kann in kleinste Risse oder Fugen eindringen und die Beschichtung absprengen. Die Ablaufneigung muss durch den Schreiner/Tischler korrigiert werden.
Offene Holzverbindungen		Augenschein	Offene Holzverbindungen entstehen meist durch Schwindbewegung im Holz. Nach dem Imprägnieren können kleine Risse im Innenbereich verkittet oder mit 2K-Material verspachtelt werden.
Holzdübel Keilzinkungen	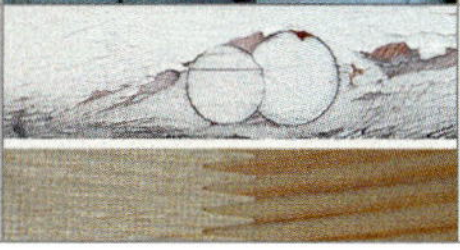	Augenschein	Bei intakten Holzdübeln und Keilzinkungen besteht nur ein optischer Mangel. Ein deckender Anstrich ist zu empfehlen.

Altanstriche beurteilen

Alle Altbeschichtungen werden auf ihre Tragfähigkeit geprüft

1. **Augenschein**
Blasen, lose Anstrichteile und Risse sind eindeutige Anzeichen, dass der Anstrich nicht mehr haftet und für Neubeschichtungen nicht tragfähig ist.

2. **Kratzprobe**
Mit der Spachtel wird mit mäßigem Druck an einer unauffälligen Stelle eingekratzt. Splittern Anstrichteile ab oder ist die Kratzspur ausgezackt, muss der Anstrich entfernt werden.

3. **Klebebandtest**
Ein ca. 5 cm langer Klebestreifen wird fest angedrückt und ruckartig im spitzen Winkel abgezogen. Wenn sich keine Anstrichteile lösen, ist der Untergrund tragfähig.

Tragfähige Altanstriche werden angeschliffen und mit einem geeigneten Beschichtungssystem überarbeitet.

Nichttragfähige Altbeschichtungen müssen restlos entfernt werden.

Altanstriche entfernen

Mechanisches Abschleifen
Das Abschleifen erfolgt entweder mit der Hand oder maschinell. Es können nahezu alle Farben und Lacke ohne aufwendige Vorbereitungen entfernt werden. Für große, gut zugängliche Flächen ist dieses Verfahren recht aufwendig.

Thermisches Verfahren
Eingesetzt werden Gasabbrenngeräte oder elektrische Heißluftföns. Mit diesem Verfahren können gleich mehrere Schichten von Öl- und Alkydharzlacken entfernt werden.
Acryllacke und Lasuren lassen sich nicht so leicht entfernen. Durch die Hitze kann es zu Verfärbungen und Verbrennungen der Holzoberfläche kommen, weshalb nachfolgende Beschichtungen pigmentiert ausgeführt werden sollten.

Chemisches Ablaugen
Lauge eignet sich nur zur Entfernung aller Öl- und Alkydharzfarben. Durch längere Einwirkzeiten können mehrere Schichten je Arbeitsgang entfernt werden. Nach dem Entfernen der Altanstriche muss die Oberfläche mit Wasser gereinigt werden. Die Laugen können einige Holzarten stark verfärben und sind für furnierte Hölzer ungeeignet. Die Abfälle müssen getrennt entsorgt werden.

Physikalisches Abbeizen
Abbeizmittel aus organischen Lösemitteln quellen die Altanstriche an und eignen sich für alle Farben und Lacke, je nach Zusammensetzung. Nach dem Entfernen der Altanstriche muss die Oberfläche mit Lösemittel gereinigt werden. Arbeits- und Umweltschutz beachten!

Immer muss der persönliche Arbeitsschutz beachtet werden.

3.2.7 Beschichtungssysteme für Holzuntergründe

	Offenporige Beschichtungssysteme für den Innenbereich
Holzlasuren	• Auf Alkydharzbasis (lösemittelhaltig) oder Acrylbasis (wasserverdünnbar) • Imprägnierend, wasserdampfdurchlässig, schützen die Oberfläche vor Verschmutzung. • Die Holzmaserung bleibt durchscheinend. • Mit dem Pinsel satt auftragen. • Dickschichtlasuren lassen sich besser reinigen. • Lasuren sind heute meist thixotrop eingestellt.
Öle	• Nur trocknende Öle können eingesetzt werden. • Öle trocknen sehr langsam durch Aufnahme von Sauerstoff. • Oberflächen mit Leinöl sind nur gering beanspruchbar, mit Hartölen etwas höher beanspruchbar. • Öle bringen Farbe und Maserung des Holzes besonders zur Geltung.
Wachse	• Wenig Schutz. Beugt nur dem Eindringen von Feuchte und Schmutz vor. • Umwelt- und gesundheitsfreundlich. Matter, seidiger Glanz. • Wachse werden in die Poren des Holzes gerieben und verschließen diese. Überschüssige Wachse müssen restlos abgerieben werden, sonst klebt die Oberfläche. Nach dem Trocknen ist mit Rosshaar zu polieren.
	Schichtbildende Beschichtungssysteme für den Innenbereich
Alkydharzlack	• Durch den Ölanteil im Alkydharz ist die Lackschicht recht weich und elastisch und kann Untergrundbewegungen des Holzes mitmachen. • Schutz vor Feuchte und mechanischen Einflüssen (Kratzfestigkeit, Abriebbeständigkeit), • Sehr blockfest (nach definierter Trocknungszeit ist ein Verkleben z.B. von Fenster mit Fensterrahmen ausgeschlossen). • Weiße Alkydharzlacke neigen zur Vergilbung. • Diffusionsoffen eingestellt auch als „Venti-Lack" möglich. • Lange Offenzeit, dadurch gute Verarbeitung mit dem Pinsel möglich.
Acryl-Dispersionslacke	• Sehr feine Kunststoffdispersion aus Acrylaten. wasserverdünnbar. • Bietet Schutz vor Feuchte und mechanischen Einflüssen (Kratzfestigkeit, Abriebbeständigkeit). • Weitgehend frei von Lösemitteln, darum besonders geeignet für Kinderzimmer, Krankenzimmer und Allergikerhaushalte. • Sie werden gestrichen, gerollt oder gespritzt. Für diese Lacke gibt es besondere Pinsel.
Polyurethanharzlacke	• Besonders hochwertiger Lack auf Einkomponenten- oder Zweikomponentenbasis. • Schutz vor Feuchte und mechanischen Einflüssen (Kratzfestigkeit, Abriebbeständigkeit), sehr strapazierfähig. • Für Fußböden, Tischplatten, Möbel geeignet, UV-beständig, gut zu reinigen. • PU wird von Hersteller bei speziellen Acryllacken zugegeben, um Reinigungsfähigkeit zu verbessern.

Pigmentierter oder unpigmentierter Schichtenaufbau

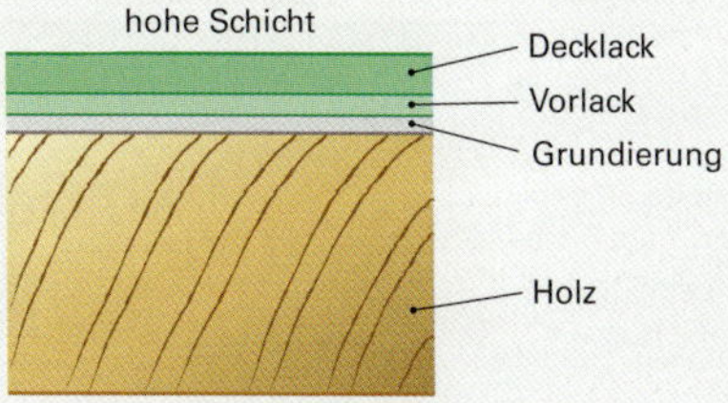

Anforderungen an Außenbeschichtungen

Besondere Anforderungen durch:
- Feuchtebelastung von Regen, Schnee oder Staunässe im erdnahen Bereich.
- UV-Strahlung und damit verbundener Erwärmung der Holzbauteile.
- Entstehender Dampfdruck der entweichenden Holzfeuchte bzw. der Verflüssigung von Harz.
- UV-Strahlung. In der Folge Ligninabbau und Vergrauung des Holzes.

Farbton	Max. Temp.
Weiß	ca. 40 °C
Gelb	ca. 50 °C
Rot	ca. 60 °C
Blau und Grün	ca. 70 °C
Schwarz	ca. 80 °C

Oberflächenaufheizung bei Sonne je nach Farbton des Untergrundes

Offenporige Beschichtungssysteme im Außenbereich

Imprägnierlasur	• Bindemittel möglich z. B.: Alkydharz (lösemittelhaltig) oder Acrylharz (wasserbasierend) • Feuchteregulierend d. h.: wasserabweisend und gleichzeitig diffusionsoffen. • Lässt die natürliche Holzmaserung hindurchscheinen. • Schützt je nach Zusammensetzung gegen UV-Strahlung und Pilzbefall. • Wegen ihres geringen Festkörperanteils von unter 30 % müssen Lasuren mehrfach mit einem speziellen Pinsel aufgetragen werden. Enthalten meistens Fungizide und/oder Insektizide. Darum nie innen verwenden. • Holz besonders an der Stirnholzseite sättigen.
Dickschichtlasur	• Höhere Schichtdicke durch höheren Festkörper. • Mehrfache Überarbeitung führt zu einer deckenden Schicht. • Geeignet als Schlussbeschichtung für maßhaltige Bauteile wie Fenster und Türen. • Bindemittel, Eigenschaften und Verarbeitung wie Imprägnierlasur.

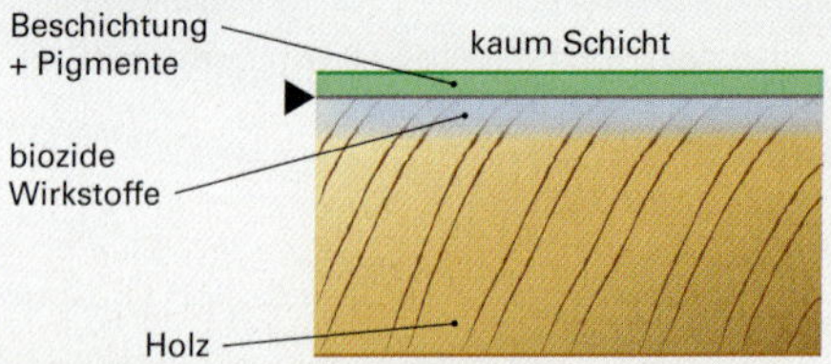

Imprägnierlasur

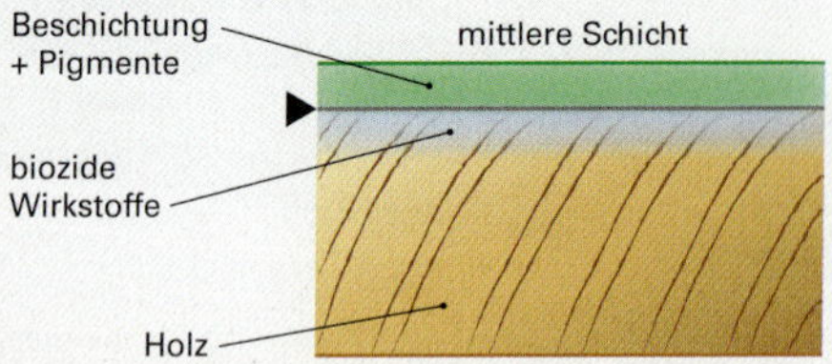

Dickschichtlasur

Schichtbildende Beschichtungssysteme im Außenbereich

Alkydharzlacke	• Schutz auch durch Schichtbildung. Alkydharz als Bindemittel hat sich an üblichen Holzelementen im Außenbereich bewährt. • Sehr gut geeignet für maßhaltige Bauteile. • Da sie keine Fungizide oder Insektizide enthalten, müssen gefährdete Bauteile entsprechend geschützt werden, z. B. mit Bläueschutz.
Acryldispersionslacke	• Auf Wasserbasis, darum umweltfreundliche Alternative zu Alkydharzlack. • Idealer Beschichtungsstoff für begrenzt maßhaltige Bauteile, z. B. Dachuntersichten. • Verarbeitung mit besonderen Pinseln.

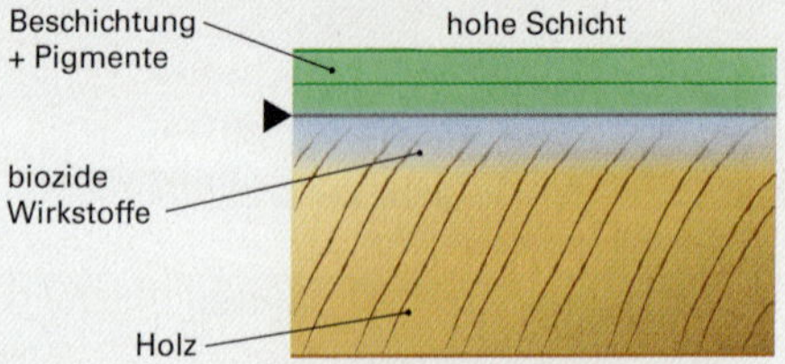

Nie Außenholz spachteln

Deckende Beschichtung

3.2.8 Beschichtung von Holzfenstern

Untergrundprüfung und Untergrundvorbereitung

Holzfenster gehören zu den maßhaltigen Bauteilen. Die Untergrundprüfung ist nach Kapitel 3.3.6 Untergrundprüfung und Holzfehler von Holz und Holzverbindungen durchzuführen. Außerdem sind folgende Bestandteile der Fenster zu prüfen: Beschläge, Fugen, Funktion, Dichtungen und Verglasung.

Bei Überholungsanstrichen muss das vorliegende Beschichtungssystem ermittelt werden.

Untergrundvorbereitung und Beschichtungsaufbau

- Anschleifen bis zum tragfähigen Untergrund
- Bläueschutz auf rohe Holzstellen streichen
- Grundieren, auch in dem Falz der ausgebrochenen Verkittung
- Verkittung ausbessern und nach der Trocknung grundieren
- Zwischenbeschichtung und Schlussbeschichtung

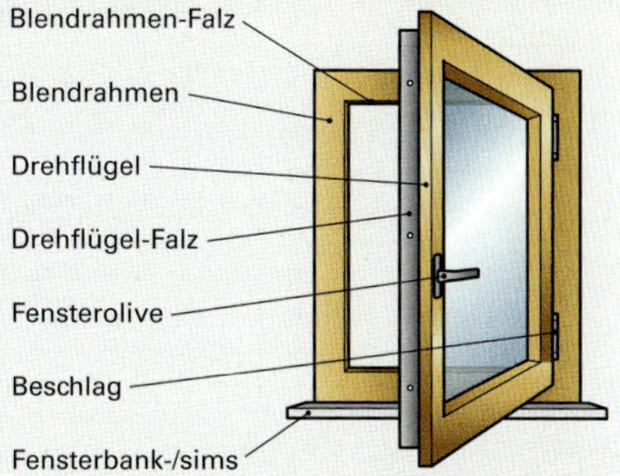

	Acryl-dispersionslacke	Alkydharzlacke
Erkennung	Lösbarkeit mit Nitro-Verdünnung	Keine Lösbarkeit mit Nitro-Verdünnung

Beschichtungssysteme für Holzfenster

		Deckende Beschichtung		Lasierende Beschichtung	
		Acryldispersionslack (wasserverdünnbar)	Alkydharzlack* (lösemittelhaltig)	Acryldispersionslasur (wasserverdünnbar)	Alkydharzlacklasur (lösemittelhaltig)
Vor Einbau und Verglasung	Grund-beschich-tung**	Grundierung mit bioziden Bestandteilen nach BFS-Merkblatt 18		Imprägnierlasur mit bioziden Bestandteilen nach BFS-Merkblatt 18	
	1. Zwi-schenbe-schichtung	Dispersionslack	Alkydharzlack	Dünn- oder Dick-schichtlasur auf Acrylbasis	Dünn- oder Dick-schichtlasur auf Alkydharzbasis
Nach Einbau und Verglasung	2. Zwi-schenbe-schichtung	Dispersionslack	Alkydharzlack	Dünn- oder Dick-schichtlasur auf Acrylbasisi	Dünn- oder Dick-schichtlasur auf Alkydharzbasis
	Deckbe-schichtung	Dispersionslack	Alkydharzlack	Dünn- oder Dick-schichtlasur auf Acrylbasis	Dünn- oder Dick-schichtlasur auf Alkydharzbasis

* Meist als diffusionsoffene Venti-Lacke
**Die Innenflächen von Fenstern müssen keinen Holzschutz mit bioziden Bestandteilen haben.

Empfohlene Intervalle für Überholungsanstriche

		Deckende Beschichtungen		Lasierende Beschichtungen	
Beanspruchung des Fensters	Farbton	farblos/hell	mittel/dunkel	farblos/hell	mittel/dunkel
Nicht direkt bewittert		über 5 Jahre	über 5 Jahre	2 bis 3 Jahre	3 bis 5 Jahre
Leicht bewittert		über 5 Jahre	3 bis 5 Jahre	nicht zu empfehlen	3 bis 5 Jahre
Stark bewittert		3 bis 5 Jahre	2 bis 3 Jahre	nicht zu empfehlen	nicht zu empfehlen

3.3 Kunststoff und Kunststoffbeschichtung

3.3.1 Kunststoff als Werkstoff

Aufbau von Kunststoffen

Alle Kunststoffe sind organischer Natur. Sie besitzen ein Kohlenstoffgerüst (C) mit angelagertem Wasserstoff (H). Das Kohlenstoffatom hat die Eigenschaft, mit Wasserstoffatomen riesige Moleküle (Makromoleküle) bilden zu können. Weitere angelagerte Bestandteile können sein z. B. Sauerstoff (O), Stickstoff (N), Chlor (Cl), Schwefel (S).

Je nach Anordnung und Kombination ergeben sich unterschiedliche Kunststoffe. Die Natur mit ihren Gegebenheiten (Temperaturbereiche, Druckbereiche, kein Aufeinandertreffen von Rohstoffen u. a.) kann diese Stoffe nicht erzeugen = künstliche Stoffe = Kunststoffe.

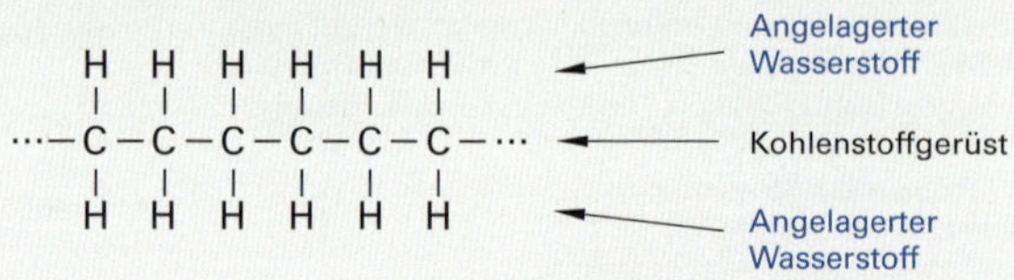

Rohstoff, z. B. Erdgas CH_4

Synthese

Monomeres Vorprodukt, z. B. Ethylen C_2H_4

Polymerisation

Makro-Moleküle, z. B. fadenförmige Polyethylen-Makromoleküle

Herstellung von Kunststoffen

Makromoleküle sind Großmoleküle. Alle Bindemittel und Kunststoffe bestehen aus Makromolekülen, spätestens nach der Härtung.

Für die künstliche Herstellung gibt es nur drei Verfahrensmöglichkeiten:

- Polymerisation
- Polykondensation
- Polyaddition

Die Ausgangsstoffe können Gase oder Flüssigkeiten sein, deren Moleküle sich verbinden lassen.

Polymerisation	Polykondensation	Polyaddition
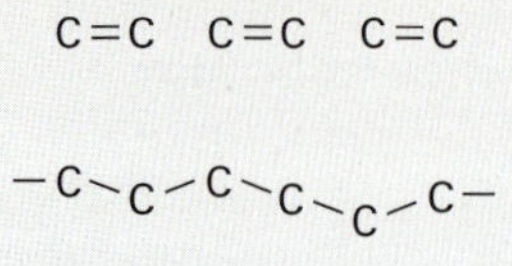	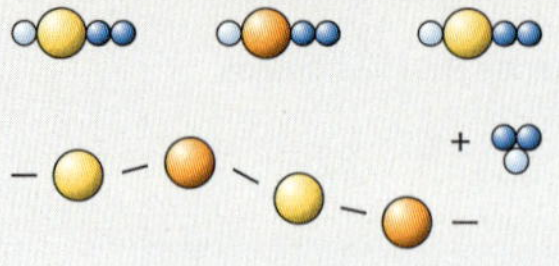	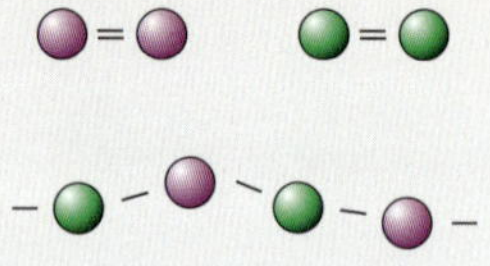
Gleiche Moleküle verbinden sich über vorhandene Doppelbindungen. z. B. PE, PVC	Zwei verschiedene Molekülarten verbinden sich und spalten dabei Wasser ab. z. B. Alkydharz	Zwei verschiedene Molekülarten werden in sich so umgebaut, dass sich die Moleküle verbinden. z. B. EP, PUR

3.3.2 Einteilung von Kunststoffen

Plastomere (Thermoplaste)	**Duromere (Duroplaste)**	**Elastomere (Elastoplaste)**
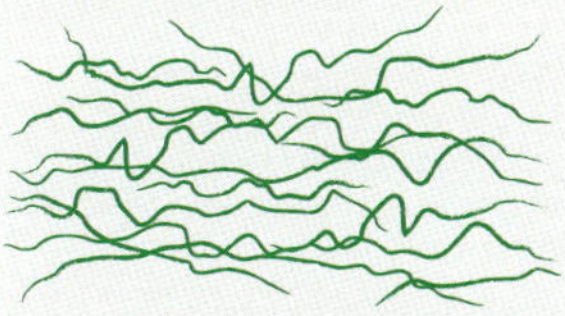	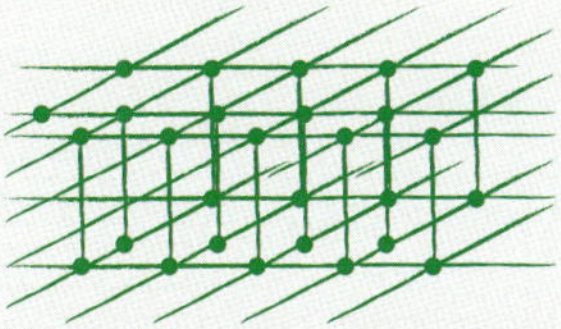	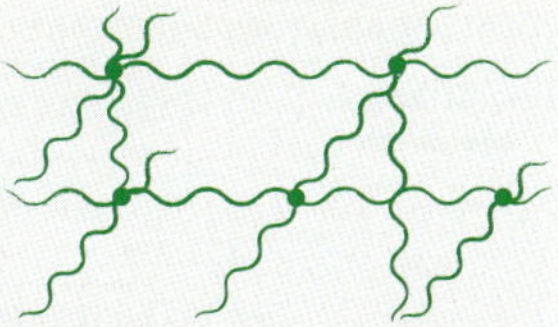
nicht vernetzt	**vernetzt**	
• Fadenstruktur • Linear oder verzweigt • Warm verformbar • Wieder einschmelzbar	• Netzstruktur • Engmaschig vernetzt • Nicht verformbar • Nicht wieder einschmelzbar	• Netzstruktur • Weitmaschig vernetzt • Dauerelastisch • Nicht wieder einschmelzbar

Beispiele: • Polyethylen PE • Polypropylen PP • Polyvinylchlorid PVC • Polystyrol PS • Polyamid PA • Polymethylmetaerylat (Plexiglas) PMMA • Polycarbonat PC	Beispiele: • Polyurethan PU oder PUR • Epoxid EP • Ungesättigter Polyester UP	Beispiele: • Styrol-Butadien-Kautschuk SBR • Silastomer (Silicon) SI • Polysulfidkautschuk SR • Polyvinylbutyral PVB
Die meisten der heute am Bau verwendeten Kunststoffe fallen unter diese Gruppe, da sie umformbar und recycelbar sind.	Sie können nur einmal in Form gebracht werden und dann nur noch spanend bearbeitet werden. Duromere sind sehr widerstandsfähig gegen Wärme. Sie schmelzen nicht, bis sie letztendlich verbrennen. Sie werden auch als Gehäuseteile eingesetzt.	Zu den Elastomeren gehören alle Arten von vernetztem Kautschuk. Anwendungen finden sie als Dichtungen oder Fugenmasse.
Gründe für die Kunststoffbeschichtung		
• Farbgebung • Dauerhafter Untergrundschutz • Vermeidung von elektrostatischer Aufladung • Verminderung der Weichmacherwanderung		Elastomere am Bau dürfen nicht beschichtet werden.

3

3.3.3 Duromere Kunststoffe

Herstellung von duromeren Kunststoffen

Zwei flüssige Stoffe werden miteinander vermischt. Der Kunststoff entsteht nach dem Mischen und der anschließenden chemischen Reaktion zwischen den Rohstoffen. Das Ergebnis kann nicht mehr verändert werden oder ohne Zerstörung weiterverarbeitet werden.

Verarbeitungs-verfahren	Erklärung	Beispiele
Pressen	Eine Form wird befüllt und bleibt bis zur Aushärtung geschlossen.	Formteile z. B. Aschenbecher, Deckel, Gehäuse
Schäumen	Den Rohstoffen wird ein Treibmittel zugegeben. Eine Form wird befüllt und bleibt bis zur Aushärtung geschlossen.	Schaumstoffe, Dämmmaterial
Beschichten	Nach dem Mischen der Komponenten (Stammlack und Härter) kann das Material eine begrenzte Zeit (Topfzeit) verarbeitet werden.	2K-Lacke
Laminieren	Zur Verbesserung der Eigenschaften werden Glasfasern in Faserform zugegeben oder als Matten schichtweise eingebettet.	Formteile z. B. Spoiler, Karosserieteile, Bootskörper, Gehäuse

Faserverbundkunststoffe (FVK), Glasfaserkunststoffe (GFK)

Duromere sind meist hart, spröde und brechen leicht. Eingebettete Fasern bewirken eine Verbesserung der mechanischen Eigenschaften des Kunststoffes. Eingebettet werden Fasern, Faserschnitzel, Matten oder Rovings (Faserbündel, Faserstränge).

Am Fahrzeug nehmen sie bei Unfällen Energie auf.

Formteilherstellung durch Laminieren

Es ist eine Grundform aus Gips etc. nötig. Darauf wird Trennmittel und Gelcoat aufgetragen. Nass in nass erfolgt dann der Schichtenaufbau Harz + Gewebe in beliebiger Anzahl. Dazwischen sind die Lagen zu verdichten und zu entlüften.

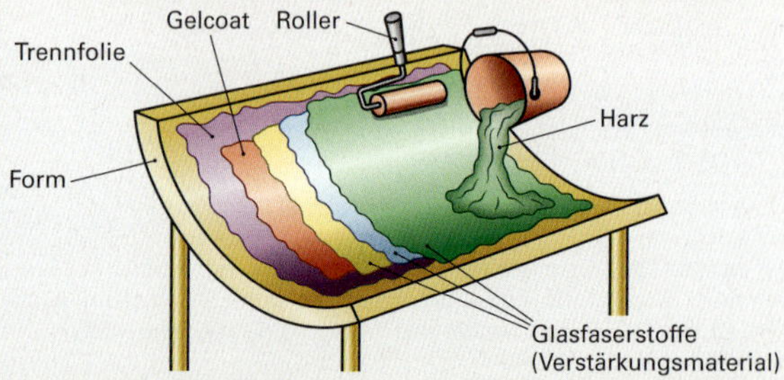

Formteilherstellung durch Gießen

Als Mischung im richtigen Verhältnis werden die beiden Komponenten in die Form gefüllt. Die eingefüllte Mischung der Komponenten ist genau zu bemessen.

Nachbearbeitung zum Entfernen von Graten ist notwendig.

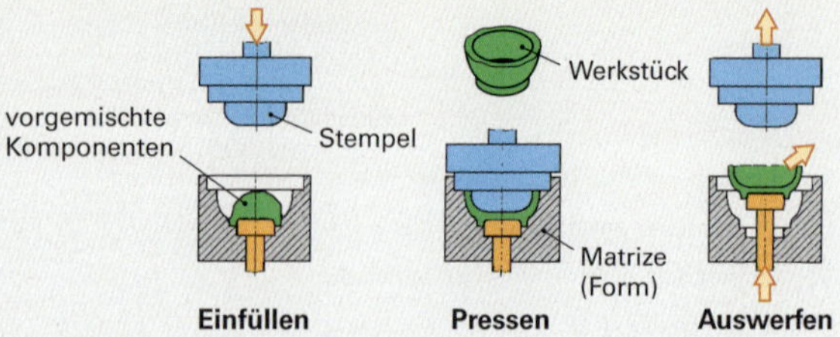

3.3.4 Plastomere Kunststoffe

Herstellung von plastomeren Kunststoffen

- Zuerst wird die Kunststoffrohmasse über entsprechende Verfahren als Granulat hergestellt.
- Das Granulat wird an Weiterverarbeiter geliefert.
- Diese schmelzen das Granulat auf und bringen es über verschiedene Verfahren in die gewünschte Form.

Verarbeitungsverfahren	Erklärung	Beispiele
Spritzgießen	Der in der Spritzgussmaschine aufgeschmolzene Kunststoff wird in eine Form gepresst. Die Produktion erfolgt Stück für Stück im Takt.	Außenspiegel Legosteine Bierkästen
Extrudieren (Strangpressen)	Der aufgeschmolzene Kunststoff (Gerät ähnlich der Spritzgussmaschine) wird nicht in eine Form, sondern konstant durch eine Formdüse gepresst. Die Produktion erfolgt fortlaufend.	Rohre Rolladenrippen
Blasen	Beim Extrudiervorgang wird durch die Düse Druckluft in das weiche Kunststoffrohr eingeblasen und dieses bis zum Folienschlauch geweitet.	Folien Tragetaschen
Walzen	Der Kunststoff läuft über immer enger stehende, erwärmte Walzen.	Platten dicke Folien
Schäumen	Der Kunststoff enthält ein Treibmittel. Er wird in eine Form gegeben und erwärmt.	Dämmmaterial Schaumstoffe
Durch neuerliche gezielte Erwärmung, insbesondere von dicken Folien, können weitere wichtige Produkte hergestellt werden.		
Tiefziehen	Über einer Form wird die Folie erwärmt und über Vakuum in die Form gezogen.	Abdeckungen Becher, Behälter
Schweißen	Durch Erwärmen verbinden sich Teile beim Verschmelzen.	Taschen
Blasen	Druckluft presst den erwärmten Kunststoffschlauch in die Form.	Flaschen, Becher

Formteilherstellung durch Spritzgießen

Es müssen alle Abläufe auf den Zustand (Viskosität) der Schmelze abgestimmt sein.

Extrudieren
Es fehlen die Spritzform und der getaktete Ablauf. Der Strang aus der Spritzdüse muss gezielt abgekühlt werden, um seine Form zu behalten.

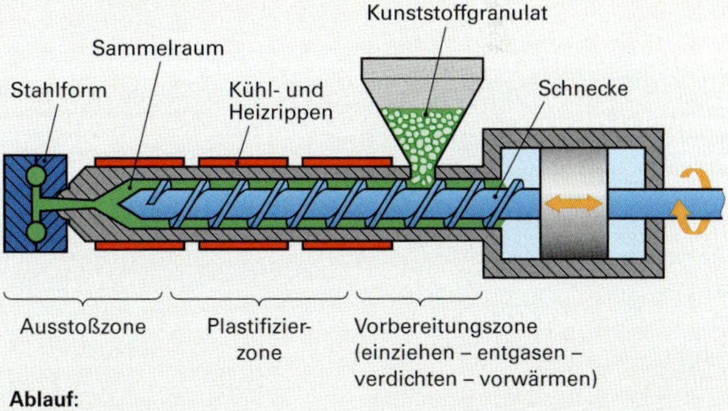

Ablauf:
- **A** Schmelzen bei drehender Schnecke
- **B** Einspritzen durch Schneckenvorschub
- **C** Nachdrücken der Schnecke
- **D** Teil abkühlen
- **E** Teil auswerfen

Memory-Effekt

Über Zieh- und Walzverfahren zur Folienherstellung werden die geknäuelten Makromoleküle gestreckt.
Bei Wärme kehren sie in ihre Ausgangsform zurück, die Folie schrumpft.

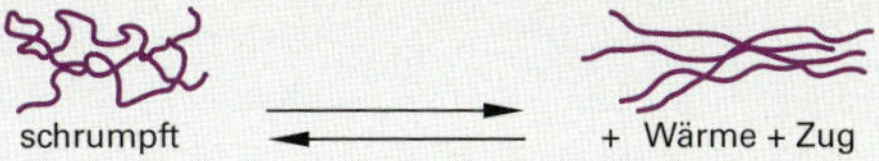

3.3.5 Kunststoff als Untergrund

Kunststoffe und anwendungstechnische Merkmale

Kunststoff		Verwendung	Überstreichbarkeit	
			● ja	● nein
Plastomere				
Hart-PVC	Polyvinylchlorid, hart	Rohre, Sockelleisten, Fenster, Türen, Dachrinnen, Kabelkanäle	●	
PS	Polystyrol	Bauplatten, Dämmplatten	●	
PMMA	Polymethylmethacrylat	Acrylglas, Rohre, Bauplatten	●	
PE	Polyethylen	Folien, Kabelkanäle, Fallrohre, Dachrinnen, Möbeloberflächen		●
PP	Polypropylen	Möbeloberflächen, Bauplatten, Rohre		●
ABS	Acrylnitril-Butadien-Styrol	Möbeloberflächen, Rohre, Bauplatten		●
PA	Polyamid	Möbel, Rohre		●
Weich-PVC	Polyvinylchlorid, weich	Kabel, Verkleidungen		●
Duromere				
MF	Melaminformaldehyd	Möbel- und Türoberflächen	●	
PF	Phenolformaldehyd	Fensterbänke, Möbeloberflächen, Bauplatten	●	
PUR	Polyurethan	Türprofile, Fenster, Kabelkanäle, Möbeloberflächen	●	
UP	Ungesättigter Polyester	Bauteile, Rohre, Möbeloberflächen	●	
Elastomere				
SR	Polysulfidkautschuk	Elastische Dichtungsmasse für Anschluss- und Bauteilfugen		●
SI	Silastomer (Silicon)	Elastische Dichtungsmasse für Anschluss- und Bauteilfugen		●

Name	Kurzzeichen nach DIN 7728	Anwendung am Fahrzeug
Acrylnitril-Butadien-Styrol-Mischpolymerisat Terluran®, Bayblend®	ABS	Dachspoiler, Kühlergrills, Konsolen, Radkappen, Motorradverkleidungen, Blenden Teile oft verchromt, da sich dieser Kunststoff leicht galvanisieren lässt.
Acrylnitril-Butadien-Styrol/Polyphenylenoxid	ABS/PPO	Stoßstangen, Frontspoiler, Kühlergrills
Polyamid Rilsan®, Minlon®	PA	Stoßstangen, Dachspoiler, Türschweller, Tankklappen, Kühlergrills, Rilsan®, Minlon® Radzierblenden
Polybutylenterephtalat Pocan®	PBTP	Stoßstangen
Polycarbonat Lexan®, Makrolon®	PC	Stoßstangen, Frontspoiler, Seitenverkleidungen, Leisten, Kühlergrills, Stoßfänger, Radkastenverbreiterungen, Motorradhelme
Polycarbonat/Acrylnitril-Butadien-Styrol	PC/ABS	Dachspoiler
Polyoximethylen	POM	Leisten
Polypropylen Hostalen PP®	PP	Stoßstangen, Frontspoiler, Leisten, Kühlergrills, Glasscheiben von Instrumenten, da dieser Kunststoff völlig transparent ist.
Ethylen-Propylen-Dien Mischpolymerisat, Keltan®	EPDM	Stoßstangen, Dachspoiler, Seitenverkleidungen, Motorhauben, Türschweller, Leisten, Kühlergrills
Polyphenylenoxid Noryl®	PPO	Radkappen, Spiegelgehäuse, Heckklappen, Kotflügel
Styrol-Acrylnitril Luran®	SAN	Kühlergrills, Front- und Heckspoiler
Polyurethan Bayflex®	PUR	Stoßstangen, Dachspoiler, Türschweller, Leisten, Kühlergrills, Schäume aller Art für Polster und Sitze

Handelsnamen von Kunststoffen

Der Fachmann kann häufig vom Handelsnamen auf die Kunststoffart schließen, z. B.:

- Nylon®, Perlon® = Polyamid
- Kevlar® = aromatisches Polyamid (Aramid)
- Hostalen® = Polyethylen
- Plexiglas® = Polymethylmethacrylat
- Styropor® = Polystyrol
- Hostaflex = Polyvinylchlord
- Durethan = Polyamid
- Teflon = Polytetrafluorethylen

Siehe dazu BFS-Merkblatt Nr. 22

Schaumstoffe/Integralschaum

Treibstoffe im Kunststoff schaffen Hohlräume beim Herstellungsprozess.

Hartschaum: Er behält die neue Form, z. B. Dämmstoff am Bau.

Weichschaum: Dieser kehrt nach Verformung in seine Ausgangsform zurück.

Integralschaum: Der Schaumstoff wurde an seinen Außenflächen zur geschlossenen Außenhaut verdichtet. Die Oberfläche kann verfahrensabhängig strukturiert werden.

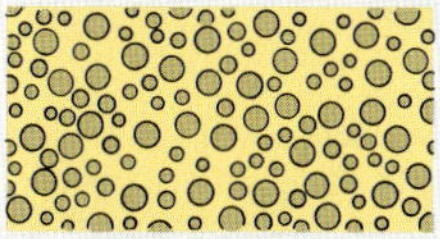

geschlossenzelliger Schaum

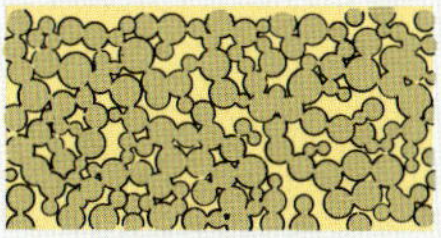

offenzelliger Schaum

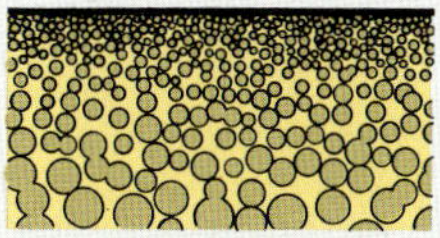

Struktur- oder Integralschaum

Kunststofferkennung

	Duromere	Plastomere	Elastomere
Lösemittelprobe (Nitroverdünnung)	Keine Reaktion auf Lösemittel	Werden angelöst	Quellen
Schleifprobe	Stauben	Schleifpapier setzt sich zu	Dunkle Krümel
Flammprobe. Von der Anwendung ist abzuraten, da die Oberfläche zersetzt wird.	PUR: Blaue Flamme, zieht Fäden, riecht nach verbrannten Haaren UP: Helle Flamme rußend, riecht süßlich (Styrol)	PVC: grüne Flamme, stark rußend, riecht stechend PE: helle Flamme, tropfend, riecht nach Paraffin (Kerze)	Nicht schmelzbar

3.3.6 Untergrundvorbereitung

Untergrundprüfung

Möglichst mehrfach absichern. Möglichst zerstörungsfreie Prüfmethode wählen.

Prüfung auf	Methode
Kunststoffart	• Kunststoffart beim Hersteller erfragen • Auf Kennzeichnung achten • Bei unbekanntem Untergrund Beschichtungsprobefläche anlegen • Verträglichkeit bzw. Haftfestigkeit prüfen
Verwitterung	• Nach Augenschein • Durch Kratzprobe auf Entfernbarkeit
Trennmittel	• Durch Befühlen. Manche Oberflächen fühlen sich ölig oder wachsartig an. • Durch Benetzen mit Wasser. Wasser perlt ab.
Altbeschichtung	• Haftfestigkeit auf dem Untergrund durch Gitterschnittprüfung (DIN EN 2409) und Klebebandtest prüfen • Verträglichkeit mit der Neubeschichtung durch Beschichtungsprobefläche testen

<table>
<tr><th colspan="2">Vorbereitungsmaßnahmen</th></tr>
<tr><td>Arbeitsschritt</td><td>Erklärung</td></tr>
<tr><td>Altbeschichtung entfernen</td><td>Wenn die Altbeschichtung nicht haftet, muss sie vollständig entfernt werden. Das Entschichten erfolgt mit dem Exzenterschleifer. Von Abbeizern und dem Entfernen durch Hitze ist abzuraten.</td></tr>
<tr><td rowspan="2">Reinigen</td><td>Aufgrund der elektrischen Aufladung muss mit Antistatic-Kunststoffreiniger gereinigt werden. Der Einsatz eines Antistatictuches ist zu empfehlen.
Bei viel Schmutz oder großflächiger Reinigung verwendet man ammoniakalische Netzmittellösung. Nicht mit Lösemitteln reinigen.</td></tr>
<tr><td>Ammoniakalische Netzmittellösung:
Wasser 10 Liter
+ Salmiak 25 %
+ Netzmittel (z. B. Pril) 1 Spritzer

+ fusselfreier Lappen
(z. B. Mikrofasertuch)
</td></tr>
<tr><td>Trennmittel entfernen</td><td>Trennmittel müssen entfernt werden. Diese können lösemittel- oder wasserlöslich sein. Wenn der Typ des Formtrennmittels nicht bekannt ist, die Kunststoffteile mit heißem Wasser und Spülmittel/Kernseife gründlich abwaschen. Danach ist mit Verdünnung oder Silikonentferner zu entfetten und die Oberfläche mit Scotch Brite Type S ultra fine anrauen und mit Antistatic-Reiniger reinigen.</td></tr>
<tr><td>Tempern von Kunststoffen (unverbaut, z. B. am Fahrzeug)</td><td>Immer muss die Temper-Temperatur über der maximalen Trocknungstemperatur des Lacksystems liegen, damit nicht während der Lacktrocknung noch weiteres Trennmittel ausschwitzt. Kunststoffteile vor der Beschichtung 1 Stunde bei 60 °C tempern und anschließend gründlich, wie oben beschrieben, reinigen. Es kann nötig sein, mehrmals zu tempern. Dann sollte die nächste Tempertemperatur etwas höher gewählt werden.</td></tr>
<tr><td>Schleifen</td><td>Nur feinkörnige Schleifmittel verwenden, z. B. feines Schleifvlies (Scotch Brite Type S ultra fine) oder Nassschleifpapier der Körnung P 600 und höher.
Am besten lassen sich duromere Kunststoffe schleifen. Dabei entsteht weißer Schleifstaub. Plastomere Kunststoffe schmieren beim Schleifen, da sie durch die Reibungswärme weicher werden und das Schleifpapier leicht zusetzen. Integralkunststoffe dürfen auf keinen Fall durchgeschliffen werden, da unter der dichten Oberfläche die Schaumstruktur beginnt.
Bei GFK-Kunststoffen dürfen die eingebetteten Fasern nicht freigelegt werden.</td></tr>
<tr><td>Spachteln</td><td>Spachtelstellen sind immer Schwachstellen im Beschichtungssystem. Beim Herstellungsprozess von duromeren Formteilen entstehen vereinzelt Hohlstellen, auch Lunkerstellen genannt. Diese müssen mit UP-Spachtelmasse geschlossen werden.</td></tr>
<tr><td>Untergrund absperren gegen Weichmacherwanderung</td><td>Kunststoffe können Weichmacher enthalten. Diese wandern im Laufe der Zeit aus dem Kunststoffteil. Die Grundierung (Plastoflex-Primer, Kunststoff-Primer, 2K-Plastic-Primer) muss diese Weichmacher absperren, um die Weichmacherwanderung zu verhindern.</td></tr>
<tr><td>Geeignetes Beschichtungssystem wählen</td><td>Grundsätzlich müssen vom Beschichtungssystem die folgenden Anforderungen erfüllt werden:
<table>
<tr><th>Verträglichkeit</th><th>Haftung</th><th>Dehnbarkeit</th></tr>
<tr><td>Lösemittel in der Grundierung können den Kunststoff anlösen.</td><td>Die erste Schicht muss eine Haftbrücke bilden.</td><td>Diese muss von allen Schichten im System gewährleistet sein.</td></tr>
</table></td></tr>
<tr><td>Geeignete Beschichtungsverfahren wählen</td><td>• Lösemittel im Lack können anlösbare Kunststoffe anlösen, darum spritzen.
• Auswahl nach der Ausführungsbedingung. Eingebaute Kunststtoffe streichen.
• Wahl je nach Oberflächenanspruch. Am Fahrzeug unbedingt spritzen.</td></tr>
</table>

3.3.7 Kunststoffbeschichtung am Bau

Eignung von Beschichtungssystemen auf Kunststoff

- Das größte Problem stellt die Haftung zwischen Untergrund und Beschichtungsstoff dar. Spezielle Haftvermittler, vor allem 2K-Epoxidharz-Grundierungen haben sich auf vielen Kunststoffuntergründen bewährt.
- Weiße, maßhaltige Kunststoffbauteile wie z. B. Fenster dürfen nicht zu dunkel beschichtet werden. Dunkle Beschichtungen heizen sich unter Umständen so sehr auf, dass sich das Kunststoffteil verzieht. Je größer der TSR-Wert (Total Solar Reflectance) einer Beschichtung ist, desto mehr Solarstrahlung wird reflektiert, das heißt, desto kühler bleibt ihre Oberfläche. Der TSR-Wert ergänzt den älteren Hellbezugswert (HBW), siehe Seite 316.

Legende: ● (rot) Nicht geeignet; ● (grün) Bedingt geeignet; ● (gelb) Geeignet

Untergründe	2K-PUR Polyurethanharz	2K-EP Epoxidharz	2KAcrylharz	PVC Polymerisatharz	Alkydharz	Dispersionslackfarbe	Dispersionsfarbe
Polyvinylchlorid (Hart-PVC)	● Bedingt geeignet	● Bedingt geeignet	● Bedingt geeignet	● Bedingt geeignet	● Bedingt geeignet	● Bedingt geeignet	● Bedingt geeignet
Polystrol (PS)	● Nicht geeignet	● Nicht geeignet	● Nicht geeignet	● Nicht geeignet	● Nicht geeignet	● Bedingt geeignet	● Bedingt geeignet
Phenolformaldehyd (PF)	● Bedingt geeignet	● Bedingt geeignet	● Bedingt geeignet	● Bedingt geeignet	● Bedingt geeignet	● Bedingt geeignet	● Bedingt geeignet
Melaminformaldehydharz (MF)	● Bedingt geeignet	● Bedingt geeignet	● Bedingt geeignet	● Bedingt geeignet	● Bedingt geeignet	● Bedingt geeignet	● Bedingt geeignet
Harnstoffharz (HF)	● Bedingt geeignet	● Bedingt geeignet	● Bedingt geeignet	● Bedingt geeignet	● Bedingt geeignet	● Bedingt geeignet	● Bedingt geeignet
Ungesättigter Polyester (UP)	● Bedingt geeignet	● Bedingt geeignet	● Bedingt geeignet	● Bedingt geeignet	● Bedingt geeignet	● Bedingt geeignet	● Bedingt geeignet
Polyurethan (PUR)	● Bedingt geeignet	● Bedingt geeignet	● Bedingt geeignet	● Bedingt geeignet	● Bedingt geeignet	● Bedingt geeignet	● Bedingt geeignet
Epoxid (EP)	● Bedingt geeignet	● Bedingt geeignet	● Bedingt geeignet	● Bedingt geeignet	● Bedingt geeignet	● Bedingt geeignet	● Bedingt geeignet
Polymethylmethacrylat (PMMA)	● Bedingt geeignet	● Bedingt geeignet	● Bedingt geeignet	● Bedingt geeignet	● Bedingt geeignet	● Bedingt geeignet	● Bedingt geeignet
Polyamid (PA)	● Bedingt geeignet	● Bedingt geeignet	● Bedingt geeignet	● Bedingt geeignet	● Bedingt geeignet	● Bedingt geeignet	● Bedingt geeignet
Polyethylen (PE)	● Bedingt geeignet	● Bedingt geeignet	● Bedingt geeignet	● Bedingt geeignet	● Bedingt geeignet	● Bedingt geeignet	● Bedingt geeignet
Polypropylen (PP)	● Bedingt geeignet	● Bedingt geeignet	● Bedingt geeignet	● Geeignet	● Bedingt geeignet	● Bedingt geeignet	● Bedingt geeignet

Belastbarkeit von Beschichtungssystemen auf Kunststoff

Beschichtung	Beanspruchungsgrad
Dispersionsfarben	Für normale klimatische Bedingungen, neigen zum Verschmutzen; z. B. für die farbliche Angleichung von Fallrohren an Hausfassaden geeignet.
Dispersionslackfarben	Für normale klimatische Bedingungen; höherwertig als Dispersionsfarben; polyurethanverstärkte Acryllacke sind hochwertig und leicht zu reinigen.
Alkydharzlackfarben	Für normale Belastungen; ergeben optisch hochwertige Beschichtungen und sind leicht zu reinigen.
Polymerisatharzlackfarben	Für normale Wetterbelastung; bedingte Beständigkeit gegen Chemikalien.
Epoxidharzlackfarben	Für hohe mechanische und chemische Beanspruchung geeignet; beständig gegen Wasserdauerbelastung; neigen bei Sonneneinstrahlung zum Kreiden.
Polyurethanharzlackfarben	Für hohe mechanische und chemische Beanspruchung; beständig gegen Wasserdauerbelastung und klimatische Bedingungen.
2K-Polyacrylatfarben	Für sehr hohe mechanische Beanspruchung; beständig gegen Wetter-, Wasser- und Chemikalienbelastung.

3.4 Mineralische Untergründe und ihre Beschichtung

3.4.1 Übersicht über mineralische Untergründe

Entstehung der Minerialien

Erstarrungsgestein Magmatisches Gestein	**Ablagerungsgestein** Sedimentgestein	**Umwandlungsgestein** Metamorphes Gestein
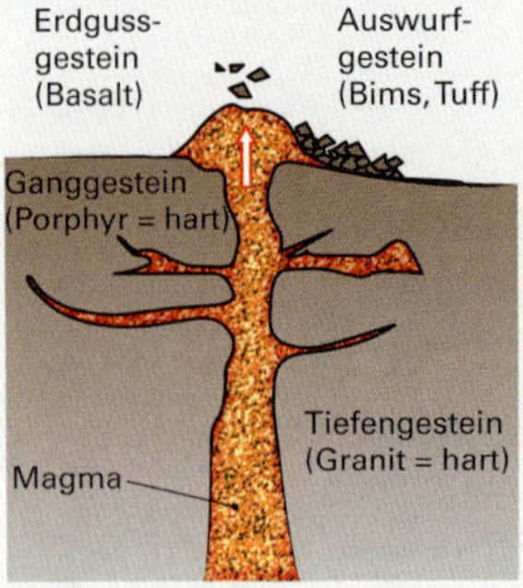	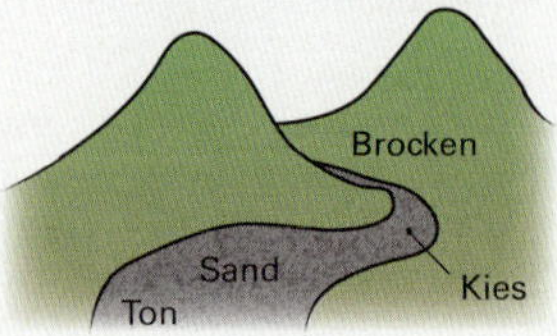 **Verwitterung** ergibt Kies und die verschiedenen Bodenarten. **Druck und Verfestigung** ergeben Gestein.	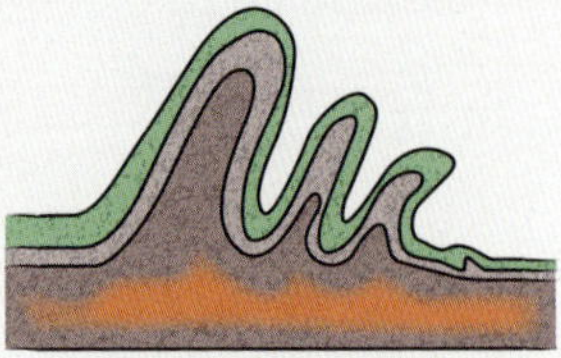 Durch **Verschiebungen der Erdkruste** falten sich Gebirge auf. Druck und Hitze pressen das Gestein = Schieferung.

Mineralische Baustoffe

Mineralische Untergründe

Natürlich	Künstlich: Gebrannt	Künstlich: Gebunden
Erstarrungsgestein: Granit, Basalt, Porphyr, Bims **Ablagerungsgestein:** Sandstein gelb/rot, Kalkstein, Travertin **Umwandlungsgestein** Marmor, Gneis, Schiefer	**Ziegelei-Erzeugnisse:** Ziegelstein Dachziegel Backstein = gebackener Ziegel **Tonwaren:** Fliesen, Klinker, Steingut	**Putze:** Gipsputz, Kalkputz, Zementputz **Beton:** Normalbeton, Stahlbeton, Porenbeton, Leichtbeton, Spritzbeton **Kalksandstein** **Platten:** Faserzementplatte, Gipsplatte, Gipsbauplatte

Bedeutung für den Maler und Lackierer

Als Sockel, Sims, Verkleidung, Denkmal Selten deckend zu bearbeiten, meist hydrophobierend, damit das Aussehen erhalten bleibt.	Als verklinkerte Wand, Backsteinwand Selten zu bearbeiten, oft nur wegen der Fuge. Bearbeitung meist farblos hydrophobierend, damit das Aussehen erhalten bleibt.	Als oberste Schicht auf der Wand, oder als Wand selbst **= wichtigste Gruppe für den Maler und Lackierer.** Diese Untergründe müssen dauerhaft geschützt und verschönert werden.

Mauerwerk und Naturstein

- Bei Sichtmauerwerk bleibt die Steinoberfläche erhalten,
- Optik je nach Art und Grad der Steinbearbeitung und dem Fugenverlauf.
- Scharieren = historische Oberflächenstrukturierung mit dem Schariereisen.

Zyklopenmauerwerk

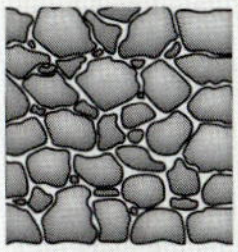

- Unregelmäßig geschichtete bruchraue Steine

Bruchsteinmauerwerk

- Bruchraue Steine
- Fugen vermörtelt
- Bearbeitete Ecksteine

Quadermauerwerk

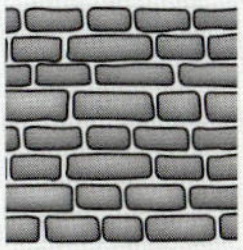

- Steine allseitig und rechtwinklig behauen
- Ungefähr gleiche Schichthöhe

Schichtmauerwerk, hammerecht

- Verspringende Lagerfugen
- Behauen im Fugenbereich

Schnittmauerwerk, unregelmäßig

- Rechtwinklige Fugen
- Lagerfuge läuft durch oder verspringt

Schichtmauerwerk, regelmäßig

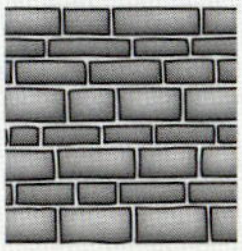

- Steine allseitig und rechtwinklig behauen
- Ungleichmäßige Schichthöhe

Festigkeitsklassen der Mineralien

Härtegrad nach Mohs →

3	3 – 4			7
Kalkstein Travertin	Sandstein (wenig Quarzanteil)	Dolomit Marmor	Sandstein (Quarzanteil über 90 %)	Porphyr Granit

Mauerwerk aus gebrannten und gebundenen Baustoffen

	Kalkstein	Ziegel	Klinker	Porenbetonstein	Gipsstein

Herstellung	Kalk + Quarzsand werden unter Dampfdruck gehärtet.	Lehm oder tonhaltige Stoffe werden bei 900 °C bis 1200 °C gebrannt	Ton + Zuschläge sintern (verschmelzen) bei ca. 1500 °C Erstarrung zu glasartiger Masse	Zement + Quarzmehl + Aluminiumpulver (zur Porenbildung) Härtung unter Dampfdruck	Aus Gipsgestein In Formen gegossen z. B. als Stuck oder als aufgezogene Putzschicht
Eigenschaften	• Glatt, hart, fest • Frischer Kalksandstein schwindet; erst nach 6 Monaten beschichten!	• Bedingt frostbeständig • Witterungsbeständig • Chemikalienbeständig	• Dicht, hart • Kaum saugend • Witterungsbeständig • Chemikalienbeständig	• Geringe Festigkeit • Stark saugend • Nur langsame Austrocknung	• Stark saugend • Empfindlich gegen Feuchte; nur innen verwenden!

Mörtel/Putz

- Mörtel und Putze unterscheiden sich in Details der Rezeptur.
- Mörtel verbindet und verklebt Mauersteine.
- Putz besteht wiederum aus Mörtel und anderen mineralischen oder organischen Bindemitteln. Eine oder mehrere Schichten aus Putz schützen mineralische Untergründe.

3.4.2 Putz

Aufgaben von Putzen

Ein Putz braucht immer einen Untergrund, auf den er aufgetragen wird. Meist handelt es sich um ein System mit mehreren Schichten.

Putze erfüllen folgende Funktionen:
- Zum Glätten des Untergrundes.
- Schutz der Bausubstanz vor Feuchte, Temperatur und Witterung.
- Hygiene. Ungeziefer sitzt in Ritzen.
- Herstellung eines beschichtungsfähigen Untergrundes.
- Verbesserung der Dämmeigenschaften.

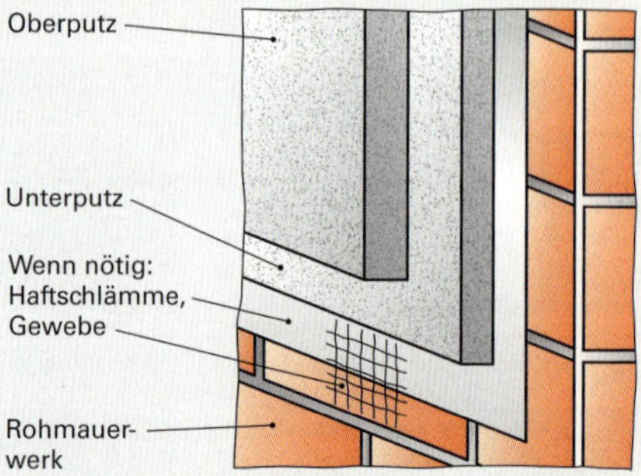

Üblicher Putzaufbau

Aufgaben von Putzen

Bestandteile	Beispiele	Aufgaben der Bestandteile
Bindemittel	Kalk Kalkzement Zement Gips Kalkgips Acryldispersion	Das Bindemittel ist der wichtigste Bestandteil im Putz. Er stellt die Verbindung zum Untergrund her, verbindet die Bestandteile und bestimmt die grundsätzlichen Eigenschaften des Putzes. Gipsputz ist wasserlöslich. Darum nie außen einsetzen!
Zuschlagstoffe	Unterschiedliche Sandarten In Kunststoffputzen wird farbiges Granulat eingesetzt.	Die Größe der Sandkörner (Kornstärke) bestimmt die Feinheit bzw. die Rauigkeit der Putze. Putze mit größeren Sandkörnern können in dickeren Schichten aufgezogen werden. Gipsputz enthält meist keinen Sand, ist darum an der sehr glatten Putzfläche in Innenräumen erkennbar.
Zusatzstoffe	Besondere Chemikalien Pigmente	Diese Stoffe verbessern z. B. Haftung, Dichtfähigkeit, Frostbeständigkeit u. a. Pigmente dienen der Farbgebung.
Wasser	Möglichst sauberes Wasser	Wasser beeinflusst das Fließverhalten und die Verarbeitbarkeit von Putzen. Je nach Bindemittel wird das Wasser benötigt, um den Putz zu härten. Dafür wird es in den Putz eingebaut, d. h. es bleibt nach der Erhätung im Putz.

Erhärtung von Putzen

Carbonatisierung

Erhärtung durch Aufnahme von CO_2 aus der Luft.

Luftkalk
Aus Kalkmilch $Ca(OH)_2$ entsteht Kalkstein $CaCo_3$.

Wasserkalk
Überwiegend Lufttrocknung, aber mit Anteilen an Hydraulefaktoren.

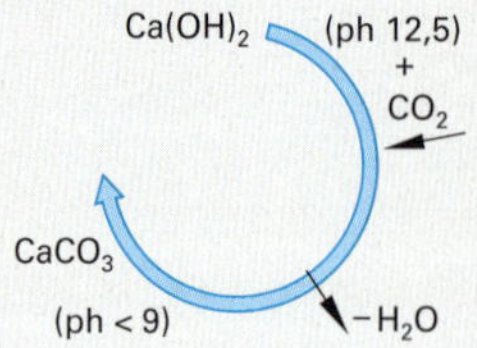

Hydraulische Härtung

Erhärten durch Einbinden der Wassermoleküle in ein Kristallgitter. Die Erhärtung erfolgt auch unter Wasser.

Hochhydraulische Kalke
mit hohen Anteilen an Hydraulefaktoren

Zement
Gips
Anhydrid
mit Hydraulefaktoren

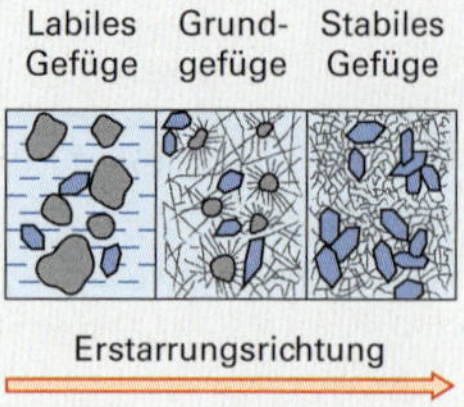

Häufige Hydraulefaktoren sind Kieselsäure (SiO_2), Tonerde (Al_2O_3), Eisenoxid (Fe_2O_3) und Magnesiumcarbonat ($MgCO_3$). Sie ermöglichen die Erstarrung auch unter Wasser.

Einteilungsmöglichkeiten von Putzen

Nach
- dem Bindemittel
- Putzmörtelgruppen der DIN EN 998
- der Funktion
- der Verarbeitung und Struktur

Einteilung von Putzen nach dem Bindemittel

Die Benennung der Putze nach dem Bindemittel wird im Handwerk am meisten verwendet. Es lassen sich daran alle physikalischen und chemischen Belastbarkeiten eines Putzes erkennen.

Mineralische Putze	Untergruppen	Mischungsverhältnis	Eigenschaften und Anwendungen	
Kalkputz	a) Luftkalk b) Wasserkalk (wenig Hydraulefaktoren) c) Hydraulischer Kalk (enthält Tonanteile)	Kalk : Sand 1 : 3 bis 4	Saugend, geringe Festigkeit, wasserdampfdurchlässig, nur gering mechanisch beanspruchbar, alkalisch Vorwiegend **Außenputz** für **historische Gebäude**	
Kalk-Zement-Putz	a) Hochhydraulischer Kalk (hoher Anteil an Hydraulefaktoren) b) Kalkzement	Kalk : Sand 1 : 3 bis 4 Kalk : Zement : Sand 2 : 1 : 10	Schwach saugend, gering wasserdampfdurchlässig, strapazierfähig, alkalisch Vorwiegend **Außenputz**	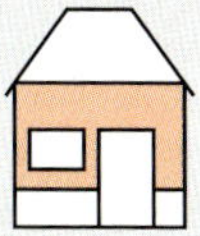
Zementputz	a) Zement mit Kalk b) Zement	Zement : Kalk : Sand 4 : 1 : 12 bis 16 Zement : Sand 1 : 3 bis 4	Kaum saugend, hart, fest, strapazierfähig, sehr alkalisch Vorwiegend **Sockelputz**	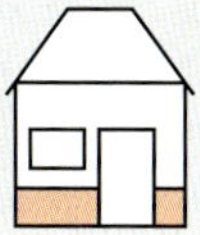
Gipsputz	a) Gips b) Gipssand c) Gipskalk d) Kalkgips	Nur Gips Gips : Sand 1 : 1 bis 3 Gips : Kalk : Sand 1 : 1 : 3 bis 4 Gips : Kalk : Sand 2 : 5 : 15 bis 20	Saugend, wasserlöslich, gute Dämmwerte, neutral, wasserdampfdurchlässig Nur als **Innenputz**, aber nicht für Feuchträume	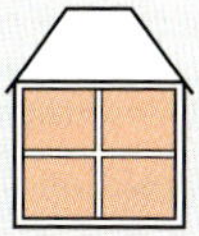

Weniger eingesetzte Putzarten:

Putze	Bestandteile	Eigenschaften	Anwendungsbereich
Silikatputze	Kaliwasserglas + max. 5 % Kunststoffdispersion	Alkalisch, wetter- und feuerbeständig, diffusionsfähig	Innen und außen, z. B. in der Baudenkmalpflege oder auf WDVS
Siliconharzputze	Siliconharzdispersion + Kunststoffdispersion + Zuschläge	Geringe Wasseraufnahme, wetter- und verschmutzungsbeständig, diffusionsfähig	Innen und außen. Ihre Bedeutung nimmt zu.
Lehmputze	Lehm (Ton) und feinkörniger Sand	Physikalisch trocknend, diffusionsfähig, feuchteregulierend wasserlöslich	Innen, für ökologische Bauweise zu empfehlen
Kunststoffputze	7 % bis 8 % Kunststoffdispersion + mineralische Anteile (Sand) oder + Kunststoffgranulat	Beschichtung mit Putzcharakter, diffusionsfähig, elastoplastisch	Innen und außen, z. B. als Sockelputz oder auf WDVS

Einteilung von Putzen nach der Funktion

Bezeichnung	Beschreibung
Sanierputz	Putze mit engen Kapillaren, in denen Salze kristallisieren und darum nicht so schnell an die Oberfläche gelangen.
Feuchtraumputz	Aufgrund ihres Kapillargefüges und der porösen Struktur sind sie in der Lage, Feuchtigkeit zu regulieren.
Akustikputz	Spritzputz mit porösem Charakter. Geblähte Zuschlagstoffe absorbieren den Schall.
Armierungsputz	Zur Aufnahme von Spannungen, mit Faserarmierung oder Aufbau mit Gewebeeinbettung.
Wärmedämmputz	Leichtgewichtige Zuschläge (z. B. Polystyrol) speichern die Wärme und wirken dämmend.
Magnetputz	Kunstharzgebundene Dünnschichtputze mit Metallsanden

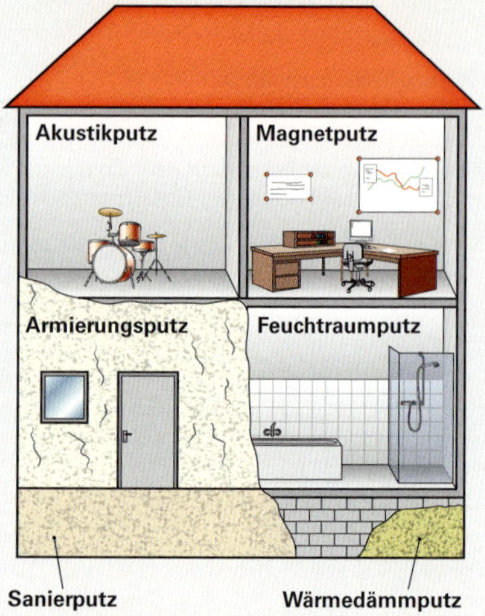

Einteilung von Putzen in Putzmörtelgruppen

Die neue Einteilung nach DIN EN 998-1

- Die Einteilung der Putzmörtel nach der alten DIN 18150 in P I bis P III nach ihren Bindemitteln Kalk, Kalk-Zement, Zement und Gips ist nicht mehr gültig.
- Die neue europäische Norm EN 998-1 unterscheidet Putzmörtel nach Verwendungszweck und/oder Art der Eigenschaften.

Putzmörteleinteilung nach Verwendungszweck

• Normalmörtel	GP	General Purpose Mortar
• Leichtmörtel	LW	Light Weight Mortar
• Edelputzmörtel	CR	Coloured Render
• Einlagenputzmörtel	OC	One Coat Mortar
Für außen		
• Sanierputzmörtel	R	Renovation Mortar
• Wärmedämmputzmörtel	T	Thermal Mortar

Eigenschaften	Kategorie	Klassifizierung
Druckfestigkeit (nach 28 Tagen) CS Sie bezeichnet die Widerstandskraft gegen eine Druckbelastung, bezogen auf eine definierte Fläche. Ist der Druck größer als die Druckfestigkeit des Putzes, so wird dieser zerstört. Die Einheit ist Newton pro mm^2	CS I	0,5 – 2,5 N/mm^2
	CS II	1,5 – 5,0 N/mm^2
	CS III	3,5 – 7,5 N/mm^2
	CS IV	> 6,5 N/mm^2
Kapillare Wasseraufnahme W Durch seine Oberflächenspannung wird Wasser in kleinste Kanäle (Kapillaren) gezogen. Je geringer der Kapillardurchmesser, desto höher steigt das Wasser. Gemessen wird die Wasseraufnahme in einer bestimmten Zeitspanne pro m^2.	W 0	Nicht festgelegt
	W 1	0 < = 0,4 $kg/m^2/min$
	W 2	0 < = 0,2 $kg/m^2/min$
Wärmeleitfähigkeit T Sie beschreibt, wie viel Wärme durch den Putz geleitet wird. Dämmstoffe haben eine sehr geringe Wärmeleitfähigkeit. Sie wird gemessen in Watt pro m und Kelvin	T 1	< = 0,2 W/mK
	T 2	< = 0,1 W/mK

Mörtelgruppen nach DIN V 18550

Die bisher bekannten Putzmörtelgruppen wurden in die neue DIN V 18550 (V = Vornorm) aufgenommen Die Einteilung der Putzmörtel nach DIN EN 998-1 lässt keinen Rückschluss auf die Zusammensetzung oder das Bindemittel zu. Mit der Einteilung in P I bis P IV sind in DIN V 18550 keine Anforderungen mehr an die Druckfestigkeit verbunden. Die Einteilung erfolgt ausschließlich nach der Mörtelart.

DIN EN 13279

Diese Europäische Norm legt die Eigenschaften und Leistungsmerkmale pulverförmiger Produkte mit **Gips** als Bindemittelbasis für Bauanwendungen fest. Dies schließt werksgemischten Gipstrockenmörtel (Werktrockenmörtel) zum Verputz von Decken und Wänden innerhalb von Gebäuden ein, der eine fertige Oberfläche bildet, die weiter behandelt werden kann. Gips-Trockenmörtel werden wie folgt klassifiziert:

- B1 – Gips-Putztrockenmörtel
- B2 – gipshaltiger Putztrockenmörtel
- B3 – Gipskalk-Putztrockenmörtel
- B4 – Gipsleicht-Putztrockenmörtel
- B5 – gipshaltiger Leicht-Putztrockenmörtel
- B6 – Gipskalkleicht-Putztrockenmörtel
- B7 – Gips-Trockenmörtel für Putz mit erhöhter Oberflächenhärte

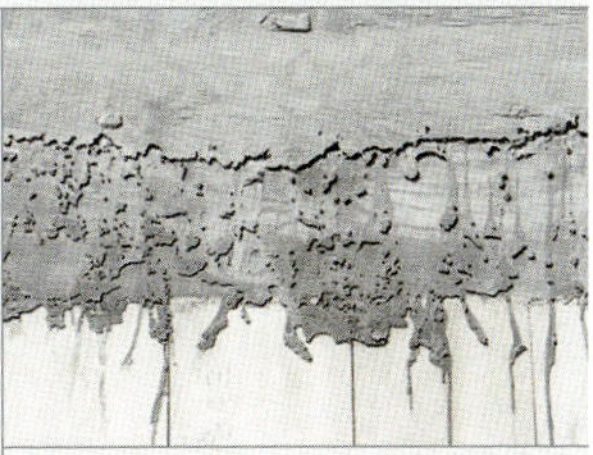

Gipsputz

DIN 18558

Einteilung von Kunststoffputzen
- P Org 1
- P Org 2

Die Abkürzung „Org" bedeutet „organisch" und bezieht sich auf die zugesetzten Bindemittel.
Kunststoffputze besitzen als Bindemittel eine Polymerdispersion, der mineralische Zusätze wie z. B. Sand, zugegeben werden.
Bei **reinen Kunststoffputzen** ist nicht nur das Bindemittel künstlich, sondern auch die Zusätze. Anstelle mineralischer Stoffe wie Sand beinhalten sie Kunststoffgranulat. So sind auch hochfarbige Putze in blau, rot etc. möglich, der mineralische Charakter besteht nicht mehr.

DIN EN 13914

Die DIN EN 13914 beschreibt in Teil 1 Planung, Zubereitung und Ausführung von Außenputzen, in Teil 2 von Innenputzen. Sie beinhaltet das Verputzen auf neuen und alten Putzgründen sowie die Instandhaltung und Ausbesserung vorhandener Putze.

Dekorputze

Anwender suchen oft nach Putzen mit einem bestimmten Aussehen der Oberfläche. Danach richtet sich oft die Namensgebung der Putze: Es gibt dafür keine Norm, Anwender müssen darum besonders die Angaben in den Technischen Merkblätter beachten.

Beispiele:

Kellenputz	Rauputz	Rillenputz
Kratzputz	Spachtelputz	Reibeputz

Rillenputz waagerecht 3 mm Korn

Kornanteil, Korngröße, Kornform und Korngrößenverteilung in der Putzmasse beeinflussen das Aussehen der Oberfläche. Die Strukturierung der nassen Putzoberfläche kann mit Kelle oder Erbswalze, aber auch nach eigener Idee, z. B. mit einem umgedrehten Löffel, erfolgen.

Kratzputz 4 mm Korn

3.4.3 Beton

Zusammensetzung und Wasser-Zement-Wert

Mineralische Untergründe	Grundrezept
Zement Zement ist das Bindemittel des Betons. Es besteht aus Kalkstein,Ton, Sand, Eisenerz und Aluminiumanteilen. Diese Bestandteile werden gemischt, gebrannt und anschließend feinpulvrig zermahlen.	2 Teile
Zuschlagstoffe Mischung aus Sand, Kies und Split, je nach Einsatzgebiet des Betons. Für die Festigkeit des Betons ist die Einhaltung der Sieblinie wichtig, d. h. die richtige Abstimmung der Korngrößen der Zuschlagstoffe.	6 Teile
Wasser Wasser bildet mit Zement den Zementleim, der die Gesteinskörnung verbindet. Wasser wird zur Härtung des Betons benötigt und chemisch eingebaut.	1 Teil

Wasser-Zement-Wert (W/Z-Wert)
Optimal ist ein W/Z-Wert von 0,45 bis 0,75. Bei zu hohem Wert kann überschüssiges Wasser nicht gebunden werden, wandert an die Oberfläche und schafft Kapillarporen, welche die Betonfestigkeit mindern. Bei zu geringem Wert fehlt Wasser zum Härten. Die Folgen sind in beiden Fällen Festigkeitsabnahme und Schwindverhalten.

W/Z-Wert:
1 : 2 = 0,5

Einteilung des Betons

Nach der Betonart	Rohdichte	Zuschläge, Gesteinskörnung
Leichtbeton (LightConcrete)	0,8 – 2,0 kg/dm^3	Bims, Blähton, Lava
Normalbeton (üblich „Beton“ (Concrete))	> 2,0 – 2,6 kg/dm^3	Sand, Kies, Split, Hochofenschlacke
Schwerbeton (Concrete)	> 2,6 kg/dm^3	Eisenerz, Eisengranulat, Schwerspat (Baryt)

Nach der Armierung	Stahleinlage, Stahlmatten	Bewehrter Beton	Spannbeton
Als Armierung, auch Bewehrung genannt, bezeichnet man die Verstärkung von Betonbauteilen zur Erhöhung der Tragfähigkeit. Dabei handelt es sich um einen Verbundwerkstoff.			

Nach der Oberfläche	Schalungsrauer Beton	Sichtbeton	Waschbeton
Beton wird in eine Form gegossen, die Verschalung. Diese bestimmt das Aussehen der Oberfläche. Bei Waschbeton wird die Gesteinskörnung durch eine spezielle Oberflächenbehandlung freigelegt.			

Eigenschaften und Besonderheiten des Betons

Beton ist alkalisch

- Frischer Beton ist stark alkalisch, d. h. er wirkt als Lauge. Der pH-Wert liegt bei 12,5. Beim Umgang mit Zement/Beton ist die PSA einzusetzen.
- Armierungsstahl ist im alkalischen Beton vor Korrosion geschützt, bereits laufende Rostung wird gestoppt.

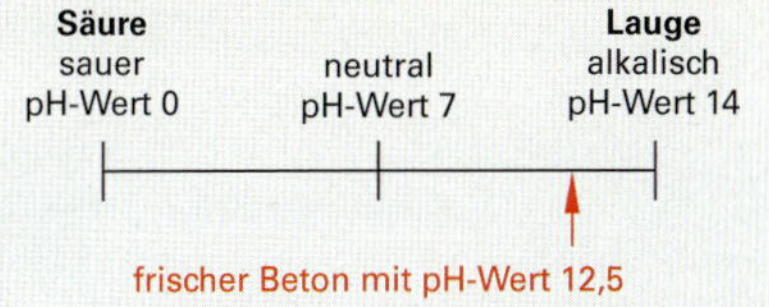

Umweltbelastung

- Weltweit werden jährlich 4,1 Milliarden Tonnen Zement hergestellt. Die bedeutet einen Ausstoß von mindestens drei Milliarden Tonnen CO_2 oder etwa 6 % bis 8 % des jährlichen CO_2-Ausstoßes.

Beton ist sehr druckfest, aber weniger zug- und biegefest

- Normalbeton hat etwa eine Druckfestigkeit von wenigstens 20 Newton pro Quadratmillimeter (N/mm²).
- Die Zugfestigkeit beträgt nur rund ein Zehntel seiner Druckfestigkeit.
- Im Skelettbau ist in einem Querträger mit 5 m Spanne fast soviel Stahl wie Beton.

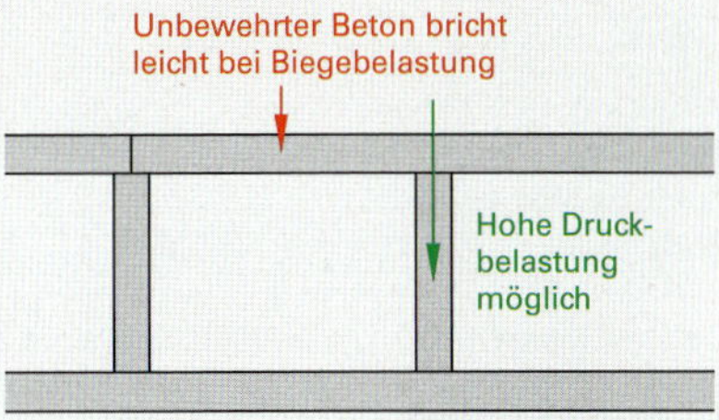

Beton baut beim Erhärten Wasser ein (Hydratation)

- Das Gemisch aus Zement und Wasser, der Zementleim, verändert beim Erhärten seine Konsistenz und wird zu festem Zementstein. Dazu wird Wasser in den Beton eingebaut (siehe W/Z-Wert, Seite 138).

Carbonatisierung

- Durch Kohlendioxidaufnahme verliert Beton im Laufe der Zeit seine alkalische Wirkung. Von außen nach innen wird Beton nach und nach neutral.

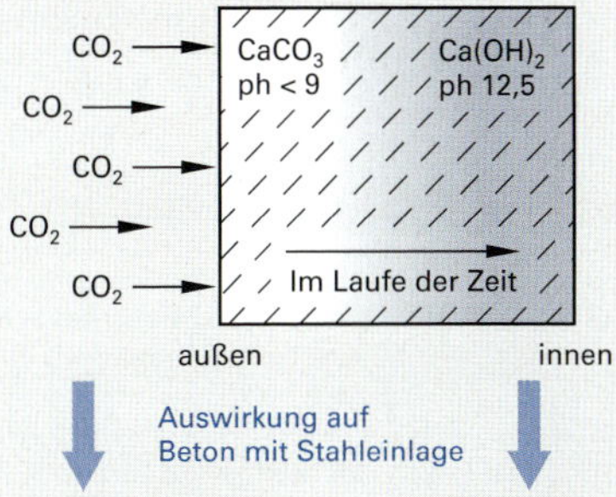

Gefahr der Rostung von Eisenbewehrungen im Beton

- Tragende Betonteile werden fast immer zur Erhöhung der Zugfestigkeit mit Eisenstäben oder Eisenmatten versehen.
- Je nach Einsatz ist die Abdeckung der Armierung durch Beton vorgeschrieben und muss unbedingt eingehalten werden, denn bei fortschreitender Carbonatisierung, in neutraler Umgebung ist die Stahleinlage nicht mehr geschützt. Die Betonzerstörung nimmt ihren Lauf.

Betonabplatzungen:

CO_2-Einfluss führt zur Carbonatisierung. Das hat bei geringer Betondeckung zur Folge:

⇒ Korrosion des Stahls
⇒ Volumenvergrößerung
⇒ Absprengung des Betons

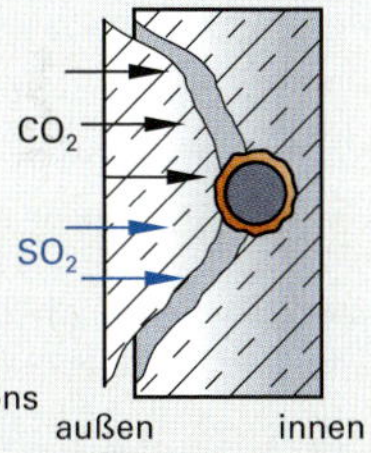

in Industrieumgebung

Industrieluft führt zu Säurebildung, es kommt zu:

⇒ $H_2O + SO_2$
⇒ Verstärkter Rostbildung

Verarbeitung von Beton

- Beton braucht eine Verschalung, in die er sofort nach dem Mischen in breiigem Zustand eingefüllt wird. Schalbretter müssen vor dem Befüllen gut mit Schalöl behandelt werden, damit sie sich später gut entfernen lassen. Die Verschalung wird nach der Erhärtung des Betons entfernt.
- Während und nach dem Verfüllen des Betons muss dieser verdichtet werden. Durch das Verdichten werden die Lufteinschlüsse ausgetrieben.
- Bei unzureichender Verdichtung verbleiben Hohlräume, sogenannte Lunker. Bei oberflächennaher Ansammlung von grobem Kies entstehen Kiesnester. Lunker und Kiesnester verringern die Qualität des Betons.

Lunker

Kiesnester

3.4.4 Glas

Herstellung von Glas und Glaserzeugnissen

Bestandteil	Aufgabe	Anteil
Quarzsand SiO_2	Hauptbestandteil	60 %
Kalk $CaCO_3$	Ergibt Härte und Glanz	25 %
Alkalien Soda, Pottasche	Senken den Schmelzpunkt	15 %
Metalloxide	Bestimmen die Farbe	2,5 %

Zusätzlich können etwa 2,5 % Altglas zugegeben werden. Diese Stoffe werden gemahlen, vermischt und bei Temperaturen zwischen 1200 °C und 1600 °C geschmolzen.

Glasart	Herstellungsverfahren	Verwendung
Hohlglas	Blasen, Gießen oder Schleudern der Schmelze	Trinkgläser, Schraubdeckelgläser, Beleuchtungskörper, Laborgläser
Floatglas	Ziehen oder Gießen der Glasschmelze	Fensterglas, Spiegelglas
Emaille	Abkühlung der Schmelze im Wasserbad, anschließendes Vermahlen und erneutes Brennen nach dem Auftragen	Schmelzüberzug aus Glas (Glasur) auf Metall oder Keramik
Glasfaser	Pressen der Schmelze durch Spinndüsen führt zur Faserbildung.	Glasfasermatten, Glasfasergewebe (Wandbeläge)

- Glas ist durch die Anordnung seiner Moleküle ein amorpher Werkstoff.
- Festes Glas wird durch Hitze erst weich, dann immer flüssiger (wie Honig).
- Je nach Endprodukt wird die Glasschmelze unterschiedlich zu Produkten verarbeitet.

Eigenschaften von Glas und Anwendung im Fensterbau

Glas ist in dünner Schicht weitgehend transparent. Es ist zerbrechlich, hält auf der Fläche jedoch hohe Belastungen aus. Im kalten Zustand ist es sehr formstabil. Glas ist geschmacksneutral und gasdicht. Glas kann recycelt werden.

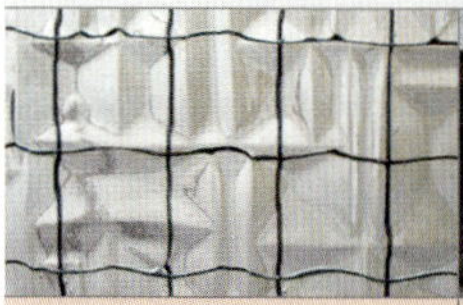

Drahtglas	Wärmeschutzglas	Sicherheitsglas	Schallschutz- und Brandschutzglas
Ein in das Glas eingearbeitetes Drahtnetz hält bei Glasbruch die Splitter zusammen.	Wärmeschutzglas ist mit einer Metallschicht bedampft, die Sonnenstrahlen reflektiert und somit das Eindringen von Wärmestrahlung verhindert.	Einscheibensicherheitsglas zerfällt bei Glasbruch in stumpfe Krümel. Bei Verbundglas sind die Scheiben mit einer Kunststofffolie verklebt. Bei Bruch bleiben die Splitter an der Folie kleben (z. B. Windschutzscheibe).	Mindestens zwei unterschiedlich dicke Glasscheiben sind miteinander verbunden. Die Scheibenhohlräume sind mit Spezialgas gefüllt, das Wärme gering leitet. So wird auch Wärme im Raum gehalten (Isolierglas).

3.4.5 Untergrundprüfung

Bei allen mineralischen Untergründen			
Prüfen auf …		**Prüfmethoden**	**Maßnahmen**
	Verschmutzung	Augenschein	Schmutz durch geeignete Maßnahmen entfernen: • Abfegen, abbürsten • Wasserstrahlen
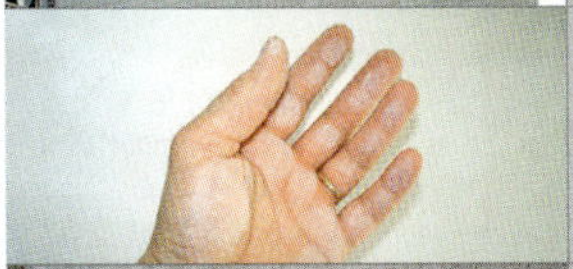	Festigkeit	Abreiben mit der Hand Kratzprobe mit Malerspachtel	Stark sandende Putze nicht beschichten und evtl. komplett entfernen. Leicht sandende Putze mit Grundiermaterial festigen.
	Saugfähigkeit	Benetzungsprobe: mit Wasser besprühen	Zu dichte Oberflächen anrauen, dicht geriebene Putzoberfläche (Sinterschichten) entfernen. Zu saugfähige Untergründe mit geeignetem Grundiermittel behandeln.
	Bewuchs: • Algen • Schimmel • Moos	Augenschein	Mechanisch entfernen und mit Bioziden gegen pflanzliche Mikroorganismen behandeln: • Fungizide (Mittel gegen Pilze) • Algizide (Mittel gegen Algen und Moose)
	Alkalität	pH-Wert bestimmen: • Messgerät • Indikatorpapier	Frische Zementputze erst nach vier Wochen beschichten: Untergründe durch Fluatieren neutralisieren. Nur alkaliresistente Beschichtungsstoffe verwenden.
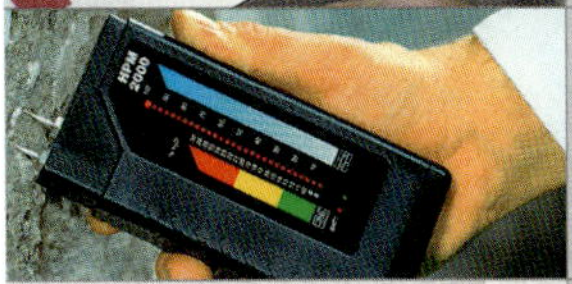	Feuchte	Augenschein Feuchtemessgerät Abdeckfolie beschlägt	Ursachen beseitigen: • Trockenlegen • Abdichten • Trocknen lassen
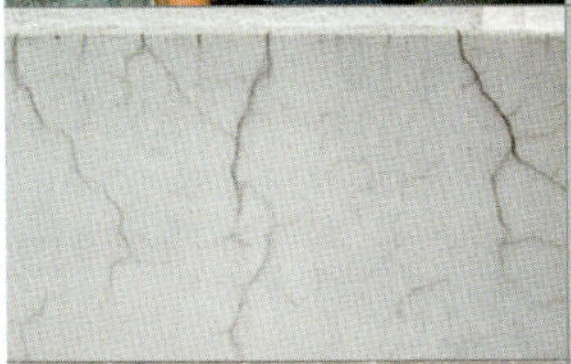	Risse	Augenschein, feine Risse werden durch Benetzung sichtbar	Je nach Rissart: • Rissüberbrückend elastisch beschichten. • Größere Risse mit Armierungssystem sanieren. • Baudynamische Risse: den Fachmann fragen.
	Sinterschichten	Benetzungsprobe: Wasser perlt ab	Sinterschichten mechanisch entfernen.
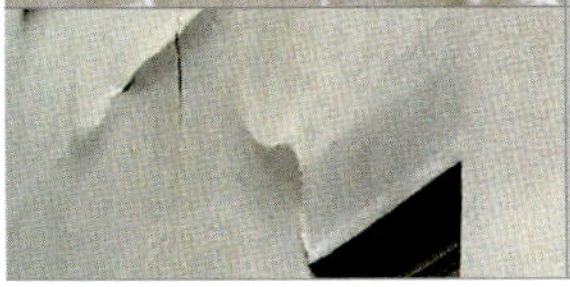	Festigkeit ⇒ Ausbrüche ⇒ Hohlräume ⇒	Gitterritzprüfung Augenschein Klopfprobe	Mürbe und lose Putzstellen abschlagen, Hohlräume und Ausbruchstellen mit Füllmörtel und Spachtelmasse verfüllen.

Zusätzliche Prüfungen am Mauerwerk			
Prüfen auf …		Prüfmethoden	Maßnahmen
	Ausbrüche Fugenschäden	Augenschein Klopfprobe	Erodierte und lose Steinpartikel entfernen und mit mineralischem Steinkitt ausbessern. Vollständig zerstörte Steine erneuern. Fugen mit Fugenmörtel verfüllen.
	Salzausblühungen	Augenschein	Mechanisch durch trockenes Abbürsten entfernen. Nicht durch Wasserstrahlen reinigen, da durch das eindringende Wasser erneut Salze ausgeschwemmt werden. Ursache feststellen und beseitigen.

Zusätzliche Prüfungen von Beton			
Prüfen auf …		Prüfmethoden	Maßnahmen
	Betondeckung der Bewehrung	Elektromagnetisches Messgerät (Profometer)	Bei zu geringer Betondeckung außen (< 3 cm bis 4 cm nach DIN 1045) geeignetes Betonschutzsystem gegen eindringende Gase und saure Feuchtigkeit aufbringen.
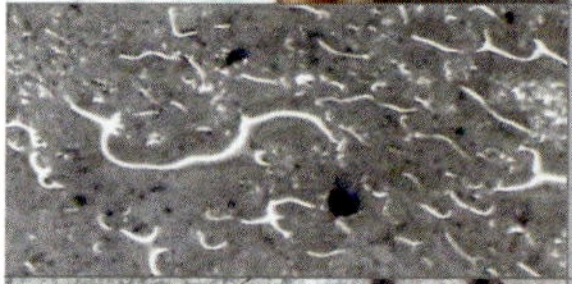	Schalölrückstände	Benetzungsprobe	Perlt das Wasser ab, muss eine Salmiak-Netzmittelwäsche durchgeführt werden.
	Rostfahnen	Augenschein	Rostfahnen deuten auf Korrosion der Bewehrungsstähle hin. Betroffene Stellen freilegen, Bewehrungsstahl entrosten und Betoninstandsetzung durchführen.
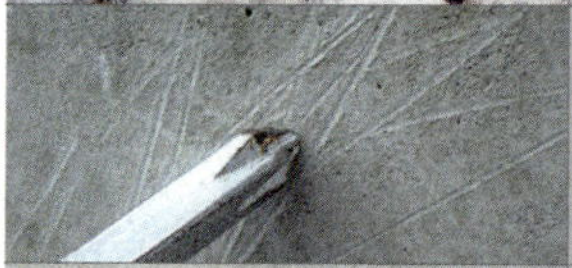	Oberflächenfestigkeit	Kratzprobe mit hartem Gegenstand	Wird die Oberfläche bei mäßigem Druck beschädigt, müssen lose Teile entfernt werden, z. B. durch Hochdruckstrahlen.
	Druckfestigkeit Hohlräume	Rückprallhammer Abklopfen mit dem Hammer	Nicht intakte Stellen und Hohlräume abklopfen und instand setzen. Bei Hohlklang betroffene Stellen abschlagen und Ausbrüche verfüllen.
	Abreißfestigkeit	Haftzuggerät	Bei zu geringer Zugfestigkeit des Betons (< 1,0 N/mm^2) von einer Beschichtung absehen und zuvor eine Betoninstandsetzung durchführen.
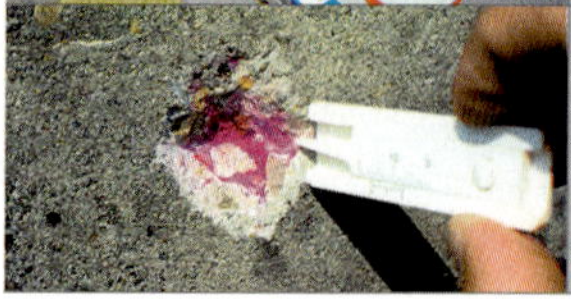	Carbonatisierungstiefe	Frische Ausbruchstellen mit Phenolphtaleinlösung besprühen.	Verfärbung unterhalb der Carbonatisierung durch Reaktion von Phenolphtalein mit alkalischem Zement/Beton. Nicht verfärbter Bereich wird gemessen und so die Carbonatisierungstiefe ermittelt.

3.4.6 Untergrundvorbereitung

Verfahren zur Untergrundvorbereitung

Reinigen			Aufrauen		Abtragen			
Handreinigung	Abwaschen	Strahlen mit mittlerem Druck	Strahlen mit hohem Druck	Schleifen	Strahlen mit Höchstdruck	Schleifen und Fräsen	Thermische Abtragung	Chemische Abtragung

Reinigen

Am besten trocken durch Abbürsten von Substanzen an der Oberfläche. Wasser kann Substanzen in den Untergrund spülen.

Mürbe Sandsteine mit weichem Wasserstrahl und weicher Wurzelbürste abwaschen.

Strahlen mit Wasser zwischen 80 bar und 200 bar.

Nassstrahlen

Aufrauen

Damit wird die Haftung von Beschichtungen verbessert.

Strahlen mit einem Druck über 200 bar.

Aufrauen, aber auch Glätten erfolgt je nach Schleifmittel beim Schleifen großer Flächen mit Maschinen mit Teleskoparm und integrierter Absaugung.

Schleifgiraffe

Abtragen

Nicht tragfähige Oberschichten werden entfernt.

Strahlen mit einem Druck von 500 bar entfernt hartnäckige Lackschichten auf mineralischen Untergründen, greift aber auch die Bausubstanz an. Mit Schleif- oder Fräsmaschinen lassen sich auch Zementestriche abtragen.

Chemische Abtragung mit Abbeizfluiden ist umwelt- und gesundheitsbelastend.

Fräsmaschine

Neutralisieren mit Fluaten

- Zum Neutralisieren der Alkalität von frischen Kalk- und Zementputzen bei Einsatz von Beschichtungsstoffen, die durch Alkalität zerstört werden.
- Fluatlösungen bestehen aus in Flusssäure gelösten Metallsalzen mit Wasser. Fluate, die mehrere Metallsalze enthalten heißen Mehrfachfluate. Gründlich mit Wasser nachwaschen.

1. Mischungsverhältnis mit Wasser 1 : 4
2. Mischungsverhältnis mit Wasser 1 : 2
3. Mischungsverhältnis mit Wasser 1 : 1

Zwischen den Arbeitsgängen das Fluat ausreagieren lassen. Die Neutralisation ist dann erfolgt, wenn keine Bläschen mehr entstehen.

Fluate ätzen: Arbeitshandschuhe und Schutzbrille tragen!

Verdünnen von Fluaten: Immer Wasser vorlegen, dann die Säure zugeben!

Isolieren

Wasserverdünnbarer Tiefgrund Kunststoff-Dispersionen	Der dichte Kunststofffilm verhindert das Durchschlagen von Substanzen. Nicht bei Silikatfarben-Systemen verwenden.
Lösemittelhaltiger Tiefgrund Gelöste Polymeriatharze	Schnellere Trocknung. Kein Einfluss der Luftfeuchte, aber umwelt- und gesundheitsschädigend.

3.4.7 Risse im Mauerwerk

Umgang mit Rissen in mineralischen Untergründen

- DIN V 18550 (Putz) besagt, dass Haarrisse in begrenztem Umfang nicht zu bemängeln sind. Als Haarrisse werden hierbei Risse mit einer Breite bis zu 0,2 mm bezeichnet.
- Dieser Empfehlung folgt auch die DIN EN 13914 Teil 1, in der ausgeführt wird, dass Haarrissbreiten bis 0,2 mm bei wasserabweisenden und wasserhemmenden Putzen die Funktionstüchtigkeit nicht beeinträchtigen.
- In Anlehnung daran werden in der DIN EN 13499 und DIN EN 13500 (WDVS) für Putzbeschichtungen auf Mineralfaserdämmung 0,2 mm und für Putzbeschichtungen auf Polystyroldämmung 0,3 mm als zulässige Rissbreiten angegeben.
- Schmale Risse können durch elastische Beschichtungssysteme überbrückt werden.
- Werden Grenzwerte überschritten, so muss ein Gewebe in die Beschichtung eingebettet werden.
- Werden Risse gefüllt, so ist der Riss immer auszukratzen, vorzunässen und mit Gips, Zement etc. zu füllen.

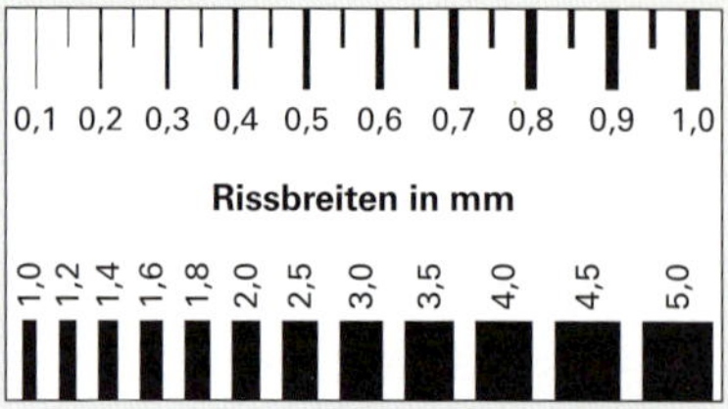

Ermittlung der Rissbreite nach Vorlage (hier nicht in Originalgröße)

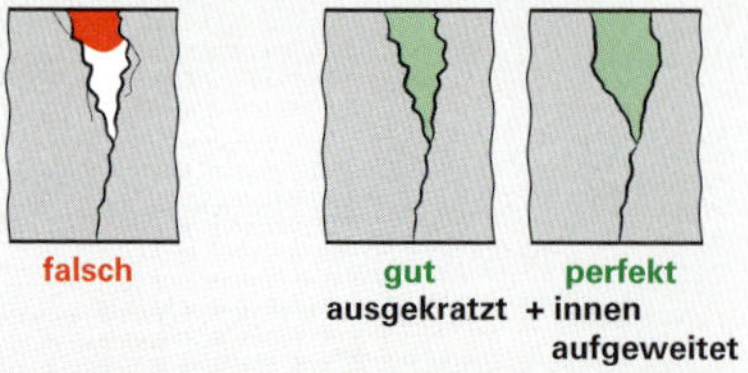

Rissbearbeitung

Rissüberbrückungssysteme nach BFS-Merkblatt 19

	Arbeitsschritt I	Arbeitsschritt II	Arbeitsschritt III	Arbeitsschritt IV	Arbeitsschritt V	Arbeitsschritt VI
System I Plasto-elastische Dispersion	Grund-beschichtung	Zwischen-beschichtung	Schluss-beschichtung			
System II Plasto-elastische Dispersion	Grund-beschichtung	1. Zwischen-beschichtung	2. Zwischen-beschichtung	Schluss-beschichtung		
System III Plasto-elastische Dispersion	Grund-beschichtung	Auftrag Spachtelmasse	Eventuell Zwischen-beschichtung	Schluss-beschichtung		
System IV Dehnbarer Kunstharzputz	Grund-beschichtung	Zwischen-beschichtung	Kunstharzputz	Schluss-beschichtung		
System V Elastisches Kunststoffge-webe	Grund-beschichtung	1. Zwischen-beschichtung mit Einbet-tungsmasse	Einbetten von Kunststoffge-webe	2. Zwischen-beschichtung	Schluss-beschichtung oder Kunst-harzputz	
System VI Glasfaservlies	Grund-beschichtung	1. Zwischen-beschichtung, plastoelasti-sche KD-Farbe	Einbettung von Glas-faservlies	2. Zwischen-beschichtung, nass in nass, gefüllte KDFarbe	Schluss-beschichtung	
System VII Teilarmierung (Streifenar-mierung)	Ausweiten des Risses	Grund-beschichtung der Riss-flanken	Verfüllen des Risses, elastisch	Zwischen-beschichtung im Rissbereich	Einbetten von Kunststoffge-webe	Weiter mit System II bis VI, je nach Erfordernis

3.4.8 Feuchte im Bau

Ursachen

Ursachen

- Mangelhafte Baukonstruktion
- Gebäudeschäden
- Kondensationsfeuchte
- Salztransport durch Feuchte
- Kein Putzauftrag, keine Beschichtung
- Falsches Beschichtungsmaterial

Feuchte in der Bausubstanz

Folgen für die Bausubstanz

- Abwitterung
- Bei Frost Absprengwirkung
- Schimmelbildung, Befall durch Mikroorganismen
- Abplatzende Beschichtung
- Verringerte Wärmedämmung
- Ausblühungen (Salze an der Oberfläche)

Folgen für die Bewohner

- Einfluss auf das Raumklima, das Wohlbefinden
- Gesundheitsgefährdung durch Schimmelplize
- Schnelle Wärmeableitung, daher höhere Energiekosten
- Hässliches Aussehen der Wandfläche

Wassereintrag in ungeschützte Fassaden

Baustoff	m^2	Dauer der vollst. Durchfeuchtung	Aufnahme je m^2
Normalbeton	7,30	Nicht messbar	0,08 l
Kalksandstein	17,00	13 Std.	3,5 l
Lochziegel	10,00	10 Std.	4,8 l
Gasbeton	6,30	1 Std.	7,0 l
Vollblock-Bims	4,20	20 Min.	19,0 l
Gesamtfläche	**44,80**		

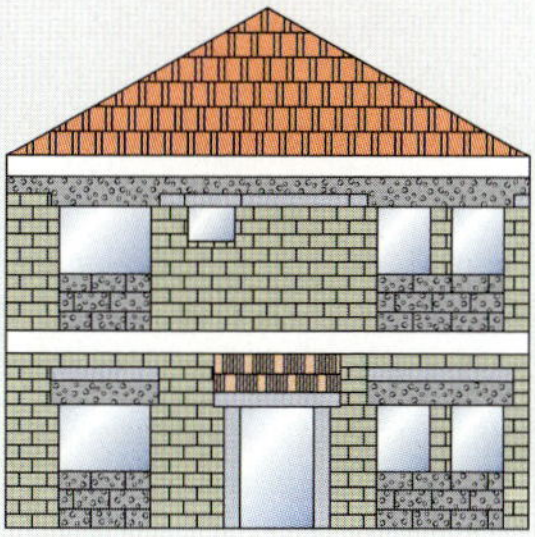

Normalbeton	—	—
Kalksandstein	$3{,}5\ l/m^2 : 13\ Std. \cdot 17{,}00\ m^2$	4,58 Liter
Lochziegel	$4{,}8\ l/m^2 : 10\ Std. \cdot 10{,}00\ m^2$	4,80 Liter
Gasbeton	$7{,}0\ l/m^2 : 1\ Std. \cdot 6{,}30\ m^2$	44,10 Liter
Vollblock-Bims	$19{,}0\ l/m^2 \cdot 4{,}20\ m^2$	79,80 Liter
Wasseraufnahme nach 1 Std.		**133,28 Liter**

Wassermenge, die eine unverputzte Fasssadenfläche in 1 Stunde bei durchschnittlichem Regen aufnehmen kann.

Verhinderung von Feuchteschäden am Bau

Aufsteigende Feuchte	Eine Horizontalsperre in der Wand verhindert das Aufsteigen der Feuchte. Möglichkeiten: • Auftrennen der Wand und Einfügen einer Isolierfolie • Anbringung von Bohrlöchern, durch die Wasserdampf entweichen kann. Kaum wirksam. • Verputzen der Wandinnenseite mit Sanierputz-WTA. Dieser ist hochporös und kann Salze einlagern. Leider nur bis zur Sättigung.
Drückende Feuchte	Wasser/Feuchte drückt auf die eingegrabenen Wände. Die Wände müssen freigelegt werden, dann erhalten sie eine Sperrbeschichtung auf Bitumenbasis. Das zusätzliche Anbringen von druckfesten Wellplatten verbessert die Wärmeisolation und schützt vor mechanischer Verletzung der Sperrschicht.
Wasserschäden	Die Schadenstelle (defekte Dachrinne, Rohrbruch) ist zu reparieren, dann Bautrocknung
Feuchteeintritt durch Baufehler	Auf horizontalen Flächen bleibt das Wasser stehen und dringt leicht durch Abwitterung der Beschichtung in feinste Risse ein. Eine Blechabdeckung hilft oder die Abschrägung der Fläche, z. B. eines Simses.

Beispiele für Schäden mit Feuchteursache

Ablaufspuren
Wasser der undichten Dachrinne transportiert den Rost der Dachrinnenbefestigung.

Unbeschichteter Lunker
Wasser und schädigende Gase können ungehindert in den Beton eindringen und so die Carbonatisierung beschleunigen.

Schadhafte Balkonabdichtung
Der undichte Balkonbelag führt zu Abplatzung an der Balkonunterschicht.

Moosbefall
Der poröse Fugenmörtel saugt Regen auf und behält die Feuchte lange. Als Folge zeigt sich verstärkte Moosbildung.

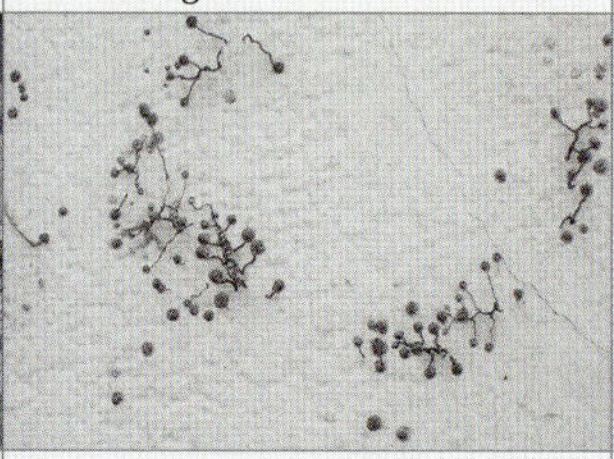

Klettersporen
Die Haftfüßchen von Kletterpflanzen dringen in den Putz bzw. die Beschichtung ein. Vor einem Fassadenanstrich müssen sie entfernt werden.

Vergrünung
Die Feuchtigkeitsbelastung der Gebäudedecke führt zu einem verstärkten Befall durch Schimmel, Algen und Moose.

Natursteinkorrosion
Zersetzung von Sandstein durch dauerhafte Feuchtigkeitsbelastung. Der Kristallisationsdruck durch Salze führt zu Steinabsprengungen.

Wärmeströmung
Ausströmende warme Raumluft kondensiert an der kalten Außenwand. Folge: Verschmutzung, Algenwuchs, Schimmelbildung.

Mangelnde Haftung
Der Renovierungsanstrich wurde auf einem nicht tragfähigen, kreidenden Altanstrich ausgeführt.

Aufsteigende Feuchte
Im Untergrund aufsteigende Feuchte drückt durch Verdunstung (Wasserdampfdruck) die Beschichtung ab.

Ausblühungen
Aus der Wand verdunstendes Wasser transportiert die Salze an die Oberfläche, wo sie als Ausblühungen sichtbar werden.

Drückende Feuchte
Eindringendes Wasser durch die nicht abgedichtete Rückseite der Wand drückt durch Verdunstung den Verputz ab.

Kondensationsfeuchte und Wärmebrücken

- Kommt warme Luft mit kalten Oberflächen in Berührung, fällt die Feuchte aus der Luft aus und schlägt sich an kalten Oberflächen als Kondensationsfeuchte nieder.
- An schlecht isolierten, innen kalten Außenwänden gibt die warme Raumluft dort Feuchte ab.
- Wärmedämmverbundsysteme verhindern kalte Innenwände. Richtiges Heizen und Lüften vermindert ebenfalls Kondenswasser.
- Wärmebrücken durch nicht fachgerechte Wärmedämmung.

Salztransport

- Bauschädliche Salze sind meist Nitrate, Chloride oder Sulfate.
- Salze in trockenen Bauteilen stören nicht.
- Bei schlechter Isolierung gegen Bodenfeuchte steigt Feuchte über Kapillaren im Baustoff hoch und löst die Salze.
- Bei Erwärmung, z. B. Sonneneinstrahlung, will das Wasser verdunsten und schleppt das Salz mit sich an die Oberfläche.
- Dort verdunstet das Wasser und das Salz liegt als Ausblühung auf der Oberfläche.
- Dem Dampfdruck der Feuchte an der Oberfläche ist keine Beschichtung gewachsen. Es bilden sich Blasen und Abplatzungen.

Ausblühungen im Sockelbereich

Maßnahmen
- Ausblühungen müssen trocken entfernt werden.
- Die Ursachen zu beseitigen erfordert meist bauliche Maßnahmen, z. B. Erstellung einer Horizontalsperre gegen aufsteigende Feuchte durch Injektionsverfahren.
- Die Innenabdichtung mit einem dampfdiffusionsoffenen hochgradig salzbeständigen Sanierputzsystem verlangsamt den Salztransport.

Bautrocknung

- Wasserschäden durch Regen, Rohrbruch etc. sind teuer, zeitintensiv und nervenraubend.
- Nach Abpumpen und Absaugen muss die Feuchte aus der Bausubstanz entfernt werden, um die Wohnqualität wiederherzustellen.
- Wasser, das unter einen schwimmenden Estrich gelaufen ist, kann Jahre dort wirken und zu Folgeschäden führen.

Funktionsweise eines Luftentfeuchters
- Luftentfeuchter können bis zu 80 Liter Wasser am Tag aus der Luft sammeln.
- Wenn kalte, trockene Luft erwärmt wird und sofort unter den Estrich oder in den Raum geblasen wird, so nimmt sie dort Feuchte auf.
- Im Luftentfeuchter wird diese feuchte Raumluft angesaugt, über einen Verdampfer geleitet und unter den Taupunkt abgekühlt.
- Der überschüssige Wasserdampf kondensiert zu flüssigem Wasser, dieses wird abgeleitet.

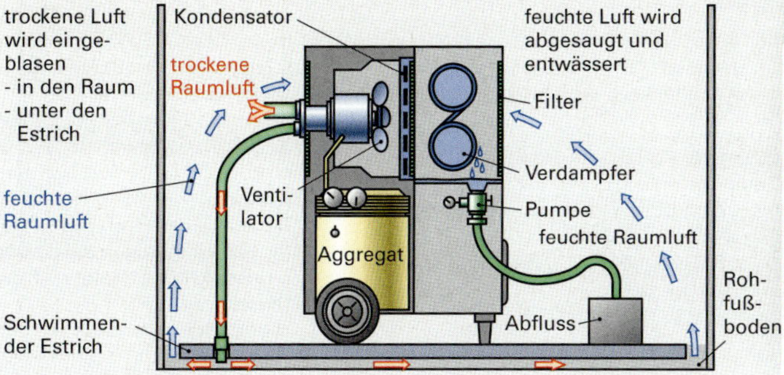

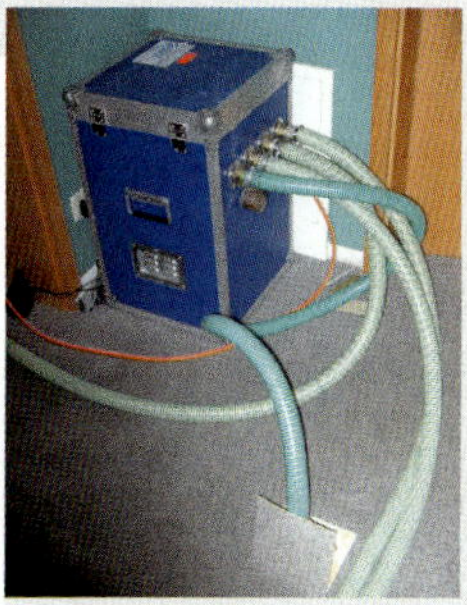

3.4.9 Einflüsse auf die Wahl des Beschichtungssystems

- Wie soll die Oberfläche des Objekts nach der Beschichtung aussehen?
- Welche Eigenschaften werden von der Beschichtung erwartet?
- Welcher Untergrund liegt vor?

<table>
<tr><th colspan="5">Untergrundart, gewünschtes Aussehen und Beschichtung</th></tr>
<tr><th></th><th>Abdecken des Untergrundes</th><th>Durchscheinen des Untergrundes</th><th>Das Aussehen soll erhalten bleiben</th><th>Beschichtung</th></tr>
<tr><td>Mauerwerk aus Naturstein, Sichtbeton, Waschbeton</td><td>Für Objekte werden diese Untergründe meist wegen des Aussehens und des Charakters gewählt. Diese optischen Eigenschaften sollten erhalten bleiben und sollten nicht zugedeckt werden. Es bleibt sonst nur die Struktur des Steins erhalten.</td><td>Eine gute Lösung zur Angleichung von Farbschwankungen in der Fassade durch ausgewechselte neue Steine. Der Charakter des Steins bleibt erhalten.</td><td>Naturstein wird häufig gerade wegen des Aussehens für Wände oder als Verkleidung in Form von vorgehängten Platten gewählt.
Da einige Steinarten saugen, Beton nicht carbonatisieren darf, muss hier ein Schutz erfolgen.</td><td rowspan="2">Für deckende Beschichtungen können alle Systeme für Putze etc. verwendet werden. Die Haftung kann eine besondere Vorarbeit erfordern.
Einschränkungen ergeben sich bei Beton als Untergrund.
Für lasierende Systeme haben sich Lasuren auf Silikatbasis etabliert.
Naturstein, Fliesen, Klinker, … alle sehr dichten Untergründe werden in der Regel nicht beschichtet. Eine deckende Beschichtung erfolgt nur dann, wenn es aufgrund des Zustandes nicht anders möglich ist.
Es ist aber die Fuge zu behandeln, meist farblos.</td></tr>
<tr><td>Putz, Beton</td><td>Diese Untergründe sehen in der Regel nicht schön aus und sollen einen anderen Farbton erhalten.</td><td>Selten. Über Lasuren erhält die Fläche ein ungleichmäßiges, lebendiges Aussehen.</td><td>Selten.
Sichtbeton siehe oben.</td></tr>
</table>

<table>
<tr><th colspan="4">Beanspruchung und Beschichtung</th></tr>
<tr><th></th><th>Der Untergrund ist schädigenden Stoffen aus der Luft ausgesetzt</th><th>Der Untergrund ist vor Einflüssen weitgehend geschützt</th><th>Beschichtung</th></tr>
<tr><td>Fassadenbeschichtung</td><td>Fassaden sind dem Wetter und der Natur ausgesetzt. In Städten häufig mit Graffiti verunstaltet.</td><td>Von innen eindiffundierender Wasserdampf muss durch die Außenbeschichtung entweichen können.</td><td rowspan="2">In der Regel erfolgt außen eine schichtbildende Beschichtung mit hoher Schutzwirkung.
Besondere Beanspruchung kann besondere Maßnahmen, z. B. eine zusätzliche Beschichtung erfordern.
Darum werden Hochhäuser häufig verkleidet oder verglast und nicht durch den Maler und Lackierer bearbeitet.
In Wohnräumen muss die Beschichtung mindestens wasserdampfdurchlässig sein.</td></tr>
<tr><td>Innenraumbeschichtung</td><td>Bei Industrieräumen, Werkstatträumen oder öffentlich zugänglichen Räumen ist auf deren besondere Anforderungen zu achten, z. B. Hygiene, Beanspruchung, Schmierereien.</td><td>An Außenwänden ist innen eine dampfdichtere Beschichtung bauphysikalisch günstiger.</td></tr>
</table>

Untergrund-Vielfalt und Beschichtung			
	Gleichartiger (homogener) Untergrund	**Mehrere verschiedene Untergründe (inhomogen)**	**Beschichtung**
Beschichtung am Neubau	Jeder mineralische Untergrund hat seine besonderen Eigenschaften.	Die Beschichtung muss mit ihren Eigenschaften auf mehreren Untergründen möglichst gleich gut geeignet sein.	Nach dem Verputzen liegt ein einheitlicher Untergrund vor. Unterschiedliche Untergrundbewegungen, eventuell auch Rissüberbrückung, müssen bei der Wahl des Beschichtungssystems bedacht werden.
Beschichtung am Altbau	Kein Problem, wenn der Untergrund fachgerecht vorbereitet wurde.	Durch Um- und Ausbaumaßnahmen liegen verschiedene Baustoffe mit verschiedenen Eigenschaften vor (Mischbauweise).	

3.4.10 Bearbeitung von Sichtmauerwerk

Besonderheiten des Untergrundes

- **Granit und Marmor**
  sind harte, dichte Gesteine und müssen meist nicht geschützt werden.
- **Gelber und roter Sandstein, Ziegel, Kalksandstein und Sichtbeton**
  müssen als saugende Untergründe geschützt werden.

Steinschädigende Einflüsse sind:

- Durchfeuchtung
- Frostabsprengungen
- Salzschäden

In der Regel wird Naturstein aufgrund des Aussehens gewählt, dieses soll erhalten bleiben.

- Eine deckende Beschichtung ist unpassend.
- Eine filmbildende Beschichtung stört den Feuchtehaushalt im Naturstein.

Naturstein im Sockelbereich

Vorarbeiten

Das Objekt ist erst mit Wasser, kalt oder warm, zu reinigen. Nach gründlicher Untersuchung werden Fugen mit fertigem Fugenmörtel ausgebessert.

Kleine Schäden am Stein können durch Restauriermörtel ausgebessert werden. Für große Schäden ist der Steinmetz zuständig.

Ein Algizid schützt vor Algen und Moosbefall.

Neue Steine können mit Lasuren auf Silikatbasis im Farbton angeglichen werden.

Steinfestigung

Wird der Stein nicht bis zum harten Kern gefestigt, so bricht die gefestigte Schicht vom ungefestigten Inneren des Steins. Zur Steinfestigung eignen sich Kieselsäureester. Im Stein reagieren sie mit Feuchte. Es entstehen Kieselgele, die in ihrer chemischen Struktur dem silikatischen Bindemittel von Naturstein ähnlich sind.

Hydrophobierung

Silikonimprägnierungsmittel (Silane, Siloxane) hydrophobieren den Stein, d.h. Wasser perlt ab, ohne dass eine Schicht vorliegt, es dringt nicht in den Stein ein.

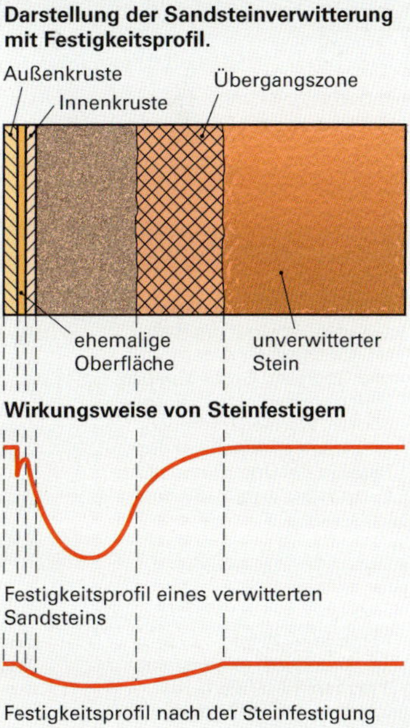

Darstellung der Sandsteinverwitterung mit Festigkeitsprofil

3.4.11 Putze und ihre Verarbeitung

Putzmörtelgruppen

In der alten deutschen Norm DIN V 18550 sind Putze in sieben Gruppen unterteilt und beispielsweise ist ihre Eignung für den Innen- und Außenbereich aufgeführt. Die aktuellen deutschen Normen sind DIN 18550-1 und -2. Die europäische Norm ist die DIN EN 13279.

Putzmörtelgruppe	Putzmörtelart	Eigenschaft	Verwendung
PI	Kalkmörtel	für geringe bis normale Beanspruchung, inkl. Feuchträume	innen und teilweise außen
PII	Kalkzementmörtel	erhöhte Abriebfestigkeit, inkl. Feuchträume (innen); wasserhemmende Eigenschaften und erhöhte Festigkeit	innen und außen
PIII	Zementmörtel	im Bereich der Kelleraußenwand und Außensockelbereich	außen
PIV	Gipsmörtel	erhöhte Abriebfestigkeit und geringe bis normale Beanspruchung	innen
PV	Anhydritmörtel	erhöhte Abriebfestigkeit und normale Beanspruchung	innen
P Org 1	Kunstharzputz	–	innen und außen
P Org 2	Kunstharzputz	–	innen

Putzaufbau und Ausführung

- Nach DIN V 18550 sind Maßtoleranzen zu überprüfen.
- Putzarbeiten im Innenbereich: Qualitätsstufen von Q1 (Mindestanforderung) bis Q4 (erhöhte Anforderung). Ohne Vereinbarung gilt Q2 (Standardausführung).
- Putzarbeiten im Außenbereich: Außenputz darf keine Gipsanteile enthalten.

Unterputz	+	Armierungsputz	+	Oberputz
Der Unterputz, meist Kalkzementputz bildet die Haftbrücke zwischen Untergrund und Oberputz. Grobe Unebenheiten werden bereits ausgeglichen. Wärmedämmputze erfüllen ihre Aufgabe in der Regel in der Unterputzschicht. Putzauftrag 10 mm - 35 mm.		**Wenn nötig** Mit der Zahnkelle 5 mm dick auftragen. Das Armierungsgewebe als Bahn oder Streifen in die nasse Putzschicht einbetten und mit Armierungsmörtel glätten. Das Gewebe besteht aus Kunststoff oder besonders stabilem Textilglas je nach Rissüberbrückung und Beanspruchung.		Der Oberputz auf Mineralbasis muss in seinen Eigenschaften auf den Unterputz abgestimmt sein. Er muss wasserabweisend sein. Werden Oberputze beschichtet, so erhält das Gebäude einen zusätzlichen Wetterschutz. Dies wird auch für pigmentierte Oberputze empfohlen, außer für besondere Deko-Putze.
Putzauftrag 10 mm - 35 mm. Trocknungszeit mindestens 1 Tag/mm (Richtwert). Abhängig auch von Temperatur und Feuchte.		Zusätzliche Standzeit von mindestens 7 Tagen vor Auftrag des Oberputzes.		Bei 20 °C und 65 % rel. LF nach 24 h oberflächentrocken. Meist nach 3 bis 4 Tagen beschichtbar.

Putzstrukturen

- Die Oberflächenbeschaffenheit entscheidet über die Verschmutzungsanfälligkeit.
- Je gröber die Struktur, umso leichter werden Untergrundunebenheiten abgedeckt.

Bezeichnung	Beschreibung	
Kratzputz	Nach dem Auftragen wird der angezogene Putz mit einem Nagelbrett aufgeraut. Echter Kratzputz muss nicht beschichtet werden.	
Reibeputz Rillenputz	Der Putz wird in Kornstärke aufgetragen und anschließend mit einem Reibebrett strukturiert. Struktur je nach Körnung und Bewegung beim Strukturieren.	
Kellenstrichputz	Wird mit der Kelle aufgetragen, verdichtet und durch Kellenschlag strukturiert.	
Streichputz	Wird mit Flächenstreicher oder Bürste aufgetragen und durch Bürstenstrich strukturiert.	
Rollputz	Wird mit der Rolle aufgetragen und mit Rollwerkzeugen (z. B. Erbslochwalze) strukturiert.	
Spritzputz	Mit der Putzmaschine mehrlagig aufgespritzter, feinkörniger Putz. Schicht geringer verdichtet als von Hand.	
Scheibenputz	Putz, der mit dem Filzbrett abgerieben wird. Die Sandkörner hinterlassen dabei eine Rillenstruktur.	
Glättputz	Feinkörniger Putz, mit Filzscheibe abgerieben und mit Glättkelle nachgeglättet. Die bindemittelangereicherte Oberfläche führt oft zu Schwindrissen.	
Waschputz	Zuschläge werden an der Oberfläche mit einer weichen Bürste freigewaschen. Nach der Erhärtung erfolgt die Reinigung mit verdünnter Salzsäure.	
Sgraffito	Mehrlagige, farbige Putze werden aufgetragen und vor dem Abbinden ausgekratzt. So entstehen Putzornamente.	

Werkzeuge für Putzarbeiten		
	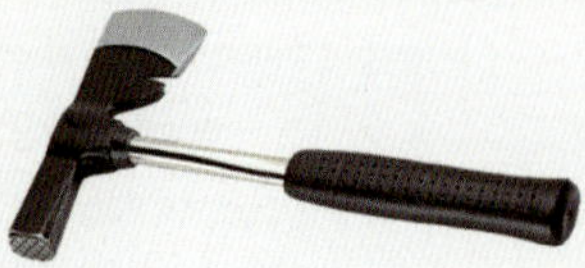	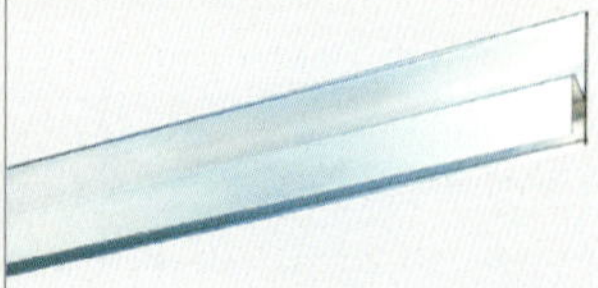
Nagelbrett	**Gipserbeil**	**Kardätsche**
Zum Aufrauen und Freilegen von Zuschlägen bei Kratzputz	Zum Abschlagen von alten Putzschichten	Zum großflächigen Abziehen des aufgespritzten bzw. angeworfenen Putzmörtels
		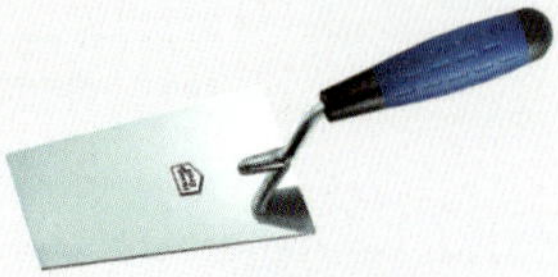
Filzscheibe	**Eckkelle**	**Putzkelle**
Zum gleichmäßigen Abreiben des angefeuchteten Putzes	Zum sauberen Einbringen von Putz und Spachtelmasse in Bauteilecken	Zum Durchmischen und Anwerfen des Putzmörtels

Glättkelle (Traufel)	**Spitzkelle**	**Reibebrett**
Zum Verpressen und Glätten des angeworfenen Putzes bzw. zur weiteren Oberflächenbearbeitung	Zum Einbringen des Putzmörtels in Ecken und zum Glätten schwer zugänglicher Stellen	Wie die Traufel zum Glätten des Putzes; je nach Putzart (z. B. Reibeputz) auch zur Oberflächenstrukturierung

3.4.12 Beschichtungsstoffe für mineralische Untergründe

Innenwandfarben

- Es eignen sich Anstrichstoffe, die in ihrer Zusammensetzung bei normaler Belastung beständig sind.
- Meist auch geeignet für normale Nassraumbelastung.
- Für Industrieräume und Werkstätten muss beurteilt werden, ob diese Qualität hier ausreicht.

Fassadenfarben

- Geeignete Farben sind meist hochwertiger und teurer, da sie für Wetterbelastung mit besonderer Beanspruchung geeignet sein müssen.
- Dispersions-Fassadenfarben werden häufig Biozide (Fungizide, Algizide) zugemischt. Sie sollten nicht in Innenräumen verarbeitet werden.

Silikatfarbe am historischen Gebäude

Die 3 wichtigsten Produktlinien für mineralische Untergründe

Silikatfarben		**Silikonharzfarben**	**Dispersionsfarben**
Reine Silikatfarbe	Dispersionssilikatfarbe	Qualität je nach Dispersionsanteil	Auf unterschiedlicher Kunststoffbasis. Sehr gut: Reinacrylatfarbe
• Die Verarbeitungsmenge muss am Vorabend angesetzt werden. • Der Untergrund muss absolut sauber vorliegen, damit Farbe und Untergrund verkieseln können. • Die Vorgehensweise an der Fassade muss strategisch geplant werden. Trocknet die Silikatfarbe an einer Stelle an, so gibt es sichtbare Ansätze. Nicht bei Sonneneinstrahlung verarbeiten. • Auftrag durch Streichen mit der Bürste. • Sehr alkalisch • Die biozide Wirkung lässt allerdings im Laufe der Zeit nach.	• Wird als 1 Gebinde geliefert und ist gut zu lagern. • Es wird mit Fixativ verdünnt. • Auftrag durch Streichen oder Walzen. • Alkalisch • Stuckateure verwenden gerne Egalisationsfarbe, eine Silikatfarbe mit bis zu 20 % Dispersionsanteil. Sie kann nach 5 bis 10 Jahren mit Dispersionssilikatfarbe oder Silikonharzfarbe überstrichen werden.	• Gut zu lagern und leicht verarbeitbar. • Qualitätsunterschiede durch den Dispersionsanteil. • In der Menge ist der Dispersionsanteil nicht definiert. • Besonders geeignet für Mischmauerwerk. • Gering alkalisch • Die selbstreinigende Wirkung des „Lotuseffekts" ist umstritten. Silikonharzfarben lassen jedoch Wasser an der Oberfläche schneller abfließen, dadurch bieten sie keinen günstigen Nährboden für Algen und Moose.	• Gut zu lagern und leicht verarbeitbar. • Verwendung innen und außen. • Vielseitig einsetzbar, da Dispersionsfarben in verschiedenen Qualitätsstufen und Glanzgraden angeboten werden. • Elastisch, daher sind auch Systeme zur Rissüberbrückung auf Dispersionsbasis im Handel. • Neutral • Erweichen unter Sonneneinstrahlung etwas. Beschichtete Fassaden neigen daher zur Verschmutzung. • Nach etwa 10 Jahren ist die Beschichtung mit der härteren Dispersionssilikatfarbe oder der Silikonharzfarbe möglich.
• Für außen. • Besonders geeignet für denkmalgeschützte Objekte.	• Für außen.	• Für außen. • Als hydrophobierender Anstrich auf feuchtebelasteten Untergründen.	• Für innen und außen.

Seltener oder nur für bestimmte Anwendungszwecke

Kalkfarbe	Für innen in historischen und denkmalgeschützten Gebäuden. Außen ist sie gegen sauren Regen nicht beständig.
Zementfarbe	Sehr harte Beschichtung. Nur auf absolut sauberen, harten Putzuntergründen möglich, z. B: im Sockelbereich außen auf Zementputz.
Leimfarbe	Nur für innen und für Flächen mit geringer Beanspruchung. Leim ist wasserlöslich.
Polymerisatharzfarbe	Als Isolieranstrich.
Lehmfarbe	Besonders umweltfreundlicher Beschichtungsstoff für innen.

Umweltverträglichkeit

+	Reine Silikatarbe, Kalkarbe, Lehmarbe
	Dispersionssilikatfarbe, Zementfarbe, Silikonharzfarbe
–	Dispersionsfarbe, Polymerisatharzfarbe

3.4.13 Qualitätskriterien von Wandfarben

Qualitätskriterien von Innenwandfarben

- Siehe DIN EN 13 300.
  Diese Norm betrifft erweitert alle weißen und farbigen Innenfarben und Innenputze, also nicht nur Dispersionsfarben.

Merkmale einer Wandfarbe:

- Anwendung (z. B. Isolierwirkung, Streiflichtempfindlichkeit)
- Bindemitteltyp (z. B. Acrylharz, Silikat, Vinylharz)
- Nassabriebbeständigkeit
- Kontrastverhältnis (Deckvermögen)
- Glanz
- Maximale Korngröße

Nassabriebbeständigkeit (Reinigungsfähigkeit)		
Klasse	**Nassabrieb/Hübe**	**Alte DIN 53778**
1	< 5 µm bei 200 Hub	
2	≥ 5 µm bei 20 µm bei 200 Hub	Scheuerbeständig
3	≥ 20 µm bei 70 µm bei 200 Hub	Waschbeständig
4	< 70 µm bei 40 Hub	
5	≥ 70 µm bei 40 Hub	

Die Bestimmung des Nassabriebs erfolgt nach DIN EN ISO 11998 im Scheuerprüfgerät durch Ermittlung der Dickenabnahme der Schicht durch die Prüfung. Sehr nassabriebbeständige Dispersionsfarben werden häufig als Latexfarben bezeichnet. Dabei ist der Begriff Latexfarbe kein Qualitätsmerkmal und wird in keiner Norm beschrieben oder definiert.

Kontrastverhältnis (Deckvermögen)		
Klasse	**Kontrastverhältnis**	
1	≥ 99,5 %	Die Einstellung in die Klassen erfolgt über die Herstellerangaben zu Ergiebigkeit in m²/l.
2	≥ 98 % bis 99,5 %	
3	≥ 95 % bis 98 %	
4	< 95 %	

Die Bestimmung des Deckvermögens erfolgt nach VdL-Richtlinie 09. Messung der Deckfähigkeit in definierten Schichtdicken auf Kontrastkarten über Weiß und Schwarz. Dabei entspricht z. B. ein Kontrastverhältnis der folgenden Klassen ca. einer Ergiebigkeit von Klasse 1 – ab 7 m² je Liter, von Klasse 2 – 5 m² bis 7 m² je Liter.

Glanzgrad		
Bezeichnung	**Messwinkel**	**Reflexionswert**
Glänzend	60°	≥ 60
Mittlerer Glanz	60° 85°	< 60 > 10
Matt	85°	< 10
Stumpfmatt	85°	< 5

Das Glanzmessgerät misst, wie viel von der auftreffenden Lichtintensität gerichtet auf eine Silizium-Fotodiode reflektiert wird. Der vom Untergrund absorbierte Anteil wird dabei berücksichtigt. „Mittlerer Glanz" darf auch weiterhin als seidenmatt und seidenglänzend bezeichnet werden.

Maximale Korngröße		
Bezeichnung	**Korngröße**	**Produkte**
Fein	< 100 µm	Innenfarbe
Mittel	< 300 µm	Streichputze
Grob	< 1500 µm	Feine Strukturputze
Sehr grob	> 1500 µm	Grobe Strukturputze

In der Klassifizierung nach maximaler Korngröße wird die Größe des größten Teilchens der Innendispersion ermittelt. Die strukturlosen Beschichtungsstoffe für Wände und Decken besitzen in der Regel eine Korngröße bis max. 100 µm und sind somit „fein". Diese Einteilung ist besonders für die maschinelle Verarbeitung der Produkte wichtig.

Qualitätskriterien von Außenwandfarben

- Die DIN EN 1062 regelt die Qualität von Fassadenfarben. Sie gilt für wasserverdünnbare und lösemittelverdünnbare Systeme für mineralische Werkstoffe oder Beton im Außenbereich.

Merkmale einer Fassadenfarbe
- Verhalten bei Wetter
- Verhalten bei Algen- und Pilzbefall
- Verhalten bei Einwirkung von UV-Strahlen
- Verhalten auf Einwirkung von Chemikalien

Die DIN EN 1062 klärt folgende Punkte:

Beschreibung	Es ist das Bindemittel zu nennen, das maßgebend die Eigenschaft bestimmt, z. B. Acrylatharz, Epoxidharz. Wasserglas, gelöschter Kalk, Vinylharz u. a.
Glanzgrad	Klasseneinteilung von G1 (glänzend) bis G3 (matt), gemessen mit einem Reflektometer.
Schichtdicke	Klasseneinteilung von E1 (≤ 50 µm) bis E5 (> 400 µm), errechnet aus dem Verbrauch. Angaben dazu sind im Datenblatt Verbrauch in l/m^2, Ergiebigkeit in m^2/l oder Schichtdicke.
Korngröße	Klasseneinteilung von S1 (fein) bis S4 (sehr grob). Die Korngröße beeinflusst die Oberflächenstruktur des Beschichtungssystems.
Wasserdampf-durchlässigkeit	Klasseneinteilung von V0 (keine Anforderung) und V1 (hoch) bis V3 (niedrig). Die Wasserdampf-Diffusionsstromdichte bestimmt die Masse Wasserdampf, die innerhalb einer bestimmten Zeit durch die Beschichtung diffundieren kann. Anhand dieses Wertes lässt sich der Einfluss der Beschichtung auf das Feuchteverhalten des Untergrundes beurteilen.
Wasserdurch-lässigkeit	Klasseneinteilung von W0 und W1 (hoch) bis W3 (niedrig). Je kleiner der W-Wert, umso größer ist der Widerstand der Beschichtung gegen das Eindringen von Wasser.
Rissüberbrückung	Klasseneinteilung von A0 und A1 (> 100 µm) bis A5 (> 2 500 µm). A0 stellt keine Anforderungen an die Beschichtung als Rissüberbrückung, A5 sehr hohe Anforderungen.
Kohlendioxid-durchlässigkeit	Klasseneinteilung C0 (keine Anforderung) und C1.

Kennzeichnung von Außenwandfarben

Bezeichnung für das Produkt im Technischen Merkblatt durch den Hersteller

EN 1062-1 G3 E2 S1 V2 W2 A0 C0

- Glanz (Reflektormeterwert) – G3
- Schichtdicke – E2
- Korngröße – S1
- Wasserdampf-Diffusionsstromdichte – V2
- Durchlässigkeit für Wasser – W2
- Rissüberbrückung – A0
- Kohlenstoffdioxid-Durchlässigkeit (CO_2) – C0

3.4.14 Überstreichbarkeit von Altbeschichtungen

Es gilt die Regel: Immer **weich auf hart**.

Weich ↑ Hart	Dispersionsfarbe Polymerisatharzfarbe Silikonharzfarbe Dispersionssilikatfarbe Reine Silikatfarbe	Dispersionsfarben verspröden im Laufe der Zeit, Sie werden also härter, sodass sie bei einer Renovierung nach etwa 8 Jahren mit Silikonharzfarbe oder Dispersionssilikatfarbe überstrichen werden können. Die Überarbeitung mit reiner Silikatfarbe käme nicht in Frage. Sie wäre zu hart.

3.4.15 Betonschutz

Betonschutzmaßnahmen

Beton *kann* beschichtet werden, damit er schöner aussieht. Er *muss* beschichtet werden, damit er im Außenbereich durch Witterungseinflüsse nicht zerstört wird.

- **Ganzflächige Spachtelung**. So werden Kiesnester und Lunkern verschlossen.
- **Beschichtung mit einer CO_2-Sperre**, die CO_2 nicht durchlässt. Darauf kann Dispersionsfarbe oder Silikonharzfarbe gestrichen werden.
- **Ein Putzauftrag**. Damit sich der Putz gut aufziehen lässt, ist ein sandgefüllter Haftgrund vorzustreichen.

Ein als Betonschutz geeignetes System

- muss Gase von außen am Eindringen hindern,
- muss Wasser, in Form von Wasserdampf, von innen nach außen diffundieren lassen,
- muss Risse bis 0,15 mm überbrücken können,
- muss verschleißfest sein.

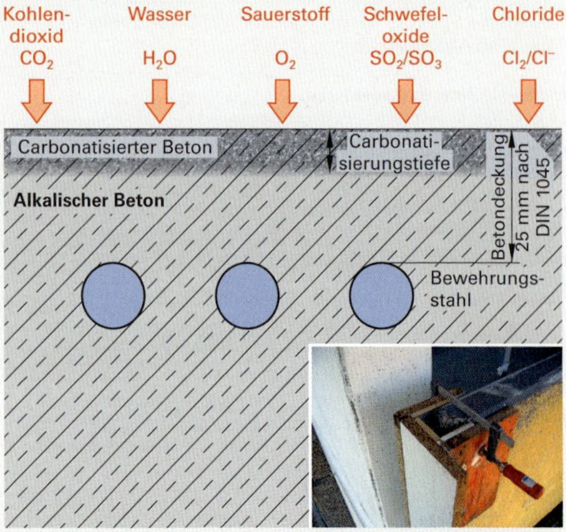

Regelwerke für Oberflächenschutzsysteme

- **ZTV-ING.** zusätzliche technische Vertragsbedingungen und Richtlinien für Ingenieurbauwerke
- **VV TB** „Verwaltungsvorschriften Technische Baubestimmungen"
  Seit 2017 werden die alten Bauregellisten (BRL) der Bundesländer ersetzt, meist nach Vorlage der M VV TB (Musterverordnung)
- **TR Instandhaltung** „Technische Regel Instandhaltung von Betonbauwerken, Teil 1 und Teil 2", seit 2021 eingeführt
- **EN 1062** Beschichtungsstoffe
- **EN 1504-9** zu Produkten und Systemen für den Schutz und die Instandsetzung von Betontragwerken

In den Bezeichnungen bedeutet OS Oberflächenschutzsystem.

Bezeichnung nach TR Instandhaltung	Bezeichnung nach ZTV-ING	Art und Anwendungsbereich der Beschichtung
OS 1	(OS A)	Hydrophobierung
OS 2	(OS B)	Beschichtung ohne Spachtelung für nicht begeh- und befahrbare Flächen
OS 4	(OS C)	Beschichtung auf nicht begeh-/befahrbaren Flächen mit Kratz- bzw. Ausgleichsspachtelung und erhöhter abdichtender Funktion
OS 5 a OS 5 b	(OS DII) (OSDI)	Beschichtung auf nicht begeh-/befahrbaren Flächen mit Kratz- bzw. Ausgleichsspachtelung und mit geringer Rissüberbrückung
OS 7	(TL/TP-BEL-EP)	Beschichtung für begeh-/befahrbare Flächen unter Schichten mit Abdichtungsfunktion
OS 9	(OS E)	Beschichtung auf nicht begeh-/befahrbaren Flächen mit Kratz- bzw. Ausgleichsspachtelung mit hoher Rissüberbrückungsfähigkeit
OS 10	(TL/TP-BEL-B3)	Beschichtung mit Dichtungs- und Rissüberbrückungsfunktion unter Deckbeschichtungen für begeh-/befahrbare Flächen
OS 11	(OS F)	Beschichtung für begeh-/befahrbare Flächen mit der Fähigkeit zur Überbrückung dynamischer Risse
OS 13	(–)	Beschichtung für begeh-/befahrbare und mechanisch belastete Flächen mit der Fähigkeit zur Überbrückung nicht dynamischer Risse

3.4.16 Bearbeiten von Porenbeton

Herstellung

Bestandteile

Zement
1 Teil
+
gebrannter Kalk
1 Teil
+
Quarzmehl
Flugasche
4 Teile
+
Aluminium-
pulver

Herstellung

- Vermischen der Bestandteile unter Zugabe von Wasser zu einer Mörtelmischung.
- Durch Zugabe von Aluminiumpulver bilden sich nach ca. 15 min kleine Gasblasen.
- Einfüllen des Mörtels in Formen. Nach kurzer Zeit erreicht die angesteifte Masse ihr Endvolumen.
- Schneiden von Steinen, Blöcken, Platten mit Metalldraht.
- Härten der Teile nach 6 bis 12 Stunden unter Dampfdruck von ca. 10 bar und ca. 200 °C in einem Autoklaven **(Bild 2)**.

Porenstruktur

Autoklav

Eigenschaften

- Niedriger Kennwert der Wärmeleitfähigkeit λ = 0,11 bis 0,06 W/mK
- Hohe Tragfähigkeit, geringes Gewicht
- Eher mäßige Schalldämmung
- In den porösen Gängen des Baustoffes nisten sich gerne Ameisen ein.
- Feuerwiderstandsdauer bis zu 360 min bei 1200 °C. Es sind Brandwände F90 in der Mindestwanddicke von 175 mm aus Montage-Bauteilen möglich.

Einsatz im Trockenbau

Geeignet zum Erstellen von nichttragenden Trennwänden:

- Leicht verarbeitbar durch Sägen mit einer Handsäge oder Bandsäge.
- Gereinigte, saubere Grenzflächen zu Estrich und mineralischer Wand vor der Mörtelung anfeuchten, damit das Wasser im Mörtel nicht zu schnell wegschlägt.
- Die erste Reihe muss exakt im Mörtelbett ausgerichtet werden. Weitere Reihen versetzt mit Dünnbettmörtel aufbauen. Der Mörtel wird mit einer gezahnten Plankelle vollflächig auf die Lagerfuge aufgezogen. So entstehen Mörtelfugen von etwa 1 mm bis 3 mm Dicke.
- Immer nach 2 bis 3 Reihen einen Maueranker oder einen Metallwinkel anbringen, um die Mauer zu stabilisieren.
- Muss verputzt werden. Spezielle Leichtputze für Porenbeton einsetzen, nie Zementputz.

Bausteinreste werden gerne zur Verfüllung von baulichen Hohlräumen eingesetzt. Das spart Zement zum Verfüllen.

Beschichtung

Innen: Wände grundieren mit einer Aufbrennsperre gegen vorzeitiges Absaugen des Wassers.
Verspachteln oder verputzen.
Mit Acryl-Dispersionsfarbe beschichten.

Außen: Mit dickschichtiger Acryl-Dispersion für Porenbeton-Wandbauplatten beschichten. Diese ist gut füllend, strukturegalisierend und trotzdem spannungsarm. Sie enthält Biozide gegen Algen und Pilze.

Abgrenzung zu Leichtbeton

Leichtbetone

- Alle gefügedichten Betone, deren Rohdichte kleiner ist als 2 000 kg/m^3. Technisch möglich ist Leichtbeton ab 350 kg/m^2.
- Leichtbetonsteine werden aus leichten Gesteinskörnungen, den sog. „Leichtzuschlägen“ (Naturbims) und dem Bindemittel Zement hergestellt.
- Die Betonmischung wird dabei in Steinformen verdichtet und härtet aus.

3.4.17 Asbestzement-Werkstoffe

Arten und Zusammensetzung

- Asbestzement ist ein Verbundwerkstoff, der aus Zement und natürlich vorkommenden mineralischen Asbestfasern besteht.
- Die Fasern sind sehr klein (ø3 µm, Länge über 5 µm) und lungengängig und können zu Lungenkrebs führen. Theoretisch reicht dafür das Einatmen einer einzigen Faser.
- Deshalb dürfen heute asbesthaltige Werkstoffe nicht mehr verarbeitet werden.

Um sich vor Asbest schützen zu können, muss es als solches erkannt werden.

Flammprobe
- Asbest bleibt unverändert.
- Zellulose oder Kunststoff schmelzen.

Asbestfaser

Werkstoffe aus Asbest

Beschichtung

- Reinigungsarbeiten an unbeschichteten Asbestzementplatten sind nach TRGS 519 verboten, auch deren Beschichtung, selbst ohne Reinigung.
- Beschichtete Oberflächen können mit drucklosem Wasserstrahl vorsichtig gereinigt werden.
- Die Erneuerung einer Beschichtung ist möglich, aufgrund der unzureichenden Reinigungsfähigkeit und des folglich fehlenden haftfähigen Untergrundes nicht zu empfehlen.

Abbruch und Entsorgung

- Keine Gefahr durch verbaute Produkte, bei denen die Asbestfasern noch vollständig umhüllt sind.
- Sanierungsarbeiten dürfen nur von Fachfirmen nach vorheriger behördlicher Genehmigung ausgeführt werden.
- Arbeitsbereich hermetisch abriegeln.
- Arbeitsschutzmaßnahmen sind strengstens einzuhalten, insbesondere der Atemschutz.

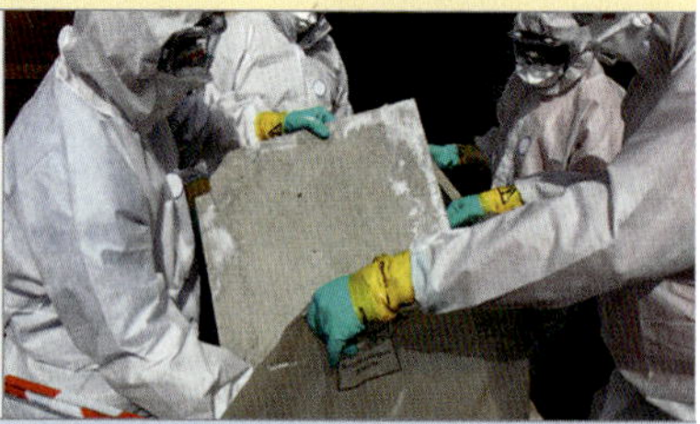

3.4.18 Faserzementplatten und Betondachpfannen

Plattenbeschichtung

- pH-Wert ermitteln. Eignet sich der Beschichtungsstoff?
- Reinigen mit dem Hochdruckstrahler bei 160 bar.
- Grundierung und Beschichtung erfolgen mit Kunststoffdispersionen auf Acrylatbasis im Streich- Roll- oder Airlessverfahren.
- Nicht eingebaute Faserzementplatten sind gegen Verziehen allseitig zu beschichten.

Dachbeschichtung

- Reinigen mit dem Hochdruckstrahler bei 160 bar.
- Behandlung mit einem Biozid.
- Grundierung und Beschichtung erfolgen mit Kunststoffdispersionen auf Acrylatbasis im Streich-, Roll- oder Airlessverfahren.
- Der Mitarbeiter muss sich gegen Absturz sichern.
- Beschichtet wird leider nur die sichtbare Plattenoberfläche.

Dachbeschichtung

4 Verfahrenstechniken

4.1	**Arbeits- und Beschichtungsverfahren**	**160**
4.1.1	Arbeits- und Beschichtungsverfahren als System	160
4.1.2	Neubeschichtung, Überholungsbeschichtung, Erneuerungsbeschichtung	160
4.1.3	Untergrundmängel und baustellenübliche Prüfungen	161
4.1.4	Abdecken, Abkleben und Schützen	162
4.1.5	Reinigungsarbeiten	164
4.1.6	Übersicht über die Entschichtungsverfahren	164
4.1.7	Schleifen	165
4.1.8	Hochdruckreinigung	171
4.1.9	Strahlreinigung	172
4.1.10	Thermische Entschichtung unter Einsatz von Hitze	174
4.1.11	Thermische Entschichtung unter Einsatz von Kälte	174
4.1.12	Chemisches Ablaugen und physikalisches Abbeizen	175
4.1.13	Entfernung von Graffiti	176
4.1.14	Spachteln und Verputzen	177
4.1.15	Pinsel und Bürsten	179
4.1.16	Rollen und Walzen	181
4.1.17	Spritzen	183

1 Berufsfeld und Sicherheit 9 – 46
2 Beschichtungsstoffe 47 – 92
3 Untergründe und ihre Beschichtung 93 – 158
4 Verfahrenstechniken 159 – 188
5 Besondere Arbeitsbereiche 189 – 260
6 Fachmathematik 261 – 310
7 Gestaltung 311 – 374
8 Naturwissenschaftliche Grundlagen 375 – 396

4.1 Arbeits- und Beschichtungsverfahren

4.1.1 Arbeits- und Beschichtungsverfahren als System

Objektbesichtigung – erste Überlegungen zum Auftrag

Entscheidungs-einflüsse zum Auftrag	z. B. Möglichkeiten/Gründe	Auftragsabwicklung
Ziele der Beschichtung	Beanspruchung, Aussehen, Lebensdauer, Preisvorstellung, Umweltschutz	Kundenwunsch und alle Maßnahmen zum Auftrag ausführlich formulieren und vom Auftraggeber bestätigen lassen.
Vorliegender Untergrund	Metall (Stahl, Zink, Aluminium …) Mineralischer Untergrund (Stein, Putz, Beton) Holz (Holzart, Massivholz, Holzwerkstoff …) Kunststoff (Duromer, Plastomer, Elastomer) Altbeschichtung (Alkydharz, Acryl, 2K-Lack …)	
Zustand des Untergrundes/ des Objekts	Neu und frei von Mängeln, Untergrundmängel, Beschichtungsmängel	
Untergrundvorbereitung	Reinigen, schleifen, entschichten, strahlen, spachteln …	
Beschichtungssystem entscheiden	• Alkydharz, Acrylharz • Ein- oder zweikomponentig, auf Wasser- oder Lösemittelbasis	
Beschichtungsaufbau entscheiden	• Grundieren – vorlackieren – lackieren • 2 x Grund- 2x Deckbeschichtung • Tiefgrund + 2x beschichten	
Wahl des Beschichtungsverfahrens	Streichen, spritzen, airlessspritzen, rollen …	Intern Ausführungsmöglichkeit der Firma klären oder darauf abstimmen. • Kann ein 3-Mann-Betrieb ein Hochhaus renovieren? • Wer erstellt das Gerüst?
Wahl der benötigten Werkzeuge, Geräte und Hilfsmittel	Abdeckfolie, Leitern/Gerüst, Spritzpistole, Pinsel …	
Maßnahmen zur Arbeitssicherheit und zum Umweltschutz	Hautschutz, Abfallentsorgung, Augenschutz, Wasserschutz, Hautschutz …	
Terminplanung	Zum richtigen Zeitpunkt muss alles Nötige bereitstehen.	

Auftragsausführung

4.1.2 Neubeschichtung, Überholungsbeschichtung, Erneuerungsbeschichtung

	Untergrund	Altbeschichtung	Vorgehensweise
Neubeschichtung	neu, intakt	Liegt nicht vor.	Siehe Technisches Merkblatt.
Überholungs-beschichtung	intakt	Diese erfüllt noch ihre Funktion. Muss vielleicht stellenweise ausgebessert werden. Wenn nur Verschleißspuren oder geringe Oberflächenmängel vorliegen (Kreiden, Ausbleichen, Verschmutzung). Oft: Farbwunsch.	Mit der Entscheidung zur Überholung oder Erneuerung verbinden sich andere Arbeitsschritte.
Erneuerungs-beschichtung	intakt	Weist große Mängel auf. Muss restlos entfernt werden. Dann wird ein neues Beschichtungssystem aufgetragen.	

4.1.3 Untergrundmängel und baustellenübliche Prüfungen

Untergrundmängel und Prüfpflicht

Auszug aus der DIN 18 363:

„Der Auftragnehmer hat bei seiner Prüfung Bedenken insbesondere geltend zu machen bei ungeeigneter Beschaffenheit des Untergrundes, nicht tragfähigen Grund- und Altbeschichtungen, ungeeigneten klimatischen Bedingungen, Unebenheiten, die die technischen und optischen Anforderungen an die Beschichtung beeinträchtigen."

Grundsätzlich müssen Untergründe vor einer Beschichtung folgende Eigenschaften besitzen:

fest, tragfähig	trocken	rissfrei	eben	glatt	neutral je nach Beschichtung

Besondere Mängel je nach Untergrundart möglich:

Metall	Holz	Mineralische Untergründe		Kunststoff
		Putz	Beton	
Korrosion Fette, Öle Walzhaut	Wuchs Äste Holzinhaltsstoffe (Harz, Gerbstoffe) Insekten- oder Pilzbefall	Festigkeit Sanden Risse Algen, Moos Ausblühungen Sinterschicht	Festigkeit Alkalität Lunkern Schalöl Sinterschicht	Trennmittel Lunkern Glasfaserabdeckung

Baustellenübliche Prüfmethoden

Prüfmethode	Ausführungen und Hinweise	Prüfung auf ...
Prüfen durch Riechen (Sensorik)	Über die Sinnesorgane nimmt man Abweichungen vom Normalzustand wahr.	• Pilzbefall (muffiger Geruch) • Feuchte im Raum (Klamme Kälte) u. a.
Fühlen mit der Hand	Die empfindlichen Fingerkuppen nehmen jede Unregelmäßigkeit wahr.	• Rauigkeit • Struktur u. a.
Prüfung nach Augenschein	Durch das Betrachten fallen bereits Schäden am Untergrund auf.	• Schmutz • Risse • Korrosion • Äste im Holz u. a.
Klopfprobe	Hohlstellen oder nicht haftende Beschichtungen klingen anders als intakte Untergründe.	• Haftung von Altbeschichtungen • Haftung des Putzes auf dem Mauerwerk u. a.
Wischprobe	Mit der Hand oder einem Lappen wird über die Oberfläche gewischt.	• Kreiden • Sanden • Verschmutzung
Kratzprobe/ Gitterschnitt	Ein Cuttermesser oder eine Spachtel zum Kratzen am Untergrund sind immer zur Hand. Professioneller ist der Gitterschnitt mit Klebebandtest.	• Haftung
Feuchtemessung	Wird eine durchsichtige Folie auf den Untergrund geklebt, so beschlägt diese bei Wärme, wenn Feuchte enthalten ist. Präziser ist ein Feuchtemessgerät.	• Feuchte in der Wand • Feuchte im Holz
Benetzungsprobe	Beim Bespritzen mit Wasser werden saugende Stellen dunkler. Dichte Untergründe und Lackflächen lassen Wasser abperlen.	• Risse • Saugverhalten • Benetzbarkeit
Alkalitätsmessung	Die Alkalität wird mit Indikatorpapier auf angefeuchtetem Untergrund durchgeführt. Die Verfärbung gibt Auskunft.	• Lauge (alkalisch) = blau • Säure = rot • Keine Verfärbung = neutral
Lösemittelprobe	Mit einem lösemittelgetränkten Lappen wird über die Fläche gerieben und der Abrieb beurteilt.	• Verträglichkeit • Quellverhalten • Art der Altbeschichtung

4.1.4 Abdecken, abkleben und schützen

- Der Einsatz vom Abdeckmaterialien spart Zeit und schützt angrenzende Oberflächen während der Arbeit.
- Abdeckmaterialien werden meist mit Klebeband verklebt, um nicht zu verrutschen, um nicht unterblasen zu werden.
- Mit Klebeband erhält man eine sauberere und schärfere Beschichtungskante als durch Beschneiden von Hand.
- Möglichst Umfeldbelastung bei der Arbeit auf den Arbeitsbereich begrenzen, PSA tragen, wenn nötig. Schleifen mit Staubabsaugung am Gerät.
- Die Abdeckarbeit ist eine bezahlpflichtige Leistung, wenn Verbrauchsmaterial benutzt wird.

Abdeckmaterialien

Abdeckfolie

- Diese Folien bestehen aus Polyethylen.
- Je dünner, umso rutschiger, umso leichter reißt sie.
- Räume können damit meist komplett auf einmal ausgelegt werden.

Handelsübliche Folien:

Gefaltete Plane oder Rolle	• z. B.: 4,00 m Breite x 5,00 m Länge • z. B.: 2,00 m Breite auf 0,50 cm gefaltet x 50,00 m Länge • z. B.: Rollenbreite 1,50 m, Rollenlänge 50,00 m
Dicke	• „dünn“: 0,007 mm • „allround“: 0,001 mm bis 0,02 mm • „dick“: 0,03 mm bis 0,05 mm
Dichte	• HDPE (High Density Polyethylen) • LDPE (Low Density Polyethylen)

Abdeckfolie LDPE

Noppenfolie

- Zwei Lagen Polyethylenfolie mit eingeschlossenen, etwa 10-Cent-großen Luftpölsterchen.
- Sie eignet sich zum Ausliefern lackierter Teile.

Noppenfolie

Maler-Abdeckvlies

- Genadelte Fasermischung mit hoher Saugkraft auf Polyethylenfolie.
- Die Folie liegt auf dem Boden rutschfest an und lässt keine Feuchte durch.
- Geeignet für alle Renovierungsarbeiten.
- Optimaler Schutz für Holz, Laminat, Stein, Marmor und Teppichböden gegen Verkratzen, Nässe, Staub und Schmutz.

Abdeckvlies

Maler-Abdecktuch

- Es ist ohne Polyethylenfolie feuchtedurchlässig.
- Es eignet sich für die Auslieferung lackierter Teile und zum Abdecken von Möbeln.

Abdeckmaske

- Spezielle Folien mit Klebeband an einer Randseite vereinen schnelles Abkleben und Abdecken in einem Arbeitsgang.
- Zum randsauberen Abdecken von Fenstern und Türen.

Zerlegte Kartons, alte Bettlaken usw.

- Nicht im passenden Zuschnitt.
- Kartons können Klammern enthalten, die verkratzen.

Abrollgerät für Klebeband

Klebebänder

Klebebänder dienen dem Abkleben, Abdecken, Bündeln, Befestigen, Verbinden, Reparieren oder Fixieren.

VOB Teil C: „Alle Anschlüsse an Türen, Fenstern, Leisten, Sockeln, Profilen, Beschlägen, Einbauteilen und dergleichen sind scharf zu begrenzen.“

Vorteile von Klebeband:
- Zeiteinsparung
- scharfe Abgrenzung
- kostengünstig

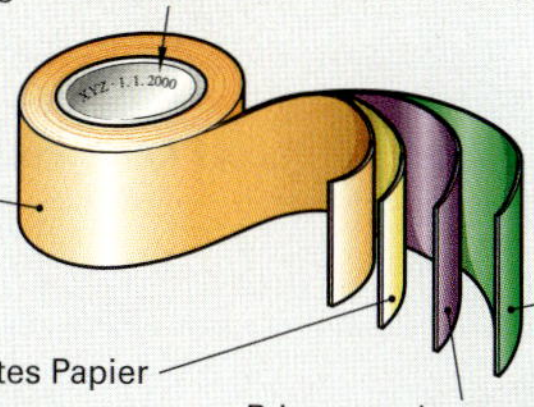

Klebebänder im Handel

Malerkrepp mit Papierträger	Kostengünstig, für Innenbereich, spätestens nach 7 Tagen abziehen weicht an bei wasserhaltigen Beschichtungsstoffen.
Goldband (Washi Tape)	Dünn, mittlere Klebekraft, für Innen- und Außenbereich, kann bis 120 Tage verklebt und wieder abgezogen werden.
Abdeckband aus Reispapier	Dünn, konturenscharf, leicht reißbar. Haftet bis zu 6 Monate im Innen- bzw. 3 Monate im Außenbereich.
PVC Putzerband	Für das Abgrenzen von Putzarbeiten. Quergerillt lässt es sich präziser abreißen.
PVC Konturenband	Vinylband, welches sich hervorragend zum Kleben von engen Radien und Kurven eignet. Sauberes Kantenergebnis beim Lackieren, Malern oder Airbrushen.
Wasserlinienband	Für lange gerade Linien bei Mehrfarblackierungen. Es ist zudem gut geeignet für lackierte oder gemalte Designstreifen, Dekore, Wasserlinien an Booten und Yachten.
Zierstreifen	Farbe vorgegeben, Zierstreifen, die aus mehreren Folienteilen bestehen, sind auf einer Trägerfolie aufgetragen.
Gaffa Tape, Panzerband	Sehr hohe Klebekraft, geeignet zum Abdichten, aber nicht zum Abkleben für Lackierarbeiten.
Doppelseitiges Klebeband	Verlegung/Fixierung von Teppichböden mit glatter Unterseite. Für Bastel- und Dekorationsarbeiten
Gitterband	Nicht zum Abkleben, dient der Rissüberbrückung in Putzen.
Filamentband	Mit eingelagerten Glasfasern, Verpackungsband, nicht zum Abkleben für Lackierarbeiten geeignet.
PVC Isolierband	Einsatz im elektronischen Bereich und zum Reparieren und Bündeln.

Verarbeitungshinweise

Untergrund	• Der Untergrund muss zum Abkleben in sich fest, sauber und fettfrei sein. • Problemuntergründe sind Kunststoffe, Gummi, Silikon, Stein, Zink, Kupfer.
Klebeband-Anwendung	• Je nach Herstellerangabe • Ideale Objekt- und Umgebungstemperatur beim Kleben um + 20 °C • Eventuell Probeklebung (Adhäsionskräfte-Aufbau) und Probebeschichtung (Durchschlagen, Unterlaufen, Randschärfe) • Andrücken verbessert den Kontakt und verhindert Unterlaufen.
Klebeband-Entfernung	• Je länger der Kontakt zum Untergrund umso bessere Haftung • Nie ruckartig abziehen • Im untergrundschonenden Winkel abziehen • Kleberreste meist mit Aceton entfernbar

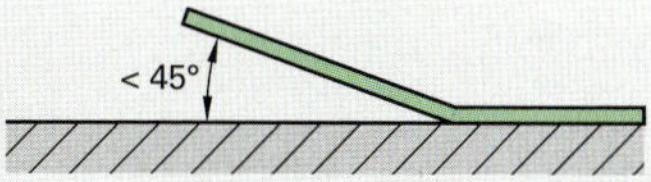

Richtiger Abzugswinkel

4.1.5 Reinigungsarbeiten

Reinigen	Reinigen + Aufrauen	Reinigen + Abtragen
• Abstauben • Abwischen • Abwaschen • Hochdruckreinigung bis 150 bar	• Hochdruckreinigung bis 500 bar • Schleifen • Ansäuern mit stark verdünnter Salzsäure	• Strahlen • Schleifen • Fräsen • Abbeizen • Abbrennen
 Abstauber	 Mikrofasertuch	 Absauggerät

Einfache Reinigung

Trockenreinigung	• Für alle Untergründe geeignet • Keine Wartezeiten • Maßnahmen gegen Staubentwicklung (Absaugung am Gerät, Einsatz von Absauggeräten, Staubsauger) • PSA je nach Notwendigkeit
Nassreinigung	• Trockenzeiten müssen eingeplant werden • Saugende Untergründe möglichst nicht nass reinigen • Schmutz wird besser gelöst • Keine Staubentwicklung • PSA je nach Notwendigkeit • Wasser leitet elektrischen Strom

Reinigung

- Zusätze wie Spülmittel können dazu beitragen, Schmutz zu lösen.
- Danach ist es gut mit klarem Wasser nachzuwaschen.
- Je nach Zusatz ist das Wasser aufzufangen und zu entsorgen.
- Zink- oder Kunststoffuntergründe werden durch die ammoniakalische Netzmittelwäsche gereinigt = Wasser + Spülmittel + Ammoniak.
- Lösemittel schädigen Umwelt und Gesundheit. Industriell in geschlossenen Systemen
- Mischungen als Spezialreinigungsmittel für Hände, Geräte, Scheiben, gegen Schimmel gibt es im Handel.

4.1.6 Übersicht über die Entschichtungsverfahren

Entschichtungsverfahren

Entschichtungsverfahren					
physikalisch					chemisch
Mechanisch	**Nur Wasser**	**Wasser + Strahlmittel**	**Thermisch**	**Anlösen**	**Alkalisch**
Schleifen Kratzen Schaben Fräsen Waschen	Hochdruck Höchstdruck Kalt Heiß Dampf	Nassstrahlen Niederdruck-Rotation Trockeneis (CO_2, nicht H_2O)	Abföhnen Flammstrahlen Abflammen Trockeneis (CO_2, nicht H_2O)	Abbeizen mit Lösemitteln	Ablaugen mit Lauge

Werkzeuge zur mechanischen Entschichtung			
		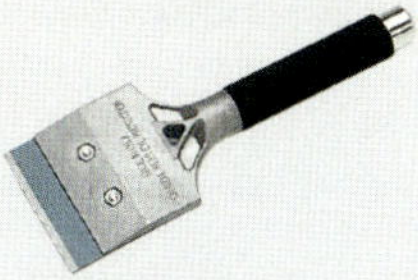	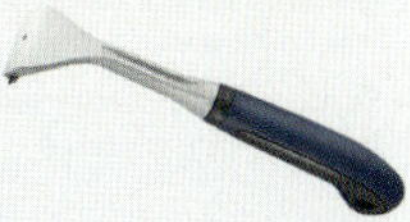
Malerspachtel	Multifunktions-Spachtel	Tapetenschaber mit scharfer Klinge	Farbschaber mit scharfer Klinge
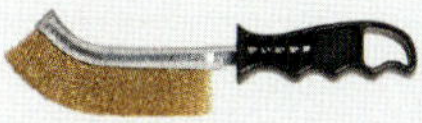	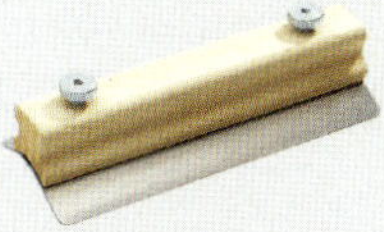		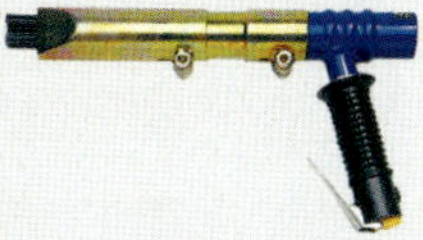
Drahtbürste mit Messingborsten	Flächenhobel für verputzte Wände	Sanierfräse für Wände und Fußböden	Druckluft-Nagelpistole für Metall-Untergründe

4.1.7 Schleifen

Verfahrensbeschreibung	
Schleifen	• Materialabtragendes Verfahren zur Bearbeitung von Oberflächen • Von Hand oder mit Maschinen • Trägt Verunreinigungen ab • Raut glatte Untergründe auf • Verschönert die Oberfläche durch Schleiflacktechnik oder Polieren

Vorbereitung von Oberflächen	Grobschliff	Zwischenschliff	Feinschliff	Feinschliff und Polieren
Vollständige Entfernung von alten Anstrichschichten bis auf festhaftende, verträgliche Lackreste. Werkstücke lassen sich mit dem Trennschleifer auftrennen.	Ausgangssituation ist eine unebene Oberfläche, der Grobschliff verleiht dem Werkstück eine relativ raue Ebene.	Ausgangssituation ist der noch strukturierte Untergrund nach dem Grobschliff. Mit einer feineren Körnung werden die Erhebungen gleichmäßig abgetragen.	Ausgangssituation ist eine zwischengeschliffene oder beschichtete Oberfläche. Mit Schleifkörnungen von fein bis superfein werden die Rautiefen vermindert, ohne die Oberflächenstruktur grundlegend zu verändern.	Veredelung der Oberflächenoptik (spiegelnder Glanz), besonders im Bereich der Autolackierung.
Körnung P 40 – P 80 oder Bürstenaufsätze	Körnung P 80 – P 120	Körnung P 120 – P 320	Körnung P 360 – P 400 und Schleifvlies	Körnung P 1000 – P 4000 und Polierpasten
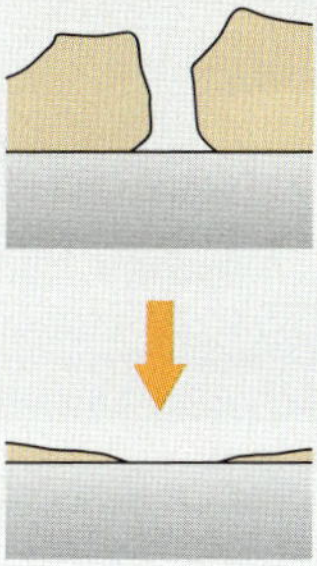	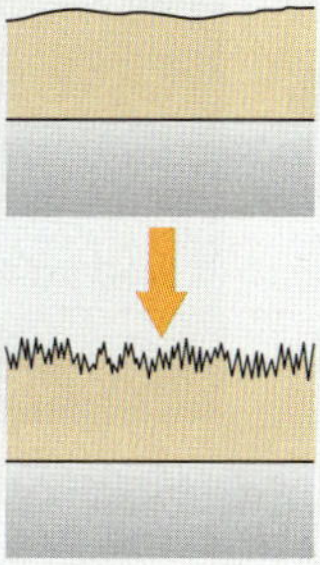	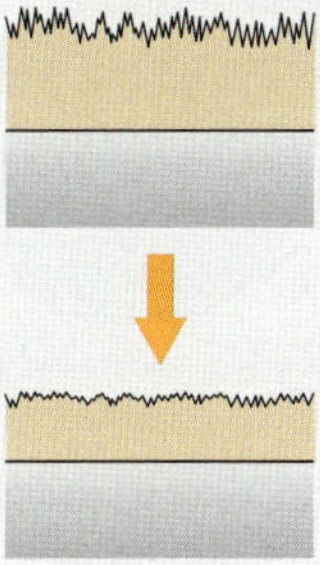		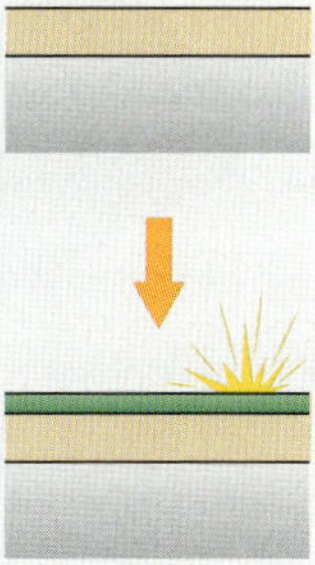

Schleifmittel (engl. abrasives)

- Hartstoffkörner, die Werkstoffe abtragen können.
- Es muss immer härter sein als das zu bearbeitende Material.
- Lassen sich in die Härteskala nach Mohs einordnen.

Mindestanforderungen:

- hart und möglichst zäh,
- für hohe Bearbeitungstemperaturen und schnellen Temperaturwechsel geeignet,
- chemisch beständig, damit keine chemischen Verbindungen mit Kühlmittel, Werkstoff oder Luft entstehen, die das Korn schwächen.

Härtegrad nach Mohs	Mineral	Absolute Härte nach Rosiwal	Bemerkungen
1	Talkum	0,03	Mit dem Fingernagel schabbar
2	Gips	1,25	Mit dem Fingernagel ritzbar
3	Calcit	4,50	Mit einer Kupfermünze ritzbar
4	Fluorit	5,00	Mit einem Messer leicht ritzbar
5	Mangan	6,50	Mit einem Messer noch ritzbar
6	Orthoklas	37,00	Mit einer Stahlfeile ritzbar • Glaspapier
7	Quarz	120,00	Ritzt Fensterglas • Flintpapier
8	Topas	175,00	Schmuckstein
9	Korund	1 000,00	• Aluminiumoxid (chemischer Name von Korund) • Siliciumcarbid
10	Diamant	140 000,00	Härtestes natürlich vorkommendes Mineral

Formen und Formate von Schleifmitteln

Schleifpapier
Hier in Rollenform

Klettschleifpapier
Mit Klettrücken und Saugöffnungen für Schleifmaschinen

Schleifvlies
In flexibles Vlies eingebundene Schleifkörner

Schleifschwamm
Der Schleifkörper passt sich Oberflächen an

Stahlwolle
Metallgespinst zum Abtragen und Aufrauen

Schleifpaste
Feinschleifkörper in Flüssigkeit zum Polieren von Lacken

Aufbau von Schleifpapieren

Schleifkornträger

Papier dünn: flexibel mit hoher Anpassungsfähigkeit dick: hart und stabil für den Maschinenschliff	A	sehr dünn	ca. 70 g/m²
	B	dünn	ca. 100 g/m²
	C	mittel	ca. 120 g/m²
	D	dick	ca. 150 g/m²
	E	sehr dick	ca. 220 g/m²
Leinen/Gewebe sehr reißfest	J	leichte Qualität	
	K	schwere Qualität	
	U	0,38 mm dick	
Fiber, hart und stabil für den Maschinenschliff			

Bindesystem und Antihaftschicht von Schleifmitteln

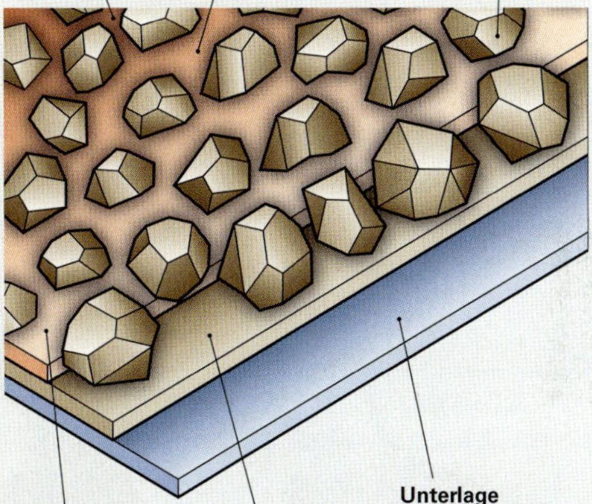

Schleifkornarten

Aluminiumoxid (Korund): blockig, zäh, hohe Standzeiten auf „harten Materialien", Härte 9,4 nach Mohs

Siliciumcarbid: scharf, spröde, sehr „schnittig" auf „weichen Materialien", Härte 9,6 nach Mohs

Schleifkörner sind in sich meist massiv. Sie können auch aus winzigen Splittern bestehen, sodass beim Abrieb immer wieder scharfe Kanten zum Einsatz kommen.

Schleifkorngröße/Feinheitsgrad

Die Größen der einzelnen Körner sind nach den Normen der **FEPA** (Fédération Européenne des Fabricants de Produits Abrasifs) eingeteilt. Die Standardgrößen umfassen 25 verschiedene Körnungen, Kennbuchstabe **P**.

P 8 bis P 80	sehr grob (extra coarse)
P 100 bis P 120	grob (coarse)
P 120 bis P 220	mittel (medium)
P 220 bis P 320	fein (fine)
P 320 bis P 360	sehr fein (very fine)
P 400 bis P 500	super fine
P 500 bis P 600	ultra fine

Mikrokörnungen reichen bis P 5000.

Offene und geschlossene Streuung

Wenige Schleifkörner: Wenn die Unterlage zwischen 50 % – 70 % mit Schleifkörnern bedeckt ist, spricht man von einer **offenen Streuung**. Je offener die Streuung, desto besser die Abtragsleistung.	**Viele Schleifkörner:** Wenn die Unterlage zu mehr als 70 % mit Schleifkörnern bedeckt ist, spricht man von einer **geschlossenen Streuung** (dichte Streuung). Je geschlossener die Streuung, desto besser die Oberflächengüte.

Aufbau von Schleifvlies, Schleifwolle und Pasten

Schleifvlies

Es besteht aus Nylonfasern, die mit Harzen zusammengehalten werden. Die Schleifkörper sind mit Harz eingebettet. Es eignet sich zum Glätten, Reinigen und Anrauen, jedoch nicht zum Abschleifen und Abtragen von Altbeschichtungen. Es ist flexibel zu handhaben, z. B. an Kanten und Rundungen.

Schleifwollen

Aus Stahlgespinst, Messinggespinst oder Haar

Schleifpasten, Poliermittel

Feinste Schleifmittel in Emulsionen, Polituren enthalten zusätzliche Wachse und Öle.

Aufbau Schleifvlies

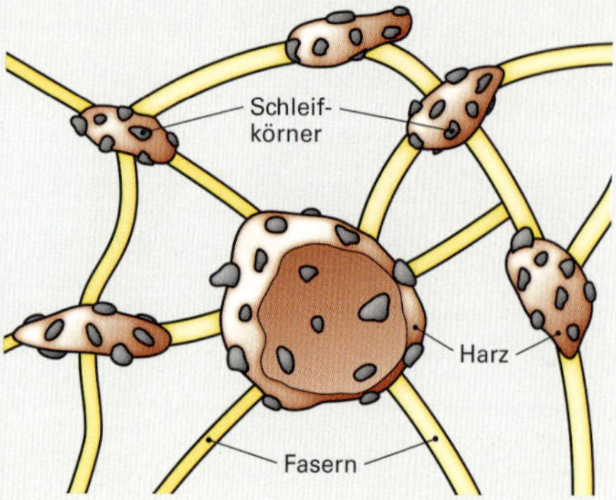

Schleifsysteme

Bandschleifer

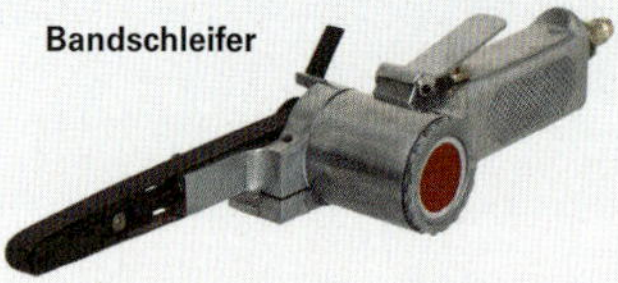

Exzenter-
schleifer

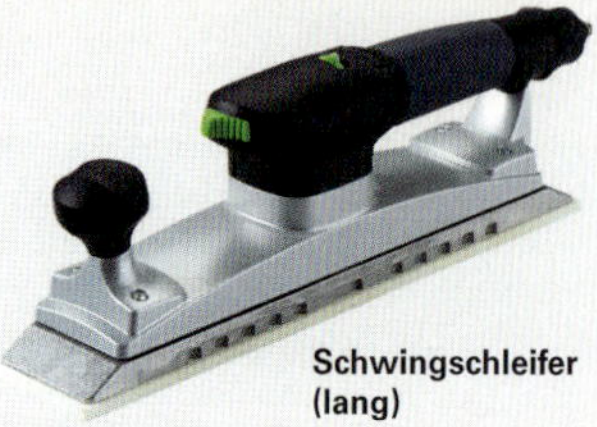

Schwingschleifer
(lang)

Die geeignete **Schleifmaschine** für die jeweilige Anwendung

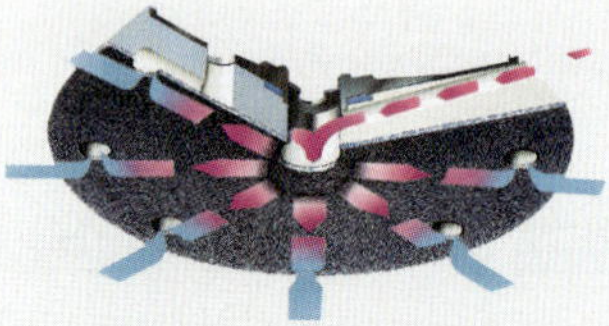

Absaugung des Schleifstaubs durch Öffnungen in Schleifmittel und Schleifteller.

Schleif-
systeme

Schleifteller oder Schleifschuh (weich, superweich oder hart). Für die meisten Maschinen sind die Schleifmittel auch im schnellen Wechselsystem mit Kletthaftung erhältlich.

Das passende **Schleifmittel** für die jeweilige Anwendung

Schleifmaschinen			
Die Geräte arbeiten	• strombetrieben mit Kabel oder Akku • mit Druckluft		
Schleifmaschine	**Beschreibung**	**Bewegung**	**Schleifspur**
	**Rutscher/Schwingschleifer** Schleifen mit schwingender Bewegung des Schleiftellers. Sie verkanten nicht so leicht. Sie eignen sich für fast alle Malerarbeiten.	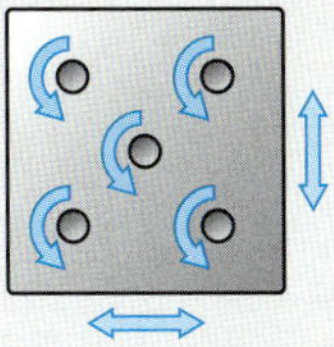	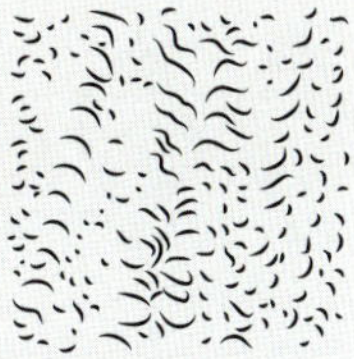
	**Exzenterschleifer** Bieten 2 Bewegungen in 1 Gerät. Das Einsatzspektrum ist groß, da je nach Schleifteller sowohl Schleifarbeiten als auch Polierarbeiten möglich sind.	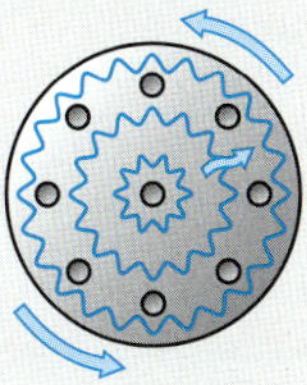	
	**Deltaschleifer** Eignen sich besonders für Profile und Ecken. Sie sind handlich und gut geeignet für Fenster und Vekleidungen. Schleifbild wie beim Rutscher.	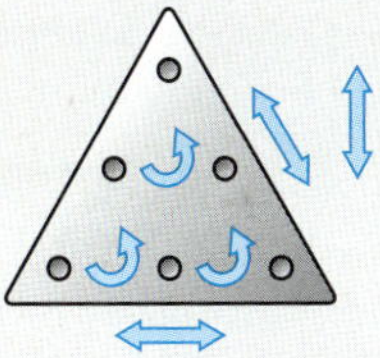	
	**Rotationsschleifer** Schleifen mit rotierender Bewegung. Sie sind auf hohen Materialabtrag ausgelegt.	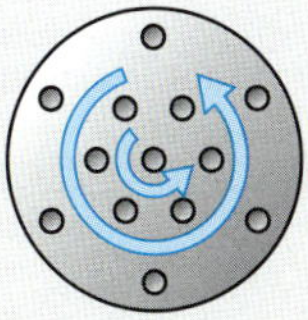	
	**Bandschleifer** Sind Schleifmaschinen für glatte, große Flächen. Die Bewegung des Schleiftellers ist linear. Industrieller Einsatz für Holz und Metall.	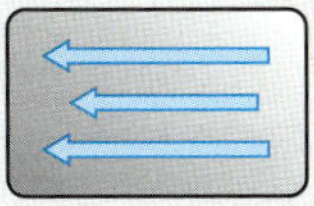	

Staubabsaugung: Die Schleifteller haben Löcher, damit der Schleifstaub abgesaugt wird. Die Löcher der Schleifscheibe müssen genau darüberliegen, da sonst keine Absaugung durch die Maschine möglich ist.

Schleifleiter

- Wird eine Beschichtung mit grobem Schleifpapier vorgeschliffen, so können durch weiteres Schleifen mit feinerem Schleifmittel die Riefen wieder ausgeschliffen werden.
- Der Sprung von einer Körnung zur nächsten sollte weniger als 100 betragen, sonst ist der Schleifaufwand zum guten Ergebnis zu groß.

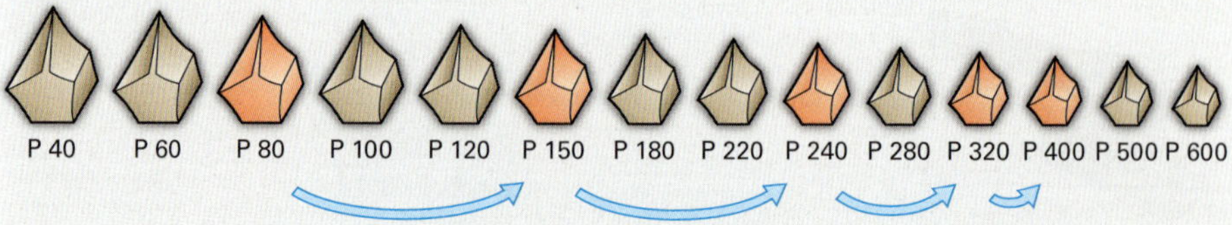

Der Sprung von einer Körnung zur nächsten sollte nie mehr als 100 sein!

Maschinenschliff und Handschliff

Maschinenschliff	• Höhere Kraft als der Mensch • Die Kraft bleibt lange und gleichmäßig erhalten. • Kleine leichte Geräte ermöglichen Schleifarbeiten über Kopf.
Handschliff	• Vorwiegend für kleine Flächen oder schwer zugängliche Stellen • Das Nachschleifen oder ein Zwischenschliff erfolgt meist von Hand. • Von Vorteil an gewölbten und profilierten Objekten • Ungleiche Flächenbelastung von Finger zu Finger • Hilfsmittel: Schleifklötze, Schleifmittelhalter (mit/ohne Schwammkissen) • Ungesunde Belastung von Hand und Haut

Trockenschliff und Nassschliff

- Die Entscheidung für Nass- oder Trockenschliff ist grundsätzlich vom Untergrund abhängig.
- Alle saugenden Untergründe müssen trocken geschliffen werden.

Nassschliff mit Wasser	Trockenschliff
• **Höhere Standzeit.** Das Schleifpapier setzt sich nicht so schnell zu. • **Der Schleifschlamm** wirkt als feinstes Schleifmittel beim Schleifen mit. • **Erschwerte Arbeitskontrolle.** Wasser und Schleifschlamm behindern die Sicht auf die zu bearbeitende Fläche. • **Hohes Fehlerrisiko durch Wassereinschluss.** Die Oberfläche muss vor der weiteren Beschichtung trocken sein. Sonst führt das eingeschlossene Wasser zu Beschichtungsschäden. • **Wartezeiten.** Die Oberfläche muss genügend Zeit haben, damit die aufgenommene Feuchte ausdunsten kann. • **Lackierfehler durch Schleifschlamm**. Besonders in Kanten und Falzen bleibt nach der Reinigung mit klarem Wasser oft Schleifschlamm zurück. Darauf haftet die folgende Beschichtung nicht. • **Verwendung besonderer Schleifmaschinen.** Wasser darf nicht ins Gehäuse der Schleifmaschine eindringen. Davor müssen die Geräte konstruktiv geschützt sein.	• **Feinstes Schleifbild.** Mit feinsten High-Tech-Schleifmitteln können äußerst feine Schleifbilder erzielt werden. • **Gute Arbeitskontrolle.** Die geschliffene Fläche ist jederzeit sichtbar und fühlbar. • **Absaugung nötig.** Damit der gesundheitsgefährdende Staub nicht eingeatmet wird. Schleifstaub kann das Schleifpapier schnell zusetzen. • **Weniger Lackierfehler.** Der Reinigungsaufwand durch Abstauben ist geringer und unproblematischer als beim Nassschliff. • **Weniger Zeitaufwand.** Trockenzeiten fallen nicht an. Es kann direkt nach dem Schleifen beschichtet werden.

Arbeitssicherheit und Umweltschutz	
Maschinenschliff	• Gerätekabel nicht über Kanten leiten • Geräteleistung nicht überreizen • Arbeiten am Gerät nur bei gezogenem Stecker • Defekte Geräte sofort aus dem Verkehr ziehen • Reparatur defekter Geräte nur durch den Fachmann
Nassschliff	• Ungeschützt quillt Wasser die Haut an, die Haut wird entfettet und anfälliger für Entzündungen und Risse. Bei länger dauernden Arbeiten Hände mit wassserdichten Handschuhen schützen. • Nach den Arbeiten oder in Pausen Hände eincremen
Trockenschliff	• Eingeatmete Staubpartikel können tief in die Lunge eindringen und deren Funktion schädigen. • Gefährliche Stäube schaden der Umwelt. • Absaugung des Schleifstaubes möglichst nahe bei der Entstehung, d. h. am Schleifteller • Absaugungsvorrichtungen benutzen oder Atemschutzmaste tragen
Je nach Notwendigkeit Teile der PSA tragen (Handschutz, Augenschutz, Ohrenschutz u. a.)	

4.1.8 Hochdruckreinigung

Funktionsweise	
• Trifft Wasser mit hohem Druck auf den Untergrund, so wird Schmutz etc. abgesprengt. • Geeignet auf allen wasserbelastbaren Untergründen in wasserverträglicher Umgebung • Bedingung ist, dass das Wasser der Umgebung nicht schadet. • Die Druckerzeugung erfolgt meist über einen Kolbenmotor.	
Arbeitsdruck	• Mit 80 bar bis 150 bar zum Reinigen von Flächen • Bis 500 bar: Abtragung von Lackschichten. Dabei kann jedoch auch der Untergrund beschädigt werden. • Ab 500 bar kann die Pistole vom Arbeiter nicht mehr längere Zeit frei gehalten werden. • Geräte mit hoher Druckleistung benötigen Kompressoren von Anhängergröße. • Der Arbeitsdruck entscheidet über den Wasserverbrauch (400 l/h bis 7000 l/h).
Beheizbarkeit	• Heißwassergeräte arbeiten mit einer Wassertemperatur bis 80 °C oder einer Dampfstufe bis 140 °C. • Warmes oder heißes Wasser reinigt besser als kaltes Wasser.
Aufprallwinkel	• Strahl nie direkt im rechten Winkel auf die Fläche richten. Lackschichten könnten sich unerwünscht lösen.
Düsenart	• Düsenarten siehe unten
Zusätze	• Diese lösen den Schmutz. • Schmutzwasser muss aufgefangen werden.

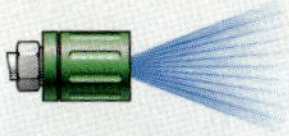

Die **Flachstrahldüse** erzeugt einen auf gespreizten Strahl (z. B. 15°, 30° oder 60°).

Bei der **Punktstrahldüse** (Rundstrahldüse) ist der Strahl nicht aufgespreizt (0°). Die Düse erzeugt einen extrem harten Punktstrahl.

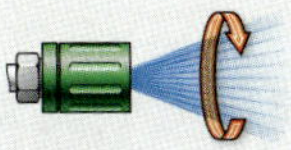

Die **Turbodüse** (Rotordüse, Dreckfräse) erzeugt einen rotierenden Punktstrahl, dessen Radius immer größer wird, je weiter man vom Untergrund entfernt ist.

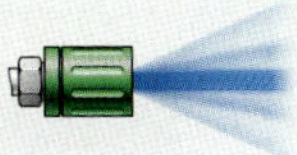

Bei der **Variodüse** kann der Strahlwinkel von 0° bis 90° stufenlos eingestellt werden.

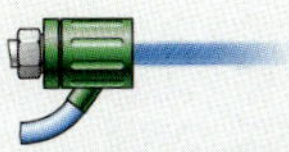

Bei der **Venturidüse** befindet sich seitlich eine Öffnung, durch die das Strahlmittel aufgrund der Sogwirkung mitgerissen wird.

Arbeitssicherheit und Umweltschutz

- Sicherheitskleidung tragen (Schutzanzug, Helm, Sicherheitsschuhe und Gehörschutz).
- Die Reinigungslanze unter Druck nie auf andere Personen richten. Mit 500 bar wird Kleidung zerfetzt, das Wasser durch die Haut geschossen, der Fuß etc. regelrecht aufgepumpt.
  Folge: langer Arbeitsausfall bis hin zur Amputation oder zum Tod.
- Ab einer Fassadenreinigung ab ca. 300 m^2 muss das Schmutzwasser je nach Regelung der Stadtverwaltung aufgefangen werden.
- Wird nur mit reinem Wasser gereinigt, so reicht ein wirksames Absetzbecken und ein Filtervlies, um Farbreste zu entfernen, bevor das Wasser über die Kanalisation ins Klärwerk geleitet wird. Einleitung in öffentliche Anlagen sind genehmigungspflichtig.

Maßnahmen zum Auffangen des Schmutzwassers

Folienwanne

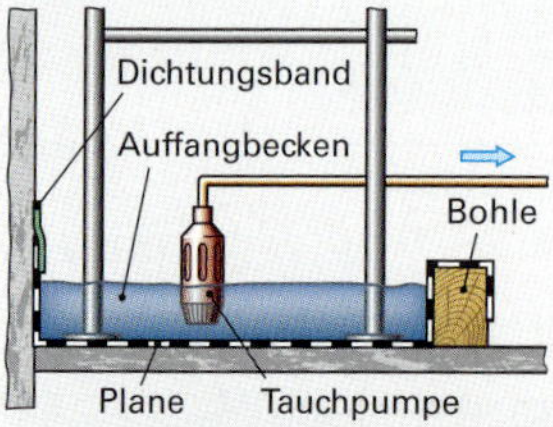

Rinnensystem

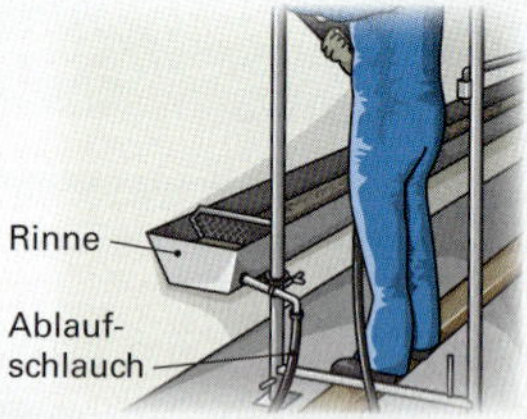

Kanalisationsabdichtung

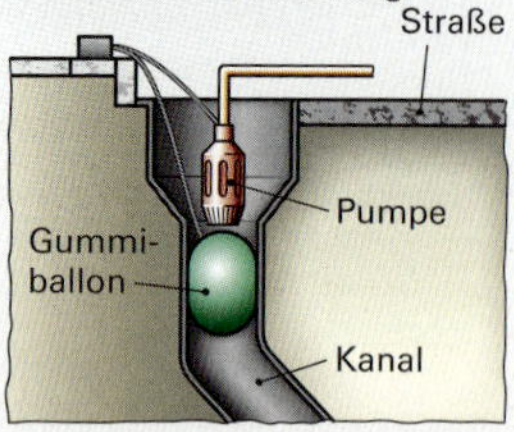

4.1.9 Strahlreinigung

Verfahrensarten

- Untergründe können porentief von Schmutz und von Altbeschichtungen befreit werden. Das Strahlen ist im Ergebnis kaum mit anderen Verfahren zu übertreffen.
- Feinkörniges Strahlmittel wird mit Druckluft bis zu 6 bar auf den Untergrund, das Strahlgut, geschleudert und löst mechanisch die Altbeschichtung.
- Strahlanlagen stationär oder transportabel
- Wird in einer Ausschreibung im Korrosionsschutz Normreinheitsgrad Sa 2 ½ verlangt, so *muss* gestrahlt werden.

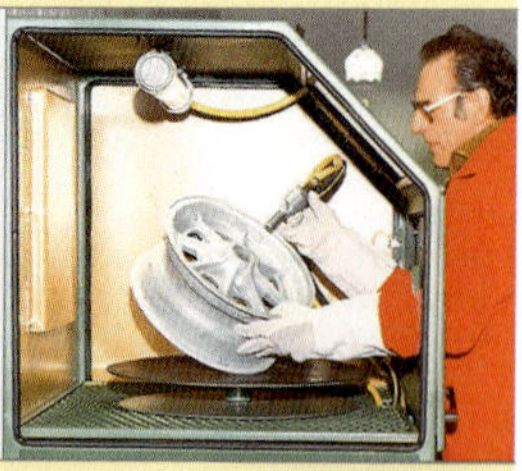

Strahlmittel

- Grundformen der Strahlmittel sind rund, kantig und zylindrisch.
- Engl. Begriffe: „shot“ für runde und „grit“ für kantige Strahlmittel.
- Runde Strahlmittel hämmern auf die Oberfläche, spitze Strahlmittel schlagen sie auf.
- Harte Strahlmittel zerspringen leicht. Weiche Strahlmittel verformen sich mehrmals.
- Kleine Strahlkörner gelangen besser in die Rautiefe der Stahloberfläche als große Strahlkörner. Sie besitzen eine geringe Tiefenwirkung, aber hohe Flächenleistung.

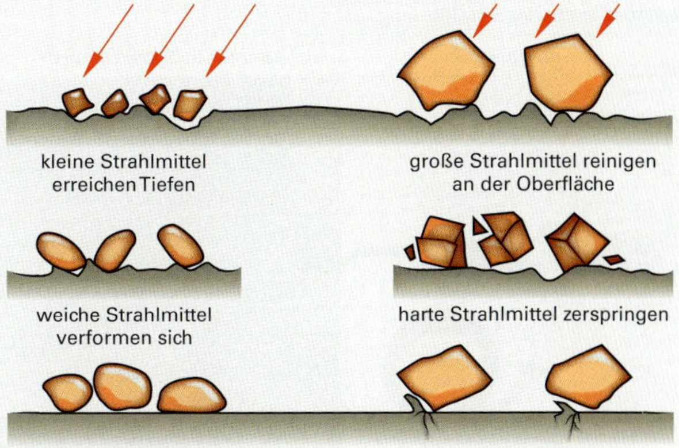

Verfahrensarten	
Trockenstrahl-Verfahren	Etabliertes Verfahren für Entrostungs- und andere Strahlarbeiten. Dabei kommt es zur Staubentwicklung.
Nassstrahl-Verfahren	Für empfindliche Flächen. Strahlmittel ist in den Wasserstrahl eingemischt und prallt schonender auf den Untergrund.

Beim Trockenstrahl-Verfahren unterscheidet man drei Verfahren:

Injektoranlagen	Anlagen mit Druckgebläse	Schleuderrad-Anlagen
Strahlmittel wird mit Druckluft in der Pistole und zusätzlicher Drucklufteinteilung auf ca. 10 m/sec beschleunigt. Die Anlagen sind transportabel und auch für feine Strahlarbeiten geeignet.	Vorwiegend stationäre Anlagen, in der Druckluft Strahlmittel beigemischt werden. Je nach Beschleunigungsstrecke und Druck sind Aufprallgeschwindigkeiten über 40 m/sec erreichbar.	In diesen stationären Anlagen wird das Objekt am Schleuderrad vorbeibewegt. Hohe Leistungen bei hoher Streuung mit einem Durchsatz bis zu 80 kg Strahlschrot/min. Ungeeignet für feine Arbeiten. Aufprallgeschwindigkeiten bis zu 80 m/sec.

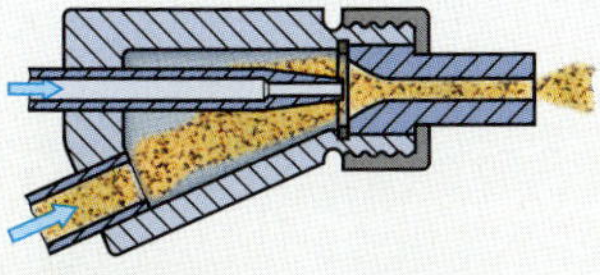
Injektor-Pistole

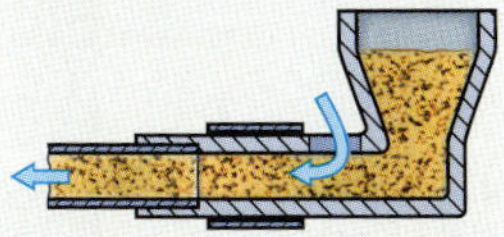
Ablaufbecher für Injektor-Anlagen

Arbeitssicherheit und Umweltschutz

- Bei Strahlarbeiten ist auf vorschriftsmäßige Schutzkleidung und Schutzausrüstung zu achten.
- Der Strahl darf nie auf andere Personen gerichtet werden.
- Strahlabfall möglichst einfangen, z. B. durch Einhausung an Brücken, damit dieser nicht in die Natur gelangt.

4.1.10 Thermische Entschichtung unter Einsatz von Hitze

Abföhnen	Abbrennen/Flammstrahlen	Abdampfen

• Die Heißluft erweicht die Altbeschichtung auf Lackbasis. • Weiche Schicht mit einer langen Spachtel abkratzen. • Nachschleifen. • Vorsicht. Nicht den Untergrund beschädigen. Dämpfe nicht einatmen.	• Unter Hitze werden die Rostpartikel vom Stahl abgelöst/abgesprengt. • Es verdampft die Feuchte im Rost. Die dabei auftretende Volumenänderung bewirkt zusätzlich das Lockern des Rostes.	• Heißer Wasserdampf dringt aufgrund höherer Molekülbewegung schneller in wasserlösliche Schichten ein. • Druck unterstützt den Vorgang. • Gerät direkt aufsetzen (z. B. auf die Tapete).

4

4.1.11 Thermische Entschichtung unter Einsatz von Kälte

Entschichten mit Trockeneis

- Dabei wird Kälte eingesetzt.
- Der in einer Strahlpistole erzeugte Unterdruck saugt die Trockeneis-Pellets an, beschleunigt sie auf 300 m/s und strahlt sie auf die zu reinigende Oberfläche.
- Während der Kontaktzeit zieht sich die Verschmutzung durch die starke CO_2 – Unterkühlung (–79 °C) zusammen und versprödet. Durch die entstandene Thermospannung löst sich die Schicht vom Grundmaterial. Mithilfe der Geschwindigkeit der nachfolgend auftreffenden Pellets wird die Beschichtung dann vollständig abgetragen.
- Es entstehen außer dem abgesprengten Schmutz keine Rückstände.

Vor, während und nach der Reinigung mit Trockeneis

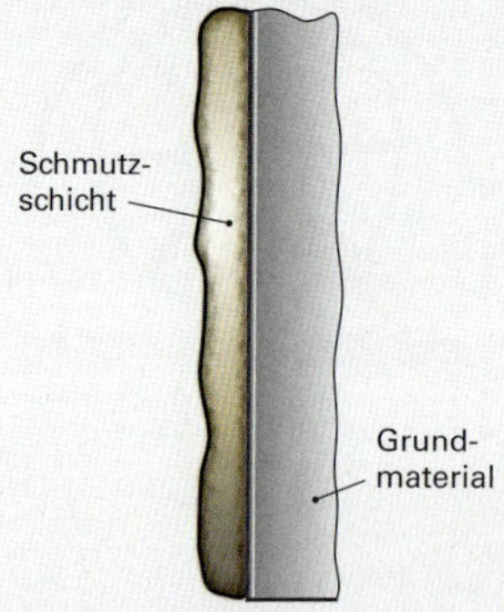

Vor der Reinigung

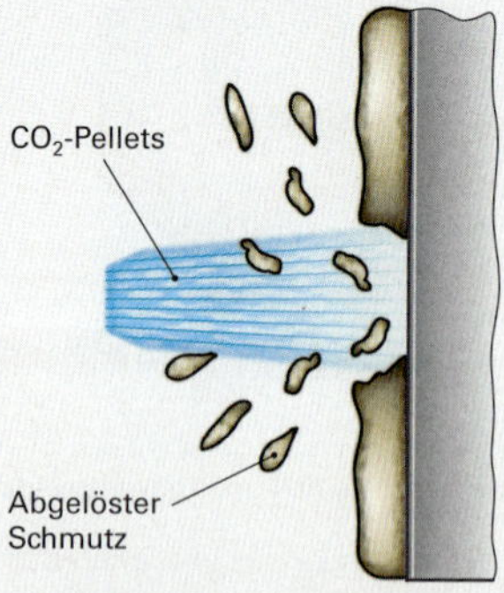

Während der Reinigung

Nach der Reinigung

4.1.12 Chemisches Ablaugen und physikalisches Abbeizen

- Abbeizmittel können flüssig oder pastenförmig sein.
- Der Untergrund muss gegen diese Stoffe beständig sein. Metalle, mineralische Untergründe und Holz können gut abgebeizt werden.
- Abbeizrückstände sind als Sondermüll zu entsorgen.
- Kunststoffe sind in der Regel lösemittelempfindlich, folglich sollten sie nicht abgebeizt werden, sondern in einer anderen Technik entschichtet werden.

Alkalische Abbeizer

- Natron- oder Kalilaugen zerstören ölhaltige Lacke, indem sie die Fettsäuren des Öles in wasserlösliche Seifen umwandeln, ein chemischer Vorgang. Darum sind sie nur zum Entschichten ölhaltiger Lacke einsetzbar.
- Alkydharzlacke für Beschichtungen am Bau beinhalten einen hohen Anteil an Öl (60 % – 80 %) und können mit Lauge entfernt werden. Die lösemittelhaltigen Abbeizer sind jedoch einfacher zu handhaben und werden meist den alkalischen Abbeizern vorgezogen.
- Bewegliche Objekte wie Möbel oder Fensterläden sollten stationär in industriellen Ablaugereien entschichtet werden (Umweltschutz).
- Nach der Anwendung alkalischer Abbeizmittel muss der Untergrund mit einer schwachen Säure neutralisiert werden

Zerstörung durch Verseifung

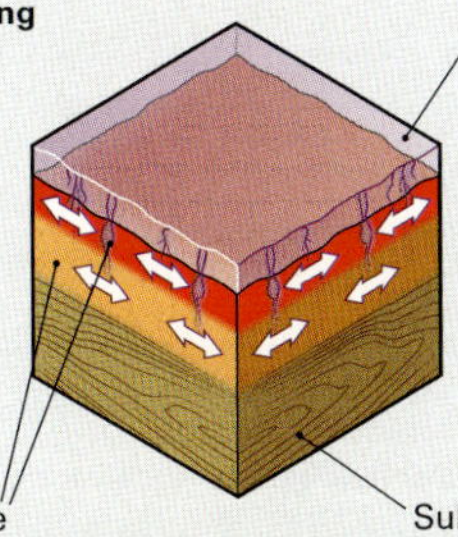

Lösemittelhaltige Abbeizmittel

- Diese Abbeizer werden auch „Abbeizfluide" genannt und werden u.a. als Farbentferner, Fassadenreiniger und Graffitientferner angeboten.
- Für Kunststoffe sind diese Abbeizer nicht geeignet. Die eingesetzten Lösemittel quellen die Lackschicht an, ein physikalischer Vorgang. Es findet keine chemische Reaktion statt.
- Eingesetzt werden Mischungen aus hoch- und niedermolekularen Aromaten und Aliphaten, vorwiegend Aceton, Glykoläther, Glykolätherester und Ester. Jede Mixtur ergibt eine andere Wirkung.
- Verdickungsmittel sorgen dafür, dass die Lösemittel an senkrechten Flächen nicht ablaufen. Zugegebene Wachse und Paraffine schwimmen nach dem Auftragen an die Oberfläche und verhindern, dass die Lösemittel nicht allzu schnell verdunsten. Das Auflegen einer Folie auf den Abbeizer hat gleiche, bessere Wirkung.

Nach dem Abbeizen muss die Fläche mit Lösemitteln nachgereinigt werden, je nach Untergrund kann auch mit Wasser nachgewaschen werden.

Zerstörung durch Anquellen

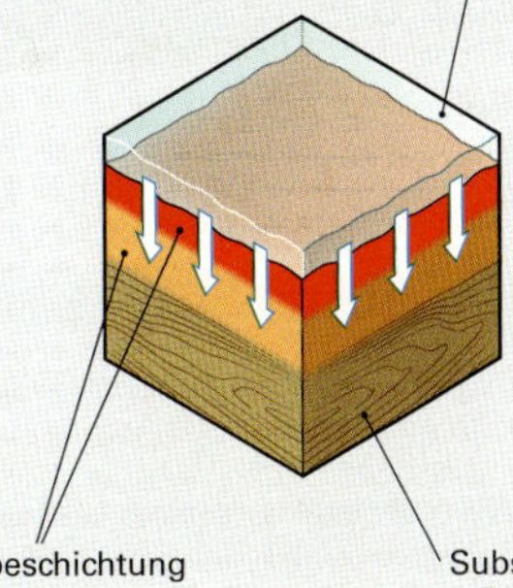

Arbeitsablauf

Abbeizer auftragen

Zum Einwirken mit Folie bedecken

Abschaben der angelösten Schicht

Reinigen der Oberfläche

	Alkalische Abbeizmittel	Lösemittelhaltige Abbeizmittel
Bestandteile	• Kalilauge • Natronlauge • Zusatz möglich Methylzellulose (Kleister)	Organische Lösemittel (Aliphaten, Aromaten) Besser: • Biologisch abbaubare Lösemittel Zusätze • Methylzellulose (Kleister) • Paraffin (Wachs)
Wirkungsweise	Chemischer Vorgang der Verseifung	Physikalischer Vorgang des Lösens und Anquellens
Einsatzbereiche	Alle Beschichtungen, die Öl enthalten z. B. Ölfarben, Alkydharzlack	Je nach Lösemittel für alle Lacke und Dispersionen
Erkennung	• Lauge verfärbt Indikatorpapier blau • Anwendungsversuch	• Lösemittel sind neutral, keine Verfärbung des Indikatorpapiers • Geruch
Verarbeitungshinweise	• Naturborsten werden zerstört • Leichtmetalle werden angegriffen • Mit Wasser ist nachzuwaschen • Holz wird dunkel, es muss anschließend mit Säure neutralisiert werden • Sicherheitsvorschriften beachten	• Satt auftragen • Mit Lösemittel nachwaschen • Vorsicht bei Kunststoff-Untergründen • Sicherheitsvorschriften beachten

Methylenchloridhaltige Abbeizer sind wegen ihrer Gefahr für Gesundheit und Umwelt nicht mehr zugelassen.

4.1.13 Entfernung von Graffiti

Abhängig vom Untergrund kann man Graffiti

- überstreichen
- entfernen und überstreichen
- entfernen und den Untergrund unsichtbar schützen

Kunst oder Sachbeschädigung?

Entfernen mit Chemikalien

Organische Lösemittel quellen das Graffito an. Ein Anteil an Säuren bewirkt einen pH-Wert von 4 bis 5. Augen schützen. Je dichter der Untergrund, umso einfacher ist die Entfernung.

Der Reiniger wird reichlich (400 g/m^2) mit Pinsel oder Roller aufgetragen. Nach einer Einwirkzeit von 30 min bis 2 h alles abschaben, abspritzen oder abstrahlen. Gut mit Wasser nachspülen, der Einsatz eines Hockdruckreinigers erleichtert die Arbeit. Handarbeit mit der Wurzelbürste würde die Verschmutzung übermäßig in den Untergrund reiben. Gegen letzte Farbschatten wird ein Schattenentferner aufgestrichen. Nach Einwirkzeit mit Hochdruckreiniger abwaschen. Abschließend gesamte Fläche, auch ungereinigte Bereiche, mit dem Hochdruckreiniger von Schmutz reinigen.

Schützen des Untergrundes

Die gereinigte Fläche wird mit einer diffusionsoffenen Schutzschicht imprägniert, das erleichtert weitere Reinigungen. Der Zeitaufwand beträgt dann nur etwa 10 % bis 20 % einer Komplettreinigung. Man unterscheidet

- **permanente (dauerhafte) Schutzbeschichtungen,** die eine Reinigung überstehen. Dazu gehören EP- und PUR-Systeme, vernetzte Siloxane oder modifizierte Acrylate.
- **temporäre Schutzbeschichtungen,** die beim Reinigen mit entfernt werden und darum neu aufgetragen werden müssen, z. B. Wachse und Acrylate.
- **kombinierte Systeme**, auch als semipermanente Systeme oder Zweischichtsysteme bezeichnet. Die untere Schicht bleibt erhalten, die obere Schicht wird beim Reinigen entfernt und muss erneuert werden.

4.1.14 Spachteln und Verputzen

Spachtelmassen und deren Einsatz

- Zum Glätten von Untergründen
- Teil des Beschichtungssystems
- Wenn möglich sollte darauf verzichtet werden, da Spachtelschichten leicht verspröden und zu Rissbildung und Abblättern neigen.

Untergrund	Geeignete Spachtelmasse
Holz	Kunstharzspachtel auf Alkydharzbasis, Nitrospachtel, Polyesterspachtel (UP-Spachtel)
Kunststoff	Polyesterspachtel (UP-Spachtel)
Metall	Kunstharzspachtel auf Alkydharzbasis, Nitrospachtel, Polyesterspachtel (UP-Spachtel)
Mineralische Untergründe	Innen: Gips, Acrylspachtel Außen: Zementhaltige Spachtelmassen, Acrylspachtel

Spachtelmassen, die Lösemittel enthalten

- z. B. Nitrospachtel, Kunstharzspachtel
- Behälter dicht verschlossen halten, damit die Spachtelmasse nicht austrocknet.
- Je nach Lösemittelanteil fallen Spachtelschichten beim Trocknen mehr oder weniger ein.

Polyesterspachtel

- 2-Komponenten-Material
- Muss nach Herstellerangabe angemischt und verarbeitet werden (Mischungsverhältnis, Verarbeitungszeit), gesundheitsgefährdend.
- Das Spachteln erfolgt auf einer Grundierung oder auch auf blankem Blech am Fahrzeug, je nach Hersteller.

Acrylspachtel

- Extrem hoch gefüllte Dispersion
- Zum flächigen Spachteln innen und zum Schließen von Rissen innen und außen.

Zementhaltige und kunststoffvergütete Spachtelmassen (nur für mineralische Untergründe)

- Diese können auch außen verwendet werden.
- Als Gebinde oder Pulverware im Handel. Pulver muss erst in der vorgeschriebenen Wassermenge klumpenfrei angerührt werden. Nach der vorgeschriebenen Ruhezeit nochmals durchrühren und verarbeiten, bis das Material beginnt, steif zu werden.
- Unterschiedliches Saugvermögen von Spachtelstellen und Untergrund kann eine Grundierung erfordern.

Spachtelwerkzeuge

Egal welches Spachtelwerkzeug eingesetzt wird, immer muss die Spachtelkante des Werkzeugs absolut glatt und sauber sein.

Japanspachtel	Malerspachtel	Doppelblatt-Spachtel	Breitspachtel
Hergestellt aus Stahl oder Kunststoff mit verschiedenen Biegsamkeiten. Für alle Spachtelarbeiten.	In verschiedenen Breiten. Zum groben, kleinflächigen Spachtelauftrag. Eher ein Universalgerät Auch Einsatz zum Kratzen, Abstoßen, auch Flaschen öffnen etc.	Zum Auftragen und Verteilen von Spachtelmassen. Das 2., kleine Blatt beeinflusst die Flexibilität des größeren Blattes.	Geeignet für großflächigen Auftrag von Spachtelmassen.

Zahnkellen und Zahnspachteln

- Einige Spachtelmassen und Kleber sind mit Zahnkellen aufzutragen.
- Die Zahnlücken regulieren mit Tiefe und dem Abstand der Zahnlücken die Menge des Klebers/Putzes.
- Wird die Zahnspachtel beim Arbeiten zu flach oder zu steil gehalten, so verfälscht dies den vorgeschriebenen Materialauftrag.

		a (mm)	*b* (mm)	*c* (mm)	γ (°)
A1		0,50	1,50	1,10	55
A2		1,30	1,70	1,40	55
A3		0,40	1,60	1,50	55
B1		2,60	2,40	2,00	55
B2		2,00	3,00	2,55	55
B3		3,30	3,70	3,25	55

a Zahnbreite bzw. Kerbenabstand
b Zahnlückenbreite bzw. Kerbenbreite
c Zahnlückentiefe bzw. Kerbentiefe
γ Kerbwinkel

Kellen und Glätter zum Verarbeiten von Putzen

Aufbau und Arbeitsschritte Außenputzsystem

1. Untergrundvorbereitung
2. Profile setzen
3. Unterputz
4. Armierungsputz + Kunststoffgewebe
5. Oberputz auftragen
6. Mittlere Dicke 20 mm nach DIN V18550

Aufbau und Arbeitsschritte Innenputzsystem

1. Untergrundvorbereitung
2. Grundieren und Wand nässen
3. Profile setzen
4. Putz auftragen
5. Mittlere Dicke 15 mm nach DIN V 18550

Kellen und Glätter	• Zum Antragen und Verteilen von Putzen • Blech aus rostfreiem Edelstahl. Griff Holz oder Kunststoff • Für übliche Auftragsarbeiten verwendet man nichtabgerundete Blätter, für ansatzlose Oberflächen sind abgerundete Blätter erhältlich. Für Ecken sind Sonderformen erhältlich. • Werkzeuge zum Verputzen

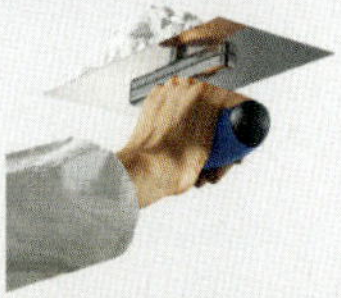

Glätter, Glättekelle

Zum Putzauftrag

Kelle

Zum Putzauftrag

Eckenkelle

Zum Putzauftrag an Außenecken

Eckenkelle

Zum Putzauftrag an Innenecken

Venezianer Glättekelle

Mit abgerundeten Ecken für Deckortechniken

Kunststoff-Kelle

Zum Abscheiben von Putzen

Kunststoff-Reibebrett

Mit Schwammbelag zum Glätten von Putzen

Abziehlatte

Großflächiges Abziehen von Putzen

4.1.15 Pinsel und Bürsten

Bestandteile von Pinseln und Bürsten

Pinsel bestehen aus dem Pinselkopf mit Besteckung, der Fassung (Zwinge) und dem Griff/Stiel.

Pinselkopf

- Er besteht aus Farbkammern, Klebern, Besteckmaterial.
- Das Besteckmaterial mit Zwinge ist im Pinselkopf fest mit EP-Harz verklebt.
- Einlagen in Form von Pappstreifen, Kork oder Kunststoff bilden Farbkammern.

Besteckmaterial

- Haare von Ross, Marder, Feh, Dachs, Iltis ...
- Borsten vom China-Schwein
- Naturfaser, z. B. Fibre
- Kunstfasern, z. B. Toreyhaar, „Chinex", „Drell"

Zwinge (Fassung)

- Sie umhüllt und hält die Besteckung.
- Aus Kunststoff oder Edelstahl. Diese können im Wasser rosten.

Pinselgriff

- Holzgriffe roh, gewachst oder lackiert
- Kunststoffgriff
- Heute ergonomisch gestaltet.

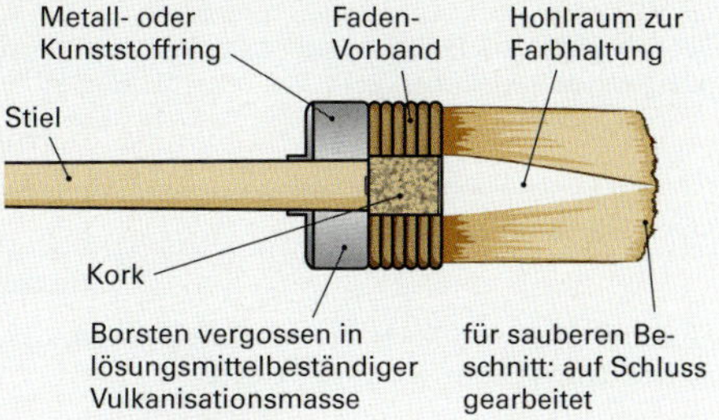

Ringpinsel

Borste

Borstenspitze (Fahne)

Farbaufnahme – Farbabgabe (Beschichtungsvorgang)

Mit dem Pinsel

- Der Pinsel gibt ungleichmäßig Farbe ab.
- Nicht überbeschichten, vor allem nicht an senkrechten Flächen.

- Farbe verteilen und verschlichten.
- Zum Schluss die gesamte Fläche ansatzfrei durchziehen.

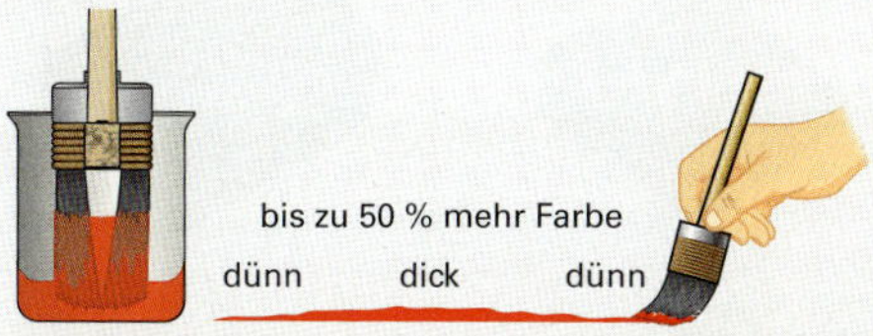

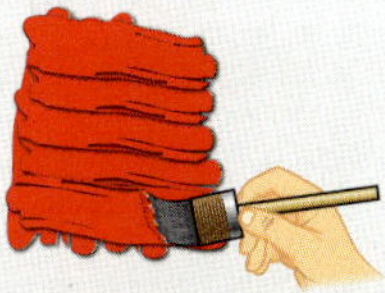

Mit Bürste und Walze auf Wandflächen

Kreuzgang	Nass-in-nass	Nass-in-nass	Nass-in-nass
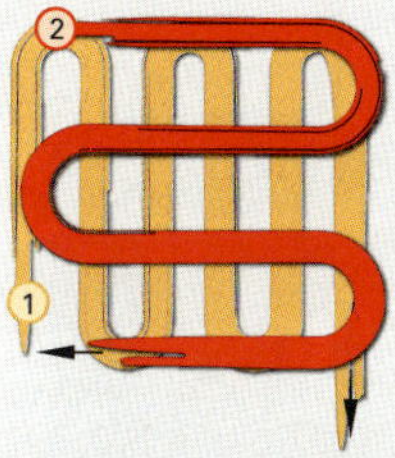	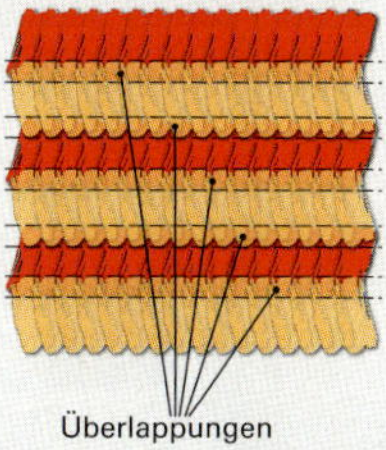	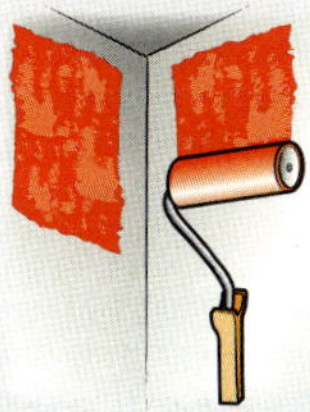	
Große Wandflächen in Teilabschnitten	Für große Wandflächen zum Vermeiden von Ansätzen	Ecken extra mit einem Flächenstreicher vorher streichen, dann Fläche walzen	Bei strukturierten Flächen zur gleichmäßigen Belebung

Pinselarten im Malerhandwerk

Die Pinselgröße wird in Inch oder Zoll angegeben.
Neben den gängigen Pinselarten gibt es zahlreiche Zwischenformen.

Flachpinsel

Der Stiel (Griff) des Pinsels ist bei Profiqualitäten aus Holz, die Zwinge (Fassung) aus rostfreiem Edelstahl, die Besteckung variiert – mehrmals gekochte, reine, schwarze Chinaborste.

Ringpinsel

Der Stiel ist meist aus rohem oder gewachstem Holz, die Fassung (Ring) bei Profipinseln aus Metall, die Besteckung ist mit Fadenvorband versehen.

Heizkörperpinsel

Heizkörperpinsel sind Flach- oder Plattpinsel mit einer Krümmung am Stielende, um schwer zugängliche Stellen (z. B. an Heizkörpern) besser erreichen zu können.

Flächenstreicher

Der Griff zum Aufschrauben besteht bei Profiqualitäten aus Holz, der Eimerhaken aus Metall oder Kunststoff, die Fassung aus Edelstahl, die Besteckung z. B. aus reinen Chinaborsten.

Deckenbürste

Der Griff zum Aufschrauben ist aus Holz oder Kunststoff, der Deckenbürstenkörper besteht aus Holz, Aluminium oder auch aus Kunststoff. Die Besteckung ist in Reihen oder als Bündel gesetzt, Eimerhaken aus Metall oder Kunststoff erleichtern das Ablegen bei der Arbeit. Die Stirnseiten sind offen oder geschlossen.

Flachpinsel

Ringpinsel

Heizkörperpinsel

Pattpinsel, gerade

Kluppenpinsel

ovale Deckenbürste

Flächenstreicher

gerade Deckenbürste

Pinselpflege

- Lackierpinsel müssen zunächst mit dem Anstrichstoff, für den sie ausgewählt wurden, eingearbeitet werden.
- Pinsel und Bürsten, die für wasserverdünnbare Anstrichstoffe gebraucht wurden, sollen nach gründlichem Auswaschen und kräftigem Ausschlagen möglichst frei hängend aufbewahrt werden und trocknen.
- Zu heiße Reinigung im Wasser und zu trockene Lagerung verursachen „Haaren".
- Bürsten und Pinsel dürfen nicht nass und verkrümmt gelagert, nicht im Eimer liegengelassen, nicht über Nacht im Anstrichstoff stehen gelassen, nicht aufgestaucht oder gequetscht werden, denn so verlieren sie Form und Schuss.

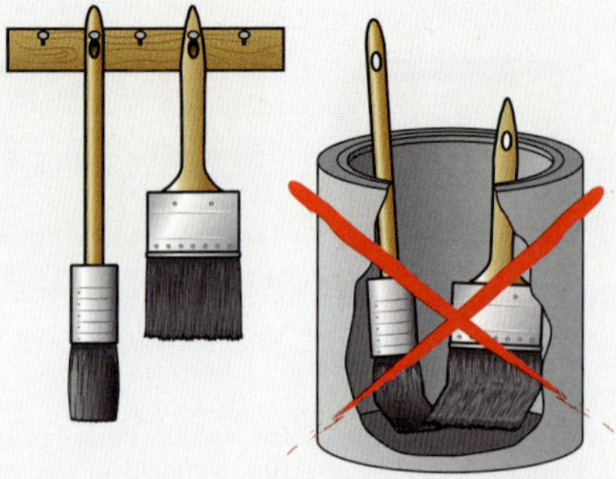

4.1.16 Rollen und Walzen

Aufbau und Anwendung

Farbroller/Farbwalzen

- Länge 18 cm bis 25 cm, Kerndurchmesser 30 mm bis 50 mm + Bezug/Florhöhe
- Für große Wandflächen
- Je dicker die Walze, umso geringere Fliehkräfte, umso weniger Spritzer.
- Mit Polsterung für grobe Strukturen

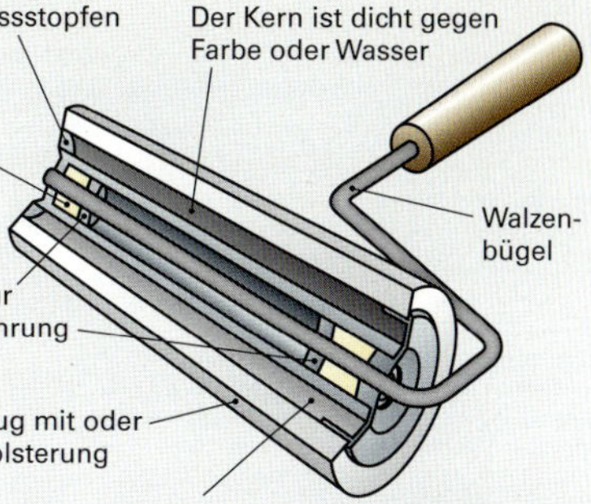

Kleinflächenwalzen

- Für kleinere Wandbereiche
- Länge 5 cm bis 10 cm, Kerndurchmesser 17 mm + Bezug/Florhöhe
- Je nach Oberflächenanspruch für Lackierarbeiten. Das Ergebnis ist jedoch nie so gut wie beim Spritzen.
- Je feiner die Oberfläche (z. B. Schaumstoff), umso besser der Oberflächenverlauf.

Zubehör

Um schnell und sauber arbeiten zu können, sind hilfreich
- Abstreifgitter (Metall oder Kunststoff)
- Teleskopstange
- Farbwanne mit Abstreifrillen (für Kleinwalzen)

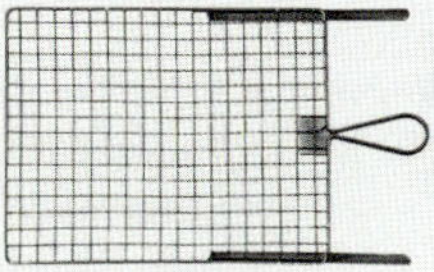
Abstreifgitter

Farbwanne

Walzenarten und Walzenformen

		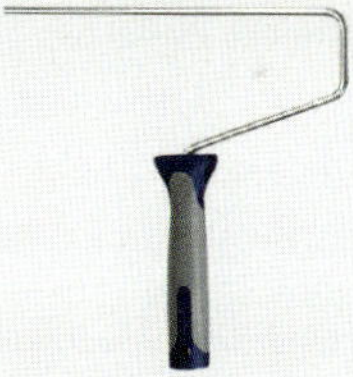	
Ungepolsterte Walze	Gepolsterte Walze	Walzenbügel	Deko-Walze
Ideal für alle Wandfarben, innen oder außen. Gepolsterte Walzen sind von Vorteil für grobe Strukturen.		Üblich 8 mm	Dekoeffekt je nach Florstruktur

Kleinwalze, Lammfell	Kleinwalze Schaumstoff		Erbslochwalze
Für Wandfarben Überträgt viel Material	Gerade Form Klassische Schaumstoffwalzen-Form	Gerundete Version Diese erleichtert ansatzfreies Walzen	Zum Strukturieren von Dekor-Putzen
Empfehlung: Lacke vorwalzen mit Lammfellflor, nachwalzen mit Schaumstoffwalze zum Glätten der Struktur			

Florqualitäten, Florfasern	
Einfluss	**Bedeutung**
Qualität der Faser	Farbhaltevermögen, Wiederaufrichtverhalten, Abriebfestigkeit
Verarbeitung der Faser	Web- oder Strickware
Neigung zum Flusen	Teile der Faser lösen sich beim Rollen und verunreinigen das Lackierergebnis.
Aufrauung der Faserspitzen	Geteilte Faserspitzen im Flor halten das Material länger.
Florlänge	Je nach Untergrund lang oder kurz geeignet. Je länger, umso mehr Material kann aufgenommen werden.

Natürliche Fasern	Synthetische Fasern
Lammfell: spezialgegerbte Lammfelle Sehr gute Farbaufnahme	Mikrofaser: microfeine Polyester-Endlosfaser
Mohair: Webware Ziegenhaar	Polyamid, gezwirnt, gekräuselte Webware
Velours: Webware Wolle	PUR-Schaum, strapazierfähig
	Vestan: Polyesterfaser für einfache Beschichtungen

Pflege von Rollen und Walzen	
Für kurze Zeit, Arbeitsunterbrechung	**Nach Arbeitsabschluss**
• Farbwalze luftdicht mit Folie umwickeln erspart den mehrfachen Auswaschvorgang.	• Auswaschen bis kein gefärbtes Wasser abläuft. • Möglichst Auswaschgeräte einsetzen. • Nie Farbwasser in den Straßen-Gully kippen. • Walze ausschleudern und im Griff zum Trocknen aufspießen.

Lackieren mit wasserverdünnbaren Lacken

- Wasser ist umweltfreundlich und unschädlich.
- Wasser ist ein sehr kleines Molekül mit polarer Ladungsverteilung.
  Es ist flüssig wie org. Lösemittel.
  Es verdunstet wesentlich langsamer als org. Lösemittel.
- Wasser lässt Eisen und Stahl rosten. Alkalische Einstellung verhindert Rostung.
- Wasser besitzt eine hohe Oberflächenspannung. Schlechte Oberflächenbenetzung.
- Wasser gefriert bei 0 °C. Gebinde frostfrei lagern und nicht unter 5 °C verarbeiten.
- Wasserlacke trocknen langsamer durch.
- Wasserlacke trocknen an der Oberfläche schneller an.
- Wasserlacke beinhalten etwas Lösemittel, um den „Wasserberg" klein zu halten.
- Wasserlacke sind auch als 2K-Lacke im Handel.
- Wasserlacke sind für alle Verarbeitungsverfahren geeignet.

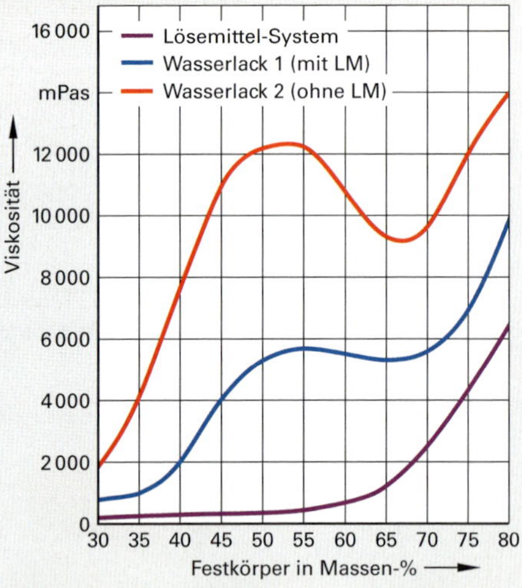

Lackieren von großen Flächen, z. B. Türblätter

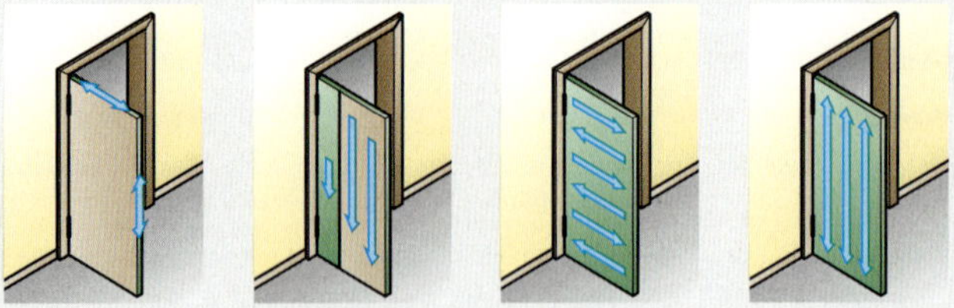

4.1.17 Spritzen

Arten der Spritzverfahren

Druckluftverfahren	Airmix-Verfahren	Materialdruckverfahren
Transport und Zerstäubung des Beschichtungsstoffes erfolgen mittels Luftstrom. Durch die Geschwindigkeitsdifferenz von Material- und Luftstrom wird der Lack in Tröpfchen zerrissen. Je höher die Geschwindigkeitsdifferenz (und je höher der Unterdruck), desto kleiner ist die Tröpfchengröße, desto feiner ist das Spritzbild.	**= Kombination des Druckluft- und des Materialdruckverfahrens**	Der Beschichtungsstoff wird mittels einer Pumpe unter Druck gesetzt und durch eine Düse gepresst. Durch die Ausdehnung des Materials nach Austritt aus der Düse erfolgt die Zerstäubung. Vergleich: Verändern der Düseneinstellung beim Wässern mit einem Gartenschlauch.

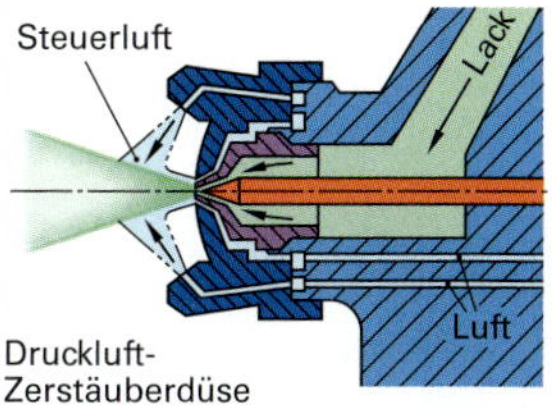

Druckluft-Zerstäuberdüse

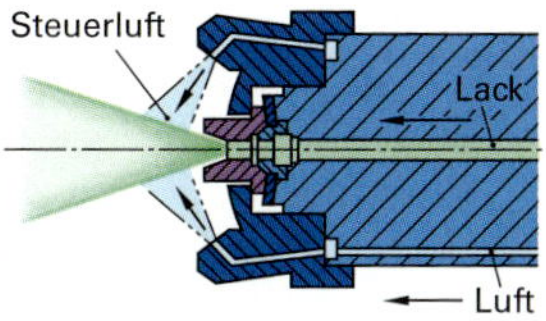

Airmix-Zerstäuberdüse

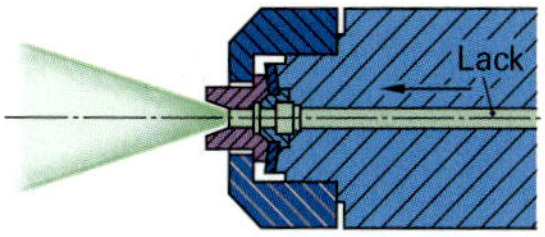

Airless-Spritzdüse

Hochdruckspritzen	Optimierter Hochdruck RP	Niederdruckspritzen HVLP	Airless luftunterstützt, Airmix	Airlessspritzen
Druck an der Düse = Eingangsdruck 4,0 bar bis 4,3 bar Sehr feine Zerstäubung sorgt für sehr gutes Spritzbild Abstand vom Objekt etwa 18 cm bis 23 cm Luftverbrauch 300 l/min bis 400 l/min	RP = Reduced Pressure (Mitteldruck) Eingangsdruck 2 bar bis 3 bar, Druck an der Düse 2 bar Abstand vom Objekt etwa 18 cm bis 23 cm Luftverbrauch 295 l/min	HVLP = High Volume Low Pressure Eingangsdruck bis 5 bar, Druck an der Düse 0,5 bar bis 0,7 bar Weniger Nebel Abstand vom Objekt etwa 18 cm bis 23 cm Luftverbrauch 600 l/min bis 2000 l/min	Zusätzliche Luftdruck-Zuführung an der Düse. Mehr Zerstäubung, mehr Spritznebel Materialeingangsdruck 30 bar bis 80 bar Der Luftdruck unter der Luftkappe beträgt 0,8 bar bis 2,5 bar Luftverbrauch (bei 2,5 bar) 20 l/min	Keine Luftunterstützung. Druck bis 300 bar direkt auf das Material Geringer Spritznebel Hohe Flächenleistung Abstand vom Objekt etwa 15 cm bis 30 cm
Übertragungsrate				
ca. 90 %	ca. 90 %	ca. 75 % bis 80 %	ca. 85 %	ca. 90 %
Oberflächenqualität				
++	++	++	+	+−

Spritzverfahren mit Druckluft

Niederdruck-Spritzverfahren

- Druck 0,2 bar bis 1,5 bar
- Druckerzeugung Schaufelradgebläse (z. B. Staubsaugerausgang)
- Die Druckluft gelangt über einen Schlauch ø 4 mm zur Düse ø 1,0 mm – 1,5 mm.
- Der niedere Spritzdruck ergibt keine besonders feine Zerstäubung des Lackes. Bei schlecht verlaufenden Lacken oder bei niederen Temperaturen ergibt sich somit keine optimal glatte Oberfläche.
- Geringer Spritznebel
- Da niederer Druck geringere Betriebskosten bedeutet, entwickeln alle Spritzpistolenhersteller Niederdrucksysteme weiter.

Niederdruckspritzen

HVLP-Pistole

- High volume low pressure = hohes Volumen bei niederem Druck
- Die Materialübertragungsrate beträgt mindestens 65 % = aktuelle Obergrenze von 35 % Overspray nach VOC-Gesetzgebung.

Hochdruck-Spritzverfahren

- Das Verfahren mit dem z. Z. besten Spritzergebnis.
- Druck von 4,0 bar bis 4,3 bar
- Sehr feine Zerstäubung + optimaler Verlauf
- Relativ viel Spritznebel und Overspray

Mitteldruck-Spritzverfahren

- Kombination der Vorteile des Niederdruck-Spritzens mit denen des Hochdruck-Spritzens.
- Die gesetzliche Vorgabe von unter 35 % Overspray wird eingehalten. Diese Zwischenstufe mit einem Druck von 2 bar erzielt feine Zestäubung und guten Verlauf.

RP-Pistole

- Reduces pressure = reduzierter Druck
- Diese Mitteldruckpistole ist Stand der Technik.
- Sehr gutes Spritzergebnis mit gutem Verlauf und weniger Spritznebel

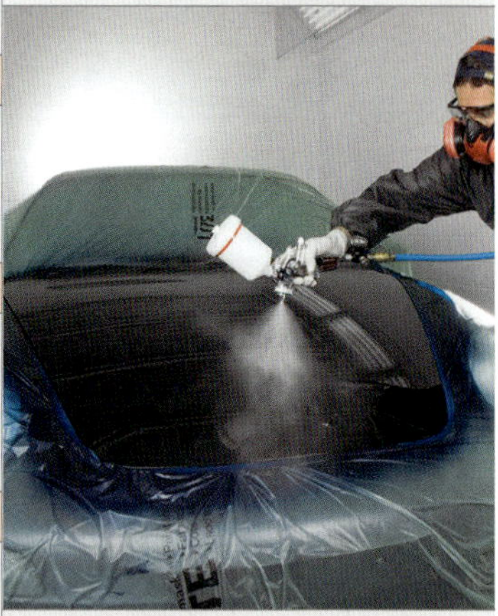

Hochdruckspritzen

Düsendurchmesser

Düsen ø	HVLP-Spritzpistole	Düsen ø	RP-Spritzpistole
1,0	Beispritz- und Patinierarbeiten, Spot-Repair	1,0	Beispritz- und Patinierarbeiten, Spot-Repair
1,2	Basislacke, Wasserbasislacke	1,2	Wasserbasislacke
1,3	Basis- und Klarlacke	1,3/1,4	Basis-, Uni- und Klarlacke
1,4	Klarlacke	1,6 bis 1,8	Höherviskose Materialien, z. B. Industrielacke, Nutzfahrzeuglackierung
1,5	Basis-, Uni- und Klarlacke		
1,7	Höherviskose Materialien bis 26 DIN/s	1,9	Strukturlacke

Luft- und Materialwege in einer Spritzpistole für Druckluftverfahren

Die wichtigsten Teile der Spritzpistole sind

- Luftventil
- Materialdüse
- Luftdüse
- Materialbecher

Luftzufuhr und Lackzufluss werden über den Abzugshebel gesteuert. Das Luftsperrventil öffnet sich, die Verschlussnadel zieht sich zurück, der Lack gerät in den Luftstrom.

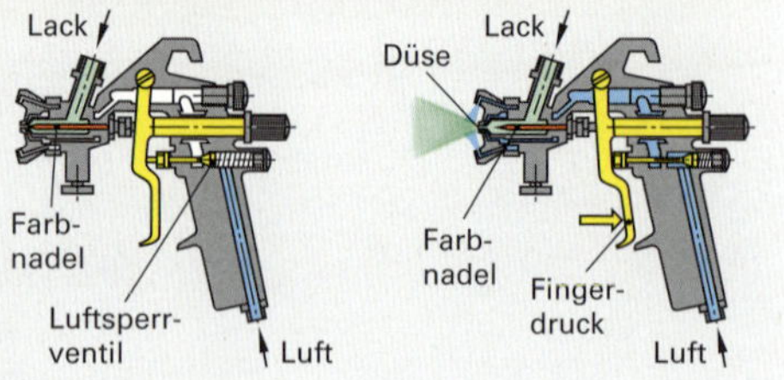

Bestandteile einer Hochdruck-Spritzpistole

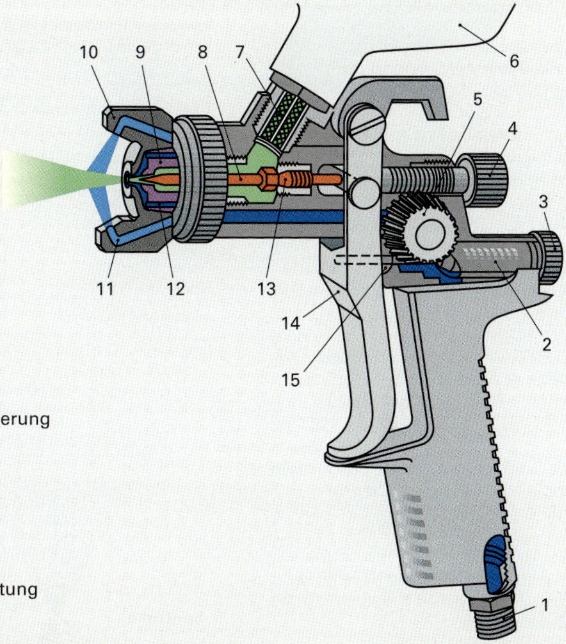

Spritzpistole in Funktion

1 Luftanschluss
2 Luftabsperrventil
3 Druckluftfeineinstellung
4 Material-Mengenregulierung
5 stufenlose Rund-Breitstrahlregulierung
6 Fließbecher
7 Lacksieb
8 Verschlussnadel
9 Lackdüse
10 Luftdüse
11 Luft für Breitstrahl
12 Luft für Rundstrahl
13 selbstnachstellende Nadelabdichtung
14 Abzughebel (-bügel)
15 Luftkolbenabdichtung

Einstellungen an der Spritzpistole

Form des Spritzstrahls

Um die Materialdüse sind zwei gegenüberliegende Luftaustrittsdüsen angeordnet. Durch Drehen der Luftkappe lässt sich der Strahl formen, flacher oder runder.

Materialmenge

Veränderung durch Verstellen des Hubweges der Düsennadel über die Einstellschraube.

Luftdruck

Durch Veränderung des Spitzdruckes lässt sich die Zerstäubung des Lackes regulieren.

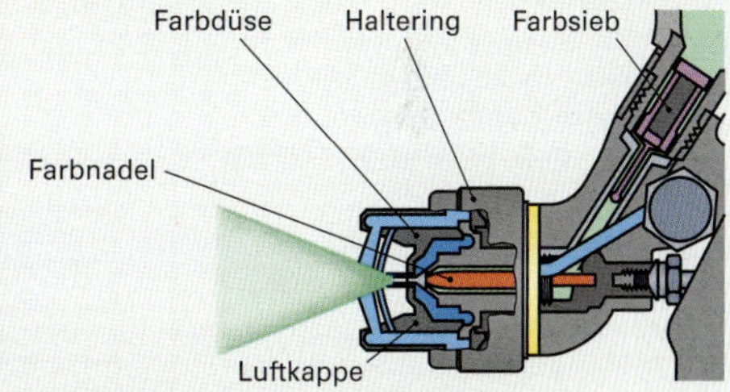

Luftwege an der Materialdüse

Druckluft und Luftfeuchte

Luft enthält immer Feuchte. Wird Luft zu Druckluft verdichtet, so auch die Feuchte zu Wassertröpfchen. Gelangt dieses Wasser mit dem Spritznebel auf das Objekt, so führt dies zu Unsauberkeiten im Lackierergebnis. Darum sind in Anlagen oder an Geräten zur Luftverdichtung Wasserabscheider angebracht. Diese sind regelmäßig zu leeren.

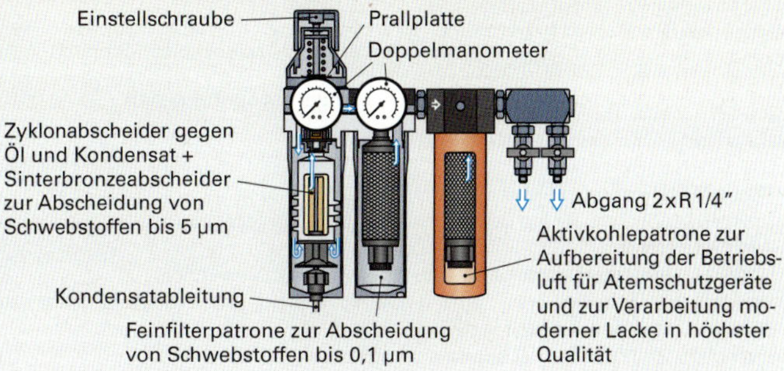

Lackiertechnik

Aus Technischen Merkblättern zum Beschichtungsstoff erfährt man Angaben
- zur Viskosität des Materials
- zur Umgebungstemperatur
- Ablüftzeit (bei Ofentrocknung)
- zu Spritzeinstellungen (Düsendurchmesser, Druck)
- Luftfeuchte (bei wasserverdünnbaren Lacken)

Abstand

Der Abstand zwischen Pistole und Untergrund beträgt beim Spritzen mit der RP-Pistole etwa 18 bis 23 cm, beim Spritzen mit der HVLP-Pistole etwa 13 bis 21 cm. Die Ursache liegt im unterschiedlichen Spritzstrahl. Auf dem Weg von der Düse zum Objekt verdunsten bereits Lösemittel. Bei zu großem Abstand kommt das Spritzgut schon ziemlich trocken an und verläuft nicht mehr ideal. Bei zu geringem Abstand neigt die Lackschicht zu Läufern, da in ihr noch zu viele Lösemittel enthalten sind.

Spritzwinkel

Die Lackteilchen sollten im rechten Winkel auf die Fläche treffen.

Pistolenführung

Die Spritzpistole muss gleich schnell, immer parallel und Bahn für Bahn leicht überlappend geführt werden. Große Flächen werden aufgeteilt.

Die Geschwindigkeit der Pistolenführung in Verbindung mit der Steuerung der Materialzufuhr erfordert Übung.

An der Objektgrenze wird die Pistole kurz darüber hinausgeführt, gleichzeitig die Materialzufuhr reduziert, bevor mit üblicher Materialzufuhr die nächste Bahn gespritzt wird.

Spritzen im Kreuzgang

Gleichmäßige Schichtdicke auf großen Flächen erzielt man durch Spritzen im Kreuzgang. 1 Kreuzgang besteht aus einem horizontalen und einem vertikalen Spritzgang.

Ecken

In Ecken wird nicht hineingespritzt. Die Flächen werden einzeln gespritzt. Die Ecken bekommen dabei genug Lack ab.

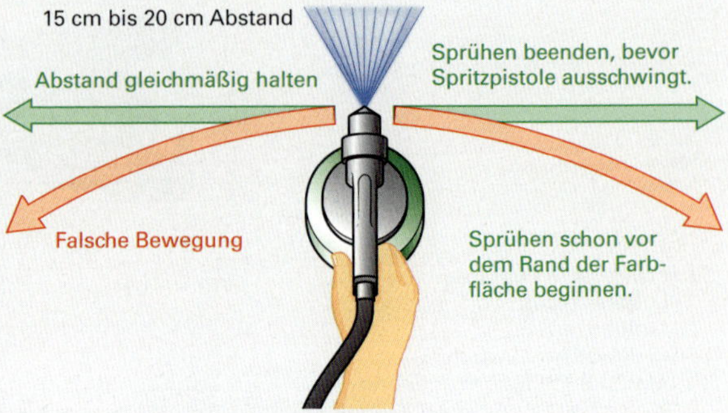

Pistole immer im rechten Winkel zum Objekt in gleichem Abstand führen.

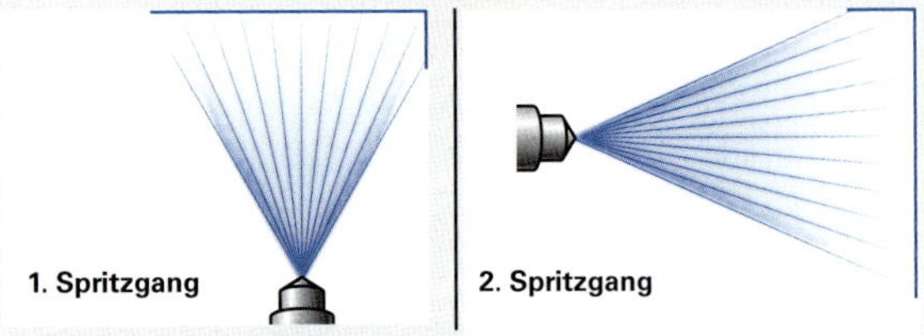

Nicht direkt in Ecken hineinspritzen, jede Seite bis in die Ecke von vorne spritzen.

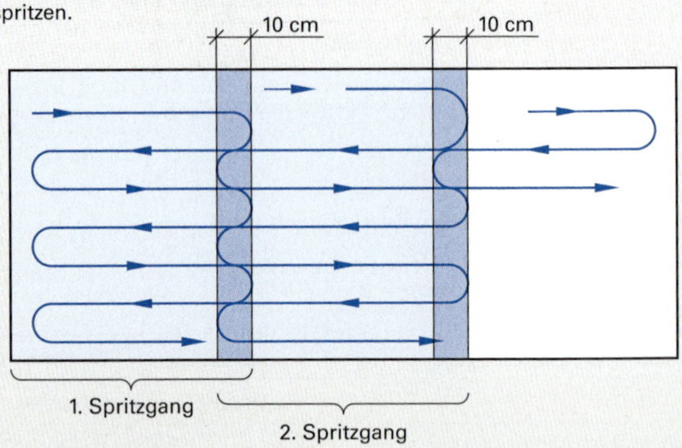

Große Flächen überlappend spritzen. Der alte Abschnitt darf noch nicht angetrocknet sein. Eigenen Standort immer neu anpassen.

Mängel am Spritzergebnis

Das Spritzergebnis, das Aussehen der lackierten Fläche, bezeichnet man als Spritzbild. Ein unsauberes Spritzbild kann folgende Ursachen haben:
- Mangelhafte und unzureichende Untergrundvorbereitung
- Unzureichende Befestigung des Werkstückes beim Spritzen
- Falsche Einstellung der Viskosität des Lackes
- Über- oder Unterbeschichtung, falsche Lackiertechnik (siehe oben)
- Mangelhafte Sauberkeit beim Spritzen (Objekt, Umfeld, Arbeitskleidung, Spritzpistole)
- Zu hohe Luftgeschwindigkeit in der Spritzkabine
- Persönliche Einflüsse des Lackierers (schlechte Laune, Stress …) u. a.

Fehler, die sich durch die Spritzenpistole ergeben:

Spritzbildfehler	Ursache	Beseitigung	Pistolenmangel	Ursache	Beseitigung
Sichel-förmiges Spritzbild 	Hornbohrung oder Luftkreis verstopft.	Luftdüse säubern und mit Düsenreinigungsnadel reinigen.	Farbaustritt an der Farbnadel	Defekte oder verlorene selbstnachstellende Nadelabdichtung.	Nadelabdichtung austauschen.
Ovaler oder tropfenförmiger Strahl 	Farbdüsenzapfen oder Luftkreis verschmutzt.	Drehen der Luftdüse um 180°. Bei unverändertem Spritzbild Farbdüsenzäpfchen und Luftkreis reinigen.	Keine Materialströmung	Zugedrehte Farbregulierung. Verstopfte Düsenlöcher. Verstopfte Belüftungsbohrung im Becher.	Einstellungen korrigieren, Düse reinigen/austauschen, Bohrung reinigen.
Flattender Strahl 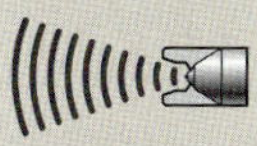	Zu wenig Material im Behälter, Farbdüse locker, selbstnachstellende Nadelabdichtung defekt, Düsensatz verunreinigt oder beschädigt.	Material nachfüllen. Teile entsprechend anziehen. Teile reinigen oder auswechseln.	Pistole bläst in Ruhestellung	Beschädigte Ventilfeder oder beschädigter Ventilkegel. Schwergängiger Ventilschaft. Verschlissenes Dichtungspaket für die Luftkolbenstange.	Teile reinigen und mit Pistolenfett einschmieren. Luftkolben-Serviceeinheit einbauen.
Einseitiger Rundstrahl 	Verschmutzte oder beschädigte Mittelluftöffnung der Luft bzw. Farbdüse.	Gründlich reinigen oder Düsensatz austauschen.	Pistole tropft	Fremdkörper zwischen Farbkanal und Farbdüse verhindert die Abdichtung.	Farbnadel und Farbdüse ausbauen, reinigen oder neuen Düsensatz einbauen.
Ungleichmäßige Tropfen beim Zerstäuben 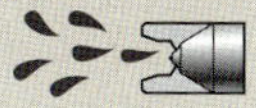	Falsche Einstellung von Farbnadel und/oder Düsensatz. Luftabnahme während der Anfangsöffnungsphase des Abzugsbügels, Packung für Luftkolben verschmutzt oder defekt.	Einbau korrigieren und alles richtig einstellen. Reinigen oder Düsensatz austauschen.	Material sprudelt oder „kocht" im Becher	Zerstäubungsluft gelangt über den Farbkanal in den Farbbecher, Farbdüse ungenügend angezogen. Luftdüse nicht vollständig aufgeschraubt, Luftkreis verstopft. Sitz defekt oder Düseneinsatz beschädigt.	Teile reinigen, anziehen oder ersetzen.

Möglichkeiten der Materialzuführung beim Druckluftverfahren

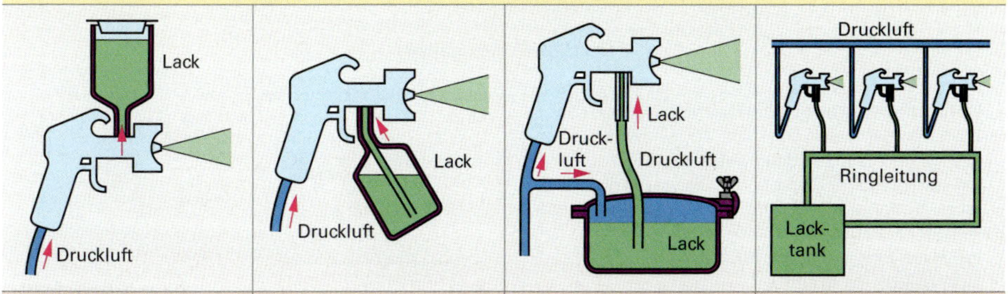

Fließbechersystem	Saugbechersystem	Drucksysteme	Umlaufsysteme
Farbbecher über der Spritzpistole	Farbbecher hängt unter der Spritzpistole	Farbzufuhr über Druckschlauch vom Druckkessel	Farbzufuhr über Ringleitung aus einem zentralen Tank
Sogwirkung der fließenden Druckluft und der Schwerkraft	Sogwirkung der fließenden Druckluft befördert das Material.	Druck im Behälter befördert das Material zur Pistole.	Druck in der Ringleitung stellt Material bereit.

Airless-Verfahren

- Luftlose Zerstäubung mit Höchstdruck
- Druckerzeugung durch hydraulische Pumpen oder Doppelaktionspumpen, 100 bar bis 250 bar
- Nur eine Schlauchzuführung
- Düsendurchmesser 0,25 mm bis 2 mm
- Geringer Spritznebel
- Scharf begrenzter Spritzstrahl

Teile einer Airless-Anlage

Materialpumpe	Sie saugt das Material aus dem Behälter und setzt es unter hohen Druck.
Materialhochdruckschlauch	Druckbeständiger Spezialschlauch, mehrere Meter lang und chemikalienbeständig.
Materialsieb	Äußerst feinmaschig
Spritzpistole	Sie besteht aus Spezialstahl, ihre Düse aus Hartmetall.
Gebindestellfläche	Das Material wird direkt aus dem Gebinde gesaugt.

Vorteile	Nachteile
• Wenig Overspray • Hohe Flächenleistung • Hohe Arbeitsgeschwindigkeit • Auch für höherviskose Materialien	• Gröbere Zerstäubung als Hochdruckspritzen • Nur Düsenwechsel verändert die Auftragsmenge • Spritzstrahl neigt zu Randstreifen • Vorsicht: Lebensgefährlicher Höchstdruck

Airmix-Verfahren (Spray-Mix, Airless-plus-Verfahren)

- Der Lack wird über hydraulisch erzeugten Druck von 20 bar bis 60 bar entsprechend dem Airless-Verfahren zerstäubt.
- Die relativ großen Lacktröpfchen werden durch die unterstützende Druckuft mit 0,5 bar bis 2,0 bar Druckluft zerrissen und somit feiner.

Vorteile	Nachteile
• Sehr feine Zerstäubung • Auftragsmenge durch Regelung des Spritzdrucks veränderbar • Spritzstrahlbreite veränderbar	• Zur Beschichtung von Kleinteilen nur bedingt geeignet

Elektrostatisches Spritzen

- Der Lack muss vom Lackhersteller mit einem Zusatzstoff zur elektrischen Leitfähikeit versehen werden.
- Zwischen der lacksprühenden Zerstäuberdüse (Minuspol) und dem geerdeten Werkstück (Pluspol) wird ein elektrisches Feld mit hoher Gleichspannung zwischen 50 kV und 150 kV erzeugt. Die negativ aufgeladenen Lackpartikel wandern auf den elektrischen Feldlinien zum geerdeten, positiven Werkstück.
- Elektrostatischer Umgriff.
- Die Lackausbeute reicht bis zu 95 %.

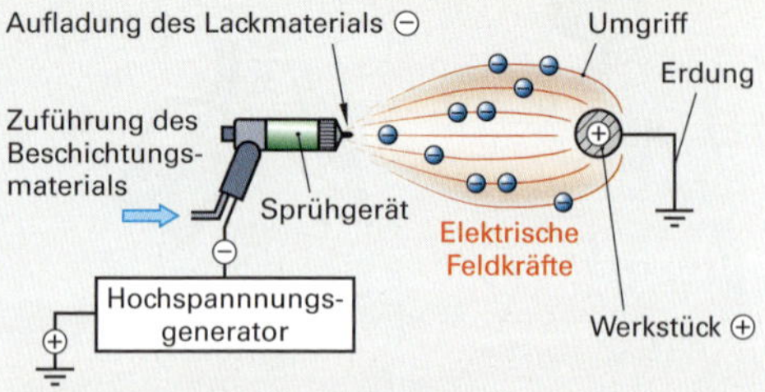

Vorteile	Nachteile
• Extrem wenig Overspray (unter 5 %) • Sehr feine Zerstäubung • Ideal für Rohre, Stühle, Gitter etc. • Sehr gute Kantenabdeckung	• Fehlbeschichtung möglich durch Fardaysche Käfige, d. h. Stellen, die vom Magnetfeld nicht erreicht werden. • Sinnvoll ab 5 l Anlagenbefüllung • Abgesicherte Anlage nötig

5 Besondere Arbeitsbereiche

5.1	**Betoninstandsetzung**	**191**
5.1.1	Grundlagen	191
5.1.2	Arbeitsschritte der Betoninstandsetzung	192
5.1.3	Aufmaß und Berechnung von Betoninstandsetzungsarbeiten	194
5.2	**Fußboden**	**195**
5.2.1	Maße und Aufbau	195
5.2.2	Nassestriche	195
5.2.3	Trockenestriche	196
5.2.4	Einteilung von Bodenbelägen	197
5.2.5	Kennzeichnung und Klassifizierung von Bodenbelägen	197
5.2.6	Prüfen und Vorbereiten von Untergründen vor der Belegung	199
5.2.7	Entfernen von Altbelägen	201
5.2.8	Verlegen von textilen Bodenbelägen	202
5.2.9	Verlegen von elastischen Bodenbelägen	204
5.2.10	Verlegen von Holz- und Laminatfußböden	206
5.2.11	Verlegen von Steinfußböden	207
5.2.12	Beschichtung von Fußböden	209
5.3	**Fugentechnik**	**211**
5.3.1	Grundlagen	211
5.3.2	Überstreichen von Fugendichtstoffen	212
5.3.3	Verfugen am Hochbau (z. B. Fugen zwischen Betonteilen)	213
5.3.4	Abdichtung von Fugen beim Fliesenlegen in Innenbereichen	214
5.3.5	Abdichtung an Fenstern und Türen	215
5.4	**Wärmedämmung**	**216**
5.4.1	Gesetzliche Grundlagen	216
5.4.2	Wärmetransport und Wärmespeicherung	217
5.4.3	Kennwerte des Wärmeschutzes	218
5.4.4	Einfluss der Feuchte auf die Wärmedämmung	219
5.4.5	Wasserdampfdiffusion und sd-Wert	220
5.4.6	Aufspüren von Wärmedämm-Mängeln	220
5.4.7	Wärmedämm-Materialien	221
5.4.8	Werkzeuge für Wärmedämm-Arbeiten	223
5.4.9	Wärmedämmkonstruktionen im Vergleich	224
5.4.10	Innendämmung von Außenwänden	224
5.4.11	Innendämmung im Dachausbau	226
5.4.12	Außendämmung	227
5.4.13	Wärmedämmverbundsysteme WDVS	227
5.4.14	Alternativen zur Dämmung mit WDV-Systemen	228
5.4.15	Schimmelbeseitigung in Wohnbereichen	229

1
Berufsfeld und Sicherheit
9 – 46

2
Beschichtungsstoffe
47 – 92

3
Untergründe und ihre Beschichtung
93 – 158

4
Verfahrenstechniken
159 – 188

5
Besondere Arbeitsbereiche
189 – 258

6
Fachmathematik
259 – 308

7
Gestaltung
309 – 372

8
Naturwissenschaftliche Grundlagen
373 – 394

5.5	**Trockenbau**	**230**
5.5.1	Gips und andere Werkstoffe des Trockenbaus	230
5.5.2	Trockenbauplatten	231
5.5.3	Wandkonstruktionen in Ständerbauweise	233
5.5.4	Profilleisten aus Metall für Ständerwandkonstruktionen	234
5.5.5	Vorbereitungsarbeiten für Wandkonstruktionen	235
5.5.6	Montageschritte einer Wand mit Metallprofilen und Doppelbeplankung	236
5.5.7	Unterkonstruktion von Vorwandinstallationen und abgehängten Decken	237
5.5.8	Holz im Trockenbau	237
5.5.9	Montage von Gipsplatten	238
5.5.10	Bekleiden von Wänden mit Gipsplatten	238
5.5.11	Gipswandbauplatten	239
5.5.12	Verspachtelung von Gipsplatten	239
5.5.13	Untergrundprüfung und Grundierung	241
5.6	**Kleben von Folien**	**242**
5.6.1	Aufbau und Eigenschaften einer Klebefolie	242
5.6.2	Grundausstattung zum Arbeiten mit Folien	243
5.6.3	Verfahren der Folienverklebung	244
5.6.4	Trocken- und Nassverklebung	245
5.6.5	Hinweise zum Verkleben von Folien	246
5.7	**Tapezieren**	**247**
5.7.1	Einteilung von Tapeten (DIN EN 235)	247
5.7.2	Untergrundprüfung und Untergrundvorbereitung	249
5.7.3	Ermittlung des Tapetenbedarfs	250
5.7.4	Tapetenkennzeichnung	250
5.7.5	Tapezierwerkzeuge	252
5.7.6	Verkleben von Tapeten	253
5.8	**Fachwerk**	**256**
5.8.1	Grundlagen des Fachwerkbaus	256
5.8.2	Sanierung von Fachwerkbauten	258
5.8.3	Beschichtung von Fachwerken	259
5.8.4	Farbgestaltung am Fachwerk	259
5.8.5	Aufmaß am Fachwerk	260

5.1 Betoninstandsetzung

5.1.1 Grundlagen

Ursachen für Betonkorrosion

- Alle Zementprodukte sind alkalisch mit einem pH-Wert über 7. Alkalität bezeichnet die Wirkung von Laugen. In alkalischen Medien ist Stahl vor Korrosion geschützt.
- Im Laufe der Zeit nimmt dieser pH-Wert bis zur Neutralität ab.
- Korrosionsschäden sind der Hauptgrund für Betoninstandsetzungsmaßnahmen.
- Gips als weiterer mineralischer Untergrund ist nicht alkalisch, sondern immer neutral.

Zeichnen sich an bewehrten Betonflächen Rostfahnen, Aufwölbungen oder Abplatzungen auf der Betonoberfläche ab, so ist der Bewehrungsstahl infolge einer zu geringen Betondeckung und der Carbonatisierung des Betons korrodiert. Siehe dazu Kapitel Mineralische Untergründe.

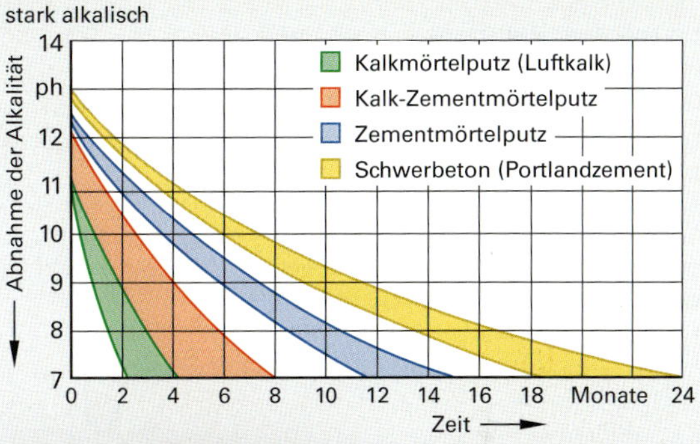

Betonprüfungen vor Instandsetzungsarbeiten

- Eine genaue Diagnose ist Voraussetzung für die Erstellung des Leistungsverzeichnisses.
- Übliche Prüfungen am Betonuntergrund reichen bei Instandsetzungsmaßnahmen nicht aus.
- Die folgenden Prüfungen sind nach VOB/C ATV DIN 18299 gesondert auszuschreiben und zu vergüten.

Untergrund mangel	Prüfmethode	Maßnahmen
Korrosion der Bewehrung	Sichtprüfung Chloridprüfung an Bohrmehlprobe	• Lockeren Rost entfernen. • Strahlen nach DIN 55928 bis Oberflächenvorbereitungsgrad Sa 2 ½. • Bereiche mit durchgerosteter Armierung auf Statik prüfen lassen.
Carbonatisierung, Alkalität	Besprühen einer frischen Ausbruchstelle mit Phenolphthalein 0,1%	• Ausreichende Alkalität bei Verfärbung von rotviolett bis blau. • Keine Verfärbung bedeutet neutral und keine schützende Betonalkalität.
Betonabdeckung auf der Bewehrung	Magnetische Messung, daher zerstörungsfrei	• Ausreichend nach Eurocode 2 (EC2), DIN 1045 3 mm bis 4 mm, je nach Objekt. • Mindestabdeckung wieder herstellen und/oder Betonschutzbeschichtung aufbringen.
Druckfestigkeit	Rückprallhammer, DIN 1048. Bolzenbeschuss und Messung des Rückpralls	• Vom Rückprall lässt sich auf die Druckfestigkeit in N/mm schließen. • Nicht durch Maßnahmen veränderbar. Neubetonierung.
Salzschäden	Untersuchungen auf der Baustelle und im Labor	• Erkennbar an Ausblühungen und Oberflächenveränderungen. • Trocken abbürsten und neutralisieren.

5.1.2 Arbeitsschritte der Betoninstandsetzung

Aus technischen Gründen, aber auch aus Gründen der Gewährleistung, muss der Maler und Lackierer immer in einem Beschichtungssystem bleiben, d. h. nur aufeinander abgestimmte Werkstoffe eines Herstellers sind zu verwenden.

1. Freilegen der Bewehrung

Der korrodierte Bewehrungsstahl wird mindestens 20 mm in den nicht korrodierten Bereich freigelegt.

Die Ausbruchstellen werden im Winkel von ca. 45° abgeschrägt.

Für die Entfernung der Betondeckung über dem korrodierten Stahl sind folgende Verfahren geeignet:

- Stemmen mit elektrischen oder pneumatischen Stemmwerkzeugen (kleinere Stellen mit dem Bohrhammer, größere mit der Betonfräse)
- Festkörperstrahlen (mit Partikelstrahlgut oder Schlacken 6 bar bis 12 bar)
- Wasserhöchstdruckstrahlen (ab 850 bar)

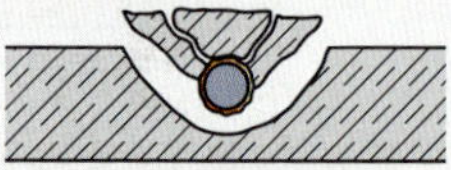

2. Entrosten der Bewehrung

Der freigelegte Bewehrungsstahl wird nach Oberflächenvorbereitungsgrad Sa 21/2 entrostet (DIN 55 928, Teil 4).

Der geforderte Oberflächenvorbereitungsgrad von Sa 21/2 kann ausschließlich durch Strahlen erreicht werden.

Geeignet sind:

- Festkörperstrahlen mit Korund, Stahlkies oder Schlacke.
- Wasserstrahlen mit Mehrstrahldüsen, wenn mit mineralischem Korrosionsschutz weitergearbeitet wird.

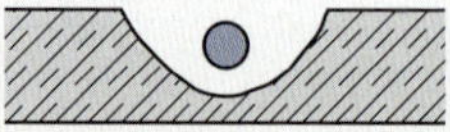

3. Korrosionsschutz auftragen

Der gereinigte Stahl muss vor Rost geschützt werden. Kunststoffvergütete mineralische Korrosionsschutzwerkstoffe haben mittlerweile die 2-Komponenten-Epoxidharze ersetzt, da sie in der Anwendung unproblematischer sind und eine bessere Haftfestigkeit zu den nachfolgenden mineralischen Werkstoffen erzielen. Aufgrund ihrer Alkalität (pH ca. 12,5) bieten sie einen natürlichen Rostschutz. Zum Auftragen werden gebogene Flachpinsel (Heizkörperpinsel) verwendet.

Den pulvrigen, zementgebundenen und kunststoffvergüteten Korrosionsschutz in kaltem Wasser zu einer klumpenfreien Masse mit einem langsam laufenden Rührwerk anrühren. Danach in 2 Arbeitsgängen auftragen:

- 1. Arbeitsgang:
  Unmittelbar auf den gereinigten, matt-feuchten Bewehrungsstahl
- 2. Arbeitsgang:
  Gewährleistet die Porenfreiheit und die Mindestschichtdicke.

4. Autragen der Haftschlämme

Kunststoffvergütete Zementschlämme wird mit einem Flächenstreicher flächendeckend aufgetragen und in den Untergrund eingebürstet.
Die Haftschlämme ist oftmals mit dem Korrosionsschutz identisch. Dadurch wird der Bedarf an unterschiedlichen Werkstoffen reduziert und der Verbund (Haftfestigkeit) zwischen Korrosionsschutz und Haftschlämme verbessert.

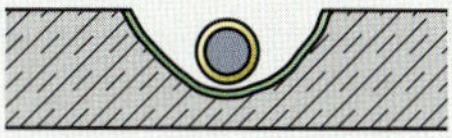

5. Ausbruchstellen verfüllen

Kunststoffmodifizierter Zementmörtel (PCC – Polymer Cement Concrete) wird mit Traufel und Glätter oder mit der Putzmaschine (bei Spritzmörtel, Spritzbeton) in die Ausbruchstelle eingebracht und durch Druck verdichtet. Die maximal aufzubringende Schichtdicke (abhängig von der Korngröße der Zuschlagstoffe) ist zu beachten. Im Fall tieferer Ausbruchstellen in mehreren Lagen arbeiten.

Geeignete Verfüllwerkstoffe:
- Beton
- Reaktionsmörtel (PC[2])
- Zementmörtel
- Zementmörtel und Beton mit Kunststoffzusatz (PCC[3])
- Spritzbeton mit Kunststoffzusatz (SPCC[1])
- Spritzleichtbeton (DIN 18551)
- Leichtbeton (DIN 4119)
- Spritzbeton
- Spritzmörtel

Bei Reaktionsmörteln die **Topfzeit** (Zeitspanne, in der der Mörtel verarbeitbar ist) beachten. Bei Beton mit geringer Dichte spezielle Werkstoffe verwenden, z. B. Leichtbeton oder Spritzleichtbeton.

6. Planspachtelung ausführen

Zum Schutz und zur Egalisierung der Oberfläche wird eine Flächenspachtelung mit der Glättkelle ausgeführt.
Je nach Material und Zusammensetzung können Feinspachtelmassen planeben abgezogen oder zur Anpassung an den Untergrund modelliert werden.
Folgende Werkstoffe werden für Flächenspachtelungen verwendet:
- Zementgebundene Spachtelmassen mit Kunststoffvergütung
- Dispersionsgebundene Spachtelmassen mit Zementvergütung
- Spachtelmassen auf Basis Reaktionsharze (EP, PUR, Acrylate)

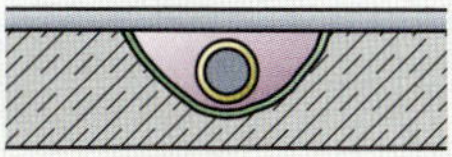

7. Schutzbeschichtung auftragen

Zum Schutz gegen Feuchte und eindrigende Gase wird eine Schutzbeschichtung im Streich-, Roll- oder Airlessspritzverfahren ausgeführt. Sie muss den vorgeschriebenen Diffusionswiderständen für Wasserdampf und Kohlendioxid entsprechen und amtlich zugelassen sein.

Die Schutzbeschichtung muss den Anforderungen im Einsatzbereich entsprechen. Siehe OS-Systeme (Oberflächenschutzsysteme) Kapitel Mineralische Untergründe.

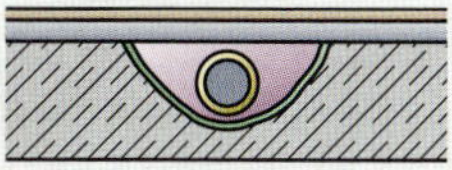

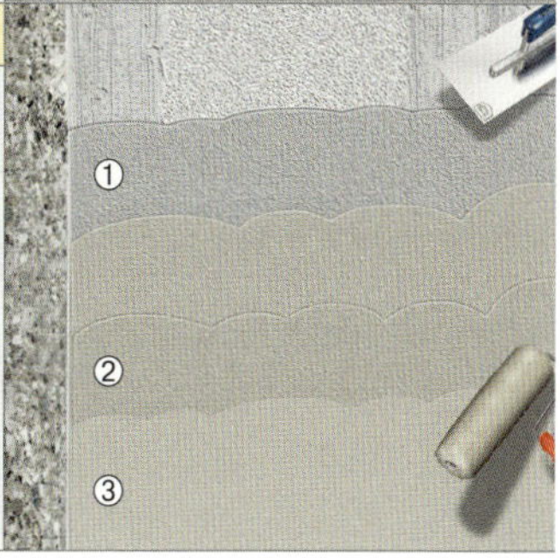

5

5.1.3 Aufmaß und Berechnung von Betoninstandsetzungsarbeiten

Berechnungs-Vorgaben

- Die ATV DIN 18349 „Betonerhaltungsarbeiten“ gilt für Arbeiten zur Erhaltung und Instandsetzung von Bauwerken und Bauteilen aus bewehrtem oder unbewehrtem Beton sowie für das Aufbringen zugehöriger Oberflächenschutzsysteme.
- Ergänzend zur ATV DIN 18299, Abschnitt 5, gilt: 5.1:
  Der Ermittlung der Leistung – gleichgültig, ob sie nach Zeichnung oder Aufmaß erfolgt – sind die Maße der behandelten Fläche zugrunde zu legen.
- Für die Abrechnung wird die Gesamtfläche zugrunde gelegt, wenn alle Flächen eines Gebäudes oder Bauwerkes untersucht, gereinigt und nach beendeter Instandsetzung beschichtet werden müssen.
- Werden Arbeiten an einem Gebäude nur an Teilen der Gesamtfläche ausgeführt, so werden nur die behandelten Flächen ermittelt und abgerechnet.
- Von Architekten oder selbst erstellte Ausschreibungen sind äußerst präzise zu formulieren (Ausgangszustand, Vorarbeiten, Ausführung …).
- Die Kalkulation des m^2-Preises muss nachvollziehbar sein.

Berechnung der Ausbruchstellen

• Es wird je Ausbruchstelle mit den Maßen des kleinsten umschriebenen Rechtecks gerechnet. • Als Maß der Ausbruchtiefe gilt das tiefste Maß.	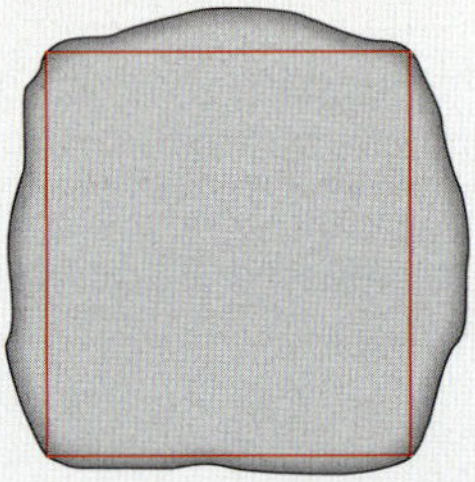	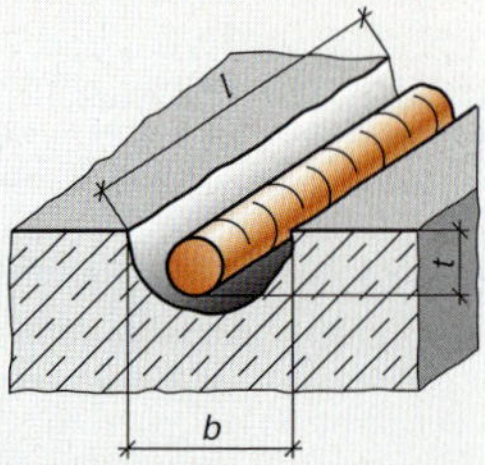
Ermittlung des Mörtelverbrauchs	Länge x Breite x Ausbruchtiefe für jede Ausbruchstelle	
Ermittlung des Aufwands für das Entrosten und Beschichten des Bewehrungsstahls	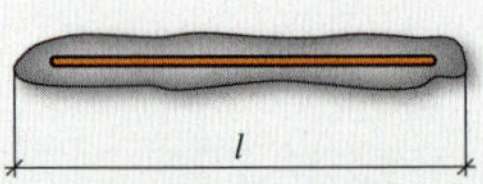	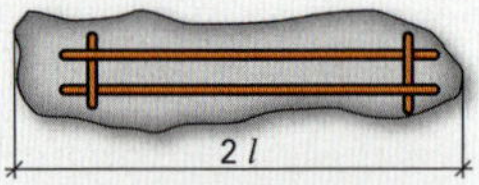
	Einfache Länge	Einfache Länge x 2
• In Metern der bearbeiteten Armierung	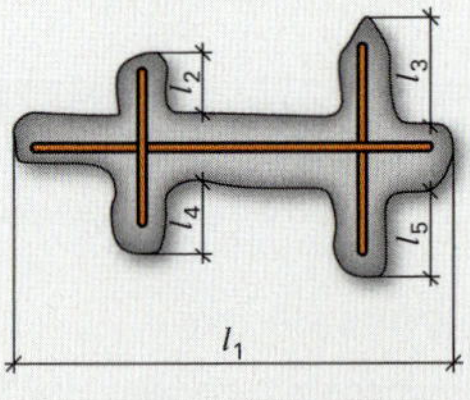	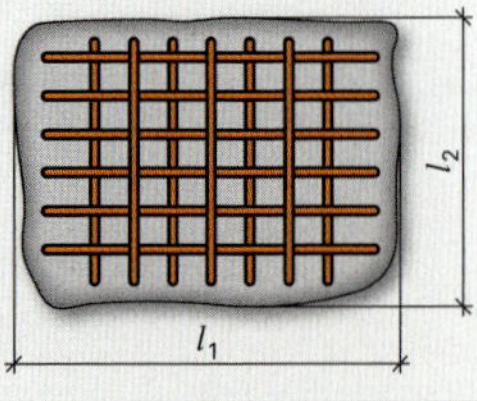
	Länge = $l_1 + l_2 + l_3$	Länge = Anzahl × l_1 + Anzahl × l_2
Besondere Berechnung • Reprofilierte Kanten • Einschalungsarbeiten		Länge = Einschalungslänge × Anzahl der Schalflächen

5.2 Fußboden

5.2.1 Maße und Aufbau

Höhenmaße zum Fußboden	
Rohfußboden RFB	Ab Tragschicht
Fertigfußboden FFB	Ab Oberkante Rohfußboden plus der Dicke des Fußbodenaufbaus
Maße im Neubau	Handwerker brauchen Maßsicherheit. **Meterriss** = Markierung, die die Höhe von genau 1 m über der späteren Oberkante des fertigen Fußbodens (OKFF) angibt
Maße im Altbau	Die Summe der Schichten des Fußbodenaufbaus bewirkt eine Differenz in der Raumhöhe. Oft sind bauliche Maßnahmen erforderlich.

Aufbau auf Betonboden

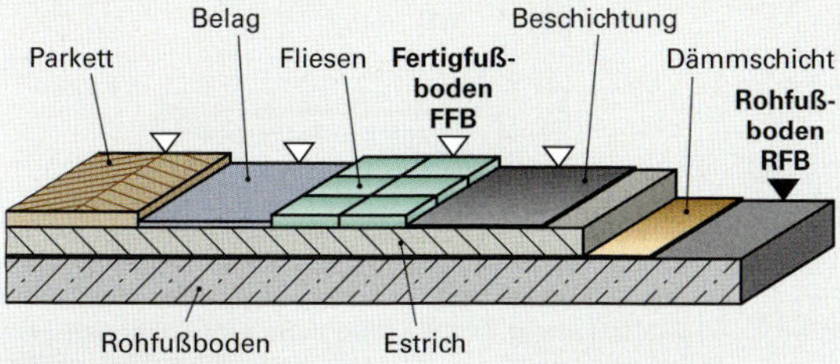

Aufbau auf Holzboden

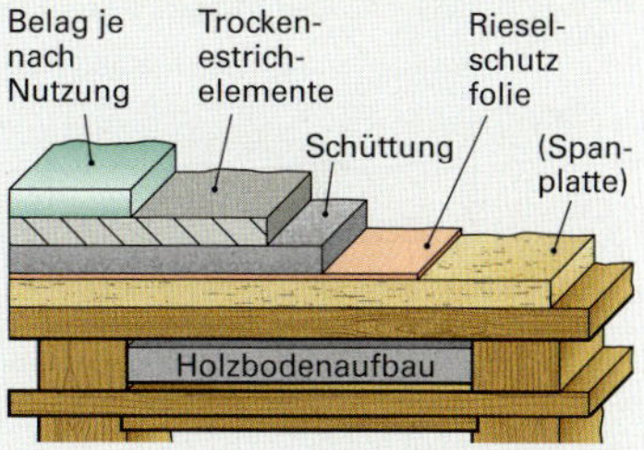

Estrich	• Gleicht Maßtoleranzen aus nach DIN 18202 • Nass- oder Trockenestrich • Dient zur Wärme- und Trittschalldämmung • Er bildet eine belegbare Oberschicht
Dämmschicht und andere Zwischenlagen	• Je nach Konstruktionsart des Estrichs und den Gegebenheiten • Wärmedämm-, Schalldämmschichten, auch dicke PE-Folien, z. B. als Trenn- oder Gleitlage, Dampfbremse oder Dampfsperre
Nutzschicht	• Sie besteht aus einem Bodenbelag oder einer Beschichtung • Geschliffen und poliert kann der Estrich die Nutzschicht sein

5.2.2 Nassestriche

Estricharten nach DIN 18560-2		
Calciumsulfatestrich CA **Als Fließestrich CAF ●**	Für innen im Wohnungsbau häufigster Estrich-Untergrund. Besteht aus Gips mit Kiessand. Aussehen: Seidenmatt, hellgrau. Hohe Biegsamkeit, Zug- und Druckfestigkeit, kein Schwinden, aber feuchteempfindlich Früher wurde Calciumsulfatestrich als **Anhydritestrich** (AE) bezeichnet.	
Gussasphaltestrich AS	Für innen im Wohnungs-, Gewerbe- und Industriebau. Besteht aus Bitumen, Kalkstein und Quarzsand/Quarzmehl. Aussehen: schwarz, seidenglänzend.	Fließestriche ● werden in den Raum gepumpt und verteilen sich fast von alleine. Alle anderen Estriche müssen nach dem Einpumpen noch verteilt und eben abgezogen werden.
Kunstharzestrich SR	Für Feuchträume. Sehr hochwertiger, belastbarer Estrich durch Beimischung von Kunstharzen (EP, PUR, UP, PMMA) und Quarzsand. Teuer.	
Magnesiaestrich MA	Für innen im Gewerbe- und Industriebau. Besteht aus Magnesiumhydroxid/-chlorid mit Quarzsand/Quarzmehl. Er erhärtet schwindungsfrei.	
Zementestrich CT ◖	Für innen im Wohnungsbau. Besteht aus Zement mit Kiessand. Er erhärtet langsam, schwindet ungleich, d. h. er schüsselt leicht und sackt etwas ein.	

Konstruktionsarten nach DIN 18560-2

Verbundestrich

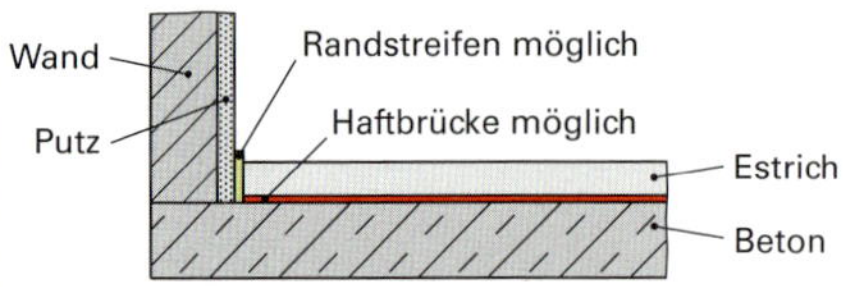

Der Estrich ist mit dem Tragbeton fest verbunden. Für Keller, Garagen und Werkstätten.

Estrich auf Trennlage

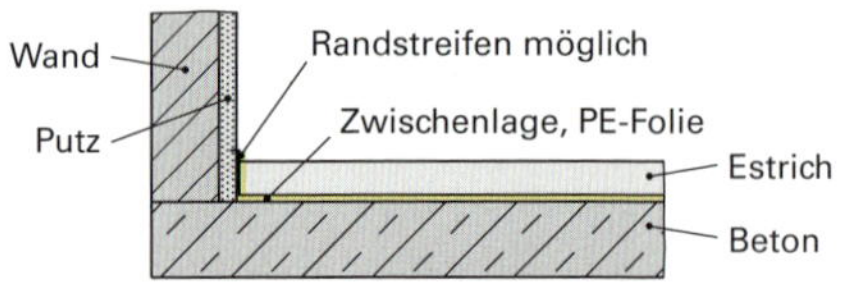

Der Estrich ist vom tragenden Untergrund durch eine dünne Zwischenlage, z. B. dicke PE-Folie, getrennt.

Estrich auf Dämmschicht

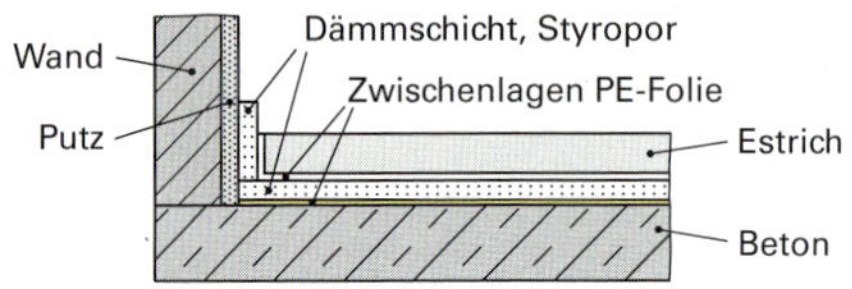

Übliche Bezeichnung: „Schwimmender Estrich". Der Estrich liegt ohne Berührung von Boden und Wand frei auf der Dämmschicht, meist geschäumte Polystyrol-Platten (Styropor). Verringert Schallübertragung in Wohnungen.

Heizestrich

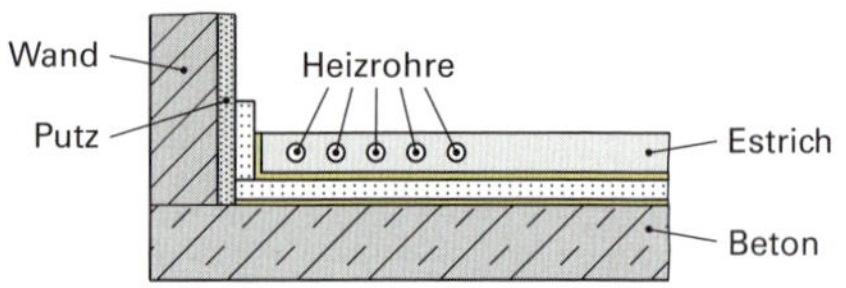

Ausführung als Estrich auf Dämmschicht. Die Heizrohre werden – je nach Produktsystem – entweder im oberen Bereich der Dämmstoffschicht oder direkt im Estrich verlegt. Dickere Dämmung zum Rohboden hin ist sinnvoll.

5.2.3 Trockenestriche

Vorteile und Nachteile	
Vorteile	• Einfach und schnell verlegbar, dank vorkonzipierter Systemplatten. • Es wird keine zusätzliche Feuchte ins Gebäude eingetragen. • Bereits nach 24 h begehbar und sofort belegbar mit allen Bodenbelägen. • Geringe Aufbauhöhe. Bis zu 25 cm weniger als bei Nassestrich. • Er belastet das Gebäude nur mit etwa 23 kg/m², Fließestrich bis zu 95 kg/m². • Auf Trittschalldämmung optimiert. Trittschall-Pegel unter 50 Dezibel möglich. • Gut mit Wärmedämmung kombinierbar.
Nachteile	• Feuchteempfindlich. Nicht zu empfehlen für Nassräume. • Geringere Belastbarkeit als Nassestrich. • Nicht über kalten Räumen oder Erdreich verlegen. Kondenswasserbildung

Bodenaufbau

- Ein umlaufender Randdämmstreifen verhindert den Kontakt mit der Wand. Das mindert Trittschall.
- Rieselschutzfolie auf nicht dichtem Unterboden auslegen.
- Schüttmaterial einfüllen und glatt abziehen (Blähton, Blähschiefer, Perlite (aufgeblähtes Vulkangestein).
- Die vorgefertigten Estrichplatten werden schwimmend auf der Trockenschüttung verlegt oder auf Lagerhölzern bzw. Deckenbalken verschraubt.
- Das Plattenmaterial besteht aus Zement-, Gips- oder Holzwerkstoffen.
- Die Nutzschicht kann sofort verlegt werden.
- Teppich, Belag. Fliesen bei festem Boden.

Dreilagige Gipsplatte mit Teppichboden auf Styroporunterlage

5.2.4 Einteilung von Bodenbelägen

Belags-Arten

Textile Bodenbeläge	Nichttextile Bodenbeläge		
	Elastische Bodenbeläge	**Hartbeläge**	**Mineralische Bodenbeläge**
Teppichböden	Homogene Kunststoffbeläge	Dielenböden	Keramische Fließen
Webteppiche	Heterogene Kunststoff-beläge (mehrschichtig)	Parkettböden	Terrazzo
Tuftingteppiche	PVC-Beläge	Laminatböden	Natursteine
Nadelvliesbeläge	Linoleum		
	Kunstharzböden (Beschichtung)		

Je nach Einbauort sind die Anforderungen an einen Bodenbelag verschieden. Folgende Punkte spielen eine Rolle:

- Raumgestalterische Überlegungen
- Die Belastung/Belastbarkeit des Belags
- Gesundheitliche Aspekte
- Der Pflegeaufwand

5.2.5 Kennzeichnung und Klassifizierung von Bodenbelägen

Elastische, textile und laminierte Bodenbeläge werden auf ihre Beanspruchbarkeit geprüft und gekennzeichnet. Die DIN EN 685 beschreibt die Nutzungsbereiche für Wohnungsbau, Gewerbe und Industrie.

Aufbau der Kennzeichnung

Das Kennzeichen zeigt den **Nutzungsbereich** als Gebäudesymbol und die **Nutzungsbelastung** über die Anzahl von Personensymbolen. Die Kombination lässt sich allen genutzten Räumen und Bodenbelägen zuordnen.

Nutzungsbereich

Industrie | **Gewerbe** | **Wohnung**

Nutzungsbelastung

Leicht | **Mittel** | **Stark**

Beispiel:

Klasse 21 Für mäßige, bzw. geringe Nutzung, z. B. Schlafzimmer

- Innerhalb der beiden Gebrauchsklassen unterscheiden sich Teppichböden noch durch die sogenannte Luxusklasse (LC = Luxury Class; EN).
- Je mehr „Kronen", umso komfortabler der Teppichboden.

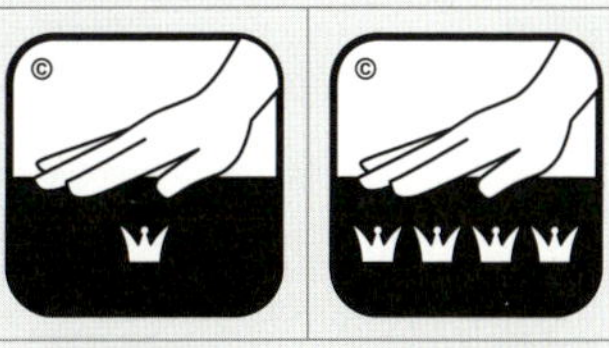

Klasse LC 1 bis Klasse LC 1

Wohnungsbau		Gewerbe	
21	**Klasse 21 Domestic Moderate / Light** Für mäßige bzw. geringe Nutzung, z. B. Schlafzimmer	31	**Klasse 31** Für mäßige bzw. zeitweise Nutzung z. B. Hotelräume, Schlafzimmer, kleine Büros, Konferenzräume
22	**Klasse 22 Domestic General/ Medium** Für normale bzw. mittlere Nutzung, z. B. Wohnräume, Eingangsflure	32	**Klasse 32** Für mittlere Nutzung, z. B. Boutiquen, Klassenräume, kleine Büros, Hotels
22+	**Klasse 22 + Domestic General** Für mittlere bis intensive Nutzung, z. B. Eingangsflure, Korridore, Esszimmer, Wohnzimmer	33	**Klasse 33** Für starke Nutzung, z. B. Schulen, Kaufhäuser, Großraumbüros, Korridore
23	**Klasse 23** Für intensive Nutzung in den zuvor genannten Bereichen	34	**Klasse 34** Für sehr starke bzw. intensive Nutzung, z. B. Kaufhäuser, Mehrzweckhallen, Schalterräume

Industrie	
41	**Klasse 41** Für mäßige Nutzung bei überwiegend sitzender Tätigkeit, z. B. Elektronik- bzw. Feinmechanik-Werkstätten
42	**Klasse 42** Für normale Nutzung bei stehender Tätigkeit und leichter Fahrzeugbefahrung, z. B. Lagerräume
43	**Klasse 43** Für starke Nutzung, z. B. Produktionshalle, Lagerräume

Nachhaltigkeit

Dieser Aspekt gewinnt auch bei Bodenbelägen immer mehr an Bedeutung.

- Ökonomische Bedeutung
  Kosten der Anschaffung und Verlegung, Pflege und Instandhaltung, Entsorgung und Recycling.
- Ökologische Bedeutung
  Ressourcenschonung, Energieverbrauch bei der Herstellung, Umweltbelastung beim Verlegen, beim Entsorgen, beim Recycling.
- Gesundheitsschutz
  Auswirkung von Ausdunstungen und Klebern, Eignung für Barrierefreiheit (auf Neigungen verlegbar), Behaglichkeit.

5

Weitere Zusatzeigenschaften (Auswahl)

	Zugfestigkeit *tensile strenght*		**Schnittkantenfest** *Resistance to fraying*		**Zigarettenglut-beständig** *Cigarette resistance*		**Beständig gegen Punktbelastung** *Indentation-residual*
	Treppeneignung *Stairs use*		**Stuhlrolleneignung** *Castor chair use*		**Antistatisch** *Electrical behavior*		**Schlagfest** *Impact resistance*
	Gesamtgewicht *Total weight*	2 mm	**Gesamtdicke** *Total thickness*		**Feuchtraumgeeignet** *Water tightness*		**Chemikalien-beständigkeit** *Chemical resistance*
≤10⁹Ω	**Ableitfähigkeit** *Electrical behavior*	DS	**Rutschsicherheit** (Klasse DS; NPD) *Slip resistance*	A1fl	**Brandklasse** (11 Klassen) *Reaction to fire*		**Geeignet für Fußbodenheizung** *Thermal conductivity*
	Lichtechtheit *Light fastness*		**Quellverhalten** (2 Klassen) *Thickness swelling*	ES	**Verbessertes Rutschverhalten** *Enhanced Slip*		**Dimensionsstabilität** (nur bei Fliesen) *Dimensional stability*
	Elastizität *Flexibility*		**Fleckbeständigkeit** *Staining resistance*		**Abriebfestigkeit** *Abrasion resistance*		**Fliesengröße** *Tile size*
	Akustik Raumschall (Trommeleffekt) *Accoustical drum sound*		**Akustik, Schallabsorption** *Accoustical sound absorption*		**Akustik Trittschallverbesserung** *Accoustical impact sound reduction*		**Nutzschichtdicke** *Thickness of wear layer*

5.2.6 Prüfen und Vorbereiten von Untergründen vor der Belegung

Grundsätzliche Prüfungen

Immer müssen Fußböden, gleich welcher Art, vor der Bearbeitung, geprüft werden. Sie müssen

- fest,
- trocken,
- eben,
- rissfrei,
- gleichmäßig saugend,
- tragfähig sein.

Abdichtung

- Siehe dazu DIN 18533.
  Maler müssen sich vergewissern, dass sie Bodenbeläge nicht auf zu kalten Fußböden verlegen, z. B. Kaltraum, Erker, kaltes Erdreich. Sonst sind Bedenken anzumelden. Der Maler kann diesen Mangel nicht beheben. Gefahr der Kondenswasserbildung.

Maßtoleranz

- Nach DIN 18 202 sind die Maßtoleranzen mit Messlatte und Messkeil zu überprüfen. Unebenheiten von 4 mm bezogen auf einen Messpunktabstand von 1 m dürfen nicht überschritten werden.
- Bei Überschreitung der Werte muss eine Ausgleichsspachtelung erfolgen. Im Handel sind selbstnivellierende Spachtel- oder Ausgleichsmassen erhältlich.
- Diese verlaufen glatt nach dem Einspachteln. Wegen der Trocknungsspannung dürfen Spachtelmassen nicht zu dick aufgetragen werden.

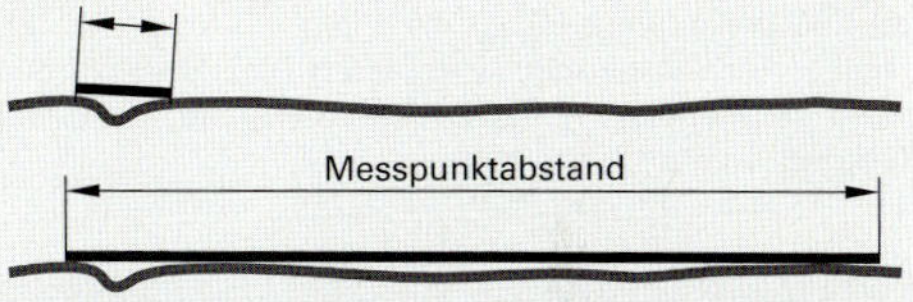

Abstand der Hochpunkte	maximal zulässiges Stichmaß	Abstand der Hochpunkte	maximal zulässiges Stichmaß
0,10 m	2 mm	2,00 m	6 mm
0,50 m	3 mm	2,50 m	7 mm
1,00 m	4 mm	3,00 m	8 mm
1,50 m	5 mm	3,50 m	9 mm

Risse

- Erkennbar nach Augenschein
- Feine Haarrisse, die bei der Erstarrung von Estrichen an der Oberfläche entstehen, haben keinen Einfluss auf den nachfolgenden Belag.
- Breite Risse müssen fachgerecht aufgeweitet und mit geeigneten Harzen verpresst werden.
  (2-Komponenten-Gießharz (Epoxid- oder Acrylatharz)).
  Vor der Aushärtung müssen ausgebesserte Stellen mit Quarzsand bestreut werden, damit Kleber oder Spachtelmassen hier Halt finden.
- Für besonders breite Risse empfehlen sich zusätzlich Estrich-Sanierklammern.

Saugfähigkeit

- Die Saugfähigkeit lässt sich durch eine Benetzungsprobe mit Wasser erkennen. Perlt das Wasser ab, so ist die Oberfläche dicht. Ein poröser Untergrund saugt das Wasser auf.
- Für Abhilfe sorgt eine auf den Untergrund und die nachfolgende Arbeit abgestimmte Grundierung.

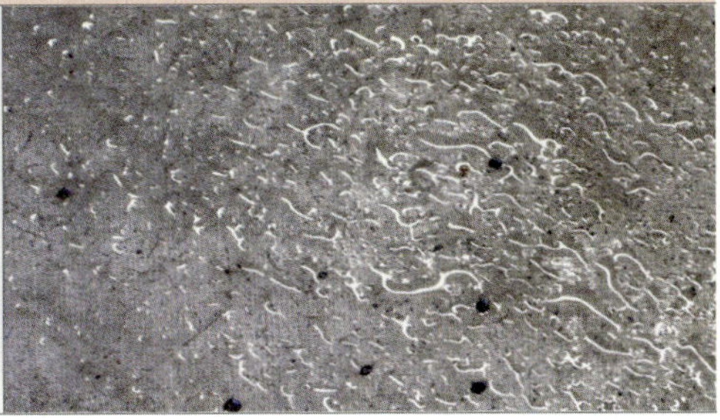

Besondere Estrichprüfungen

Haftzugprüfung

Auf den Estrich wird eine Scheibe mit Epoxidkleber aufgeklebt und nach der Härtung mit dem Haftzuggerät abgezogen. Aus dem Verhältnis der Abreißkraft zur Scheibenfläche wird die Haftzugfestigkeit in N/mm^2 bestimmt, die in der Regel 1,5 N/mm^2 betragen muss. Von mehreren Messungen darf kein Einzelwert 1,0 N/mm unterschreiten.

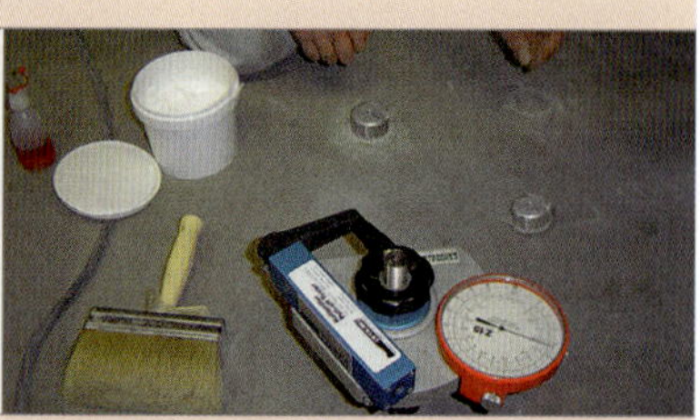

Prüfen auf Druckfestigkeit

Die Oberflächenhärte wird mit dem Härteprüfer durchgeführt.
Die Rückprallprüfung erfolgt nach DIN 1048 mit dem Rückprallhammer. Ein Schagbolzen wird mittels Federkraft auf den Untergrund geschleudert. Je härter der Untergrund, umso stärker der Rückprall.

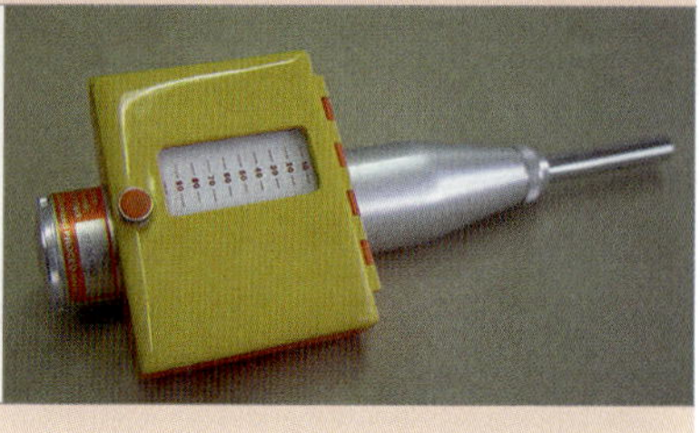

Feuchtemessung

Elektronische Feuchtemessgeräte sind zur Vorprüfung sinnvoll.
Juristisch anerkannt ist die Feuchtemessung mit dem CM-Gerät (Calzium-Carbid-Methode). Eine zertrümmerte und gewogene Estrichprobe aus dem mittleren Bereich des Estrichs wird in eine Druckflasche mit einer Carbidampulle und Stahlkugeln gegeben. Beim Schütteln zerbricht das Glas und das entweichende Carbid geht unter Druckentwicklung mit der Estrichfeuchte eine chemische Verbindung ein. Der Druck wird mittels eines auf der Flasche aufgeschraubten Manometers gemessen. Aus dem Verhältnis von Gesteinsgewicht zu Gasdruck kann der Feuchtegehalt der Estrichprobe ermittelt werden. Die an mehreren Stellen durchgeführte Messung darf für eine dampfdichte Beschichtung die Werte der Tabelle nicht überschreiten.

Estrich	Max. zulässige Feuchtigkeit
Zementestrich	2,0 %
Zementheizestrich	1,8 %
Anhydritestrich	0,5 %
Anhydritheizestrich	0,3 %

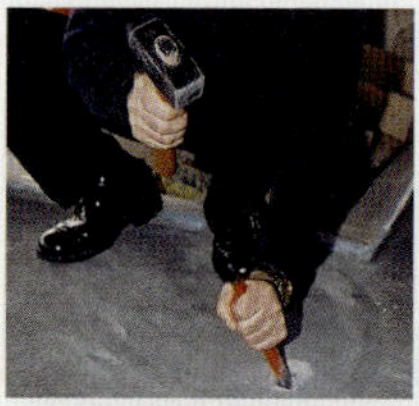

Estrichentnahme

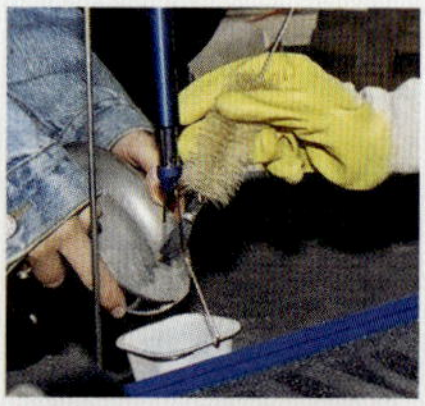

Wiegen der Estrichprobe

Schütteln

Messen

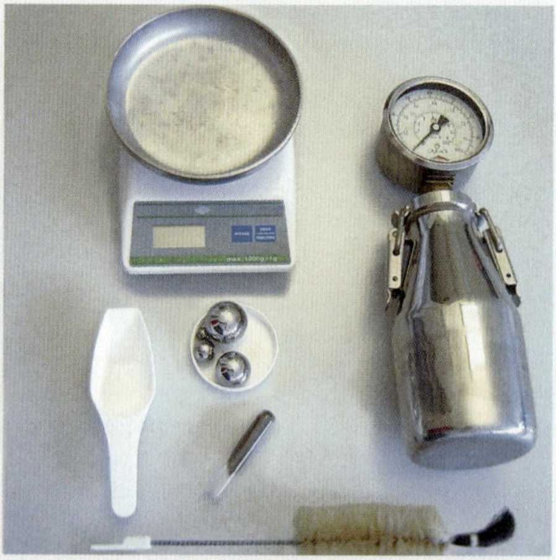

Ausrüstung

5

5.2.7 Entfernen von Altbelägen

- Altbeläge müssen in der Regel entfernt werden.
- Die persönliche Schutzausrüstung ist zu benutzen: Atemschutz, Handschuhe, Arbeitskleidung.
- Altbeläge ohne feste Verbindung zum Untergrund können meist problemlos entfernt werden.
- Wird bei fest haftenden Altbelägen der Untergrund beschädigt, können zusätzliche Vorarbeiten erforderlich sein.

Laminat- oder Parkettböden

Diese Beläge mit Nut- und Federverklebung werden mit der Tauchsäge in Bahnen geschnitten. Dann lassen sie sich leicht entfernen. Im Click-System verlegtes Parkett lässt sich auch ohne Sägen herausreißen.

Textile Bodenbeläge

Teppichböden können oft im Stück oder mit Cuttermesser zerschnitten stückweise herausgerissen werden. Achtung: Atemschutz tragen wegen des angesammelten Staubs im Teppich.

Bei fest haftender Verklebung wird ein Bodenstripper eingesetzt. Es kostet schon genug Kraft, die Reste an unzugänglichen Stellen von Hand mit dem Fußbodenschaber zu entfernen.

Elastische Bodenbeläge

Diese lassen sich ebenfalls herausreißen oder mit dem Bodenstripper entfernen.

Alte Kleber- und Belagreste werden mit einer Bodenfräse entfernt. Auch hier nie ohne Atemschutz arbeiten. Niemals soll man versuchen, die Reste mit Lösemitteln zu entfernen, da dadurch die Kleberreste in den Untergrund gerieben werden. Außerdem schadet man seiner Gesundheit und der Umwelt.

Altbeschichtungen

Harte Altbeschichtungen müssen angeschliffen werden.

Erfolgt dann eine Überholungs- oder Erneuerungsbeschichtung, so gilt auch hier:

Eine Beschichtung reißt auf einer weicheren Altbeschichtung.

Muss die Altbeschichtung entfernt werden, so ist das Kugelstrahl-Verfahren zu empfehlen um einen sauberen Untergrund zu erhalten.

Asbesthaltige Bodenplatten

Zwischen 1960 und 1970 wurden sehr häufig asbesthaltige Floor-Flex-Platten mit asbesthaltigem Bitumenkleber verlegt. Diese sind erkennbar als leicht splitternde, dünne Bodenplatten mit schwarzbrauner, splitternder Kleberschicht. Sanierungsarbeiten dürfen nur von Fachfirmen nach vorheriger behördlicher Genehmigung ausgeführt werden. Arbeitsschutzmaßnahmen, insbesondere der Atemschutz, sind strengstens einzuhalten.

Entfernung nach IFA

Das Institut für Arbeitsschutz der Deutschen Gesetzlichen Unfallversicherung (IFA) führt ein Verzeichnis über geprüfte Arbeitsverfahren mit geringer Asbestfaserexposition nach TRGS 519. Darunter findet sich auch ein solches zur Entfernung von Vinyl-Asbest-Platten. Darin ist festgelegt, welche Voraussetzungen ein Verfahren erfüllen muss, um als geprüft zu gelten. Nachzulesen in der BG-Information BGI 664.

Entfernung des Bodenbelags mit dem Bodenstripper

Arbeiten mit der Bodenfräse

Ausgleichsspachtelung

5.2.8 Verlegen von textilen Bodenbelägen

- Mit Teppichböden wirken Räume wohnlicher.
- Textile Bodenbeläge sind warm und trittschalldämpfend. Sie können Stürze abfedern.
- Allergiker sollten allergikerfreundliche Ausführungen wählen, denn Teppichböden binden den Staub. Ein absolut hygienisches Putzen ist nicht möglich.
- Je nach Einsatzort muss geklärt werden, ob der Teppichboden für Belastung durch Stuhlrollen, Treppen etc. konzipiert wurde.

Aufbau textiler Bodenbeläge

Flor- oder Polschicht

Die Flor- oder Polschicht bildet die Nutzschicht aus Naturfaser oder Kunstfaser.

Trägergewebe

Es besteht meist aus Polypropylenfasern oder Jute.

Rücken

Hochwertige Teppichböden sind immer mit einem Geweberücken ausgestattet. Nicht so hochwertige Teppichböden besitzen oft einen Schaumrücken aus Polyurethan oder Naturlatex. Rückenschaum zersetzt sich im Laufe der Zeit.

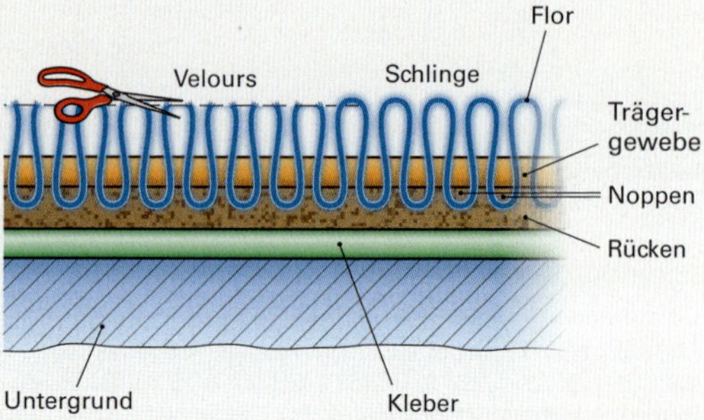

Herstellung von Teppichböden

Trägergewebe und Nutzschicht können unterschiedlich miteinander verbunden werden:

Tufting

Garn wird mit Nadeln als Schlinge in eine Trägerschicht genadelt. Zur Fixierung wird rückseitig eine Beschichtung aufgebracht. Durch unterschiedliche Polhöhen lassen sich reliefartige Muster erzeugen.
Die Schlingen werden entweder so belassen, dann spricht man von einem Schlingenteppich oder auch Bouclé.
Werden die Schlingen angeschoren, so stehen die Faserenden frei nach oben. Ein solcher Teppich heißt Schnittflorteppich oder auch Velours.

Beflockung

Unter der Trägerschicht werden durch eine gegenpolige Platte elektrostatisch aufgeladene Fasern angezogen. Sie haften senkrecht in der aufgebrachten Klebermasse und ergeben eine Veloursoberfläche. Die Fasern besitzen eine Länge von unter 1 mm.

Kleben

Flormaterial wird auf ein klebebeschichtetes Trägergewebe aufgebracht. Bei der Klebepoltechnik entstehen ausgeprägte Rippen, die quer zur Rollenlänge verlaufen.

Nadeln

Beim Nadelvliesboden werden unregelmäßig übereinandergelegte Fasern miteinander vernadelt und anschließend chemisch (durch Anlösen) oder thermisch (durch Anweichen) miteinander verbunden. Nadelvlies wird entweder glatt oder durch Klebepoltechnik in Rippenstruktur hergestellt.

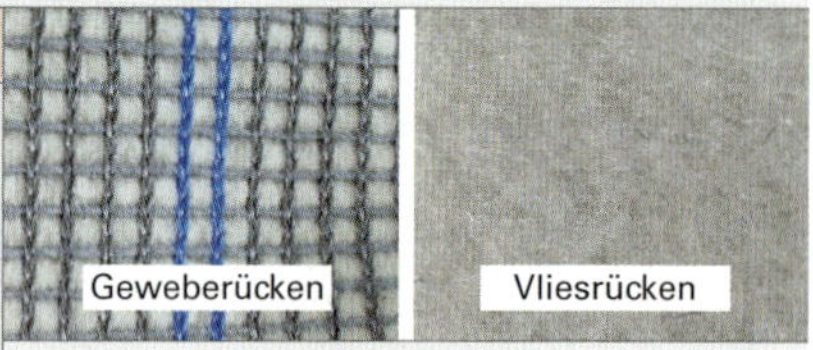

Teppichbodenrücken

Schlinge

Getufteter Velours

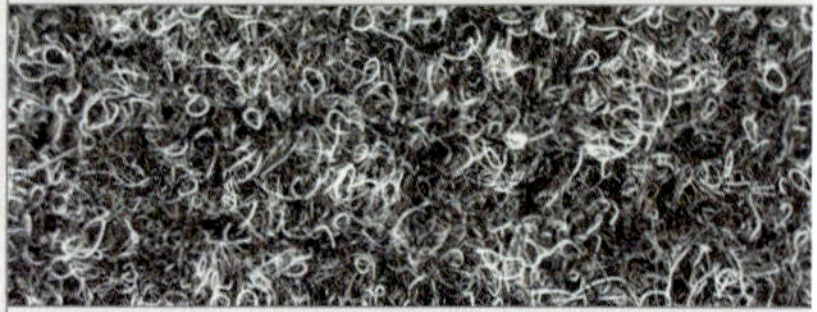
Nadelvlies

Einflüsse auf die Kaufentscheidung

Noppenzahl

Noppenzahl/m² Je dichter die Struktur umso hochwertiger der Teppich	Gute Qualitätskategorie	Meist über 100 000 Noppen/m²
	Obere Qualitätskategorie	95 000 bis 250 000 Noppen/m²
	Erstklassige Qualitätskategorie	250 000 bis über 600 000 Noppen/m²

Nutzungsklasse und Zusatzeignungen

Das Gut-Signet wird von der „Gemeinschaft umweltfreundlicher Teppichboden e.V." vergeben. Teppiche, die das Gut-Signet tragen, dürfen die festgelegten Grenzwerte in Hinblick auf Schadstoffe, Emission und Geruch nicht überschreiten.

Das TÜV-Umweltsiegel zeichnet industriell hergestellte Produkte aus, die in Herstellung, Gebrauch und Verwertung die Umwelt schonen. Hierbei müssen die Produkte festgelegte Vergabekriterien nach dem Umweltstandard UT 21 erfüllen.

Faserart der Nutzschicht

Pflanzliche Fasern	Tierische Fasern	Synthetische Fasern
Meist Jute, Sisal oder Kokos. Sehr strapazierfähig. Grobe, raue, spröde Oberfläche.	Diese sind meist aus Wolle, Seide oder Tierhaar, meist Schafwolle. Das Wollfett in der Faser wirkt schmutzabweisend. Weniger strapazierfähig. Hoher Wohnkomfort.	Meist aus Polyamid, Polyester, Polyacryl oder Polypropylen. Laden sich elektrostatisch auf. Verrotten nicht.

Sisal

Berber (Schafwolle)

Velours (Polyamid)

Reinigungsfähigkeit

Synthetische Fasern

- Homogener Aufbau, dichte Oberfläche der Faser
- Z. B. Rotwein bleibt zwischen den Fasern, diese Flecken können meist entfernt werden.

Natürliche Fasern

- Gewachsener Faseraufbau kann in sich Feuchte aufnehmen.
- Rotweinflecken lassen sich darum leider aus Wollteppichen kaum restlos entfernen.

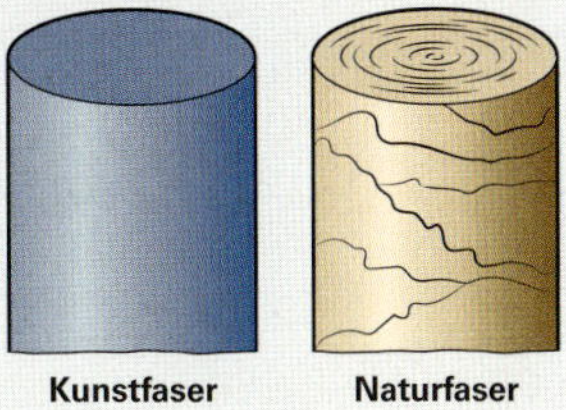

Vorbereitungen zum Verlegen von Teppichböden

- Für den Raum ist ein Plan zu zeichnen, wie die Teppichbahnen ausgelegt werden sollen, damit wenig Verlust entsteht. Teppichbahnen sind immer in gleicher Florrichtung zu verlegen. Um die Florrichtung zu erkennen, ist die Hammerprobe geeignet. Der Hammer hüpft in Florrichtung.
- Belag ausrollen und grob unter Zugabe von ca. 10 cm an den Rändern zuschneiden. Dazu verwendetet man Haken- und Trapezklingen.
- Belag sauber einschneiden. Die Bahnen werden mit Doppelnahtschnitt auf Stoß aneinandergefügt.

Verlegetechniken für Teppichböden

Loses Verlegen

Die lose Verlegung sollte nur für vorübergehende Nutzung gewählt werden, z. B. auf einem Messestand, wenn die leichte und schnelle Wiederaufnahme im Vordergrund steht. Für Dauernutzung ist sie ungeeignet, da bei Belastung der Bodenbelag zur Wellenbildung neigt. Es können nur Einzelbahnen ohne Nahtschnitt ausgelegt werden.

Verkleben mit doppelseitigem Klebeband

Diese Verbindung ist ebenfalls nur für die vorübergehende Nutzung geeignet. Klebestreifen im Randbereich verhindern Stolperfallen, aber nicht die Wellenbildung. Bei Wiederaufnahme des Teppichbodens muss sich das Klebeband rückstandsfrei vom Boden entfernen lassen.

Fixieren

Fixierungen werden mit einer Bodenwalze auf den Untergrund aufgetragen. Sie sind reversibel, können also mit Wasser wieder angelöst werden. Dadurch ist eine einfache Wiederaufnahme möglich. Der Untergrund wird nicht beschädigt, der Teppichboden jedoch unbrauchbar.

Verkleben

Die kraftschlüssige Verbindung des Teppichbodens mit dem Untergrund durch Dispersionsklebstoffe ist die häufigste Verlegeart.

Der zugeschnittene Belag wird bis zur Hälfte zurückgeschlagen. Dann Kleber mit Zahnspachtel auftragen. Ablüften lassen. Der Teppich wird in den abgelüfteten Kleber abgerollt und mit einer geeigneten Walze oder einem abgerundeten Holz angedrückt. Nun wird mit der anderen Hälfte des Fußbodens/des Teppichbelags ebenso verfahren.

Der Belag soll mehrere Stunden unbelastet ausliegen, damit sich Wellen glätten können.

Verspannen

Aufwendig und schwierig auszuführen. Der Teppichboden wird an einer Randleiste befestigt und in einem bestimmten Ablauf im Raum verspannt, ohne Haftung auf dem Fußboden.

Besondere Werkzeuge

Rissgriff zum Belagentfernen

Gleitfußmesser für Doppelnahtschnitt

Streifenschneider für Randstreifen

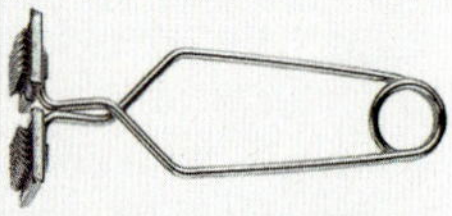

Nahtklammer zum Schließen von Nähten

5.2.9 Verlegen von elastischen Bodenbelägen

Eignung und Belagsgruppen

- Durch die glatte Oberfläche sind elastomere Oberflächen leicht zu reinigen, erfüllen somit höchste hygienische Ansprüche.
- Sehr strapazierfähig, langlebig
- Einfach zu verlegen
- Umfangreiche Muster- und Farbenvielfalt

Die wichtigsten Gruppen elastischer Bodenbeläge sind

- PVC- und CV-Beläge
- Polyolefinbeläge
- Elastomerbeläge
- Linoleum
- In erweitertem Sinne auch Kork, = die dicke, weiche Rinde von Korkeichen

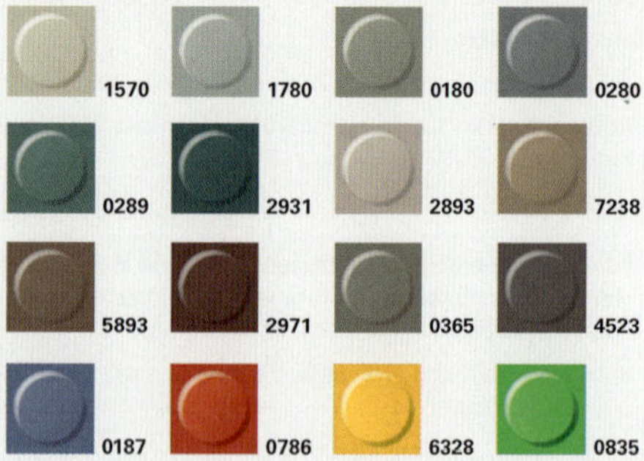

PVC-Beläge und CV-Beläge	• Homogener oder heterogener Aufbau • Heterogen. Trägerschicht aus Kork, Jute, UP. Bei CV-Belägen (Cushioned Vinyl) Oberschicht aus geschäumten PVC, weicher • Bei der Herstellung und Entsorgung von PVC-Belag entstehen große Mengen umweltschädlicher Chlorverbindungen. • Weichmacheranteil 40 % bis 45 %
Elastomere Beläge	• Aus künstlichem oder natürlichem Kautschuk • Häufig auf Basis Styrol-Butadien-Kautschuk (SBR), Naturkautschuk (NR) oder Nitril-Butadien-Kautschuk (NBR) • Homogener oder heterogener Aufbau • Extrem strapazierfähig, dauerelastisch, maßstabil und nahezu abriebfest • Dampfdicht, nicht feuchteregulierend • Dichte Oberfläche, einfach zu reinigen • Ideal für Gewerbe- und Industriebereiche 
Polyolefin-Beläge	• Chlorfreie thermoplastische Kunststoffe, auf Basis Polyethylen, Polypropylen und Polybutylen • Enthält Weichmacher, Farbstoffe, Füllstoffe • Weniger schädlich als PVC-Beläge • Zusätzlicher Schutz durch Beschichtung mit Acryldispersion oder PUR-Beschichtung • Sehr beständig • Quellen bei Wasser oder Lösemittel
Linoleum	• Linoleum besteht aus Leinöl, Kalksteinmehl, Holz- und Korkmehl • Umweltfreundlich, besteht weitgehend aus nachwachsenden Rohstoffen • Feuchteempfindlich, ungeeignet für Feuchträume • Lauge führt zur Verseifung des Leinöls und zur Zerstörung. • Schmutzempfindlich • Leicht fungizide, antibakterielle Wirkung

Verkleben von elastischen Bodenbelägen, Beispiel Linoleum

- Im Vergleich mit anderen Belägen ist Linoleum sehr dünn. Daher muss der Untergrund für das Verlegen eines Kunststoffbodens besonders eben sein.
- Nach dem Prüfen Bahnen zum Akklimatisieren 24 Stunden auslegen. Der Eigengeruch verflüchtigt sich im Laufe der Zeit.
- Möglichst passgenauer Zuschnitt mit geringem Wandabstand.
- Es erfolgt immer vollflächige Verklebung mittels Dispersionskleber (Acryl-Polymer dispergiert in Wasser) oder Zweikomponentenkleber (Epoxid, Polyurethan). Die Bahnen werden zurückgeschlagen, der Kleber mit der Zahnspachtel auf dem Boden aufgetragen. Nach dem Ablüften wird der Belag auf den Kleber gerollt und mit einer Bodenwalze (50 kg bis 70 kg) angedrückt.
- Die Belagbahnen werden thermoplastisch verfugt, umgangssprachlich „verschweißt". Der Doppelnahtschnitt wird mit einem Fugenhobel vergrößert und ein Schmelzdraht in die Fuge eingeführt. Mit einem Handschweißgerät wird dieser erhitzt und der Boden somit dicht verschlossen. Nach dem Erkalten erfolgt das bündige Abstoßen mit dem Viertelmondmesser.

Bodenwalze

Viertelmondmesser

5.2.10 Verlegen von Holz- und Laminatfußböden

Parkett

- Parkett: Holzleisten, die zu einem Muster zusammengelegt werden
- Parkett wirkt beständig, wertvoll und attraktiv, auch nach Jahren mit Gebrauchsspuren.
- Die mechanische Belastbarkeit der Nutzschicht ist von der Brinellhärte des Holzes abhängig. Je höher die Zahl, umso härter das Holz. Extrem beanspruchbar ist Parkett aus hartem Stirnholz.

Fischgrätmuster

Schiffsbodenmuster

Würfelmuster

Englischer Verband

Kirsche	31 N/mm^2
Eiche	34 N/mm^2
Buche	35 N/mm^2
Ahorn	36 N/mm^2
Bambus	40 N/mm^2
Merbau	44 N/mm^2

Brinell-Härte

Fertigparkett und Laminat

Fertigparkett

- Parkettelemente 2,40 m lang und 20 cm breit.
- Der dreilagige Aufbau verhindert das Verziehen des Holzes.
- Die Nutzschicht besteht aus massivem 3 mm bis 4 mm dickem Holzfurnier und ist werkseitig bereits versiegelt oder geölt.
- Geringe Konstruktionshöhe.
- Darum für die Sanierung von Altbaufußböden geeignet.
- In Schiffsboden- oder in Dielenoptik.

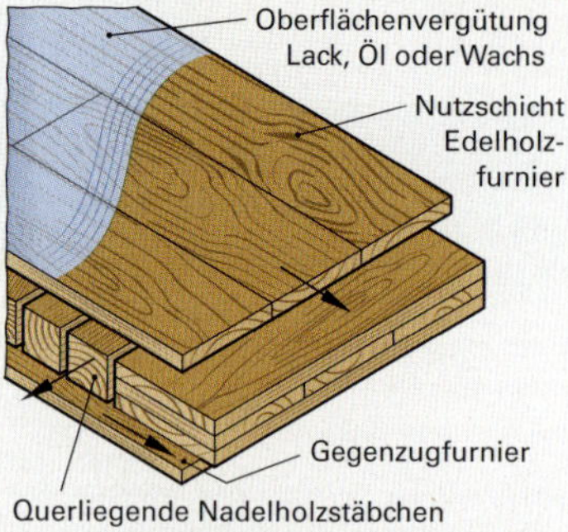

Aufbau Fertigparkett

Laminat

- Auf die Trägerplatte (Span-, MDF- oder HDF-Platte) wird eine Dekorfolie aufgeleimt.
- Auf das Laminatdekor wir die begehbare Nutzschicht aus Melaminharz aufgetragen, die sehr verschleißfest ist. Laminatdekore werden im Druckverfahren hergestellt, nicht nur in Holzoptik, sondern auch in Stein- oder Fliesenoptik.
- Preiswerte Variante zum Parkettboden.
- Eine Gegenzugfolie auf der Unterseite verhindert das Verwerfen des Laminats.

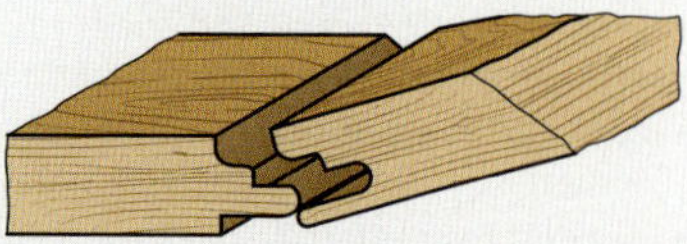

Click-System

Verlegetechnik von Parkett- und Laminatfußböden

- Meist schwimmend verlegt. Umlaufender Wandabstand mindestens 10 mm.
- Nach der Untergrundvorbereitung wird eine Folie ausgelegt. Darauf kommt die Dämmung gegen Trittschall aus Polystyrol-, Weichfaser- oder Korkplatten.
- Die Verlegerichtung richtet sich nach den Raumproportionen. Dabei ist auf Lichteinfall längs zur Verlegung zu achten.
- Nut- und Federverbindung oder Click-System ohne Verleimung.
- Die Verlegung erfolgt im Versatz.
- Die letzte Reihe muss in der Breite zugesägt werden. Auch hier ist der Wandabstand einzuplanen.

5.2.11 Verlegen von Steinfußböden

- Fliesen aus Naturstein oder Kunststein besitzen natürliches und dekoratives Aussehen.
- Die gute Wärmeleitung von Stein sorgt ohne Fußbodenheizungen und ohne Schuhwerk schnell für kalte Füße.
- Steinfliesen können im Dünnbettverfahren verlegt werden, d.h. sie können auf glatten Böden geklebt werden.

Fliesen aus Naturstein

Marmor

Marmor besteht aus Kalk mit mineralischen Bestandteilen. Kalkhaltige Gesteine sind sehr empfindlich gegen Säuren und besitzen nur eine geringe bis mittlere Härte. Marmor kommt in den Farben Weiß, Gelb, Grün, Rot und Schwarz vor. Seine Struktur ist glasartig und je nach Marmorart amorph bis kristallin. Weißer Marmor ist immer kristallisiert.

Granit

Granit

Granit ist ein relativ grobkristallines Erstarrungsgestein und reich an Quarz und Feldspaten, aber auch an dunklen Mineralien, zum Beispiel Glimmer. Granit ist äußerst hart und gegen die meisten Säuren beständig.

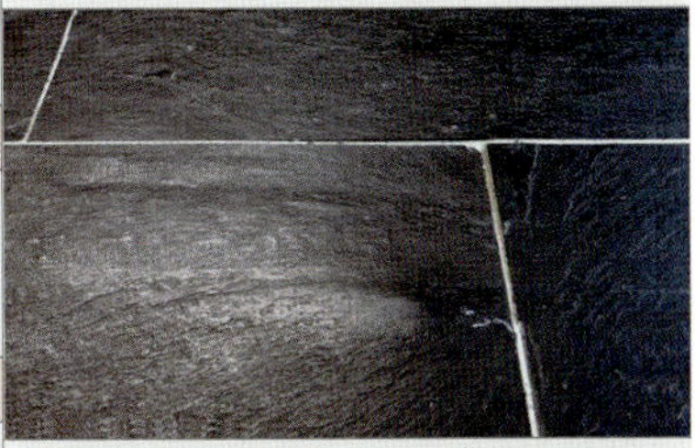

Schieferplatten mit Spaltoberfläche

Schiefer

Schiefer ist ein Umwandlungsgestein, das entweder aus den Tiefengesteinen aber auch aus Ablagerungsgesteinen entstanden ist. Schiefer ist der einzige Naturstein, der im Innenbereich mit gespaltener Oberfläche, also naturrau, verlegt werden sollte.

Travertin

Er ist über Jahrmillionen aus Kalkablagerungen von Süßwasserquellen entstanden und als poriges Ablagerungsgestein. Für Innenbereiche.

Terrazzo

Terrazzo

Einem Nassestrich werden **Naturstein**-Bruchstücke aus Marmor, Kalkstein oder Dolomit in Korngrößen von 5 mm bis maximal 16 mm beigemischt. Früher im Raum fugenlos gegossen, heute meist Betonplatten mit fertig geschliffener Oberfläche.

Fliesen aus gebranntem Kunststein

Steingut

Steingut besteht aus Ton, Quarz und Kalk, die bei 1 000 °C bis 1 100 °C gebrannt und danach glasiert werden. Es nimmt bis zu 10 % Wasser auf und ist daher nicht frostbeständig. Meist werden damit Wände gefliest.

Steinzeug

Es besteht aus Ton, Quarz und Feldspat und wird bei höherer Temperatur gebrannt. Wegen des Feldspatanteils wird das Gefüge werden dichter. Die Wasseraufnahme liegt bei 3 %, Steingut ist somit frostbeständig.

Feinsteinzeug

Werden Ton, Quarz und Feldspat fein vermahlen und bei 1250 °C gebrannt, so entsteht ein sehr dichtes Gefüge mit einer Wasseraufnahme von 0,1 %. Darum ist Feinsteinzeug frostbeständig, hart, hoch belastbar und beanspruchbar.

Feinsteinzeug

Untergrund- und Arbeitsvorbereitung

- Steinplatten brechen, wenn der Untergrund nicht plan und formstabil ist.
- Die Verlegung erfolgt darum meist auf Estrich.
- Alte Fliesen können auch mit neuen Fliesen überklebt werden, wenn der Kleber haftet.
- Der Untergrund muss sauber, trocken, rissfrei und fest sein.
- Vor dem Verlegen der Platten muss ein Verlegeplan erstellt werden. Die Verlegung kann parallel (zur Wand) oder diagonal erfolgen.
- Im Randbereich sollte keine Fliese unter der halben Fliesenbreite verlegt werden müssen.
- Ungeflieste Wände erhalten meist mit der Fliesenarbeit eine Fußleiste aus dem gleichen Fliesenmaterial.

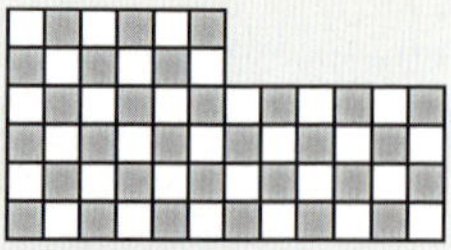
Parallelverlegung

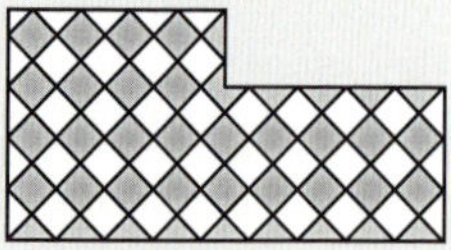
Diagonalverlegung

Fliesenkleber und Klebtechniken

- Fliesenkleber werden in Pulverform oder als Fertigkleber geliefert.
- Hydraulisch härtende Fliesenkleber auf Zementbasis sind üblich. Es darf nur die vorgeschriebene Wassermenge zugegeben werden.
- Die Verarbeitungszeit bei + 20° C beträgt ca. 2 – 3 Stunden.

Zusammensetzung		
Dünnbettkleber	Dispersionskleber	Flexkleber
Zement als hydraulisches Bindemittel, mineralische Zuschläge, organische Zusätze (Kunststoffanteil)	Flüssige Kunststoff-Dispersionen, enthalten meist mineralische Zusätze	Flüssige Kunststoff Dispersionen mit besonders hohem Kunststoffanteil, enthalten mineralische Zusätze
Lieferform		
Lieferung als Trockenmörtel. Mit Wasser anmachen.	Sie werden gebrauchsfertig im Eimer geliefert.	Lieferung als Trockenmörtel oder Fertigkleber.

Floating	Der Klebemörtel wird auf den Untergrund aufgetragen und mit der Zahnkelle oder Zahnspachtel abgekämmt.
Buttering	Der Klebemörtel wird auf die Rückseite der Fliese aufgetragen, mit der Zahnspachtel abgekämmt und auf den Untergrund gesetzt.
Buttering-Floating	Kombinierte Arbeitsweise der beiden oben genannten Verfahren.

Verlegearbeit

- Erstellen eines Verlegeplans
- Schnüre im rechten Winkel auf dem Boden zum Einfliesen spannen und befestigen.
- Fliesen anritzen mit dem Fliesenschneider. Brechen. Sägen möglichst im Feuchten.
- Ansetzen des Klebers. Nach ca. 15 min Reifezeit nochmals aufrühren und verarbeiten.
- Im gewählten Verfahren verlegen. Leicht schiebend eindrücken. Fliesen müssen immer vollflächig verklebt werden. Über Hohlräumen können Fliesen brechen.
- Abstandhalter/Fugenkreuze setzen.
- Planebenheit mit der Wasserwaage prüfen.
- Je nach Temperatur ist der Fliesenbelag nach ca. 24 h begehbar und nach 2 bis 3 Tagen verfugbar.
- Nach dem Trocknen mit der Moosgummischeibe Fugenzement in die Fugen einreiben und abziehen.
- Überschüssiges Material mit feuchtem Schwamm abwischen, aber nicht auswaschen.
- Verbleibenden Zementschleier nach dem Trocknen mit weichem Tuch entfernen.
- Umlaufende Fuge zur gefliesten Wand mit Silikon aus der Kartusche ausfugen. Mit einem umgedrehten Löffel und Netzmittel die Fugen abziehen.

5.2.12 Beschichtung von Fußböden

Arten des Estrichschutzes (nach Definition des Deutschen Betonvereins)

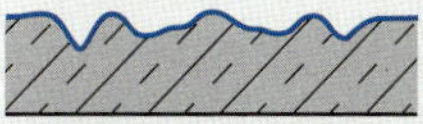	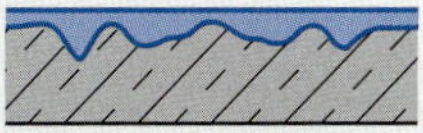	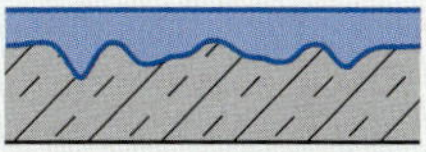	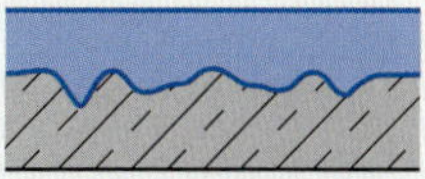
Imprägnierung	**Versiegelung**	**Beschichtung**	**Belag**
Nicht filmbildend; kleidet die Hohlräume und Kapillaren aus und schützt vor Feuchtigkeit; transparent, Charakter des Untergrundes bleibt erhalten; fungiert bei nach folgender Versiegelung bzw. Beschichtung als Grundierung.	Filmbildend, Schichtdicke 0,1 mm bis 0,3 mm	Schichtdicke 0,3 mm bis 5 mm Je nach Schichtdicke wird zwischen Dünn- und Dickbeschichtung unterschieden: Dünnbeschichtung: 0,3 mm bis 1,0 mm Dickbeschichtung: 1,0 mm bis 5,0 mm	Die fließfähige Masse ergibt eine Schichtdicke > 5 mm, die durch Einmischen von Zuschlagstoffen (Sand) erreicht wird. Der Begriff **Belag** bezieht sich, abweichend vom normalen Sprachgebrauch, hier auf die flüssige Beschichtung **ab 5 mm Schichtdicke!**

Beschichtungsstoffe für Fußböden

Bindemitel	Eigenschaften
Acrylat-Kunststoffdispersionen	Umweltfreundlich, leicht zu verarbeiten; speziell geprüfte Systeme werden im Wohnungsbau für die Beschichtung von Ölauffangwannen verwendet; thermoplastisch; Weichmacherwanderung, deshalb nicht für Garagenböden geeignet (Reaktion mit Gummireifen).
Epoxidharze (EP)	In der Regel sehr gute Haftung zum Untergrund, hohe Widerstandsfähigkeit gegen mechanische Belastung, beständig gegen Treibstoffe, Schmierstoffe, Streusalz und Laugen. Weniger gute Beständigkeit gegen Säuren und chlorierte Kohlenwasserstoffe, gegen andere Lösemittel ausreichend beständig. Neigen im Außenbereich zum Kreiden. Meistens vergilbungsfrei, relativ unempfindlich gegen Feuchtigkeit aus dem Untergrund. Bei feuchtigkeitsempfindlichen Estrichen (Anhydrit, Magnesit) wasseremulgierte (lösemittelfreie) Systeme einsetzen, da diese diffusionsoffener sind. Erhärtung erfolgt schwindungsfrei.
Methylmethacrylatharze (MMA)	In der Regel gute Haftung am Untergrund, widerstandsfähig gegen mechanische und leichte chemische Belastung. Unempfindlich gegen Treib-/Schmierstoffe und Streusalze, weniger gegen Lösemittel. Vergilbungsfrei, lösemittelhaltig mit intensivem Geruch. Schwinden während des Trocknens.
1K-Polyurethanharze (PUR)	Lösemittelhaltig, Erhärtung durch Feuchteaufnahme aus der Umgebungsluft; seltener als 2K-Systeme; Verwendung für transparente Imprägnierungen.
2K-Polyurethanharze (PUR)	Gute Haftung am Untergrund, beständig gegen chemische Angriffe, insbesondere durch Säuren, weniger gut gegen Laugen. Gegen Lösemittel beständig, außer gegen aromatische Lösemittel und chlorierte Kohlenwasserstoffe; neigen häufig zum Vergilben. Erhärten schwindungsfrei.
Ungesättigte Polyesterharze (UP)	Mechanisch hoch belastbar; leichte Chemikaliendauerbeständigkeit, besonders gegen Säuren; gut beständig gegen Salze, Treib-/Schmierstoffe; vergilbungsfrei, empfindlich gegen Restfeuchte; schwinden während des Trocknens.

5

Verarbeitung von Beschichtungsstoffen auf Fußböden

- Die Produkte sind einkomponentig oder zweikomponentig im Handel.
- Immer Herstellerangaben bei der Verarbeitung genau einhalten. Spätere Schäden sind sehr teuer.
- Dünnbeschichtungen werden mit geeigneten Walzen aufgetragen.
- Selbstverlaufende Dickbeschichtungen und Beläge lassen sich sehr gut mit einer Rakel verteilen.
- Da es bei der Verarbeitung dickschichtiger Werkstoffe leicht zu Luft- oder Lösemitteleinschlüssen kommt, werden die noch flüssigen Beschichtungsflächen mit einer Igelwalze abgerollt und entlüftet. Die noch feuchten Flächen können mit Nagelschuhen betreten werden.

Besondere Fußböden-Aufträge

Industriebodenbeschichtung

- Diese Beschichtungen müssen äußerst widerstandsfähig gegen chemische Belastungen durch Säuren, Laugen, Salze, Öle, Lösemittel sein.
- Dazu kommt meist hohe mechanische Belastung. Besonders extrem: Drehung auf dem Absatz mit Steinchen unter dem Schuh.
- In repräsentativen Bereichen ist die optische Erscheinung (Glanz, Ebenheit) wichtig.

Parkhausbeschichtung

- Diese sind auch mechanischen Einflüssen (Druck, Reibung) und chemischen Einflüssen (Schmier- und Treibstoffe) ausgesetzt, manchmal auch Wetterbelastung.
- Siehe Regelwerke OSF und OS11. Verschleißfestigkeit und Rissüberbrückung müssen immer gewährleistet sein.
- Es dürfen nur unabhängig geprüfte Systeme eingesetzt werden, deren Angaben im Technischen Merkblatt unbedingt eingehalten werden müssen (Aufbau, Schichtdicke).
- Durch Einstreuen von Quarzsand in die feuchte Beschichtung wird Rutschen vermindert.
- Auch in privaten Garagen sinnvoll.

Gewässerschutzsysteme

- In Betrieben, in denen Chemikalien gelagert, umgefüllt oder verwendet werden, müssen die Böden so beschichtet werden, dass austretende Chemikalien zurückgehalten und am Versickern gehindert werden. § 19 des Wasserhaushaltsgesetzes regelt die Vorschriften für Gewässerschutzsystem.
- Forderungen an den Boden + Beschichtung: chemisch beständig, rissüberbrückend, mechanisch belastbar, gut haftend, planeben, reinigungsfähig, rutschsicher, reparaturfreundlich.

Balkonbeschichtungen

- Problembereiche: Bewegungsfugen, sowie Abdichtungen, Rissgefahr und mögliche Durchfeuchtung.
- Bei Instandsetzungsmaßnahmen muss immer auf leichtes Gefälle geachtet werden, damit Wasser abfließen kann. Dafür besondere PCC-Reparaturmörtel verwenden.

Leitfähige Bodenbeschichtungen

- Für Laboratorien und EDV-Räume mit sensiblen elektronischen Bauteilen.
- Siehe DIN EN 61 340.
- Nach der Grundierung sind Kupferbänder raumumlaufend durch einen Elektrofachmann aufzukleben. Die geforderte Ableitfähigkeit muss vor der Schlussbeschichtung stimmen.

5.3 Fugentechnik

5.3.1 Grundlagen

Fugenarten

- Fugen werden mit Dichtstoffen = dehnbaren Kunststoffen abgedichtet.
- Maler und Lackierer beschichten Flächen, die von Fugen unterbrochen sind oder verfugen selbst, z. B. beim Verlegen von Fliesen zu den angrenzenden Wänden.
- Mindestens 1 Mitarbeiter im Betrieb sollte einen Fugen-Lehrgang besucht haben und seine Kenntnisse teilen.

Am Bau unterscheidet man im Wesentlichen zwei Fugenarten.
Meist beziehen sich die Fugenarten-Bezeichnungen auf Einsatzgebiet, Funktion oder Eigenschaften.

Bauteilfuge	Bewegungsfuge
Als Bauteilfuge bezeichnet man eine Fugen zwischen Bauteilen aus dem gleichen Material, z. B. aneinandergesetzte Betonelemente, oder Fugen zum Spannungsausgleich.	Dies ist eine Fuge zur Unterbrechung von Bauteilen, um Spannungsrissen vorzubeugen. Diese Risse entstehen durch unterschiedliche Bewegungen der angrenzenden Flächen durch Wärmedehnung, Dehnung durch Feuchteaufnahme.

Besondere Fugenarten-Bezeichnungen		
	Sanitärfuge	Fuge im Bereich von Bädern und Nassräumen
	Brandschutzfuge	Nicht brennbare und rauchdichte Bauteil- und Bewegungsfuge in größeren Bauwerken
	Trockenbaufuge	Fugen durch das Stoßen von Trockenbauelementen
	Arbeitsfuge	Fuge wegen Einschränkungen beim Erstellen großer Bauteile, z. B. beim Betonieren
	Hochbaufuge	Sonderform der Fassadenfuge
	Dehnungsfuge	Bewegungsfuge
	Wartungsfuge	Verschleißt eine Fuge durch chemische oder physikalische Beanspruchung, so muss sie regelmäßig überprüft werden.
	Scheinfuge	Dekorative Fuge ohne direkte Funktion
	Schattenfuge	Angedeutete Scheinfuge, meist zwischen Wand und Decke, Notwendig bei holzverkleideten Decken.
	Bautrennfuge	Fugenabstand zwischen Gebäuden
	Glasfuge	Fuge im Fensterbau am Glas

Kräfte in Fugen

Das Fugenmaterial darf weder an den Flanken abreißen, noch in sich sebst reißen.

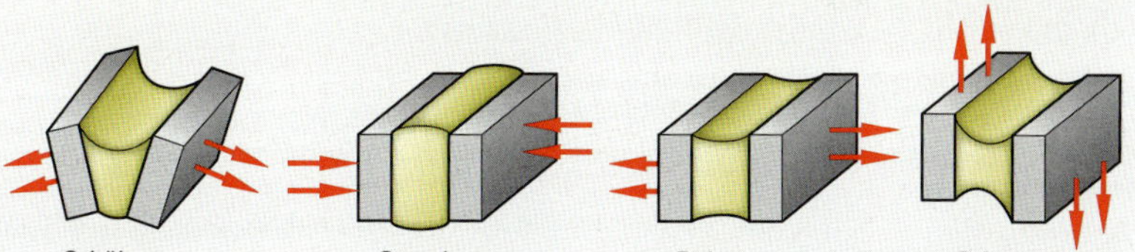

Fugendichtstoffarten	
plastisch	**elastisch**
Plastische Dichtstoffe verformen sich unter Krafteinwirkung. Lässt diese Kraft nach, so behalten sie die neue Form. Zulässige Veformung: max. 5 % Vergleich: Kaugummi	Auch elastische Dichtstoffe verformen sich unter Krafteinwirkung. Lässt dies Kraft nach, so kehren sie in ihre Ausgangsform zurück. Zulässige Verformung: über 20 % Vergleich: Gummiband

plastoelastisch

Hersteller kombinieren für den Einsatzzweck von Dichtstoffen beide Eigenschaften bis zum optimalen Ergebnis. Die erstgenannte Eigenschaft überwiegt.

Vergleich: Knetmasse. Diese behält erst die Form, im Lauf der Zeit wirken langsam die Rückstellkräfte.

Meist wird von Herstellern als Eigenschaft „dauerelastisch" oder „dauerplastisch" angegeben.

Die wichtigsten Dichtstoffe

Dichtstoff	Beschreibung
Polyurethan-Dichtstoffe	Dichtstoffe mit hoher Weiterreißfestigkeit und hoher Reißdehnung für den Hoch- und Tiefbau. Das Rückstellvermögen beträgt in der Regel > 70 %.
Silikon-Dichtstoffe	Silikon ist wasserundurchlässig und -abweisend, daher besonders geeignet in Sanitärbereichen. Fugen dauerhaft elastisch. Dichtstoffe mit hoher UV-Beständigkeit, guter Glashaftung und geringer Weiterreißfestigkeit. Das Rückstellvermögen beträgt fast 100 %.
Acryl-Dichtstoffe	Wässrige, plastoelastische Acryl-Dispersionen mit geringer Bewegungsaufnahme, hohem Schwund und eingeschränkten Hafteigenschaften. Für Innenfugen mit geringer Beanspruchung geeignet. sowie zum Ausfüllen von Fugen und Anschlüssen im Bereich aller herkömmlichen Materialien am Bau. Acryl dichtet nicht gegen Wasser und andere Flüssigkeiten ab. Rückstellvermögen bis 50 %
AllesHybrid-Dichtstoffe	Hybrid Dichtstoffe kombinieren die Vorteile von Polyurethan- und Silikon-Produkten in einer neuen Produktart. Einsatz im Innen- und Außenbereich möglich.
Sulfiddichtstoffe	Dichtstoffe auf Basis Polysulfid, bekannter Markennamen „Thiokol", sind elastische, zweikompomentige Baudichtstoffe zur Abdichtung von Boden- und Wandfugen. Die nach Aushärtung des Dichtstoffs elastische Fugenabdichtung kann Fugenbewegungen bis 35 % der Ausgangsfugenbreite aufnehmen.
Leinöl-Kitt	Einziger Dichtstoff, bei dem die historische Bezeichnung beibehalten wird. Einsatz auch im Glaserhandwerk zum Einglasen von Fensterscheiben. Kann überstrichen werden.

5.3.2 Überstreichen von Fugendichtstoffen

Dichtstoffe besitzen eine Eigenfarbe, die nicht immer in das Gestaltungskonzept des Objektes passt. Die Möglichkeit des Überstreichens ist jedoch nicht immer gegeben. Während elastische Dichtstoffe bis zu 25 % Bewegung aufnehmen können, erreichen Beschichtungen in der Regel maximal 7 %.

Auch wenn Anstrich und Dichtstoff verträglich sind, dürfen darum Dichtstoffe nicht ganzflächig überstrichen werden. Sonst treten auf jeden Fall im Laufe der Zeit Risse in der Beschichtung auf.

Ein direkter Kontakt zum Dichtstoff ergibt sich aus der notwendigen **überlappenden Begrenzung von maximal 1 mm** am Fugenrand.

Zur Verträglichkeit von bereits vorhandenen Beschichtungen mit Dichtstoffen kann meist keine absolute Empfehlung abgegeben werden. Im Zweifel den Hersteller fragen.

5.3.3 Verfugen am Hochbau (z. B. Fugen zwischen Betonteilen)

Abdichten der Fugen mit Dichtstoffen (dauerelastisch)

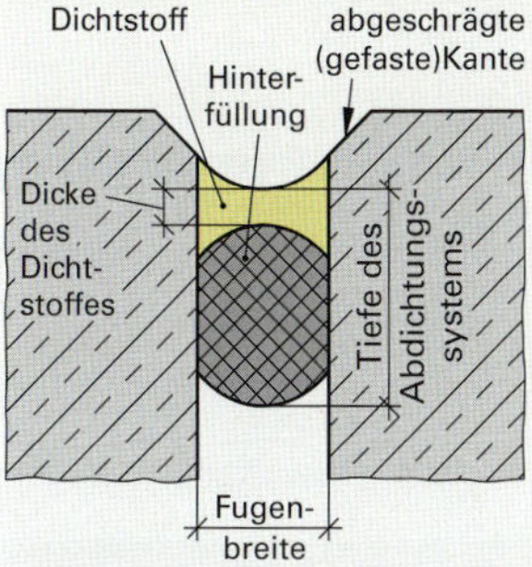

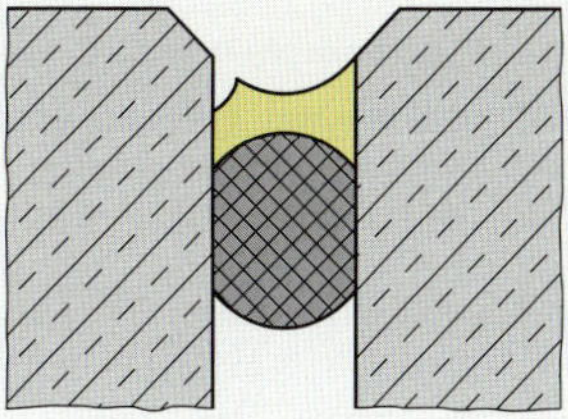
Adhäsionsschaden

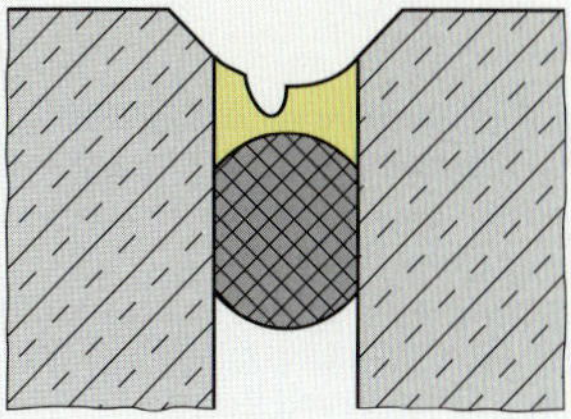
Kohäsionsschaden

- Die Fugen-Mindestbreite für Bewegungsfugen im Hochbau beträgt 10 mm.
- Vorhandener, schadhafter Dichtstoff und Füllmaterial müssen gründlich entfernt werden.
- Fugenumgebung und Fugenflanken von Verschmutzungen und unverträglichen Beschichtungen reinigen.
- Fugenränder abkleben und die vorbereiteten Fugen mit einem geschlossenzelligen Schaumstoffprofil hinterfüllen. Der Durchmesser der Rundschnur ist dann richtig, wenn sie mit etwas Druck eingebracht werden kann. Die Rundschnur verhindert, dass Dichtstoff auf starrem Fugengrund haftet.
- Fugenflanken mit geeignetem Primer lückenlos grundieren.
- Einbringen des einkomponentigen oder zweikomponentigen Dichtungsmaterials. Beim Ausspritzen der Fuge die Kartusche möglichst nicht absetzen.
- Nach dem Ausspritzen und Andrücken wird innerhalb der offenen Zeit die Fuge geglättet, meist nach etwa 5 min. Dies erfolgt mit Wasser oder bei Siliconen mit Spülmittelwasser.
- Klebebänder unmittelbar nach dem Glätten abziehen, um ein Aufreißen der sich bildenden Haut zu vermeiden.

Abdichten der Fugen mit Elastomer-Fugenbändern

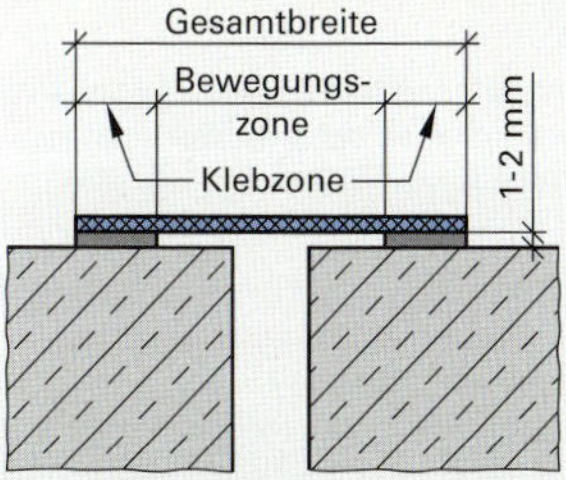

Abdichtung mit Elastomer-Fugenband

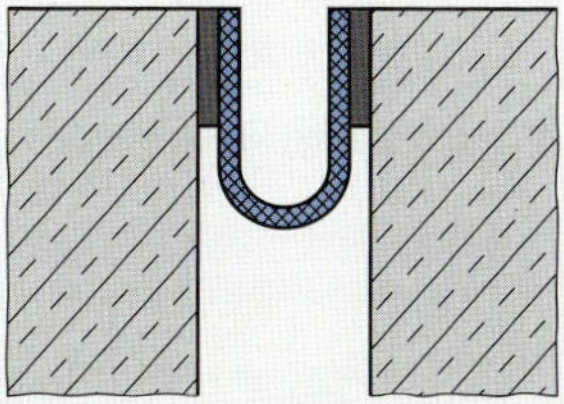
Elastomer-Fugenband als Schlaufe verlegt

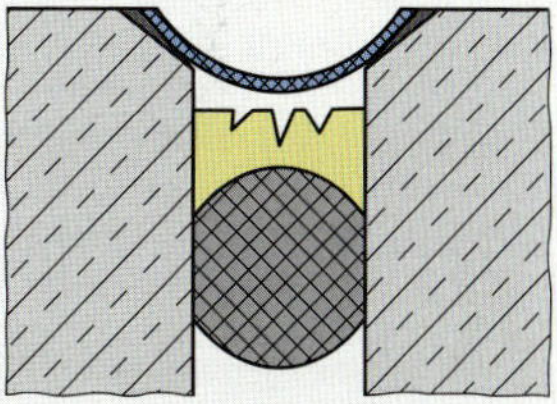
Instandsetzung einer schadhaften Fugenabdichtung

- Die Fugen-Mindestbreite für Bewegungsfugen im Hochbau beträgt 10 mm.
- Der Untergrund muss sauber verträglich und tragfähig sein. Besonders der Bereich der Klebeflächen muss absolut sauber sein.
- Klebebereich mit Klebeband abgrenzen.
- Klebeflächen mit Primer oder Sperrgrund gleichmäßig und blasenfrei vorstreichen. Herstellerangaben beachten.
- Fugenband in das Klebebett einlegen und andrücken. Das Fugenband muss satt mit der gesamten Klebezone im Klebstoff liegen, sodass an allen Stellen die Klebschichtdicke mindestens 1 mm – 2 mm beträgt. Das Andrücken erfolgt von der Mitte zum Rand, sodass der überschüssige Klebstoff auf das glatte Abdeckband austritt.
- Der seitlich ausgetretene Klebstoff ist noch vor der Aushärtung durch Abziehen des Klebebandes zu entfernen.
- Danach sind die Randbereiche des Bandes bei eventuell noch austretendem Klebstoff fasenförmig abzuglätten.

5.3.4 Abdichtung von Fugen beim Fliesenlegen in Innenbereichen

Fliesenflächen werden mit relativ starren Zementmörteln verlegt, denen häufig ein Kunststoffanteil zugemischt wurde, der das Material flexibler macht und zugleich die Flankenhaftung zu den Fliesen verstärkt. Siehe Kapitel Fußboden.

Verbindungsfugen zu anderen Bauteilen werden mit elastischen Fugenmassen/Dichtstoffen gefüllt.

Fugen und Fugenmassen in Sanitärbereichen

Fugendichtstoffe verhindern in Fliesen- und Sanitärbereichen das Eindringen von Feuchtigkeit in Fugen bzw. den Baukörper. Im Innenbereich ist kaum mit thermischen Längenänderungen zu rechnen, die auszugleichen sind.

Wichtig ist eine hohe mechanische Festigkeit und Chemikalienbeständigkeit des Dichtstoffes. Die Verfugung muss leicht zu reinigen sein.

Einkomponentige Silikondichtstoffe (meist essigsäurevernetzt) sind dauerhaft elastisch, wirken antibakteriell gegen Schimmel in Feuchträumen begrenzte Zeit. Es entsteht eine glatte, gut zu reinigende Fuge. Zieht sich beim Entfernen wie Kaugummi und lässt sich am Stück entfernen.

Acryldichtstoffe sind im Handel aber eher für Malerarbeiten geeignet. Reißt die Dichtung nach wenigen Zentimetern immer wieder ab, so handelt es sich um Acryl.

Die Begrenzung in der Fugentiefe erfolgt durch die Hinterfüllung der Fuge mit einer geschlossenzelligen PE-Rundschnur, bzw. alternativ bei zu flachen Fugen mit einer PE-Folie.
Beim Verfugen möglichst in der Gerade nicht absetzen.

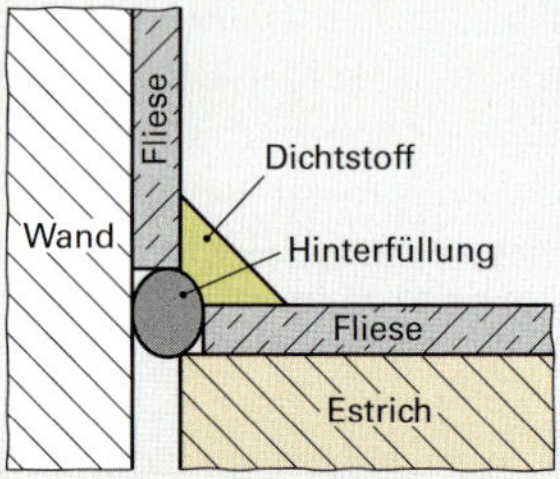

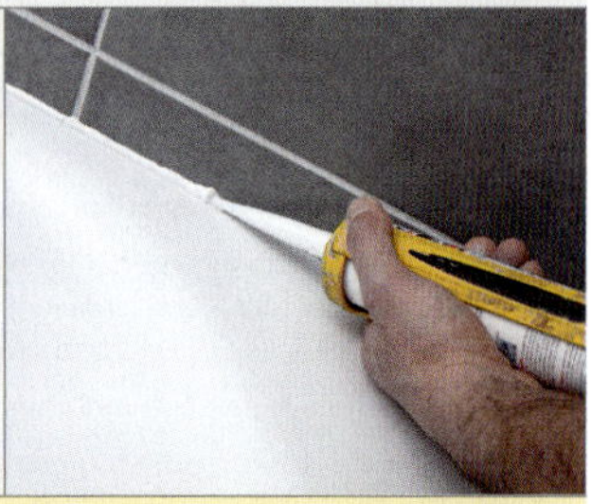

Ausführung

- Die Fugen-Mindestbreite für Sanitärfugen beträgt 5 mm.
- Ausführung im Sanitärbereich im Wesentlichen wie außen, jedoch vorsichtiger, damit Fliesen nicht beschädigt werden.
- Fuge und Umgebung gut reinigen und Fugenränder abkleben.
- Fugen mit einem geschlossenzelligen Schaumstoffprofil hinterfüllen, auch schmale Dreiecksfugen, um die Dreiflankenhaftung zu verhindern.
- Beim Ausspritzen der Fuge mit Dichtungsmaterial möglichst nicht absetzen.
- Dichtstoff innerhalb der offenen Zeit leicht andrücken. Nach etwa 5 min Fuge mit Finger oder Teelöffel und Spülmittelwasser glätten. Klebebänder unmittelbar nach dem Glätten abziehen, um ein Aufreißen der sich bildenden Haut zu vermeiden. Beim Glätten von horizontalen Fugen darf keine Hohlkehle entstehen.
- Erst nach der Trocknung beanspruchen.

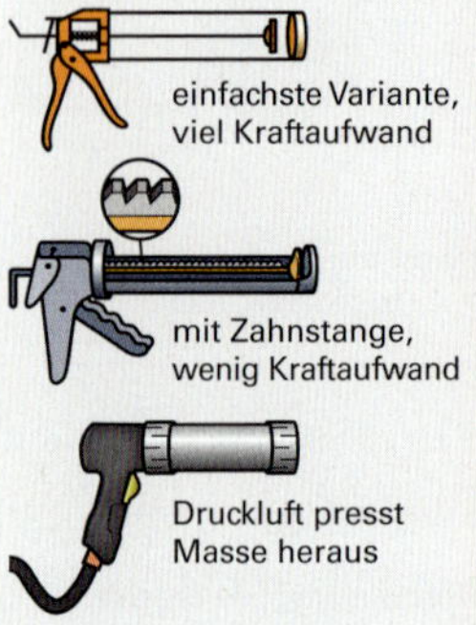

Kartuschenbedarf / Fugentiefe	Fugenbreite in mm										
	3	4	5	6	7	8	10	12	15	20	25
4 mm	25	18	15	12	10	9,4	7,5	6,3	5,0	3,8	3,0
5 mm	20	15	12	10	8,6	7,5	6,0	5,0	4,0	3,0	2,4
6 mm	15	12	10	8,3	7,1	6,3	5,0	4,2	3,3	2,5	2,0
7 mm	14	10	8,6	7,1	6,1	5,4	4,3	3,6	2,9	2,1	1,7
8 mm	12	9,4	7,5	6,3	5,4	4,7	3,8	3,1	2,5	1,9	1,5
10 mm	10	7,5	6	5,0	4,3	3,8	3,0	2,5	2,0	1,5	1,2
12 mm	8,3	6,3	5	4,2	3,6	3,1	2,5	2,1	1,7	1,3	1,0

Übliche Kartuschen im Handel: Volumen 310 ml, Länge 215 cm, ø 50 mm

Zusätzlich sind Materialverlust und Materialüberschuss zu berücksichtigen.
Bereiche:
weiß: übliche bewegte Fugen
hellgrau: leicht bewegte Fugen
dunkelgrau: nicht beanspruchte Fugen

5.3.5 Abdichtung an Fenstern und Türen

Abdichtung mit Kompriband (auch für Fassadenfugen)

- Kompriband besteht aus polyurethanbasiertem Schaumstoff, der mit einem wasserabweisenden Kunstharzpolymer durchimprägniert, zusammengedrückt (vorkomprimiert) und aufgerollt wird.
- Zur Verarbeitung wird das Dichtband abgerollt und in die saubere, glatte Fuge eingelegt.
- Kompriband muss nicht an Fugenflanken haften, sondern hält durch Druck auf die Fugenflanken. Sie passen sich den Oberflächen an. Die Fugenflanken müssen weitgehend eben und parallel sein. Bei Ausbrüchen ist ein Glattstrich nötig.
- Der Mindestkomprimierungsgrad (max. zulässige Expansion) wird durch die vom Hersteller vorgegebene obere Toleranzgrenze definiert und darf niemals überschritten werden.
- Dichtbänder der Beanspruchungsgruppe BG1 sind für die ungeschützte Außenanwendung geeignet. Sie sind schlagregensicher bis zu einem Differenzdruck von mind. 600 Pa.
- Dichtbänder der Beanspruchungsgruppe BG2 sind ebenfalls für die Außenanwendung geeignet, dürfen aber nur abgedeckt vor direkter Bewitterung, z. B. mit Verleistungen verbaut werden. Sie sind schlagregensicher bis zu einem Differenzdruck von 300 Pa.

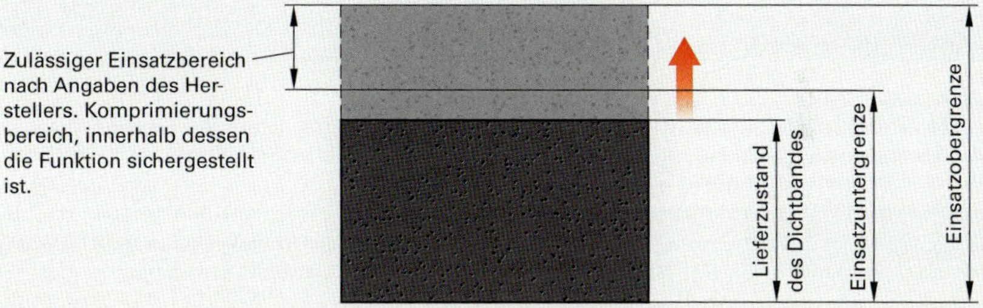

Dichtungsprofile an Fenstern und Türen auswechseln

Die Dichtungen zwischen Blendrahmen und Fensterflügel werden bei jedem Schließen des Fensters zusammengedrückt und damit belastet. Auch Schmutz, Temperaturschwankungen und die UV-Strahlung lassen das Material altern und verspröden. Die Folge sind undichte Fenster und unnötiger Energieaufwand beim Heizen. Je nach Fenstertyp verfügen die Dichtungen über unterschiedliche Profile, die genau in die vorhandene Nut passen. Beim Wechsel sollten die gleichen Profile wiederverwendet werden, um die spätere Dichtheit abzusichern. Bei bekannten Fenstern finden sich die passenden Dichtungen im Fachhandel oder auch direkt beim Hersteller.

Ausführung:
- Fensterflügel aushängen und flach auf weicher Unterlage lagern. Beginnend an einer Ecke die Dichtung aus der Dichtungsnut ziehen.
- Nut mit einem milden Reinigungsmittel reinigen und gut trocknen.
- Dichtband von der Mitte aus in die Nut eindrücken und bis zur Ecke führen. Dort das Ende mit der Gehrungszange in einem Winkel von 45° (Einstellung an der Zange) einschneiden. Die Dichtung etwa einen halben Zentimeter über die Ecke führen.
- Dichtung auf korrekten und vollständigen Sitz kontrollieren.
- Das letzte offene Ende über den Anfang der Dichtung legen und dann mit ein bis zwei Millimeter Überstand gerade abschneiden.

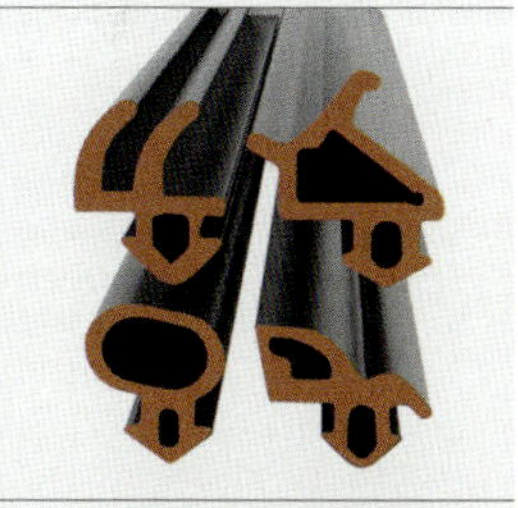
Auswahl an Profilen

Alternativen:
- In alten Fensterelementen ohne Dichtung kann ein Fensterbauer nachträglich eine Fuge einfräsen, in die sich dann die Dichtung einsetzen lässt. Teuer.
- Austausch durch Fenster nach dem Stand der Technik.
- Von begrenzter Wirkungsdauer, je nach Wiedererholvermögen des Schaumstoffes können in die Falz des Fensters selbstklebende Dichtbänder gegen Zugluft helfen. Preiswert.

Selbstklebendes Dichtband

5.4 Wärmedämmung

Heizölverbrauch – CO-Emission

- Bezogen auf je 100 m² Wohnfläche je Jahr

Emission in kg			
ca. 9100	ca. 4600	ca. 2900	ca. 1200

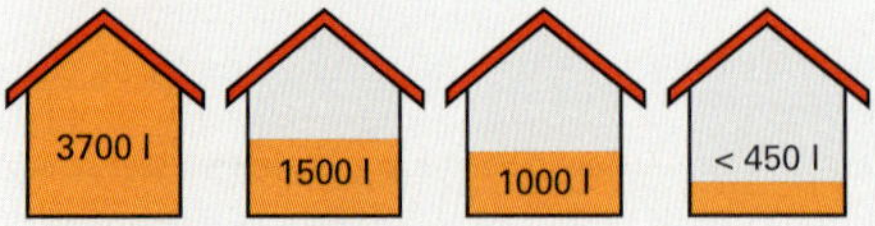

Bauj. 1960	**1984**	**1995**	**2014**
ungedämmt	gedämmt nach WS-Verordnung		gedämmt nach EnEV

Wärmeverlust am Haus

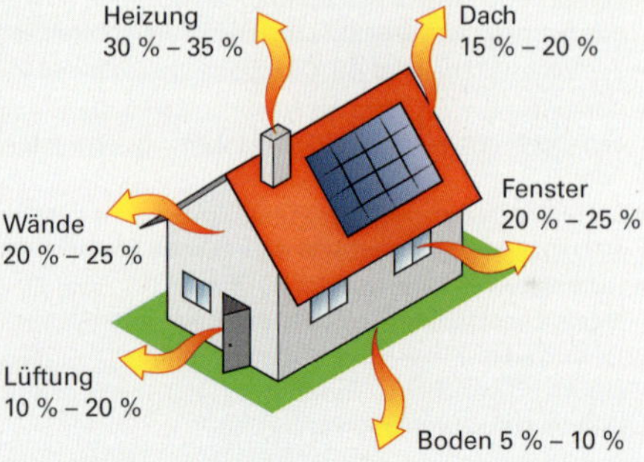

5.4.1 Gesetzliche Grundlagen

Gebäudeenergiegesetz

- Zum 1. November 2020 wurden die Regelungen zur Energiewende im Gebäudebereich – Energieeinspargesetz (EnEG), Energieeinsparverordnung (EnEV) und Erneuerbare-Energien-Wärmegesetz (EEWärmeG) – in einem Gebäudeenergiegesetz zusammengefasst.
- Ziele der Vorschriften sind die Verringerung der CO_2-Emission und Energieeinsparung In Altbauten.
- In Neubauten ist das Ziel die Senkung des Energieverbrauchs nach verbindlichen Regeln und die Erstellung einer Energiebilanz. Es werden Energieverluste mit den Energiegewinnen eines Gebäudes verrechnet.

Energiegewinne **minus** **Energieverluste**	• Solaranlage, • Wärmepumpe, • Sonneneinstrahlung u. a. – • Raumheizung, • Raumkühlung, • Energie für Pumpen etc. • Lüftungsanlagen u. a.	Unter Berücksichtigung von • Bauart, • Klimazone, • Luftdichtheit des Gebäudes, • Wärmebrücken u. a.

Ergebnis: Angaben im Energieausweis

- Seit 2021 müssen alle Neubauten in der EU den neuen Standard des „Niedrigstenergiegebäudes" erfüllen. Das fordert die 2010 verabschiedete EU-Gebäuderichtlinie.
- Für Altbauten müssen Mindestwerte für den Wärmedurchgang (U-Werte) einzelner Bauteile eingehalten werden. Zur Einhaltung sind Bauherren aber nur dazu verpflichtet, wenn sie mehr als 20 % eines Bauteils verändern oder austauschen.

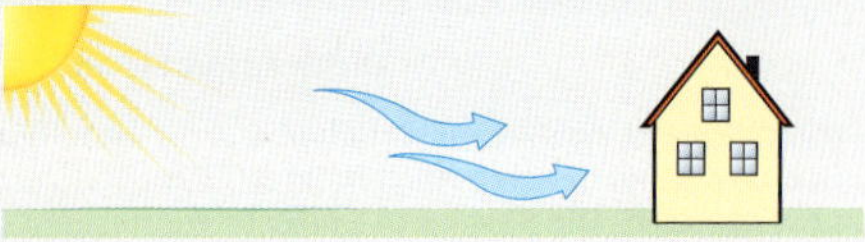

Häuser ohne Schutz durch Bäume, Häuser oder das Gelände haben hohe Wärmeverluste durch den Wind. Dafür profitieren sie von ungehinderter Sonneneinstrahlung.

Geschützt stehende Häuser haben geringere Wärmeverluste durch den Wind. Eine Verschattung führt zu geringerer Sonneneinstrahlung. Laubbäume hingegen lassen die Sonne im Winter ans Haus.

Energieausweis

Für alle Wohn- und Geschäftshäuser, die verkauft oder neu vermietet werden, muss mit dem Energiepass der Wärmebedarf je Quadratmeter Wohnfläche dokumentiert werden. So können Käufer und Mieter die Energiekosten des Gebäudes abschätzen.

ENERGIEAUSWEIS für Wohngebäude
gemäß den §§ 16 ff. Energieeinsparverordnung (EnEV)

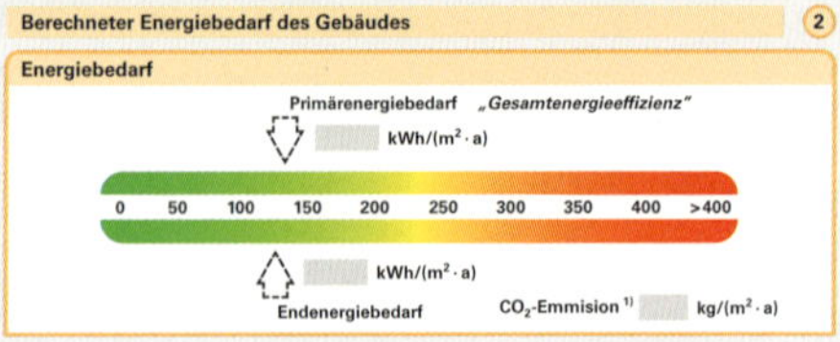

5.4.2 Wärmetransport und Wärmespeicherung

Wärmeleitung

- Wärmeenergie soll im Haus/im Raum möglichst lange gehalten und nicht durch die Wände, Fenster usw. abgeleitet werden.
- Dichte, schwere Materialien leiten Wärme besser als poröse und leichte Materialien. Schlechte Wärmeleiter sind gute Dämmstoffe.

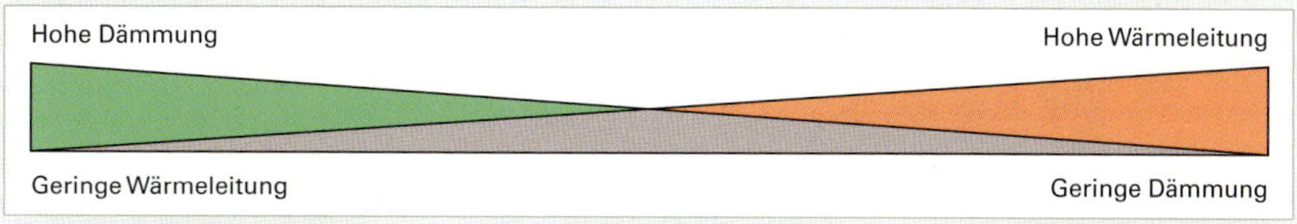

Wo nichts ist, kann auch nichts leiten.

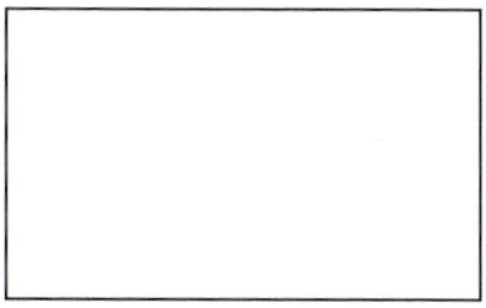

- Vakuum
- Luft, leitet gering
- Gase, leiten gering

Poröse Stoffe
Faserige Stoffe

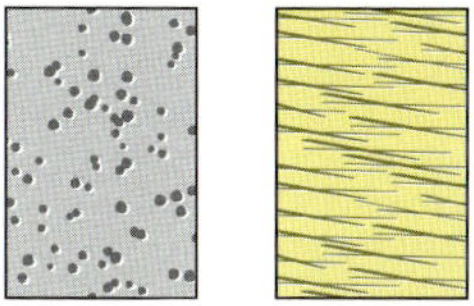

- Kunststoff
- Holz
- Glaswolle

Dichte Stoffe

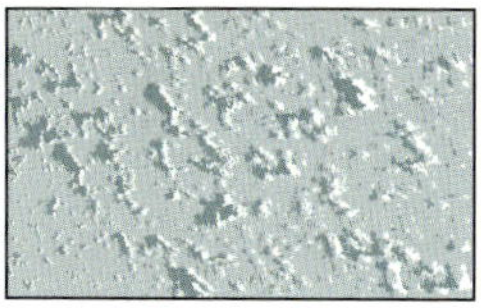

- Mineralien
- Metalle

Wärme ist Molekülbewegung. Der Abstand der Moleküle ist der Grund, dass dichte Stoffe diese Bewegungsenergie schneller von Molekül zu Molekül weitergeben können als Stoffe mit großen Molekülabständen oder Hohlräumen im Gefüge.

Darum

- ist eine Steintreppe trotz Raumtemperatur immer kalt.
- ist der Zwischenraum der Scheiben in Isolierfenstern mit einem Edelgas (Argon, Krypton) gefüllt.
- müssen Dämmstoffe, alle Baustoffe auf der Baustelle vor Nässe geschützt werden.

Wärmespeicherung

- In Gebäuden dienen schwere und massive Bauteile als Wärmespeicher.
- Ohne Dämmung kühlen Wände rasch aus.
- Wärme kann in einem Gebäude länger gehalten werden, wenn die Außenfläche, über die die Wärme entweicht, möglichst klein gehalten wird. Dies ist bereits bei der Gebäudeplanung vom Architekten zu berücksichtigen. Je kleiner das Verhältnis von Fläche zu Umfang ist, umso weniger Wärme wird abgeleitet.

Fläche: 25,00 m^2
Umfang: 20,00 m

Fläche: 25,00 m^2
Umfang: 36,00 m

- Massive Bauteile eines Gebäudes speichern die Sonnenenergie des Tages und geben sie zeitversetzt in der Nacht wieder ab. Dadurch entsteht ein ausgeglichenes und angenehmes Wohnklima.
- Fehlt einem Gebäude die Möglichkeit Wärme zu speichern (Lager, Baracken, Wohnwägen), müsste die Raumtemperatur ständig mit Heizungs- oder Klimaanlage energieaufwändig korrigiert werden.

Temperaturmessung: Kelvin ist die Einheit/die Gradeinteilung der Temperatur, beginnend am absoluten Nullpunkt (= – 273 °C), an dem alles erstarrt. So ergeben sich keine Minustemperaturen. 0 °C ist folglich 273 K. Die Größe der Einheit ist gleich. 1 K entspricht 1 °C.

5.4.3 Kennwerte des Wärmeschutzes

Wärmeleitfähigkeit λ (Wärmeleitwert)

Die Wärmeleitfähigkeit λ gibt die Wärmemenge an, die in 1 Stunde durch einen Würfel mit einer Kantenlänge von 1,00 m bei einem Temperaturunterschied von 1 Kelvin hindurchgeleitet wird.
Einheit: W/mK
(Watt geteilt durch Meter × Kelvin)

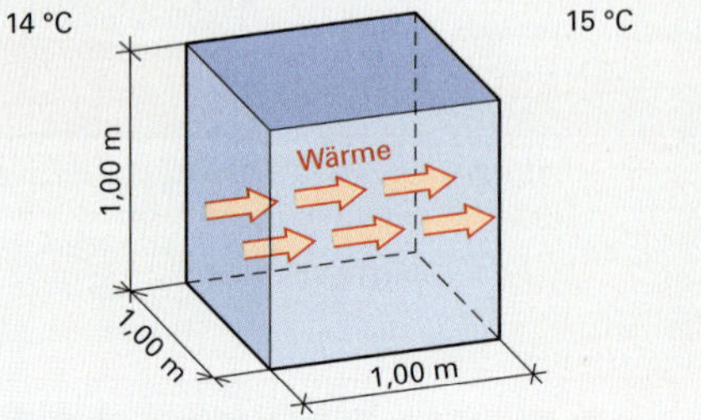

λ ist ein materialbezogener Kennwert
Die Tatsache, dass dichte Stoffe weniger dämmen als Stoffe mit Luft in Poren und zwischen Fasern, kann mit λ in einer exakten Zahl für jeden Baustoff erfasst werden.

Baustoff	Rohdichte in kg/m³	Wärmeleitfähigkeit λ W/m · K
Vakuumdämmelemente	–	0,004
Luft	–	0,026
Mineralfaserdämmstoff	20	0,035
Polystrol-Hartschaum (EPS)	20	0,035
Zellulosedämmstoff	30	0,040
Nadelholz	600	0,13
Leichthochlochziegel	800	0,39
Kunstharzputz	1100	0,70
Kalksandstein	1600	0,79
Normalbeton	2400	2,10
Stahl	7850	60,00

Rechenwerte der Wärmeleitfähigkeit

Wärmeleitfähigkeitsgruppe WLG Wärmeleitfähigkeitsstufe WLS

Grundsätzlich werden nur Dämmmaterialien einer Wärmeleitgruppe zugeordnet.
Ein Bauteil der Wärmeleitgruppe 035 entspricht einem Kennwert von 0,035 W/mK, der Zahl λ hinter dem Komma.
Im Zuge der EU-Normharmonisierung wird die Bezeichnung WLG durch WLS ersetzt.
Die Einteilung nach WLS erfolgt in 1er-Schritten, z. B. WLS 019 oder WLS 035.
Die Einteilung nach WLG erfolgt in 5er-Schritten, z. B. WLS 035 oder WLS 040.
Handelsübliche Mineralwolle ist mit WLS 032 oder WLG 035 gekennzeichnet.

Wärmedurchlasskoeffizient U-Wert

Dieser Wert gibt die Wärmemenge an, die in 1 Stunde durch ein Bauteil oder eine Wandkonstruktion von 1 m² und einer bestimmten Dicke (je nach Aufbaudicke am Gebäude) hindurchgeleitet wird.
Einheit: W/m²K
Watt geteilt durch Quadratmeter × Kelvin

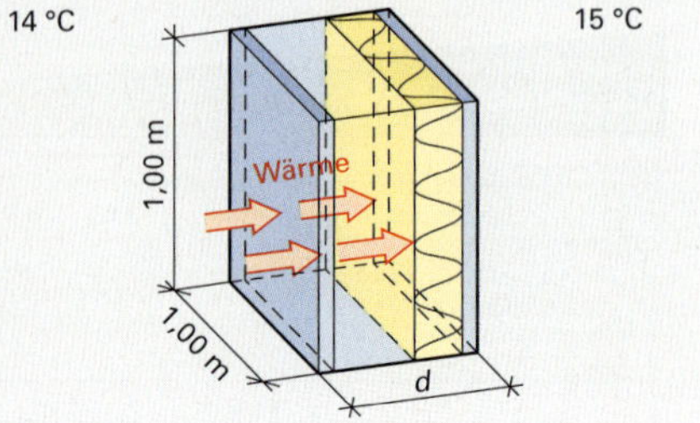

Der U-Wert ist ein konstruktionsbezogener Kennwert
Bestehen Außenwandaufbauten aus mehreren Baustoffschichten, so beschreibt der U-Wert die Wärmeleitung dieses Aufbaus.

Bauteil Außenwand	U-Wert
Außenwand Energieeffizienzhaus	0,18 W/m²K
Außenwand nach EnEV	0,28 W/m²K
Außenwand nach Wärmeschutzverordnung von 1995	0,45 W/m²K
Einfache Außenwand im Altbau	0,50 W/m²K

Verordnete Anforderungen an Bauteile

Bauteil Außenwand	U-Wert
Fenster sind oft Schwachstellen in der Dämmung.	
2-fach Isolierglas	1,30
Verbundfenster	3,00
Alte Einfachverglasung ist kaum dämmend.	5,00

U-Werte von Fenstern

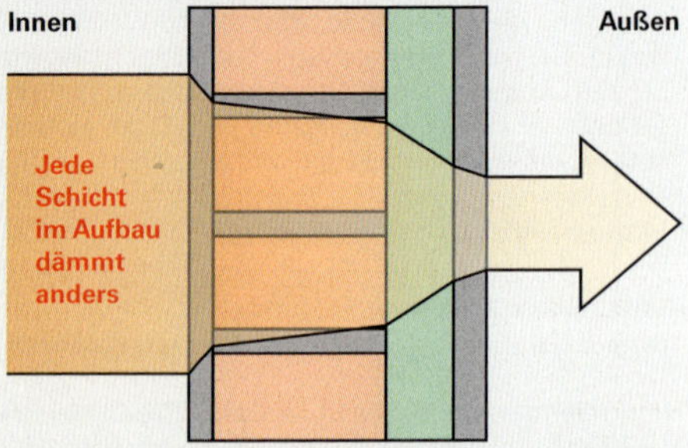

Wärmedurchgang durch eine Außenwand

5.4.4 Einfluss der Feuchte auf die Wärmedämmung

Feuchte in der Luft

Luft enthält immer einen Anteil an Wasser in Form von Wasserdampf = Luftfeuchte.

Relative Luftfeuchte

Wieviel Wasser sich gerade in unserer Umgebungsluft befindet, ist „relativ", d.h. abhängig von folgenden Faktoren:

- Von der Temperatur. Warme Luft kann mehr Wasserdampf aufnehmen als kalte Luft.
- Von der Feuchtemenge, die zur Verfügung steht.

Der Punkt, an dem die Luft das Wasser nicht mehr aufnehmen kann, ist der Taupunkt. Er ist temperaturabhängig.

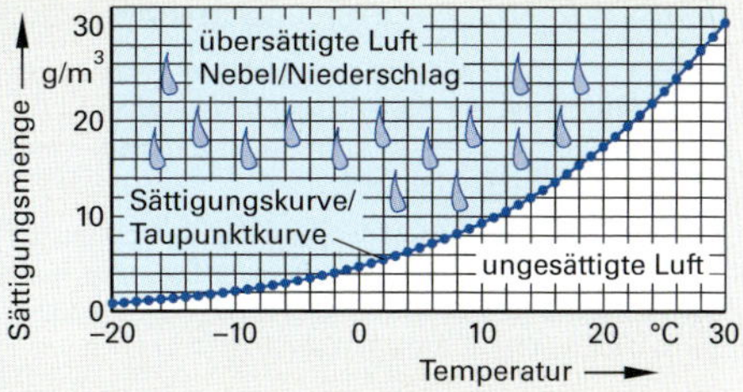

Luftfeuchte in Gebäude

- Zusätzlich zur vorhandenen Luftfeuchte wird Feuchte durch die Bewohner und die Raumnutzung in das Gebäude eingebracht.
- Messung der Luftfeuchte im Raum mit dem Hygrometer.
- Der Mensch empfindet eine relative Luftfeuchte von ca. 40 % bis 70 % als behaglich.
- Zu hohe Feuchte ist Nährboden für Schimmel und senkt die Behaglichkeit. Lüften hilft.

Verursacher	Feuchteabgabe in g
Mensch, Schlaf	30 bis 50 g/Stunde
Mensch, mittelschwere Arbeit	100 bis 200 g/Stunde
Mensch, schwere Arbeit	200 bis 300 g/Stunde
Kochen, je nach Wasseranteil	60 bis 1200 g/Tag
Topfpflanze, je nach Pflanzenart	5 bis 15 g/Stunde
Wäsche, 4,5 kg/t geschleudert	50 bis 200 g/Stunde
Wannenbad	700 g/Bad
Duschbad	2 600 g/Bad

Kondenswasser und Wärmebrücken

Am **Taupunkt**, auch Sättigungspunkt genannt, besteht 100 % relative Luftfeuchte.

Zusätzliche Feuchte wird in der Luft nicht als Dampf gehalten sondern als flüssiges Wasser abgegeben.

Das Abscheiden von Flüssigkeit aus der Luft nennt man „kondensieren".

Ursachen für Kondensation von Wasserdampf:

- Übersättigung der Raumluft mit Wasserdampf, z.B. in Bädern nach heißem Duschen.
- In Wohnräumen kondensiert Wasserdampf meist durch Abkühlung der Raumluft.
- Ungedämmte Wände kühlen schneller ab als gedämmte Wände und sorgen für kalte Raumwände.
- Mangelhafte Luftzirkulation hinter Möbeln an Außenwänden.

Wärmebrücken. Der Fachbegriff Wärmebrücken bedeutet, dass an solchen Stellen die Wärme schneller aus dem Raum abfließen kann. Wärme wandert zur Kälte. Wärmebrücken werden oft als Kältebrücken bezeichnet, weil es an diesen Stellen eben kalt ist.

Ursache sind Konstruktionsmängel am Gebäude, die die Dämmung überbrücken oder Raumecken. An diesen Stellen bilden sich oft Schimmelpilze oder Stockflecken durch Kondenswasser.

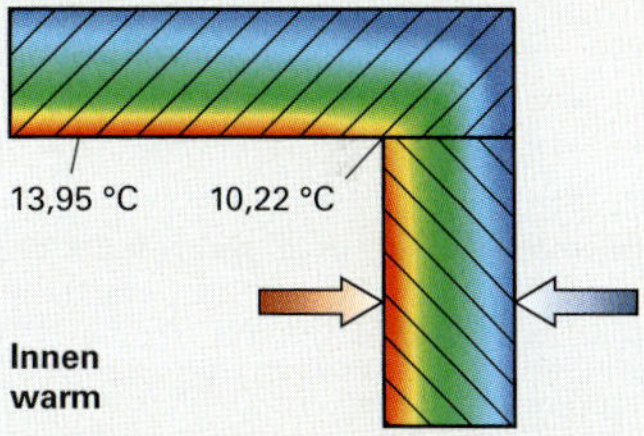

Die Oberflächentemperatur auf der Eckeninnenseite ist deutlich kälter als auf der Wandfläche.

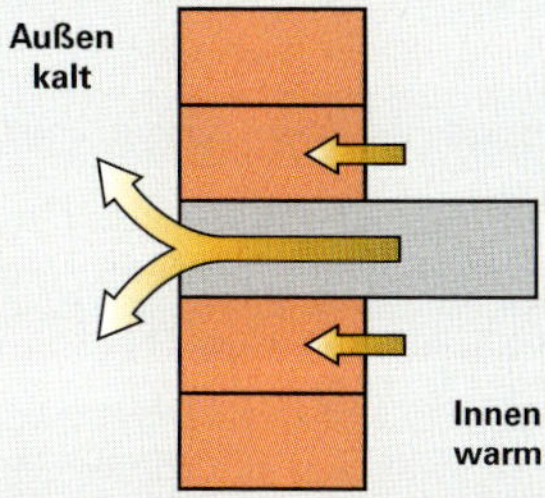

Dichte Baustoffe überbrücken die Dämmung

Feuchte ist Gift im Bau.

5.4.5 Wasserdampfdiffusion und sd-Wert

- Je nach Wetterlage ist die Luftfeuchte der Raumluft häufig höher als die Luftfeuchte der Außenluft. Es entsteht ein Dampfdruck von innen nach außen. Das äußerst kleine Wasserdampfteilchen wandert durch übliche Baustoffe, um diesen Konzentrationsunterschied auszugleichen.
- Diesen Vorgang nennt man „diffundieren".

Wasserdampfdiffusionswiderstandszahl μ

- Der μ-Wert ist ein Materialkennwert, der erfasst, welchen Widerstand ein Material der Wasserdampfdiffusion entgegensetzt. Als Vergleich dient der Widerstand einer Luftschicht gleicher Dicke.
- Beim Wandaufbau muss jede Schicht (z. B. Innenputz + Mauerwerk + Außenputz + Außenanstrich) von innen nach außen diffusionsoffener sein als die Schicht zuvor. Sonst bilden sich bei Außenfarben Blasen.

Bauteil	μ (m)
Luft	1
Gipsmörtel	10
Polystyrol-Hartschaum (EPS)	30
Kalkzementmörtel	15/35
Nadelholz	40
Silikatfarbe	70
Beton	100
Kunstharzputz	200
Innendispersionsfarbe	500
Dispersionslack	10000
Alkydharzlack	15000
PUR-Lack	40000
PVC-Folie 1 mm	50000

sd-Wert

- s steht für Strecke, d steht für Diffusion.
- Als Vergleich dient der Widerstand einer unbewegten Luftschicht gleicher Dicke. Die Einheit ist m.

Der sd-Wert ist am Bau von größerer Bedeutung als die Widerstandszahl μ, da mit ihm ein Bezug zu der tatsächlichen Bauteilstärke erfolgt. Dafür wird der Widerstandsfaktor mit der Schichtdicke in m multipliziert

Beispiel: Innenraumdispersion, Schichtdicke 200 μ
500 μ x 0,0002 m = 0,1 m

Der sd-Wert = der Wasserdampfwiderstand dieser Dispersionsfarbe mit 200 μ Auftrag entspricht dem Wasserdampfwiderstand einer Luftschicht von 10 cm.

Je kleiner der sd-Wert, umso geringer der Widerstand, umso wasserdampfdurchlässiger ist der Baustoff, der Dämmstoff oder die Beschichtung. Die Gesamt-sd-Wert eines Wandaufbaus ergibt sich aus der Addition der einzelnen sd-Werte der Schichten.

Bei Dachkonstruktionen und Gebäudesanierungen kommen häufig **Dampfbremsen** und **Dampfsperren** zum Einsatz.

diffusionsoffen
sd-Wert < 0,5 m

Dampfbremse
diffusionshemmend
sd-Wert > 50 m

Dampfsperre
diffusionsdicht
sd-Wert > 100 m

5.4.6 Aufspüren von Wärmedämm-Mängeln

Thermographie

Aufnahme mit einer Wärmebildkamera. Warme Flächentemperaturen werden in Rottönen, kalte Flächentemperaturen werden in Blautönen dargestellt.

Blower-Door-Test

Mit einem Ventilator wird im Gebäude ein Über- oder Unterdruck erzeugt und die Luftdichtigkeit gemessen.

5.4.7 Wärmedämm-Materialien

Produktgruppen

Platten	Matten/Filze	Schüttungen
• Polystyrol-Hartschaum (EPS, XPS) • Polyurethan-Hartschaum • Holzfaser/Holzwolle • Mineralfasern • Kork	• Glaswolle • Steinwolle • Polyesterfaservlies • Kokosfaser • Schafwolle	• Perlite • Zelluloseflocken • Blähglimmer • Glimmerschiefer • Holzspäne

Kennzeichen auf Wärmedämmmaterialien nach DIN 4108-10 (auf dem Dämmstoff)

Kurzzeichen	Anwendungsgebiet	Anwendungsbeispiel
DAD	Dach, Decke	Außendämmung von Dach und Decke, Dämmung unter Deckungen
DAA		Außendämmung von Dach oder Decke, vor Bewitterung geschützt
DI		Unterseitige Innendämmung der Decke oder des Daches, abgehängte Decke
DEO		Innendämmung unter Estrich ohne Schallschutzanforderungen
DES		Innendämmung unter Estrich mit Schallschutzanforderungen
WAB	Wand	Außendämmung der Wand hinter Bekleidung
WDV		Fassadendämmung im Wandbereich
WI		Innendämmung der Wand
WTR		Dämmung von Raumtrennwänden
PW	Keller	Außen liegende Dämmung (Perimeterdämmung) von Wänden gegen Erdreich

Kurzzeichen	Anwendungsgebiet	Beschreibung	Anwendungsbeispiel
dk	Druckbelastbarkeit	Keine Druckbelastbarkeit	Zwischensparrendämmung
dg		Geringe Druckbelastbarkeit	Unter Estrich im Wohnbereich
wk	Wasseraufnahme	Keine Anforderungen	Innendämmung
wd		Wasseraufnahme durch flüssiges Wasser und/oder Diffusion	Perimeterdämmung
sk	Schalltechnische Eigenschaften	Hohe Zusammendrückbarkeit, Trittschalldämmung	Wenn keine schalltechnischen Anforderungen
sh		Hohe Zusammendrückbarkeit, Trittschalldämmung	Unter schwimmendem Estrich

Wärmeleitfähigkeit
Angabe der Wärmeleitfähigkeitsgruppe (WLG) oder der Wärmeleitfähigkeitsstufe (WLS).

Übliche Dämmstoffe liegen zwischen WLG 025 und WLG 050.

Brandverhalten
Angabe der Baustoffklasse nach DIN 4102 und EN 13 501

CE-Zeichen
Belegt die Qualitätsüberwachung der Dämmstoffe

Weitere Angaben auf dem Dämmstoff sind je nach Art und Anwendung z. B. Angaben zur Dämmdicke, Zusammendrückbarkeit, maximalen Verkehrslast, Steifigkeit u. a.

Baustoffklasse nach DIN 4201 (EN 13 501)

Nichtbrennbare Baustoffe	A1 (A1)	Nicht brennbar
	A2 (A2)	Geringe brennbare Anteile
Brennbare Baustoffe	B1 (B/C)	Schwer entflammbar
	B2 (D/E)	Normal entflammbar
	B3 (F)	Leicht entflammbar

5

Wärmedämmwerkstoffe auf dem Markt

Polystyrol-Hartschaumplatten (0,035 W/mK)

Aus Erdöl hergestellter Kunststoff.

Expandiertes Polystyrol (EPS)

- „Styropor" = geschützte Markenbezeichnung von BASF. Erkennbar sind die geschäumten, in Platte geformten Kunststoffkügelchen.
- Weiß
- Für Außendämmung mit WDVS, Trittschalldämmung unter Estrichböden.
- Preiswert und einfach zu verarbeiten.

Extrudiertes Polystyrol (XPS)

- Meist grünlich oder violett eingefärbt. Druckbelastbarer als EPS und feuchtebeständig. Meist Einsatz als Perimeterdämmung, z. B. an Kelleraußenwänden.

XPS

Mineralwolle (0,040 W/mK)

Der Begriff „Wolle" bezeichnet Fasern ohne besondere Verdichtung. Die dicke, leichte Faserpackung isoliert durch die eingeschlossene Luft. Als Rolle bis 20 cm Bahnendicke für die Dachdämmung oder als Platte für Wände und Böden geeignet. Auch geeignet als Füllung von Ständerwänden.

- **Glaswolle**

  Aufgeschmolzenes Glas wird zu dünnen Fasern geschleudert.
- **Steinwolle**

  Stein schmilzt bei 1500 °C, dann wird die Schmelze zu Fasern geschleudert.

Die Faserbruchstücke sind äußerst klein (bis unter 3 my) und dadurch lungengängig. Krebserregend. Auf der Haut führen sie zu Juckreiz.

- PSA und Ganzkörperschutz tragen.
- Material nicht werfen.
- Nicht reißen oder sägen, nur mit sehr scharfer Klinge schneiden.

Glaswolle

Schafwolle (0,040 W/mK)

Gereinigte Rohwolle wird zu Vlies verfilzt und kann bei gleichbleibender Wärmeleitfähigkeit bis zu 30 % Feuchte aufnehmen. Zur Vorbeugung gegen Insekten- und Schimmelpilzbefall wird die Wolle von einigen Herstellern mit dem Flammenschutzmittel Borax behandelt. Als Zwischensparrendämmung oder als Füllung von Ständerwänden.

Marktanteil 0,5 %, da 1m^2 etwa 70 Euro bis 100 Euro kostet.

Vakuum-Dämmelemente (VIP) 0,007 W/mK erreichbar

Vakuumdämmplatten besitzen einem mikroporösen Kernmaterial, das in einer dünnen, luftdichten Hülle vakuumiert (annähernd) ist. Dadurch wird eine außergewöhnlich hohe Dämmwirkung bei extrem geringer Dämmdicke erzielt. In allen Bereichen einsetzbar. Teuer. Die Elemente werden maßgefertigt und können nicht zugeschnitten werden.

Aerogel 0,02 W/mK

Aerogel ist ein hochporöser Hightech-Dämmstoff, bei dem bis zu 99,98 % des Volumens aus Poren bestehen. Am verbreitetsten sind Aerogele auf Silicatbasis. Einer der bisher besten Wärmedämmstoffe. Einsatz in WDVS oder im Innenraum als Verbundplatte.

Holzfaserdämmplatten 0,045 W/mK

Diese Platten bestehen aus in Plattenform gepresstem zerfasertem Nadelholz. Als Klebstoff in den Platten dienen die holzeigenen Harze. Zum Schutz gegen Fäulnis und zur Verbesserung des Brandschutzes wird Ammoniumsulfat beigemengt. Sie sind relativ weich und werden nach Verlegung mit Putz und Armierungseinlage versehen.

Dämmstoffe aus Zellulose 0,040 W/mK

Die Zelluloseflocken bestehen aus mindestens 80 % Altpapier. Diese werden in Hohlräume von Dach oder Wand eingeblasen. Meist mit Borax gegen Insekten, Verrottung oder Brand behandelt. Verarbeitung nur durch qualifizierte Fachbetriebe.

Perlit 0,040 W/mK

Perlit ist ein vulkanisches Gestein, welches durch einen thermischen Prozess stark aufgebläht wird. Durch den Einsatz von Bindemitteln lassen sich Perlit-Dämmplatten herstellen. Das Granulat kann zur Dämmung des Daches, zur Kerndämmung von Wänden und als Schüttung für Fußböden im Trockenbau eingesetzt werden.

Polyurethanplatten (0,025 W/mK)

Aus Erdöl hergestellter Kunststoff. Durch Aufschäumen entsteht ein geschlossenzelliger Dämmstoff. Die Hartschaumplatten werden vorwiegend in Rollladenkästen verwendet, der Dämmstoff häufig auch industriell appliziert als Sandwich hinter Alu-Verkleidungen.

PUR ist auch als Montageschaum für kleinere Hohlraumdämmungen auf dem Markt.

5.4.8 Werkzeuge für Wärmedämm-Arbeiten

Blechschere für Anputz- und Kantenschutzleisten

Messer für Mineralwolle

Hartschaum-Schneidegerät

Cuttermesser

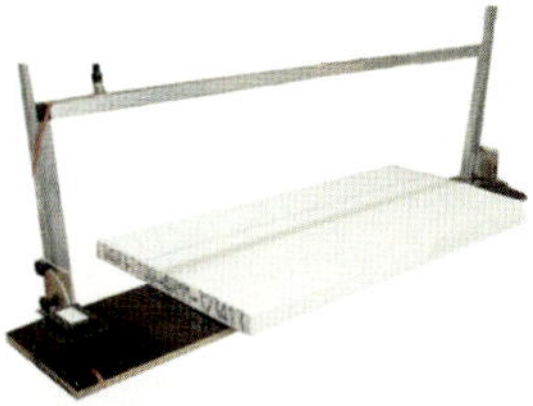

Heißdraht-Schneidegerät für Hartschaum-Platten

Hartschaum-Schleifblatt

Nuthobel für Hartschaumplatten

Dämmstoffsäge

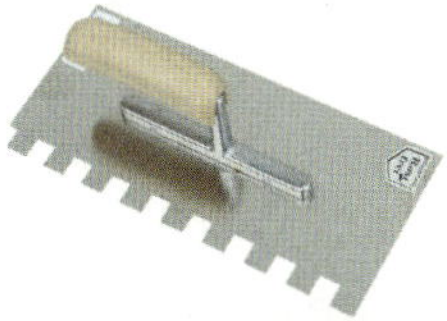

Glättkelle/Traufel

- Dämmstoffzuschnitte müssen exakt ausgeführt werden. Darum müssen Dämmstoffmesser immer äußerst scharf sein. Es ging schon mancher Finger verloren.
- Der Draht des Thermogerätes zum Zuschneiden wird sehr heiß, der schmelzende Kunststoff riecht. Darum muss bei Wärmedämmarbeiten die persönliche Schutzausrüstung eingesetzt werden.

5.4.9 Wärmedämmkonstruktionen im Vergleich

Temperaturverlauf in Außenwänden

Wichtig: Lage der Dämmung im Vergleich zur ungedämmten Außenwand.
Daraus ergibt sich der Temperaturverlauf und die Lage des Taupunktes.

Massive Außenwand ohne zusätzliche Dämmschicht

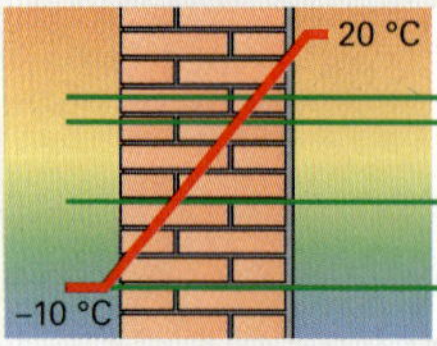

Je geringer die Rohdichte ist, desto besser ist die Wärmedämmung.

Kondensat:
Je nach Stein in der Wand und/oder an der inneren Oberfläche der Wand.

Schimmel:
Je nach Stein an der inneren Oberfläche.

Massive Außenwand mit Innendämmung

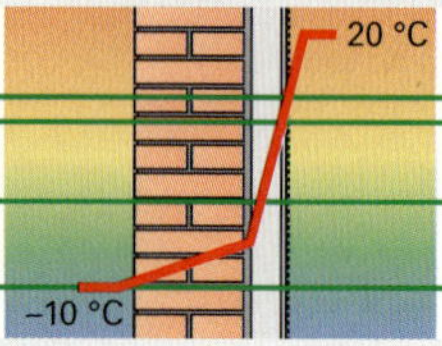

Die Mauer entfällt als Wärmespeicher. Schnelles Aufheizen der Räume und schnelles Abkühlen.

Kondensat:
An den verbleibenden Wärmebrücken und ohne Dampfsperre auch auf der Innenseite der Massivwand.

Schimmel:
An den Kondensatstellen.

Massive Außenwand mit Außendämmung

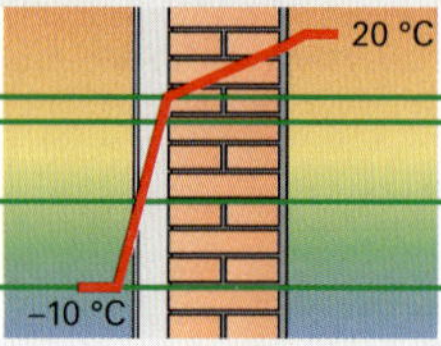

Optimale Lage der Dämmschicht. Die Mauer dient als Wärmespeicher.

Kondensat:
In klaren Winternächten außen auf dem Außenputz und bei zu dampfdichtem Außenputz im Grenzbereich zwischen Dämmschicht und Außenputz.

Schimmel:
Algen und in der Folge Schimmel außen auf dem Außenputz.

Leichtbauwand

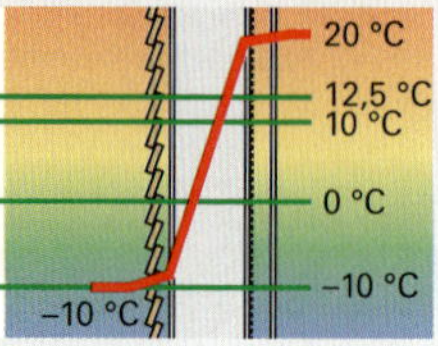

Kein Wärmespeicher. Schnelles Aufheizen der Räume und schnelles Abkühlen.

Kondensat:
Ohne Dampfsperre oder bei beschädigter Dampfsperre auf der Innenseite der äußeren Bekleidung der Dämmschicht.

Schimmel:
An den Kondensatstellen.

Massive Wände ohne Wärmedämmkonstruktion

- Je dichter und schwerer der Werkstoff, umso besser die Wärmeleitung.
- Je kleiner λ, umso besser die Dämmung.
- Hohlblocksteine dämmen gut, die Hohlräume können zusätzlich Dämmstoffe enthalten. Die Außenwand eines Wohnhauses mit 0,36 m Dicke müsste in Normalbeton bei gleicher Dämmeigenschaft eine Dicke von 1,84 m besitzen.
- Die dicken Wände historischer Kirchen und Gebäude aus Granit oder Kalksandstein waren aus statischen Gründen nötig, d. h. damit das Gebäude unter der eigenen Last nicht zusammenbrach.

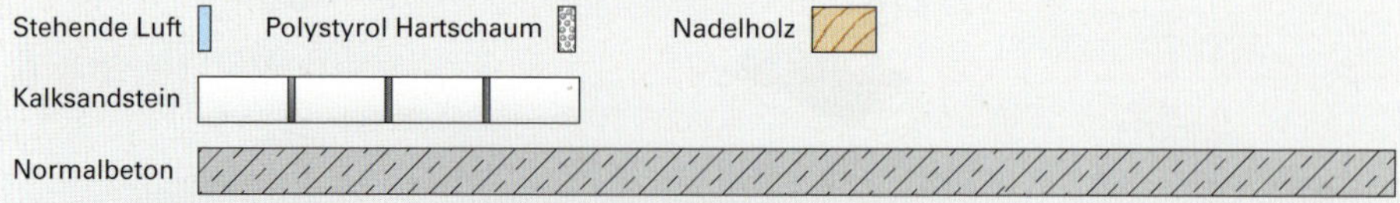

5.4.10 Innendämmung von Außenwänden

Eine Innendämmung wird meist dann angebracht,

- wenn eine Außendämmung der Fassade nicht möglich ist, z. B. Fassaden unter Denkmalschutz stehen.
- wenn nur eine Wohnung gedämmt werden soll und nicht das gesamte Gebäude.
- wenn Gebäude nur zeitweise beheizt werden. So muss nur die Raumluft erwärmt werden und nicht auch noch die Wände.
- wenn ein Dachboden zu Wohnraum ausgebaut wird.

Eine Innendämmung muss nicht wetterbeständig sein und ist daher meist preiswerter als eine Außendämmung.

Die Wand selbst bleibt kalt, in der Wand liegende Wasserleitungen sind im Winter nicht geschützt.

Da der Taupunkt immer in der Wand liegt, kann Kondenswasser zu Schäden führen. Darum ist meist der fachgerechte Einbau einer Dampfbremse erforderlich.

Die Innendämmung ist eine Trockenbaumaßnahme. Somit sind gedämmte Innenräume meist sofort wieder zu nutzen.

Aufbau einer Innendämmung

Massive Innenwände und Geschossdecken müssen mit in die Wärmedämmmaßnahmen im Anschlussbereich an die Außenwand eingebunden werden, um Kondenswasser zu vermeiden.

Eine Bekleidung mit einer Verbundplatte, die auf 50 cm in den Raum hineinreicht, reduziert Energieverluste durch Wärmebrücken.

Bei jeder Innendämmung müssen auch alle Fensterleibungen umlaufend gedämmt werden.

Systeme mit Lehmputz:

Lehmputz kann Feuchte aufnehmen und wieder abgeben, er ist diffusionsoffen. Das Material Lehm dämmt nicht besonders, ist aber ein sehr guter Wärmespeicher.

Auf die zu dämmende Fläche wird ein Lehmputz aufgetragen. In den frischen Lehmputz werden die Holzfaserplatten hineingedrückt und anschließend in der Wand verdübelt. Die Dämmplatten können direkt anschließend mit Lehm verputzt werden.

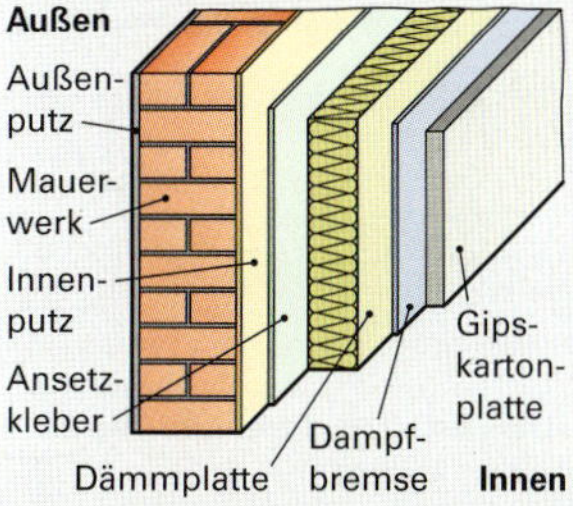

Dämmsystem Innendämmung

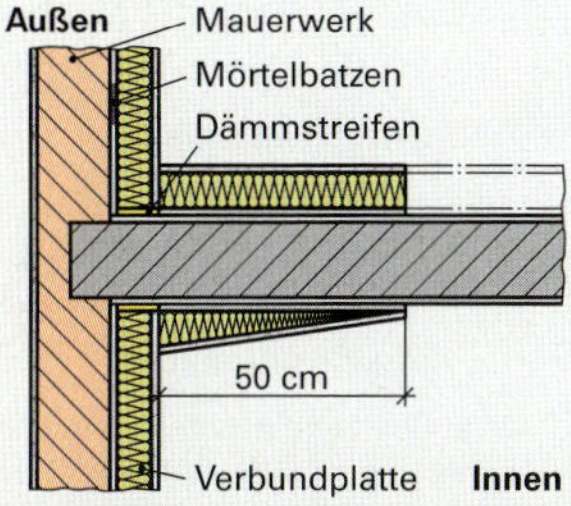

Übergang zu massiven Bauteilen

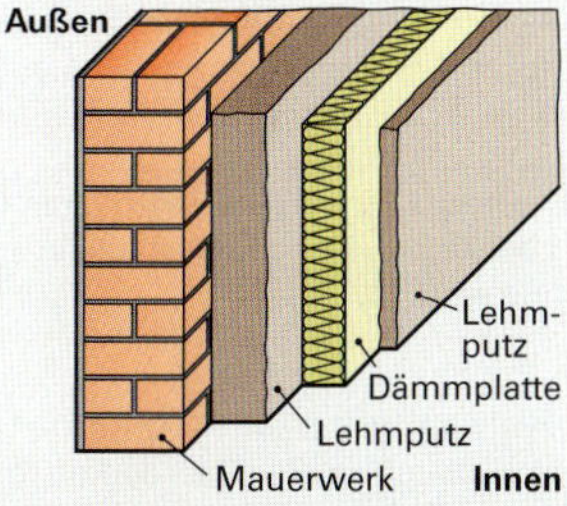

Dämmsystem mit Lehmputz

Dämmsysteme im Innenraum

Gipskartonverbundplatte

Auf die Rückseite der Gipskartonplatte ist Mineralwolle oder Polystyrol-Hartschaum (EPS) als Dämmschicht kaschiert (Bild 3). Bei Dicken von über 6 cm ist eine Dampfbremse sinnvoll.

Die Verbundplatten werden mit Mörtelbatzen auf die Wand geklebt. Die Platten müssen mit Dämmstreifen von Boden und Wänden getrennt werden. Die Stöße der Platten müssen luftdicht verspachtelt werden.

Thermotapete

Die wenige Millimeter dicke Dämmschicht aus Polystyrol erhöht die Oberflächentemperatur und kann die empfundene Raumtemperatur erhöhen. Kaum Energieeinsparung, aber Gefahr der Schimmelbildung.

Freistehende Vorsatzschalen

Vorsatzschalen werden meist mit frei vor der Wand stehenden Metallprofilen (CW-Profil) montiert. Die Metallprofile sollen die Außenwand nicht berühren, um Wärmebrücken zu vermeiden. Der Zwischenraum wird mit Mineralwolle vollständig ausgedämmt.

Eine Dampfbremse aus PE-Folie ist erforderlich. Gipskartonplatten bilden den raumseitigen Abschluss.

Kalziumsilikatplatten

Diese Platten haben im Vergleich keinen so guten Dämmwert (0,050 bis 0,065 W/mK wie andere Dämmstoffe. Sie besitzen schimmelhemmende Wirkung. Die Platten werden innen direkt auf die innenliegende Außenwand geklebt und dann verspachtelt.

Plattenformate: 1000 x 1250 mm / 1000 x 625 mm / 1000 x 500 mm / 500 x 625 mm

Plattendicken: 1,5 cm – 12,0 cm

Kalziumsilikatplatten sind auch in Keilform zu kaufen.

Schaumglasplatten

Platten aus Schaumglas sind unter der Markenbezeichnung Foamglas im Handel. Ihr Dämmwert beträgt 0,04 bis 0,05 W/mK. Platten aus Schaumglas besitzen eine geschlossene und wasserdichte Zellstruktur. Sie verrotten nicht.

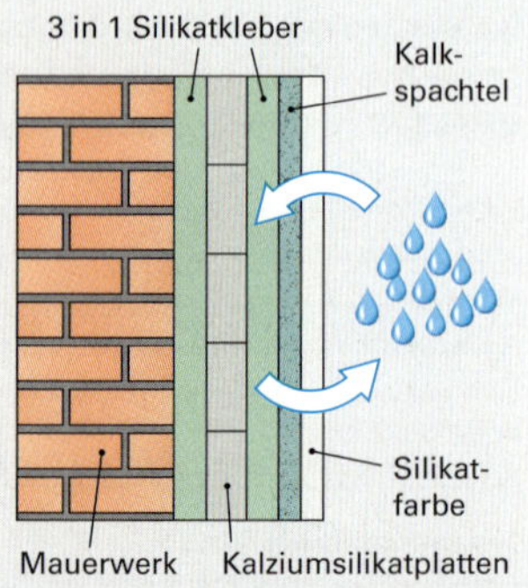

5.4.11 Innendämmung im Dachausbau

Verfahren der Dachdämmung innen

Zwischensparrendämmung

Diese ist bei nachträglichem Dachausbauten üblich. Die Dämmung wird von innen zwischen den Sparren montiert, also den von der Traufe zum First laufenden Balken bzw. Trägern des Dachstuhls.

Untersparrendämmung

Die Dämmung wird von innen unter den Sparren montiert.
Ist bereits eine Zwischensparrendämmung vorhanden, so ist sie eine gute Ergänzung und verbessert den Wärmeschutz um etwa 27 %.

Aufsparrendämmung

Diese wird oberhalb der Dachsparren und von außen angebracht. Durchgehende Dämmschicht, daher sehr effektiv. Eine sehr aufwendige Dachdeckerarbeit. Genehmigungspflichtig, da der Dachfirst höher kommt.

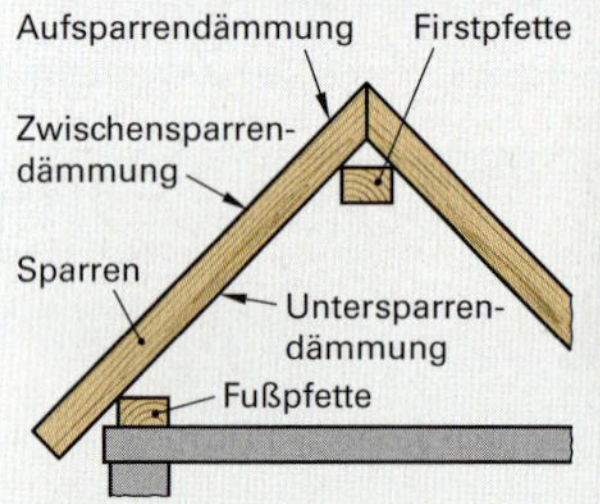

Möglichkeiten der Dachdämmung

Aufspannen der Dampfsperre

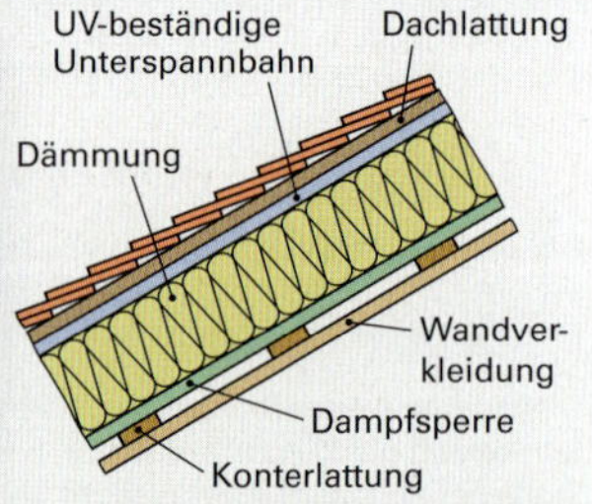

Aufbau der Zwischensparrendämmung

Vorsichtsmaßnahmen beim Dachausbau

- **Kontakt mit Mäusekot** ist gefährlich, da Mäuse über ihren Kot den Hanta-Virus übertragen. Hantaviren können beim Menschen zu hochfiebernden Infekten mit Nierenversagen führen.
- **Entfernen** und **Entsorgen von alter Glas- oder Steinwolle** immer äußerst vorsichtig.
- Die Faserbruchstücke sind äußert klein (bis unter 3 µm) und dadurch lungengängig und krebserregend. Auf der Haut führen sie zu Juckreiz. Ein Teilchen im Auge kann nur durch Bohren entfernt werden.

Darum

- PSA und Ganzkörperschutz tragen.
- Material nicht werfen.
- Nicht reißen oder sägen, nur mit sehr scharfer Klinge schneiden.
- Nicht kehren, sondern saugen. Die Faserreste stehen mehrere Stunden in der Luft.

Alte Dämmstoffe müssen in luftdichten Säcken beim **Wertstoffhof** entsorgt werden. Der Beleg ist als Beweis der fachgerechten Entsorgung aufzuheben.

5.4.12 Außendämmung

Eine Außendämmung der Fassade an Gebäuden ist der Innendämmung überlegen:

- Der Taupunkt liegt außerhalb der tragenden Konstruktion. Die Gefahr der Kondenswasserbildung und damit der Schimmelbildung in Räumen ist deutlich geringer.
- Die Außenwand kühlt bei niedrigen Außentemperaturen nicht aus. Sie dient als Wärmespeicher für die Wohnräume und senkt den Energieverbrauch erheblich.
- Rohre und Leitungen liegen innerhalb der gedämmten Wand. Die Gefahr von Frostschäden sinkt erheblich.
- Eine wärmere Oberflächentemperatur der Wand macht Innenräume behaglicher.
- Die hohen Kosten der Dämmung gleichen sich über die Jahre wieder aus. Die Energiekosten werden sicher weiterhin steigen.
- Es ist ein gutes Gefühl, einen Beitrag zum Erhalt unserer Erde geleistet haben.

Möglichkeiten der Wärmedämmung an Außenwänden:

- Wärmedämmverbundsysteme
- Abgehängte Fassaden
- Wärmedämmputze

5.4.13 Wärmedämmverbundsysteme WDVS

Planung des WDV-Systems

Ein WDVS ist immer ein Systemaufbau:

- Klebemasse/Klebemörtel (wenn nötig weitere Befestigungsmittel)
- Unterputz mit Armierungsgewebe
- Oberputz
- Schlussbeschichtung

Nur als ganzes System erhalten WDVS nach behördlichen Prüfverfahren die bauaufsichtliche Zulassung. Komponenten verschiedener Systeme dürfen nicht kombiniert werden.

Mineralische WDVS	Organische WDVS
Die Dämmschicht besteht aus Mineralwollplatten, z. B. Steinwolle. Diese Systeme sind nicht brennbar. Sie sind für Hochhäuser über 22 m und öffentliche Gebäude wie Krankenhäuser vorgeschrieben.	Dämmung durch Polystyrol-Hartschaumplatten (EPS). Diese Systeme sind elastischer. Sie sind kostengünstiger aber brennbar. Darum sind Bereiche aus nichtbrennbarer Mineralwolle vorgeschrieben.

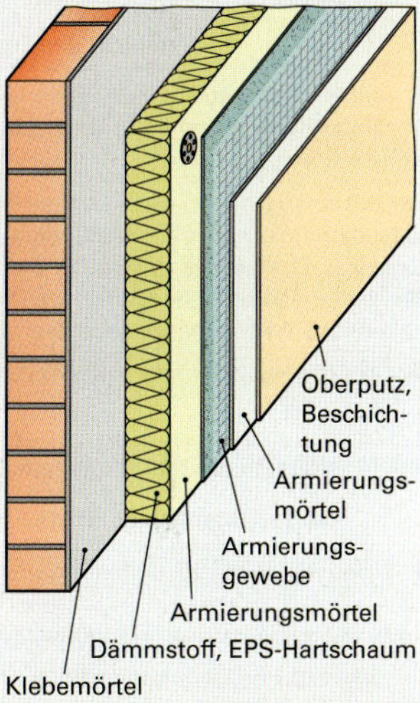

Planung vor Ort an der Fassade

Die Fassade ist auf Änderungsbedarf durch die Dicke der Dämmung zu prüfen, z. B.

- der Abstand zu Dachüberständen,
- Einfluss auf Fensterbänke und Fensteröffnungen,
- Regenrohre,
- Klingelanlage,
- Geländer und vieles mehr.

Je nach Untergrundeigenschaft werden WDVS geklebt und/oder zusätzlich verdübelt. Dafür gehören Dübel zum System, die keine Wärmebrücken bilden, versenkt verschraubt werden und mit einer Dämmstoffscheibe abgedeckt werden.

Der Untergrund darf nicht feucht sein.

Bei Neubauten müssen die Estrich- und Innenputzarbeiten abgeschlossen sein.

Bei der Altbausanierung muss der Untergrund von Schmutz und Algenbefall gereinigt werden. Während der gesamten Verarbeitungs- und Trockenphase dürfen die Temperaturen nicht unter 5 °C sinken.

Perimeterdämmung (Dämmung erdberührter Bauteile)

Im Bereich von Keller und Sockel müssen druckbeständige und feuchteunempfindliche Platten verlegt werden.

Geeignet: Extrudiertes Polystyrol (XPS), PUR-Hartschaum

Dämmplatten anbringen

Die Sockelschiene dient als unterer Abschluss und muss als erstes Teil absolut waagerecht ausgerichtet sein. Sie muss mindestens 30 cm über dem Erdreich liegen. An den Gebäudeecken sind die Sockelschienen auf Gehrung zu schneiden.

Die Dämmplatten werden je nach Untergrund geklebt und zusätzlich gedübelt.

Die Verklebung erfolgt vollflächig oder mit der Randwulst-Punkt-Methode, bei der ein 5 cm breiter Randstreifen und zwei bis drei 15 cm große Batzen aufgetragen werden.

Die Verlegung der Platten erfolgt von unten nach oben im Verband. Es dürfen keine Kreuzfugen entstehen. An Gebäudeecken werden die Platten verzahnt. Platten dicht stoßen. Entstehende Fugen mit Füllschaum (nie Klebemörtel), ab 5 mm mit Dichtmaterial verfüllen.

Nach dem Trocknen werden Plattenstöße plangeschliffen.

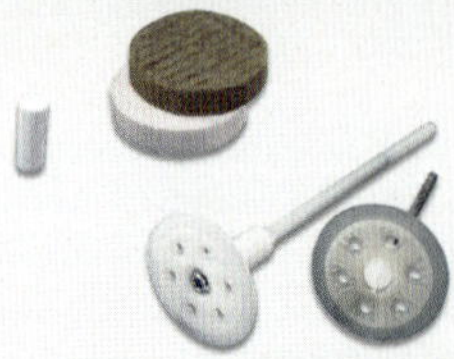

Dübelanordnung von Platten aus

Polystyrol **Mineralwolle**

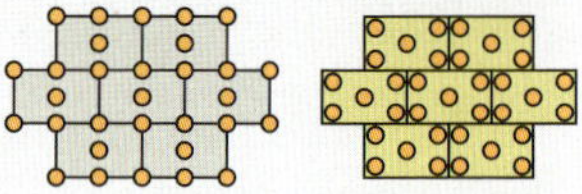

Putzschicht und Schlussbeschichtung

Es können mineralisch oder organisch gebundene Putze verwendet werden. Das Putzsystem besteht aus Unterputz/Armierungskleber + Armierungsgewebe + Oberputz

Der Armierungsmörtel wird mit einer Stärke von 2 mm bis 3 mm auf die Fassadendämmplatten aufgetragen, dann das Armierungsgewebe überlappend aufgelegt. Das Gleiche gilt nun für die Gewebeeckwinkel. Anschließend wird die zweite Mörtel-Schicht in einer Dicke von ca. 1 mm bis 2 mm aufgetragen. Das Armierungsgewebe darf anschließend nicht mehr sichtbar sein.

Bei Schlussbeschichtungen auf WDVS darf der Hellbezugswert (HBW) nicht unter 20 liegen.

5.4.14 Alternativen zur Dämmung mit WDV-Systemen

Vorgehängte, hinterlüftete Fassaden

Bei einer vorgehängten hinterlüfteten Fassade sind die Funktionen klar getrennt in Wetterschutz, Hinterlüftung, Wärmedämmung und tragender Wand.

Sie muss auf eine Unterkonstruktion montiert werden,

Kerndämmung

Dies ist eine bauliche Maßnahme, in der Regel bei Neubauten. Zwischen doppelten Außenwänden besteht ein Hohlraum. In diesen Hohlraum werden Dämmstoffe eingeblasen.

Wärmedämmputz

Wärmedämmende Putze können nur als Unterputz aufgetragen werden. Dem Unterputz auf Kalk- oder Zementbasis wird ein Leichtzuschlag in Form von Polyesterkügelchen, bei mineralischen Dämmputzen Perlite oder bei Hochleistungsdämmputzen Aerogel, sowie ein Luftporenbildner zugesetzt. Als Oberputze können diffusionsoffene Edelputze, Silikatputze oder Silikonharzputze aufgebracht werden.

Die Verarbeitung erfolgt in der Regel als Spritzputz.

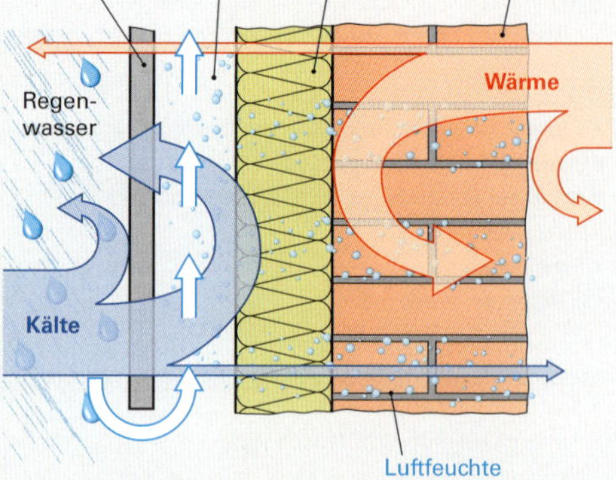

5.4.15 Schimmelbeseitigung in Wohnbereichen

Schimmelentstehung

- Stehende, warme Raumluft + feuchte Wände = bester Nährboden für Schimmelpilze.
- Schimmel macht krank.
- Die Gesundheitsgefährdung ergibt sich aus der Übertragung der mikroskopisch kleinen Schimmelsporen durch die Luft, die eingeatmet wird. Viele Menschen reagieren allergisch auf Schimmelpilzsporen.

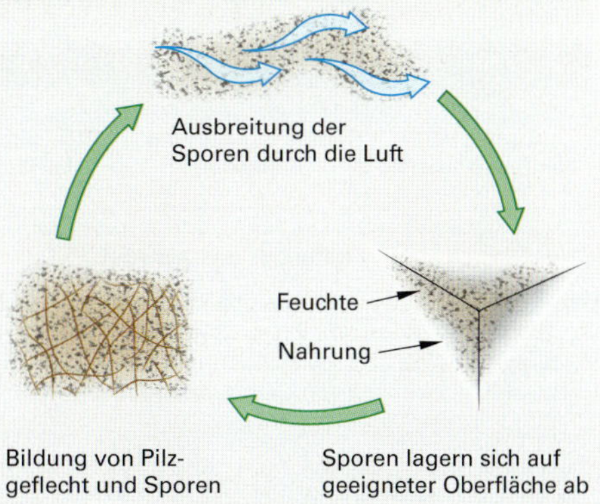

Ursachen für Schimmelbildung

- Das Verhalten der Bewohner
  Dauerhaft geschlossene Fenster, unsachgemäße Lüftungs- und Heizgewohnheiten, zu dichtes Stellen von Möbeln an Außenwände.
- Bautechnische Ursachen
  Kältebrücken, undichte Bauteile, Mängel in der Abdichtung des Baus zum Erdreich, abgewitterte Beschichtungen.

Darum bildet sich Schimmel häufig an folgenden Stellen:

- Raumecken, die an Außenbereiche angrenzen
- Schlafräume
- Wandflächen hinter Möbeln
- Dichtungsfugen in Bad und Küche

Schimmelbekämpfung

Schimmelpilz wird erkannt

- Kleiner Befall (bis 0,5 m²) → Reinigung und Sanierung durch den Maler- und Lackierer-Fachbetrieb
- Großer Befall → Die Reinigung und Sanierung führt ein Fachbetrieb mit besonders geschulten Fachkräften durch.

Ausführung

- Türen zu anderen Räumen schließen, abdichten.
- Arbeiten unbedingt bei weit offenen Fenstern ausführen.
  So werden die Schimmelsporen nach draußen gelüftet.
- Zum eigenen Schutz Haushaltshandschuhe anziehen, gegebenenfalls eine Atemschutzmaske P2- oder P3-Filter tragen, Schutzbrille als Spritzschutz aufsetzen.
- Entsorgen, was entsorgt werden kann, z. B. Polstermöbel, Teppiche.
- Tapeten entfernen, befallene Silikonfugen entfernen, Reste in fest verschlossenen Beuteln zum Restmüll geben.
- Flächen abwischen oder absaugen.
- Flächen mit Haushaltsreiniger reinigen.
- Anschließend Flächen mit 70 % Alkohol abreiben.

- Einfaches Überstreichen des Schimmels mit sogenannten Antischimmelfarben reicht nicht!
- Das Anstrichsystem darf für den Schimmelpilz keine verwertbaren Nährstoffe enthalten. Geeignete Wandfarben sind entsprechend ausgewiesen. Alkalische Beschichtungssysteme wirken biozid (Kalk, Silikatfarbe), sind aber eher für außen geeignet. Alkalität in Wandfarben nimmt im Laufe der Zeit ab. Eine Beschichtung kann neuen Befall auf Dauer nicht verhindern.

- Tapetenreste, Lappen etc. in geschlossenen Beuteln sammeln und als Restmüll entsorgen.
- Nach der Arbeit duschen.
- Arbeitskleidung in geschlossenen Beuteln sammeln und zur Reinigung geben.

5.5 Trockenbau

5.5.1 Gips und andere Werkstoffe des Trockenbaus

Der Werkstoff Gips

Eigenschaften von Gips

Gips ist von Natur aus neutral.	Gips reguliert das Raumklima.	Gips gibt im Brandfall Wasser ab.	Gips ist umweltfreundlich und recycelbar.	Gips ist seit der Antike bekannt und bewährt.

Naturgips und Anhydrit

Gipsgestein gewinnt man in Steinbrüchen. Diese Gipslager entstanden vor 100 bis 200 Millionen Jahren, als gelöster Gips in Meerwasser beim Verdunsten des Wassers sedimentierte (sich absetzte).
Chemische Bezeichnung von Gips: Calziumsulfat.

Gips =

$$CaSO_4 \times 2\,H_2O$$

Kristallwasser

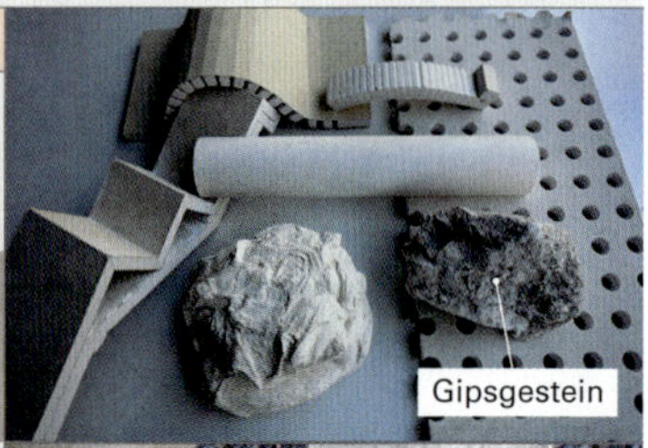

Das Wasser im Gips wird als Kristallwasser bezeichnet.
Durch geologische Abläufe verlor Gips das Kristallwasser, so entstand **Anhydrit $CaSO_4$**.

REA-Gips

Seit 1983 müssen Kohlekraftwerke zur Luftreinhaltung mit Rauchgasentschwefelungsanlagen (REA) ausgerüstet sein. Als Abfallprodukt erhält man Rauchgasgips = REA-Gips, der direkt als Rohstoff wie Naturgips eingesetzt werden kann. REA-Gips ist mit Naturgips identisch.

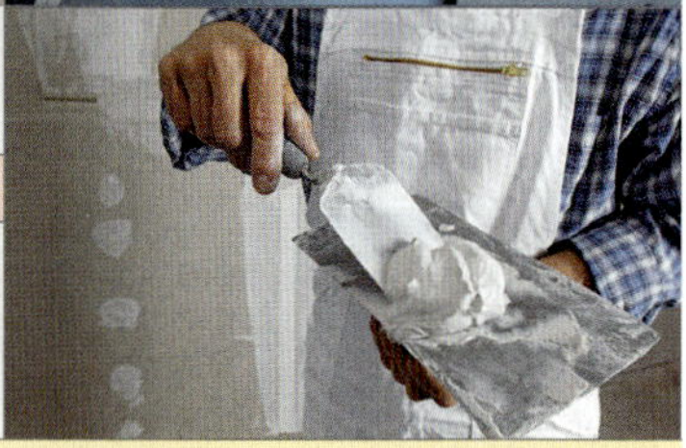

Einsatz von Gips

Als Putz	• Einsatz auf Beton und Mauerwerk. • Durch seine Wasserlöslichkeit nur innen (NIE außen) verwenden. • Gips muss kein Sand zugesetzt werden, darum ist seine Oberfläche sehr glatt im Vergleich zu anderen Putzarten.
Als Spachtelmasse	• Auf mineralischen Untergründen im Innenbereich. • Füllen von Rissen, Dellen etc., zum Einbetten von Rissüberbrückungsbändern.
Im täglichen Leben	Gips hat neutrale Eigenschaften • Zum Stabilisieren von Knochenbrüchen. • Im Brot vom Bäcker kann ein geringer Anteil Gips für Stabilität sorgen.
NICHT	• als Bindemittel in Beschichtungsstoffen. • mit Zement mischen. Entstehende Treibgase führen zu Bauschäden.

Nachteile von Gips
- Gips ist wasserlöslich. Darum kein Einsatz im Außenbereich.
- Gips vergrößert mit Wasser sein Volumen um 1 % bis 2 %.
- Gipsputze und Gipsestriche haben keine „Schwindrisse".

Weitere Werk- und Baustoffe im Trockenbau

- Kanthölzer
- Metallprofilleisten aus verzinktem Stahl
- Plattenware (Gipsplatten, Spanplatten, Holzfaserplatten)
- Sperrholzplatten
- OSB-Platten

Wichtig: Die Werkstoffe dürfen kein Wasser in den Bau tragen.

5

5.5.2 Trockenbauplatten

Plattenarten

Platten aus Gips und Zuschlägen

Gipsplatten	Gipsfaserplatten	Verbundplatten	Gipsbauplatten
Platten mit ummanteltem Gipskern	Der Gips einer Gipsfaserplatte ist mit Glas- oder Zellulosefasern versetzt. Diese Platten besitzen keine Kartonummantelung. Dennoch sind Gipsfaserplatten in der Regel stabiler als Gipsplatten.	Auf einer Seite der Gipsplatte ist eine Dämmschicht für Wärme- oder Schallschutz angebracht.	Reine Gipsplatten für Wände ohne Unterkonstruktion

Andere Trockenbauplatten

Akustikplatten	Fußbodenplatten	Platten aus Holzwerkstoff
Häufig geschäumte Platten aus Kunststoff mit strukturierter, rauer, häufig gelochter Oberfläche zur Schallschluckung	Vorgefertigte Platten aus Holzwerkstoffen oder Gips mit Trittschallschutzschicht	Mit Furnier-, Lagenholz-, Span- und Faser-Werkstoffen aus Holz lassen sich viele Probleme beim Innenausbau lösen.

Gipsplatten

Sie bestehen aus einem Gipskern, der einschließlich der Längskanten mit einem Karton ummantelt ist. Der Karton ist mit dem Gipskern fest verbunden und wirkt wie eine Zugbewehrung.

Dicke:
9,5 mm
12,5 mm
15,0 m

Breite:
600 mm
1200 m

Länge:
2000 mm
2600 mm

Übliche Plattenmaße

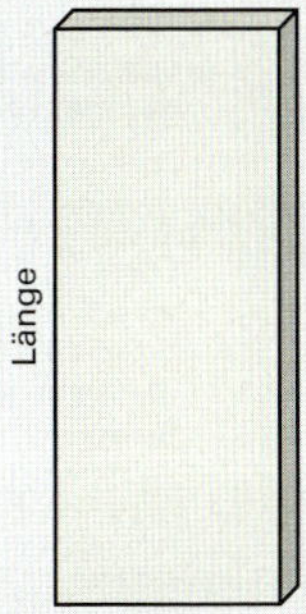

Die Längskanten (linke und rechte Kante) sind ummantelt.

Formen Längskanten

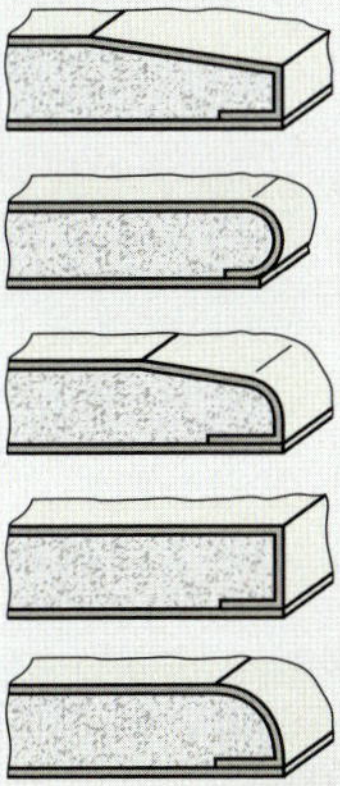

Die **Querkante** (Kante oben und unten) ist geschnitten.

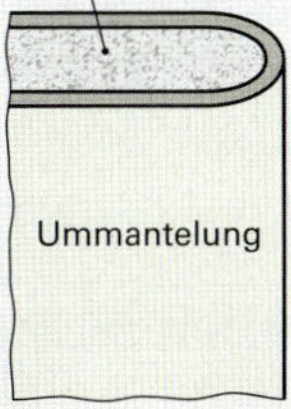

Maßnahmen beim Umgang mit Gipsplatten

- Die Gipsplatten müssen hochkant getragen werden und vorsichtig abgesetzt werden, um Kanten- oder Eckbeschädigungen zu vermeiden.
- Platten auf ebenem Untergrund auf Lagerhölzern mit einem Abstand von etwa 35 cm.
- Gelagerte Gipsplatten (wie alle Gipsprodukte) trocken lagern und vor Feuchte schützen.
- Tragfähigkeit des Untergrundes beachten.
  25 Gipsplatten mit einer Dicke von 12,5 mm wiegen etwa 250 kg/m^2 = 2,5 kN/m^2 = zulässige Deckenbelastung von oben in Wohnbereichen.
- Gipsplatten vor hoher Lichteinwirkung schützen. Es besteht die Gefahr der Vergilbung. Vergilbte Platten dürfen an Sichtflächen nicht verlegt werden.

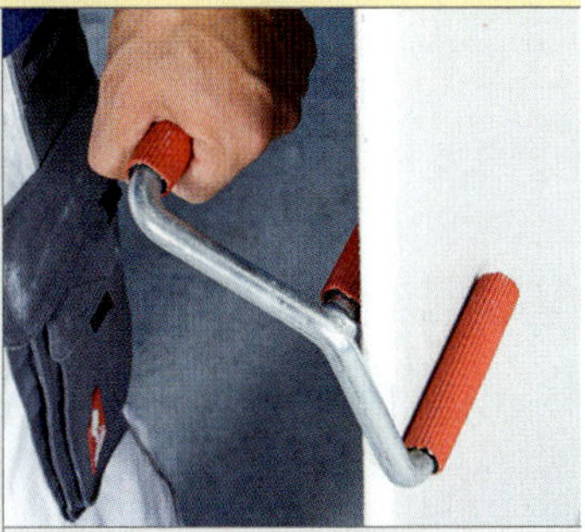

Traghilfe für Platten

Arten von Gipsplatten

Gipsplatten werden nach der Europäischen Norm EN 520 gekennzeichnet, in Deutschland auch nach DIN 18 180. Diese wurden 2014 der EN 520 angepasst

Plattenart/-typ	Kennzeichnung	Verwendung/Anwendungsbereich
Standard-Gipsplatte	**Typ A**	Entspricht der „alten" Standard-Platte GKB
Gipsplatte mit definierter Dichte	**Typ D**	Mindestrohdichte von 800 kg/m^3
Gipsplatte für die Beplankung von Außenwandelementen (Sheathing Board)	**Typ E**	Keine nationale Entsprechung (engl. Sheathing Board, = Verschalungsplatte)
Gipsplatte mit verbessertem Gefügezusammenhalt bei hohen Temperaturen	**Typ F**	Feuerschutzplatte, nach deutschen Standards muss eine Feuerschutzplatte zusätzlich den Anforderungen des Typ D genügen.
Gipsplatte mit reduzierter Wasseraufnahmefähigkeit (H1, H2 und H3)	**Typ H**	• Aufgrund der unterschiedlichen klimatischen Bedingungen in Europa werden 3 Anforderungsniveaus unterschieden (H1, H2, H3). • Die in Deutschland übliche Qualität (max. 10 % Wasseraufnahme) entspricht H2.
Gipsplatte mit erhöhter Oberflächenhärte	**Typ I**	Etwaige Entsprechung: „Hartgipsplatten" (Diamant, Duraline, LaDura)
Gipsplatte mit erhöhter Biegezug-Bruchfestigkeit	**Typ R**	
Gipsplatte als Putzträgerplatte von Gipsputzen	**Typ P**	Entspricht GKP

Gipsplatten und DIN EN 520

Die letzten beiden Ziffern des Jahres, in dem die Kennzeichnung angebracht wurde

Angaben zu geregelten Eigenschaften z. B. Brandverhalten und Anhang der Norm, nach der das Brandverhalten geregelt ist

Plattenart nach DIN 18180

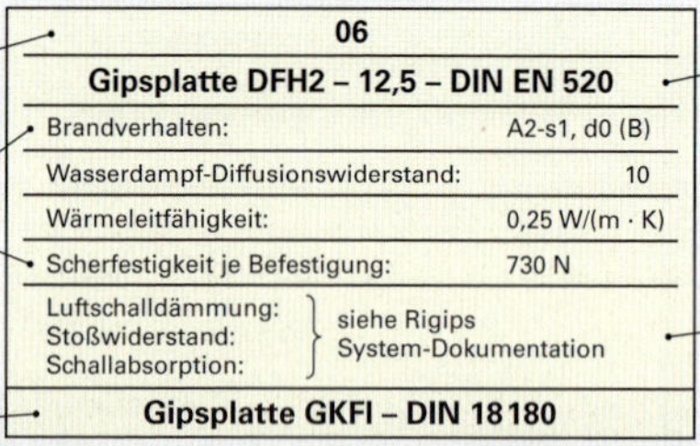

Plattentyp und -dicke sowie Nummer der europäischen Norm

Diese Eigenschaften werden maßgeblich durch den Einbau und die Wahl des Systems beinflusst.

Plattenart/-typ	Kennzeichnung	Verwendung/Anwendungsbereich
Gipskarton-Bauplatte	GKB Farbaufdruck Blau Kartonfarbe Graugelb	• Beplankung von Montagewänden, abgehängten Decken (Montagedecken), Bekleidung von Wänden und Decken als Trockenputz • In Räumen aller Art ohne besondere Anforderungen
Gipskarton-Feuerschutzplatte	GKF Farbaufdruck Rot Kartonfarbe Graugelb	• Wie bei GKB, jedoch mit Anforderungen an den baulichen Brandschutz bezüglich Feuerwiderstandsdauer der Bauteile • In Räumen im Dachgeschoss, Fluren, Heizräumen
Gipskarton-Bauplatte, imprägniert	GKBi Farbaufdruck Blau Kartonfarbe Grün	• Wie bei GKB, jedoch mit Anforderungen an den Feuchteschutz durch verzögerte Wasseraufnahme • In Räumen im Kellergeschoss, Küchen, Bad
Gipskarton-Feuerschutzplatte, imprägniert	GKFi Farbaufdruck Rot Kartonfarbe Grün	• Wie bei GKF, jedoch mit Anforderungen an den Feuchteschutz durch verzögerte Wasseraufnahme • In Garagen, Durchfahrten, Lagerräumen
Gipskarton-Putzträgerplatten	GKP Farbaufdruck Blau Kartonfarbe Grau	• Alle Putzträger für Nassputz an Wänden und Decken • In Räumen aller Art

Kennzeichnungen von Gipsplatten nach DIN 18 180

5.5.3 Wandkonstruktionen in Ständerbauweise

Wandfunktionen

Wände haben unterschiedliche statische, bauphysikalische und raumtrennende Funktionen.

Immer sollen sie Lebens- oder Funktionsbereiche voneinander trennen.

Man unterscheidet
- Außenwände
- Tragende Innenwände
- Nicht tragende Innenwände

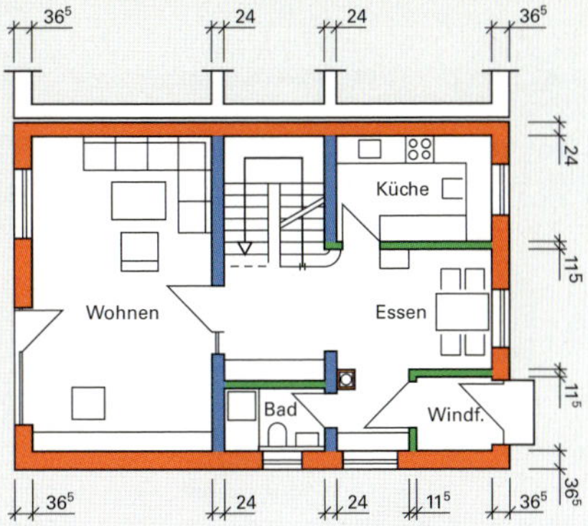

Tragende Innenwände	• Sie müssen mind. 11,5 cm stark sein (ohne Putz etc.) • Sie werden im Rohbau erstellt (z. B. gemauerte Wände) und liegen oft in Etagen übereinander. • Sie haben eine aussteifende Funktion für das Gebäude selbst oder dienen der Knickaussteifung. • Pfeiler gehören zu tragenden Innenwänden. • Sie dürfen nur in Rücksprache mit einem Baustatiker verändert oder entfernt werden (Einsturzgefahr!).
Nicht-tragende Innenwände	• Diese werden lediglich durch ihre Eigenlast beansprucht. • Sie haben keine tragende Funktion für das Gebäude selbst. • Sie können zu jeder Zeit im Nachhinein in Ständerbauweise (auch Montage- oder Trockenbauweise genannt) erstellt werden. • Sie ermöglichen eine optimale und individuelle Gestaltung eines Grundrisses.

- Im Trockenbau werden nicht tragende Wände montiert.
- Ein Grundgerüst wird mit Gipsplatten beplankt.
- Soll die Wand Installationsteile, z. B. für Sanitäreinrichtungen aufnehmen, so spricht man von Installationswänden.

Einfachständerwand und Doppelständerwand

Einfachständerwand

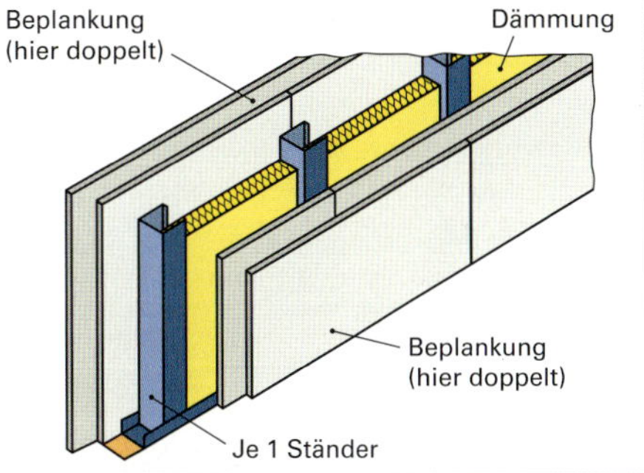

Die Ständer der Unterkonstruktion sind in einer Ebene angeordnet. Zwischen den Ständern werden die Hohlräume mit Dämmmaterial gefüllt und elektrische Leitungen verlegt. Einfachständerwände sind nur gering beanspruchbar. Eine doppelte Beplankung verbessert die Steifheit der Wand.

Doppelständerwand

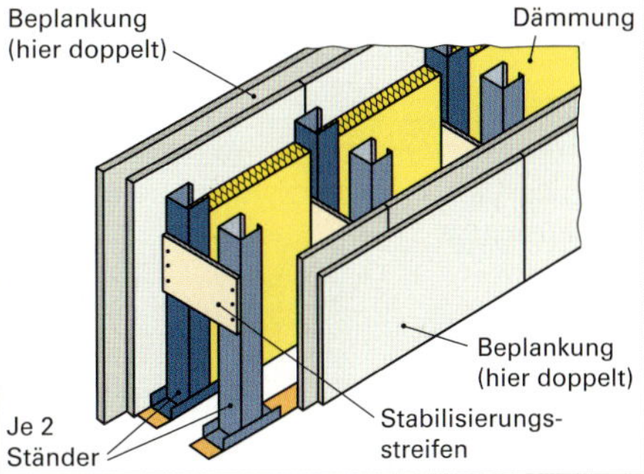

Die Unterkonstruktion besteht aus zwei im Abstand stehenden, getrennten Ständerreihen. Zwischen den Ständern werden die Hohlräume mit Dämmmaterial gefüllt und elekrische Leitungen verlegt. Doppelständerwände sind in sich stabiler und können Konstruktionsteile des Rohbaus aufnehmen.

5

5.5.4 Profilleisten aus Metall für Ständerwandkonstruktionen

Für Metallkonstruktionen sind verschiedene Profilleisten im Handel. Diese bilden ein System für Wand und Decke. Nach DIN 18 182 sind Profilleisten genormt, es ist aber trotzdem ratsam, beim Einkauf bei nur einem Hersteller zu bleiben.

UW U-Form, Wand

Länge (m): 2,0 / 4,0
Stärke (mm): 0,6

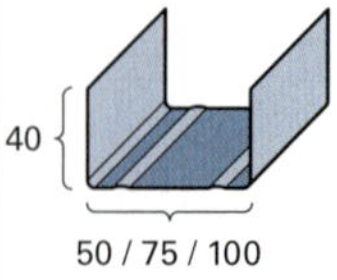

(mm)

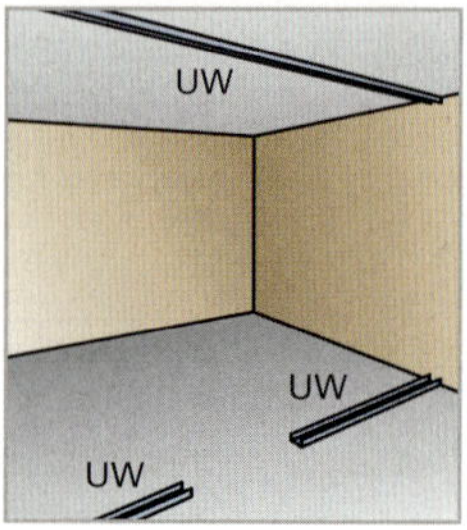

Das U-förmige Rahmenprofil ist das Randprofil für **Wände**.

CW C-Form, Wand

Länge (m): 2,6 / 3,0 / 3,5
Stärke (mm): 0,6

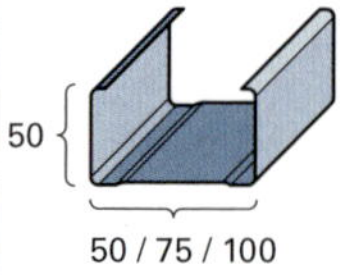

(mm)

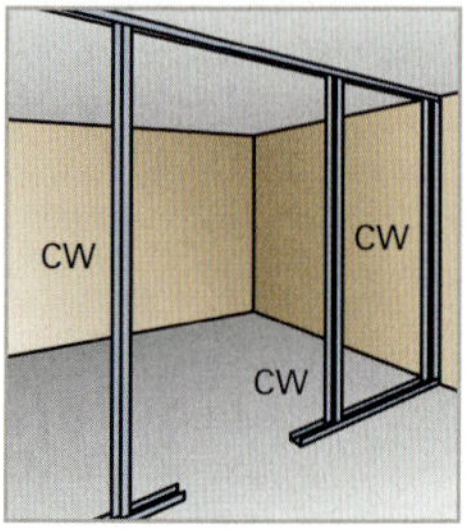

C-förmiges Rahmenprofil, das in die UW-Profile für **Wände** eingestellt wird

UA U-Form, Aussteifung

Länge (m): 2,6 / 3,0
Stärke (mm): 2,0

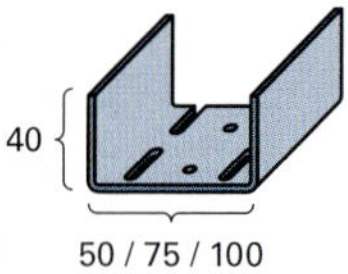

(mm)

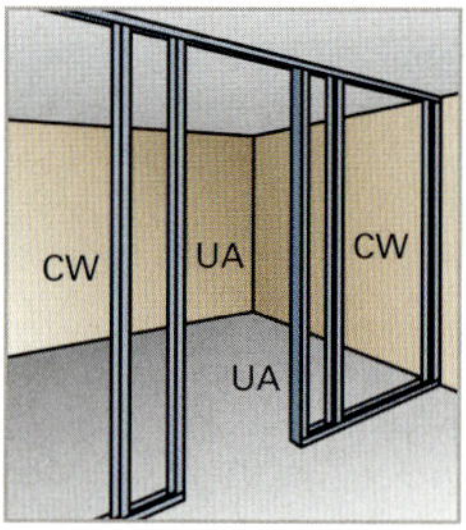

Rahmenprofil zur Aussteifung von **Wänden,** um Türen und Installationen

MW M-Form, Entkopplung

Länge (m): 3,0 / 3,5
Stärke (mm): 0,6

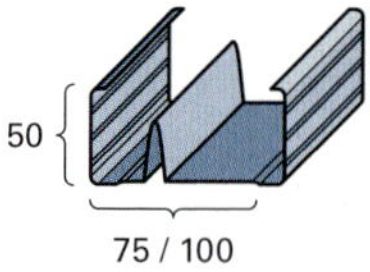

(mm)

Stabilisierendes Ständerprofil für **Wände**, auch als **Deckenprofil** zur Schallschutzentkopplung von Holzkonstruktionen

UD U-Form, Decke

Länge (m): 3,0
Stärke (mm): 0,6

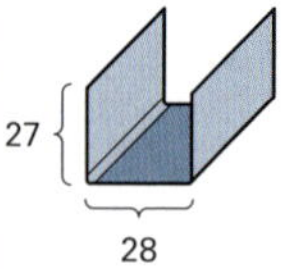

(mm)

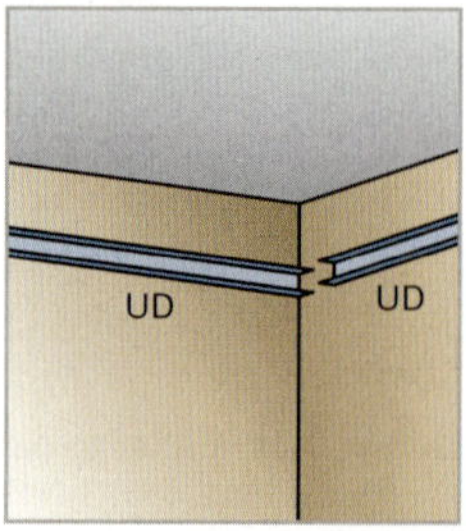

Das U-förmige Rahmenprofil ist das Randprofil für **Decken**.

CD C-Form, Decke

Länge (m): 2,6 / 3,1
Stärke (mm): 0,6

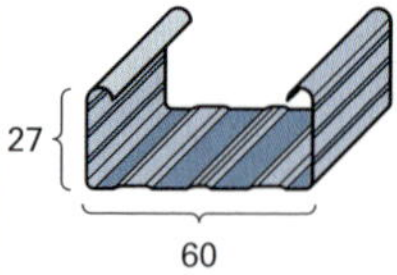

(mm)

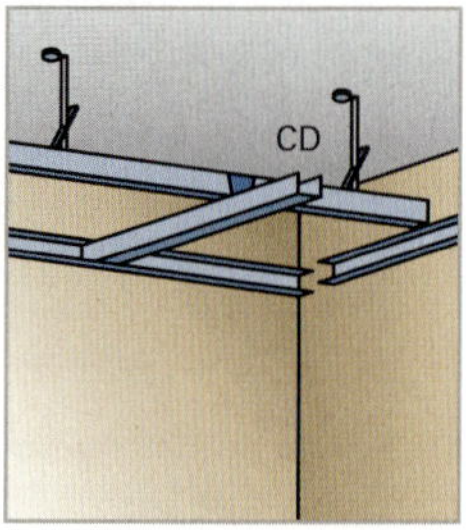

C-förmiges Rahmenprofil zum Abhängen von Decken als Grund- und Tragprofil einsetzbar

5.5.5 Vorbereitungsarbeiten für Wandkonstruktionen

Planung der Wanddicke und Wandhöhe

Diese beträgt bei Montage einer Einfachständerwand mindestens

Stegbreite des Profils + 2 x Plattendicke

Bei Montage einer Doppelständerwand:

- Die Ständer werden nur durch einen Dämmstreifen voneinander getrennt.

2 x Stegbreite des Profils + 2 x Plattendicke

- Die Ständer stehen auf Abstand und werden durch Stabilisierungsstreifen getrennt.

2 x Stegbreite des Profils + Ständerabstand + 2 x Plattendicke

Bei **Doppelbeplankung** muss mit **4 x** Plattendicke gerechnet werden.

Wandhöhe
Übliche Raumhöhen können mit einer Profillänge erreicht werden. Darüber hinaus können Profile bis max. 5,10 m verbunden werden.

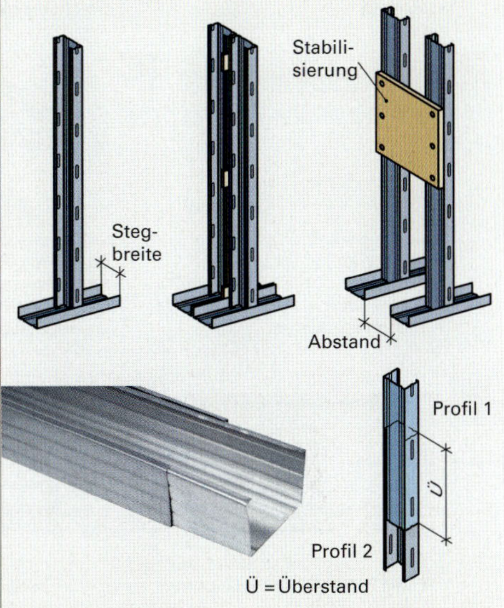

Besondere Werkzeuge für den Trockenbau

			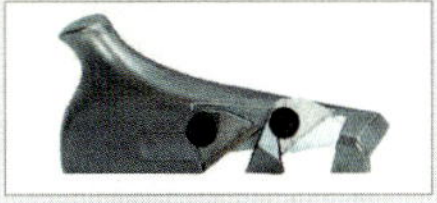
Hohlwanddosenfräser	**Crimperzange**	**Blechschere**	**Kantenhobel**
Bohrersatz zum Schneiden von Öffnungen in die Gipsplatten	Mit dieser Zange werden die Profilleisten verbunden.	Damit werden Profile abgelängt.	Beim Zuschneiden der Gipsplatten entsteht eine raue Kartonkante. Diese wird damit geglättet.

Schrauben für den Trockenbau

	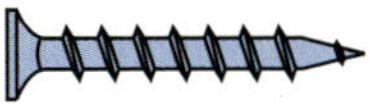	
Schnellbauschraube mit Feingewinde für Gipskartonplatten auf Metallunterkonstruktion bis 0,7 mm Blechdicke	**Schnellbauschraube mit Grobgewinde** für Gipskartonplatten auf Holzunterkonstruktion	**Schnellbauschraube mit Bohrspitze** für Gipskartonplatten auf Metallunterkonstruktion bis 2 mm Blechdicke

Schnellbauschraube mit Fräsrippen und Hoch-Tief-Gewinde für Gipsfaserplatten	**Diamantplattenschraube** mit gegenläufigem Gewinde zum Befestigen von Hartgipsplatten	**Drehstiftdübel** zum Befestigen der UW- und CD-Profile an Boden, Decke und Wand	**Blechschraube** zum Verschrauben von CD-Profilen an Direktabhängern

5.5.6 Montageschritte einer Wand mit Metallprofilen und Doppelbeplankung

1 Konstruktion im Maßstab zeichnen.

2 Materialbedarf ermitteln und bereitstellen.

3 Arbeitsplatz einrichten. Auf Ordnung, PSA usw. achten.

4

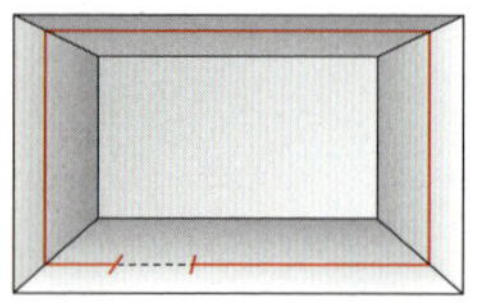

Wandverlauf exakt mit Wasserwaage, Lot etc. einmessen und markieren. Auch die Türposition markieren.

5

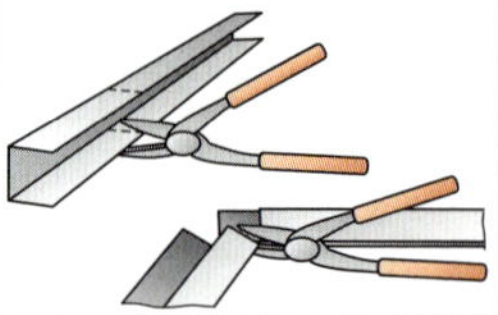

Profile mit einer Blechschere nach Plan zuschneiden. Bei Einsatz einer Säge entsprechendes Sägeblatt verwenden.

6

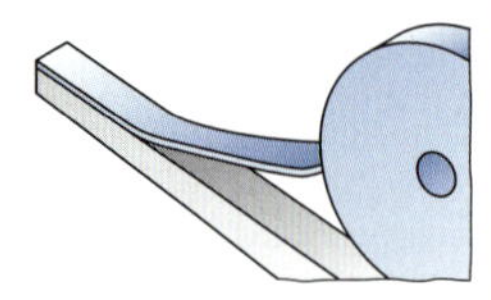

UW-Profil: Decke und Boden
CW-Profile: Wände
Diese Profile mit Wandkontakt mit Dichtungsband bekleben.

7

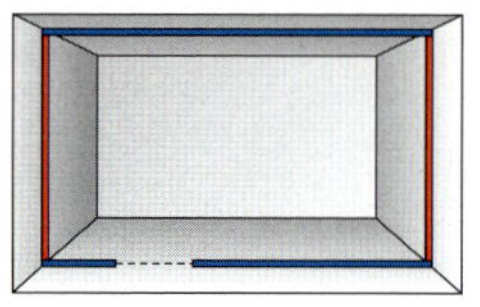

Profile entlang des markierten Verlaufs verschrauben (Dübel, Schrauben).
UW-Profile: Decke und Boden
CW-Profile: Wände
Max. Abstand der Schrauben an Wänden: 1,00 m,
Boden und Decke: 0,80 m.

8

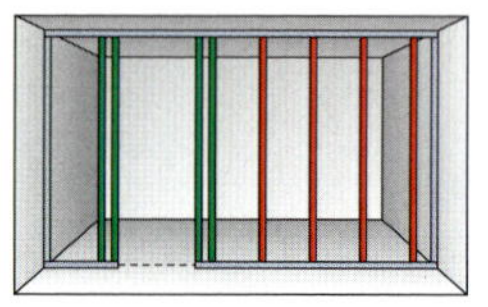

CW-Profile in die UW-Profile einsetzen. Abstand mittig je halbe Gipsplattenbreite. Diese CW-Profile sollten etwa 1,5 cm kürzer als das lichte Raummaß sein. Im Türbereich UA-Profile in Verbindung mit Türpfostensteckwinkeln einsetzen.

9

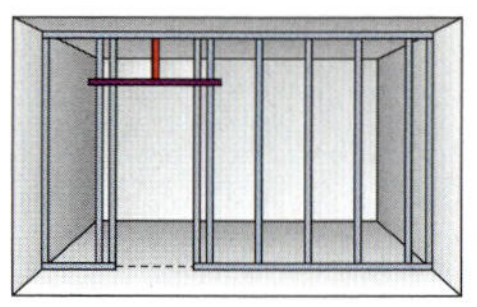

Türsturzprofil über das UA-Profil schieben und fixieren. Danach die UA-Profile im Boden- und Deckenbereich mit Türpfostensteckwinkeln befestigen. CW-Profile über dem Türsturz weiterführen. Der Plattenstoß darf später nicht auf einem UA-Profil erfolgen.

10

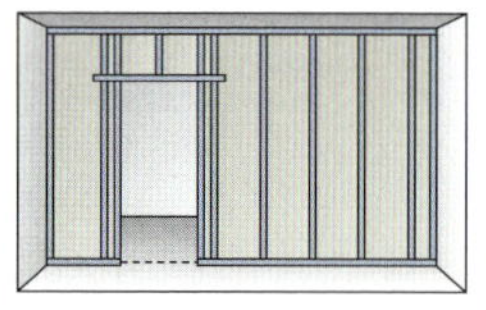

Konstruktion auf einer Seite beplanken. Mit einer ganzen Platte beginnen. Plattenstöße immer mittig auf den Profilen.

11

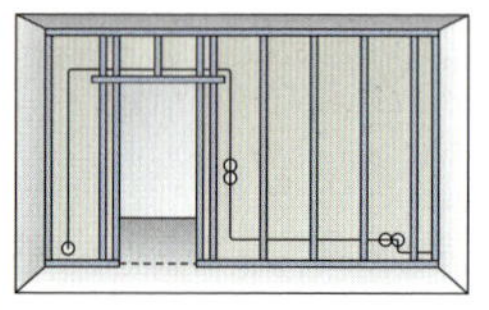

Einlegen von Versorgungsleitungen.
Öffnungen dafür in die Gipsplatten schneiden.

12

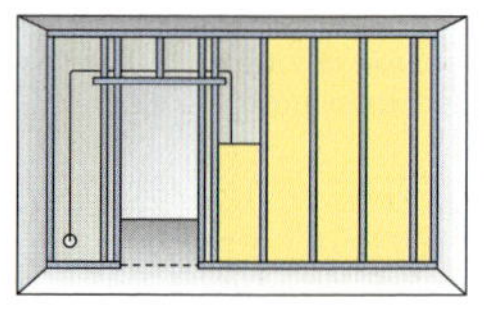

Konstruktion mit Dämmmaterial vollflächig füllen.
Achtung: Atemschutz und Hautschutz.

13

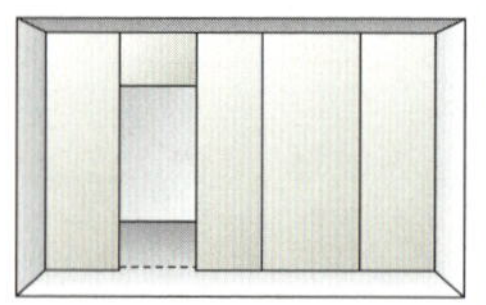

Konstruktion durch Beplankung der zweiten Seite schließen.

14

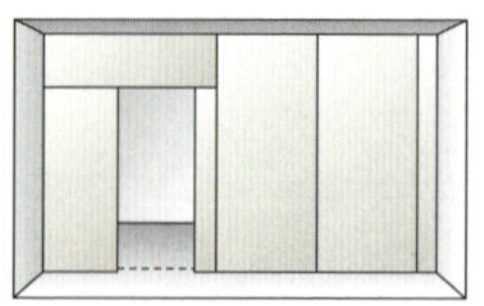

Zweite Lage Gipsplatten montieren. Auf Versatz achten.

15

Arbeitsplatz aufräumen.

5.5.7 Unterkonstruktion von Vorwandinstallationen und abgehängten Decken

Vorwandinstallationen

In Vorwandkonstruktionen werden Einbauteile integriert, z. B. Waschbecken, WC, Badewanne. Dafür muss der Fachmann meist individuelle Konstruktionen erstellen.

Diese Konstruktionen werden durch die Einbauteile wesentlich mehr belastet als Trennwände.

Darum sind UA-Profile oder vorgeschriebene Profile von Herstellern der Einbauteile zu verwenden, die die Last tragen können.

Die Hohlräume nehmen Leitungen auf (Vorsicht: elektrischer Strom, Wasser). Es ist ratsam, anschließend Hohlräume im Bereich der Belastung mit Gips-Wandbauplatten oder Baustein-Resten zu füllen und gründlich zu vermörteln.

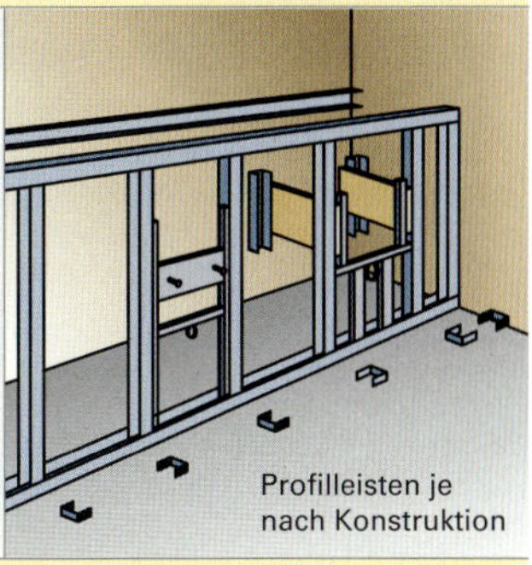

Deckensysteme

Je nach Konstruktionsart werden leichte Deckenbekleidungen auf Unterlattung und abgehängte Unterdecken unterschieden.

Deckenkonstruktionen besitzen nur eine geringe Tragfähigkeit, wenn sie nicht direkt an der Decke angebracht werden. Die raumabschließende Deckenlage kann aus Bauplatten oder Nut- und Federbrettern bestehen. Die Beplankung muss quer zur Tragkonstruktion angebracht werden. Kreuzfugen und fliegende Stöße müssen vermieden werden. Die Randanschlüsse können starr oder frei ausgeführt werden.

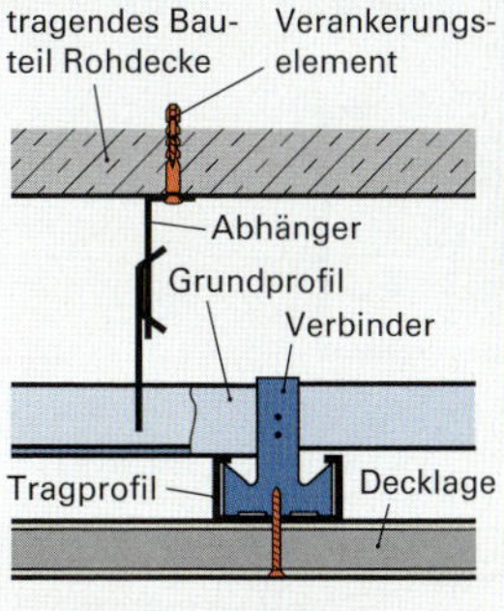

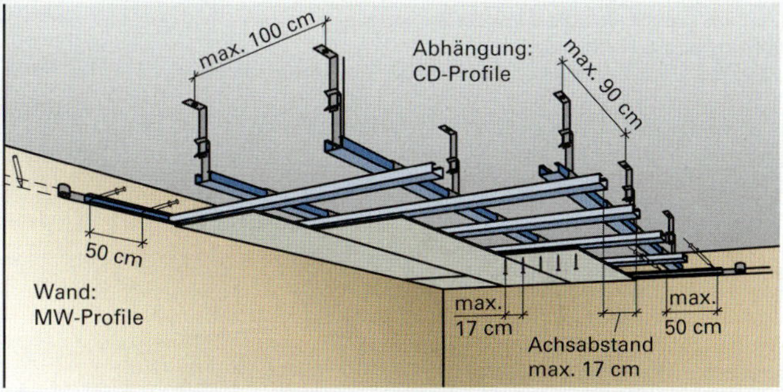

5.5.8 Holz im Trockenbau

Unterkonstruktionen aus Holz

Meist werden Kanthölzer und/oder Holzlatten über geeignete Metallwinkel miteinander verschraubt. Achtung: nicht genagelt!. Es muss Holz der Sortierklasse S10 sein. Es muss verwindungsfrei sein. Geeignete Holzfeuchte 7 % bis 14 %.

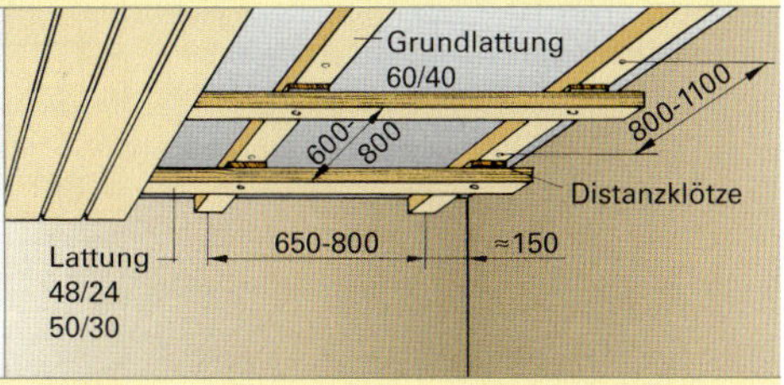

Platten aus Holz

Vollholz verzieht sich. Darum kommen Holzwerkstoffe in Plattenform im Innenausbau und Trockenbau zum Einsatz: z. B. Sperrholzplatten, OSB-Platten, Faserplatten, Multiplexplatten, Holzwolleplatten, Spezialplatten für Trockenfußboden.

Immer ist Holz feuchteempfindlich und saugend. Platten sind darum rundum zu grundieren.

5.5.9 Montage von Gipsplatten

Die Ständerkonstruktion wird beplankt. So nennt man das Montieren von Gipsplatten. Es sind immer nur Platten gleicher Bauart für ein Objekt zu verwenden.

Gipsplattenkonstruktionen müssen von anderen Bauteilen (Wand Decke, Boden) getrennt werden. Die Trennung erfolgt durch Trennstreifen, offene oder verdeckte Fugen.

Ständerkonstruktionen können längs (hochkant) oder quer beplankt werden. Bei der Beplankung müssen die Gipsplattenkanten immer mittig auf einem Ständer enden. Nur so können sie verschraubt und sauber verspachtelt werden.

Wenn möglich in Räumen Gipsplatten montieren, die über die gesamte Raumhöhe reichen. Wenn das nicht möglich ist, sind die Platten mindestens 40 cm zu versetzen.

Ausschnitte für Installationszwecke werden mit Stichsäge, Hohlwanddosenfräser oder Messer (Cutter) geschnitten/gesägt. Rohre und Leitungen müssen mindestens 10 mm Abstand von der Gipsplatte haben, die Hohlräume sind entsprechend der späteren Raumnutzung abzudichten.

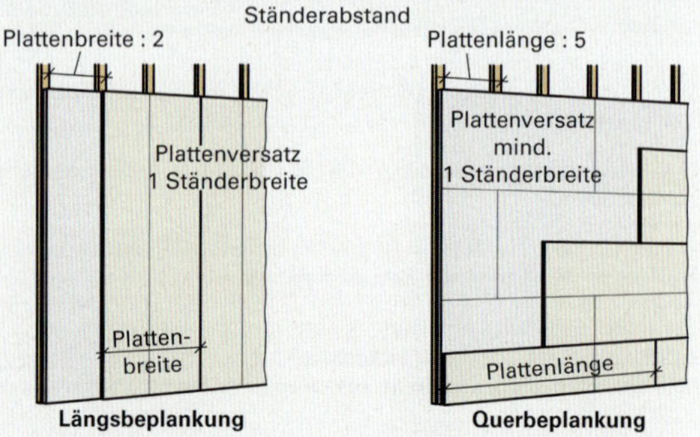

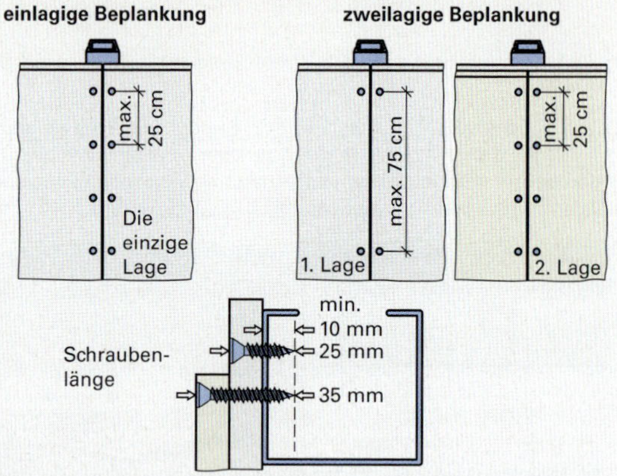

5.5.10 Bekleiden von Wänden mit Gipsplatten

Gipsplatten werden mit Ansetzbinder auf Gipsbasis unmittelbar ohne Dämmung auf senkrechten Bauteilen angesetzt.

Der Untergrund muss ausreichend tragfest, von hinten schlagregenfest und von unten gegen aufsteigende Feuchte geschützt sein. Kalkputz ist als Untergrund nicht geeignet und muss entfernt werden. Frischer Beton muss mindestens 28 Tage alt sein. Glatte Untergründe können mit einem Putzgrund griffiger werden, saugende Untergründe mit einer Grundierung normal saugend.

Montage

In der Regel werden Gipsbatzen auf der Rückseite der liegenden Gipsplatte aufgetragen und als Streifen in ausreichender Dicke verteilt. Dann wird die Gipsplatte auf Unterlegkeile an die Wand gekippt, angedrückt und mit der Wasserwaage ausgerichtet. Platten werden direkt aneinandergesetzt. Je nach Ebenheit der Wand kann eine Unterkonstruktion nötig sein.

5.5.11 Gipswandbauplatten

Gips-Wandbauplatten sind nach DIN EN 12 859 massive Bauplatten aus Stuckgips.

Damit lassen sich massive Wände bis zu 10 cm ohne Unterkonstruktion allein mit Gipskleber errichten. Diese Wände dienen allein der Raumbildung.

Das Vorzugsplattenmaß beträgt 666 x 500 Millimeter, drei Platten ergeben einen Quadratmeter Wandfläche.

Die 60 mm, 80 mm bzw. 100 mm dicken massiven Gips-Wandbauplatten sorgten vor allem für die Dämmung des Direktschalls. Bauteile aus Gips-Wandbauplatten können in Abhängigkeit von ihrer Dicke bereits in einschaliger Ausführung Anforderungen an den Feuerwiderstand bis F 180-A erfüllen.

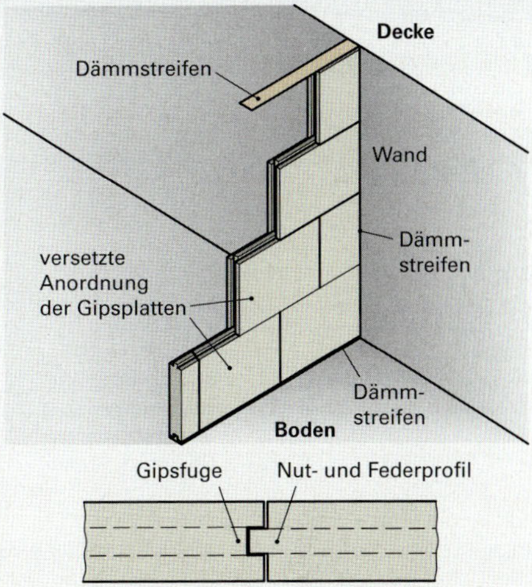

Einbau und Bearbeitung einer Gips-Wandbauplatte

Am Bodenanschluss sind Bitumendämmstreifen in Wandstärke und an den Wand- und Deckenanschlüssen jeweils Presskorkstreifen anzubringen.

Die erste Lage ist mit der Nut nach unten bzw. zur Wand lot- und fluchtgerecht einzubauen.

Die Wände benötigen keinen Putz und werden im Fugenbereich oder ganzflächig gespachtelt. Die trockenen Platten müssen bei Verwendung hydratisierender Spachtelmassen vorher mit Wasser benetzt werden.

5.5.12 Verspachtelung von Gipsplatten

Spachtelmassen

Gipshaltige Fugenfüller	Gipsfreie Fugenfüller (Jointfiller)
Diese werden pulverförmig geliefert und mit Wasser angemacht. Die Verarbeitungszeit beträgt 30 Minuten bis 40 Minuten.	Sie enthalten organische Bindemittel und Armierungsfasern. Sie werden mit Wasser angemacht. Bei 8 Stunden Verarbeitungszeit trocknen sie innerhalb von 24 Stunden.

Bewehrungsstreifen

Stoßen zwei Gipsplatten aneinander, so ist in die Spachtelmasse ein Bewehrungsstreifen einzuspachteln. So lässt sich eine spätere Rissbildung vermeiden. Bewehrungsstreifen müssen sehr dünn sein, damit sie nicht auftragen und die geglättete Oberfläche stören.

Bewehrungsstreifen sind aus Glasfaser, Papier oder als selbstklebende Bewehrungsgitterstreifen im Handel. Werden Kantenschutzleisten etc. angebracht, so müssen auch diese Teile so eingespachtelt werden, dass die Oberfläche glatt ist.

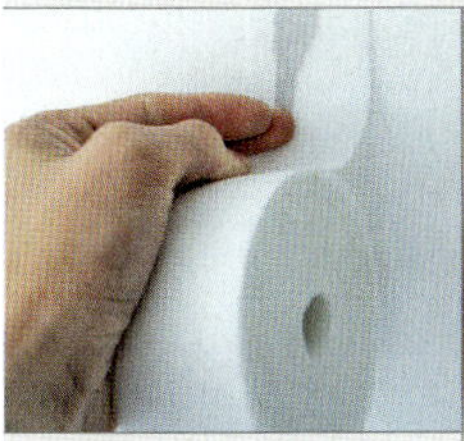
Bewehrungsstreifen

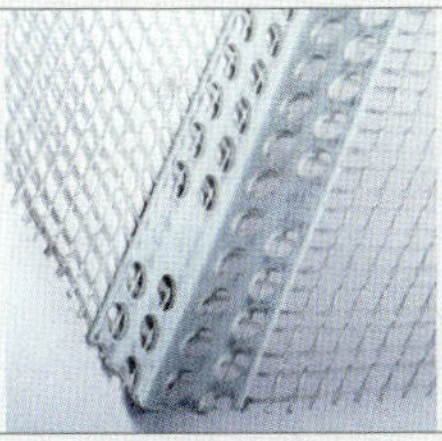

Besondere Profilleiste aus Kunststoff, Kantenschutzleiste, Kunststoffgewebe

Qualitätsstufen der Verspachtelung

Die Ansprüche an die Oberfläche nach der Verspachtelung richten sich nach der vorgesehenen Beschichtung und den zu erwartenden Lichtverhältnissen. Es werden 4 Ausführungsstufen unterschieden. Wird keine Qualitätsstufe vereinbart, so gilt die Ausführung einer Standardbeschichtung (Q 2) als vereinbart.

Q 1 Grundverspachtelung (Fugenverschluss)	**Q 2 Standard-verspachtelung**	**Q 3 Verspachtelung mit erhöhten Anforderungen**	**Q 4 Verspachtelung für höchste Anfoderungen**
Geeignet für: • Flächen ohne besondere Anforderungen • Für die erste Beplankungslage (bei mehrlagiger Beplankung)	Geeignet für: • Mittel/grob strukturierte Wandbekleidungen • Matte, füllende Beschichtungen (z. B. Dispersionsanstrich) • Oberputze >1 mm	Geeignet für: • Fein strukturierte Wandbekleidungen • Nicht strukturierte Beschichtungen • Oberputze >1 mm	Geeignet für: • Glatte oder strukturierte Wandbekleidungen mit Glanz, Lasuren und Beschichtungen bis zum mittleren Glanz • Stuccolustro oder andere Glättetechniken
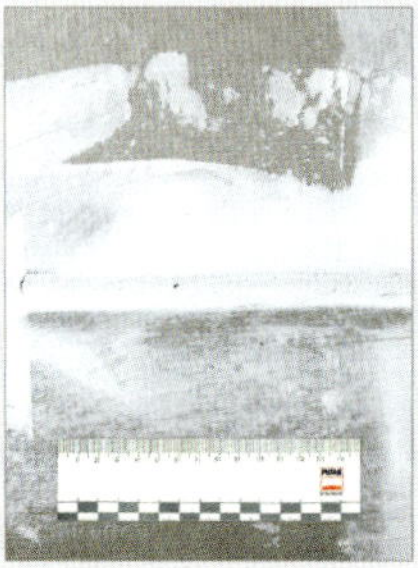		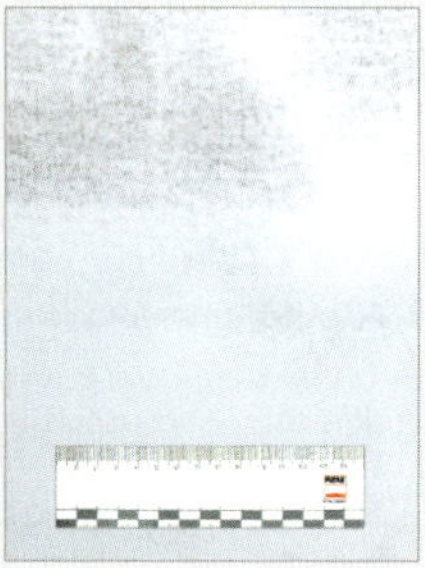	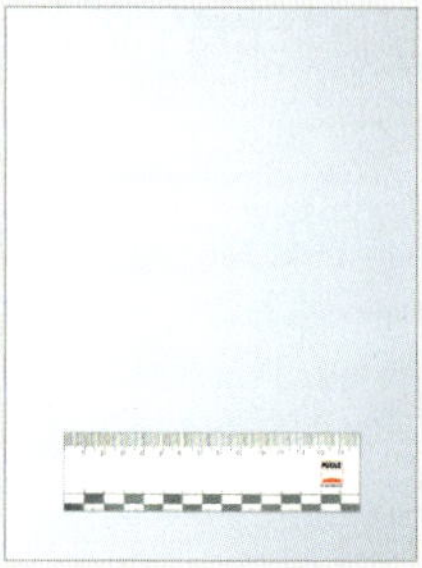
Q 1 = Füllen der Stoßfugen	Q 1 + Feinspachteln	Q 2 + Breites Ausspachteln	Q 2 + breites Ausspachteln der Fugen und vollflächiges Spachteln (bis 3 mm Schichtdicke)
Füllen der Stoßfugen und Überziehen der sichtbaren Teile der Befestigungsmittel (Schraubenköpfe). Ein Verziehen des Spachtelmaterials über die Fuge hinaus ist zu vermeiden.	Stufenloser Übergang der Plattenoberflächen. Prüfung mit hellem künstlichem Schräglicht. Bei Betrachtung aus nächster Nähe oder bei Streiflicht dürfen Unebenheiten in der Oberfläche sichtbar sein.	Breites Ausspachteln der Fugen, scharfes Abziehen der Kartonoberfläche mit Spachtelmasse zum Verschließen der Poren. Auch bei Stufe 3 sind bei Streiflicht sichtbar werdende Abzeichnungen nicht auszuschließen.	Soweit Lichteinwirkung – z. B. Streiflicht – das Erscheinungsbild der fertigen Oberfläche beeinflussen kann, werden unerwünschte Effekte (z. B. wechselnde Schattierungen auf der Oberfläche oder minimale örtliche Markierungen) weitgehend vermieden.
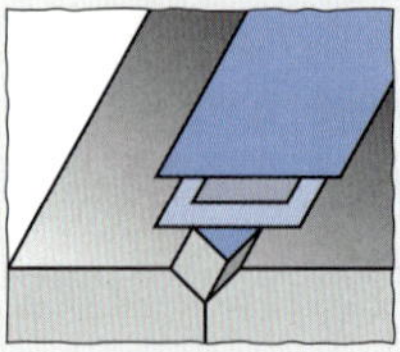	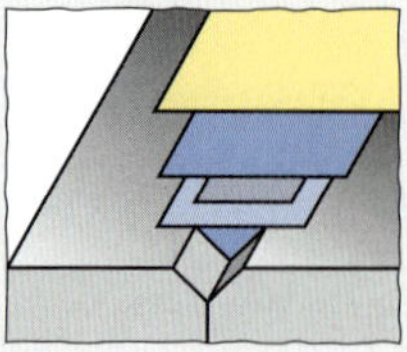	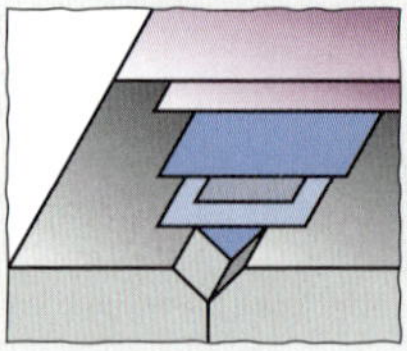	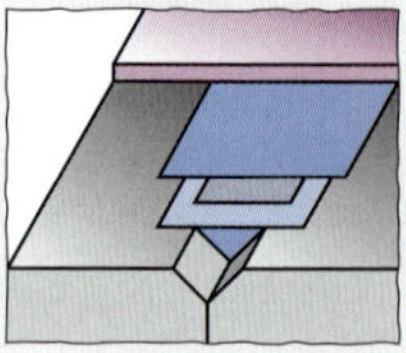

5.5.13 Untergrundprüfung und Grundierung

Prüfkriterien vor dem Grundieren in Anlehnung an das BFS-Merkblatt Nr.12 :

Prüfung auf	Prüfmethode	Erkennung	Maßnahmen und Empfehlungen
Oberflächen-güte	Augenschein	• Nicht ausreichende Qualitätsstufe (Q2 bis Q4)	• Bedenken sind anzumelden. • Nachspachteln. • Evtl.muss eine andere Beschichtung/Tapezierung ausgewählte werden, bei der die mangelnde Oberflächenqualität der Plattenoberfläche nicht durchschlägt.
Feuchte	Augenschein	• Feuchte Flächen • Wasserränder und Fleckenbildung	• Ursachen beseitigen. • Nasse Stellen abtrocknen lassen, ggf. lüften und heizen. • Prüfen, ob eine ausreichende Kartonhaftung vorhanden ist. • Wasserflecken und Wasserränder absperren.
Haftung des Kartons	Augenschein	• Blasenbildung	• Eine Erkennung ist erst nach der Vorbereitung des Untergrundes möglich. • Bei örtlich begrenzten Auslösungen des Kartons können die Blasen aufgeschnitten, die freigelegten Flächen grundiert und mit einer auf die Beschichtung abgestimmten Spachtelmasse beigespachtelt werden. • Bei großflächigen Ablösungen muss die Gipsplatte ausgewechselt werden.
Vergilbung des Kartons	Augenschein	• Gelbe bis braune Verfärbungen des Kartons • Durchschlagen bzw. -bluten nach der Beschichtung	• Vergilbte Platten nicht verarbeiten! • Sind vergilbte Platten verarbeitet, müssen die betroffenen Flächen mit Absperrbeschichtungsstoff vorbehandelt werden.
Verschmutzung	Augenschein	• Markierungen mit Kopierstiften, Markierstiften usw. • Schleifstaubablagerungen	• Flächen mit Absperrbeschichtungsstoff vorbehandeln. • Flächen absaugen.
Risse	Augenschein	• Stoßfugenrisse • Risse in den Anschlussbereichen	• Bedenken anmelden. • Fehler beheben. • Bei Haarrissen im Stoßfugenbereich sind nachträglich besondere Maßnahmen zu vereinbaren.
Schimmelpilz-befall	Augenschein	• Dunkler Bewuchs	• Die Ursache liegt nicht in der Platte. • Plattenrückseite und Unterkonstruktion ebenfalls prüfen. Wird hier Befall festgestellt, sind Bedenken anzumelden wegen möglicher bauphysikalischer Ursachen. • Befallene Platten austauschen. Kleiner Befall nur an der Oberfläche ist sanierfähig (bis 0,5 m^2)
Korrosion der Befestigungs-mittel	Augenschein	• Rostflecken	• Plattenrückseite und Unterkonstruktion ebenfalls prüfen. Wird hier Befall festgestellt, sind Bedenken anzumelden wegen möglicher bauphysikalischer Ursachen. • Befestigungsmittel austauschen.

Eine Grundierung ist immer notwendig, da das unterschiedliche Saugverhalten von Platte und Fuge egalisiert werden muss. Wird tapeziert, muss grundiert werden, um diese später wieder entfernen zu können, ohne die Gipsplatten zu beschädigen.

Zu beachten ist:

- Eine Vermischung von Grundiermittel mit Dispersionsfarbe ist nicht zulässig.
- Das Grundiermittel darf den Untergrund nicht vollständig absperren. Es darf nach dem Trocknen keinen glänzenden Film bilden.

5

5.6 Kleben von Folien

5.6.1 Aufbau und Eigenschaften einer Klebefolie

Aufbau einer Klebefolie

- Folien zum Beschriften oder Gestalten bestehen im Aufbau immer aus 2 Schichten:
  - Folie (mit Kleberschicht)
  - Trägerpapier(gewachst)
- Die meisten Folien bestehen aus PVC und besitzen eine Dicke zwischen 0,05 mm und 0,08 mm = 50 µm bis 80 µm. Dies entspricht einer oder zwei Lackschichten.
- Gute Folien müssen in ihrer Qualität einer Beschichtung gleichwertig sein.
- Hochwertige Folien sind immer gegossen, nicht gezogen. Durch Ziehen, wie es beim Immer-dünner-Walzen geschieht, neigen Folien zum Schrumpfen.

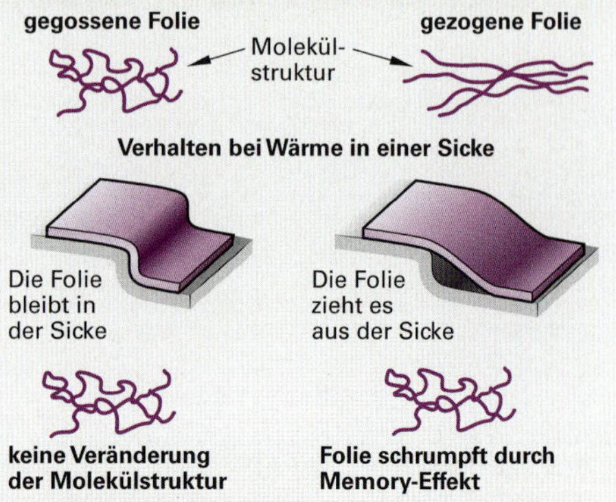

Qualitätskriterien von Klebefolie

Schrumpfbeständig

- Fachleute verwenden gegossene Folien (z. B. Scotchcal). Diese sind teurer als gezogenen Folien (z. B. DC-fix), aber sie schrumpfen nicht. Dadurch zieht es bei Wärme die Folie nicht aus Sicken und Kanten heraus. Die Kunststoffmoleküle gezogener Folien erinnern sich an ihre alte Struktur und versuchen in diesen Zustand zurückzukehren (Memory-Effekt). Gegossene Folienmoleküle bleiben immer in ihrer Struktur gleich, sie ziehen sich nicht zusammen.
- Gezogene Folien werden immer dann verwendet, wenn der Aufkleber, die Schrift, die verklebte Fläche nur für begrenzte Zeit genutzt wird, z. B. im Dekorationsbereich.

Gutes Klebevermögen

- Hochwertige Folien kleben sehr gut. Die für Folien eingesetzten Kleber sind meist Polyacrylate.
- Voraussetzung: sehr sauberer und glatter Untergrund. Die Lack- und Glasflächen am Fahrzeug eignen sich sehr gut, da sich auf glattem Untergrund besonders gut Adhäsionskräfte aufbauen.

Wetterbeständig

- Gute Folien sind wetterbeständig. Dies bedeutet UV-Beständigkeit und Reib-, Reiß- und Stoßfestigkeit.
- Sie behalten bei Wetterbelastung Farbton und Glanz.
- Wetterbeständigkeit beinhaltet Lichtbeständigkeit.

Elastisch

- Folien mit innerer Weichmachung verspröden langsamer, da der Weichmacher aus der Folie nicht so schnell entweicht.
- Sie bleiben dauerhaft elastisch.

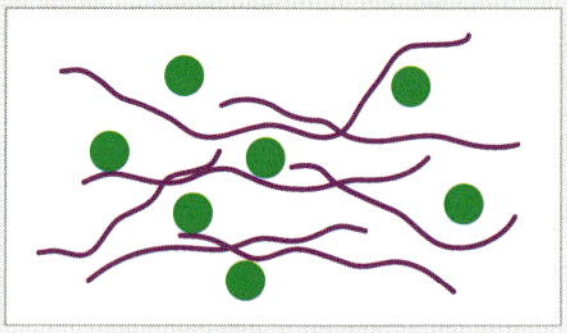

Äußere Weichmachung

Weichmacher (meist Phthalate) werden dem fertigen Werkstoff (Kunststoff oder Lack) zugegeben. Da sie nicht fest gebunden sind, entweichen sie mit der Zeit (Weichmacherwanderung). So verlieren Folien oder Lackfilme mit der Zeit ihre Elastizität.

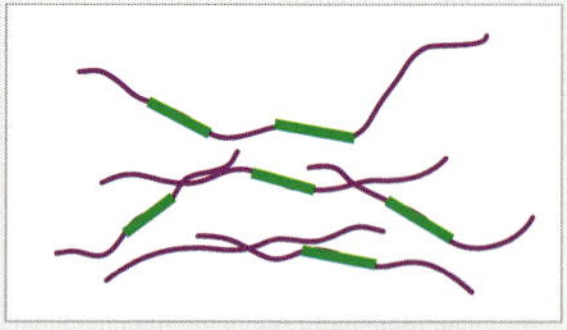

Innere Weichmachung

Weichmachende Kunststoffe/Bindemittel werden in den Kunststoff oder das Bindemittel des Lackes fest eingebaut. Diese Stoffe bezeichnet man als Copolymere, im Gegensatz zu Polymeren, die aus einer einzigen Kunststoff- oder Bindemittelart bestehen.

5

Breites Angebot

- Die breite Farbtonpalette orientiert sich an den üblichen Farbsystemen (RAL, Pantone, HKS).
- Wer selbst plottet, kann aus Lager- und Kostengründen kaum alle Farben auf Lager haben. Empfehlenswert ist, nur einige gängige Farben als Rolle zu beziehen und bei Bedarf besondere Folien von spezialisierten Firmen mit großem Lager schneiden zu lassen.
- Je nach Pigmentzugabe besitzen Folien (wie Lacke) einen
  - Uni-Farbton
  - Effekt (Metalleffekt, Flip-Flop-Effekt, Hologrammeffekt …)
- Folien können mittels lösungsmittel-basierendem Inkjetdruck oder Siebdruck bedruckt werden.

An Fahrzeugen keine Beeinträchtigung der Verkehrssicherheit

- Window-Graphics Folien lassen durch eine feine Perforation in der Folie den Durchblick aus dem Fahrzeuginneren nach außen zu, aber nicht umgekehrt.
- Scheiben-Tönungsfolien sind am Fahrzeug nur für die Montage an den hinteren Seitenscheiben und der Heckscheibe zulässig, wenn gleichzeitig ein Außenspiegel an der Beifahrerseite vorhanden ist. Typ und Prüfzeichen der verwendeten Tönungsfolien müssen gut lesbar und dauerhaft an den am Fahrzeug verklebten Tönungsfolien vorhanden sein. An der Windschutzscheibe darf lediglich ein Blendstreifen mit einer Gesamtfläche bis 10 % der Windschutzscheibenfläche verklebt werden.
- Folien in Tagesleuchtfarbe am Fahrzeug sind laut § 49a StVO genehmigungspflichtig.

Leicht entfernbar

- Durch Erwärmen lassen sich gute Folien rückstandslos entfernen.
- Billige, durch Wetter und Weichmacherwanderung versprödete Folien können meist nur mit hohem Zeitaufwand entfernt werden, da sie sich nicht im Stück abziehen lassen.
- Nach dem Entfernen der Folie muss auch der Kleber restlos entfernt werden, da die Schrift durch Schmutz im Kleber wieder sichtbar wird.
- Anschließend ist die Fläche zu polieren.

5.6.2 Grundausstattung zum Arbeiten mit Folien

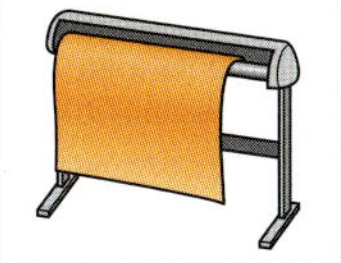

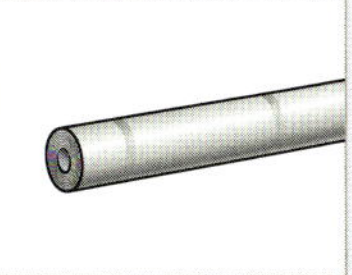
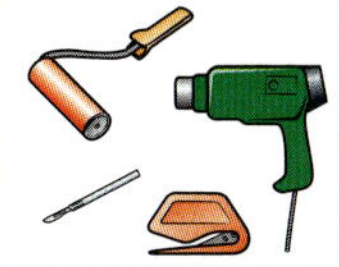

Computer	Plotter	Folie	Übertragungsfolie	Werkzeug
Das Motiv wird mittels geeigneter Software (Freehand, CorelDraw, Illustrator) entwickelt oder übernommen. Es muss als Vektorgrafik vorliegen und dann in das EPS-Format umgewandelt werden, da es sonst nicht geschnitten werden kann. Das Plotterprogramm erkennt und schneidet nur Linien, keine Pixel.	Der Schneideplotter führt ein Schneidemesser nach Vorgabe des Plotterprogrammes über die Folie und schneidet das Motiv. Das Trägerpapier darf nicht durchgeschnitten werden. Je nach Plottermodell wird beim Schneiden das Messer und die Folie oder nur das Messer bewegt.	Schneidefolien können in Rollen bis 50 m Länge und mit einer Breite bis 1,20 m bezogen werden. Die Wahl der Folienbreite ist von der Plotterbreite abhängig. Die Folie muss genau parallel in den Plotter eingeführt und festgestellt werden, damit sie beim Schneiden nicht aus der Spur läuft.	Das auf dem Trägerpapier freigelegte Motiv wird mittels Übertragungsfolie formgetreu auf das zu beklebende Objekt über tragen. Die Übertragungsfolie ist meist leicht transparent. Ihr Klebevermögen ist gering, da sie nach der Übertragung wieder abgezogen wird.	Zum Verkleben von Folien haben sich folgende Werkzeuge bewährt: • Rakel aus Kunststoff • Folienschneider • Andruckrolle • Skalpell mit Klinge • Föhn Bei der Nassverklebung ist Übertragungsflüssigkeit unentbehrlich.

5.6.3 Verfahren der Folienverklebung

<table>
<tr><th></th><th>Folie verkleben</th><th>Arbeiten mit Schablonierfolie</th></tr>
<tr><td>Verfahren</td><td>Die Folie wird in Form einer Schrift oder eines Zeichens direkt wie eine Lackschicht auf das Fahrzeug geklebt.</td><td>Die Folie ist Hilfsmittel, um eine Schrift oder ein Zeichen auf das Fahrzeug zu lackieren.</td></tr>
<tr><td>Beispiel</td><td>Eine Kreisfläche ist in roter Folie zu verkleben.</td><td>Eine Kreisfläche ist in Rot mit Übergang zu spritzen.</td></tr>
<tr><td rowspan="2">Schritt 1</td><td>—</td><td>Die Schablone muss ausreichend groß gewählt werden, um auch das Umfeld beim Spritzen abzudecken.</td></tr>
<tr><td colspan="2">Kreiszeichen in spezielles Plotter-Programm eingeben oder von Hand schneiden.
Das Trägerpapier darf nicht mit durchgeschnitten werden.</td></tr>
<tr><td>Schritt 2</td><td>Die Folie wird in Form einer Schrift oder eines Zeichens direkt wie eine Lackschicht aufgeklebt.
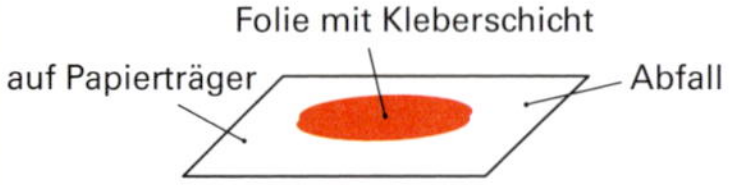
</td><td>Die Folie ist Hilfsmittel, um eine Schrift oder ein Zeichen zu lackieren.
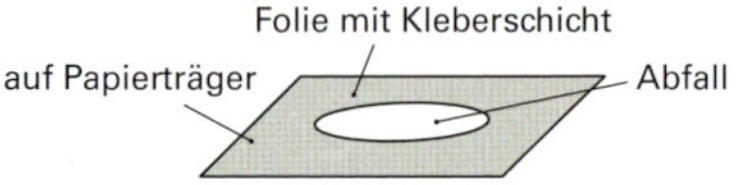
</td></tr>
<tr><td rowspan="2">Schritt 3 + 4</td><td>Die Kreisfolie wird auf Übertragungsfolie übernommen (1), dann wird der Papierträger vorsichtig in schrägem Winkel abgezogen (2).</td><td>aübernommen (1), dann wird der Papierträger vorsichtig in schrägem Winkel abgezogen (2).</td></tr>
<tr><td colspan="2">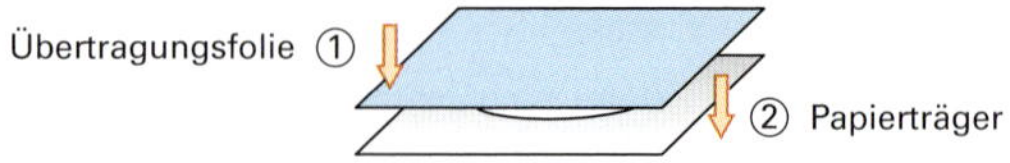

Die Kreisfläche wird während des folgenden Klebevorgangs durch die Übertragungsfolie in Form gehalten.</td></tr>
<tr><td>Schritt 5</td><td colspan="2">Die Kreisfläche wird am Objekt nach Vorgabe ausgerichtet und aufgeklebt.
Siehe Trocken- und Nassverklebung (siehe Seite 245).</td></tr>
<tr><td>Schritt 6</td><td>Die Kreisfolie wird mit Rakel oder feinem Lappenvorsichtig flächig angedrückt.</td><td>Die Schablonierfolie wird mit Rakel oder feinem Lappen vorsichtig im Randbereich des Kreises angedrückt.</td></tr>
<tr><td>Schritt 7</td><td colspan="2">Die Übertragungsfolie wird vorsichtig in schrägem Winkel abgezogen.</td></tr>
<tr><td>Schritt 8</td><td>—</td><td>Ausführen der Lackierarbeit. Umgebung vor Overspray schützen.</td></tr>
<tr><td>Schritt 9</td><td>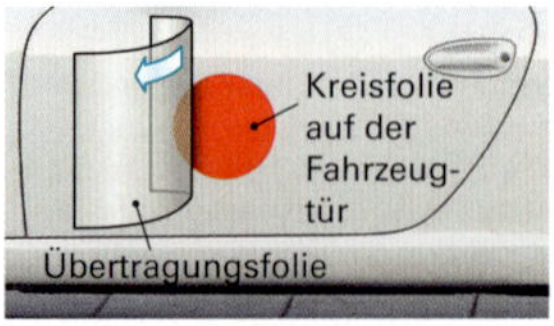
</td><td>Nach der Auslackierung der Kreisform auf das Objekt wird die Schablonierfolie vorsichtig abgezogen.

</td></tr>
<tr><td rowspan="2">Schritt 10</td><td>Die Kreisfolie wird mit Rakel oder feinem Lappen nochmals vorsichtig flächig angedrückt.</td><td>Der Trocknungsvorgang wird abgewartet.</td></tr>
<tr><td colspan="2">fertig</td></tr>
</table>

5.6.4 Trocken- und Nassverklebung

- Der Untergrund muss immer sauber und trocken vorliegen.
- Folienhersteller empfehlen Trockenverklebung.
- Nie nach Augenmaß verkleben. Nach erstem Klebekontakt nicht korrigierbar.

Trockenverklebung

- Einmessen der Folie und auf dem Untergrund fixieren.
- Erste Hälfte des Trägerpapiers entfernen und Motiv/Schrift von innen nach außen andrücken.
- Zweite Hälfte des Trägerpapiers entfernen und Motiv/Schrift von innen nach außen andrücken.
- Übertragungsfolie abziehen und alles nochmal andrücken.

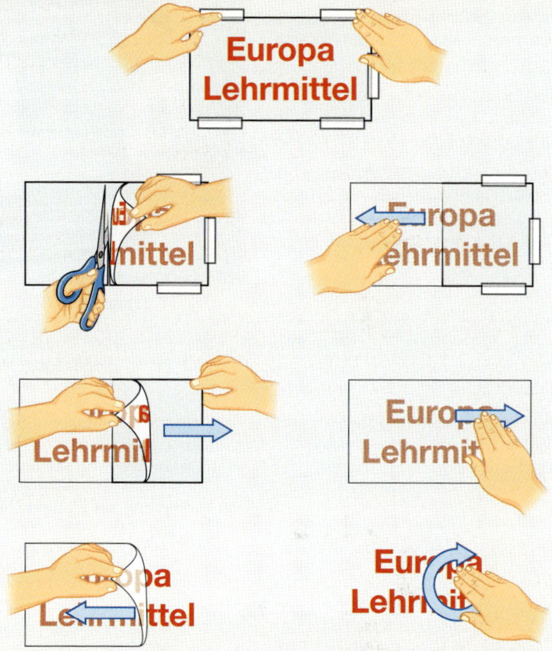

Nassverklebung

- Reinigen der zu beklebende Fläche.
- Untergrund und Klebeseite der Folie mit Wasser oder einer Übertragungsflüssigkeit zerstäubend benetzen. Die Flüssigkeit, meist Seifenwasser, darf keine rückfettenden Substanzen enthalten.
- Die Folie (auf Übertragungsfolie, ohne Trägerpapier) schwimmt auf der Flüssigkeit und kann ausgerichtet werden. Das Wasser verhindert die vorzeitige Haftung, es muss immer genügend Wasser zwischen Untergrund und Folie vorliegen. Oft ist nachzusprühen.
- Mit einer Rakel oder Walze das Wasser zwischen Folie und Untergrund wegdrücken, bis die Folie klebt.
- Nach Verdunsten des Wassers Folienkanten nochmals anpressen.

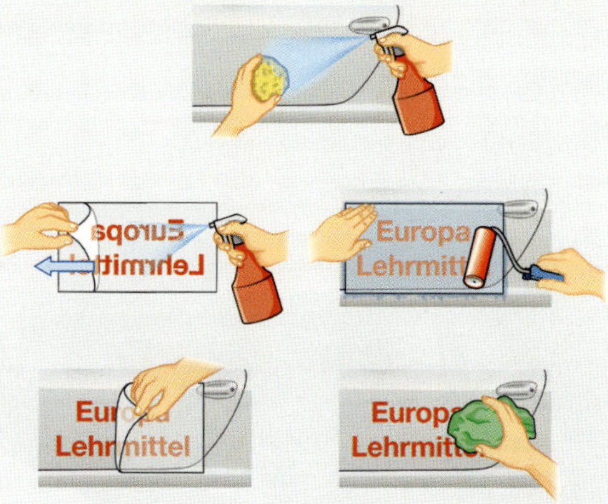

5.6.5 Hinweise zum Verkleben von Folien

Vorbereitung der Oberfläche

Auch Oberflächen, die sauber erscheinen, sollten vor dem Verkleben noch einmal mit einem nicht rückfettenden Reiniger gesäubert werden.

Es wird am Fahrzeug direkt auf die Scheibe geklebt, nach Wunsch auch von innen, dann aber seitenverkehrt.

Wird eine Metallplatte oder Karosserie beklebt, so muss eine intakte, gut ausgehärtete Lackierung mit dem Aufbau Grundierung-Füller-Decklack vorliegen.

Dies gilt auch bei **Car-Wrapping**, dem vollflächigen Verkleben von Fahrzeugteilen. Bei Nichtgefallen oder bei Verkauf kann die Folie wieder entfernt werden.

Temperatur

Die ideale Temperatur für die Montage liegt bei 15 °C bis 20 °C. Bei zu großer Kälte löst sich die Folie beim Abziehen des Übertragungspapiers leicht vom Untergrund. Bei zu großer Hitze bleibt die Folie leichter am Untergrund kleben, dadurch können sich leichter Blasen bilden.

Bei Klebearbeiten am Fahrzeug arbeitet man am besten mit einem Heißluftföhn. Mit Warmluft (45 bis 50 °C) lässt sich die Folie auf ungleichmäßigen Untergründen leichter anpassen. Der Föhn darf nicht zu nahe an die Folie gehalten werden, da diese sonst schmilzt oder vergilbt. Die Arbeitshand sollte durch einen Handschuh geschützt werden.

Übliche Verklebung auf glattem Untergrund

Am besten lassen sich absolut glatte Lack- oder Glasflächen bekleben.

Beim Verkleben dürfen keine Luftblasen oder Runzeln in der Folie entstehen. Größere Folienflächen werden mit dem Föhn erwärmt und über Rundungen gezogen. Das Muster oder die Schrift dürfen dabei nicht aus der Form geraten. Haben sich unter der Folie Luftblasen gebildet, so werden diese am Blasenrand mit einer Nadel punktiert und die Luft aus dem Loch herausgedrückt.

Bei Folienflächen, die aus mehreren Teilen bestehen, müssen die Folienkanten mindestens 4 mm und maximal 12 mm überlappt geklebt werden.

Kleben auf strukturierte und profilierte Oberflächen

Auf strukturierten Oberflächen beginnt man an einer Kante mit dem Aufkleben und erwärmt die Folie mit dem Föhn. So lässt sich die Folie besser dehnen und damit leichter der Oberflächenstruktur anpassen. Auf grob strukturierte Oberflächen wird die Folie mit einer Bürste in den Untergrund eingearbeitet, auf regelmäßig und fein strukturierten Oberflächen kann ein Gummihandroller ausreichen.

Ist über Profile und Sicken zu kleben, so darf die Folie nicht nur über das Profil gelegt und dann unter Spannung in die Vertiefung eingedrückt werden. Die Folien würden sich nach kurzer Zeit wieder lösen.

Richtig ist es, die Folie anzusetzen und dann parallel zum Profil eine Profilreihe nach der anderen zu bekleben. Die Folie ist, dem Profil folgend, immer wieder kräftig anzudrücken, besonders in den Ecken.

5.7 Tapezieren

5.7.1 Einteilung von Tapeten (DIN EN 235)

Fertige Wandbekleidungen

Papierwandverkleidung

So heißen alle aus Papier bestehenden Tapeten. Dazu gehören leicht geprägte (gaufrierte), zweilagig geprägte (Duplextapeten) und glatte Papiertapeten. Das Papierrohgewicht bestimmt die Qualität: < 110 g/m^2 leichte Papiertapeten; 110 g/m^2 – 140 g/m^2 mittlere Papiertapeten; > 140 g/m^2 schwere Papiertapeten.

Kunststoffwandbekleidung (mit Papierträger/ohne Papierträger)

Man unterscheidet Kunststoffwandbekleidungen mit Papierträger und ohne Papierträger. Zur ersten Gruppe gehören alle Tapeten auf Papierträger, die eine Kunststoffoberfläche besitzen, wie z. B. Flachvinyltapeten und Strukturprofiltapeten. Kunststoffwandbekleidungen ohne Papierträger benötigen keinerlei Träger.

Vlieswandbekleidung

Wandbekleidungen mit einem aus Zellstoff, textilen Fasern und Bindemittel bestehenden imprägnierten Trägermaterial, das sich durch hohe Dimensionsstabilität auszeichnet und luft- und wasserdurchlässig ist. Sie benötigen keine Weichzeit und sind in schwerer Ausführung rissüberbrückend. Auch Strukturtapeten auf Vliesträger gehören dazu.

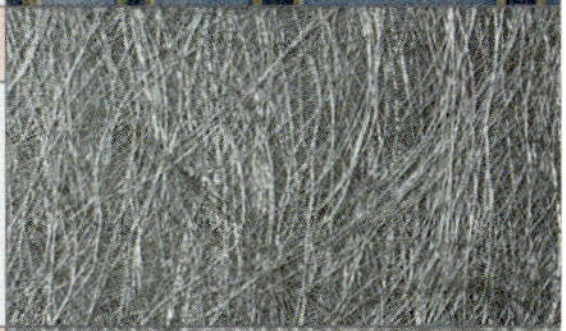

Textilwandbekleidung

Sie gehören zu den traditionsreichen Wandbekleidungen. Sie bestehen aus synthetischen oder natürlichen Fasern bzw. Fäden, die nur in Längsrichtung (Kettfadentapete) oder als Gewebe aus gewobenen Fäden (Kettfäden – mit querschießenden Schussfäden) bestehen.

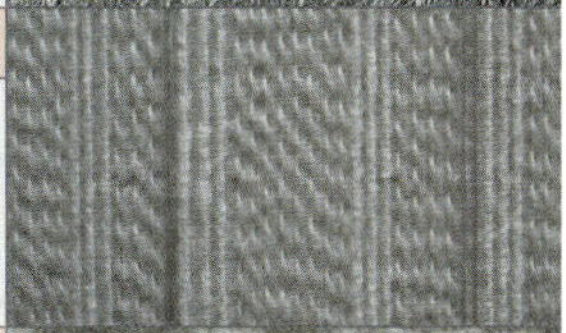

Velourswandbekleidung

Bei den Velourswandbekleidungen wird das Trägermaterial mit Leim beschichtet und anschließend mit kurzflorigen natürlichen oder synthetischen Fasern elektrostatisch beflockt. Die Verarbeitung sollte nur vom Fachmann ausgeführt werden, da die Tapeten sehr empfindlich sind.

Metall-Effekt-Wandbekleidung

Metalltapeten bestehen in der Regel aus Aluminiumfolie, die auf einen Träger aus Papier oder Vlies aufkaschiert ist. Bestimmte Metalleffekte werden durch lasierende Beschichtug oder Ätzen bzw. Oxidieren erzielt. Aus Metallfolie bestehende Tapeten sind relativ teuer. Durch Auftragen von metallischen Interferenz-Pigmenten lassen sich preisgünstigere Alternativen herstellen.

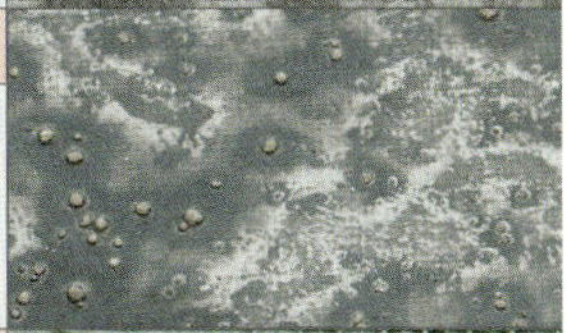

Naturwerkstoffwandbekleidung

Vorbehandelte Naturmaterialien wie Gras, Korkrinde oder Baumlaub werden auf Papierträger geleimt und schaffen so eine natürliche, lebhaft wirkende Oberfläche. Die Tapeten stammen ursprünglich aus Asien und spielen heute als Wandgestaltungselement eher eine untergeordnete Rolle. Sie sind empfindlich und verschmutzen leicht.

Wandbildtapete

Wandbildtapeten sind nicht genormt und gehören deshalb auch nicht zur DIN EN 235. Mit Wandbildtapeten können großformatige, fotografische Motive, bestehend aus Einzelbildern im Bahnenformat auf die Wand appliziert werden. In der Herstellung hat der Digitaldruck den Flach-Siebdruck und Fotoprint abgelöst.

5

Drucktechniken der Tapetenherstellung

Flexodruck

Beim Flexodruck werden drei flexible Walzen verwendet:

1. Die Farbe führende Tiefdruckwalze, von der überschüssige Farbe mittels einer Rakel abgestreift wird.
2. Die Druckform, die eine Gummioberfläche besitzt, aus der alten nicht druckenden Flächen per Laser ausgeschnitten wurden und die somit nur die hoch druckenden Motivformen enthält.
3. Der Gegendruckzylinder, der die Papierbahnen gegen die Druckform presst.

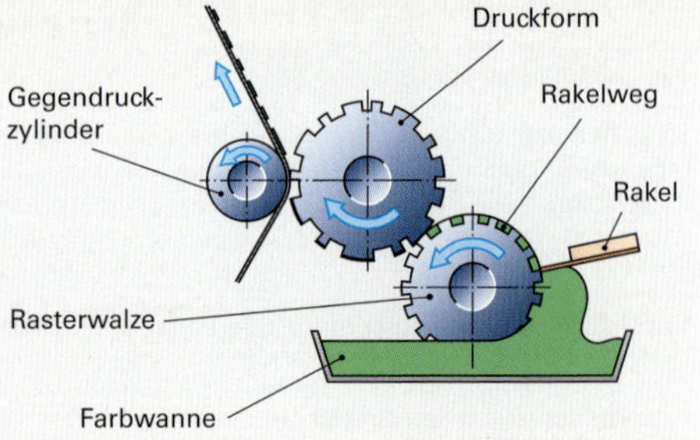

Tiefdruck

Ein weiteres in der Tapetenindustrie gebräuchliches Druckverfahren ist der Tiefdruck. Wie der Name schon sagt, drucken hier die Formen, die tiefer liegen als die eigentliche Druckwalzenoberfläche.

Die Druckwalze besteht aus mit Kupfer ummanteltem Stahl. In die Kupferoberfläche werden die Druckmotive in Form von Vertiefungen gefräst. Während des Druckvorgangs werden die Vertiefungen in einer Wanne mit Farbe gefüllt. Überschüssige Farbe wird maschinell mit einer Rakel abgestreift. Mit flexiblen Gegendruckwalzen wird die durchlaufende Papierbahn auf die rotierende Druckwalze (Formzylinder) gedrückt.

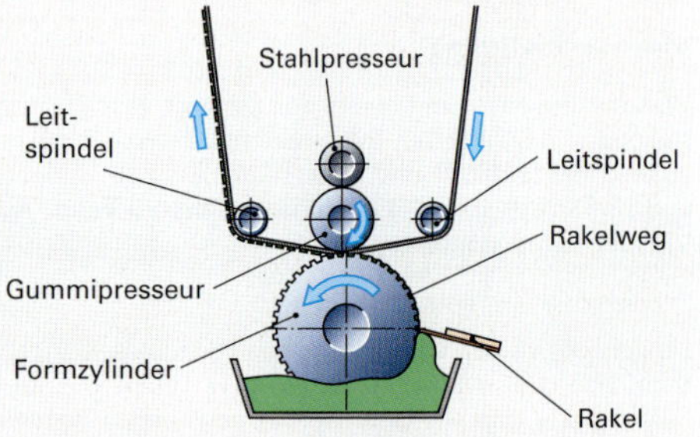

Siebdruck

Das Siebdruckverfahren hat sich insbesondere in der Herstellung von Tapeten mit geschäumter Beschichtung bewährt. Der Walzenkörper ist mit einem Gewebesieb umgeben, bei dem alle nicht druckenden Bereiche durch eine Filmschablone abgedeckt sind.

Die Druckfarbe wird vom Walzeninneren mit einer Rakel durch die freien Öffnungen des Gewebes auf die vorbeilaufende Papierbahn gedrückt. Der Siebdruck ist ein technisch sehr einfaches Druckverfahren, bei dem sich auch die Druckschablonen rationell durch Fotobelichtungs- bzw. Lasertechnik herstellen lassen.

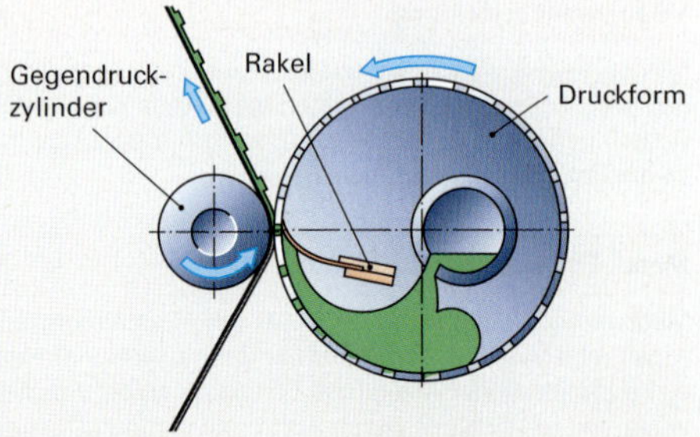

Prägedruck

Der Prägedruck verleiht Tapeten eine reliefartig strukturierte Oberfläche. Die Prägung erfolgt durch gegeneinanderrollende Stahlwalzen, von denen die eine das Muster positiv, d. h. erhaben, überträgt. Die andere Rolle enthält das gleiche Motiv in negativer Form, d. h. als Vertiefung im Walzenkörper. Die Farbprägewalze überträgt den gewünschten Farbton.

Hochwertige Prägedrucktapeten bestehen aus zwei bis drei miteinander verbundenen (kaschierten) Papieren, wodurch die Stabilität des Prägemusters erhöht wird.

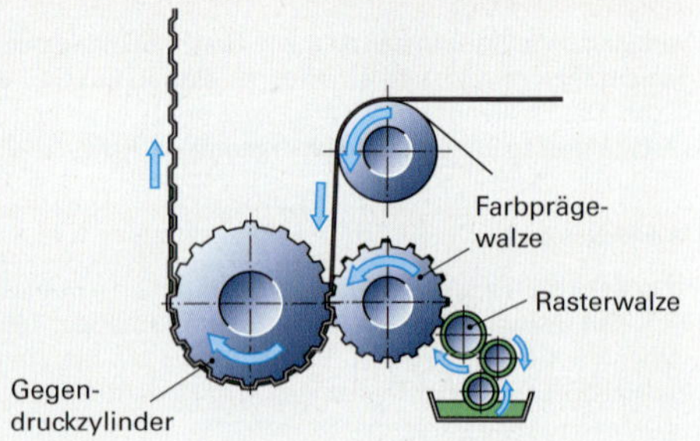

Wandbekleidungen mit nachträglicher Behandlung			
Rauhfasertapete		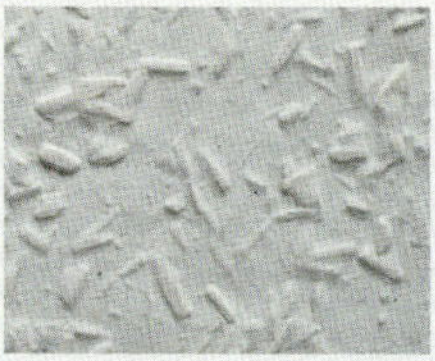	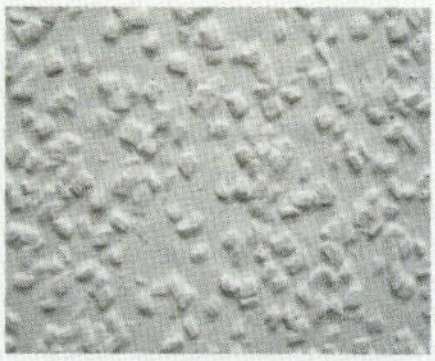
Strukturvliestapete			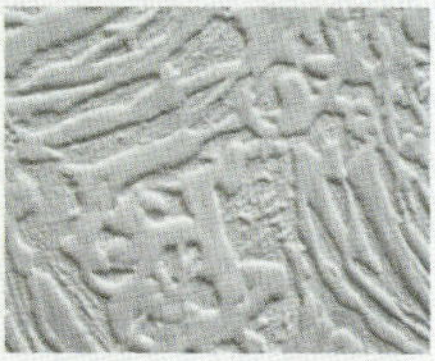
Glasgewebetapete			

- In der Regel wird anschließend mit Innen-Dispersionsfarbe beschichtet.

5.7.2 Untergrundprüfung und Untergrundvorbereitung

- Allgemeine Untergrundeigenschaften müssen immer erfüllt sein.
- Typische Tapezieruntergründe sind zusätzlich auf besondere Mängel zu untersuchen.

Untergründe	Allgemein	Individuelle Anforderungen an die Untergründe
Innenwandputz	• Fest • Trocken • Gleichmäßig, normal saugend • Neutral • Sauber • Eben	• Gute Haftung des Putzes auf dem Putzträger • Frei von Sinterschichten • Keine Risse • Frei von Ausblühungen
Sichtbetonflächen		• Frei von Schalöl • Frei von Lunkern
Gipskartonflächen Gipsfaserplatten Spanplatten MDF-Platten		• Schwingungsfreie Montage • Planeben verspachtelte Kanten und Stöße • Leitungen und Anschlüsse dicht schließend mit den Platten

Untergrundmangel	Beseitigung
Verunreinigungen	Entfernen. Schmierereien besser auskratzen als isolieren.
Unebener oder rauer Untergrund	Je nach Tapetenart muss die Oberfläche mehr oder weniger glatt vorliegen. Es kann exaktes Spachteln nötig sein, oder es muss mit Makulatur vorgearbeitet werden.
Alkalischer Untergrund	Alkalität führt bei Metalltapeten zu Fleckenbildung. Darum fluatieren.
Ausblühungen	Ursache beseitigen. Abbürsten.
Feuchte	Ursache beseitigen. Isolieren.
Alttapeten	Immer entfernen.
Zu glatter, dichter Untergrund	Beschichtung mit haftvermittelndem Dispersionskleber.

5.7.3 Ermittlung des Tapetenbedarfs

Rollenformate

Bezeichnung	Abmessung (m)	Flächen-abdeckung
Europarolle	10,05 · 0,53	5,33 m^2
Raufaser (normal)	33,50 · 0,53	17,76 m^2
Raufaser (Großrolle)	125,00 · 0,75	93,75 m^2
Glasfasergewebe	50,00 · 1,00	50,00 m^2
Textiltapete	10,05 · 1,063	10,65 m^2

Je nach Öffnungen und Objektflächen muss Verschnitt berücksichtigt werden.

Ansatz und Rapport

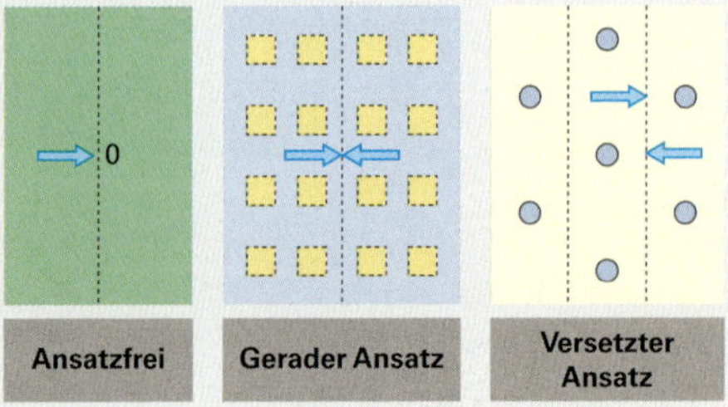

Überschlägige ungenaue Tapetenermittlung

$$\frac{\text{Zu tapezierende Fläche}}{\text{Rollenfläche der Tapete}} = \text{Anzahl der Rollen}$$

Genaue Tapetenermittlung am Beispiel

Ein Raum ist zu tapezieren mit
a) Unitapete
b) Mustertapete, Rapport 0,20 m

Benötigte Angaben
Raumhöhe 2,40 m
Raumumfang 22,90 m
Rollenlänge 10,05 m
Rollenbreite 0,53 m

Bahnenzahl für den Raum
= Raumumfang : Rollenbreite
22,90 m : 0,53 m
43,2 Bahnen
44 Bahnen **aufgerundet**

Uni-Tapete

Bahnenzahl aus 1 Rolle
Rollenlänge : Raumhöhe
10,05 m : 2,45 m
4,10 Bahnen je Rolle
4 Bahnen je Rolle **abgerundet**

Rollenbedarf
Bahnenzahl für den Raum:
Bahnenzahl aus 1 Rolle
44 : 4
11 Rollen **aufgerundet**

Muster-Tapete mit Rapport

Bahnenzahl aus 1 Rolle
Raumhöhe : Rapport
2,45 m : 0,20 m
12,25 Rapporte
13 Rapporte **aufgerundet**
13 Rapporte + 1 Rapport Zugabe
14 Rapporte
Bahnenlänge: 14 x 0,20 m = 2,80 m
10,05 m : 2,80 m
3,59 Bahnen je Rolle
3 Bahnen **abgerundet**

Rollenbedarf
Bahnenzahl für den Raum:
Bahnenzahl aus 1 Rolle
44 : 3
14,67 Rollen
15 Rollen **aufgerundet**

5.7.4 Tapetenkennzeichnung

- Die Tapetenkennzeichen sind nach DIN EN 235 genormt und gelten europaweit.
- Standardisierte Piktogramme, sowie der Beipackzettel geben Hinweise für den Verarbeiter.

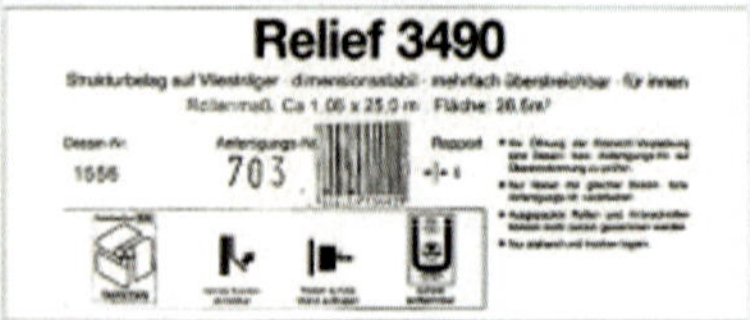

Tapetenkennzeichen nach DIN EN 235

Wasserbeständigkeit	Waschbeständigkeit			

Wasserbeständig zum Zeitpunkt der Verarbeitung	Waschbeständig	Hoch waschbeständig	Scheuerbeständig	Hoch scheuerbeständig

Farbbeständigkeit gegen Licht

Ausreichend	Befriedigend	Gut	Sehr gut	Ausgezeichnet

Ansatz des Musters

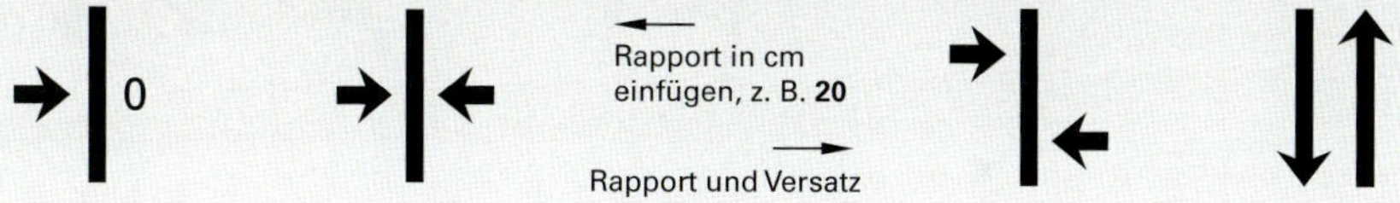

Ansatzfrei	Gerader Ansatz	← Rapport in cm einfügen, z. B. **20** → Rapport und Versatz in cm einfügen, z. B. **30/15**	Versetzter Ansatz	Gestürztes Kleben

Verarbeitung			Verschiedenes	

Der Klebstoff ist auf den Wandbelag aufzutragen	Der Klebstoff ist auf den zu tapezierenden Untergrund aufzutragen	Vorgekleisterte Wandbekleidung	Prägewandbekleidung	Überlappung und Doppelschnitt

Verfahren für das Entfernen			Verschiedenes	

Restlos abziehbar	Spaltbar	Nass zu entfernen	Stoßfestigkeit	Abgestimmter Stoff

5.7.5 Tapezierwerkzeuge

Geräte zur Tapetenentfernung	
Igelwalze Heißdampfgerät	• Alttapete perforieren • Mit dem Heißdampfgerät ablösen
Tapezierwerkzeug	**Wandbekleidung**
Tapezierwischer	Alle Arten von Prägetapeten, Papiertapeten, Raufaser
Tapezierbürste	Raufaser, Papiertapeten
Tapezierspachtel	Bekleidungen mit glatten Oberflächen: Vinyltapeten, Renoviervlies, Textiltapeten (Kettfaden), Glasgewebe
Moosgummi-Andruckwalze	Profiltapeten, Textiltapeten (Gewebe), Metall- und Kunststofftapeten, Papiertapeten

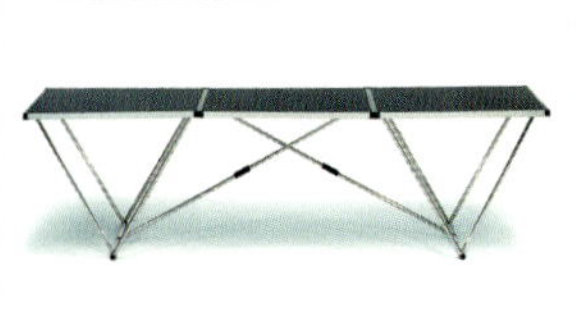
Tapeziertisch

Tapezierbock

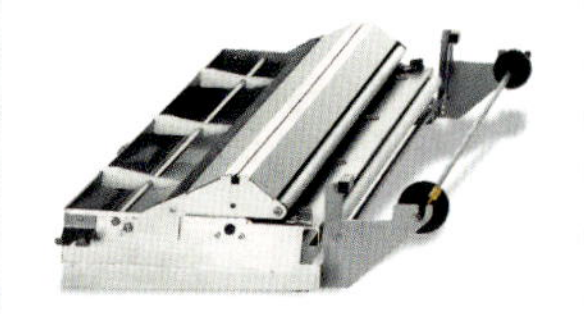
Kleistergerät

Einkleister-Werkzeuge

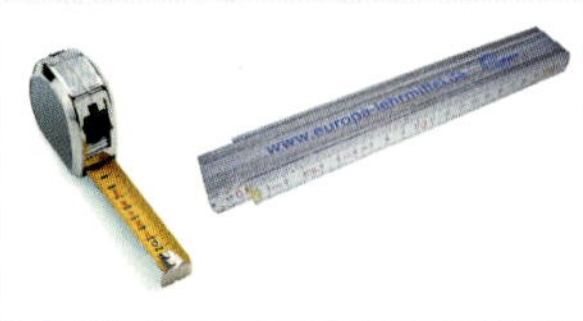
Maßwerkzeuge

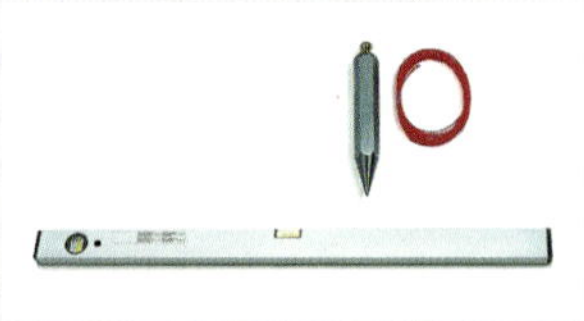
Werkzeuge zum Einloten

Tapeziermesser

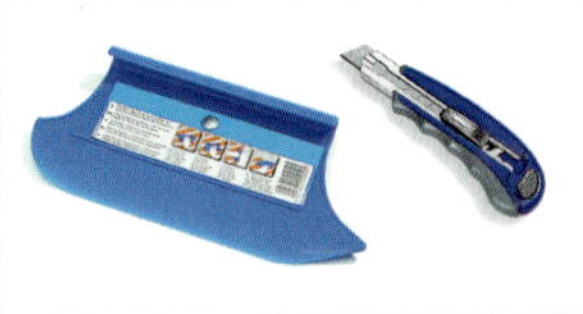
Tapezierspachtel Cuttermesser

Gleitfußmesser Schere

Andruckwalze Tapezierwischer

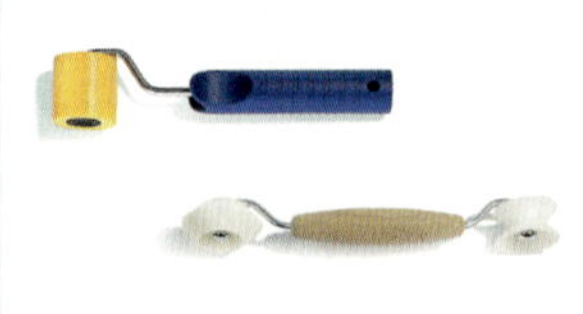
Nahtroller Eckenroller

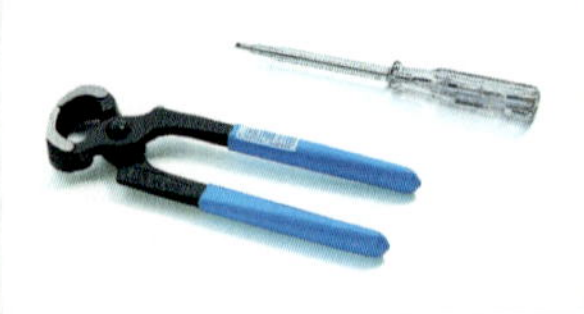
Kneifzange Schraubendreher

5.7.6 Verkleben von Tapeten

Herstellen des tapezierfähigen Untergrundes

Maßnahme	Ausführung
Spachteln und Schleifen	Mit Gips-Spachtelmasse je nach Untergrundbeschaffenheit und Tapetenart
Grundieren	Vorgeschrieben auf Gipsplatten mit wasserverdünnbarem Tiefgrund Auf Putz auch mit verdünntem Normal- oder Spezialkleister (Normalkleister 1:80, Spezialkleister 1:40)
Makulatieren	Zum Egalisieren von Untergründen mit Streichmakulatur oder Rollenmakulatur

Arten der Rollenmakulatur.

Maßnahme	Zusammensetzung	Kleisteransatz
Makulaturpapier	• Unterlagsstoff aus Rohpapier	Normalkleister 1:50 +10 % – 20% Dispersionskleber
Spaltbare Makulatur	• Unterlagsstoff aus 2 Papierschichten • Bei Neutapezierung wird die Alttapete mit der oberen Schicht abgezogen, die untere Schicht verbleibt	Spezialkleber oder Kleister für Tapeziergeräte +20 % Dispersionskleber
Stripmakulatur	• Kunststoffbeschichtete Papierschicht	

Tapeten prüfen

Maßnahme	Ausführung
Vor dem Entfernen der Folie	Anfertigungsnummern vergleichen
Nach dem Entfernen der Folie	Seitenvergleich (auf Druckgleichheit) Zwei Rollen auf 2 m ausrollen und nebeneinander legen
	Fächerprobe Mehre Rollen im Ansatz abrollen und fächerartig hintereinander legen. Farbtonabweichungen werden so erkannt.

Tapeten zuschneiden

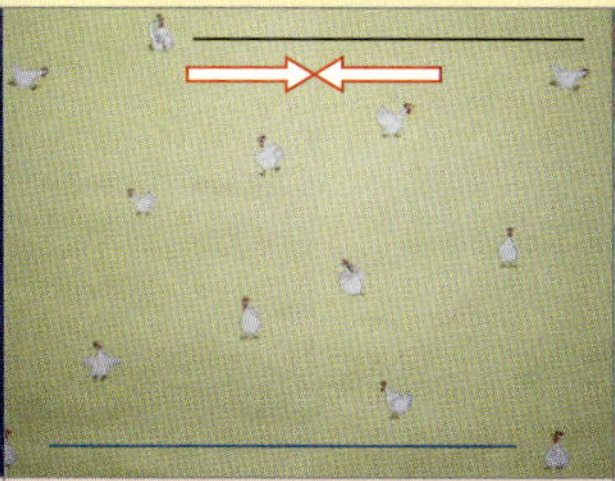

Ansatzfrei	Gerader Ansatz	Versetzter Ansatz
Ansatzfreie Tapeten können fortlaufend ohne Berücksichtigung eines Musters zugeschnitten werden. Hierbei ist grundsätzlich auch das fortlaufende Zuschneiden von abgerollten Tapetenrückseiten möglich (z. B. bei Raufaser).	Bei geradem Musteransatz wird das jeweils gleiche Mustermotiv Bahn für Bahn nebeneinandergelegt. Bei dem weiteren Zuschneiden werden bereits zugeschnittene Bahnen untereinander geschoben. Die Deckungsgleichheit der Motive muss beibehalten werden.	Bei versetztem Ansatz wird jede zweite Bahn um die halbe Rapportlänge versetzt zugeschnitten. Hierbei muss besonders sorgfältig gearbeitet werden, damit sich die Muster nicht verschieben.

Tapeten einkleistern

- Kleister rechtzeitig in kaltes Wasser einrühren. Quellzeit etwa 20 min bis 30 min.
- Das Wasser wird mit dem Rührholz in Bewegung gebracht. Dann wird das Kleisterpulver stetig und zügig eingerührt.
- Klumpenbildung ist zu vermeiden.
- Wahl des Kleisters je nach Tapetenart.

Klebemittel	Zusammensetzung	Ansatzverhältnis	Verwendung von Wandbekleidung
Normalkleister	Methylzellulose	1 : 70 1 : 60 1 : 50	Leichte Papiertapeten Normale Papiertapeten Schwere Papiertapeten
Spezialkleister	Methylzellulose mit Kunstharz	1 : 20 1 : 20 1 : 20 1 : 20 1 : 20	Raufaser Naturwerkstofftapeten Prägetapeten Vliestapeten mit glattem Rücken Restlos trocken abziehbare Tapeten
Instant-Kleister	Methylzellulose mit Kunstharz	1 : 20 1 : 15 1 : 15	Raufaser normal Raufaser extra nassfest Strukturtapeten
Tapeziergeräte-kleister	Methylzellulose mit Kunstharz	1 : 35 1 : 35	Raufaser Tapeten
Strukturtapeten-, Textiltapten-, Glasgewebe-Kleber	Methylzellulose mit Kunstharz und Klebe-verstärkern	1 : 14 1 : 14 1 : 14 1 : 12	Tapeten Geprägte Vliestapeten Glasgewebe mit Papierkaschierung Glasgewebe
Dispersionskleber	Kunststoffdispersion: Je nach Verwendung unge-füllt (mittel- bis hochvis-kos) oder gefüllt (pastös)	In reiner Form oder zur Klebkraftverstärkung (10 % bis 20 %) beige-mischt, z. B. in Spezial-kleister	Ungefüllt: Textil-Wandbekleidung Metalleffekt-Wandbekleidung Gefüllt: Hartschaum Kork

- Bahnen etwas über das Maß hinaus zuschneiden.

Einkleistern mit der Bürste

- Kleister mittig auf die Tapete auftragen und vollflächig verteilen.
- Tapetenbahnenränder 1 cm die Tischkante überlappend einkleistern.

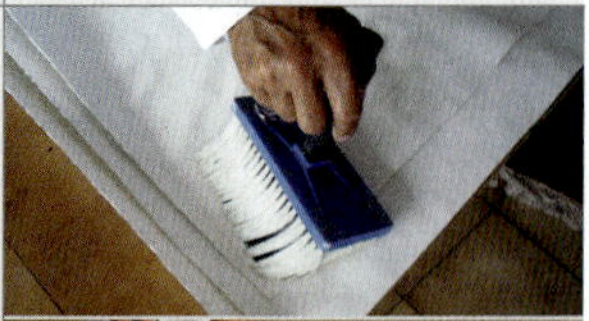

Arbeiten mit dem Kleistergerät

- Schnelles, gleichmäßiges Einkleistern durch Ziehen über die Walzen des Gerätes.
- Der Kleister ist etwas dünner zu halten. Gleichmäßigen Kleisterauftrag auf Fehlstellen prüfen.
- Ablängen mit dem Kreismesser.

Nach dem Einkleistern

- Bahn im Verhältnis 2/3 zu 1/3 zusammenlegen, Kleisterseite auf Kleisterseite
- Papiertapeten müssen vor dem Tapezieren einige Minuten weichen und quellen, damit sie sich beim Trocknen blasenfrei auf die Fläche spannen.

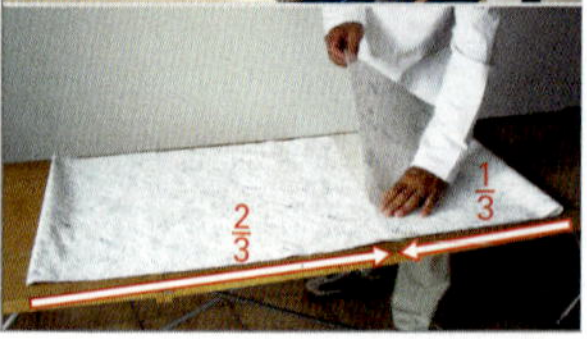

5

Tapezierpraxis

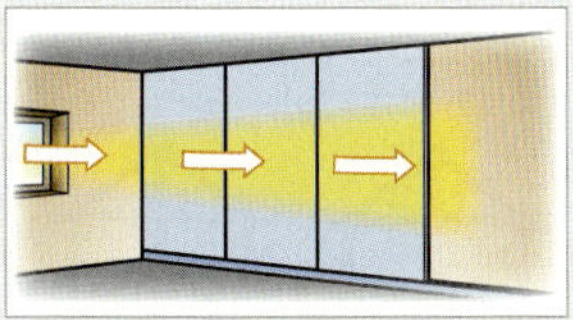

Lichteinfall beachten

Immer mit dem Lichteinfall tapezieren, da so die Nahtbereiche weniger sichtbar werden, auch wenn Tapeten ausschließlich auf „Stoß" geklebt werden.

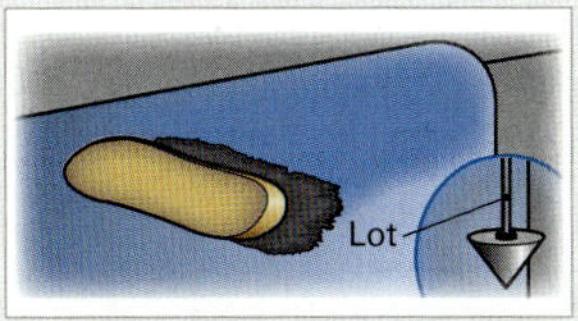

Ausloten

Die erste Bahn lotrecht mit dem Senkblei ausrichten oder an einer mit der Wasserwaage gezogenen Bleistiftlinie entlang kleben.

Andrücken

Die Bahnen werden mit geeignetem Werkzeug (**Tabelle 1**) von der Mitte zu den Seiten unter Ausstreichen von Lufteinschlüssen angedrückt.

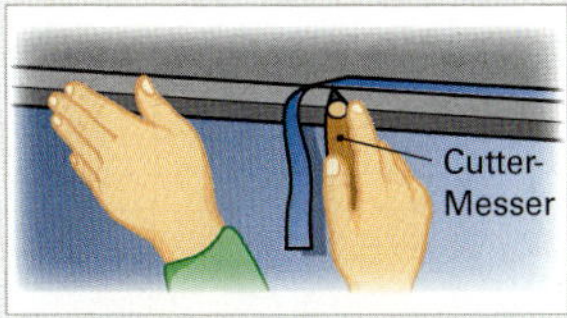

Kanten schneiden

Die überstehende obere und untere Kante wird mit dem Cuttermesser an der Tapezierspachtel entlang abgeschnitten. Bei rissempfindlichen Tapeten Schnittkante markieren und mit der Schere schneiden.

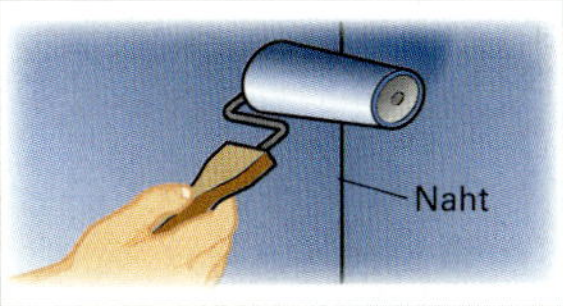

Nähte behandeln

Der Nahtbereich darf nur bei druckstabilen Tapeten mit einem konischen Nahtroller nachgearbeitet werden. Bei anderen keinesfalls, da Druckstellen zurückbleiben.

Fensterleibungen und Außenecken

Bahn 2 cm bis 3 cm um die Ecke kleben, oben und unten und ggfs. mehrfach quer über die Länge einschneiden und andrücken. Nächste Bahn überlappend ansetzen und Doppelnahtschnitt ausführen.

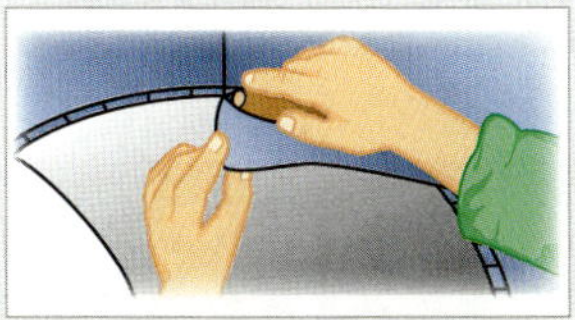

Rundbögen

Seitenbegrenzende Bahnen 2 cm bis 3 cm überstehend tapezieren, mehrfach einschneiden und um die Ecke kleben. Anschließend Bahn in den Bogen als Leibungsbahn einpassen.

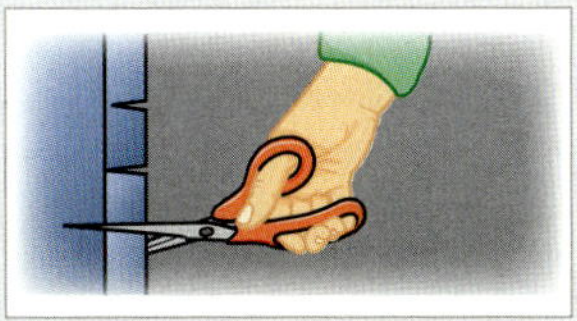

Innenecken

Bahn ca. 2 cm um die Ecke kleben und evtl. mehrfach einschneiden. Mustertapeten lassen sich nur um drei Ecken musterfortlaufend kleben. Deshalb Muster hinter der Tür als 4. Ecke auslaufen lassen.

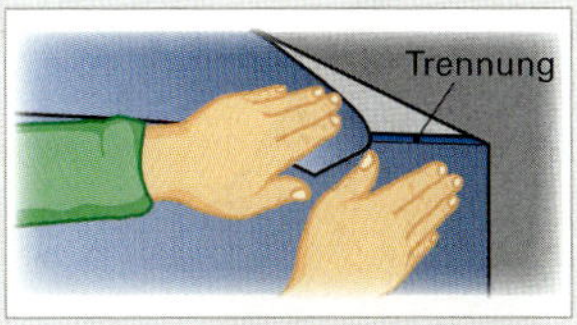

Dachschrägen

Die Bahn in voller Länge der Dachschräge zuschneiden und tapezieren. In der Ecke trennen und erneut ansetzen. Nicht durchgängig tapezieren, da sich ansonsten beim Trocknen Hohlstellen im Eckenbereich bilden.

Arbeitsschutz

- Vor dem Tapezieren elektrischen Strom abschalten. Gerät Wasser in die Steckdosenöffnung, so steht die ganze Wand unter Strom.
- Arbeitsvorschriften für Arbeiten auf Leitern beachten. Nur zugelassene Behelfsgerüste verwenden.

5.8 Fachwerk

5.8.1 Grundlagen des Fachwerkbaus

Erste Holzkonstruktionen zum Bewohnen

- Einfache Fachwerkkonstruktionen entstanden schon in der Jungsteinzeit
- Einsatz von Holz.
- Es waren einfache Hütten und Pfostenbauten, die senkrechten Hölzer ins Erdreich eingegraben. Später wurden Versteifungen entwickelt.
- Im Laufe der Jahrhunderte entwickelte sich der Fachwerkbau.

1. Pfostenbau, die Pfosten sind zugespitzt in den Boden versenkt.
2. Ständerbau, die Ständer ruhen auf Natursteinsockeln.
3. Schwellenbau, die Ständer stehen auf einem Balkenkranz.

Fachwerkarten

	Fachwerkart	Schmuckelement

Niedersächsisches Fachwerk (Norddeutschland)

- Enge Ständerstellung
- Stehende Rechtecke als Gefache
- Regelmäßiges Gesamtbild
- Weniger Streben zur Aussteifung nötig (Niederdeutsches Hallenhaus = ganz ohne Streben)
- Einzelverstrebung der Pfosten durch Fußwinkelhölzer oder Fußstreben
- Ab Mitte 15. Jh. reiche Schnitzereien
- Häufig stoßen Fenster bis an das Rähm
- Oft Ausfachungen mit Ziegelsteinen

Geschnitzte Holzbrüstungstafeln; Fußbänder

Fränkisches Fachwerk (Mitteldeutschland)

- Etwas weitere Ständerstellung
- Ständer stehen auf darunterliegenden Balken
- Stehende Rechtecke als Gefache
- Regelmäßiges Gesamtbild
- Verwendung von teilweise gebogenen Zierhölzern in den Gefachen (Andreaskreuz, Raute)
- Streben meist paarweise angeordnet, oft gebogen oder dreiviertelhoch als Mannfiguren

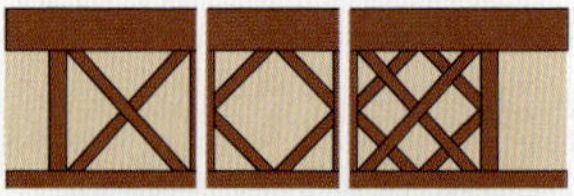

Andreaskreuz; Raute; Andreaskreuz und Raute

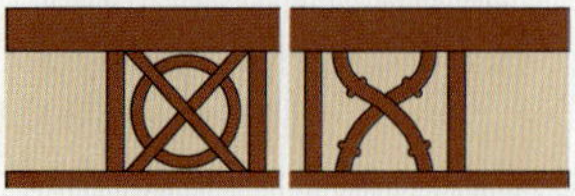

Andreaskreuz mit Kreis; Andreaskreuz aus geb. Hölzern (Feuerbock)

Alemannisches Fachwerk (Süddeutschland)

- Große und unregelmäßige Pfostenabstände
- Darum mächtige Pfosten
- Häufig doppelter Rähm
- Stockwerksrähmkonstruktion
- Eher liegende Rechtecke als Gefache
- Streben häufig als „Männle", „Weible" oder „Kindle" ausgestaltet und sehr aufwändig mit Rähm und Pfosten überblattet

„Männle"; Schwäbisches „Weible"; „Kindle"

Konstruktionsprinzip

- Skelettkonstruktion
- Vertikale und horizontale Pfosten und schräge Verstrebungen aus Holz geben Stabilität und Struktur.
- Die Skelettkonstruktion bestimmt das Aussehen des Gebäudes.
- Elemente wie Fenster und Türen müssen sich diesem Konstruktionsraster unterordnen.
- Die Ausfachungen haben nur geringe statische Funktion.
- Die Ableitung der Kräfte und Lasten wird von Holzbalken übernommen und in die Fundamente weitergeleitet.
- Lasten, denen ein Gebäude standhalten muss: Eigenlast, Verkehrslast, Wind- und Schneelast.

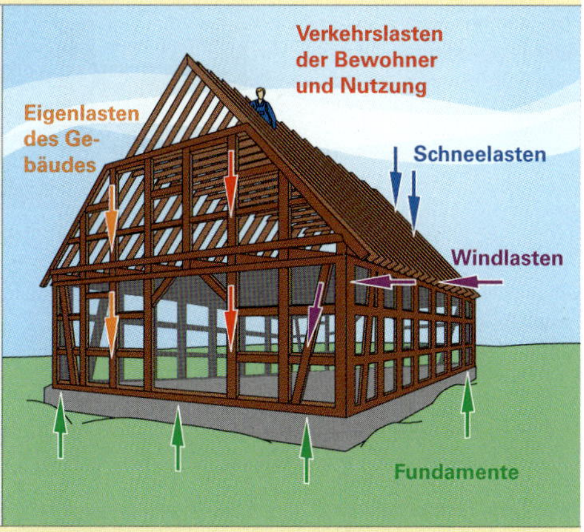

Teile der Fachwerkwand

Senkrechte Hölzer
- Senkrechte Hölzer sind die Pfosten/Ständer, je nach Lage als Wand- oder Eckpfosten bezeichnet.
- Diese übernehmen die senkrechten Kräfte des Gebäudes.

Waagerechte Hölzer
- Schwelle (unten) und Stockschwelle bzw. Rähm (oben) fixieren die Pfosten und verteilen die Lasten der aufliegenden Deckenbalken.
- Die Riegel unterteilen die Gefache, damit keine zu großen Mauerwerksverbände entstehen. Bei Fenstern unterscheidet man Brüstungs- (unten) und Sturzriegel (oben).

Diagonale Hölzer
- Streben, Buge oder das Andreaskreuz dienen zur Aussteifung der Konstruktion.
- Sie übertragen die Windlast auf das Fundament.

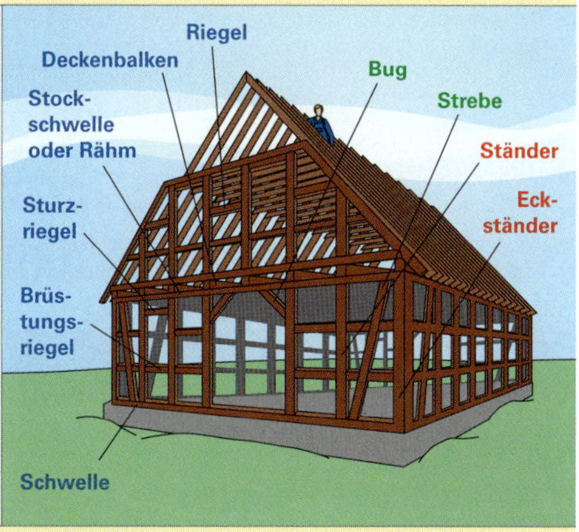

Knotenpunkte und Verbindungen

- An historischen Fachwerkhäusern wurden keine Schrauben und Nägel verwendet.
- Die Bauhölzer sind zimmermannsmäßig kraftschlüssig kunstvoll mit Zapfen und Blattungen verbunden.
- In nach oben offenen Zapfenlöchern darf sich kein Wasser sammeln.

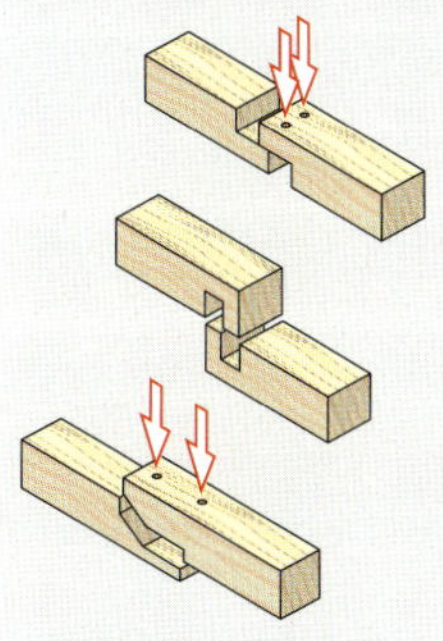

Längsverbindungen

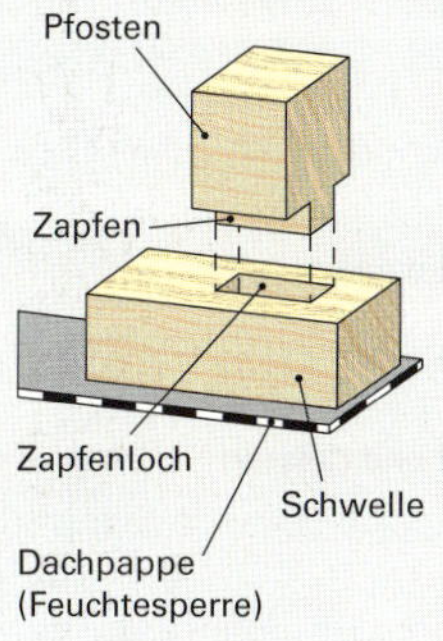

Einfacher Zapfen

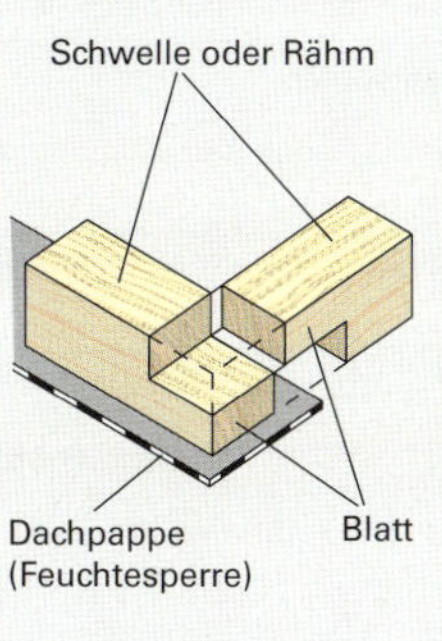

Geblattete Ecke

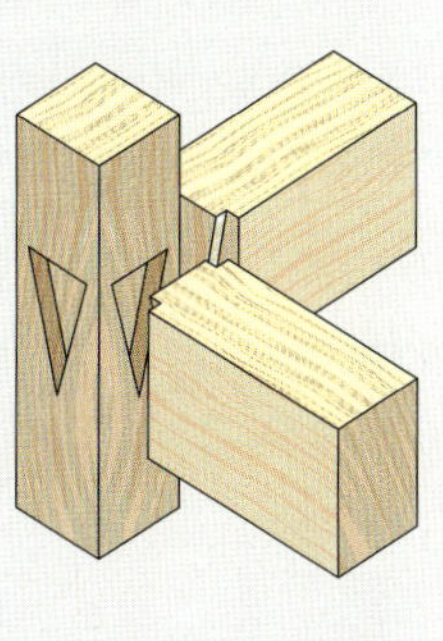

Gezapfte Eckverbindung

Gefache		
Die Felder zwischen den Balken nennt man Gefache. Sie werden ausgefacht = gefüllt.	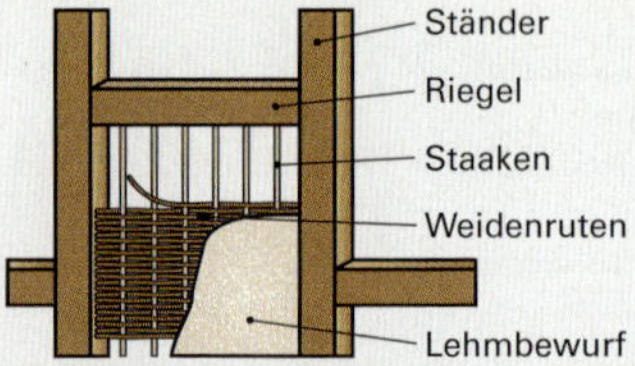	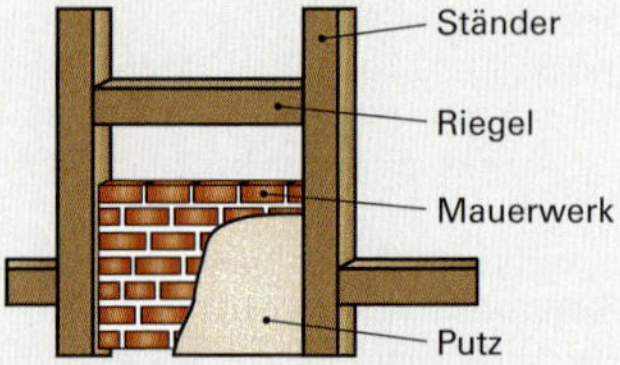
	Ausfachung mit Lehm	Ausfachung mit Ziegeln

Ausfachung mit Lehm
- Lehm war früher weit verbreitet verfügbar.
- Auf ein Flechtgewebe wird Lehm in mehreren Lagen aufgetragen.
- Gefache aus Lehm sind elastischer als Gefache aus Steinen.

Ausfachung mit Steinen
- In Norddeutschland wird häufig mit Ziegeln ausgefacht als Sichtmauerwerk.
- Für verputzte Gefache können Ziegel oder Steine verwendet werden.
- Steingefache können die Bewegungen des Holzes nicht so gut aufnehmen, es können Risse zwischen Gefache und Holzbalken entstehen.

Verputzen

Nur Verputzen der Gefache
- Fachwerk bleibt sichtbar.
- Die Putzoberfläche sollte weder zu weit vor, noch hinter der Ebene der Fachwerkbalken liegen.
- Der Anschluss vom Putz oberhalb des unteren Balkens steht etwas über, als Traufkante. Unterhalb der oberen Balkenkante weicht er etwas zurück, hier ist der Balken die Traufkante.
- Nie darf diese Fuge dauerelastisch verfugt werden.

Ganzflächiges Verputzen
- Früher zeitweise aus Gründen des Brandschutzes
- Wieder freigelegte Fachwerke erkennt man an den aufgeschlagenen Holzbalken zur besseren Haftung des Putzes.
- Heute zieht man bei vollflächiger Verputzung Flachrippenstreckmetall über die Balken. Dieses darf aber nur in den Gefachen befestigt werden, um die Bewegung des Holzes nicht zu behindern.

5.8.2 Sanierung von Fachwerkbauten

- Jeder Sanierung muss eine umfassende Bestandaufnahme vorausgehen, unter Einbeziehung von Profis aller beteiligten Fachrichtungen, sowie u. U. des Landesdenkmalamtes.

Wärmedämmung

- Außendämmung verdeckt das Fachwerk. Wärmedämmung nur in den Gefachen ist umständlich und in ihrer Wirkung schlecht beurteilbar. Die Alternative ist Innendämmung.

Fachwerkhölzer und Gefache

- Schadhaftes Holz, Risse und schadhafte Verbindungen müssen vom Zimmermann der gleichen Art instandgesetzt werden.
- Nie zum Schließen von Fugen zwischen Gefache und Holzbalken dauerelastisches Material verwenden. Putzausbesserungen in den Gefachen sind unproblematisch.

5.8.3 Beschichtung von Fachwerken

Beschichtung alter Fachwerkhölzer

- Historische Beschichtungen auf Holz waren Leinölanstriche und Anstriche auf Kalk-Kasein-Basis.
- Alte Beschichtungen müssen tragfähig und wasserdampfdurchlässig sein.
- Mehrere übereinanderliegende Altanstriche müssen entfernt werden.
- Zum Entfernen der Altanstriche keine Hochdruckreiniger oder Beizen verwenden. Altanstriche thermisch abbrennen oder mechanisch abfräsen bzw. schleifen.
- Vorhandene Spachtelmassen müssen aus Rissen und Fugen ausgekratzt werden.
- Anforderungen an den chemischen Holzschutz für das Fachwerk Tragwerk sind in der Holzschutznorm DIN 68800–3 festgelegt.
- Der neue Beschichtungsaufbau für diese begrenzt maßhaltigen Außenbauteile kann auch heute noch auf Leinölbasis oder auf Acrylbasis wasserverdünnbar offenporig erfolgen.

Beschichtung der Gefache

- Noch mit Lehm verputzte Gefache werden mit Kalkanstrichen versehen und bleiben somit diffusionsoffen.
- Heute werden meist Kalk- und Kalkzementputze verwendet.
- Zur Beschichtung sollten keine wasserabweisenden (hydrophobierenden) Anstrichsysteme wie z. B. Siliconharzfarben verwendet werden. Der Beschichtungsaufbau erfolgt diffusionsoffen. Geeignet sind besonders Silikatfarben.

5.8.4 Farbgestaltung am Fachwerk

- Aus Sicht des Denkmalschutzes sollte immer eine Wiederherstellung der historischen Farbfassung angestrebt werden. Archive mit historischen Quellen oder Farbbefunde am Objekt helfen.
- Früher wurden fast ausschließlich rote, gelbe und graue Farben im süddeutschen Fachwerkbau verwendet. Die Gefache wurden fast ausschließlich glatt verputzt und weiß gekalkt. In Norddeutschland Ausfachung unbeschichtet mit Backstein.
- Die Holzbalken dominieren in der Regel den farblichen Gesamteindruck eines Fachwerkgebäudes.
- Man verwendete Ocker und Englischrot aus heimischen Erdpigmenten. Grau wurde meist aus Holzkohle mit dem Bindemittel Kalk-Kasein hergestellt. Für Verzierungen wie die Begleitstriche wurden auch teurere grüne und blaue Pigmente eingesetzt.
- Die farbliche Gestaltung von Fachwerkbauten begann im Wesentlichen erst in der Renaissance um 1500. Zunächst wurden nur herrschaftliche und herausgestellte Gebäude farblich behandelt.

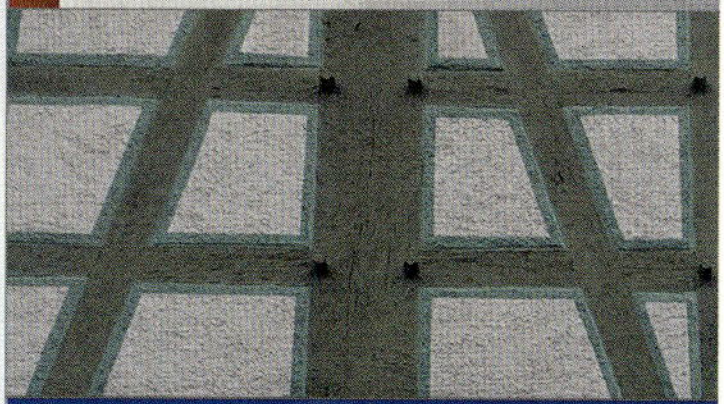

Balken

Bevorzugte Farben: gelb, rot, grau. Erst ab 1900 kamen andere Farben (schwarz, braun, grün) dazu.

Gefache

Bis 1800 immer weiß, eventuell mit Ritzer oder Begleitstrich.

Sockel

Meist verputzer Naturstein, eventuell Quaderbemalung.

Fenster

In Balkenfarbe. Erst ab 1900 weiß.

Fensterläden/Haustüre

Oft im farbigen Kontrast.

5.8.5 Aufmaß am Fachwerk

Aufmaßregeln

Das Aufmaß von Fachwerken erfolgt nach DIN 18363 und ist in der VOB Teil C aufgeführt.

Aufmaßregeln für Fassaden/Sockel/Gefache

Wird eine Fläche von Fachwerkbauteilen wie z. B. Rahmen oder Pfosten unterbrochen, werden diese übermessen, wenn die Balken unter 30 cm breit sind. Dies gilt auch bei heraussstehenden Vorlagen aus Holz oder Stahlbeton. Öffnungen werden bei einer Fläche von über 2,50 m^2 abgezogen.

Demnach dürfen begrenzende Eckständer etc. nicht übermessen werden, da es sich nicht um Unterbrechungen handelt.

Aufmaßregeln für die Balken des Fachwerks

Die Fachwerk-Holzteile werden nach Längenmaß extra berechnet. Überkreuzungen dürfen übermessen werden. Die Balken werden getrennt nach Bauart und Breite berechnet.

Es ist zu empfehlen, beim Eintrag in das Aufmaßformular eine Systematik einzuhalten, um nicht Balken zu vergessen, z. B. zuerst alle horizontalen Teile, dann alle vertikalen Teile und zum Schluss die Diagonalen u. a.

Beispiel

Das dargestellte Sockelgeschoss (gelbe Umrandung) soll neu beschichtet werden. Die Berechnung erfolgt nach folgenden Positionen:

Pos 1: Gefache des Sockelgeschosses reinigen und beschichten

Pos 2: Balken bis 20 cm reinigen und beschichten

Pos 3: Balken von 20 cm bis 28 cm reinigen und beschichten

Übersicht: Aufmaßregeln zu Fachwerkfassaden

Pos	Bezeichnung	+	-	Rechnung	Messgehalt	Abzug	Reiner Messgehalt
1	Gefache Sockelgeschoss	1		(8,80 – 2 x 0,24) x (2,65 – 2 x 0,26)	17,72		
			1	2,00 x 2,20		4,40	**13,32 m^2**
2	Balken bis 20 cm	2		3,40 – 0,24 –0,22	5,88		
		2		0,90	1,80		
		1		2,00	2,00		
		4		0,70 + 0,14 + 1,10 + 0,14 + 0,50	8,52		
		2		1,25	2,50		**20,70 m^2**
3	Balken 20 bis 28 cm	2		3,40	6,80		
		1		8,80	8,80		
		4		2,65 – 2 x 0,26	8,52		**24,12 m^2**

6 Fachmathematik

6.1	**Grundlagen der Mathematik**	**262**
6.1.1	Zahlen und Zahlensysteme	262
6.1.2	Umwandlung von Einheiten	263
6.1.3	Rechenzeichen	264
6.1.4	Grundrechenarten	264
6.1.5	Bruchrechnen	265
6.1.6	Rechenregeln	266
6.1.7	Gleichungen und Formeln	267
6.1.8	Potenzieren und Radizieren	268
6.1.9	Einfache Verhältnisse	268
6.1.10	Verhältnisrechnen mit dem Dreisatz	269
6.1.11	Prozentrechnen	271
6.1.12	Rabatt, Skonto, Umsatzsteuer	272
6.1.13	Zinsberechnung	273
6.1.14	Formeln Flächenberechnung	274
6.1.15	Formeln Körperberechnung	275
6.2	**Aufmaßrechnen**	**276**
6.2.1	Regeln und Vorschriften nach VOB	276
6.2.2	Das Aufmaß	276
6.2.3	Aufmaßregeln	277
6.2.4	Aufmaß besonderer Aufgaben	287
6.2.5	Berechnungen zu Beschichtungsstoffen	300
6.2.6	Tarifverträge und Lohnvereinbarungen	303
6.2.7	Zeitlohn	304
6.2.1	Leistungslohn, Akkordlohn	305
6.2.2	Lohn- und Gehaltsabrechnung	306
6.2.3	Preisberechnung	307
6.2.4	Maschinenkosten	308
6.1	**Umgang mit Diagrammen und Tabellen**	**309**
6.1.1	Übersicht	309
6.1.2	Kurvendiagramm	309
6.1.3	Säulendiagramm	309
6.1.4	Kreisdiagramm	309
6.1.5	Organigramm	310
6.1.6	Tabellen	310

6.1 Grundlagen der Mathematik

6.1.1 Zahlen und Zahlensysteme

Zahlen und Ziffern

Rechnen funktioniert auch ohne besondere Zeichen. Schwierig wird es erst, wenn die Finger beider Hände nicht mehr ausreichen oder zu viele Striche auf dem Bierdeckel sind.

Darum rechnen wir mit **Zahlen**.

Zahlen bestehen aus den **Ziffern** 0 bis 9.

Ganze Zahlen geben Auskunft über eine Anzahl
45 Personen, 10 Finger, 4 Fenster, 12 Eier

Dezimalzahlen geben eine genauere Auskunft. Hinter dem Komma folgen Angaben über Anteile (Zehntel, Hundertstel ...).

45,25 €

4,670 kg ~~12,3~~ Eier

Zahlenvermittlung

Römische Ziffern

Römische Ziffern werden heute nur noch in wenigen Fällen geschrieben.

Das Rechnen mit römischen Zahlen wird nur noch selten gelehrt.

Schreibweise

1 = I, 2 =II, 3 = III, 4 = IV, 5 = V, 6 = VI, 7 = VII, 8 = VIII, 9 = IX, 10 = X
50 = L, 100 = C, 500 = D, 1000 = M

Beispiel

1794 = MDCCXCIV

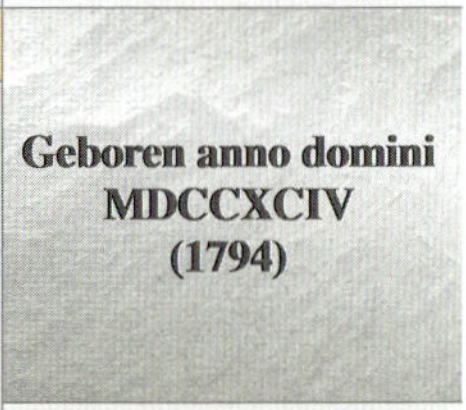

Anwendung römischer Zahlen

Arabische Ziffern

Heute benutzen wir die arabischen Ziffern

1 2 3 4 5 6 7 8 9 0

Diese Ziffern reichen im Dezimalsystem aus, um alle Zahlen darstellen zu können.

Dezimalsystem

- Der Wert einer Ziffer hängt beim Dezimalsystem von seiner Stelle in der Zahl ab.
- Jede Stelle vor oder nach dem Komma bedeutet eine Wertverschiebung um den Faktor 10.
- Es lassen sich alle Zahlen einfach darstellen.
- Die Rechenregeln sind relativ einfach.

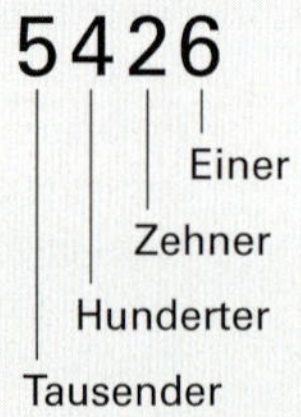

Werteverschiebung in arabischen Zahlen im Dezimalsystem

Auf- und Abrunden

Maler schreiben und rechnen mit Meterangaben immer auf 2 Stellen nach dem Komma. Aufgerundet wird, wenn die dritte Zahl 5 oder größer ist.

Beispiel: 25,40592 m wird aufgerundet zu 25,41 m

Abgerundet wird, wenn die dritte Zahl 4 oder kleiner ist.

Beispiel: 17,39449 m wird abgerundet zu 17,39 m

Wird bei Gewichtsangaben auf 3 Stellen gerundet, so gilt die Regel des Ab- oder Aufrundens für die vierte Zahl.

Beispiel: 25,40592 kg wird aufgerundet zu 25,406 kg

Beispiel: 17,39449 kg wird abgerundet zu 17,394 kg

Früher galt häufig das Zwölfersystem. Darum gibt es Elf und Zwölf als eigene Zahlennamen. 12 ist ein Dutzend.

Erhalten haben sich die Zeiteinteilung mit 24 Stunden je Tag sowie das Jahr mit 12 Monaten.

Computer rechnen mit Binärzahlen und speichern Bilder binär. Sie rechnen nur mit 2 Ziffern, 0 und 1. So lautet die Schreibweise für die Zahl 21 im binären Code 10101.

6.1.2 Umwandlung von Einheiten

- Einheiten sind Angaben zur Bedeutung einer Zahl.
- Berechnungen mit Zahlen führen nur bei gleicher Einheit zum richtigen Ergebnis.

Umwandlung von Maßzahlen

			Maßeinheit		
Strecke Bezeichnung: *l, b, r*	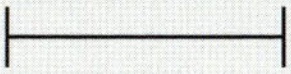	m ↔	dm ↔	cm ↔	mm
		5,12	51,2	512	5120
		Die Kommaverschiebung erfolgt jeweils um **1 Stelle**.			
Fläche Bezeichnung: *A*		m^2 ↔	dm^2 ↔	cm^2 ↔	mm^2
		0,34	34	3 400	34 000
		Die Kommaverschiebung erfolgt jeweils um **2 Stellen**.			
Volumen **Rauminhalt** Bezeichnung: *V*	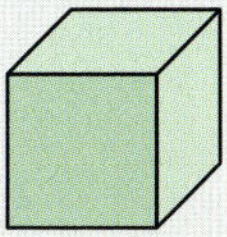	m^3 ↔	dm^3 ↔	cm^3 ↔	mm^3
		1,62	1 620	1 620 000	1 620 000 000
		Die Kommaverschiebung erfolgt jeweils um **3 Stellen**.			

Schichtdicken werden in µm gemessen. Umwandlung: 1 mm = 1 000 µm (sprich Mikrometer).

Umwandlung von Rauminhalten

Rauminhalte werden auch in Liter beschrieben. Es können m^3 in Liter umgerechnet werden und umgekehrt. 1 l = 1 dm^3. Flüssige Werkstoffe werden meist in Liter angegeben.

		m^3	1 dm^3 = 1 l	1 cm^3 = 1 ml	
Volumen **Rauminhalt**	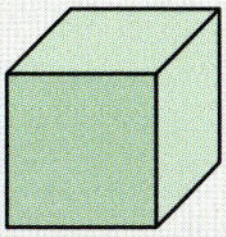	↔	Liter l ↔	ml ↔	
		4,234	4 234	4 234 000	
		Die Kommaverschiebung erfolgt jeweils um **3 Stellen**.			
		Tonne	**Kilogramm**	**Gramm**	
Masse Gewicht	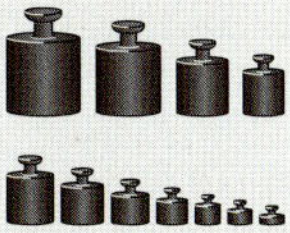	t ↔	kg ↔	g ↔	mg
		0,567	567	567 000	567 000 000
		Die Kommaverschiebung erfolgt jeweils um **3 Stellen**.			

Umwandlung von Zeiteinheiten

Bei der Ermittlung von Zeiten liegt das Ergebnis häufig in Minuten vor und muss in Stunden und Minuten umgewandelt werden. Es werden die enthaltenen ganzen Stunden berechnet. Übrig bleiben die restlichen Minuten.

		Tage	**Stunden**	**Minuten**	**Sekunden**
Zeit		↔	h ↔	min ↔	s
		0,5 Tage 15 min	12 h 15 min	735 min 735 min : 60 = 12 h + 15 min	–
		Umrechnungszahl = 24		Umrechnungszahl = 60	

Beispiel: 735 min : 60 min/h = 12 h mit Rest 15 min = 12 h 15 min

6

6.1.3 Rechenzeichen

Rechenzeichen benennen, was mit den Zahlen zu tun ist, falls Zahlenwerte an sich nicht schon das Ergebnis sind.	6 + 3 = 9	Addition (Zusammenzählen)			
	6 − 3 = 3	Subtraktion (Abziehen			
	6 x · 3 = 18	Multiplikation (Malnehmen)			
	6 : 3 = 2	Division (Teilen)			
	Rechenzeichen	Rechts des =-Zeichens steht das Ergebnis des Rechenvorgangs. Links und rechts dieses Zeichens steht der gleiche Zahlenwert.			

Auswahl weiterer international einheitlich und nach DIN genormter Rechenzeichen:

Zeichen	Bedeutung	Zeichen	Bedeutung	Zeichen	Bedeutung
~	Ungefähr gleich	( )	Runde Klammer	2^2	Zum Quadrat
≠	Nicht gleich	[ ]	Eckige Klammer	%	Prozent
>	Größer als	{ }	Geschweifte Klammer	‰	Promille
≥	Größer oder gleich	Σ	Summe	π	Kreiszahl 3,14
<	Kleiner als	/ – ⅔	Bruch	ø	Durchmesser
≤	Kleiner oder gleich	√	Wurzel aus	Δ	Delta, Differenz

6.1.4 Grundrechenarten

Die Grundrechenarten gehören zu den elementaren Grundlagen der Mathematik. Neben Lesen und Schreiben gehören sie zur „Grundausstattung" für weiteres Lernen.

Addition	Subtraktion
Summand + Summand = Summe Nur Größen mit gleichen Einheiten können addiert werden. In welcher Reihenfolge addiert wird, spielt keine Rolle. 5 + 3 = 8 3 + 5 = 8	Minuend – Subtrahend = Differenz Subtrahend ist die Zahl, die abgezogen wird. Minuend und Subtrahend dürfen beim Rechnen nicht vertauscht werden 7 – 3 = 4 3 – 7 = – 4 Das Ergebnis kann eine negative Zahl sein.
Multiplikation	**Division**
Faktor x Faktor = Produkt Beim Multiplizieren können die beiden Faktoren vertauscht sein. Das Ergebnis ist das gleiche. 5 × 3 = 15 3 × 5 = 15	Dividend : Divisor = Quotient Beim Dividieren dürfen Dividend und Divisor nicht vertauscht werden. 6 : 3 = 2 3 : 6 = 0,5
Multipliziert man Größen mit Zahlen, so bleibt die Einheit erhalten. $5{,}00\ m^2 \times 3 = 15\ m^2$	Dividiert man Zahlen mit unterschiedlichen Einheiten, so entsteht eine neue Einheit. $22{,}00\ m^2 : 2\ \text{Maler} = 11{,}00\ m^2/\text{Maler}$
Multipliziert man verschiedene Größen miteinander, so entsteht eine neue Einheit. $5{,}00\ m \times 6{,}40\ m = 32{,}00\ m^2$	Dividiert man Zahlen mit gleicher Einheit, so heben sich die Einheiten durch Wegkürzen auf.

6

6.1.5 Bruchrechnen

- Der Bruchstrich entspricht dem Zeichen „geteilt durch :“.
- Die Zahl auf dem Bruchstrich bezeichnet man als Zähler, die Zahl unter dem Bruchstrich als Nenner.

Erweitern und Kürzen von Brüchen	Ein Bruch verändert seinen Wert nicht, wenn Nenner und Zähler mit der gleichen Zahl multipliziert oder dividiert werden. Vor dem Kürzen muss die Zahl gefunden werden, durch die Zähler und Nenner teilbar sind.	kürzen $\frac{51:3}{9:3} = \frac{17}{3}$ erweitern $\frac{7 \cdot 3}{3 \cdot 3} = \frac{21}{9}$
Umwandeln gemischter Zahlen in Brüche	Besteht eine Zahl aus einer ganzen Zahl und einem Bruch, so kann die ganze Zahl in den Bruch umgewandelt und zum vorliegenden Bruchteil addiert werden.	$2\frac{3}{4} = 2 \cdot \frac{4}{4} + \frac{3}{4} = \frac{8}{4} + \frac{3}{4} = \frac{8+3}{4} = \frac{11}{4}$
Umwandeln von Brüchen in gemischte Zahlen	Ein Bruch kann in eine gemischte Zahl umgewandelt werden, indem man durch Teilung bis zum Komma rechnet und den Rest als Bruch beibehält.	$\frac{11}{4}$ = 11 : 4 = 2 Ganze + Rest 3 Viertel = $2\frac{3}{4}$
Addieren von Brüchen	Brüche können nur addiert werden, wenn der gleiche Nenner vorliegt, d. h. wenn sie gleichnamig sind. Ungleichnamige Brüche müssen durch Erweitern gleichnamig gemacht werden. Der einfachste Weg, den gemeinsamen Nenner zu finden, ist die Multiplikation aller Nenner. Addiert werden dann die Zähler der gleichnamigen Brüche.	$\frac{2}{3} + \frac{4}{5} = \frac{2 \cdot 5}{3 \cdot 5} + \frac{4 \cdot 3}{5 \cdot 3} = \frac{10}{15} + \frac{12}{15}$ $= \frac{10+12}{15} = \frac{22}{15} = 1\frac{7}{15}$
Subtrahieren von Brüchen	Brüche können nur subtrahiert werden, wenn der gleiche Nenner vorliegt, d. h. wenn sie gleichnamig sind. Ungleichnamige Brüche müssen durch Erweitern gleichnamig gemacht werden. Oft ist der einfachste Weg, den gemeinsamen Nenner zu finden, die Multiplikation aller Nenner. Subtrahiert werden dann die Zähler der gleichnamigen Brüche.	$\frac{2}{3} - \frac{2}{5} = \frac{2 \cdot 5}{3 \cdot 5} - \frac{2 \cdot 3}{5 \cdot 3} = \frac{10}{15} - \frac{6}{15} = \frac{10-6}{15} = \frac{4}{15}$
Multiplikation von Brüchen	Man multiplizert Brüche, indem man Nenner mit Nenner und Zähler mit Zähler multipliziert. Es ist von Vorteil, gemischte Zahlen wie z. B. 2 ¾ in einen Bruch umzuwandeln ($^{11}/_{4}$) und das Ergebnis wieder in eine gemischte Zahl umzuwandeln.	$\frac{4}{6} \cdot \frac{2}{3} = \frac{4 \cdot 2}{6 \cdot 3} = \frac{8}{18}$ gekürzt $= \frac{4}{9}$
Division von Brüchen	Man dividiert Brüche, in dem man den Nenner des einen mit dem Zähler des anderen Bruches multipliziert und den Zähler mit dem Nenner des anderen Bruches (Kehrwert). Es ist von Vorteil, gemischte Zahlen wie z. B. 2 ¾ in einen Bruch umzuwandeln ($^{11}/_{4}$) und das Ergebnis wieder in eine gemischte Zahl umzuwandeln.	$\frac{4}{6} : \frac{2}{3} = \frac{4 \cdot 3}{6 \cdot 2} = \frac{12}{12}$ gekürzt $= 1$

Umrechnung eines Bruches in eine Dezimalzahl	Jeder Bruch kann in eine Dezimalzahl umgewandelt werden, indem man den Zähler durch den Nenner teilt.	$\frac{3}{4} = 3 : 4 = 0{,}75$
Umrechnung einer Dezimalzahl in einen Bruch	Die Dezimalzahl ist der Anteil von 1. So kann sie als Bruch geschrieben werden. Durch Erweiterung erhält man einen reinen Bruch, der eventuell noch gekürzt werden kann.	$0{,}8 = \frac{0{,}8}{1} = \frac{8}{10} = 4/5$

6.1.6 Rechenregeln

Punktrechnung vor Strichrechnung

In einer richtig aufgestellten Rechenaufgabe müssen immer erst alle Punktrechenschritte ausgeführt werden, erst dann folgen die Strichrechenschritte.

Beispiel: Berechnen Sie die Beschichtungsfläche der Raumabtrennung (einseitig).

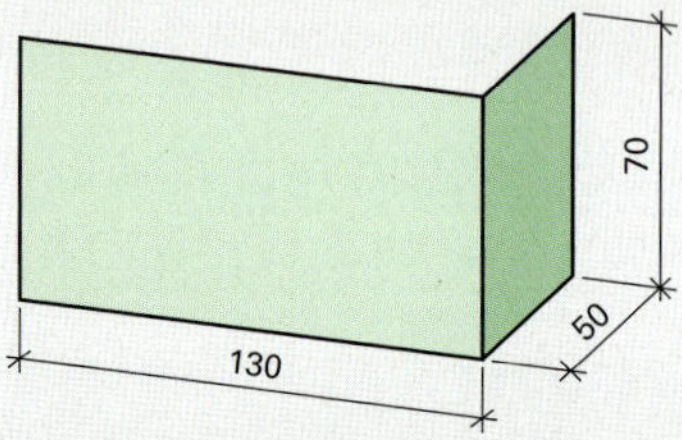

Die beiden Fläche können **getrennt** berechnet werden. Zuerst wird nach der Regel die linke Fläche und dann die rechte Fläche berechnet. Anschließend werden beide Flächen addiert.

$1{,}30\text{ m} \cdot 0{,}70\text{ m} + 0{,}50\text{ m} \cdot 0{,}70\text{ m} =$

$0{,}91\text{ m}^2 + 0{,}35\text{ m}^2 = \mathbf{1{,}26\text{ m}^2}$

Klammern haben immer Vorrang

In einer richtig aufgestellten Rechenaufgabe müssen immer erst alle Klammerinhalte berechnet werden. Dann folgen Punktrechenschritte und dann die Strichrechenschritte.

Beispiel: Berechnen Sie die Beschichtungsfläche der Raumabtrennung (einseitig).

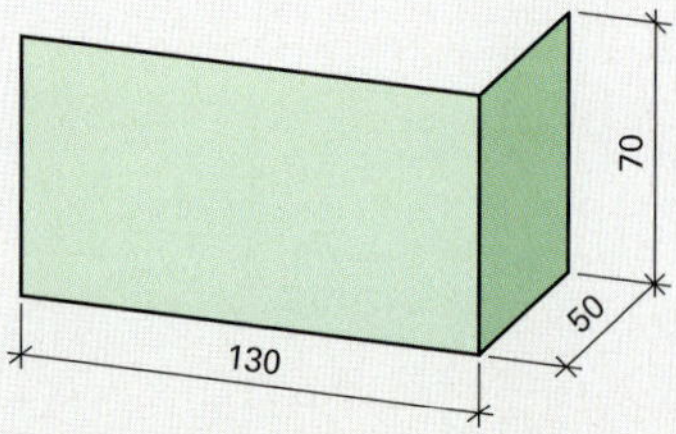

Die beiden Fläche können **gemeinsam** berechnet werden. Dafür muss eine Klammer geschrieben werden.

Zuerst werden die beiden Grundlängen addiert. Das Ergebnis wird mit der Höhe multiplizert.

$(1{,}30\text{ m} + 0{,}50\text{ m}) \cdot 0{,}70\text{ m} =$

$1{,}80\text{ m} \cdot 0{,}70\text{ m} = \mathbf{1{,}26\text{ m}^2}$

Bedeutung der Einheiten

Werden bei obenstehender Aufgabe die Rechenregeln 1 und 2 nicht beachtet, so zeigt sich in den Einheiten, ob die Aufgabe richtig gelöst wurde:

Berechnung nach Regel 1: $\text{m} \cdot \text{m} + \text{m} \cdot \text{m} = \text{m}^2 + \text{m}^2 = \text{m}^2$

Berechnung nach Regel 2: $(\text{m} + \text{m}) \cdot \text{m} = \text{m} \cdot \text{m} = \text{m}^2$

Setzen von Klammern

Rechnen bedeutet immer Lösung eines konkreten Problems. Ohne Einheiten und Kenntnis der oben gestellten Aufgabe wäre nicht erkennbar, dass folgende Berechnung der Aufgabe falsch ist, obwohl nach der Regel richtig gerechnet wurde:

$1{,}30\text{ m} + 0{,}50\text{ m} \cdot 0{,}70\text{ m} =$

$1{,}30\text{ m} + 0{,}35\text{ m}^2 =$ ~~1,65~~

Folglich ist wichtig, dass der Rechenansatz immer richtig zur Aufgabe geschrieben wird.

6.1.7 Gleichungen und Formeln

Auf beiden Seiten eines =-Zeichens steht immer die gleiche Größe

Ist eine gestellte Aufgabe richtig berechnet, so steht das richtige Ergebnis hinter dem =-Zeichen. Beide Seiten sind gleich, es ist eine Gleichung.

$4 + 8 = 12$ $34 - 6 = 28$ $6{,}12 + 3{,}50 + 4{,}60 = 14{,}22$

Dies gilt auch, wenn sich auf beiden Seiten des =-Zeichens eine Rechenoperation befindet:

$34 - 5 = 20 + 9$ $15 : 3 = 80 - 75$

In einer **Bestimmungsgleichung** ist ein Wert unbekannt. Für diesen unbekannten Wert wird häufig ein x eingesetzt. X kann errechnet werden

$4 + 6 \cdot x = 40$ $2 \cdot 6 = 4 \cdot x$

Einfache Gleichungen lösen

Durch Isolieren der Unbekannten entsteht eine zu lösende Rechenaufgabe. Die Unbekannte wird isoliert, indem man auf beiden Seiten die gleiche Rechenoperation vornimmt, sodass die Vorgabe erhalten bleibt, dass beide Seiten der Gleichung identisch sind.

	$2 \cdot 6$	=	$4 + x$
tauschen	$4 + x$	=	$2 \cdot 6$
-4	x	=	$2 \cdot 6 - 4$
	x	=	$12 - 4$
	x	=	8

Beim Multiplizieren von unbekannten Größen wird häufig das Malzeichen weggelassen.

5 · *x* entspricht 5*x*

Mögliche Schritte	z. B.		
Seite tauschen	$x = 3 + 6$		$3 + 6 = x$
Gleiche Zahl auf beiden Seiten addieren/subtrahieren	$16 = x + 3$	-3	$16 - 3 = x$
Beide Seiten mit dem gleichen Wert multiplizieren/dividieren	$24 = 3 \cdot x$	$:3$	$24 : 3 = x$
Mehrere gleiche Unbekannte können addiert oder subtrahiert werden.	$4 \cdot x + 3 = 24$		$7 \cdot x = 24$

Aufgaben mit mathematischen Formeln lösen

Eine Formel schreibt den Rechenweg nach den Regeln vor und beinhaltet Abkürzungen von mathematischen oder physikalischen Größen (Formelementen).

Beispiel 1: Berechnen Sie die gesamte Oberfläche des Zylinders

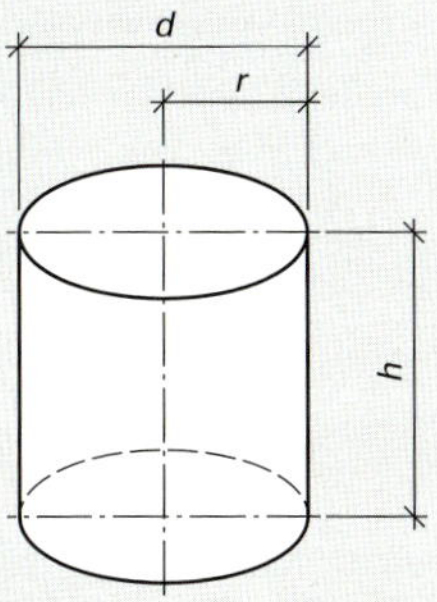

$O = r \cdot r \cdot \pi \cdot 2 + d \cdot \pi \cdot h$

Um richtig zu rechnen, muss:

- die Bedeutung der einzelnen Formelelemente bekannt sein.
- an jeder Stelle die richtige Zahl eingesetzt werden.
- unbedingt auf die richtige Einheit der Zahlen geachtet werden.

$O = (r \cdot r \cdot \pi) \cdot 2 + (d \cdot \pi \cdot h)$

Kreisfläche ($r \cdot r \cdot \pi$), Mantel ($d \cdot \pi \cdot h$)

Beispiel 2: Berechnen Sie die Oberfläche des Zylinders ohne die Standfläche.

Diese Aufgabe kann nur richtig gelöst werden, wenn verstanden wurde, dass nun die Kreisfläche nur 1 · berechnet wird, folglich nicht mit 2 multipliziert wird.

Bei komplexen Formeln kann das Umformen sehr kompliziert sein. Dann ist es sinnvoller, die bereits umgestellte Formel in der Formelsammlung nachzuschlagen.

6.1.8 Potenzieren und Radizieren

Potenzieren

Darunter versteht man das Multiplizieren einer Zahl mit sich selbst. Besitzt die Zahl eine Einheit, so wird auch die Einheit mit sich selbst multipliziert. Die Potenz ist lediglich eine vereinfachte Schreibweise.

$5 \cdot 5$	Schreibweise als Potenz	5^2
$4 \cdot 4 \cdot 4$		4^3
$8 \cdot 8 \cdot 8 \cdot 8 \cdot 8 \cdot 8$		8^6

Hochzahl, Exponent

$$7^3 = 343$$

Basiswert, Grundzahl — Potenzwert

Maßeinheiten beim Potenzieren

Maßeinheiten mit dem Exponent ^{2} werden meist als Quadrat ... ausgesprochen. $5\ m \cdot 5\ m = 25\ m^2$ (Quadratmeter)

Maßeinheiten mit dem Exponent ^{3} werden häufig als Kubik ... ausgesprochen. $5\ m \cdot 5\ m \cdot 5\ m = 125\ m^3$ (Kubikmeter)

Da es in der Welt keine 4. Dimension gibt, kann ein Ergebnis nie die Einheit m^4 oder höher besitzen.

In Formeln kann es durchaus rein rechnerisch zu unbegreifbaren Einheiten führen, z. B. ist das Ergebnis der Beschleunigung m/s^2 (Meter pro Quadratsekunde).

Zu höheren Potenzen oder falls keine Einheit dazugehört, wird die Hochzahl genannt. $c \cdot c \cdot c \cdot c \cdot c \cdot c = c^6$ (sprich c hoch 6).

Radizieren

Geläufiger ist die Bezeichnung „Wurzel ziehen" (radix = Wurzel). Maler und Lackierer benötigen nur die Quadratwurzel.

$\sqrt{9}$	sprich: Wurzel aus 9	$= 3$
$\sqrt{27{,}04}$	27,04	$= 5{,}2$

Quadratwurzel

$$\sqrt{16} = 4$$

Basiswert, Grundzahl — Wurzelwert

Wird die Quadratwurzel einer Zahl mit sich selbst multipliziert, so ist das Ergebnis wieder die Zahl unter der Wurzel. In Wissenschaft und Technik wird auch mit Wurzeln höherer Ordnung gerechnet (z. B. dritte Wurzel: $\sqrt[3]{\ }$)

6.1.9 Einfache Verhältnisse

Stehen zwei Beziehungen, die sich in Zahlen ausdrücken lassen, in einem immer gleichen Verhältnis zueinander, so kann eine Unbekannte errechnet werden.

Beispiel 1

Länge und Breite eines Firmenschildes stehen zueinander im Verhältnis 3 : 2.

Dieses Verhältnis gilt für Schilder dieser Firma in jeder Größe z. B. 60 cm : 40 cm.

Aus der vorgebenden Breite lässt sich die Höhe errechnen:

Innenglieder

3 : 2 = 60 : 40

Außenglieder

Das Produkt der Innenglieder ist gleich dem Produkt der Außenglieder.

Das Verhältnis kann als Bruch geschrieben werden. Die unbekannte Zahl kann durch Umstellen der Gleichung isoliert und berechnet werden.

Beispiel 2

Das Firmenschild der Firma Max Sauber soll auf das Firmenfahrzeug übertragen werden. Es steht auf dem Firmenfahrzeug zur Beschriftung in der Fahrzeugbreite 1,60 m zur Verfügung.

Wie hoch ist das Firmenzeichen auf der Fahrzeugseite?

$$3 : 2 = 1{,}60\ m : x$$

$$\frac{3}{2} = \frac{1{,}60\ m}{x}$$

Formel umstellen

$$x = \frac{1{,}60\ m \cdot 2}{3} = \mathbf{1{,}07\ m}$$

Beispiel 3

Auf dem Briefpapier soll das Firmenschild der Firma Max Sauber 2,5 cm hoch sein.

Wie lang ist das Firmenschild auf dem Briefpapier?

$$\frac{3}{2} = \frac{x}{2{,}5\ cm}$$

Formel umstellen

$$\frac{x}{2{,}5\ cm} = \frac{3}{2}$$

$$x = \frac{3 \cdot 2{,}5\ cm}{2} = \mathbf{3{,}75\ cm}$$

6.1.10 Verhältnisrechnen mit dem Dreisatz

Häufig stehen Zahlen im Verhältnis zueinander. Die Anzahl der Dosen im Verhältnis zum Preis, die Anzahl der Arbeiter im Verhältnis zum Zeitaufwand. Liegt eine bekannte Aussage vor (z. B. für 30 m^2 wurden 6 Liter verbraucht), so kann über den Mittelsatz (Verbrauch für 1 m^2) ein neuer Schluss gezogen werden.

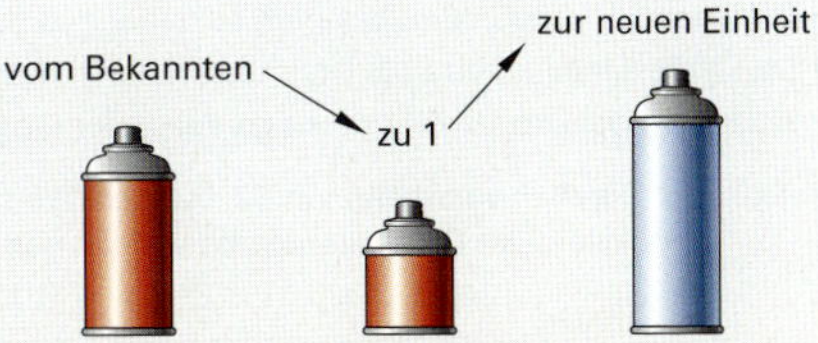

Prinzip des Dreisatzrechnens

Dreisatz mit geradem Verhältnis

Ein gerades Verhältnis liegt immer dann vor, wenn beide Werte gleichzeitig zunehmen oder abnehmen. Dies ist bei folgenden Beziehungen der Fall: Arbeitszeit – Lohn, Menge – Preis, m^2 – Verbrauch.

Bei geradem Verhältnis verläuft die Linie im Diagramm stets gerade aufwärts.

Die Rechenschritte am Beispiel:

3 Dosen Lack kosten 68,00 €. Wie teuer sind 11 Dosen Lack?

vereinfacht dargestellt:

1. Schritt:
3 Dosen kosten 68,00 € — 3

2. Schritt:
1 Dose kostet 68,00 € : 3 — 1 — $\frac{68{,}00 \cdot 11}{3}$

3. Schritt:
11 Dosen kosten 68,00 € : 3 · 11 — 11
= **249,33 €** — = **249,33 €**

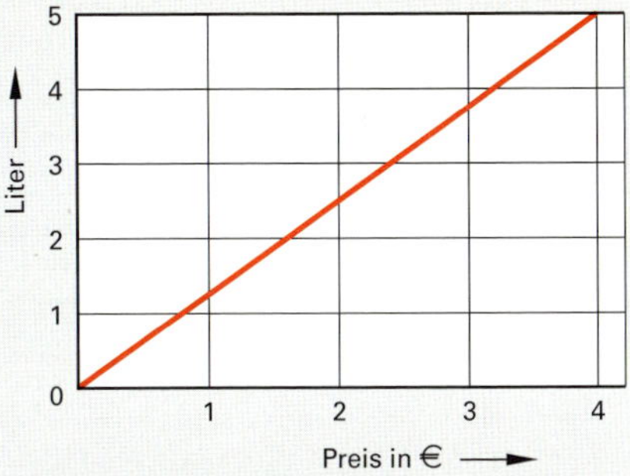

Liter	1	2	3	4	5
Preis in €	0,8	1,6	2,4	3,2	4,0

Gerades Verhältnis

Dreisatz mit umgekehrtem Verhältnis

Entwickeln sich beide Werte gegenläufig (je mehr, umso weniger – je weniger, umso mehr), so spricht man von einem umgekehrten Verhältnis. Dies ist bei folgender Beziehung der Fall: Arbeiter – Zeitaufwand.

Bei umgekehrtem Verhältnis verläuft die Linie im Diagramm stets abwärts.

Die Rechenschritte am Beispiel:

6 Arbeiter benötigen für eine Arbeit 15 Stunden.

Wie lange benötigen 9 Arbeiter?

vereinfacht dargestellt:

1. Schritt:
6 Arbeiter benötigen 15 Stunden — 6

2. Schritt:
1 Arbeiter benötigt 15 Stunden · 6 — 1 — $\frac{15 \cdot 6}{9}$

3. Schritt:
9 Arbeiter benötigen
15 Stunden · 6 : 9 — 9
= **10 Stunden** — = **10 Stunden**

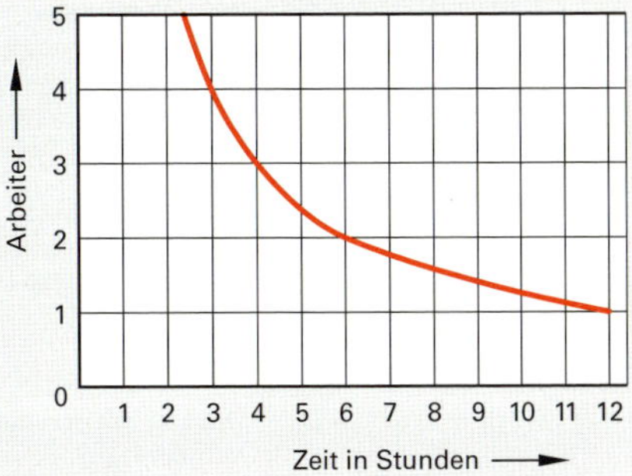

Arbeiter	1	2	3	4	5
Zeit in Stunden	12	6	4	3	2,4

Umgekehrtes Verhältnis

6

Zusammengesetzter Dreisatz

- Sind mehr als drei Größen bekannt, so handelt es sich um einen zusammengesetzten Dreisatz.
- Durch die Zerlegung in zwei Dreisätze lässt sich eine solche Aufgabe lösen.
- Jeder der zwei Dreisätze kann ein gerades oder umgekehrtes Verhältnis darstellen.

Beispiel: 3 Gesellen verarbeiten in 52 Stunden 195 Liter Dispersionsfarbe.
Wieviel Liter Dispersionsfarbe werden von 5 Gesellen in 32 Stunden verbraucht?

<table>
<tr><th>Schritte</th><th>Schreibweise und Berechnung</th></tr>
<tr><td>Schritt 1:
Formulierung des Aussagesatzes und des Fragesatzes. Die zu berechnende Zahl steht immer rechts.
Zusammengehörige Größen stehen untereinander.</td><td>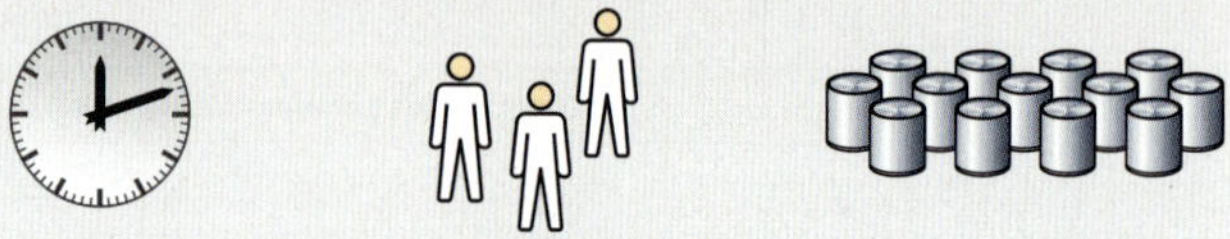
In 52 Stunden brauchen 3 Gesellen zusammen 195 Liter
In 32 Stunden brauchen 5 Gesellen zusammen ? Liter</td></tr>
<tr><td>Schritt 2:
Ersten Dreisatz lösen.</td><td>In 52 Stunden brauchen 3 Gesellen zusammen 195 Liter
In 32 Stunden brauchen 5 Gesellen zusammen ? Liter
Erster Dreisatz — einsetzen

52 Stunden ≙ 195 Liter | 52
1 Stunde | 52
32 Stunden | 32
$\frac{195 \cdot 32}{52}$ = 120 Liter

Dreisatz mit geradem Verhältnis</td></tr>
<tr><td>Schritt 3:
Einsetzen des Ergebnisses des ersten Dreisatzes.
Zweiten Dreisatz formulieren.</td><td>In <s>32 Stunden</s> brauchen 3 Gesellen zusammen 120 Liter
In <s>32 Stunden</s> brauchen 5 Gesellen zusammen ? Liter
erledigt — Zweiter Dreisatz</td></tr>
<tr><td>Schritt 4:
Zweiten Dreisatz lösen.</td><td>3 Gesellen ≙ 120 Liter | 3
1 Geselle | 1
5 Gesellen | 5
$\frac{120 \cdot 5}{3}$ = 200 Liter

Dreisatz mit geradem Verhältnis</td></tr>
<tr><td>Schritt 5:
Einsetzen des Ergebnisses des zweiten Dreisatzes.
Schlusssatz formulieren.</td><td>In 32 Stunden brauchen 5 Gesellen zusammen 200 Liter
</td></tr>
</table>

6.1.11 Prozentrechnen

Grundprinzip des Prozentrechnens

Prozentangaben bedeuten immer den Bezug zu 100. Da nicht jeder Wert in der Wirklichkeit sich auf 100 bezieht, muss mit dem Prozentrechnen der Bezug zu 100 erst errechnet werden.

Der im Verhältnis immer gleiche Bezug zu einer variablen (veränderbaren) Größe wird mit der Prozentangabe auf 100 bezogen,

z. B. gilt eine Lohnerhöhung von 4,5 % für alle Löhne.

z. B. schlägt die Firma den Schütt- und Schwundverlust von 7 % anteilmäßig auf die unterschiedlichen Materialpreise jedes Kunden auf.

z. B. wenn ein Beschichtungsstoff mit max. 10 % Wasser verdünnt werden darf, gilt das anteilig auf jede Menge.

Auch für Vergleiche werden Prozentangaben gebraucht.

%

Prozentzeichen

Ein Preisnachlass von 3,90 € auf 60,00 € ist erst mit dem Preisnachlass von 4,80 € auf 70,00 € vergleichbar, wenn in beiden Fällen der Nachlass in %, bezogen auf 100,00 €, vorliegt.

Aussagen zu Prozenten bestehen immer aus 3 Größen. Ist eine dieser Größen unbekannt, so kann diese errechnet werden.

Von **60,00 €** sind **3,00 €** genau **5 %**

Grundwert g	**Prozentwert w**	**Prozentsatz p**
= der Wert auf dem man sich bezieht.	= Teil des Grundwertes, der dem Prozentsatz entspricht.	= Anzahl der Hundertstel = %

Prozentrechnen an Beispielen

Grundwert	Auf eine Rechnung bekommt der Malerbetrieb 12 % Rabatt = 20,00 €. Wie hoch ist der Rechnungsbetrag ohne Rabatt?	
	12 % 1 % 100 %	$\frac{20{,}00\ € \cdot 100\ \%}{12\ \%}$ = **166,67 €**
Prozentwert	Laut Merkblatt müssen einem Lack vor der Verarbeitung 5 % Verdünnung zugegeben werden. Wie viel Liter Verdünnung brauchen Sie für 65 Liter Lack?	
	100 % 1 % 5 %	$\frac{65\ l \cdot 5\ \%}{100\ \%}$ = **3,25 Liter**
Prozentsatz	Der Preis eines Anstrichstoffes ist von 20,65 € auf 21,27 € erhöht worden. Wie viel % beträgt die Preissteigerung?	
	20,65 € 1 € 0,62 €	$\frac{100\ \% \cdot 0{,}62\ €}{20{,}65\ €}$ = **3 %**

Formeln zum einfachen Prozentrechnen

Die Berechnungen können auch über Formeln gelehrt werden. Besser ist es, den Dreisatz zu verstehen und selbst richtig aufstellen zu können. Dies erspart das Auswendiglernen und Fehler bei Aufgaben des Dreisatzes mit vermehrtem oder vermindertem Grundwert.

$$g = \frac{w \cdot 100}{p} \qquad w = \frac{g \cdot p}{100} \qquad p = \frac{w \cdot 100}{g}$$

Promille

Bei besonders kleinen Anteilen ist der Bezug auf 100 oft zu klein. Dann wird als Grundlage 1000 gewählt. Promille bedeutet: von 1000, Zeichen ‰. Es gelten die gleichen Regeln wie beim Prozentrechnen, anstelle von 100 steht 1000.

Umrechnung: z. B. 4,5 % = 45 ‰

Vermehrter Grundwert und verminderter Grundwert

• In üblichen Rechenaufgaben wird von 100 % ausgegangen.
• Je nach Aufgabenstellung kommt es jedoch vor, dass der Grundwert (100 %) um einen prozentualen Anteil vermehrt oder vermindert wird. Häufig ist dann nur dieser vermehrte oder verminderte Grundwert (Endwert) bekannt und der eigentliche Grundwert mit 100 % ist zu errechnen. Folglich ist häufig nicht von 100 % auszugehen, sondern von z. B. 70 %, 80 % oder auch 120 % und auf 100 % zurückzurechnen.
• Ob es sich um eine normale Prozentberechnung oder die Berechnung unter Berücksichtigung des vermehrten oder verminderten Grundwertes handelt, ist in der Aufgabenstellung zu erkennen.
• Diese Aufgaben lauten wie folgt:
  • Nach /Vor einer Lohnerhöhung ...
  • Nach /Vor einem Abzug ...
  • Nach /Vor einer Preiserhöhung ...

Prozentrechnen mit vermehrtem Grundwert		Prozentrechnen mit vermindertem Grundwert	
Bei • Gewinnabrechnungen • Zuschlägen • Lohnerhöhungen u. a. rechnet man mit dem vermehrten Grundwert		Bei • Verlustabrechnungen • Preisminderungen • Skonto und Rabatt u. a. rechnet man mit dem verminderten Grundwert	
Beispiel 1 Nach einem Abzug von 23 % werden 2 200,00 € ausbezahlt. Wie hoch war der Lohn ursprünglich?		**Beispiel 2** Nach einer Preiserhöhung von 6 % kostet eine Schleifmaschine 435,00 €. Wie teuer ist das Gerät?	
77 % 1 % 100 %	$\frac{2\,200{,}00\,€ \cdot 100\,\%}{77\,\%} = \mathbf{2\,857{,}14\,€}$	106 % 1 % 100 %	$\frac{435{,}00\,€ \cdot 100\,\%}{106\,\%} = \mathbf{410{,}38\,€}$

6.1.12 Rabatt, Skonto, Umsatzsteuer

Listenpreis
Dieser Preis ist der Grundpreis, wenn Sie im Fachhandel einkaufen.
Rabatt
Dies ist ein Preisnachlass auf den Listenpreis, den der Händler gewährt. Gründe dafür können Barzahlung, große Einkaufsmengen, treue Kundschaft u. a. sein.
Umsatzsteuer
Die Umsatzsteuer (USt.), üblicherweise als (MwSt.) bezeichnet, ist eine Steuer, die den Austausch von Leistungen besteuert. Wenn Sie etwas kaufen, wird vom Händler die MwSt. von zur Zeit 19 % auf den Listenpreis aufgeschlagen und in der Rechnung extra ausgewiesen. Kaufen Sie im Laden ein Brötchen, so ist die MwSt. bereits im Preis eingerechnet.
Skonto
Der Händler gestattet bei schneller Bezahlung innerhalb der von ihm vorgegebenen Zeit, dass 2 % oder 3 % vom Rechnungsbetrag, den der Kunde bar bezahlt oder überweist, einbehalten werden dürfen. Lässt der Kunde diesen Zeitraum verstreichen, wird der gesamte Rechnungsbetrag fällig.

		Beispiel
Listenpreis	100 %	568,00 €
– Rabatt	z. B. 10 %	56,80 €
= Angebotspreis (Netto)	neu 100 %	511,20 €
+ MwSt.	19 %	97,13 €
= Rechnungsbetrag	neu 100 %	608,33 €
– Skonto	z. B. 3 %	18,25 €
Überweisungsbetrag		**590,08 €**

Rechenschritte vom Listen- bis zum Überweisungsbetrag

6.1.13 Zinsberechnung

Grundprinzip des Zinsrechnens

Wer bereit ist, Geld zu verleihen (genannt Gläubiger), muss sich mit dem, der von ihm Geld leiht (genannt Schuldner) über folgende Punkte einig sein:

Einigungspunkte	Bezeichnung	Abkürzung	Einheit
Die geliehene Geldsumme	Kapital	k	€
Der zu zahlende Zins	Zinsen	z	€
%-Anteil am geliehenen Betrag als Zins	Zinssatz (%)	p	%
Über welchen Zeitraum die gesamte geliehene Summe zurückbezahlt wird.	Laufzeit	t	Jahre oder Monate/12 oder Tage/360
	1 Zinsjahr = 360 Tage, 1 Zinsmonat = 30 Tage. Die Tage der Laufzeit werden einschließlich des Tages der Auszahlung und einschließlich des Tages der Rückzahlung gezählt.		

Mithilfe von 3 Angaben kann der 4. Wert errechnet werden. Die Berechnung erfolgt nach dem zusammengesetzten Dreisatz. Da der Rechenvorgang immer der gleiche ist, können Formeln die Berechnung erleichtern.

Oft geht es bei der Laufzeit nicht nicht nur um Jahre, sondern auch um Monate und Tage. Es vereinfacht das Zinsrechnen, Laufzeiten in Tage umzurechnen und nach der Berechnung wieder umzurechnen. Die Formeln gehen von Tagen aus.

Berechnung an Beispielen

Zinsen	$z = \frac{k \cdot p \cdot \text{Tage}}{100\ \% \cdot 360\ \text{T}}$	Sie leihen sich einen Geldbetrag von 5 000,00 € für 2 Jahre und 2 Monate zu einem Zinssatz von 4 %. Wie viel Zinsen fallen in dieser Zeit an? $z = \frac{5000{,}00\ € \cdot 4\ \% \cdot 780\ \text{T}}{100\ \% \cdot 360\ \text{T}} = \mathbf{433{,}33\ €}$
Zinssatz	$p = \frac{z \cdot 100\ \% \cdot 360\ \text{T}}{k \cdot \text{Tage}}$	Eine Geldanlage von 30 000,00 € bringt in einem Jahr 1155,00 € Zinsen. Wie hoch ist der Zinssatz? $p = \frac{1155{,}00\ € \cdot 100\ \% \cdot 360\ \text{T}}{30000\ € \cdot 360\ \text{T}} = \mathbf{3{,}85\ €}$
Kapital	$k = \frac{z \cdot 100\ \% \cdot 360\ \text{T}}{p \cdot \text{Tage}}$	Welches Kapital erbringt bei einem Zinssatz von 4 % in 12 Monaten 220,00 € an Zinsen? $k = \frac{220{,}00\ € \cdot 100\ \% \cdot 360\ \text{T}}{4\ \% \cdot 360\ \text{T}} = \mathbf{5500{,}00\ €}$
Zeit	$\text{Tage} = \frac{z \cdot 100\ \% \cdot 360\ \text{T}}{k \cdot p}$	In welcher Zeit erhält man bei einem Kapital von 2 000,00 € und einem Zinssatz von 3,5 % 70,00 € Zinsen? $\text{Tage} = \frac{70{,}00\ € \cdot 100\ \% \cdot 360\ \text{T}}{2000\ € \cdot 3{,}5\ \%} = \mathbf{360\ Tage = 1\ Jahr}$

6.1.14 Formeln Flächenberechnung

Name	Fläche/Bezeichnungen	Fläche A	Umfang U
Rechteck	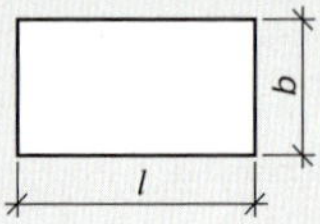	$A = l \cdot b$ l = Länge b = Breite	U = Summe aller Seiten
Dreieck	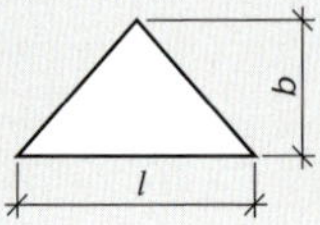	$A = \frac{l \cdot b}{2}$	
Parallelogramm	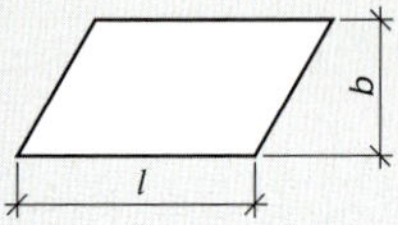	$A = l \cdot b$	
Trapez	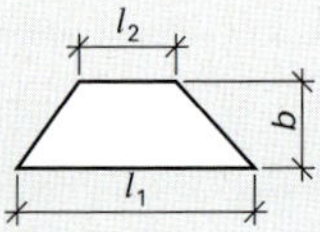	$A = \frac{l_1 + l_2}{2} \cdot b$	
Kreis	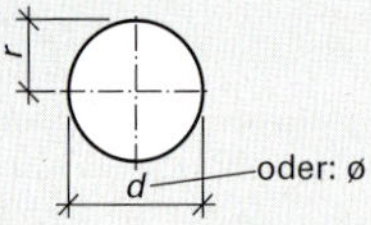	$A = r \cdot r \cdot \pi$ oder: $A = d \cdot d \cdot 0{,}785$	$U = d \cdot \pi$ r = Radius d = Durchmesser π = Pi ≈ 3,14
Ellipse	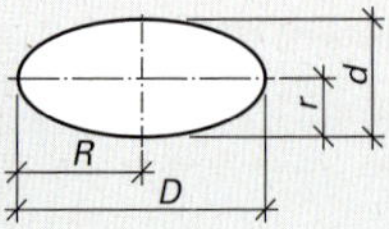	$A = R \cdot r \cdot \pi$ oder: $A = D \cdot d \cdot 0{,}785$	$U \approx \frac{D + d}{2} \cdot \pi$
Kreisausschnitt	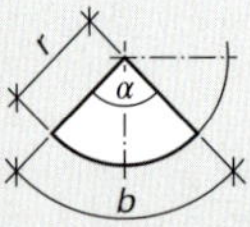	$A = \frac{b \cdot r}{2}$ oder $A = \frac{r \cdot r \cdot \pi \cdot \alpha}{360°}$	$U = 2 \cdot r + b$ $b = \frac{d \cdot \pi \cdot \alpha}{360°}$ b = Bogenlänge α = Winkel Alpha
Kreisabschnitt	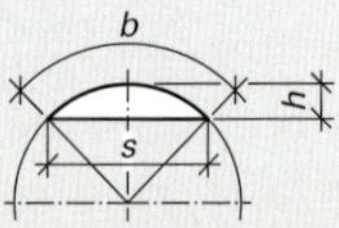	$A = \frac{s \cdot h \cdot 2}{3}$	$U = s + b$ s = Sehne h = Höhe

Zusammengesetzte Flächen

Häufig müssen Flächen berechnet werden, die sich aus verschiedenen Formen zusammensetzen. Diese Flächen müssen zuerst in berechenbare geometrische Grundformen zerlegt werden. Dabei ist die Teilung zu wählen, nach der möglichst wenig Teilflächen entstehen.

Mögliche Flächenteilungen am Beispiel eines Grundrisses

6.1.15 Formeln Körperberechnung

Name	Fläche/Bezeichnungen	Fläche A	Volumen V
Quadrat Zylinder (Alle Körper mit gleicher Grund- und Deckfläche)	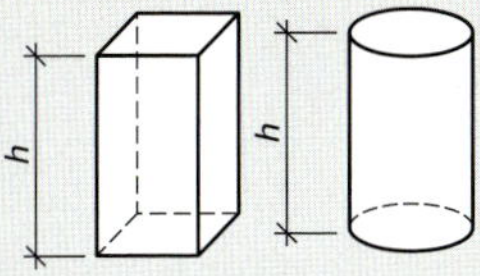 Grundfläche = Rechteck Kreis	A = Grundfläche + Deckfläche + Mantel Mantel = Umfang der Grundfläche $\cdot h$ oder Jede Mantelseite einzeln berechnen + addieren	V = Grundfläche $\cdot h$
Pyramide	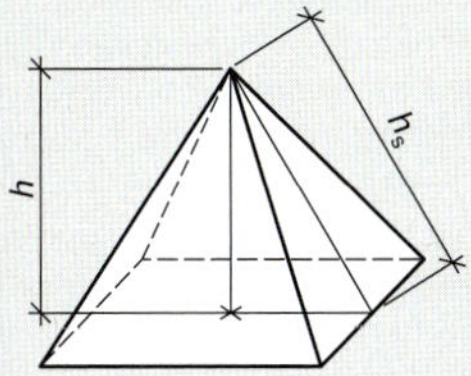	A = Grundfläche + 4 Dreieckflächen Jede Dreieckfläche = Seite der Grundfläche $\cdot h_S$	$V = \frac{\text{Grundfläche} \cdot h}{3}$
Pyramiden- stumpf	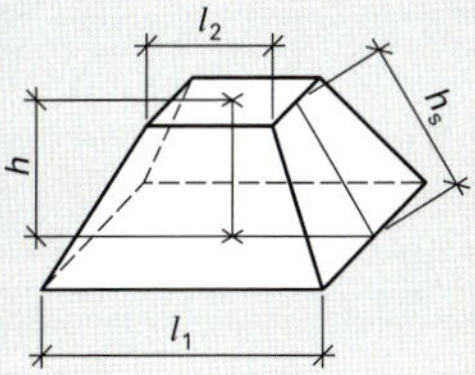	A = Grundfläche + Deckfläche + 4 Trapezflächen Jede Trapezfläche = (Länge l_2 der Grundfläche + Länge l_2 der Deckfläche) : 2 $\cdot h_S$	$V = \frac{\text{Grundfläche} + \text{Deckfläche}}{2} \cdot h$
Kegel	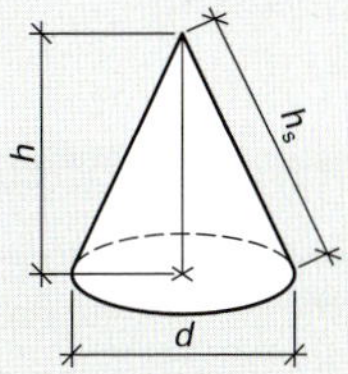	A = Grundfläche + Mantel Mantel = Umfang der Grundfläche $\cdot h_S : 2$	$V = \frac{\text{Grundfläche} \cdot h}{3}$
Kegelstumpf	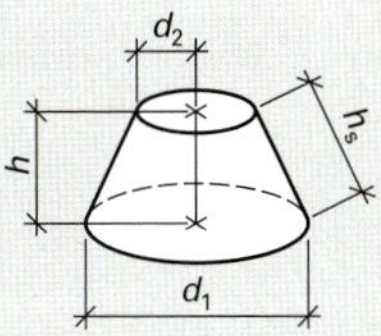	A = Grundfläche + Deckfläche + Mantel Mantel = $\frac{d_1 + d_2}{2} \cdot \pi \cdot h_S$	$V = \frac{\text{Grundfläche} + \text{Deckfläche}}{2} \cdot h$
Kugel	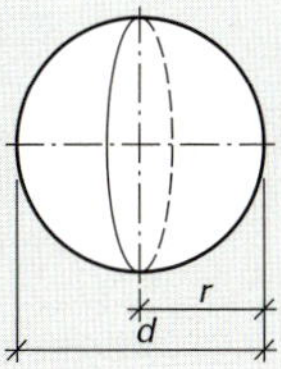	$A = d \cdot d \cdot \pi$ oder $A = 4 \cdot r \cdot r \cdot \pi$	$V = \frac{4 \cdot r \cdot r \cdot r \cdot \pi}{3}$

6.2 Aufmaßrechnen

Aufmaß = Regeln und Vorschriften nach VOB
= ein Dokument, das nachträglich nicht abgeändert werden darf
= die Schreibweise für Berechnungen am Bau nach den Aufmaßregeln.

6.2.1 Regeln und Vorschriften nach VOB

Die VOB (Vergabe- und Vertragsordnung für Bauleistungen) ist die rechtliche Grundlage für alle Bauleistungen, also für alle Arbeiten zur Hertellung, Instandhaltung, Anderungen oder Beseitigung von baulichen Anlagen.

VOB Teil A	Teil A bezieht sich auf die Auftragsvergabe, d. h. wie der Handwerker zu dem Auftrag kommt.
VOB Teil B	Dieser Teil behandelt allgemeine Vertragsbedingungen, die das Werkvertragrecht des BGB (Bürgerliches Gesetzbuch) um besondere Bedingungen für das Bauhandwerk ergänzen. Dazu gehören z. B. Vergütung, Vertragsstrafen, Gewährleistung, Abrechnung.
VOB Teil C	Dieser Teil beinhaltet die allgemeinen technischen Vertragsbedingungen für die verschiedenen Bauberufe. Er beschreibt in den Allgemeinen Technischen Vertragsbedingungen (ATV) Grundregeln für Maler- und Lackierarbeiten, u. a. **Regeln zur Abrechnung, das Aufmaß.**

6.2.2 Das Aufmaß

- Im Aufmaß dürfen nur Maße geschrieben werden, die am Objekt nachprüfbar oder in der Bauzeichnung wiederzufinden sind.
- Zahlen und Rechengänge sind sauber, übersichtlich, eindeutig und klar erkennbar zu schreiben.
- Im Aufmaß erscheinen nur Angaben in Metereinheit. Dabei ist, ganz gleich ob Dezimeter oder Zentimeter folgen, das Maß auf zwei Stellen nach dem Komma zu schreiben.
- Zahlen ohne Komma weisen auf eine Stückzahl oder Flächenzahl des Objektes hin.
- Das Endergebnis der Position ist mit der Angabe der Einheit zu schreiben.

Maler benutzen heute meistens das Aufmaßformular. Alle Aufmaß-Formulare sind im Aufbau gleich. Jede Zeile muss nach den Aufmaßregeln geschrieben werden, um Fehler zu vermeiden.

Schreibweise im Aufmaß-Formular

Beispiel: Fünf ganzflächige Türblätter mit einer Breite von 1,00 m und einer Höhe von 2,00 m sind beidseitig zu lackieren.

Position	Bezeichnung	Stückzahl +	Stückzahl –	Abmessungen/Berechnung Länge Breite Höhe	Messgehalt	Abzug	Reiner Maßgehalt
Pos. 1	Türen lackieren	5		1,00 · 2,00 · 2	20,00		20,00 m²
Benennung der Arbeit, zu der die Fläche berechnet wird.		↑	↑	Eintrag der am Objekt gemessenen oder dem Plan entnommenen Maße und der indirekten Stückzahl, d. h. der Flächenzahl eines Objektes.	Zwischenergebnisse zu + und zu –. Zu jeder Zeile ein Zwischenergebnis		Endergebnis zur Position in m, m². In dieser Spalte erscheint pro Position nur 1 **Angabe**

Eintrag der direkten Stückzahl, d. h. der Anzahl der Objekte. Unter Minus (–) sind Abzüge zu schreiben. Diese Zahl geht in die Berechnung mit ein.

addieren **addieren** → **subtrahieren**

6.2.3 Aufmaßregeln

Liegende und stehende Flächen

Liegende Flächen

Flächen, die keiner Begrenzung unterliegen. Folglich NICHT Decken und Fußböden.

Aufmaßregel:
(größere) Länge x (kleinere) Breite

Stehende Flächen

Diese stehen auf einer Kante, z. B. Wände, Fenster, Türen.

Aufmaßregel: Grundlinie × Höhe

Aufmaß Tischplatte:
1,85 · 0,75 = 1,39 m²

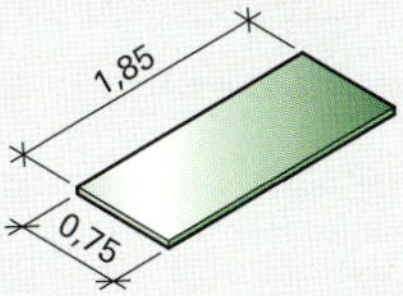

Aufmaß Türblatt einseitig:
0,80 · 1,95 = 1,56 m²

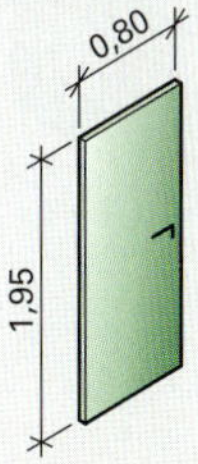

Öffnungen, Nischen, Aussparungen und Leibungen

Flächen enthalten häufig Öffnungen, Nischen etc., die nicht mitgestrichen werden. Dafür gelten besondere Regelungen. Der Mehraufwand für das saubere Streichen an der Begrenzung (Fachbegriff: beschneiden) wird durch diese Regeln mit der Flächeneinsparung gegengerechnet.

Öffnungen	Nischen	Aussparungen	Unterbrechungen
Dies sind konstruktiv bedingte Durchbrüche in Decken, Wänden oder Fußböden.	Nischen sind Vertiefungen in Wänden, Decken und Fußböden, die das Bauteil jedoch nicht vollständig durchdringen. Sie besitzen eine Rückwand und Leibungen.	Aussparungen sind Flächen, die anders als die umgebenden Flächen behandelt werden.	Unterbrechungen sind durchgängige Aussparungen. Sie entstehen durch ein anderes Bauteil.
Türen Fenster Durchgänge Lichtkuppeln	Heizkörpernischen Ädikulas	Fliesenbelegte Flächen	Unterzüge Friese Stützen Fachwerkteile

Flächen, die übermessen werden

- Öffnungen etc. in Decken, Wand bis zu einer Einzelgröße von 2,50 m² (mit oder ohne Leibung).
- Öffnungen etc. in der Bodenfläche bis zu einer Einzelgröße von 0,50 m².
- Gesimse, Umrahmungen und Faschen bis 30 cm Einzelbreite an Füllungen, Öffnungen und Nischen, Rahmen, Riegeln, Ständern, Deckenbalken, Vorlagen und Fachwerkteilen.
- Bestehende Fuß- und Sockelleisten, wenn ihre Höhe nicht über 10 cm ist. Als Höhe gilt die sichtbare Höhe.
- Gesimse, Lisenen, Eckverbände, Umrahmungen und Faschen von Füllungen oder Öffnungen, gleich ob sie behandelt werden oder nicht behandelt werden.

Leibungen

Dies sind die Begrenzungsflächen von Öffnungen und Nischen innerhalb der Wandfläche. Sie können folglich nicht breiter als die Wand sein.

Werden Leibungen mitgestrichen, so erfolgt die Abrechnung gesondert in Metern.

Sind Leibungen dicker als die Wand, z. B. bei einem zurückgesetzten Hauseingang, so gilt diese Fläche als Wandfläche.

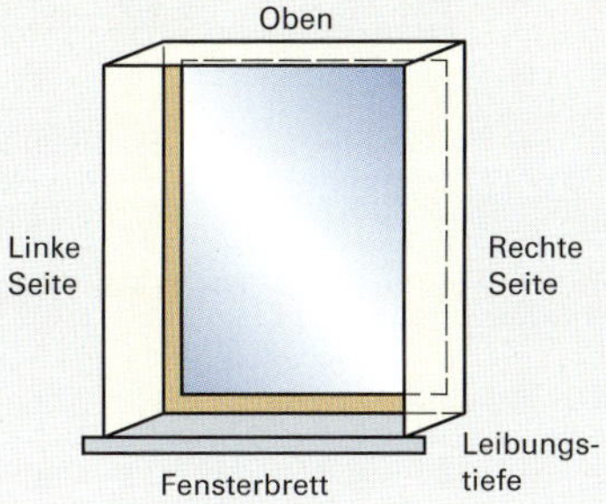

Fläche der Leibung = (linke Seite + Oben + Rechte Seite) · Leibungstiefe

Wandberechnung

Wandöffnungen mit und ohne Leibung

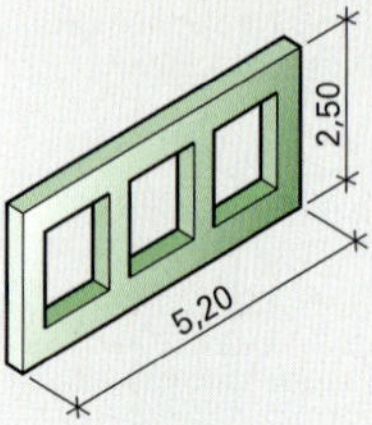

Aufmaß der Wandfläche mit drei Fenstern je 1,20 m · 1,50 m

Aufmaß:
5,20 · 2,50 = 13,00 m²

Jedes Fenster ist kleiner als 2,50 m²

ohne
mit

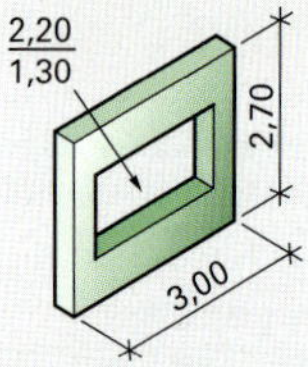

Aufmaß der Wandfläche mit Schaufenster, Fensterbrett und Leibung

Leibungstiefe 0,20 m

Aufmaß Wandfläche:
3,00 · 2,70 – 2,20 · 1,30 = **5,24 m²**

Aufmaß Leibungen:
1,30 + 2,20 + 1,30 = **4,80 m**

Wandöffnung (Fenster) mit Nische

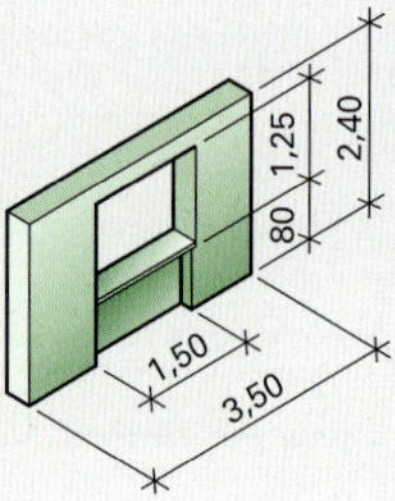

Aufmaß der Wandfläche mit bearbeiteter Nische. Die Fensterleibung wird nicht bearbeitet.
Leibungstiefe 0,20 m
Aufmaß Wandfläche:
3,50 · 2,40 = **8,40 m²**

Aufmaß Fensterleibungen:
entfällt, da diese nicht bearbeitet werden
Aufmaß Nische:
1,50 · 0,80 = **1,20 m²**

Aufmaß Nischenleibungen:
0,80 + 0,80 = **1,60 m**

- Anders als bei einer Fensteröffnung wird an Nischen der Nischenhintergrund bearbeitet. Darum werden Rückflächen von Nischen sowie Leibungen unabhängig von ihrer Einzelgröße mit ihren Maßen gesondert berechnet.
- Unmittelbar zusammenhängende, verschiedenartige Aussparungen, z. B. Öffnung mit angrenzender Nische, werden getrennt berechnet.
- Gesimse, Lisenen, Eckverbände, Umrahmungen und Faschen von Füllungen oder Öffnungen werden unabhängig davon, ob sie behandelt werden, beim Ermitteln der Fläche übermessen.
- Unterbrechungen in der zu beschichtenden Fläche durch Bauteile (Fachwerkteile, Stützen, Unterzüge, Vorlagen und andere) mit einer Einzelbreite unter 0,30 m werden übermessen, ab 0,30 m werden sie abgezogen.

Beispiel für Wandberechnung mit Öffnungen

Beispiel

Berechnen Sie die Fläche der Decke und der Wände. Türe, Fenster und Säule werden nicht berücksichtigt.

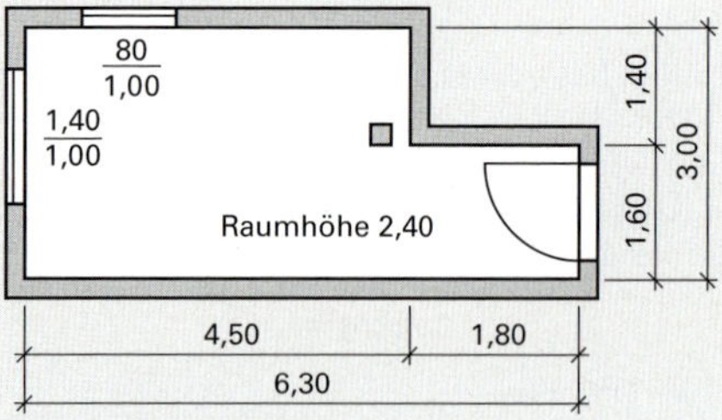

Schrägbild

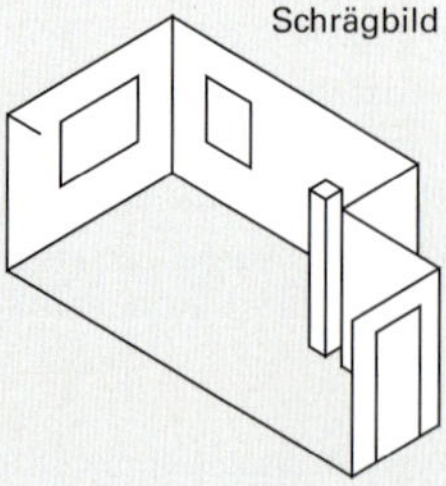

Pos	Bezeichnung	+	–	Abmessungen	Mg	Abzug	R. Mg	Einheit
1	Decke	1		4,50 · 3,00 · 1,80 · 1,60	16,38			
	Wände	1		(6,30 + 1,60 + 1,80 + 1,40 + 4,50 + 3,00) · 2,40	44,64			
							61,02	m²

Deckenberechnung

- Decken begrenzen Räume nach oben. Ihre Maße entsprechen meist den Maßen des Fußbodens und können Plänen entnommen werden.
- Öffnungen oder Aussparungen **unter** 2,50 m² Einzelgröße werden übermessen, **über** 2,50 m² werden abgezogen.
- Unterbrechungen der Beschichtungsfläche durch Bauteile mit einer Einzelbreite über 30 cm werden abgezogen, z. B. Deckenbalken. Unter 30 cm werden Unterbrechungen übermessen.

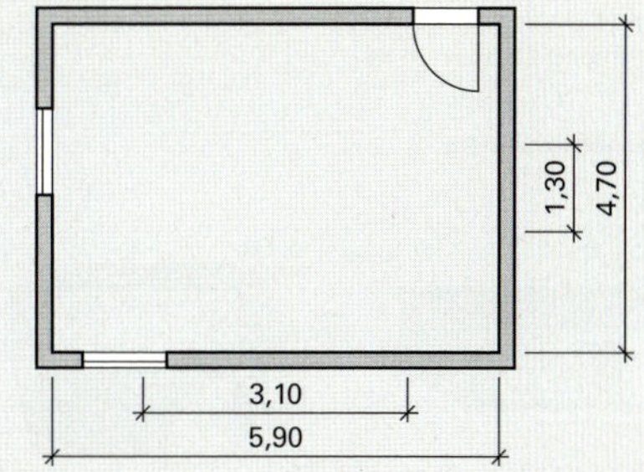

Decken mit Oberlicht

- Siehe Bestimmungen für Wandöffnungen, Seite 278.
- Liegen Leibungen vor, so sind diese nach Metern abzurechnen.

Decken mit Unterzügen

- Unterzüge sind verputzte oder unverputzte Holzbalken, oder Träger aus Stahl oder Beton, die unter der Decke liegen.
- Werden die Unterzüge wie die Decke bearbeitet, so werden die Unterzüge bis 30 cm durchgemessen und die Seitenflächen der Balken/Träger etc. hinzugerechnet.

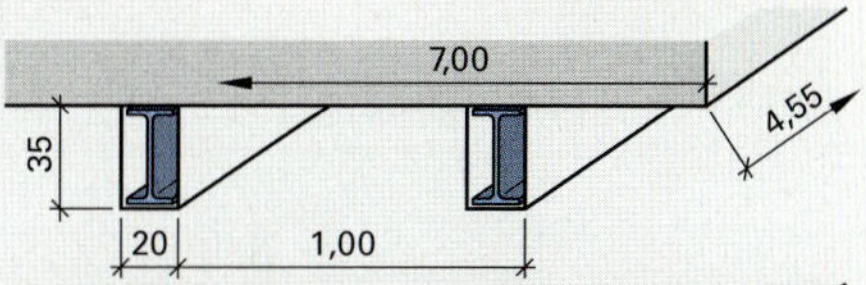

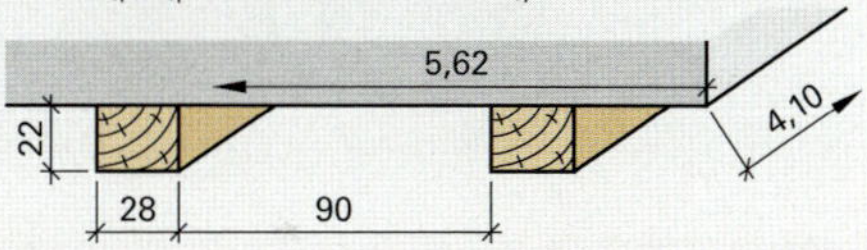

Schräge Decken

Wird nicht die Schräge der Decke vor Ort gemessen, sondern das Maß der Raumbreite dem Grundriss entnommen, so ist dies nicht das richtige Maß der Schräge.

Die Schräge kann nach dem Satz des Pythagoras errechnet werden.

$\text{Schräge}^2 = 0{,}90^2 + 4{,}50^2$

$\text{Schräge} = \sqrt{0{,}81 + 20{,}25}$

$\text{Schräge} = 4{,}59$

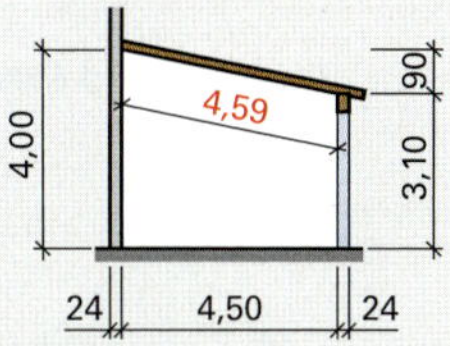

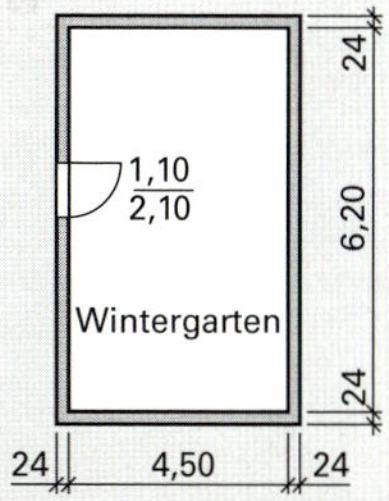

Gewölbte Decken

Diese sind bis zu einer Stichhöhe von 1/6 der Spannweite als gerade Fläche zu messen.
Bei einer Stichhöhe über 1/6 wird die Decke abgewickelt.

Unter $^1/_6$ der Spannweite

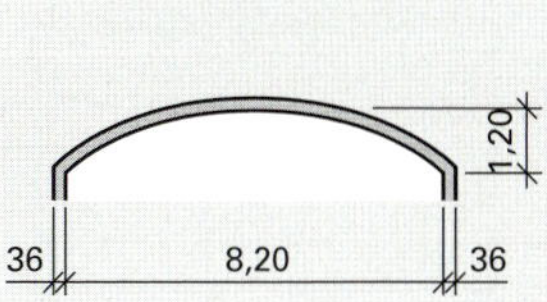

Über $^1/_6$ der Spannweite

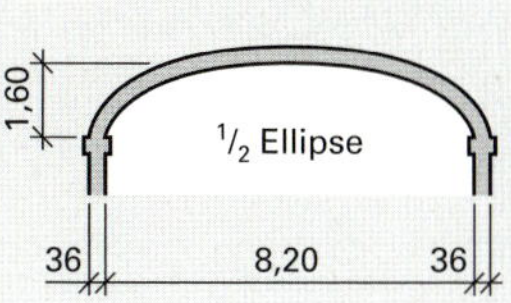

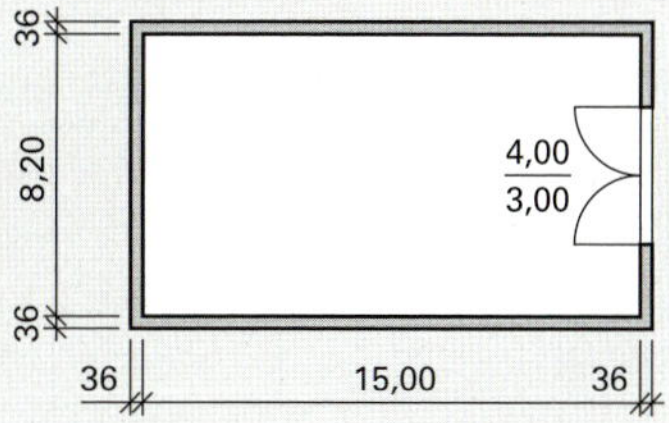

Abwicklung und Aufmaß von Raumflächen

Räume bestehen aus zusammengesetzten Teilflächen, meist Rechtecken. Diese können zur vereinfachten Berechnung zusammengefasst werden.

Raumabwicklung

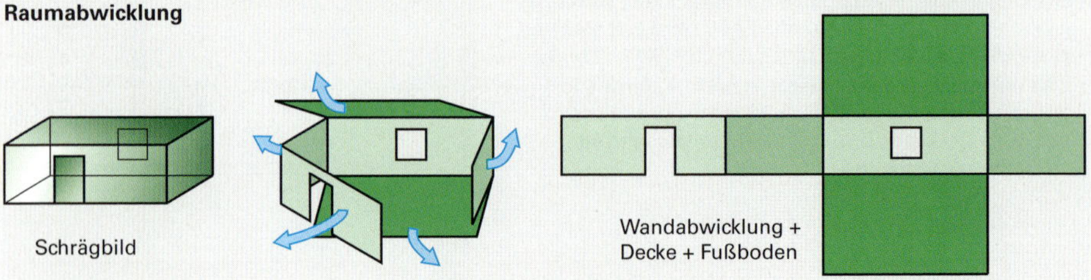

Aufmaß

Grundriss des Raumes

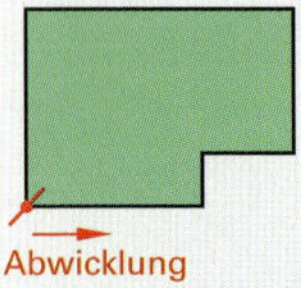

Schrägansicht des Raumes

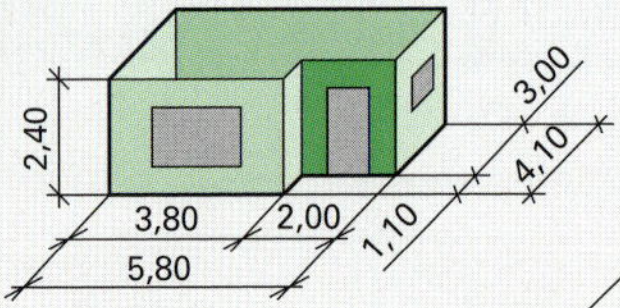

Verkleinerte Wandabwicklung

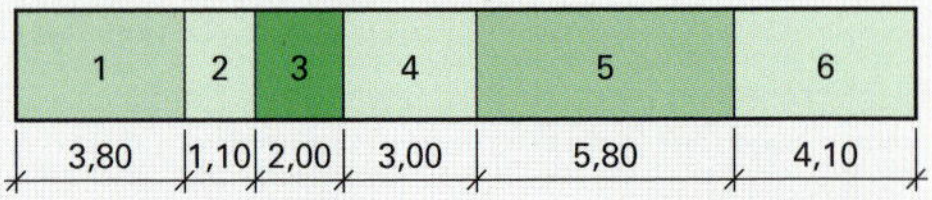

Es gibt 2 Möglichkeiten, das Aufmaß zu schreiben

+	–	
1		3,80 · 2,40
1		1,10 · 2,40
1		2,00 · 2,40
1		3,00 · 2,40
1		5,80 · 2,40
1		4,10 · 2,40
		+ Messgehalt

Pos	Bezeichnung	Stückzahl +	Stückzahl –	Abmessungen/Berechnung Länge Breite Höhe	Mess-gehalt	Abzug	Reiner Messgehalt
1	Wände	1		(3,80 + 1,10 + 2,00 + 3,00 +			
				5,80 + 4,10) · 2,40	47,52		57,52 m²

Abwicklung und Aufmaß von Fassadenflächen

Schrägbild

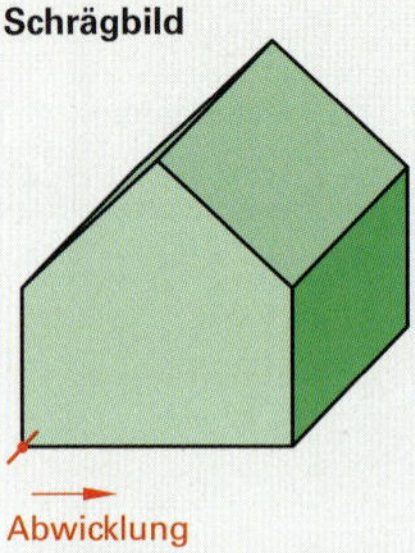

Fassadenabwicklung

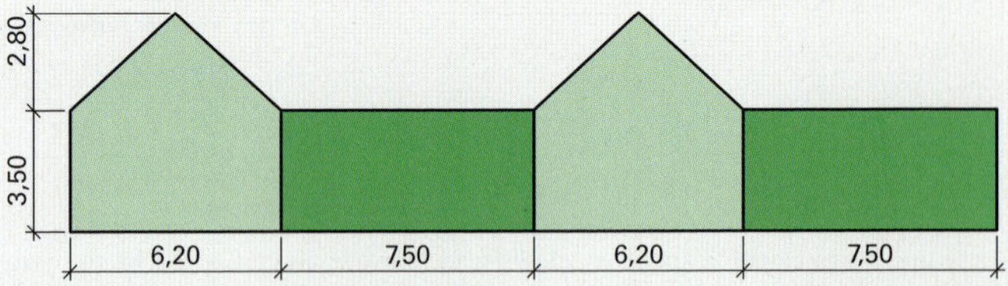

Aufmaß

Schreibweise Aufmaß →

Pos	Bezeichnung	Stückzahl +	Stückzahl –	Abmessungen/Berechnung Länge Breite Höhe	Mess-gehalt	Abzug	Reiner Messgehalt
1	Fassade	1		(6,20 + 7,50 + 6,20 + 7,50) · 3,50	95,90		
		2		6,20 · 2,80 : 2	17,36		113,26 m²

oder

Schreibweise Aufmaß →

Pos	Bezeichnung	Stückzahl +	Stückzahl –	Abmessungen/Berechnung Länge Breite Höhe	Mess-gehalt	Abzug	Reiner Messgehalt
1	Fassade	2		(6,20 · 3,50) + (6,20 · 2,80 : 2)	60,76		
		2		7,50 · 3,50	52,50		113,26 m²

Türen

Blendrahmen (Stockzarge)

Dieser ist an einem Maueranschlag befestigt, sodass die Tür innen und außen unterschiedliche Abmessungen besitzt. Türe und Blendrahmen sind in einem zu messen. Jede Seite ist extra aufzumessen, jeweils Gesamtbreite x Gesamthöhe.

Türen mit Futter + Bekleidung (Umfassungszarge)

Es werden Türblatt und Rahmen getrennt aufgemessen. Das Türblatt wird mit Breite x Höhe gerechnet.
Die Rahmenabwicklung ist die Summe von Futterbreite, Bekleidungsdicke und Bekleidungsbreite x umlaufendes Türmaß.

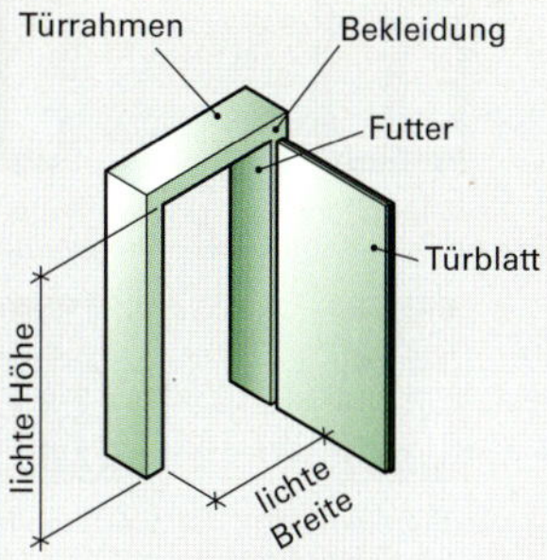

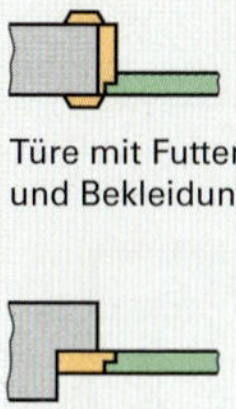

Türe mit Futter und Bekleidung

Türe mit Blendrahmen

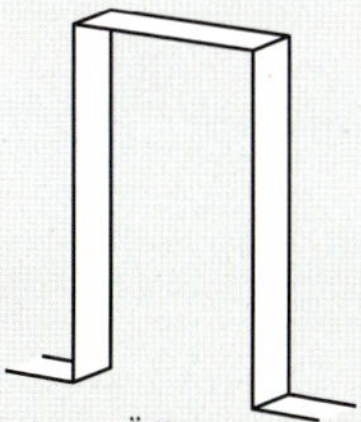

Rohbau-Öffnung

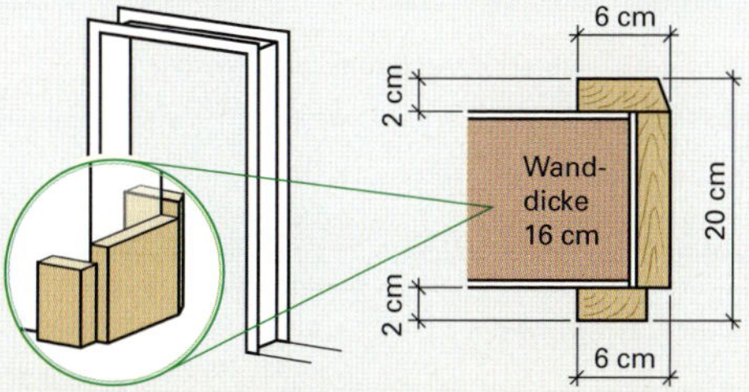

Rahmenabwicklung

1 x 0,20
2 x 0,02 = 0,36 m
2 x 0,06
oder
1 x 0,16
4 x 0,02 = 0,36 m
2 x 0,06

Fenster

Die Berechnung erfolgt je beschichtete Seite nach Fläche, ohne Abzug der Scheiben, je nach Auftrag und Fensterart.

Ein komplettes Einfachfenster besitzt zwei, Verbundfenster vier zu beschichtende Flächen.

Bei Erschwernis durch Konstruktion oder Sprosseneinteilung wird der Einheitspreis pro m² mit einem Schwierigkeitsfaktor multipliziert.

1 Pfosten
2 Kämpfer
3 Sturz
4 Oberlicht
5 Leibung
6 Beschläge/Band
7 Griff-Fenster-olive
8 Blendrahmen/Fensterstock
9 Sprosse
10 Flügelrahmen
11 Fensterbank innen
12 Brüstung

Fenster-Arten

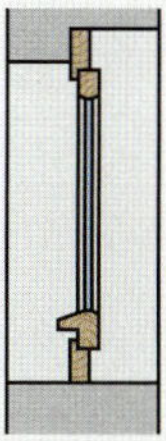

Einfachfenster

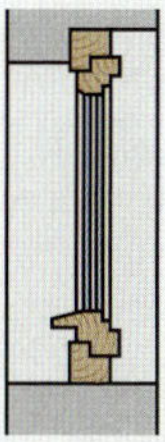

Verbundfenster

Kastenfenster

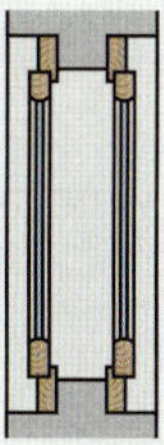

Doppelfenster

Zuschläge

Einflügelfenster
20 % Abschlag

Zweiflügelfenster
Kein Zuschlag

Zweiflügelfenster mit einem Drehkippflügel: Kein Zuschlag

Dreiflügelfenster mit zwei Drehkippflügeln: 20 % Zuschlag

Dreiflügelfenster mit Kämpfer:
20 % Zuschlag

Vierflügelfenster mit Kämpfer ohne Sprossen:
25 % Zuschlag

Vierflügelfenster mit Kämpfer und Sprossen:
60 % Zuschlag

Vierflügelfenster mit Kämpfer, obere Flügel ohne Sprossen, untere mit einer Sprosse: 30 % Zuschlag

Dreiflügelfenster mit Kämpfer und Sprossen:
60 % Zuschlag

Abrechnungsformen von Fenstern

Abrechnung nach Stückzahl

- Diese Form der Abrechnung muss im Leistungsverzeichnis festgelegt werden.
- Nur weitgehend gleiche Fenster unter einem Einheitspreis zusammenfassen.
- Zur Ermittlung sollten Erfahrungswerte vorliegen.

Abrechnung nach Flächenmaß

- Üblich
- Flächenberechnung Breite x Höhe des eingebauten Fensters x Anzahl der Fensterflächen x Anzahl der Fensterflächen
- Außen- und Innenmaß eines Fensters können voneinander abweichen (z. B. wegen Maueranschlag).

Außen- und Innenmaß an Fenstern

Ohne Maueranschlag:
Gleiches Innen- und Außenmaß

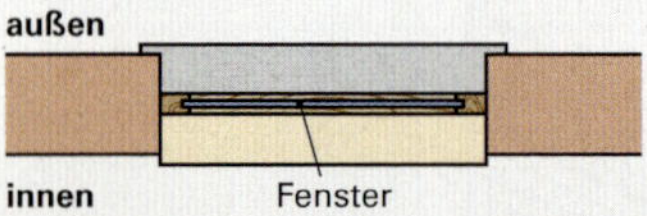

Mauerwerk

Mit Maueranschlag:
Unterschiedliches Innen- und Außenmaß

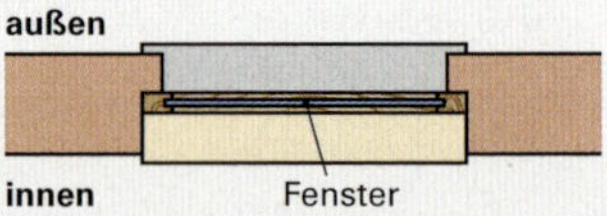

Fenster mit Halbkreisbogen

Fenster mit Halbkreisbogen
Die meisten Fenster sind rechteckig. Es können aber auch Fenster mit Rundbogen vorkommen.

Beispiel
3 Einfachfenster mit Isolierverglasung sind zu beschichten.
Die Fensterbänke sind aus Naturstein.
Schreiben Sie das Aufmaß für die Beschichtung innen und außen.

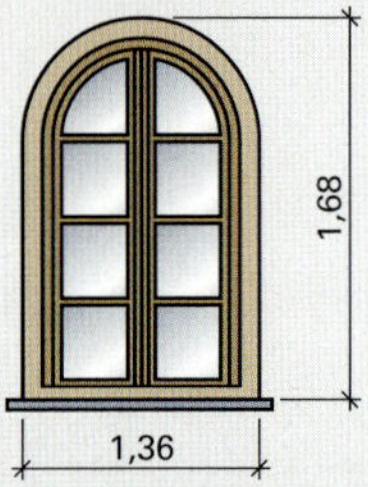

Vor Ort ist die Gesamthöhe einfacher zu messen als die Rechteckhöhe und die Halbkreishöhe.

Die Höhe des Halbkreises ist der Radius des Halbkreises, die Fensterbreite ist der Durchmesser, folglich 2 x der Radius. Ist die Gesamthöhe gemessen und liegt ein Halbkreis vor, so kann die Rechteckhöhe wie folgt berechnet werden Fensterhöhe – halbe Fensterbreite
1,68 m – 1,36 m : 2 = 1,68 m – 0,68 m = 1,00 m

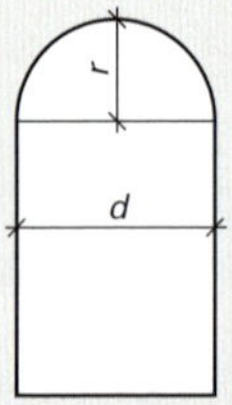

Pos	Bezeichnung	+	–	Abmessungen	Mg	Abzug	R. Mg	Einh.
1	Fenster	3		1,36 · 1,00 · 2	8,16			
		3		0,68 · 0,68 · 3,14 : 2 · 2	4,36		**12,42**	m²

Fensterläden, Roll- und Klappläden

- Die Berechnung erfolgt mit den Maßen der Fensteröffnung.
- Paarweise angeordnete Läden werden als durchgehende Fläche angesehen.
- Bei schwer zu bearbeitenden Konstruktionen, z. B. bei Stülpbrettchen, wird der Preis je m² mit einem Schwierigkeitsmalnehmer multipliziert.

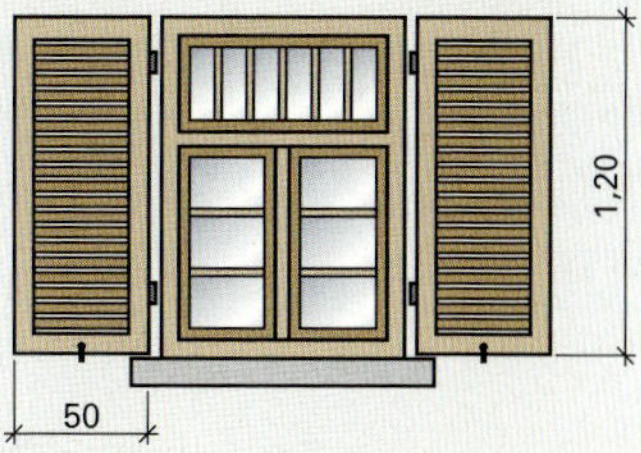

Heizkörper, Radiatoren

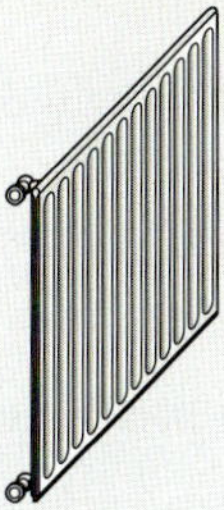

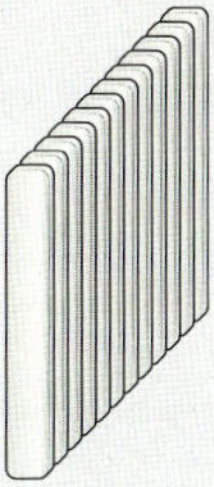

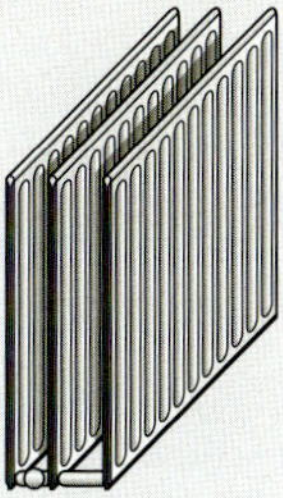

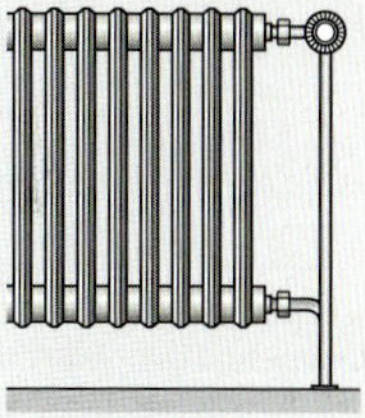

Werden Plattenheizkörper nur auf der Vorderseite beschichtet, dann ist nur die bearbeitete Fläche mit dem Faktor zu multiplizieren.	Werden Radiatoren montiert beschichtet, werden schwer zugängliche und deshalb unbehandelte Stellen nicht abgezogen.	Werden mehrreihige Plattenheizkörper beschichtet, so ist der Multiplikator entsprechend der Reihen zu vervielfältigen.	Anschlussstücke, Halterungen und Konsolen, werden nach Anzahl abgerechnet.

- Radiatoren sind genormte Stahlheizkörper. Die Heizfläche entspricht der Anstrichfläche.
- Fläche eines Heizkörperglieds = Tiefe x Höhe x 2 + 10 %
- Fläche des gesamten Heizkörpers = Fläche eines Heizkörperglieds x Gliederzahl
- Es wird häufig mit Tabellen gerechnet.

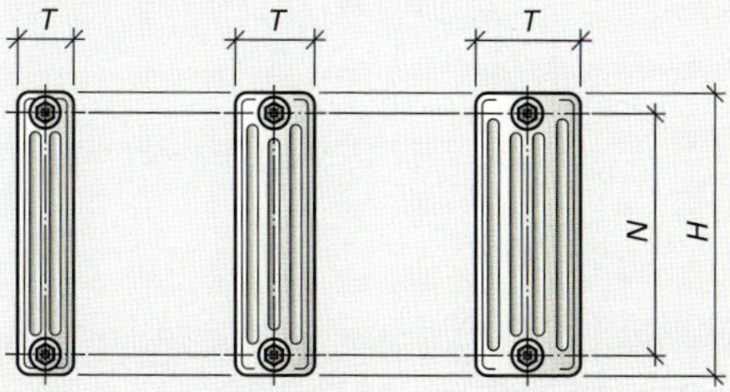

Nabenabstand mm	Bauhöhe mm	Bautiefe mm	Anstrichfläche je Glied in m²
900	1000	72	0,183
900	1000	110	0,240
900	1000	160	0,345
900	1000	220	0,480
600	662	72	0,124
500	600	72	0,100
500	600	110	0,140
500	600	160	0,205
500	600	220	0,285
400	480	72	0,080
350	450	160	0,155
350	450	220	0,210
200	300	250	0,160

Abrechnung nach abgewickelter Fläche

Bei der vereinfachten Abrechnung nach Fläche (Höhe x Breite des Heizkörpers) kann die Profilierung des Heizkörpers durch einen Multiplikator ansatzweise berücksichtigt werden.

Heizkörpertyp	Multiplikator
Plattenheizkörper, **schwach** profiliert	2,1
Plattenheizkörper, **stark** profiliert	2,3
Gussradiatoren	2,8

6

Fassaden mit Anbauten

Anbauten sind Baukörper, die an die Fassade angrenzen und Teile der Fassade abdecken, sodass diese Flächen von der Fassade abgezogen werden müssen. Garagen, Schuppen, weitere Gebäude etc.

Beispiel 1

Schreiben Sie das Aufmaß zur Berechnung der Garagenfassade: Garagentor: 5.40 · 2,70, keine Leibung

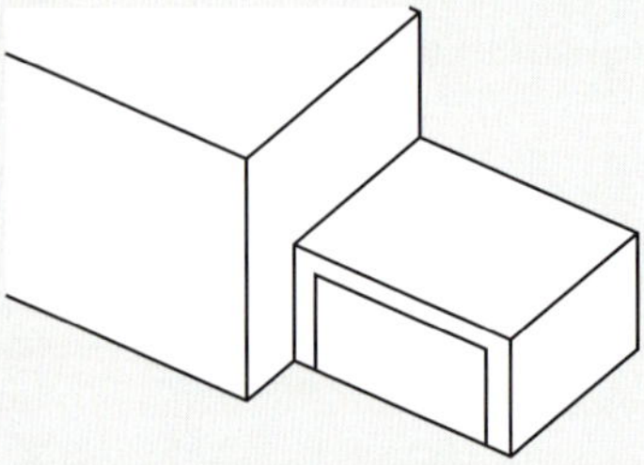

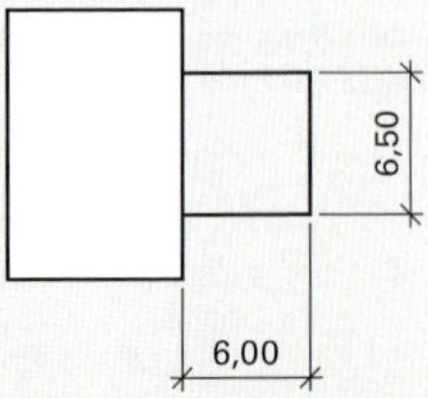

Pos	Bezeichnung	+	–	Abmessung	Mg	Abzug	R. Mg	Einh.
1	Garage	1		(6,00 + 6,50 + 6,00) · 3,00	55,50			
			1	5,40 · 2,70		14,58		
							40,92	m²

Balkone

Balkone sind dem **Baukörper** vorgesetzt und ragen somit aus der Gebäudeflucht hervor. Der Fußboden besteht aus einer Betonplatte (gefliest oder beschichtet) oder einer Holz- oder Metallkonstruktion. Betonplatten erfordern bei Malerarbeiten häufig durch Abplatzungen einen Schutz durch Betoninstandsetzung. Dies kann ein anderes Beschichtungssystem erfordern als für die Fassade. Dann wird mit 2 Positionen abgerechnet.

Die Brüstung schützt vor Herunterfallen und wirkt als Sichtschutz. Bei betonierter Brüstung benötigt der Balkon einen Abfluss für Regenwasser.

Beispiel 1

An einem Mehrfamilienhaus sind 8 Eckbalkone im Zuge der Fassadenrenovierung komplett zu renovieren. Schreiben Sie das Aufmaß zu einem Balkon.

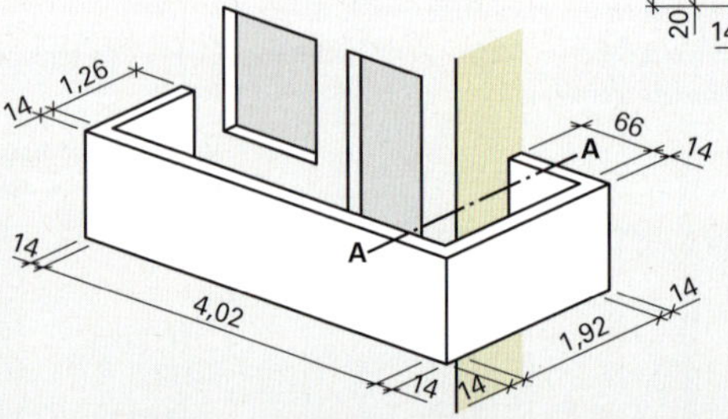

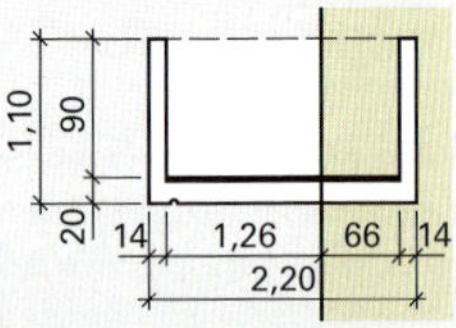

Schnitt A-A

Pos	Bezeichnung	+	–	Abmessung	Mg	Abzug	R. Mg	Einh.
1	Außenseite	1		(1,26 + 0,14 + 0,14 + 4,02 + 0,14 + 0,14 + 1,92 + 0,14 + 0,14 + 0,66) · 1,10	9,57			
	Innenseite	1		(1,26 + 4,02 + 1,92 + 0,66) · 0,90	7,07			
	Kante	1		1,26 · 0,14	0,18			
		1		(0,14 + 4,02 + 0,14) · 0,14	0,60			
		1		1,92 · 0,14	0,27			
		1		(0,66 + 0,14) · 0,14	0,11			
	Unterseite	1		(0,14 + 4,02 + 0,14) · (0,14 + 1,26)	6,02			
		1		(0,14 + 0,66) · (0,14 + 0,66)	0,64		**24,46**	m²

Loggien

Loggien sind Balkone innerhalb des Gebäudes. Sie liegen innerhalb der Gebäudeflucht und bieten mehr Schutz vor Wind und Wetter als Balkone.

Beispiel 2

Diese Loggia wurde innen an Wänden und Decke mit Nut- und Federbrettern verkleidet. Schreiben Sie das Aufmaß für die Imprägnierungsarbeiten des Holzes.

Die Verkleidung endet 5 cm über dem gefliesten Fußboden. Das Geländer besteht aus einer Edelstahlkonstruktion.

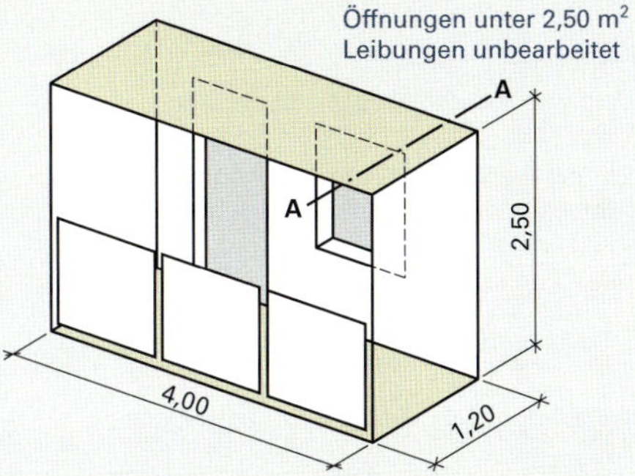

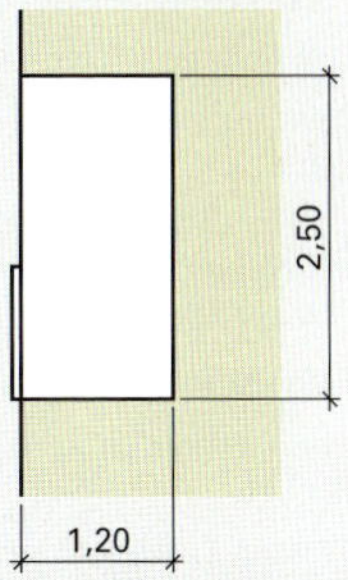

Schnitt A-A

Pos	Bezeichnung	+	–	Abmessungen	Mg	Abzug	R. Mg	Einh.
1	Loggia	1		4,00 · (2,50 – 0,05)	9,80			
		2		1,20 · (2,50 – 0,05)	5,88			
		1		4,00 · 1,20	4,80		**20,48**	m²

Erker

Erker sind dem Baukörper vorgesetzte Gebäudeteile ohne Kontakt zum Erdboden, meist ab der ersten Stockwerkshöhe. Häufig werden Erker farblich abgesetzt, sodass sie dann eine eigene Position im Aufmaß bekommen. Der Grundriss des Erkers bestimmt die Berechnung der Erkerwände. Die Grundfläche muss dazugerechnet werden. Sie kann rechteckig, trapezförmig, halbkreisförmig oder dreieckig sein. Bei Erkern an Gebäudeecken ist die Grundfläche eine zusammengesetzte Fläche oder ein Dreiviertelkreis.
Die Anbaufläche des Erkers muss bei der Berechnung der Fassade abgezogen werden.

Beispiel 1

Aufgabe A

Schreiben Sie das Aufmaß zur Berechnung der Fassade A mit Erker. Der Erker wird im Farbton etwas dunkler abgesetzt. Dafür ist eine eigene Position zu schreiben.

Alle Öffnungen liegen unter 2,50 m².

- Unterseite des Erkers nicht vergessen!

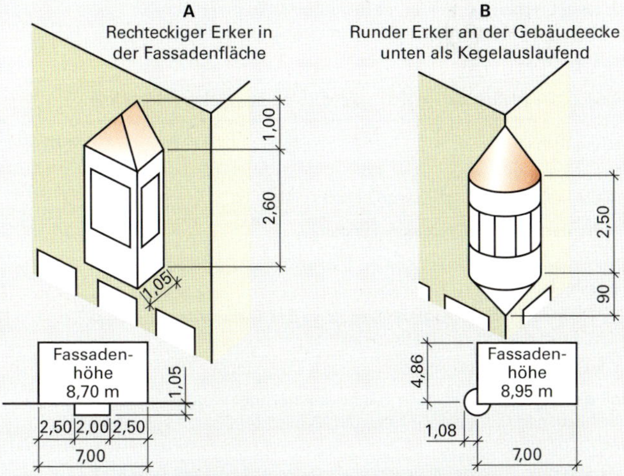

Pos	Bezeichnung	+	–	Abmessungen	Mg	Abzug	R. Mg	Einh.
1	Fassade	1		7,00 · 8,70	41,25			
			1	2,00 · 2,60 + 2,00 · 1,00 : 2		6,20	**35,05**	m²
2	Erker	1		(1,05 + 2,00 + 1,05) · 2,60	10,66			
		1		2,00 · 1,05	2,10		**12,76**	m²

Ergänzende Aufmaßregeln für Arbeiten an Fassaden

Faschen

Darunter versteht man die Einfassung von Fenstern oder Türen in Putz, Stein oder Holz.

Das Aufmaß erfolgt nach Länge in m.

Beim Aufmessen der Faschen wird das größte abgewinkelte Baumaß gemessen.

Bei Einrahmungen, die nicht mit der Fassade bearbeitet werden, z. B. mit Naturstein, werden Öffnung und Umrahmung als eine gesamte Aussparung gerechnet und bis 2,50 m² übermessen.

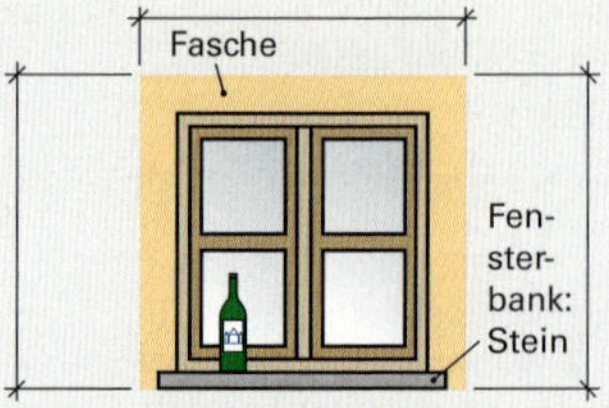

Fenster mit Fasche und Flasche

Fensterbänke

Diese werden im Aufmaß übermessen, d. h. im Aufmaß nicht berücksichtigt.

Werden Leibungen mitbearbeitet, fällt dieser Teil weg, die Leibung besteht dann aus 3 Seiten.

Eckverband

Es handelt sich um die Begrenzung der Fassade durch hervorgehobenen Steinversatz durch Putz oder Naturstein.

Bei der Berechnung der Fläche der verputzten Fassade wird der Eckverband übermessen. Bei besonderer Bearbeitung der Eckverband-Steine wird das kleinste umschreibende Rechteck je Verband gemessen.

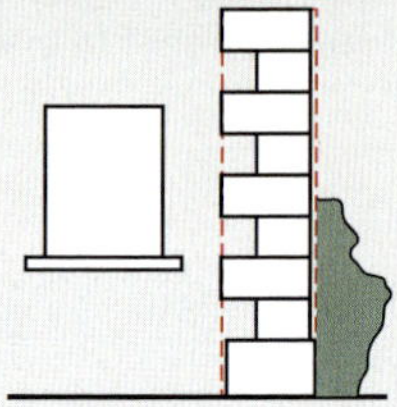

Eckverband

Gesimse

Sie teilen die Fassade in der Horizontalen durchgängig, meist auf Stockwerkshöhe.

Ihr Aufmaß erfolgt nach größter Länge in m. Unterbrechungen bis zu 1 m Einzellänge werden übermessen.

Als Unterbrechungen werden sie beim Aufmaß der verputzten Fassade bis zu einer Breite von 30 cm übermessen.

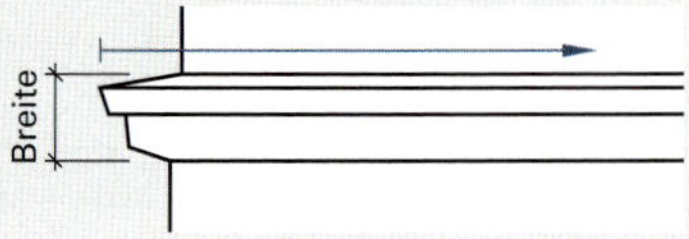

Gesimse

Sockel

Horizontal umlaufender, in der Regel farblich abgesetzter Bereich in Bodennähe mit höherer Beanspruchbarkeit als die Fassadenfläche. Abrechnung in m².

Öffnungen und Aussparungen werden mit ihrem Anteil am Sockel im Aufmaß mit der 2,50 m²-Grenze berücksichtigt.

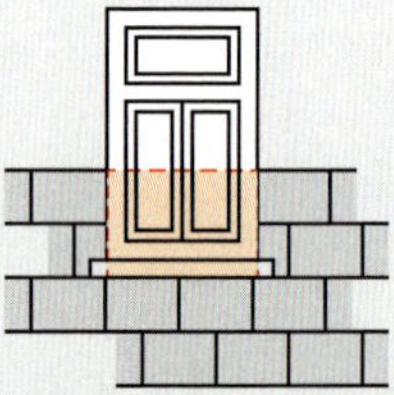

Sockel

Dachuntersicht und Ortgangverkleidung

Dachuntersichten befinden sich an Traufseiten als Dachüberstand am Ende der Balken.

Der Ortgang verläuft längs der Balken an den Giebelseiten, dieser ist meist durch das Ortgangbrett verkleidet.

In der Regel erfolgt die Abrechnung nach Längenmaß.

Soll die Dachuntersicht nach Fläche abgerechnet werden, sind zur durchgehenden Länge noch 2 mal die Balkenseitenflächen und -stirnflächen dazuzurechnen.

Die gesamte Länge der abgewickelten Untersicht wird mit dem Maß des Überstandes multipliziert.

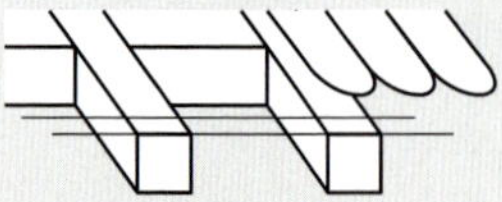

Dachuntersicht

Dachrinnen

Dachrinnen werden nach Länge in m abgerechnet. Die Länge gebogener Dachrinnenbereiche wird immer am Außenbogen gemessen.

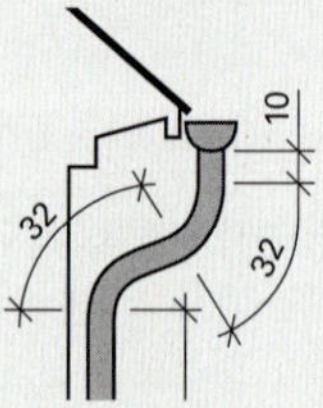

Dachrinnen

6.2.4 Aufmaß besonderer Aufgaben

Treppenhaus

Aufmaßregeln zum Treppenhaus

- Zur Vereinfachung der Abrechnung werden in Treppenhäusern die Wände in ihrer gesamten Höhe ohne Berücksichtigung begrenzender Bauteile, wie einbindende Podeste und Treppenläufe, gemessen. Diese Vereinfachung ist mit dem Auftraggeber zu vereinbaren.
- Schräge Flächen sind in ihrer Schräge als Rechteck zu messen.
- Öffnungen oder Aussparungen unter 2,50 m^2 werden übermessen.
- Bei Treppenuntersichten und Podestdecken ist die Anzahl der jeweiligen Flächen in das Aufmaß mit einzubeziehen.
- Treppenwangen können nach Flächen- oder nach Längenmaß abgerechnet werden. Es gelten die Maße des umschreibenden Rechtecks.
- Unverkleidete Treppenuntersichten, bei denen die Setz- und Trittstufen sichtbar sind, werden in der Abwicklung gemessen.
- Bei gewendelten Treppen ist für die Treppenuntersicht ein ausgemitteltes Maß anzuwenden.

Schritte beim Aufmessen

Empfohlen wird eine Systematik beim Aufmessen

1. Aufmessen der Wände mit Zu- und Abzügen
2. Podestuntersichten
3. Treppenuntersichten
4. Treppenhausdecke
5. Wangen und Sonstiges

Aufmaßberechnung am Beispiel

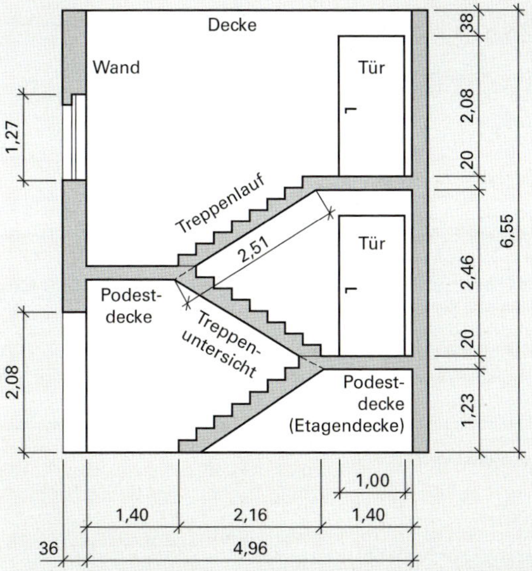

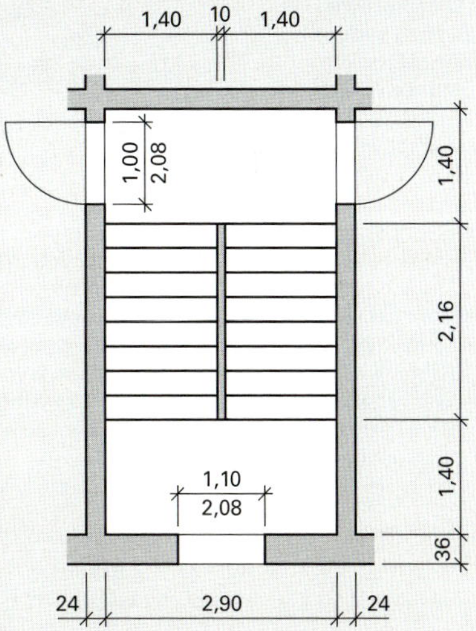

Pos	Bezeichnung	+	–	Abmessung	Mg	Abzug	R. Mg	Einh.
1	Wandfläche	1		(2,90 + 4,96) · 2 · 6,55	102,97		**102,97**	m^2
2	Deckenfläche	1		2,90 · 4,96	14,38			
	Treppenuntersicht	3		2,51 · 1,40	10,54			
	Podeste	3		1,40 · 2,90	12,18			
							37,10	m^2

Treppen

Treppenarten

Treppenarten unterscheiden sich in ihrer Grundrissform. Die Plandarstellung muss der Maler und Lackierer verstehen. Der Pfeil zeigt immer in die Aufwärtsrichtung.

Treppen mit geraden Läufen

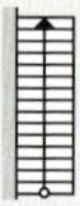

Einläufige, gerade Treppe als Rechtstreppe dargestellt

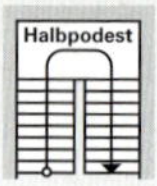

Zweiläufige, gegenläufige Treppe mit Zwischenpodest (Rechtstreppe)

Treppen mit geraden und gewendelten Laufteilen

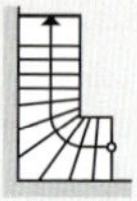

Einläufige, im Antritt viertelgewendelte Treppe, als Rechtstreppe dargestellt

Einläufige, zweimal viertelgewendelte Treppe (Rechtstreppe)

Treppen mit gewendelten Läufen

Wendeltreppe mit Treppenauge, als einläufige Linkstreppe dargestellt

Spindeltreppe mit Treppenspindel, als einläufige Linkstreppe dargestellt

Einläufige, halbgewendelte Treppe, als Linkstreppe dargestellt

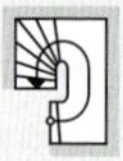

Einläufige, dreiviertel gewendelte Treppe, als Linkstreppe dargestellt

Bestandteile einer Treppe

Eine Treppe besteht in der Regel aus 2 Wangen, Setzstufen und Trittstufen. Durchbrochene Treppen besitzen kein Setzstufenbrett. Berechnet wird nur, was beschichtet wird.

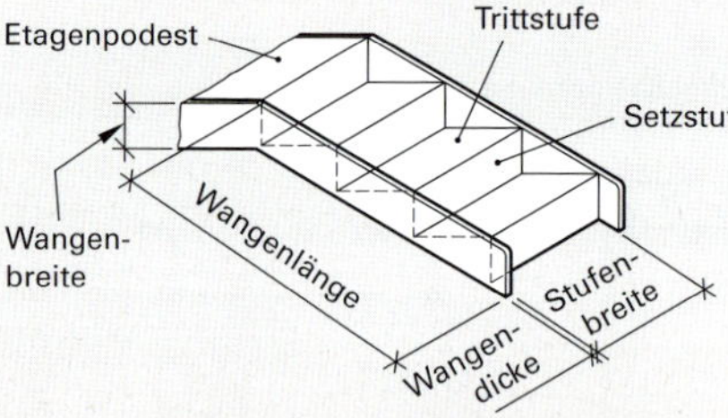

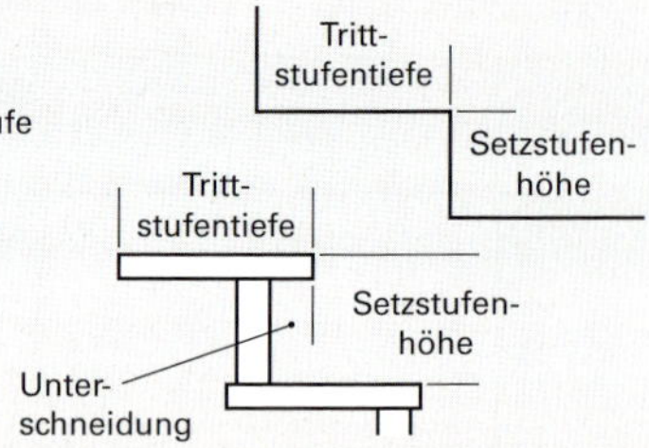

Aufmaßregeln zu Treppen

- Treppenstufen werden sinnvollerweise nach Stückzahl abgerechnet. Auch die Berechnung nach Flächenmaß ist möglich. In der Abwicklung der Stufen sind alle Teilflächen zu erfassen.
  Stufenberechnung: Stufenbreite · (Trittstufentiefe + Setzstufenhöhe + Unterschneidung).
- Wird bei einer Treppe die Trittstufe behandelt und durch Setzstufen unter 30 cm unterbrochen, ist die gesamte Treppe (in der Abwicklung gezeichnet) zu berechnen und die Unterbrechungen sind zu übermessen.
  Achtung: Gehört die letzte Trittstufe bereits zum Podest, so ergibt sich 1 Setzstufe mehr als Trittstufen.
- Wangen können nach Längenmaß oder Flächenmaß abgerechnet werden.
  Bei Berechnung nach Flächenmaß gelten die Maße des kleinsten umschreibenden Rechtecks. Dazu kommt das Maß der Wangendicke.
- Bei gewendelten Treppen ist von der Mittellinie (Lauflinie) auszugehen und es ist mit Mittelwerten zu rechnen.

Beispiel Stufenberechnung

Sie ermitteln folgende Angaben: Stufenbreite: 1,20 m, Trittstufe: 0,28 m, Setzstufe: 0,15 m, keine Unterschneidung. Stufenanzahl 10. Die oberste Trittstufe gehört zum Podest.

Pos	Bezeichnung	+	–	Abmessungen	Mg	Abzug	R. Mg	Einh.
1	Trittstufen	9		1,20 · 0,28	3,02			
	Setzstufen	10		1,20 · 0,15	1,80		**4,82**	m^2

Beispiel Wangenberechnung

Beide Treppenwangen besitzen folgende Maße: Breite der Wange: 0,24 m, Länge der Wange: 2,00 m, Wangendicke: 0,05 m. Eine Treppenwange liegt dicht an der Wand an.

Pos	Bezeichnung	+	–	Abmessungen	Mg	Abzug	R. Mg	Einh.
1	Treppenwangen	1		(0,24 + 0,05 + 0,24 + 0,05) · 2,00	1,16			
		1		(0,24 + 0,05 + 0,05) · 2,00	0,68		**1,84**	m^2

Trockenbauarbeiten

Trockenbauarbeiten sind konstruktive Arbeiten im Innenbereich von Gebäuden.

Die gründliche Planung des Bauablaufs ist der erste Schritt.

Ist die Planung abgeschlossen, lassen sich alle notwendigen Angaben aus den Zeichnungen errechnen, z. B.

- Materialmengen für den Aufbau.
- Flächenberechnungen für die Oberflächenbearbeitung.
- Details, die nicht über eine Flächenpauschale (z. B. €/m²) abgerechnet werden.

Alle Maßnahmen werden im Leistungsverzeichnis erfasst, z. B.

- Einfach- oder Doppelständerwand, Art der Profile, Aussteifungen. Einbauten und ein- bis dreilagige Beplankung, Plattenarten.
- Bewegungsfugen, Anschluss-Profile, Randprofile, gleitende Anschlüsse.
- Befestigungsmittel für angrenzende Bauteile.
- Dämmstoffe und Brandschutzmaßnahmen.
- Oberflächenbehandlung (Q1 – 4), Spachtelmaterialien, Fugendeckstreifen, Grundierungen.

Aufbau einer Wand im Trockenbau

Spachtelarbeiten im Trockenbau

Je nach Arbeit erfolgt die Aufstellung und Abrechnung der Leistung nach Flächenmaß in m^2, nach Längenmaß in m oder nach Anzahl.

Nach Flächenmaß in m^2	Nach Längenmaß in m	Nach Anzahl (Stück)
• Reinigung und Vorbehandlung des Untergrunds • Auffüllung und Schüttung • Flächige Unterkonstruktionen **über 5 m^2** • Dämmstoffschichten, Vliese, Deckenbekleidung, Unterdecken, nicht tragende Trennwände, Wandbekleidungen, Vorsatzschalen **über 5 m^2** • Systemböden **über 5 m^2** • Schließen von Aussparungen **über 5 m^2** • Leibungsbekleidungen über **1 m Tiefe** • Schürzen, Abschottungen, Abklagen, Abdeckungen, seitliche Bekleidungen, Friese, Abtreppungen mit einer Breite von **über 1 m je Ansichtsfläche** • Verkofferungen und Bekleidungen mit einer **Abwicklung von über 1 m** • Schwert- und Reduzierelemente, Trenn- und Schutzschichten, Schutzbeläge, Folien, Bahnen, Dampfbremsen mit einer Breite von **über 1 m**	• Leibungsbekleidung **unter 1 m Tiefe** • Schürzen, Abschottungen, Ablagen, Abdeckungen, seitliche Bekleidungen, Friese, Abtreppungen mit einer Breite **bis 1 m je Ansichtsfläche** • Verkofferungen und Bekleidungen mit einer **Abwicklung bis 1 m** • Trenn- und Schutzschichten, Schutzbeläge, Folien, Bahnen, Dampfbremsen mit einer Breite bis 1 m • Luftdichte Anschlüsse an Bauteilen • Fensterbänke, Fenster- und Türeinrahmungen, Schattenfugen, Nuten • Aussparungen mit einem Seitenverhältnis größer 4 : 1 und einer größten Länge über 2 m für Auf- und Einbauteile • Schwert- und Reduzierelemente bis 1 m Breite • Gleitende Decken, Wand- und Bodenanschlüsse • Weitspannträger über 2 m Länge • Wandabzweigungen, Bekleidung der Stirnseiten	• Flächen bis **5 m^2** • Aussparungen mit einem Seitenverhältnis kleiner 4 : 1 **oder** einer größten Länge über 2 m für Auf- und Einbauteile • Schließen von Aussparungen bis 5 m^2 • Unterkonstruktionen, Verstärkungen, Aussteifungen, Auswechselungen und Überbrückungen mit einer Länge bis 2 m für Auf- und Einbauteile • Weitspannträger bis 2 m Länge

6

Regeln für das Aufmaß von Trockenbauarbeiten

- Das Aufmaß kann sowohl direkt am Objekt als auch aus einer Zeichnung (falls vorhanden) entnommen werden.
- Für Flächen ohne begrenzende Bauteile gilt das Maß der fertigen Bekleidung.
- Bei Flächen mit begrenzenden Bauteilen werden die Maße bis zu den sie begrenzenden ungeputzten, ungedämmten, unbekleideten Bauteilen zugrunde gelegt.
- Bei der Ermittlung der Maße wird das jeweils größte Baumaßteil zugrunde gelegt, z. B. bei umlaufenden Friesen.
- Bei der Abrechnung von Sonderformaten und Einzelflächen über 5 m^2 wird das kleinste umschriebene Rechteck zugrunde gelegt. Dies vereinfacht das Flächenaufmaß bei komplizierten Flächenformen.
- Übermessen werden Aussparungen unter 2,50 m^2. Auch raumhohe Durchgänge sind Aussparungen.
- Aussparungen unter 0,50 m^2 in Böden werden übermessen.
- Bei Abrechnung nach Längenmaß werden Unterbrechungen unter 1 m Länge übermessen.
- Übermessen werden Anschlüsse, Friese, Randfriese, offene Fugen, Vertiefungen, Verkofferungen und dergleichen bis 30 cm Breite. Eine Verkofferung ist eine Verkleidung z. B. für Rohre, Leitungen etc. Diese werden übermessen und gesondert gerechnet.
- Gesondert berechnet werden Leibungen. Die Abrechnung erfolgt in m.
- Gesondert berechnet werden unmittelbar zusammenhängende, verschiedenartige Aussparungen.
- Gesondert berechnet werden Nischenrückwände, Anschlüsse, Friese, Fugen, Vertiefungen, Verkofferungen u. a.
- Der Einbau von Kantenschutzprofilen ist immer eine besondere Leistung, die zusätzlich nach Längenmaß abgerechnet wird.
- Gesondert abgerechnet wird das Anarbeiten, Anpassen und Schließen von Aussparungen.
- Die Stirnseite eines bekleideten freistehenden Wandendes oder einer Wandoberseite wird zusätzlich nach Längenmaß gerechnet.
- Die Herstellung von Aussparungen mit einem Seitenverhältnis, das größer als 4 : 1 ist und länger als 2,00 m ist, wird zusätzlich nach Längenmaß in m abgerechnet.

Abgehängte Decke = Fläche mit begrenzendem Bauteil

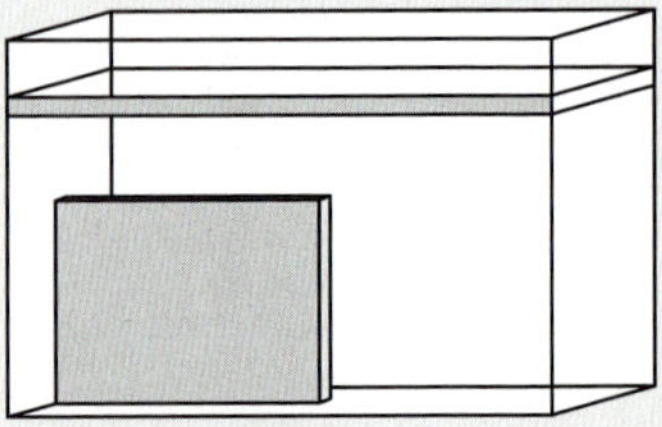

Eingestellte Wand = Fläche ohne begrenzendes Bauteil

Bauteile mit und ohne Begrenzung

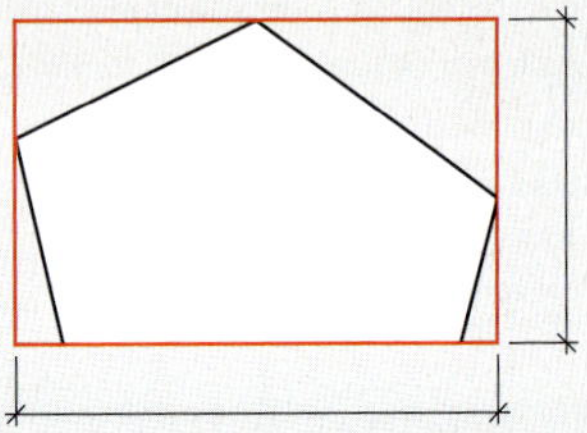

Umschreibendes Rechteck

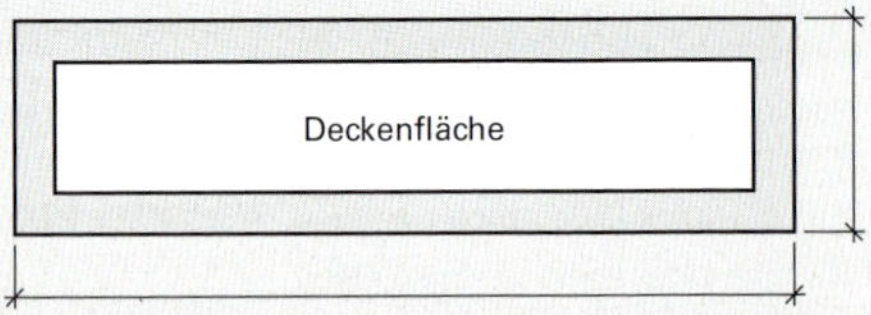

Umschreibendes Rechteck

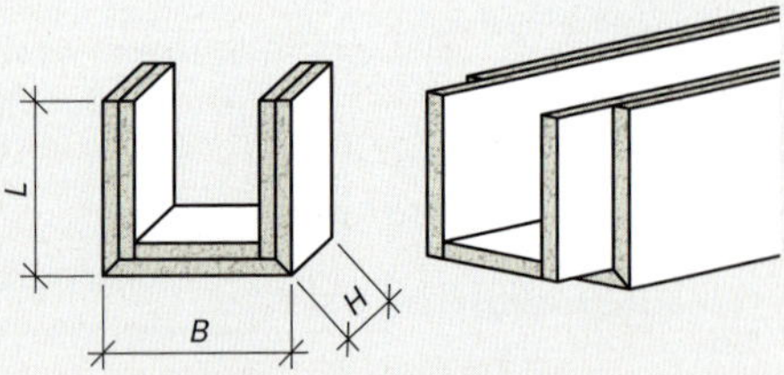

Fertigverkofferung für Leitungen

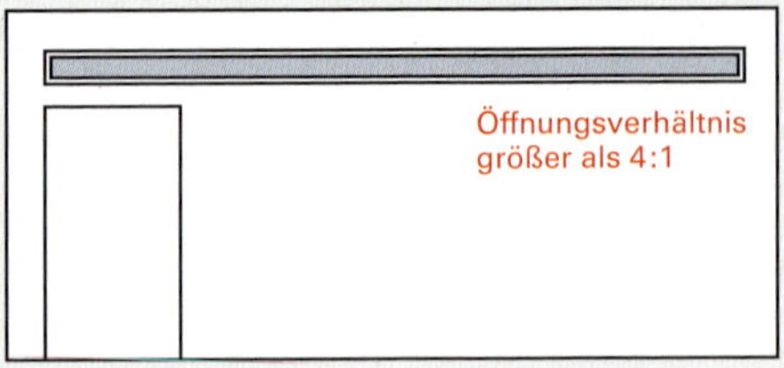

Aussparung für einen Lüftungsauslass

Fußbodenarbeiten

Bei der Abrechnung von **Fußbodenarbeiten** wird unterschieden zwischen der Abrechnung nach Zeichnungsmaß und **Fertigmaß**. Das **Zeichnungsmaß** entspricht den Rohbauabmessungen, ohne Verputz, Verkleidungen und Dämmstreifen. Das Fertigmaß ist das lichte Maß (die nutzbare Fläche) zwischen den Wänden, also die Fläche, die vom Maler vor Ort mit dem Meterstab ermittelt werden kann. Die zugrunde gelegte Fläche ist demnach beim Rohbaumaß größer als beim Fertigmaß.

Die Fußbodenfläche wird aus der Zeichnung oder durch das Aufmaß ermittelt und in Quadratmetern angegeben.

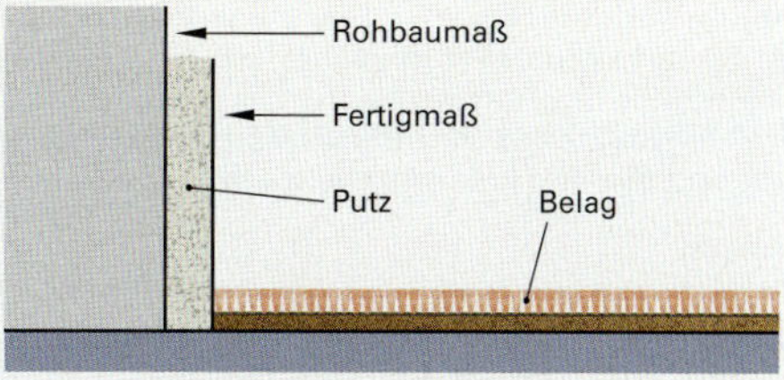

Rohbaumaß und Fertigmaß

Aufmaßregeln zu Fußbodenarbeiten

Zu den vom Maler und Lackierer am häufigsten verlegten Bodenbelägen gehören elastische und textile Beläge, die als Bahnen- oder Fliesenware verarbeitet werden. Auch Fertigfußböden in Paneelformat aus Holz- und Holzwerkstoffen (Fertigparkett und Laminat) gehören ebenso zum Auftragsspektrum wie keramische Fliesenbeläge. Es gelten folgende Aufmaßregeln:

- Vorbereitungs- und Belagsarbeiten werden nach Fläche in Quadratmeter abgerechnet.
- Die Abrechnung erfolgt nach Rohbaumaß (Fußleiste, Dämmstreifen, etc. werden übermessen).
- Rücksprünge, z. B. Fenster- und Türnischen werden hinzugerechnet.
- Aussparungen, z. B. Pfeiler, Säulen, Kamine, Rohrdurchführungen usw. werden ab einer Einzelgröße von 0,10 m^2 abgezogen

In der VOB, ATV DIN 18365 sind die Regeln für Bodenbelagsarbeiten zugrunde gelegt. In der Regel bestimmt der Maler und Lackierer als Fachmann die **Verlegerichtung** und berücksichtigt hierbei einen möglichst geringen Verschnitt. Im Fall großer Flächen sind bei der Verlegung von Bahnenware Nahtstellen unumgänglich. Folgende Regeln sind zu beachten:

- **Rücksprünge**, z. B. **Türnischen** dürfen nur mit Streifen belegt werden, wenn die Bahnen nicht auf sie zulaufen.
- **Kopfnähte** sind erst ab einer Bahnenlänge von 5,00 m erlaubt.

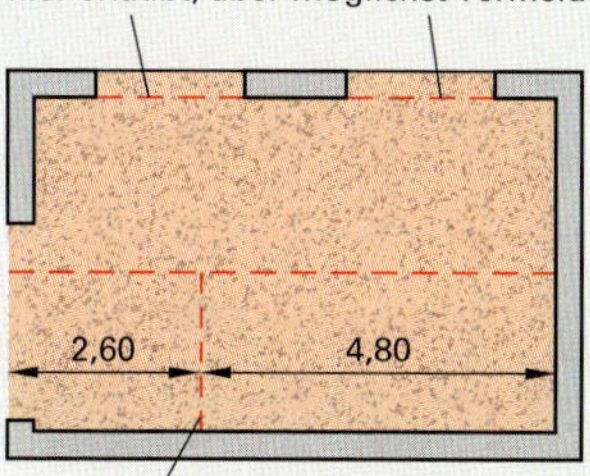

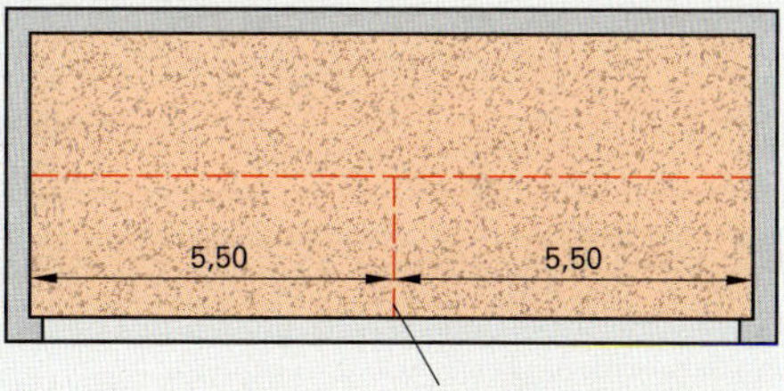

Nahtverlauf bei Bahnware

Aufmaßberechnung am Beispiel

Der Eingangsbereich einer Arztpraxis wird mit Linoleum belegt.

Ermitteln Sie das Aufmaß anhand der Zeichnung.

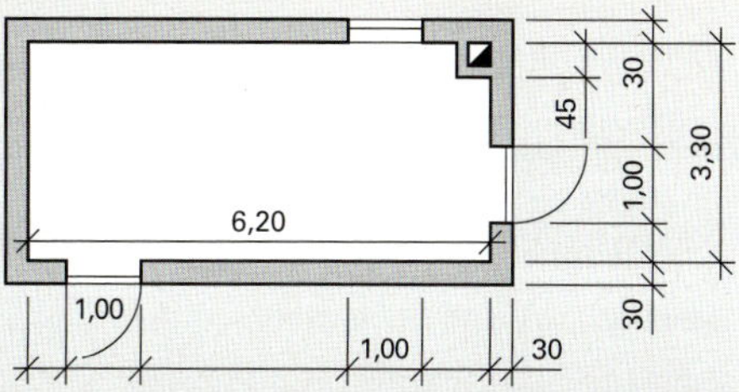

Pos	Bezeichnung	+	–	Abmessungen	Mg	Abzug	R. Mg	Einh.
1	Fußboden	1		6,20 · 3,30	20,46			
	Nischen	3		1,00 · 0,30	0,90			
	Kaminvorsprung		1	0,45 · 0,45		0,20	**21,16**	m^2

6

Aufmaß von Bodenbeschichtungsarbeiten

Abzüge (Aussparungen, z. B. Schornsteine, Pfeilvorsprünge usw.) sowie Zuzüge (Rücksprünge, z. B. Tür- und Heizkörpernische usw.) werden bis zu einer Einzelfläche von 0,50 m² übermessen. Bei mehr als 0,50 m² Einzelfläche sind sie abzuziehen bzw. hinzuzurechnen.

Beispiel

Der Fußboden in dem Lagerraum eines Lebensmitteldiscounters wird mit einem Epoxidharz beschichtet.

Ermitteln Sie das Aufmaß anhand der Zeichnung.

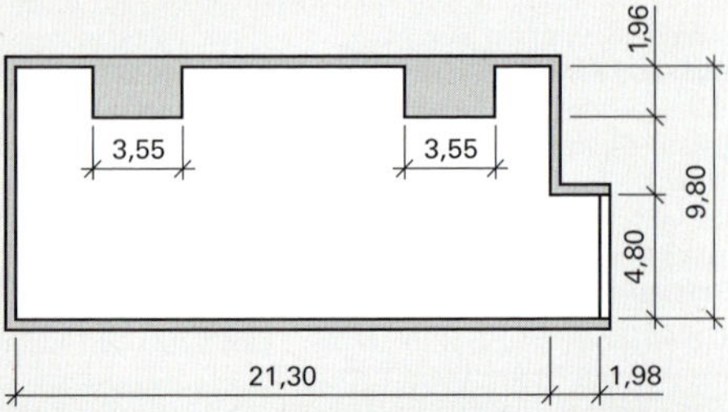

Pos	Bezeichnung	+	–	Abmessung	Mg	Abzug	R. Mg	Einh.
1	Fußboden	1		21,30 · 9,80	208,74			
	Nischen	1		4,80 · 1,98	9,50			
	Pfeilervorsprung		2	3,55 · 1,96		13,92		
							204,32	m²

Regeln zum Aufmaß von Sockeln und Fußleisten

Fußleisten und gestrichene **Sockel** werden bis zu einer Höhe bzw. Breite von 30 cm nach Längenmaß abgerechnet.

Alle zusätzlichen Längen von **Nischen, Pfeilervorsprüngen** etc. werden hinzugerechnet. Unterbrechungen unter 1,00 m Länge werden übermessen. Unterbrechungen von mehr als 1,00 m Länge müssen abgezogen werden.

Der Materialverbrauch für die Beschichtung von Fußleisten und Sockeln kann natürlich nicht über die Längenangabe berechnet werden. Dieser wird in einer der Preiskalkulation vorangestellten Rechnung nach der zu beschichtenden Fläche berechnet und für den Kalkulationspreis (Preis pro Längenmeter) vom Maler und Lackierer entsprechend berücksichtigt.

Beispielberechnung

In einem Abstellraum werden an drei Seiten die Holzfußleisten beschichtet. An der Stirnseite des Raumes (gegenüber der Eingangstür) wird ein Schmutzsockel in Höhe von 45 cm angelegt.

Ermitteln Sie das Aufmaß nach der Zeichnung.

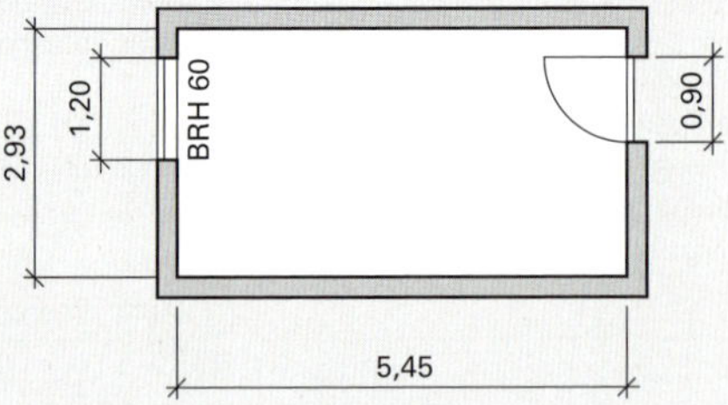

Pos	Bezeichnung	+	–	Abmessung	Mg	Abzug	R. Mg	Einh.
1	Fußboden	1		5,45 · 2 + 2,93	13,83		**13,83**	m
2	Schmutzsockel	1		2,93 · 0,45	1,32		**1,32**	m²

Ergänzung

Die Fußleisten (Breite: 6 cm) des abgebildeten Raumes sowie der Sockel erhalten einen dreifachen Anstrich mit einem Dispersionslack (Verbrauch 120 ml/m²), der auch als Grundierung geeignet ist.

Berechnen Sie den Verbrauch für die zu beschichtende Fläche.

Fußleisten 13,83 · 0,06 · 0,120 · 3 = 0,299 l

Schmutzsockel 1,32 · 0,120 · 3 = 0,475 l

Gesamtverbrauch 0,774 l

WDVS		
Beim Aufmaß von Wärmedämmverbundsystemen gibt es wie bei der Aufstellung und Abrechnung von Maler- und Lackierarbeiten Abrechnungseinheiten. Es werden Bauteile entweder nach Fläche (m^2, wenn die Bauteile eher flächenorientiert sind), Längenmaß (m, wenn die Bauteile eher längenorientiert sind) oder nach ihrer Anzahl berechnet.		
Nach Flächenmaß in m^2	**Nach Längenmaß in m**	**Nach Anzahl (Stück)**
• Wärmedämmverbundsysteme • Vorbehandeln des Untergrundes • Ausgleichen von unebenen Untergründen • Ausfütterungen über 2,50 m^2 Einzelgröße • Zusätzliche flächige Bewehrungen • Perimeterdämmung mit über 1,00 m Höhe Als **Perimeterdämmung** bezeichnet man die Wärmedämmung erdberührter Bauteile von Gebäuden und Bauwerken an ihrer Außenseite.	• Leibungen • Schürzen, Brandbarrieren, Abdeckungen über 1,00 m Breite je Seite • WDVS an Pfeilern, Lisenen, Stützen, Unterzügen, Abtreppungen bis 1,00 m Breite je Ansichtsfläche • Zuschnitte • Perimeterdämmungen bis 1,00 m Höhe • Fensterbänke, Faschen, Dekorprofile, Putzbänder, Bossenfugen, Schattenfugen • Armierungsputze und zusätzliche flächige Bewehrungen bis 1,00 m Breite	• WDVS bis 2,50 m^2 Einzelgröße • Vorbehandlungen auf Flächen bis 2,50 m^2 Einzelgröße • Herstellungen von Aussparungen • Einbau von Hilfskonstruktionen • Diagonalbewehrungen und Armierungspfeile • Ecken, Gehrungen, Kreuzungen, Verkröpfungen und Endungen von Dekorprofilen • Schließen von Verankerungsöffnungen, Gerüstankerlöchern, Öffnungen und Durchbrüchen • Auffütterungen bei Flächen bis 2,50 m^2 Einzelgröße

Aufmaßregeln + Regeln zu Abrechnung von Materialien

- Das Aufmaß kann direkt am Objekt gemessen als auch aus einer Zeichnung (falls vorhanden) entnommen werden.
- Für die Berechnung sind die Maße der fertigen Oberfläche gültig. Dies umfasst das Gebäudemaß + Dämmung + Oberputz.

Beispiel 1

Am Gebäude wird als Breite 8,60 m gemessen. Es wird eine Dämmung mit einer Plattendicke von 12 cm aufgebracht. Wie groß ist die Gebäudebreite nach dem Aufmaß, wenn die Dämmung das ganze Gebäude umschließt?

8,60 m + 2 · 0,12 (1 × links und 1 × rechts)

Gebäudebreite **8,84 m**

- Bei der Ermittlung der Maße wird das jeweils größte Bauteilmaß zugrunde gelegt.
- Die Regelungen zum Übermessen von Öffnungen, Nischen und Unterbrechungen entsprechen den Regelungen für Beschichtungen. Als Nische gilt auch eine Vertiefung in der Wand, die erst durch geringere Dämmstoffdicke bei ansonsten ebener Wandfläche entsteht.
- Unterbrechungen unter 1 m Länge bei der Abrechnung nach Längenmaß werden übermessen.
- Friese, offene Fugen, Vertiefungen, Verkofferungen, Anschlüsse etc. werden getrennt berechnet.
- Sonderformate und Flächen bis 5 m^2 werden getrennt berechnet.
- Gleichartige Aussparungen, die durch konstruktive Elemente getrennt sind, werden getrennt berechnet.
- Rückflächen von Nischen und Leibungen werden getrennt berechnet.

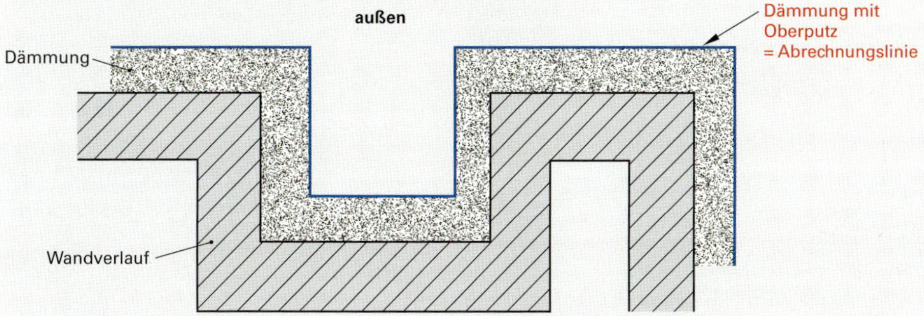

Änderung der Wandmaße durch die Dicke der Dämmung

Beispiel 2

Schreiben Sie das Aufmaß nur zu dieser Fassadenseite.
(In der Praxis wird nie nur 1 Seite gedämmt werden, sondern das gesamte Gebäude rundum und lückenlos.)
Dämmung mit einem 14 cm/WLG 035-System auf Basis Polystyrol.
Die Leibungen der Öffnungen werden mit anderen Werkstoffen gedämmt und werden hier nicht berücksichtigt.

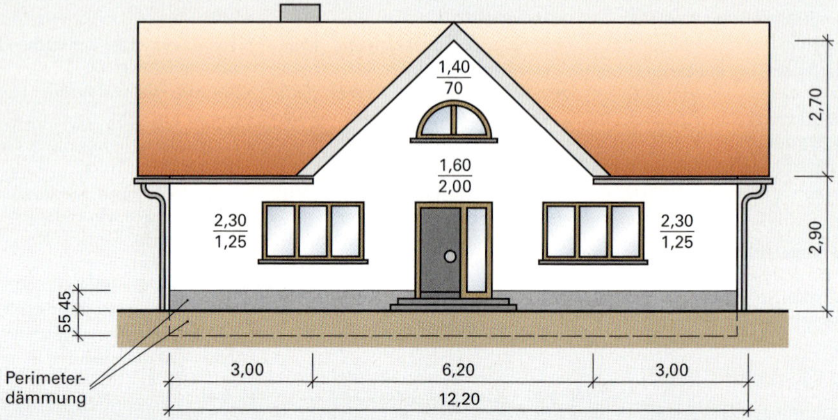

Gesamte Fassade, einschließlich Sockel und Perimeterbereich zur Vorbereitung des Untergrundes

Pos	Bezeichnung	+	–	Abmessungen	Mg	Abzug	R. Mg	Einh.
1	Fassade	1		12,20 · (2,90 + 0,55)	42,09			
		1		6,20 · 2,70 : 2	8,37			
			1	1,60 · 2,00		3,20		
			2	2,30 · 1,25		5,75	**41,25**	m²

Zu dämmende Fassade oberhalb des Sockels mit (Überstand Dämmung 14 cm)

Pos	Bezeichnung	+	–	Abmessungen	Mg	Abzug	R. Mg	Einh.
1	Fassade	1		(12,20 + 2 · 0,14) · (2,90 – 0,45)	30,58			
		1		6,20 · 2,70 : 2	8,37			
			1	1,60 · 2,00		3,20	**30,00**	m²
			2	2,30 · 1,25		5,75		

Perimeterbereich (mit Überstand Dämmung 14 cm)

Pos	Bezeichnung	+	–	Abmessungen	Mg	Abzug	R. Mg	Einh.
1	Perimeterbereich	1		(12,20 + 2 · 0,14) · (0,45 + 0,50)	11,86		**11,86**	m²

Sockelschiene (mit Überstand)

Pos	Bezeichnung	+	–	Abmessungen	Mg	Abzug	R. Mg	Einh.
1	Sockelschiene	1		12,20 + 2 · 0,14	12,48		**12,48**	m

Sockel

Pos	Bezeichnung	+	–	Abmessung	Mg	Abzug	R. Mg	Einh.
1	Sockel	1		(12,20 + 2 · 0,14) · 0,45	5,62		**5,62**	m

Bei der weiteren Planung ist es empfehlenswert, sich auf ein WDVS des Marktes einzustellen.

Nur dann
- erfolgt Beratung und Unterstützung bei der Erstellung des Leistungsverzeichnisses.
- können Rückfragen bei der Ausführung gestellt werden.
- kann im späteren Schadensfall der WDVS-Hersteller mit herangezogen werden.

Genormte Stahlprofile

Wichtige genormte Profile:
L-Stahl
T-Stahl
U-Stahl
I-Stahl
Hohlprofile

Die Abrechnung erfolgt nach:
- Länge bei Profilen mit einem Umfang bis 90 cm
- Fläche bei Profilen mit einem Umfang über 90 cm
- Masse bei Vorgabe im Leistungsverzeichnis

Bezeichnung	Beispiel	Bild	Abwicklung (des Umfangs)
Winkelstahl: **L-Stahl** nach DIN EN 10056-1	L 30 · 20 · 3	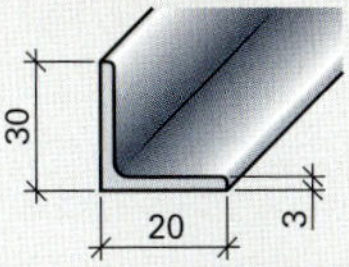	(0,02 + 0,03) · 2 = 0,10 m
T-Stahl (1/2 IPE-Stahl) nach DIN EN 10034	1/2 IPE 550	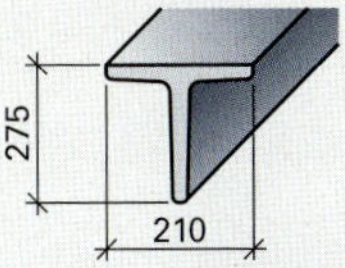	(0,275 + 0,21) · 2 = 0,97 m
U-Stahl nach DIN EN 10279	U 80	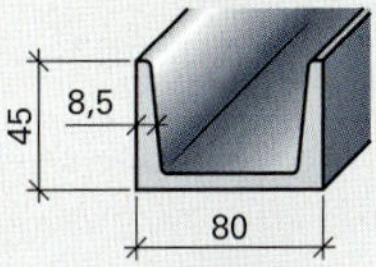	(0,045 + 0,08 + 0,0365) · 2 = 0,323 m
I-Stahl nach DIN EN 10034	IPE 330	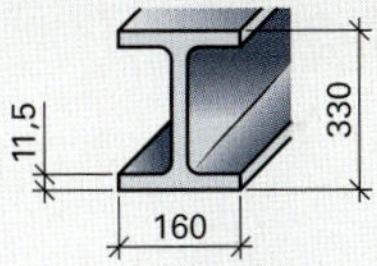	(0,16 + 0,33 + 0,1485) · 2 = 1,227 m
Quadratisches Hohlprofil nach DIN EN 10210	□ 100/6	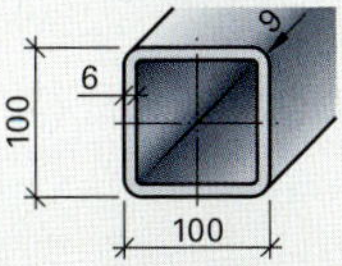	(0,1 + 0,1) · 2 = 0,40 m
Runde Hohlprofile nach DIN EN 10210	□ 76,1/4	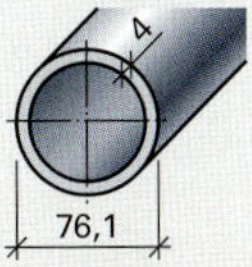	(76 · 3,14) = 238,96 mm = 0,239 m

Aufmaßbeispiele

Beispiel 1
3 Stück, U-Stahl U 80. Länge 5,00 m

Pos	Bezeichnung	+	–	Abmessungen	Mg	Abzug	R. Mg	Einh.
1	U-80	3		[(0,045 + 0,08 + 0,0365) · 2] · 5,00	4,85		**4,85**	m^2

Beispiel 2
6 Stück I-Stahl IPE 330. Länge 5,00 m

Pos	Bezeichnung	+	–	Abmessungen	Mg	Abzug	R. Mg	Einh.
1	IPE 330	6		[(0,16 + 0,33 + 0,1485) ·2] · 5,00	38,31		**38,31**	m^2

Berechnung von Stahlteilen nach Tabellen

Die Berechnung nach Tabellen ermöglicht ein schnelleres und sicheres Ermitteln der Anstrichfläche. In den Tabellen sind für genormte Stahlbauteile die notwendigen Maße und die Anstrichfläche je Meter (m) angegeben.

Die Oberflächen der wichtigsten genormten Profile (T-Stähle, U-Stähle, I-Stähle) lassen sich auch aus Tabellen ablesen.

Für mögliche Berechnungen nach Masse (t) ist zusätzlich die Anstrichfläche in Kilogramm (kg) aufgelistet.

Rundkantiger breitfüßiger T-Stahl (TB)

Kurzzeichen	Höhe in mm	Breite in mm	Gewicht je m in kg	Anstrichfläche je m in m^2	Anstrichfläche je t in m^2
TB 30	30	60	3,64	0,171	46,98
TB 35	35	70	4,66	0,201	43,13
TB 40	40	80	6,21	0,233	37,52
TB 50	50	100	9,42	0,287	30,47
TB 60	60	120	13,40	0,345	25,75

Mittelbreiter I-Träger

Kurzzeichen I PE	Höhe in mm	Breite in mm	Gewicht je m in kg	Anstrichfläche je m in m^2	Anstrichfläche je t in m^2
80	80	46	6,0	0,328	54,66
100	100	55	8,1	0,400	49,38
120	120	64	10,4	0,475	45,67
140	140	73	12,9	0,551	42,71
160	160	82	15,8	0,623	39,43
180	180	91	18,8	0,698	37,12
200	200	100	22,4	0,768	34,28
220	220	110	26,2	0,848	32,36
240	240	120	30,7	0,922	30,03
270	270	135	36,1	1,04	28,81
300	300	150	42,2	1,16	27,48
330	330	160	49,1	1,25	25,45
360	360	170	57,1	1,35	23,64
400	400	180	66,3	1,47	22,17
450	450	190	77,6	1,61	20,74
500	500	200	90,7	1,74	19,18
550	550	210	106,0	1,88	17,73
600	600	220	122,0	2,01	16,47

Rundkantiger breitfüßiger T-Stahl (TB)

Kurzzeichen I NP	Höhe in mm	Breite in mm	Gewicht je m in kg	Anstrichfläche je m in m^2	Anstrichfläche je t in m^2
80	80	42	5,94	0,304	51,17
100	100	50	8,34	0,370	44,36
120	120	58	11,1	0,439	39,54
140	140	66	14,3	0,502	35,10
160	160	74	17,9	0,575	32,12
180	180	82	21,9	0,640	29,22
200	200	90	26,2	0,709	27,06
220	220	98	31,1	0,775	24,91
240	240	106	36,2	0,844	23,31
260	260	113	41,9	0,906	21,62
280	280	119	47,9	0,966	20,16
300	300	125	54,2	1,03	19,00
320	320	131	61,0	1,09	17,86
340	340	137	68,0	1,15	16,91
360	360	143	76,1	1,21	15,90
380	380	149	84,0	1,27	15,11
400	400	155	92,4	1,33	14,39
425	425	163	104,0	1,41	13,55
450	450	170	115,0	1,48	12,86
475	475	178	128,0	1,55	12,10
500	500	185	141,0	1,63	11,56
550	550	200	166,0	1,80	10,84
600	600	215	199,0	1,92	9,65

Rundkantiger U-Stahl

Kurzzeichen U	Höhe in mm	Breite in mm	Gewicht je m in kg	Anstrichfläche je m in m^2	Anstrichfläche je t in m^2
30 · 15	30	15	1,74	0,103	59,19
30	30	33	4,27	0,174	40,74
40 · 20	40	20	2,87	0,142	49,47
40	40	35	4,87	0,199	40,86
50 · 25	50	25	3,86	0,181	46,89
50	50	38	5,59	0,232	41,50
60	60	30	5,07	0,215	42,40
65	65	42	7,09	0,273	38,50
80	80	45	8,64	0,312	36,11
100	100	50	10,6	0,372	35,09
120	120	55	13,4	0,434	32,38
140	140	60	16,0	0,489	30,56
160	160	65	18,8	0,546	29,04
180	180	70	22,0	0,611	27,77
200	200	75	25,3	0,661	26,12
220	220	80	29,4	0,718	24,42
240	240	85	33,2	0,775	23,34
260	260	90	37,9	0,834	22,00
280	280	95	41,8	0,890	21,29
300	300	100	46,2	0,950	20,56
320	320	100	59,5	0,982	16,50
350	350	100	60,6	1,05	17,32
380	380	102	63,1	1,11	17,59
400	400	110	71,8	1,18	16,43

Aufmaßbeispiele

Beispiel 1

1 I-Träger, I PE 80

Pos	Bezeichnung	+	–	Abmessungen	Mg	Abzug	R. Mg	Einh.
1	I-PE 80 2,00 m lang	1		$2{,}00 \cdot 0{,}328\ m^2$	0,66		**0,66**	**m^2**

Beispiel 2

18 U-Stahlträger 30 · 15

Pos	Bezeichnung	+	–	Abmessungen	Mg	Abzug	R. Mg	Einh.
1	U 30 · 15, 1,50 m lang	18		$1{,}50 \cdot 0{,}103\ m^2$	2,78		**2,78**	**m^2**

Besondere Metallobjekte

Rohre

Diese werden bis zu einem Umfang von 90 cm nach Längenmaß, darüber hinaus nach Flächenmaß berechnet. Die Länge wird entlang der Mittellinie bestimmt. Rohrbogen werden im Außenbogen gemessen. Der Rohrdurchmesser ist anzugeben.

Dachrinnen

Dachrinnen werden nach m berechnet. Die Länge der Dachrinne ist am vorderen Wulst zu messen, der Rinnenquerschnitt ist anzugeben. Fallrohre werden im Außenbogen gerechnet.

Verzinkte Dachrinne

Rollgitter

Gitter, z. B. Garagentore, werden innen durch das tatsächliche Maß und außen durch das sichtbare Maß ermittelt.

Gitter, Roste, Geländer, Zäune

Die Bauart wird im Aufmaß nicht berücksichtigt, sondern über einen Malnehmer bei der Berechnung von Material- und Zeitaufwand.

Diese Metallteile werden beidseitig beschichtet, aber nur einseitig gemessen.

Gitter werden an der größten Sichtfläche gemessen. Rohrgeländer sind nach Länge abzurechnen.

Bei Rohrgeländern sind die Rohre getrennt nach Rohrdurchmesser und Beschichtungsart aufzumessen.

Treppenhausgeländer

Die Bauart wird im Aufmaß nicht berücksichtigt, sondern erst über einen Malnehmer bei der Berechnung von Material- und Zeitaufwand.

Diese Geländer werden in Schrägrichtung aufgemessen. Nur so (Bild 3) wird über die geometrische Form des Parallelogramms die wahre Fläche ermittelt.

Maße zur Berechnung schräger Geländer

Profilbleche

Aufmaß mithilfe von Tabellen oder nach abgewickelter Fläche.

1 Meter am Objekt gemessene Länge ergibt nach der Abwicklung des Profils im Wellenverlauf den Malnehmer, um die wahre Fläche berechnen zu können.

Die verschiedenen Wellblecharten sind nach DIN 59231 mit 4 Angaben gekennzeichnet:

z. B. 18/76,0/63/180 gibt an: Wellenhöhe, Wellenbreite, Blechstärke, Tafellänge (in mm).

Beispiel Aufmaß

Fassade mit Verkleidung gemessen: Länge 16,00 m, Höhe 4,10 m. Das Trapezblech ist senkrecht angeordnet.

Trapezmalnehmer 1,2.

Fensteröffnung 15,40 m x 0,80 m.

Schreiben Sie das Aufmaß.

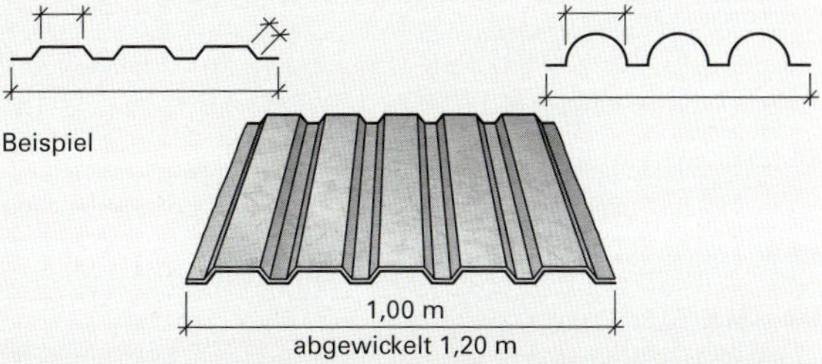

Pos	Bezeichnung	+	–	Abmessungen	Mg	Abzug	R. Mg	Einh.
1	Fassade	1		16,00 · 1,2 · 4,10	78,72			
			1	15,40 · 0,80		24,64	**54,08**	m²

6

Fugenarbeiten

Das Verfugen erfordert gute Planung und hohes technisches Können. Informieren Sie sich in einem guten Fachbuch.

Die Wahl des Abdichtungssystems richtet sich nach

- Fugenart
- Aufgabe der Fuge
- Beanspruchung und Belastung

Die Abrechnung erfolgt nach Längenmaß in m.

Für Bauteilfugen, Anschlussfugen oder Glasversiegelung u. a. sind durch unterschiedliche Arbeitsgänge und Werkstoffe jeweils andere Kosten für Arbeitszeit und Materialbedarf zu ermitteln.

Berechnung Dichtstoffverbrauch:

Fugenbreite (mm) x Fülltiefe (mm) = Verbrauch in ml/m

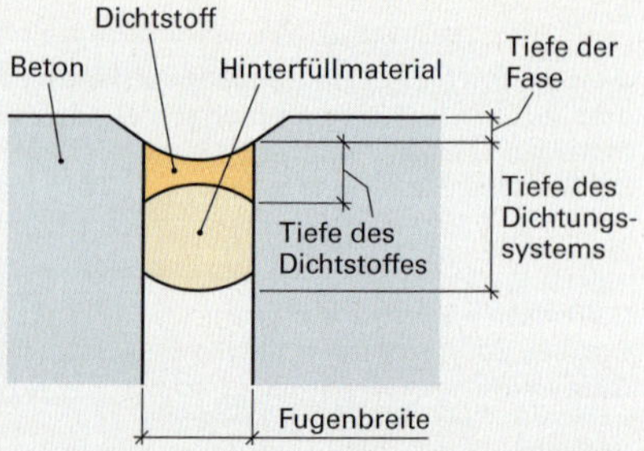

Aufbau einer Verfugung

Beispiel

Berechnung der Materialkosten zum Füllen von 4 Dehnungsfugen mit je 8,00 m Länge.

Fugenbreite 8 mm, Fülltiefe 8 mm.

PUR-Haftprimer Literpreis 16,56 €, Verbrauch 20 ml/m.

Rundschnur zum Hinterlegen 0,25 €/m.

Fugenklebeband 25 m-Rolle 13,99 €.

Dichtungsmasse in 310 ml Kartuschen.

Preis je Kartusche 7,50 €.

Haftprimer: 20 ml/m · 32 m = 640 ml
0,640 l · 16,56 €/l = 10,60 €

Kosten Rundschnur: 0,25 €/m · 32 m = 8,00 €

Fugenklebeband: 13,99 € : 25 m · 32 m = 17,91 €

Kartuschen: (8 mm · 8 mm) · 32,00 m = 2 048 ml
2048 ml : 310 ml = 6,6 = 7 Kartuschen
7 · 7,50 € = 52,50 €

10,60 € + 8,00 € + 17,91 € + 52,50 € = **89,01 €**

Gerüstbauarbeiten

Gerüstbauarbeiten übernimmt entweder der Malerbetrieb oder er beauftragt eine andere Firma. Gerüstbau ist mit einem hohen Kapitaleinsatz für die Anschaffung der Gerüstteile verbunden.

Die DIN 18451 regelt mit Hinweisen die Beschreibung von Leistungen, den Geltungsbereich, die Kalkulation und die Abrechnung, die Anforderungen an Stoffe und Bauteile sowie den Auf-, Um- und Abbau und die Gebrauchsüberlassung von Gerüsten.

Das Gerüst wird in der Regel für 4 Wochen aufgestellt. Die Kosten betragen etwa 5,00 €/m² für die Zeit von 4 Wochen. Für diesen Zeitraum erfolgt die Kalkulation der Gerüstbauarbeiten und der Leihgebühr der Gerüstteile. Wird die Zeit überzogen, so erfolgen Aufschläge.

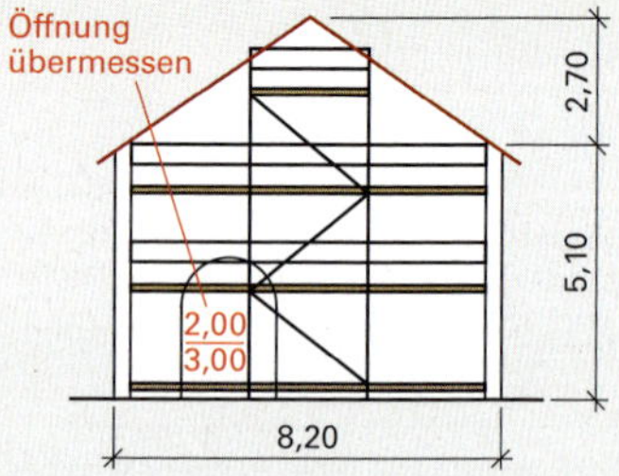

Einrüst-Beispiel eines Giebels

Aufmaßregeln

- Öffnungen in der eingerüsteten Fläche werden im Aufmaß nicht berücksichtigt.
- Gerüstbauarbeiten werden nach eingerüsteter Fläche abgerechnet. Als eingerüstete Fläche gelten die Flächen und Bauteile, für die das Gerüst erstellt wurde.
- Die Höhe des abzurechnenden Gerüsts ergibt sich von der Standfläche bis zur höchsten Stelle der eingerüsteten, bearbeiteten Fläche. Wird an einer Fassade auch die Dachrinne vom Gerüst aus gestrichen, so wird dies bei der Höhe berücksichtigt. In der Regel wird mit einer Arbeitshöhe von Gerüsthöhe bis zum obersten Belag + 2,00 m gerechnet.
- Bei Teileinrüstungen gilt das Maß der Länge der zu bearbeitenden Fläche.
- Die Gebrauchsüberlassung ist eine Nebenleistung. Das Ende der Gebrauchsüberlassung ist der Tag der Freigabe zum Abbau, wenn die Freigabe 3 Tage vorher mitgeteilt wird. Ansonsten gilt jede angefangene Woche als weitere volle Woche, wenn nichts anderes vereinbart wurde.

Beispiel 1 (zu Bild 2)

a) Berechnen Sie die abrechenbare Gerüstfläche.

b) Die Fassade wird von einer Fremdfirma für 5,10 € je m² erstellt und für 4 Wochen zum Gebrauch überlassen. Welchen Betrag müssen Sie für das Gerüst in Ihrer Kalkulation berücksichtigen?

a) 8,20 · 5,10 + 8,20 · 2,70 : 2 =
41,82 + 11,07 = **52,89 m²**

b) 52,89 m² · 5,10 €/ m² = **269,74 €**

6

Tapezierarbeiten

Rollenbreiten

Gängige Standardmaße

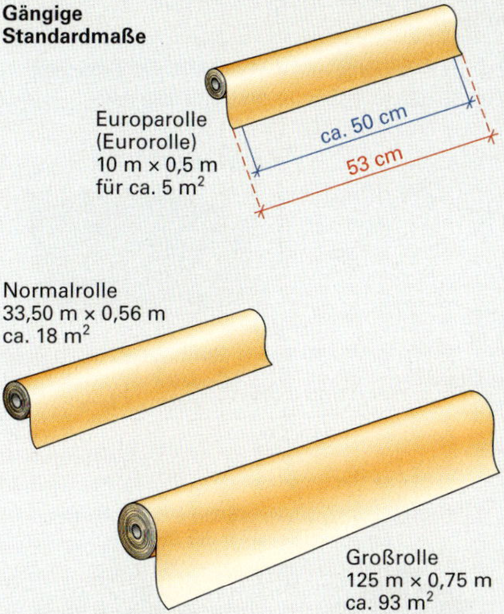

Rollenbedarf an Europarollen je nach Raumhöhe

Raumumfang in m	Rollenanzahl bei unterschiedlichen Räumhöhen in m		
	2,10 – 2,35	2,40 – 3,05	3,10 – 4,00
6	3	4	5
10	5	7	9
12	6	8	11
15	8	10	14
18	9	12	17
20	10	14	19
24	12	16	23
31	15	19	25

Berechnung des Rollenbedarfs bei Mustertapeten siehe Kapitel Tapezieren.

Fachwerkfassaden

Aufmaßregeln für Fassaden/Sockel/Gefache:

Wird eine Fläche von Fachwerkbauteilen wie z. B. Rahmen oder Pfosten unterbrochen, werden diese übermessen, wenn die Balken unter 30 cm breit sind. Dies gilt auch bei herausstehenden Vorlagen aus Holz oder Stahlbeton.

Öffnungen werden bei einer Fläche von über 2,50 m² abgezogen.

Demnach dürfen begrenzende Eckständer etc. nicht übermessen werden, da es sich nicht um Unterbrechungen handelt.

Aufmaßregeln für die Balken des Fachwerks:

Die Fachwerk-Holzteile werden nach Längenmaß extra berechnet. Überkreuzungen dürfen übermessen werden.

Die Balken werden getrennt nach Bauart und Breite berechnet.

Es ist zu empfehlen, beim Eintrag in das Aufmaßformular eine Systematik einzuhalten, um nicht Balken zu vergessen, z. B. zuerst alle horizontalen Teile, dann alle vertikalen Teile und zum Schluss die Diagonalen u. a.

Nach VOB werden im Längenmaß abgerechnet

- Fuß- und Deckenleisten (Unterbrechungen bis 1,00 m werden übermessen)
- Leibungen, die gesondert berechnet werden müssen
- Deckenbalken
- Rohre bis 30 cm Umfang
- Gesimse
- Umrahmungen
- Faschen
- Fachwerkhölzer
- Dachsparren
- Dachrinnen
- Treppengeländer

6

6.3 Materialberechnung, Lohnberechnung, Kalkulation

6.3.1 Berechnungen zu Beschichtungsstoffen

Brutto, Tara, Netto

Werkstoffe des Malers und Lackierers sind in der Regel flüssig oder pulverförmig und werden verpackt gehandelt. Kartons, Dosen, Eimer, Fässer besitzen ein Gewicht, das bei der Materialberechnung zu berücksichtigen ist.

+

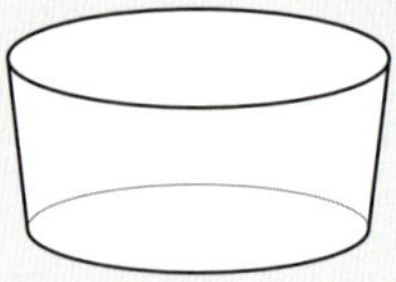

=

Nettogewicht = Gewicht des Werkstoffes	Tara = Gewicht des Behälters, der Verpackung	Bruttogewicht = Gewicht des Werkstoffes + Tara

Dichte

Masse

Was üblicherweise als Gewicht eines Stoffes bezeichnet wird, ist seine Masse. Diese wird gemessen in Kilogramm (kg) und seinen Untereinheiten.

1 kg = 1 000 g

1 g = 1 000 mg

Die kleinsten Bausteine eines Stoffes, die Moleküle, sind unterschiedlich schwer und unterscheiden sich in ihrer unterschiedlichen Packungsdichte.

Je dichter und schwerer die Moleküle vorliegen umso schwerer ist der Stoff

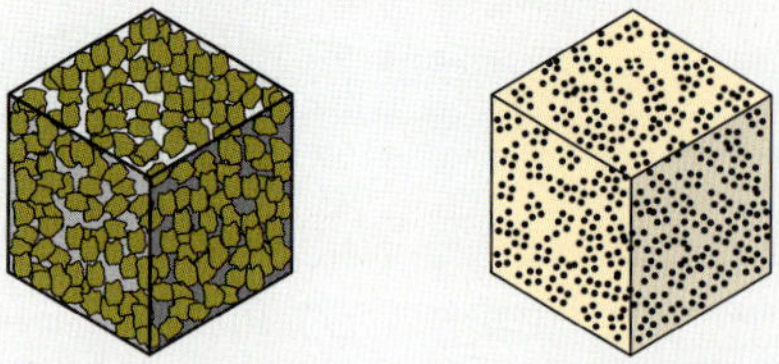

Volumen

Das Volumen ist der Raum, den ein Stoff einnimmt. Er wird in Kubikmeter (m^3) und seinen Untereinheiten gemessen, bei Flüssigkeiten in Liter (l) und seinen Untereinheiten.

$1\ m^3 = 1000\ dm^3$

$1\ dm^3 = 1000\ cm^3$ $1\ dm^3 = 1\ l$ (bei 4 °C)   1 l = 1000 ml

$1\ cm^3 = 1000\ mm^3$

Stoff	kg/dm^3
Dispersionsfarbe	etwa 1,5
Lack	etwa 1,3
Wassera	1,0
Toluol	0,8669
Butanol	0,8098
Porenbeton	0,8
Testbenzin	0,774 – 0,785
Polystyrolhartschaum	0,02

Formeln

Dichte $\varrho = \frac{\text{Masse}}{\text{Volumen}}$ in $\frac{kg}{l} = \frac{g}{ml} = \frac{g}{cm^3}$

Volumen $V = \frac{\text{Masse}}{\text{Dichte}}$ in l, ml, cm^3, dm^3

Masse m = Volumen · Dichte in g, kg

Beispiel

In einem Eimer befinden sich 25 Liter Dispersionsfarbe (Dichte 1,56). Wie schwer ist die Eimerfüllung?

Masse = Volumen · Dichte

Masse = 25 l · 1,56 kg/l = **39,000 kg**

Mischungsrechnen

- Mischungen, müssen vom Verarbeiter im vorgeschriebenen Mischungsverhältnis angesetzt werden.
  Z. B. – zwei- oder mehrkomponentige Lack
  – individuelle Farbtöne
- Das Mischen kann in Form von Volumenanteilen, Massenanteilen oder Prozentanteilen vorgeschrieben werden.

Rechenschritte 2K-Lack am Beispiel

Die benötigten Mengen an Stammlack, Härter und Verdünnung können nach vorgegebenen Schritten des Dreisatzrechnens berechnet werden.

Beispiel
Es sind 16 Liter Zweikomponentenlack anzusetzen. Das Mischungsverhältnis nach Volumenteilen zwischen Stammlack, Härter und Verdünnung beträgt 3 : 2 : 0,5.

a) Welche Einzelmengen werden benötigt?

b) Wie viel kostet 1 Liter angesetzter Lack, wenn 1 Liter Stammlack 35,50 €, 1 Liter Härter 27,10 € und 1 Liter Verdünnung 15,40 € kostet?

Schritt 1	Addition der Einzelmengen 3 l + 2 l + 0,5 l = 5,5 l
Schritt 2	Ermittlung des Malnehmers 16 l : 5,5 l = 2,909090 = aufgerundet 2,91
Schritt 3	Berechnung der Anteile Stammlack: 3 l · 2,91 = **8,730 Liter** Härter: 2 l · 2,91 = **5,820 Liter** Verdünnung: 0,5 l · 2,91 = **1,455 Liter** Summe 16,005 Liter
Schritt 4	Berechnung der Preise der Anteile Stammlack: 8,730 l · 35,50 € = **309,92 €** Härter: 5,820 l · 27,10 € = **157,72 €** Verdünnung: 1,455 l · 15,40 € = **22,41 €** Preis von 16 Litern = 490,05 €
Schritt 5	Preis von 1 Liter 490,05 € : 16 l = **33,63 €/l**

Rechenschritte Farbton am Beispiel

Beispiel
Ein Farbton wird laut Farbtonkarte im Verhältnis

Rot : Blau : Gelb : Weiß : Schwarz im Verhältnis
4 : 1,1 : 2,5 : 92,1 : 0,3
ermischt.

Gemischt werden Volumenanteile.

Wie groß sind die Farbmengen für 4 Liter des gewünschten Farbtons?

Schritt 1	Addition der Einzelmengen 4 l + 1,1 l + 2,5 l + 92,1 l + 0,3 l = 100 l
Schritt 2	Ermittlung des Malnehmers 4 l : 100 l = 0,04
Schritt 3	Berechnung der Anteile Rot: 4 l · 0,04 = **0,160 l** Blau: 1,1 l · 0,04 = **0,044 l** Gelb: 2,5 l · 0,04 = **0,100 l** Weiß: 92,1 l · 0,04 = **3,684 l** Schwarz: 0,3 l · 0,04 = **0,012 l** Summe: 4,000 l

6

Verbrauch eines Beschichtungsstoffes

- Materialverbrauch für 1 m^2
- Angaben dazu auf der Dose oder im Technischen Merkblatt

Beispiel:

Angabe im Technischen Merkblatt: Verbrauch 200 ml/m^2.

Wie viel Dispersionsfarbe ist für die Beschichtung einer Fassade mit 247 m^2 notwendig?

Merke: 1 ml = 1/1000 l = Kommaverschiebung um 3 Stellen.

200 ml/m^2 · 247 m^2 = 49 400 ml = **49,400 Liter**

Es werden 49,4 Liter Dispersionsfarbe benötigt.

Ergiebigkeit eines Beschichtungsstoffes

- Ergiebigkeit = beschichtete Fläche mit 1 Liter des Materials
- Angaben dazu auf der Dose oder im Technischen Merkblatt

Beispiel:

Dosenaufschrift: Ergiebigkeit 6 m^2/l.

Es sind 26,50 m^2 Türfläche zu beschichten. Dafür muss der Lack bestellt werden.

Wie viele 3-Liter-Dosen und 1-Liter-Dosen sind nötig?

26,50 m^2 : 6 m^2/l = **4,417 l**

Es müssen eine 3-Liter-Dose und zwei 1-Liter-Dosen bestellt werden.

Nassschicht-Dicke, Trockenschicht-Dicke

- Summe aller Lackbestandteile in der Dose = 100 %.
- Nur die festen Bestandteile im Lack, = Festkörperangabe in %, bilden den trockenen Lackfilm, Lösemittel vedunsten.
- Die Nassschicht ist immer größer als die Trockenschicht.
- Die Schichtdicke wird im μm gemessen = 1/1000 mm

Beispiel:

Laut Angabe verfügt ein Alkydharzlack über einen Festkörper von 60 %. Am Objekt wird eine Nassschicht von 90 μm gemessen. Wie dick ist die Trockenschicht?

Nassschicht = 90 μm = 100 %, Festkörper = 60 %

Trockenschicht = 60 % von 90 μm = **54 μm**

Verbrauchs- und Schichtdickenumrechnung

- Verbrauch in ml = Schichtdicke in μm pro m^2 (nass)

Beispiel:

Die Trockenschichtdicke einer Beschichtung ist mit 50 μm vorgeschrieben. Für 12 m^2 werden 600 ml verbraucht. Der Festkörper des 2K-Lackes beträgt 90 %.

Wurde die geforderte Schichtdicke eingehalten?

600 ml : 12 m^2 = 50 ml/m^2 (nass)

90 % von 50 ml = 45 ml/m^2 (trocken) = **45 μm** Trockenschichtdicke

Das Material wurde in zu geringer Schichtdicke aufgetragen.

Preis eines Beschichtungsstoffes

- Literpreis oder Gebindepreis nach aktueller Preisliste
- Der Materialverbrauch zum Auftrag muss bekannt sein.

Beispiel:

Eine 3-Liter-Dose Hammerschlaglack kostet 39,00 €. Es werden 28 Liter verarbeitet.

Wie hoch sind die Materialkosten?

3 l kosten 39,00 €

1 l kostet 39,00 € : 3 = 13,00 €

28 l kosten 13,00 € · 28 = **364,00 €**

6.3.2 Tarifverträge und Lohnvereinbarungen

Rahmentarifvertrag

Der Rahmentarifvertrag wird abgeschlossen zwischen
- Bundesverband Farbe, Gestaltung, Bautenschutz (Arbeitgebervertreter) und
- Industriegewerkschaft Bauen-Agrar-Umwelt (Arbeitnehmervertreter)

Der Rahmentarifvertrag regelt unter anderem
- Den Lohn vor und nach abgeschlossener Berufsausbildung
- Die Erschwerniszuschläge
- Die Zuschüsse für Mehrarbeit, Nachtarbeit, Sonn- und Feiertagsarbeit

Entlohnung

Facharbeiter mit abgeschlossener Berufsausbildung	
Geselle nach zweijähriger tatsächlicher Tätigkeit im Maler- und Lackiererhandwerk	100 % **(Ecklohn)**
Geselle nach einjähriger tatsächlicher Tätigkeit im Maler- und Lackiererhandwerk	95 %
Geselle nach bestandener Gesellenprüfung	90 %
Facharbeiter mit abgeschlossener Berufsausbildung	
Ab 5 Jahren Betriebszugehörigkeit	85 %
Ab 5 Jahren Gewerbezugehörigkeit	80 %
Im 3. oder 4. Jahr der Gewerbezugehörigkeit	70 %
Im 1. oder 2. Jahr der Gewerbezugehörigkeit	60 %

Ausbildungsvergütung

Im 3. Ausbildungsjahr	nach gültigem Tarifvertrag
Im 2. Ausbildungsjahr	nach gültigem Tarifvertrag
Im 1. Ausbildungsjahr	nach gültigem Tarifvertrag

Erschwerniszuschläge (Auszug)

Ablaugen, Abbeizen, Abbrennen alter Anstriche	10 %
Arbeiten mit außergewöhnlicher Staubentwicklung und Verschmutzung	10 %
Auf- und Abbau von Gerüsten für die 1 Stunde pro Tag überschreitende Zeit	10 %
Arbeit auf Gerüst über 20 m Höhe, auf beweglichem Hängegerüst	15 %
Arbeit mit Schutzmaske	20 %

Bei mehreren Zuschlägen beträgt die Obergrenze 30 %.

Lohnzuschläge

Mehrarbeit, Überstunden	25 %
Nachtarbeit (zwischen 20.00 Uhr und 6.00 Uhr)	25 %
Sonntag (zwischen 0:00 Uhr und 24 Uhr)	50 %
Gesetzlicher Feiertag, auch wenn dieser auf einen Sonntag fällt.	125 %
Oster- und Pfingstmontag, auch wenn dieser auf einen Sonntag fällt.	200 %

Fallen in der Nachtarbeit Überstunden an, sind beide Zuschläge zu zahlen.
Fällt Nachtarbeit an Sonn- und Feiertagen an und sind diese Stunden Mehrarbeit, so gelten damit drei Zuschläge.

Ecklohn

Der Ecklohn ist der im Lohntarifvertrag vereinbarte Lohn, den ein Facharbeiter oder Geselle mit abgeschlossener Berufsausbildung nach zweijähriger, tatsächlicher Tätigkeit im Maler- und Lackiererhandwerk für eine Arbeitsstunde bekommt.

Mindestlohn

Ein einheitlicher Mindestlohn kann durch Staat oder Tarifpartner für alle **Arbeitnehmer** oder begrenzt auf **eine Branche** eingeführt werden. Durch die untersten Entgeltgruppen in Tarifverträgen bestehen bereits faktisch Mindestlöhne.

Der Organisationsgrad der Gewerkschaften in Deutschland beträgt aber mittlerweile weniger als 70 %, Tendenz fallend. Viele Branchen in Deutschland unterliegen heute gar keinem Tarifvertrag mehr oder er wird durch Ausnahmeregelungen unterlaufen.

Der Mindestlohn gilt für alle in diesem Handwerk Tätigen, auch für Leiharbeiter.

6

6.3.3 Zeitlohn

Vom Bruttolohn zum Auszahlungsbetrag

Unabhängig von der Arbeitsleistung wird der Arbeitnehmer nach der Dauer der abgeleisteten Arbeitszeit entlohnt. Der Arbeitgeber erwartet dafür eine normale Leistung, eine Durchschnittsleistung.

Bruttolohn

minus

Abzüge

ergibt den

Nettolohn

oder den

Auszahlungsbetrag

Der Bruttolohn setzt sich zusammen aus Stunden · Stundenlohn, Zuschlägen und der Entlohnung der Überstunden.

Die Abzüge setzen sich zusammen aus
- Lohnsteuer, je nach Steuerklasse und Lohnbetrag
- Kirchensteuer (je nach Bundesland 8 oder 9 % von der Lohnsteuer)
- den Beiträgen zu den Sozialversicherungen.

Lohn/ Gehalt		LSt	Lohn/ Gehalt		LSt	Lohn/ Gehalt		LSt	Lohn/ Gehalt		LSt
1283,85	I, IV	87,51	**1914,27**	I, IV	266,81	**2160,46**	I, IV	340,05	**2995,65**	I, IV	618,79
	II	30,97		II	199,49		II	268,81		II	534,17
	III	-,-		III	49,68		III	100,21		III	318,70
	V	309,08		V	549,04		V	657,09		V	1058,93
	VI	338,30		VI	585,51		VI	696,46		VI	1100,21
1286,15	I, IV	88,07	**1916,57**	I, IV	267,49	**2291,61**	I, IV	380,74	**2997,95**	I, IV	619,60
	II	31,53		II	200,12		II	307,37		II	534,94
	III	-,-		III	50,70		III	130,64		III	319,89
	V	309,84		V	549,98		V	718,11		V	1060,08
	VI	339,16		VI	586,53		VI	758,84		VI	1101,36
1288,45	I, IV	88,66	**2063,82**	I, IV	310,82	**2293,91**	I, IV	381,46	**3000,25**	I, IV	620,45
	II	32,04		II	241,11		II	308,05		II	535,75
	III	-,-		III	77,72		III	130,64		III	319,89
	V	301,52		V	613,72		V	719,21		V	1061,19
	VI	339,92		VI	651,98		VI	759,95		VI	1102,47

Auszug aus der Lohnsteuertabelle

Versicherungsart	%-Satz	Wer zahlt?
Rentenversicherung	18,6 %	Arbeitgeber (AG) und Arbeitnehmer (AN) zahlen je die Hälfte.
Krankenversicherung	14,6 %	AG und AN zahlen je die Hälfte. Folglich beträgt der AG-Anteil 7,3 % und der AN-Anteil 7,3 % + individuelle Zusatzbeiträge.
Arbeitslosenversicherung	2,6 %	AG und AN zahlen je die Hälfte.
Pflegeversicherung	3,4 %	AG und AN zahlen je die Hälfte (außer in Sachsen). Kinderlose ab 23 Jahre zahlen zusätzlich 0,25 %.

Versicherungsbeiträge 2024

Der **Nettolohn** ist der ausgezahlte Lohn, wenn kein Vorschuss oder sonstige Zahlungen erfolgten, die der Arbeitgeber einbehält.

Der **Auszahlungsbetrag** ist der Betrag, den der Arbeitgeber nach Abzug von gewährten Vorschüssen, nach Addieren eines Fahrtkostenzuschusses oder sonstigen Verbindlichkeiten oder Zahlungen vom Arbeitgeber erhält. Der ausgezahlte Betrag kann folglich vom Nettolohn abweichen.

Beispiel Lohnrechnung

Ein Geselle arbeitet im Monat August 190 Stunden. Darin sind 20 Überstunden eingeschlossen. Von den Überstunden wurden 10 Arbeitsstunden nachts gearbeitet.

Stundenlohn: 19,35 €

Abzüge: Lohnsteuer (LS): 274,30 €

Kirchensteuer: 8 % von der LS

Sozialversicherung: 580,44 €

Wie hoch ist der Nettolohn?

Zur Berechnung eignet sich das Schema der Tabelle.

	Entlohnung	Stunden	Std.-Lohn (€)	Lohn (€)
	100 %	190	19,35	3676,50
	25%	20	4,84	96,80
	25 %	10	4,84	48,40
			Bruttolohn	3821,70
Abzüge	Lohnsteuer	274,30		
	Kirchensteuer	21,95		
	Sozialversicherung	580,44		−876,69
			Nettolohn	2945,01

Eine Gesellin, verheiratet, kein Kind, Steuerklasse III, konfessionslos, arbeitete im Monat 185 Stunden. Darin inbegriffen sind 8 Überstunden an einem Sonntag.

Stundenlohn: 18,60 €

Abzüge: Lohnsteuer (LS): 168,30 €

Sozialversicherung: 556,56 €

Wie hoch ist der Nettolohn?

Entlohnung		Stunden	Std.-Lohn (€)	Lohn (€)
100 %		185	18,60	3 441,00
75%		8	13,95	111,60
			Bruttolohn	**3 552,60**
Abzüge	Lohnsteuer		168,30	
	Sozialversicherung		556,56	−724,86
			Nettolohn	**2 827,74**

Ein Geselle, ledig, evangelisch, Steuerklasse I, arbeitete im Monat März 186 Stunden. Darin sind 12 Überstunden eingeschlossen. 7 Stunden war er mit dem Aufbau eines Gerüstes beschäftigt.

Stundenlohn: 19,10 €

Abzüge: Lohnsteuer (LS): 380,50 €

Kirchensteuer: 8 % von der LS

Rentenversicherung: 339,72 €

Krankenversicherung: 266,68 €

Arbeitslosenversicherung: 47,49 €

Pflegeversicherung: 62,10 €

Wie hoch ist der Nettolohn?

Entlohnung		Stunden	Std.-Lohn (€)	Lohn (€)
100 %		186	19,10	3 552,60
25%		12	4,78	
10 %		7	1,91	13,87
			Bruttolohn	**3 565,97**
Abzüge	Lohnsteuer		380,50	
	Rentenversicherung		331,64	
	Krankenversicherung		260,32	
	Arb.losenversicherung		42,46	
	Pflegeversicherung		60,62	−1075,54
			Nettolohn	**2 490,43**

6.3.4 Leistungslohn, Akkordlohn

Bei der Bezahlung nach Akkordlohn wird für die zu leistende Arbeit ein fester Betrag vereinbart. Das Risiko liegt nun beim Arbeitnehmer. Arbeitet er schnell, verdient er mehr als bei der Bezahlung nach Zeitlohn, arbeitet er langsam, verdient er weniger.

Es empfiehlt sich für Arbeitnehmer, angebotenen Akkordlohn daraufhin zu überprüfen, ob bei realistischer Ausführung mindestens der übliche Zeitlohn erreicht wird.

Geldakkord	Zeitakkord
Der Arbeitnehmer erhält für eine bestimmte Leistungseinheit, z. B. m^2, Stückzahl, einen bestimmten Geldbetrag als Lohn.	Für eine bestimmte Leistung müssen eine bestimmte Vorgabezeit je Leistungseinheit und der Geldfaktor festgelegt sein. Der Geldfaktor, auch Minutenfaktor genannt, ist der 60ste Teil des Akkordrichtsatzes (Tariflohn) plus 15 %.
Geldakkord = Menge · Lohnsatz je Einsatz	**Zeitakkord = Menge · Vorgabezeit · Geldfaktor** **Geldfaktor = (Tarifstundenlohn: 60) + 15 %** **Lohn pro Leistungseinheit = Vorgabezeit · Geldfaktor**

Beispiel:

Für das Streichen von Fensterläden bekommt der Maler und Lackierer je Fensterladen 6,80 €. Es sind 64 Fensterläden zu bearbeiten.

Er braucht dafür 17 Stunden.

Wie hoch ist der Stundenlohn des Gesellen? Entspricht der Verdienst dem Tariflohn von 18,87 €/h?

Lösung:

Bruttolohn = 64 × 6,20 € = 396,80 €

480,00 € : 17 h = 23,34 €

Sein Verdienst liegt über dem derzeitigen Tariflohn.

Beispiel:

Ein Geselle beschichtet 650,00 m^2 Deckenfläche in 30 Stunden. Die Vorgabezeit betrug 2,2 min pro m^2. Sein Stundenlohn (Zeitlohn) beträgt üblicherweise 18,95 €.

Liegt der Verdienst des Gesellen über oder unter seinem üblichen Zeitlohn?

Lösung:

Geldfaktor	18,95 € : 60 = 0,3158 €/min
	15 % von 0,3158 € = 0,0474 €
	0,3158 € + 0,0474 € = 0,3632 €/min
Lohn je Leistungseinheit	2,2 min · 0,3632 €/min = 0,7990 €
Gesamtverdienst	650 m^2 x 0,7990 € = 519,35 €
Verdienst je Stunde	519,35 € : 30 h = 17,31 €/h

Der Geselle hätte schneller arbeiten müssen, um über seinen Zeitlohn zu kommen.

6.3.5 Lohn- und Gehaltsabrechnung

Angaben zur Sozialversicherung und Besteuerung

Betriebszugehörigkeit

Alle zu berücksichtigenden Leistungen werden erfasst. Freistunden = Stunden für das Arbeitszeitkonto VWL = vermögenswirksame Leistungen

Nr.	Name	Monat/SV-Schlüssel	STK	KFR	Religion	Freibeträge	SV-Nummer	Entr./Austr.
00005	Max Mustermann	Sep. 2019 IKK IKK IKK	1	2,00	ev./keine	0,00	23010160M008	01.01.2015 19.09.2019

LA	Bezeichnung	KST.	Stunden	Lohnsatz	Zuschlag	Faktor	Betrag
020	Normalstunden		109,00	14,25			1553,25
201	Urlaubstage			5,00			
205	Urlaubsentgelt		39,00	14,25			555,75
206	Zusatzurlaubsgeld			83,36			83,36
100	Krankstunden LFZ 100 %		24,00	14,25	100,00		342,00
230	Freistunden geleistet			5,00			
022	Überstundenzuschlag 25 %		8,00	14,25	25,00		28,50
901	VWL Anteil AG			20,00			20,00

Aufschlüsselung der Abzüge

Brutto BG	Einmalzahlung	Soz. Brutto	Steuerpfl. Brutto	Lohnsteuer	Kirchenst.	Steuer-Tage
2582,86	83,36	2582,86	2582,86	542,45	25,61	19

Brutto	2582,86
- Solz.	17,48
- Steuersumme	-568,06
- Kammer	0,00
- Sozialsumme	-506,70
Netto	1490,62

Bruttolohn

Abzüge

Nettolohn

Versicherte und versteuerte Tage (z. B. im Falle eines Betriebswechsels)

PV-Abzug	KV-Abzug	RV-Abzug	AV-Abzug	ZVK-Beitrag	SV-Tage
22,69	190,86	248,70	34,99	51,66	K19
0,00	0,00	8,29	1,17		R19
					A19
					P19

Lohn- und Gehaltsabrechnung (gilt als Verdienstbescheinigung)
erstellt mit HCS-Lohn 32

Firma Mustermann,Hauptstraße 16,12345 Musterstadt

Mustermann, Max
Musterstraße 1
12345 Musterstadt

LA	Nettobezüge und Abzüge	
040	Vorschuß bar	-150,00
902	VWL Überweisung	-40,00

Differenz zwischen Nettolohn und Auszahlungsbetrag

Bankverbindung. Getrennte Überweisung, z. B. bei Unterhaltszahlung oder Pfändung möglich

Bank 2	VR-Bank Musterstadt	Konto 2	56789	Zahlung 2	500,00
Bank 1	KSK Musterstadt	Konto 1	123456	Zahlung 1	800,62

Url.VJ	Url.LJ	Url.ges	Url.gen.	Restutl.	Kranktage	Freistunden	UGeld-VJ	UGeld	UGeld gez.	UGeld Rest
5,00	21,00	28,00	5,00	21,00	3,00	5,00	459,32	2128,78	555,75	2032,35

Urlaubsakasse

Angelaufene Jahreswerte

Brutto	Einmalz.	Brutto Soz.	Brutto Steuer	Lohnsteuer	KIST	PLst AG	PKist AG
2582,86	83,36	2582,86	2582,86	542,45	25,61	0,00	0,00
PV	**KV**	**RV**	**AV**	**ZVK**	**KUG**	**Fiktiv-KUG**	**Fr.KV AG**
22,69	190,86	256,99	36,16	51,66	0,00	0,00	0,00
PV-KUG	**KV-KUG**	**RV-KUG**	**VWL AG**	**Netto**	**Nettoabzug**	**VWL AN**	**Auszahlung**
0,00	0,00	0,00	20,00	1490,62	-190,00	-40,00	1300,62
ZVK/DV-Lst	**ZVK/DV-Kist**	**Solz.AN**	**Kammer**		**Fr.PV AG**	**PSolz AG**	**KiGeld**
0,00	0,00	17,48	0,00		0,00	0,00	0,00

Die Daten dieses Lohnbelegs werden im ELENA-Verfahren an die zuständigen Ämter übermittelt falls erforderlich.

Angaben zur Weiterleitung an das Finanzamt und die Sozialkassen, sodass bei Betriebswechsel nichts verloren geht.

6.3.6 Preisberechnung

Die Kosten im Rechnungspreis

- Anfallende Lohn- und Materialkosten können jedem Kunden direkt zugeordnet werden.
- Allgemeine Kosten wie Miete, Strom, Fuhrpark werden jedem Auftrag je nach Auftragsvolumen prozentual zugeschlagen = Zuschlagskalkulation.
- Zusätzlich Aufschlag zum Auftragsvolumen für das unternehmerische Risiko je nach Auftragsgröße.
- Die Umsatzsteuer (USt) wird vom Staat für den Austausch von Leistungen (= Umsatz) erhoben.

Direkt verrechenbare Kosten = Jeder Kunde zahlt seinen Verbrauch.	• Löhne für die geleistete Arbeit • Kosten für verbrauchte Materialien	Lohnkosten Materialkosten
Gemeinkosten = Kosten, die von allen Kunden gemeinsam getragen werden.	• Lagermiete • Urlaubskasse • Stromkosten • Fuhrpark • und viele andere • Versicherungen • Heizkosten • Briefmarken • Müllabfuhr	Lohnabhängige Gemeinkosten Werkstoffabhängige Gemeinkosten
Bezahlung des unternehmerischen Risikos		Gewinn und Wagnis
Anteil für den Staat		Umsatzsteuer

Kalkulationsschema und Beispiel

Die Prozentsätze der Gemeinkosten ermittelt jeder Unternehmer für seinen Betrieb individuell.

Mit den Lohn- und Werkstoffkosten des Auftrags kann der Rechnungsbetrag nach dem Schema der Übersicht 2 berechnet werden.

Beispiel:

Bei einem Auftrag fallen 2580,00 € Lohnkosten und 712,50 € Werkstoffkosten an. Der Betrieb rechnet mit folgenden Werten:

Lohnabhängige Gemeinkosten 120 %

Werkstoffabhängige Gemeinkosten 30 %

Gewinn und Wagnis 10 %

Umsatzsteuer 19 %

Zu berechnen ist der Rechnungspreis.

Lohn		2 580,00	
+ Lohnabh. Gemeinkosten	120 %	3 096,00	
= Gesamt-Lohnkosten		Summe →	5 676,00
Werkstoffe		712,50	
+ Werkstoffabh. Gemeinkosten	30 %	213,75	
= Gesamt-Werkstoffkosten		Summe →	926,25
Selbstkosten			6 602,25
Gewinn + Wagnis		10 %	660,23
Nettopreis			7 262,48
Umsatzsteuer		19 %	1 379,87
Bruttopreis = Rechnungspreis			**8 642,35**

6.3.7 Stundenverrechnungssatz

Der Stundenverrechnungssatz ist der Betrag, den ein Kunde für eine Arbeitsstunde bezahlen muss. Dieser Betrag ist für jeden Auftrag gültig. Er unterscheidet sich von Betrieb zu Betrieb wegen unterschiedlicher Kostenstruktur durch Lage, Größe und Belegschaftszusammensetzung, Betriebsausstattung und anderer Punkte. Von Zeit zu Zeit muss der Stundenverrechnungssatz an neue Gegebenheiten angepasst werden.

Nicht darin enthalten sind Materialkosten. Diese sind je nach Auftrag verschieden. Nicht darin enthalten ist die Umsatzsteuer. Diese kann erst bei der Rechnungsstellung mitsamt den Materialkosten ermittelt werden.

6.3.8 Maschinenkosten

Stromkosten

Berechnung der verbrauchten Kilowattstunden

Formel	Elektrische Arbeit	=	Leistung	· Zeit
Einheit	kWh	=	kW	· h (Stunden)

Berechnung der Stromkosten

Formel	Stromkosten	=	Elektrische Arbeit	· Stromtarif
Einheit	€	=	kWh (Verbrauch)	· €/kWh

Beispiel

Das Schleifgerät mit der Nennleistung von 250 Watt wird für den Kunden am Montag 5 Stunden und am Dienstag 3 Stunden eingesetzt. Wie hoch sind die Stromkosten, wenn 1 kWh 31 Cent kostet?

Berechnung Zeiteinsatz:	5 h + 3 h = 8 h
Umwandlung Watt:	250 Watt = 0,250 Kilowatt (kW)
Berechnung Kilowattstunden:	0,250 kW · 8 h = 2,000 kWh
Berechnung Strompreis:	2,000 kWh · 0,31 €/kWh = **0,62 €**

Maschinenstundensatz

Wird eine Maschine, z. B. ein Hochdruckreiniger oder ein Airlessgerät, längere Zeit eingesetzt, so bezahlt der Kunde den Einsatz nach Stunden mal dem Maschinenstundensatz. Der Maschinenstundensatz umfasst alle Kosten des Maschineneinsatzes eines Jahres außer den Bedienungskosten. Zur Erstellung des Maschinenstundensatzes müssen folgende Punkte bekannt sein oder ermittelt werden.

	Erklärung	Beispiel: Airless-Spritzgerät mit Elektromotor	Rechenbeispiel
Kaufpreis	Er ist durch die Einkaufsrechnung bekannt	4670,00 €	
Energieverbrauch	Der Energiebedarf einer Maschine kann durch Benzin gedeckt werden, in der Regel heute aber mit elektrischem Strom. Der Energiebedarf richtet sich nach der Nennleistung der Maschine. Die Kosten pro Kilowattstunde legen die Energielieferanten fest.	Verbrauch: 1,0 kWh Preis: 0,31 €/kWh	
Betriebszeit	Die Betriebszeit ist die Zeit, die die Maschine voraussichtlich im Jahr in Betrieb sein wird. Diese Stundenzahl beruht auf Erfahrung oder sie muss geschätzt werden.	200 Tage im Jahr je 5 Stunden = 1000 Stunden Betriebszeit	1,0 × 0,31 × 1 000 = 310,00 €
Prozentsätze	Durch die Anschaffung der Maschine fallen Kosten an, die mit dem eingesetzten Kapital erzielt hätten werden können, oder es fallen Gewinne weg. Diese Kosten werden über Prozentsätze auf alle Kunden verteilt.	Prozentsätze, bezogen auf den Kaufpreis:	
	Abschreibung: In der voraussichtlichen Lebenszeit der Maschine muss der Anschaffungspreis von den Kunden bezahlt, d. h. abgeschrieben worden sein.	Abschreibung auf 5 Jahre = je Jahr 20 %	20 % von 4 670,00 € = 934,00 €
	Verzinsung: Durch die Anschaffung der Maschine entfallen die Zinseinnahmen, die man erzielt hätte, wenn das Geld zur Bank gebracht worden wäre. Diese entgangenen Zinsen werden auf die Kunden verteilt.	Verzinsung 6 %	6 % von 4 670,00 € = 280,20 €
	Gemeinkosten: Dieser Prozentsatz deckt Aufwendungen wie z. B. Lagerkosten ab.	Gemeinkosten 10 %	10 % von 4 670,00 € = 467,00 €
	Instandhaltung: Auch voraussichtliche Reparaturen und Instandhaltungsaufwendungen werden auf die Kunden übertragen.	Instandhaltungskosten 10 %	10 % von 4 670,00 € = 467,00 €

Kosten für 1 000 Maschinenstunden im Jahr = 310,00 € + 934,00 € + 280,20 € + 467,00 € + 467,00 €	2 458,20 €
Kosten für 1 Maschinenstunde = 2 458,20 € : 1 000 Stunden	2,458 €

6.4 Umgang mit Diagrammen und Tabellen

6.4.1 Übersicht

Bildhafte Darstellungsformen

- Kurvendiagramm
- Säulendiagramm
- Kreisdiagramm
- Organigramm
- Tabelle

6.4.2 Kurvendiagramm

- Zur Darstellung zwischen zwei Größen oder der Entwicklung zwischen zwei Größen im Laufe eines Prozesses.
- Die grafische Darstellung ist das Ergebnis einer statistischen Erhebung.

Beispiele von Größen als Bezugspaare

- Liter und Preis
- Kilometer und Zeit
- Teilchengröße und Deckvermögen

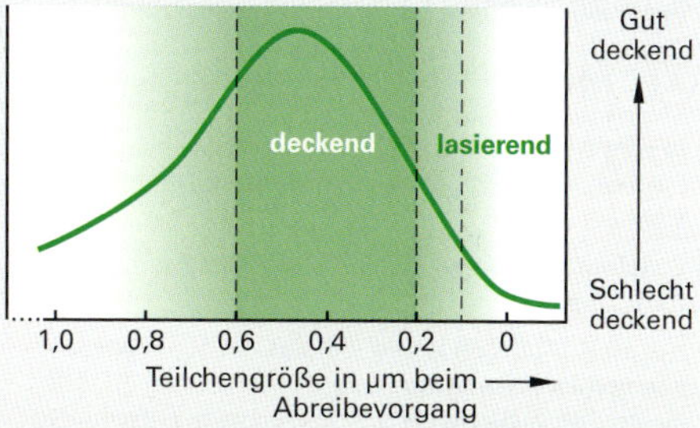

Teilchengröße und Deckvermögen

6.4.3 Säulendiagramm

- Grafische Darstellung von Rangfolgen, Größen und Werten.
- Verglichen wird nur eine Größe, z. B. Preis, Menge, Jahre, Anteile.
- Aus bestehenden Säulendiagrammen können Angaben zu jeder Säule und deren Beziehung zu den anderen Säulen herausgelesen werden.
- Man erkennt eine Steigerung, einen Rückgang oder eine Stagnation.

In jeder Säule können zusätzlich Anteile eingetragen werden.

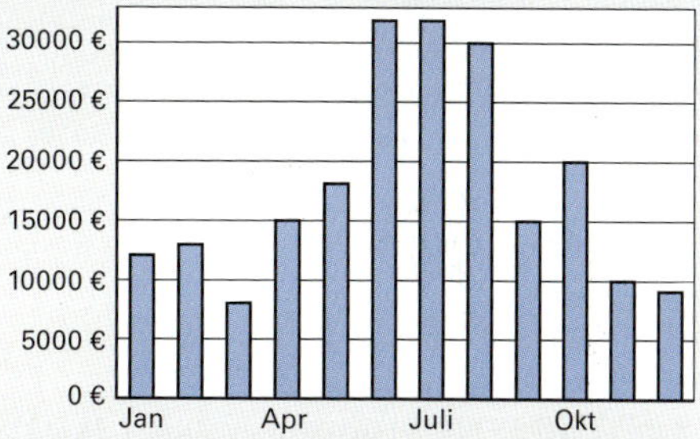

Monatliche Umsatzzahlen Malerbetrieb Fromm

6.4.4 Kreisdiagramm

- Andere Bezeichnung: Tortendiagramm.
- Es zeigt die Anteile einer Gesamtheit. Die Anteile in % werden bildhaft dargestellt.
- Es zeigt keine Entwicklung, sondern ist eine Momentaufnahme.
- Die Summe aller Anteile, der gesamte Kreis, ist immer 100 %.

Berechnung der Anteile in %

Der ganze Kreis entspricht 100 %, also 360°. Ein Viertelkreis ist somit 25 %, also 1/4 · 360° = 90°. Über Prozent- und Dreisatzrechnen kann jeder Anteil in % aus dem entsprechenden Winkel errechnet werden

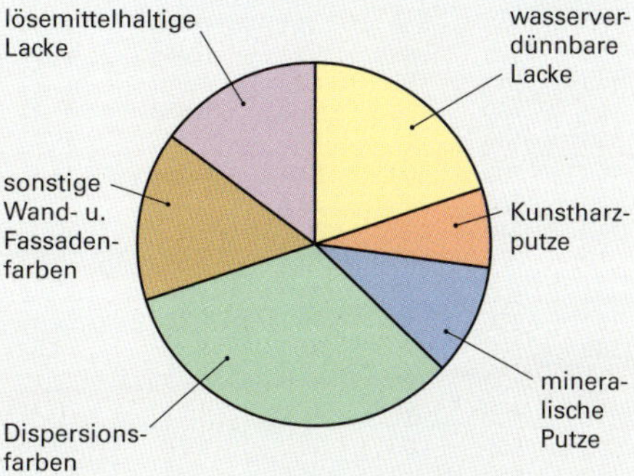

Anteile der verschiedenen Materialien, die der Malerbetrieb XY im Jahre 2022 verbraucht hat.

6

6.4.5 Organigramm

- Organigramme zeigen keine mathematischen Zusammenhänge, sondern Ordnungen und Strukturen.
- Sie eignen sich gut zum Sortieren und zur Schaffung eines Überblicks.
- Der Aufbau kann erfolgen
  - Von oben nach unten
  - Von unten nach oben
  - Von links nach rechts
- Linien stellen Beziehungen her. Verläuft die Beziehung nur in eine Richtung, so werden Pfeile verwendet.

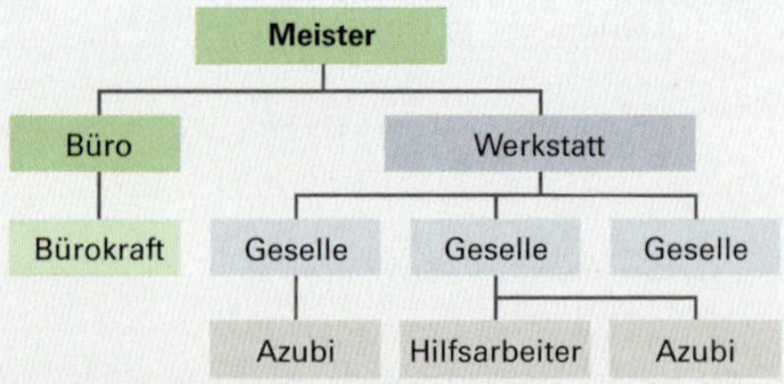

Organisationsstruktur eines Malerbetriebes

6.4.6 Tabellen

- In einem Gitter, oder auch Raster aus Zeilen und Spalten, lassen sich die verschiedensten Dinge untereinander auflisten.
- Zu diesen Dingen werden Vergleiche, meist in Zahlenform, angegeben.
- Aus vielen Tabellen lassen sich aus der Schnittstelle von vertikaler Auflistung und den horizontal erfassten Daten Informationen an der Schnittstelle entnehmen.
- Zur Lösung mathematischer praxisorientierter Aufgaben sind Tabellen häufig ein Hilfsmittel, da mithilfe von Tabellen Zahlenwerte zu Aufgaben gefunden werden können.
- In Tabellen können Zahlen, Begriffe, aber auch Ungewöhnliches, z. B. Farben, erfasst werden.
- Je klarer die Systematik aus der Tabelle erkennbar ist, umso besser die Tabelle.

Wandbelagart (Beispiel)	Rollenmaß in mm		Tapezierfläche je Rolle in m², ohne Verschnitt
	Länge	Breite	
Makulaturpapier	33,50	0,53	18,32
Raufasertapeten	33,50	0,53	17,76
Raufasertapeten, Großrolle	125,00	0,75	93,75
Tapete (Europarolle)	10,05	0,53	5,33
Glasfaser-Gewebe	25,00	1,00	25,00
Glasfaser-Gewebe	50,00	1,00	50,00
Grastapete	6,10	0,91	5,55
Strukturbelag auf Faservlies	25,00	1,06	26,50
Vliesfaser	25,00	0,75	18,75
Textiltapeten	8,15	0,65	5,30
Rollenmaß Thermopete 5 mm	25,00	1,00	25,00
Thermopete kaschiert 4 mm	10,00	0,50	5,00
Faltplatte Thermopete 6 mm	2,50	0,80	2,00

Angaben zu Wandbelagsarten

Kurzzeichen I PE	Höhe mm	Breite mm	Gewicht je m kg	Anstrichfläche je m m²	Anstrichfläche je t m²
80	80	46	6,0	0,328	54,66
100	100	55	8,1	0,400	49,38
120	120	64	10,4	0,475	45,67
140	140	73	12,9	0,551	42,71
160	160	82	15,8	0,623	39,43
180	180	91	18,8	0,698	37,12
200	200	100	22,4	0,768	34,28
220	220	110	26,2	0,848	32,36
240	240	120	30,7	0,922	30,03
270	270	135	36,1	1,04	28,81
300	300	150	42,2	1,16	27,48
330	330	160	49,1	1,25	25,45
360	360	170	57,1	1,35	23,64
400	400	180	66,3	1,47	22,17
450	450	190	77,6	1,61	20,74
500	500	200	90,7	1,74	19,18
550	550	210	106,0	1,88	17,73
600	600	220	122,0	2,01	16,47

Tabelle zu mittelbreiten T-Trägern aus Stahl

	RAL 1000	Pantone 4525 C	
	RAL 1001	Pantone 7502 C	HKS 73 K (60 %)
	RAL 1002	Pantone 466 C	HKS 73 K (70 %)
	RAL 1003	Pantone 7408 C	HKS 5 K
	RAL 1004	Pantone 124 C	
	RAL 1005	Pantone 117 C	
	RAL 1006		HKS 71 K
	RAL 1007	Pantone 137 C	HKS 7 K (80 %)
	RAL 1011	Pantone 729 C	HKS 73 K
	RAL 1012	Pantone 110 C	
	RAL 1013	Pantone 7534 C	HKS 73 K (20 %)
	RAL 1014	Pantone 7501 C	HKS 72 K (40 %)
	RAL 1015	Pantone 4685 C	HKS 72 K (20 %)

Farbtabelle

7 Gestaltung

7.1	**Grundlagen der Gestaltung**	**312**
7.1.1	Grundlagen der Formenlehre	312
7.1.2	Grundlagen der Farbenlehre	314
7.1.3	Farbfächer und Farbregister	318
7.1.4	Farbkontraste	320
7.1.5	Harmonisierende Farben	322
7.2	**Gestaltung von Räumen und Fassaden**	**323**
7.2.1	Grundlagen der Raumgestaltung	323
7.2.2	Vom Farbton zum Wandton	325
7.2.3	Farbgebung in Innenräumen	325
7.2.4	Farbgebung an Fassaden in Außenräumen	328
7.3	**Technisches Zeichnen**	**331**
7.3.1	Entwurfszeichnungen	331
7.3.2	Planzeichnungen	332
7.3.3	Darstellung von Objekten in rechtwinkliger Parallelprojektion	334
7.3.4	Darstellung von Objekten in schräger Parallelprojektion	334
7.3.5	Raumdarstellung in Zentralperspektive	336
7.3.6	Raumkonstruktion in Übereckperspektive	339
7.4	**Dekorative Techniken**	**340**
7.4.1	Übersicht 340	
7.4.2	Abklatschtechniken	341
7.4.3	Kombinationstechniken	341
7.4.4	Sondertechniken	342
7.4.5	Schleiftechniken	344
7.4.6	Imitationstechniken	344
7.4.7	Einlegetechniken	345
7.4.8	Effektlackierungen	347
7.5	**Schrift**	**348**
7.5.1	Schriftentwicklung bis heute	348
7.5.2	Schrift als Mittel der Kommunikation	350
7.5.3	Schriftgruppen nach DIN	352
7.5.4	Schrift und Lesbarkeit	353
7.5.5	Gestaltung mit Schrift	355
7.5.6	Schriftausführung	357
7.5.7	Schriftanwendung an Gebäuden im Stadtkern	358
7.5.8	Schriftanwendung am Industriebau	359
7.6	**Stilkunde**	**360**
7.6.1	Wichtige Begriffe zur Architektur	360
7.6.2	Der Maler in der Denkmalpflege von Bauwerken	363
7.6.3	Erste Hochkulturen im Mittelmeerraum	363
7.6.4	Die Griechen 1 000 v. Chr. – 25 n. Chr.	363
7.6.5	Römer 500 v. Chr. – 476 n. Chr.364	
7.6.6	Frühe Christen ab 25 n. Chr.	365
7.6.7	Mitteleuropa vor 500 n. Chr.	365
7.6.8	Frühes Mittelalter 500 – 1000	366
7.6.9	Romanik 1000 – 1250	366
7.6.10	Gotik 1250 – 1500	367
7.6.11	Renaissance 1450 – 1600	368
7.6.12	Barock 1600 – 1770	369
7.6.13	Klassizismus 1750 – 1830	370
7.6.14	Historismus 1830 – 1900	370
7.6.15	Jugendstil 1900 – 1920	371
7.6.16	Bauhaus und Moderne 1910 – 1933	371
7.6.17	Bautechnischer Fortschritt	372
7.6.18	1933 – 1945 und danach	372
7.6.19	1960 bis heute	372
7.6.20	Baustil und Farbgebung	374

1 Berufsfeld und Sicherheit 9 – 46

2 Beschichtungsstoffe 47 – 92

3 Untergründe und ihre Beschichtung 93 – 158

4 Verfahrenstechniken 159 – 188

5 Besondere Arbeitsbereiche 189 – 260

6 Fachmathematik 261 – 310

7 Gestaltung 311 – 374

8 Naturwissenschaftliche Grundlagen 375 – 396

7.1 Grundlagen der Gestaltung

7.1.1 Grundlagen der Formenlehre

Formelemente

Punkt

Der einzelne Punkt ist in der Gestaltung unbedeutend. Ein vergrößerter Punkt wird zur Fläche, seine Umrandung zur Linie. Er ist rund.

Gestaltungsideen:
- Größe
- Verdichtung
- Reihung
- Überschneidung
- Häufung (systematisch oder unsystematisch)
- Anordnung (systematisch oder unsystematisch)

Linie

Die Linie entsteht durch Aneinanderreihung von Punkten. Die einzelne Linie kann eine selbständige Bewegungsform sein oder als Kontur oder Umriss eine Form umschreiben.

Gestaltungsideen:
- Unterschiedliche Dichte
- Unterschiedliche Dicke
- Verdichtung (gestreut, nebeneinander, hintereinander)
- Unterschiedliche Länge
- Linienführung (gerade, gebogen, geknickt, senkrecht, waagerecht, diagonal, konstruiert, frei)

Fläche

Fläche ist eine Erscheinung der Ebene und braucht eine Begrenzung, Abgrenzung. Die Begrenzung tritt in Erscheinung, wenn die Formbildung durch Linien erfolgt, sie tritt nicht in Erscheinung, wenn die Linie zur Seite verschoben wird.

Gestaltungsideen:
- Unterschiedliche Größe
- Dominanz
- Form (geometrisch, amorph, realistisch, abstrakt)
- Anordnung
- Kombination gleicher oder unterschiedlicher Flächen

Körper

Die räumliche Verbindung von Flächen bildet einen Körper mit den Ausdehnungen Länge, Breite, Höhe.

Die Flächen von Körpern können gestaltet werden.

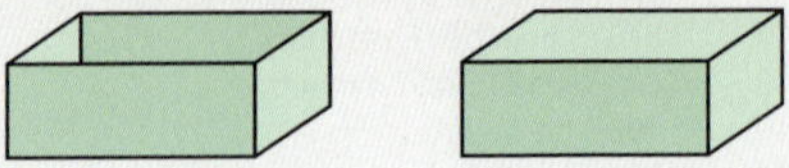

Formbeziehungen

Aus der Anordnung von Formelementen ergeben sich eigenständige Ausdrucksformen.

Raster

- Unterteilung einer Fläche in gleichmäßig angeordnete Einheiten
- Norm-orientiertes System
- Gestaltung einer Rastereinheit + Reihung, Drehung, symmetrische oder freie Anordnung, sowie der Einsatz von Graustufen, Farbe und Struktur

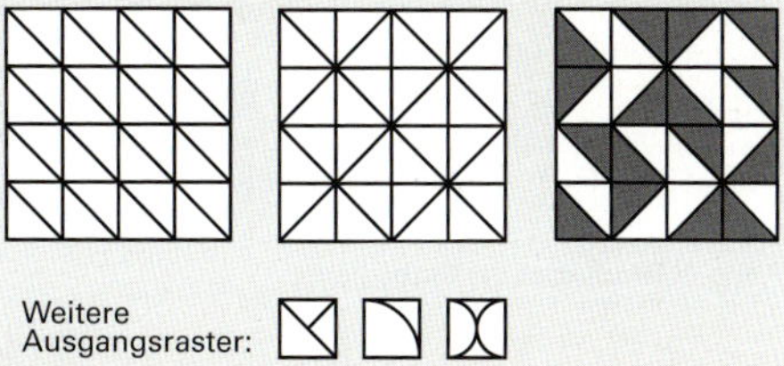

Flächenteilung

- Eine Rastereinteilung ergibt das Grundgerüst mit Eck- und Schnittpunkten, die durch Kreise und/oder Gerade mit System oder frei gestaltet werden.
- Weitere Gestaltungsmöglichkeiten
  - Zusammenführung von Elementen
  - Füllen mit Graustufen oder Farben

Symmetrie/Asymmetrie

- Spiegelung von Formelementen: an einer Achse entsteht Symmetrie.
- Achsenlage und Achsenzahl beeinflussen die Wirkung.
- Asymmetrische Anordnungen unterliegen diesem Konzept nicht.

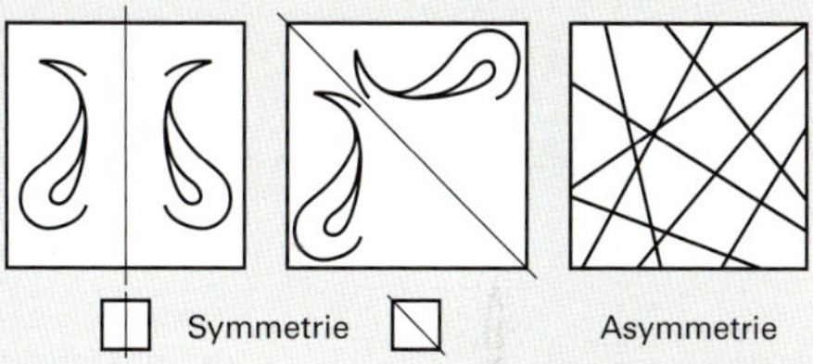

Struktur

- Strukturen erhält man durch den Aufbau eines Gefüges aus Punkten, Linien und Flächen.
- Materialstrukturen ergeben sich aus der Untergrundbeschaffenheit oder dem eingesetzten Material. Bei schräg einfallendem Licht kommt die Materialstruktur besser zur Geltung.

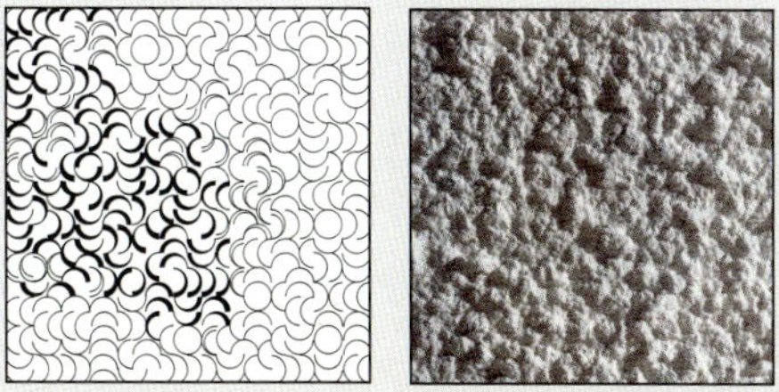

Goldener Schnitt

- Der Goldene Schnitt ist eine Besonderheit im Maßverhältnis des einzelnen Teils zum Ganzen. Er teilt eine Strecke in zwei ungleich große Teile. Der kleinere Teil steht zum großen Teil im selben Verhältnis wie der größere Teil zur gesamten Strecke. In der Konstruktion gilt dies für DB AD.
- Goldene Reihe: 3 : 5 : 8 : 13 : 21 …
- Dieses Maßverhältnis wird vom Menschen als harmonisch empfunden.

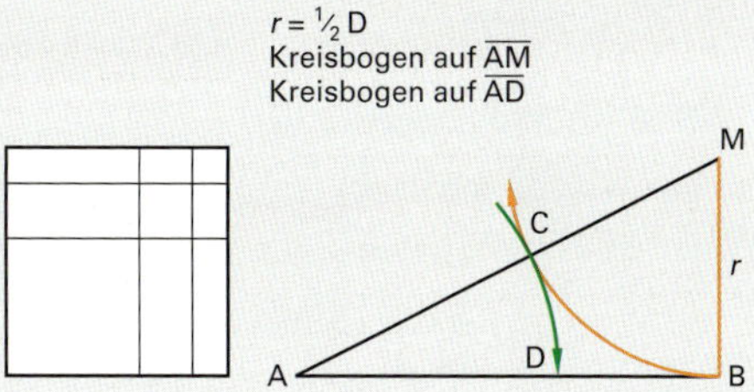

Reihung

- Die **Reihung** erfolgt durch die Wiederholung gleicher Formen, in unveränderter Größe und Abstand. Dies wirkt sachlich und klar.
- In der progressiven Reihung, der **Progression**, steigern sich die Größen oder Abstände.
- In der rhythmischen Reihung, dem **Rhythmus**, verlaufen die Wiederholungen auch gleichmäßig, jedoch mit Variation in Form, Größe, Lage oder Abstand.

7.1.2 Grundlagen der Farbenlehre

Wirkung von Farben

- Die Entwicklung des Menschen wurde immer von Farben begleitet. Die Farben der Natur prägten sein Farbempfinden. Nicht zufällig wird Grün eine beruhigende Wirkung zugesprochen. Rot dagegen wirkt dynamisch und aggressiv.
- Die symbolischen Bedeutungen können in Kulturen abweichen.

Farbe	Wirkt optisch …	Erscheint synästhetisch … Wird empfunden …	Bedeutet symbolisch (in Europa) …	
Weiß	licht, weit, hell, überstrahlend	leicht, locker, vollkommen	Anfang, Unschuld, Wahrhaftigkeit, Reinheit	
Schwarz	eng, hart, dunkel, dicht	fest, schwer, elegant	Trauer, Abkehr, Schuld, Macht, Reaktion	
Rot	sehr nah, ausstrahlend	aggressiv, alarmierend, wärmend, erregend	Gefahr, Zorn, Dynamik, Lebensfreude, Liebe	
Grün	fern	angenehm, ausgleichend, wärmend, erregend	Entspannung, Hoffnung, Sicherheit, Leben	
Gelb	hell, nah, verstrahlend, raumauflösend	angenehm, ausgleichend, natürlich, beruhigend	Neid, Geiz, Optimismus, Sonne	
Blau	dunkel, fern	heiter, schwerelos, anregend, lebhaft	Sehnsucht, Weite, Leistung, Kälte	
Braun	dunkel, vordergründig	kühl, zurückhaltend, ruhig	Spießigkeit, Faulheit	
Violett	düster, fern	unklar, geheimnisvoll, schwer, unsachlich	Eitelkeit, Extravaganz, Frömmigkeit, Glaube	
Rosa	zart, leicht	mild, süßlich, schwächlich	Weiblichkeit	
Grau	unbestimmt	neutral, angepasst	Gleichgültigkeit, Nachdenklichkeit	
Orange	hell, nah, vordergründig	warm, lebensvoll, festlich, laut, aktivierend	Vergnüglichkeit, Energie	

7

Licht und Farbwahrnehmung

Licht

Natürliche Lichtquellen: Sonne, Feuer, Kerze
Künstliche Lichtquellen: Glühlampe, Neonröhre, Halogenstrahler, LED

- Je nach Lichtquelle variiert das Lichtspektrum (alle Lichtwellen mit individueller Intensität).
- Das Lichtspektrum künstlicher Lichtquellen bleibt immer gleich.
- Das Lichtspektrum des Tageslichts variiert im Laufe des Tages, des Jahres.

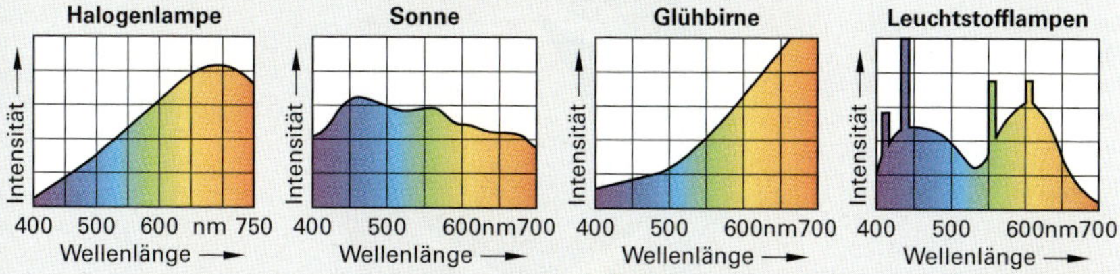

Objekt

- Farbiges Sehen von Objekten erfolgt durch Absorption oder Reflexion von Lichtwellen aus dem Lichtspektrum an der Oberfläche.
- Reflektierte Lichtstrahlen gelangen ins Auge.
- **Metamerie:** Farbtonänderung von Objekten je nach Lichtspektrum der verschiedenen Lichtquellen.

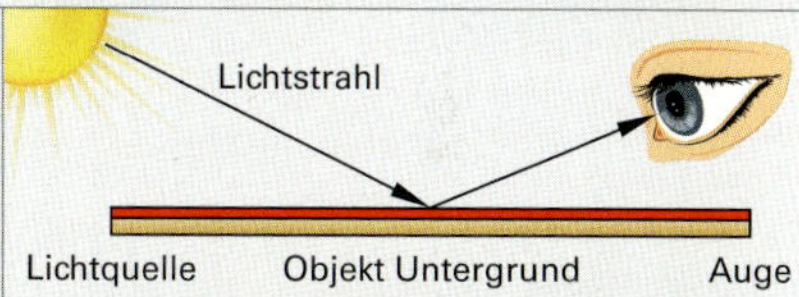

Auge

- Bündeln der Lichtwellen in der Pupille
- Weiterleitung auf die Rückwand des Augenkörpers mit Stäbchen und Zäpfchen
- Stäbchen: Helligkeitsreiz
- Zäpfchen: Farbreiz
- Weiterleitung der Signale an das Gehirn

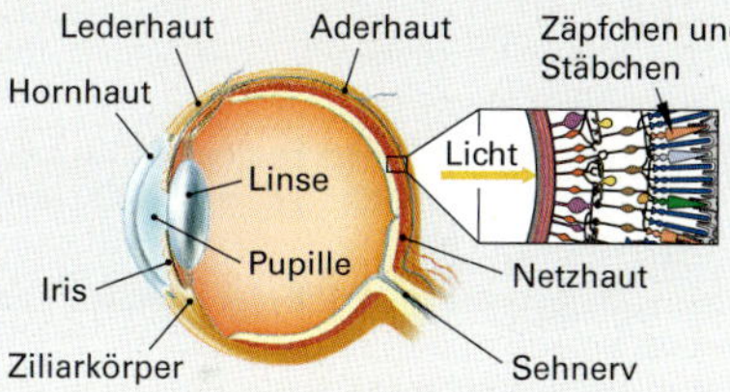

Gehirn

- Verarbeitung der optischen Informationen
- Erkennen des Farbeindrucks ist Gehirnleistung

Historische Farbordnungssysteme

Farbentafel nach Athanasius Kircher (1671)

Über Halbkreise werden Weiß, Schwarz, Gelb und Blau durch Halbkreisbögen verbunden. So erhält man die Mischfarben.

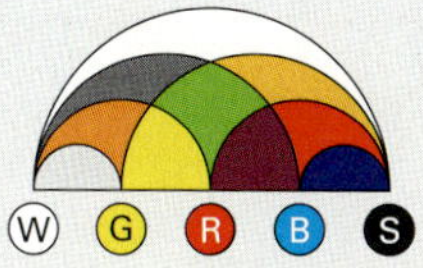

Farbenkörper nach Chevreul (1861)

Auf dem Radius der Grundebene der fächerartigen Halbkugel befinden sich die reinen Farben. Zur Mitte hin nähern sich alle Farben dem Weiß, nach oben hin dem Schwarz.

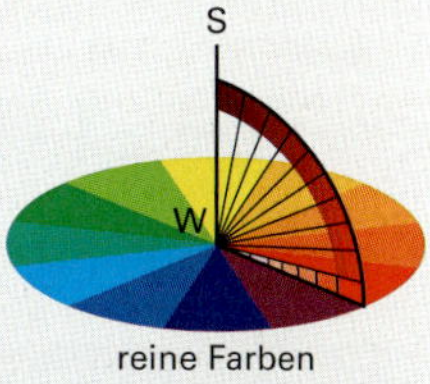

Farbenkugel von Ph. Otto Runge (1810)

Auf dem Äquator befinden sich die reinen Farben, oben Weiß, unten Schwarz. Im Innern liegen die trüben, ausgemischten Farben.

S: Schwarz W: Weiß
G: Gelb R: Rot
B: Blau V: Violett
O: Orange Gr: Grün

1000-Farbwürfel zur Farbenordnung Hickethier (1940)

Rot, Gelb und Blau sind an den Ecken so untergebracht, dass sie in 10 Stufen vom Vollton (9) zu farblos (0) gemischt sind. Es ergeben sich Farbtöne mit den Kennzahlen 000 bis 999.

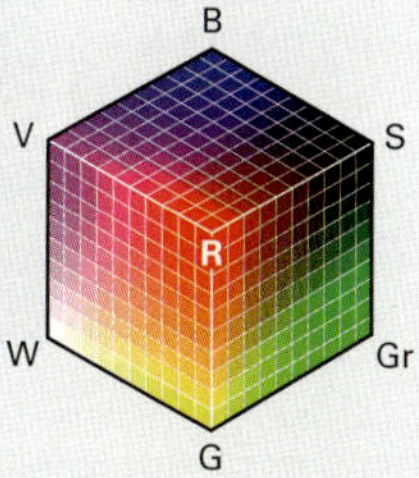

7

Farbkreis nach Itten

Johannes Itten baut sein Modell auf 12 Farben auf, die im Kreis angeordnet sind, einem geschlossenem Farbspektrum entsprechend.

Gelb steht im Farbkreis oben, im Winkel von 120° dazu die Grundfarben Rot und Blau.

Genau dazwischen liegen die entsprechenden Sekundärfarben Grün, Orange und Violett, ermischt aus den Grundfarben.

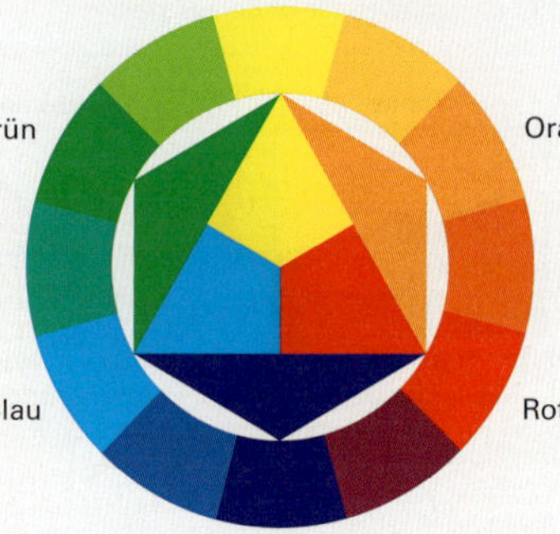

Die Tertiärfarben liegen nicht auf dem Farbkreis. Auf dem Farbkreis liegen nur Ausmischungen aus den nebeneinanderliegenden Farben.

Die drei Merkmale einer Farbe

Farbton

Farbton ist die Bezeichnung für reine bunte Farben, wie Gelb, Orange, Rot usw.

Man kann den Farbton einem bestimmten Wellenlängenbereich zuordnen, z. B. Grün: 497 nm bis 530 nm, Orange: 585 nm bis 595 nm.

Diese Vollfarben haben in fast allen Kulturen einen Namen.

Als reine Farben lassen sie sich in einem Farbkreis darstellen.

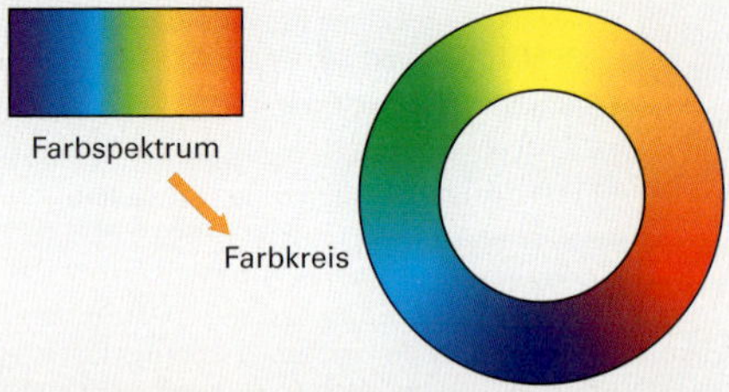

Sättigung

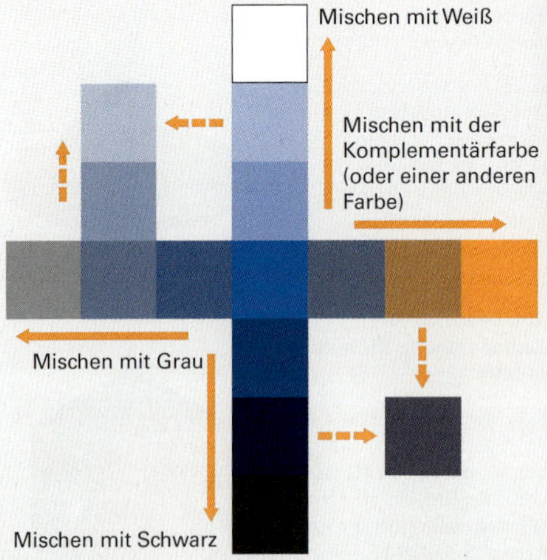

Sättigung beschreibt die Qualität der Farbwirkung.
Eine Farbe ist umso weniger gesättigt, je höher der Anteil an Weiß, Schwarz oder einer anderen Farbe ist.

Helligkeit

Jede Farbe besitzt eine Eigenhelligkeit, siehe Schwarz-Weiß-Fotos. Gelb reflektiert viele, Violett wenige Lichtwellen.

Hellbezugswert HBW:

Er ist das Maß für die Helligkeit von farbigen Oberflächen. Es werden die reflektierten sichtbaren Wellen (Lichtwellen) gemessen.

TSR-Wert siehe Seite 131.

Die gemessene Helligkeit entspricht nur begrenzt dem Helligkeitserlebnis.
Zum Boden geneigte Flächen werden durch Reflexion dunkler wahrgenommen als gen Himmel gerichtete Flächen.

Farbmischung

Subtraktive Farbmischung	Additive Farbmischung
Für den Maler befindet sich Farbe in der Dose. Es ist der pigmentierte Beschichtungsstoff. Die Pigmente geben dem Lack den Farbton.	Lampen können farbiges Licht ausstrahlen. Fällt es auf weißen Untergrund und wird reflektiert, so sieht man den Farbton.

Die Grundfarben der subtraktiven Farbmischung	Die Grundfarben der subtraktiven Farbmischung

Pigmente absorbieren vom einfallenden Licht bestimmte Lichtwellenanteile. Nach dem Mischen aller Farben werden keine Lichtwellen mehr reflektiert, man sieht schwarz.	Überlagern sich die Lichtkegel mehrerer Strahler, so addieren sich die Lichtwellen. Die Summe der reflektierten Lichtwellen ergibt weiß.

Theorie und Praxis des Farbenmischens (subtraktiv)

Theorie
(wie es sein sollte und auch gelehrt wird)

Primärfarben

= Rot, Gelb, Blau

Diese Farben lassen sich durch Mischen anderer Farben nicht erzeugen.

Sie werden auch Grundfarben oder Farben 1. Ordnung genannt.

Sekundärfarben

= Grün, Orange, Violett

Dies sind die Mischergebnisse aus jeweils zwei Primärfarben.

Sie befinden sich auf dem Farbkreis.

Tertiärfarben

Dies sind die Mischergebnisse aus jeweils zwei Sekundärfarben.

Tertiärfarben befinden sich im Innern des Farbkreises, nicht auf dem Äquator.

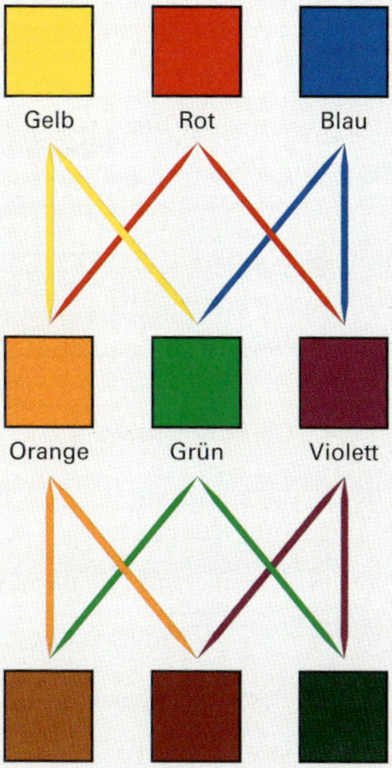

Den Tertiärfarben sind keine eindeutigen Namen zugeordnet.

Praxis
(wie es in Wirklichkeit ist)

Beschränkt man sich auf nur die drei Grundfarben, so lassen sich nicht alle Farben in der gewünschten Reinheit/Intensität daraus ermischen. Es geben sich eher trübe Farben, die immer dreckiger aussehen, je mehr man mischt.

Der Farbkreis verformt sich beim Mischen aus den drei Primärfarben auf Pigmentbasis

P = Primärfarben

S = Sekundärfarbe

O = Industriell hergestelltes Pigment

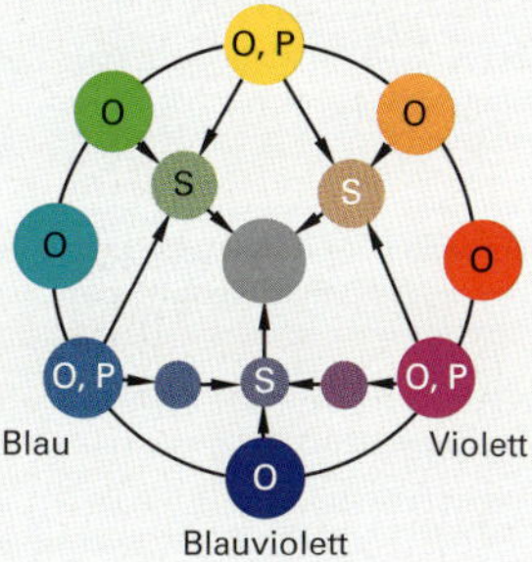

7.1.3 Farbfächer und Farbregister

Farbfächer, Farbregister, Farbvorlagen

- Diese erleichtern Beratung und Farbwahl.
- Jeder Farbe liegt meist eine definierte Rezeptur zugrunde, mit deren Hilfe sich Farbtöne aus Basisfarben gut nachmischen lassen.
- Aufstriche oder Spritzmuster zeigen die Materialwirkung besser als Drucke.

NCS-System

- NCS = Natural Color System, eingetragenes Warenzeichen des Skandinavischen Farbinstitutes (Scandinavian Colour Institute).
- Es geht von den vier bunten Grundfarben aus, die vom Menschen als „rein" empfunden werden – Gelb (Y), Grün (G), Rot (R) und Blau (B).
- Werden die Farbpaare als Gegenfarben im Kreis gegenüberliegend angeordnet und kommen die unbunten Farben Schwarz und Weiß nach oben und unten dazu, entsteht ein dreidimensionales Modell, der sog. NCS-Farbraum.
- Schneidet man den NCS-Farbraum wie ein Tortenstück vertikal durch, erhält man ein NCS-Farbdreieck.
- Aktuell umfasst das NCS-System 1950 NCS-Farben, durch Buchstaben und Zahlen benannt.

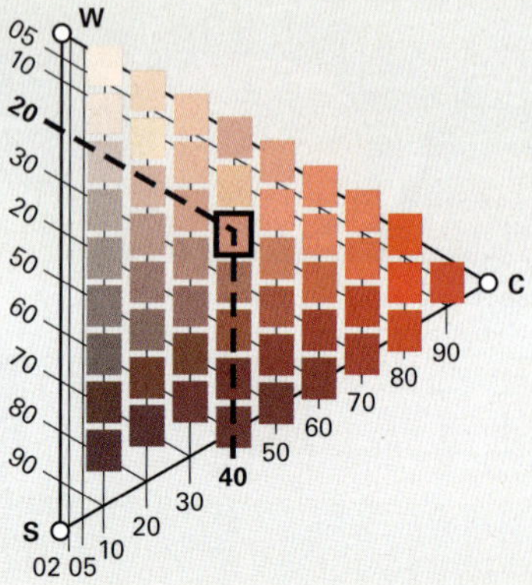

RAL-Farbsystem

- Normierte Farben, die von der RAL GmbH vertrieben werden.
- Die erste Normung umfasste eine Tabelle von 40 Farben, die 1927 vom Reichsausschuss für Lieferbedingungen erstellt wurde.
- Um 1940 wurden die RAL-Farben auf ein vierstelliges System umgestellt. Heute noch gültig.
- Reine Farbkataloge sind RAL Classic und RAL Effect.
- Das RAL-Design-System weist eine Systematik auf. Die auf dem Markt erhältlichen Farbfächer des Systems enthalten 1625 Farben. Die Farben sind in der Reihenfolge des 6-teiligen Farbkreises von 1 bis 6 (tausend) sortiert.
- Besondere Farbtongruppen besitzen die Nummer 7, 8 und 9. Jeder Farbton besitzt eine individuelle Tausendernummer.

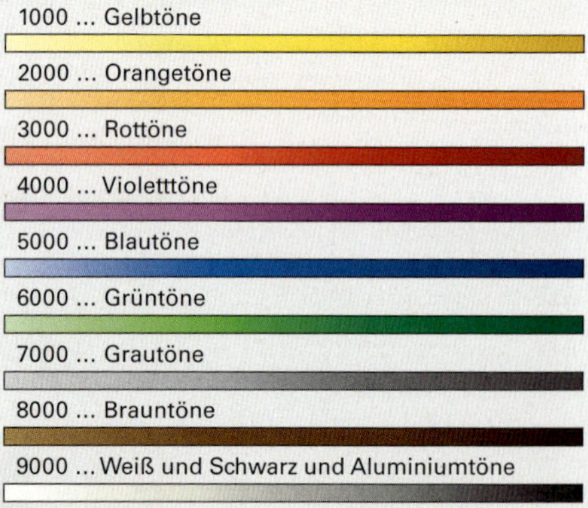

DB-Farbkontraste

- Farben, die vorwiegend bei Stahlbauteilen (Stahlbrücken, Geländer, Bahnsteigdächer, etc.) im Bereich der Deutschen Bahn verwendet werden, auch Eisenglimmer.

Pantone Matching System

- Entwickelt für den Grafik- und Modebereich 1963 von der Pantone LLC, einem amerikanischen Unternehmen. Zurzeit liegen 1950 Farbmuster vor.

HKS-Farbfächer

- Einsatz in der Druckproduktion. In Deutschland sehr verbreitet.
- HKS ist die Abkürzung für die Druck- bzw. Künstler-Farbenhersteller *Hostmann-Steinberg Druckfarben, Kast + Ehinger Druckfarben und H. Schmincke & Co.*

7

Stocolor System (Fa. Sto, Stühlingen)

- Die Fa. Sto orientierte das Stocolor-System an der visuellen menschlichen Farbwahrnehmung, nicht einer strengen farbmetrischen Logik.
- Sechs Bereiche bilden die Basis. Die Primär- und Sekundärfarben Gelb, Rot, Blau, Orange, Violett und Grün. Differenziert in je vier Farbtonstufen entsteht ein 24-teiliger Farbtonkreis: die Basisfarbtöne. Aus diesen Basistönen wurden die Farbtonreihen erstellt.

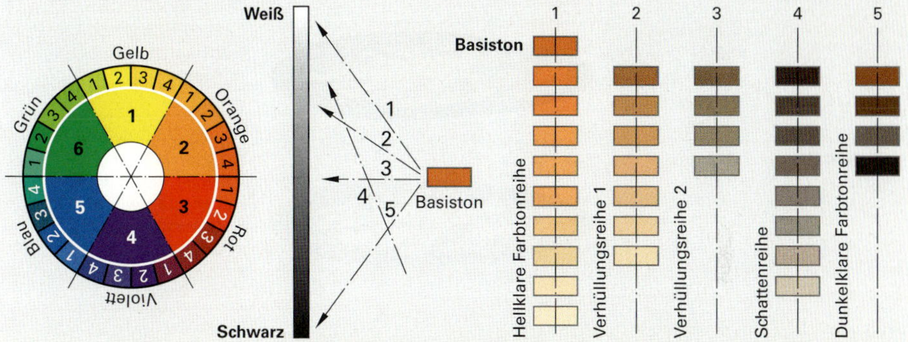

Brillux-Skala (Fa. Brillux, Münster)

- Brillux-Skala bietet ein Spektrum von 1514 Farben, die nach praxisrelevanten Gesichtspunkten ausgewählt wurden.
- Klassisch-historische Farbtöne für die Gestaltung von Stilgebäuden sind ebenso vertreten wie Nuancen für die Gestaltung von moderner Architektur. Einzigartig: Auch die Standard-Farbtöne von RAL-Classic wurden integriert.
- Für jede Gestaltungsaufgabe bieten die Skala-Arbeitsmittel die richtigen Werkzeuge, auch digital.

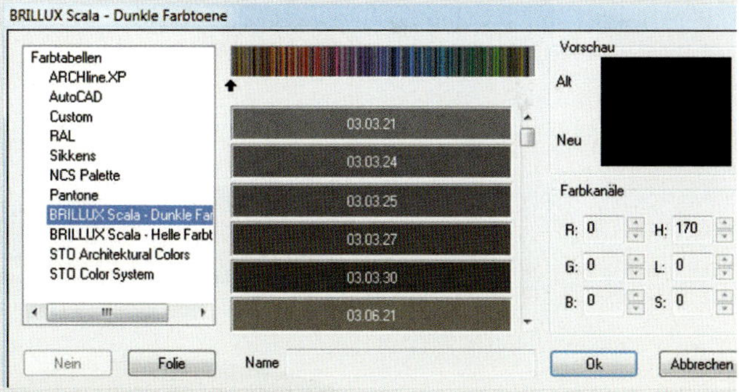

Farbcode am Fahrzeug

- Codierung je nach Fahrzeughersteller.
- Der Autolack-Farbcode ist eine eindeutige Bezeichnung des Originalfarbtones.
- Der Farbcode steht nur am Wagen oder im Serviceheft. Bei jedem Fahrzeug findet man den Farbcode am Typenschild, das sich häufig auf der Fahrerseite an der B-Säule, vorne im Motorraum, auf der Beifahrerseite an der B-Säule oder im Kofferraum befindet.
- Der Vergabe der Farbcodes kann ein geordnetes System zugrunde liegen (Renault), muss aber nicht so sein (Hyundai).

Beispiele aus ca. 50 000 Farbcodes:

VW / Audi

Atlasweiss, Farbcode:	91Z
Ascotgrau, Farbcode:	A7A

Toyota

Beige met., Farbcode:	UC4L5
Toyota Black onyx, Farbcode:	202v

Ford

Lava met., Farbcode:	XSC2409CM
Isisblue, Farbcode:	XSC2728

7

7.1.4 Farbkontraste

Übersicht			
Farbton-kontraste	Farbe-an-sich-Kontrast		Dessen Wirkung entsteht zwischen reinen, unvermischten Farben. Der größte Kontrast entsteht zwischen den Primärfarben Gelb, Rot und Blau.
	Komplementär-Kontrast		Gegenüberliegende Farben im Farbkreis steigern sich in ihrer Wirkung.
Helligkeits-kontraste	Hell-Dunkel-Kontrast		Kontrast aufgrund von Unterschieden in der Helligkeit der Farben, z. B. zwischen • Schwarz und Weiß. • Farben, z. B. Gelb und Violett. • Helligkeitsstufen innerhalb einer Farbe.
Sättigungs-kontraste	Qualitätskontrast (Bunt-Unbunt-Kontrast)		Kontrastwirkung zwischen reinen und getrübten Farben. Das Schwächen der Leuchtkraft erfolgt durch Brechen, d. h. durch Vermischen mit einer anderen Farbe. Reine Farben leuchten in getrübter Umgebung stärker.
Kontraste aufgrund weiterer Farbwirkungen	Quantitätskontrast		Liegen verschieden große Farbflächen (Quantitätsunterschied) nebeneinander, so dominiert üblicherweise die Farbe mit dem größeren Flächenanteil. Dabei ist jedoch ihre Sättigung (Leuchtkraft) zu berücksichtigen.
	Kalt-Warm-Kontrast		Orange + Blau entsprechen dem menschlichen Empfinden von warm und kalt. Dies gilt auch für deren aufgehellte und abgedunkelte Töne.
	Flimmer-Kontrast		Die Abgrenzung zwischen zwei Farben verschwimmt, wenn die Helligkeit beider Farben gleich ist. Dies ist bei reinem Grün und Rot der Fall, kann aber auch bei jedem anderen Farbpaar ermischt werden.
	Simultan-Kontrast	 	Die dominierende Farbe verschiebt optisch die schwächere hin zur Gegenfarbe im Farbkreis. Beispiel: Orange wirkt neben Violett gelber. Orange wirkt neben Gelb rötlicher. Dieser Vorgang läuft im Gehirn ab und ist nicht beeinflussbar.

Effekte, die durch die Psyche des Menschen entstehen

Minimax-Effekt

Minimax: Minimale Form- oder Farbabweichung – maximaler Effekt.

Wird in einer Fläche ausgebessert, so weiß der Kunde, wo der Schaden war, das Auge sucht immer wieder diese Stelle. Schon die geringste Farbabweichung wird dann als störend empfunden, z. B. beim Ausbessern von Gerüsthakenlöchern in der Fassade.

Kalt-Warm-Kontrast

Orange wirkt auf den Menschen wärmer, blau kälter. Es ist unklar, ob diese Temperatureinschätzung von Farben genetisch oder psychologisch durch Erfahrung bedingt ist.

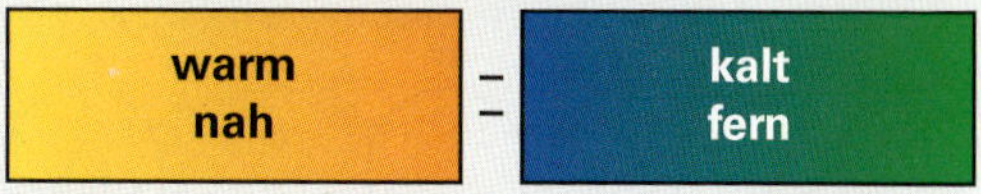

Farben aus den Bereichen Gelb bis Orange und Blau bis Grün

Flimmer-Kontrast

Farben gleicher Helligkeit kann das Auge nicht mehr eindeutig trennen, es kommt zum Flimmern. Dieser Effekt ist in der Regel nicht erwünscht.
Er kann vermieden werden, wenn eine der Farben in der Helligkeit verschoben wird

Grün aufhellen

Rot abdunkeln

Simultan-Kontrast

Wird eine Farbe auf verschiedenen Untergrundfarben betrachtet, so wird die Farbe zu deren Gegenfarbe veschoben.

Test: Braun liegt je nach Untergrundfarben als Erlebnis unterschiedlich vor. Grau wirkt auf weißem Untergrund dunkler als auf schwarzem Untergrund.

Sukzessiv-Kontrast

Sukzession, lat. = Nachfolge. Daher auch die Bezeichnung Nacheffekt oder Nachbild.

Langes Schauen auf eine Farbfläche überlastet die Sehzellen des Auges. Beim Wechseln des Blickes auf eine weiße Fläche entsteht das Nachbild in der Komplementärfarbe.

Test: Betrachtet man das gelbe Feld lange und wechselt dann nach rechts, so entsteht dort das violette Nachbild.

Gleichzeitig erscheint darunter unbeabsichtigt die Gegenfarbe von Orange in Türkis

7.1.5 Harmonisierende Farben

Farbklang

So wie sich mehrere akustische Töne zu einem Klang verbinden, so verbinden sich Farben zu einem Farbklang. Farbklänge besitzen eine ästhetische (angenehme, ansprechende) Wirkung auf den Betrachter.

Aus dem Farbkreis lassen sich Farbkombinationen ableiten, die auf den Menschen harmonisch wirken.

Man unterscheidet folgende Farbklänge:
- Zweiklang
- Dreiklang
- Vierklang

An Fassaden und in Räumen sind Drei- oder Vierklänge selten zu finden. Dies bedeutet den Einsatz von drei oder vier verschiedenen Farben, was in der Regel nicht sinnvoll ist, es sei denn in geringerem Anteil als Akzent. Farbklänge spielen eine Rolle bei der Beschriftung von Werbetafeln und bei der Beschriftung am Fahrzeug.

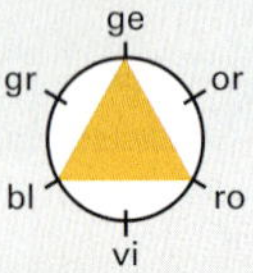

3 Farben im gleichseitigen Dreieck

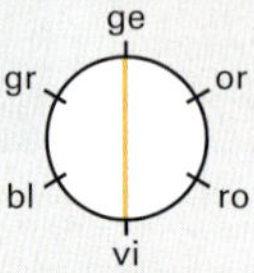

2 gegenüberliegende Farben

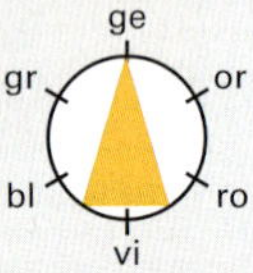

3 Farben im gleichschenkligen Dreieck

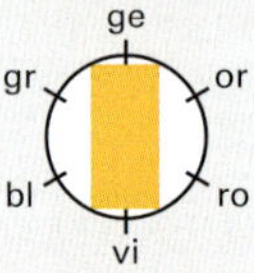

4 Farben im Rechteck

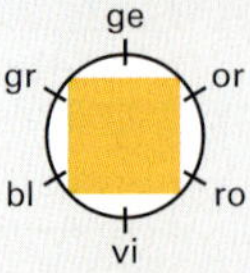

4 Farben im Quadrat

Farbklänge im Farbkreis

Farbklang im Quadrat

Farbklang im gleichseitigen Dreieck

Farbklang im Rechteck

Farbharmonie

Leben in Harmonie bedeutet: kein Stress, keine Aufregung, Wohlfühlen, Ausgeglichenheit, gute Stimmung. Diesem Wunsch nach Harmonie entsprechen bestimmte Farbkombinationen – oder auch nicht. Dann spricht man von Disharmonie. Individuelles Farbempfinden beeinflusst die Gesamtwirkung. Es gibt auch Kundenschichten, die eher Disharmonie wünschen.

Monochrome Farbharmonie	Bereich einer Farbempfindung	Benachbarte Farben im Farbkreis	Farben gleicher Sättigung
Z. B. Blau mit aufgehellten und abgedunkelten Farbtönen	Z. B. warme, kalte, leichte (helle), schwere (dunkle) Farben	Z. B. das Grün des 12-teiligen Farbkreises und Farben links und rechts der Hauptfarbe im Farbkreis	Z. B. Primärfarben, Sekundärfarben. Diese besitzen gleiche Intensität

7.2 Gestaltung von Räumen und Fassaden

7.2.1 Grundlagen der Raumgestaltung

Raumwirkung

Jeder Farbton besitzt eine Eigenhelligkeit, die Schwere – Leichtigkeit, Nähe – Ferne vermittelt. Erste Überlegungen zur Farbwirkung lassen sich über Grautöne verstehen.

Wände bilden den Raum. Leicht getönte, helle, gering gesättigte Farben lassen Wände erleben und vermitteln das Raumgefühl, ohne einzuengen.

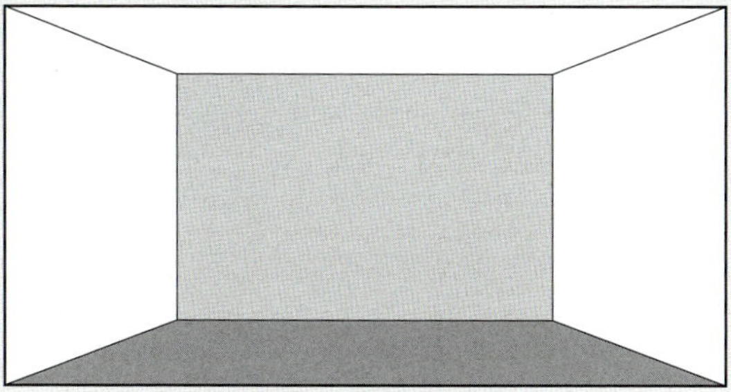

Da heute die Raumhöhen meist nicht über 2,50 m hinausgehen, wirkt der Raum allein als Baukörper schon geschlossen. Die Decke kann sehr hell gehalten werden, oft weiß.

Ein dunkler Farbton vermittelt Schwere und Stabilität. Es ist immer passend, den Boden im dunkelsten Farbton des Raumes zu gestalten. Der Boden ist schon immer die stabile Basis, auf der wir stehen.

Veränderung der Raumwirkung durch Helligkeiten

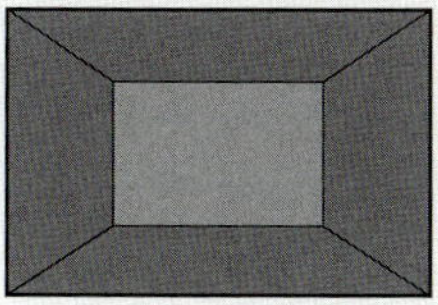

Beengendes Raumgefühl

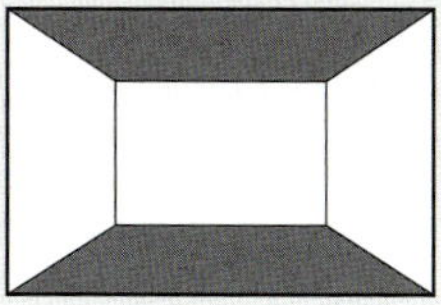

Der Raum wirkt niedriger

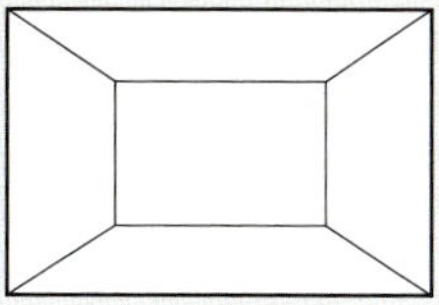

Geringe Raumbildung

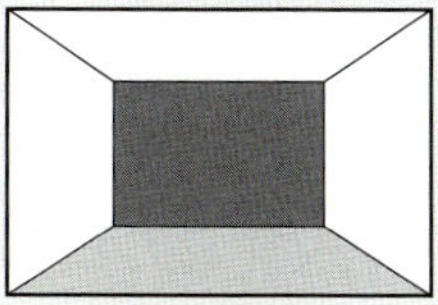

In der Tiefe wirkt der Raum kürzer

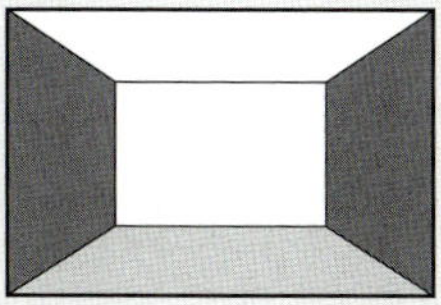

Der Raum wirkt schmaler

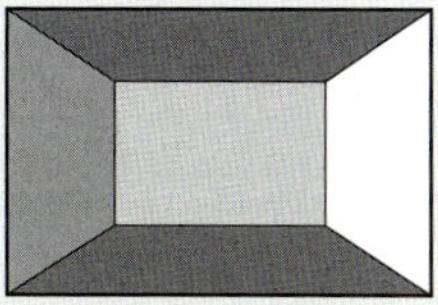

Raumverschiebung nach rechts

Veränderung der Raumwirkung durch Muster

Je größer das Muster, je größer die Streifen oder Quadrate, umso kleiner wirkt der Raum.

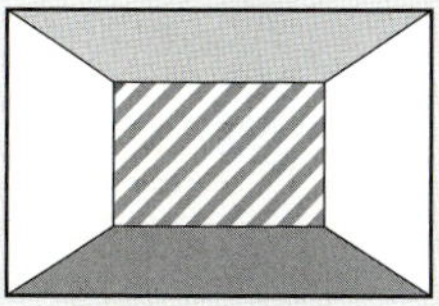

Der Raum „kippt"

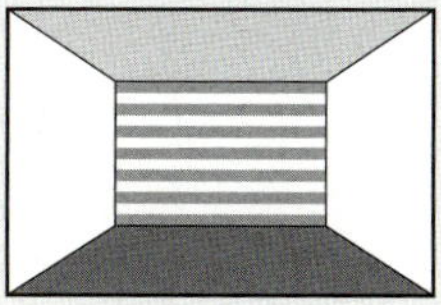

Der Raum wirkt breiter

Große Muster verkleinern den Raum

7

Beeinflussung der Raumwirkung

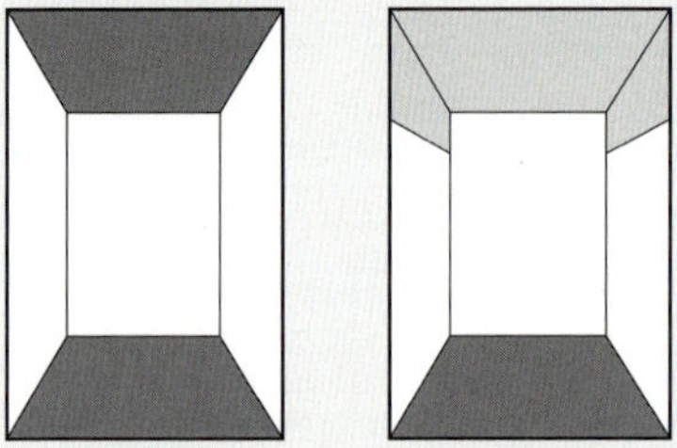

Die Decke wird heruntergezogen

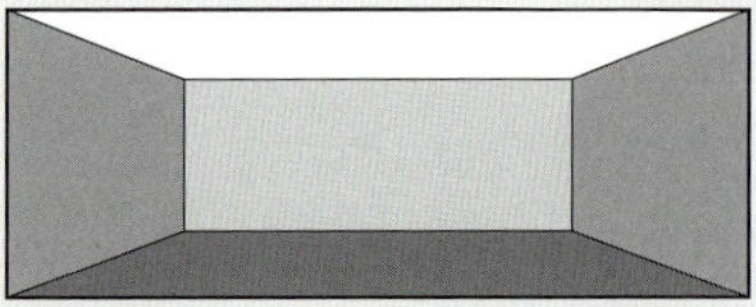

Der Raum wird verkleinert, aber nach oben geöffnet

Beeinflussung der Raumwirkung durch vorgegebene Farben

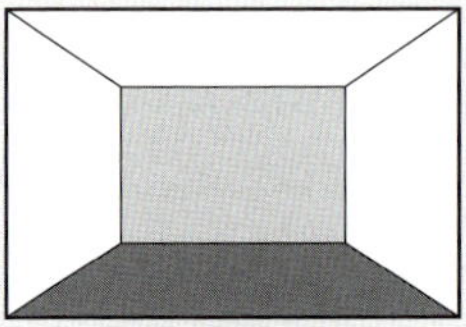

Fußboden, Parkett, Eiche, dunkel

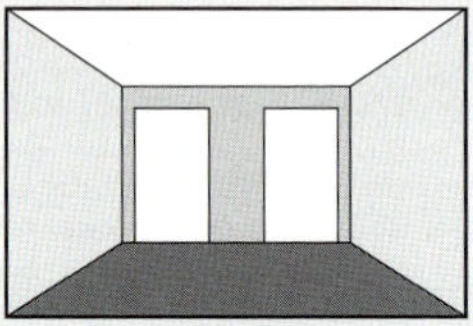

Türen weiß lackiert

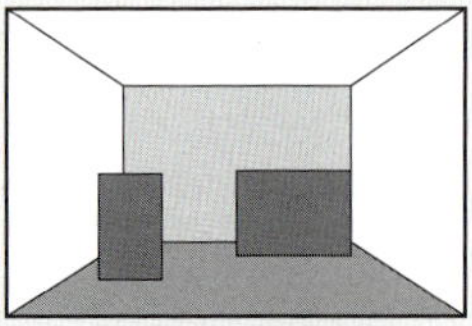

Mobiliar in Kirschbaum (rötlich, relativ dunkel)

Fassadenwirkung

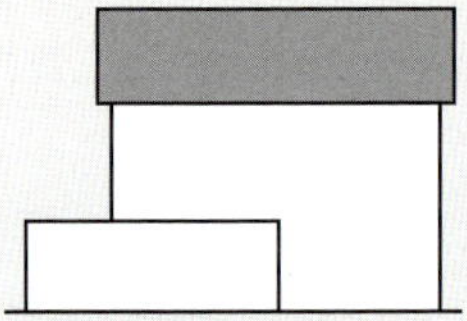

An Gebäuden sind in der Regel senkrechte Flächen zu gestalten. Kein Farbwechsel an Körperkanten!

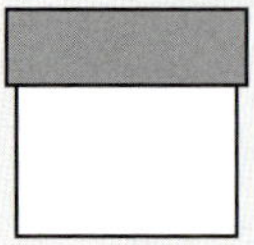

Dach in Ziegelrot oder Schiefergrau

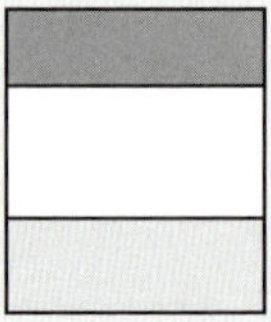

Bis zur 1. Etage in Naturstein, z. B. gelben Sandstein

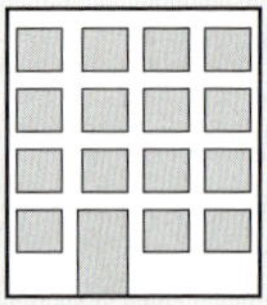

Gliederung durch Öffnungen

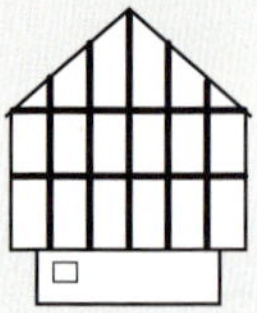

Gliederung durch Fachwerk

Beeinflussung der Fassadenwirkung im Straßenraum

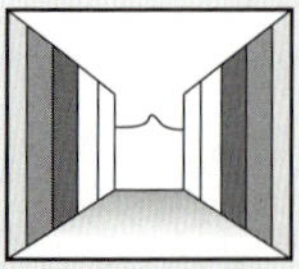

Straßenzüge werden im Ablaufstrukturiert, erweitert, eingeengt, begrenzt.

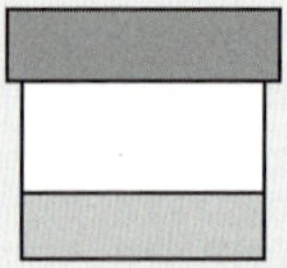

Dunkle Farben wirken schwer und als stabile Basis. Das Dach begrenzt nach oben.

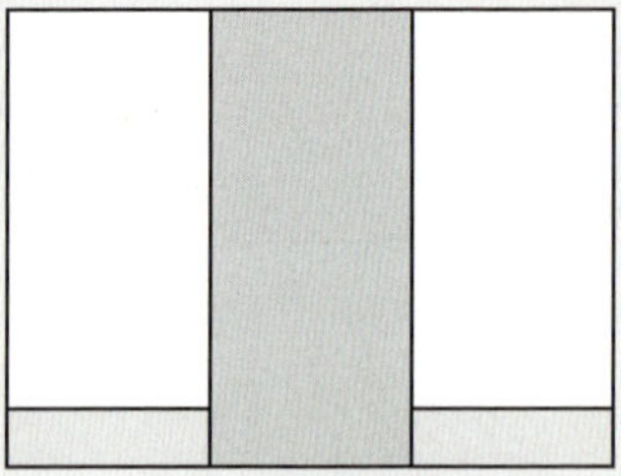

Eine große Baumasse wird zerlegt.

7.2.2 Vom Farbton zum Wandton

- Es ist möglich, dass Farben mit hoher Sättigung bei kurzem Kontakt, z.B. in einer Eingangshalle, als interessant empfunden werden.
- In Wohnräumen sind Vollton-Farben raumfüllend über längere Zeit kaum zu ertragen.
- In Innenräumen ist ein intensiver Farbton maximal an einer Wand möglich.
- Im Stadtbild sind farbintensive Fassaden schwer integrierbar und höchst auffällig.

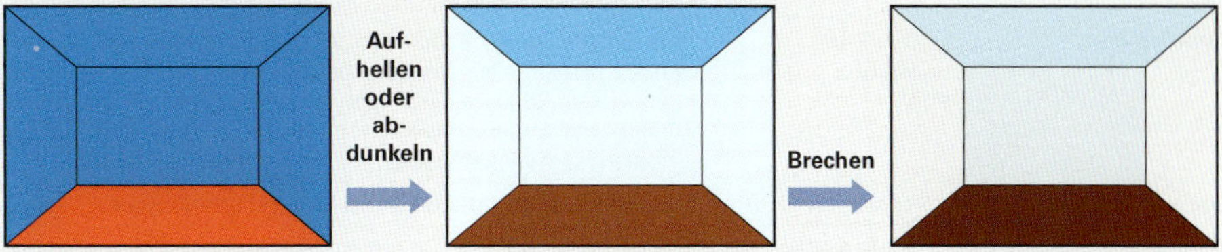

Für Räume (und Fassaden) sind reine Farben absolut ungeeignet.

Die Helligkeit ist geeignet, aber der Farbton ist noch zu farbintensiv.

Nun stimmen Farbton, Helligkeit und Sättigung. Nun liegt es am Kunden, ob ihm dieser Entwurf gefällt.

- Je kleiner die Fläche ist, umso höher kann die Farbigkeit zum Setzen von Akzenten gewählt werden.

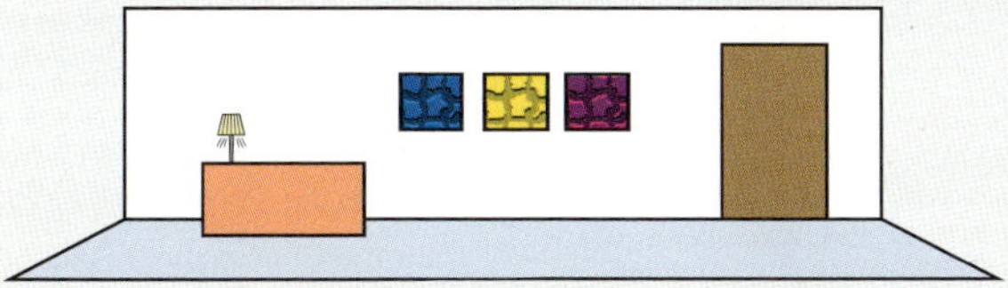

Kleinmöbel, Lampen, Bilder

Fensterläden

7.2.3 Farbgebung in Innenräumen

Objektvielfalt

Einflüsse auf die Farbgebung von Innenräumen		
Wohnräume	Wohnzimmer Schlafzimmer Jugendzimmer Küche Kinderzimmer u. a.	Diese Räume nutzt der Mensch oder eine Gruppe nach eigenen Vorstellungen. Für Familien ist die Zuordnung der Räume in einer Wohnung weitgehend etabliert, andere Wohnformen können zu anderen Nutzungsformen führen. Immer geht es darum, dass sich der Mensch diese Räume weitgehend selbst nach seinen eigenen Vorstellungen gestalten und einrichten kann.
Arbeitsräume	Werkstatt Büro	In Arbeitsräumen gehen Menschen einer beruflichen Tätigkeit nach. Farben sollen dabei positiv auf den arbeitenden Menschen einwirken. So kann durch eine freundliche Farbgebung das Arbeitsklima verbessert werden, durch Signalfarben auf Gefahrenstellen hingewiesen werden.
Verkaufsräume	Ladengeschäfte	Farben können den Kunden lenken und beeinflussen.
Räume für Erziehung und Lehre	Kindergarten Schulräume Gruppenräume	Sollen sich Menschen in diesen Räumen konzentrieren, so dürfen Farben nicht von diesem Ziel ablenken. Anders in Räumen, in denen Kreativität und Zusammenarbeit gewünscht wird. Hier können Farben anregend wirken.
Räume des Gesundheitswesens	Krankenzimmer Arztpraxen	Farben beeinflussen den Menschen und so auch indirekt Heilungsprozesse.
Kulturstätten	Theater Sportstätten Museen	Einerseits dienen diese Räume der Präsentation, andererseits dienen sie einem bestimmten Zweck. So wirken in Museen Gemälde nur vor neutralem Hintergrund. Farben im Eingangsbereich sind möglich.
Übergangsräume	Empfangsbereich Flur Treppenhaus	Auch diese Bereiche werden in ihrer Wirkung positiv oder negativ wahrgenommen. Farbe kann dabei der Orientierung dienen, z. B. durch Betonung der Türen.

Schritte der Farbgestaltung von Innenräumen		
Analyse erstellen		
Bewohner Auftraggeber	Junge Familie, Jugendlicher, Schüler, Rentner, Kind … Der Kunde soll sich später im Raum wohlfühlen (nicht nur der Gestalter)	
Raumnutzung	Wohnzimmer, Schalterhalle, Büro, Flur, Gaststätte	
Anmutung/ Ziel der Raumwirkung	Wohnlich, dekorativ, gemütlich, funktionell, schickymicky, modern …	
Preisvorstellung Qualitätsanspruch	Preiswert, hochwertig, exklusiv …	
Raumanalyse	• Raumgröße, Raumhöhe, Raumform • Fenster, Lichtquellen, Lage, Möblierung • Bereiche (Tag-, Nacht/Ruhe-, Nass-, Aktionsbereiche …)	
Gestaltungsziel	• Der Raum soll optisch verändert werden (z. B. ein zu schmaler Raum, ein zu hoher Raum) • Der Raum soll nicht optisch verändert werden (z. B. ein Raum mit ausgeglichen Proportionen)	
Sind Farbtöne vorgegeben?	Holzverkleidung, Holzboden, Sichtbeton, Naturstein, Glas …	
Entwurfsarbeit vorbereiten		
Zeichnung erstellen	Die perspektivische Darstellung des Raumes sollte einen repräsentativen Ausschnitt des Raumes darstellen. Unter Umständen sind mehrere Ansichten nötig. Ausführung: • frei Hand • Reißbrettzeichnung • Computerdarstellung (über Gestaltungssoftware)	 Raumzeichnung

Mehrere Gestaltungsideen entwickeln		
Konzepte vergleichen und auswählen	**Betonung der Horizontalen:** z. B. Boden, Decke, Tischplatte ... Der Raum wirkt niedriger und weiter/größer.	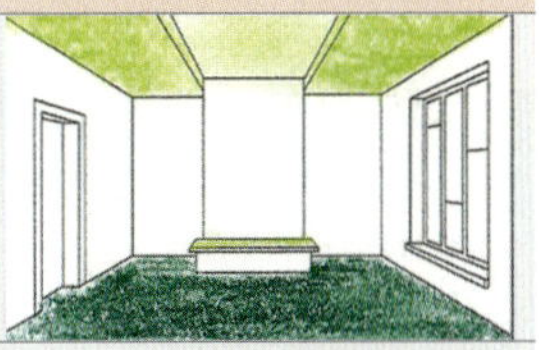
	Betonung der Vertikalen: z. B. Wände, Vorhänge, Türen ... Der Raum wirkt weiter/größer.	Betonung der Horizontalen
	Betonung architektonischer Raumteile: z. B. Nischen, Stützen ... Der ursprüngliche Raum bleibt erhalten. Die betonten Raumteile wirken wie hineingestellt. Sie trennen und/oder gliedern	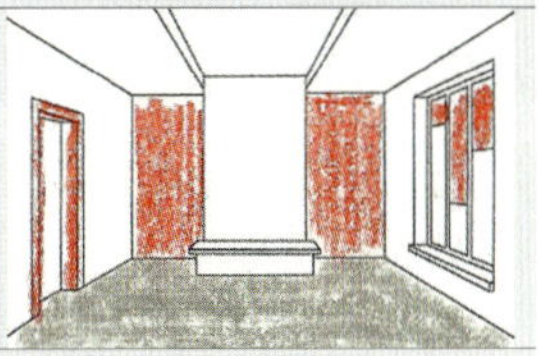
	Betonung von funktionellen Gruppen: z. B. Thekenbereich, Sitzgruppe, Treppe, Fluchtweg ... Die Grundzone wird betont, ebenso die Funktionsachsen.	Betonung der Vertikalen
	Auflösen/optische Veränderung von Flächen und Körpern im Raum: z. B. farbliche Überlagerung von Raumflächen, Irritationen durch Spiegel, Illusionsmalerei ... Der Raum wird zum Erlebnis.	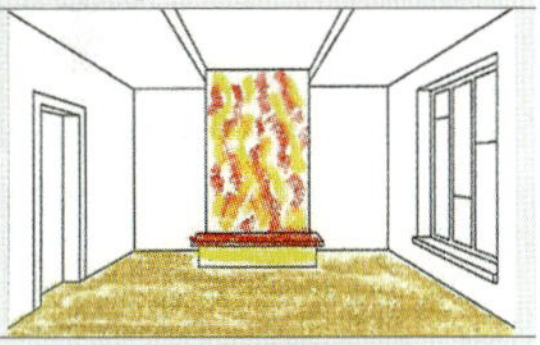 Betonung von Raumteilen
Mehrere Gestaltungsideen entwickeln		
Farbkonzepte vergleichen und auswählen	**Monochrom** Verwendung der Farben eines Farbtonbereiches • z. B. gelb bis grün • in verschiedenen Helligkeits- und Sättigungsstufen (siehe Qualitätskontrast, Quantitätskontrast)	 Monochromer Farbvorschlag mit Akzenten
	Polychrom Ein Farbkontrast liegt zugrunde (z. B. Kalt-Warm-Kontrast). Eine Farbe bestimmt den Raum (Dominante), für große Flächen. Die weitere Farbe setzt Akzente (Subdominante) z. B. Teilflächen, Möblierung, Dekor ... • in verschiedenen Helligkeits- und Sättigungsstufen (siehe Qualitätskontrast, je nach weiterer Farbe Komplimentärkontrast, Kalt-Warm-Kontrast, etc.)	 Polychromer Farbvorschlag mit Akzenten
Farbvorschläge kundengerecht visualisieren		
Ein Favorit + Alternativen	Ausführung möglichst zeitsparend, aber sauber und aussagefähig. Holz wirkt lebendiger, wenn es lasierend angelegt wird. Die Imitation einer Technik im Entwurf oder die Anordnung der Ziegel einer Wand unterliegen ebenfalls den perspektivischen Gesetzen. Alle Vorschläge müssen ausführbar sein.	
Präsentation beim Kunden		
Möglichst im / am Objekt	Jeder Farbvorschlag muss sachlich begründet werden können. Farbmuster, Musterplatten von Techniken ergänzen die Präsentation.	

7.2.4 Farbgebung an Fassaden in Außenräumen

Objektvielfalt

Einflüsse auf die Farbgebung von Fassaden	
Eigentümer	Kundenwunsch
Funktion	Wohnhaus, Fabrik, Verwaltungsgebäude u. a.
Lage	In natürlicher Umgebung, im Stadtgebiet, im Industriegebiet u. a.
Einbindung	Freistehendes Gebäude, Reihenhaus, Einbindung in eine Häuserzeile (Ensemble) u. a.
Baustil	Historisch klarer Baustil (z. B Barock) Historismus Moderne, im Konzept oder durch Umbauten im Laufe der Zeit undefinierbar u. a.
Gebäudeform	Betont vertikal (Hochhaus) betont horizontal mit Flachdach, in der Straßenzeile giebelständig oder traufständig
Fassadengliederung	Symmetrie, Asymmetrie, Tendenz vertikal, Tendenz horizontal
Fassadenstrukturierung	Simse, Fenster, Erker, Sockel, Schaufenster, Anbauten u. a.
Baustoffe, Werkstoffe	Putz, Klinker, Naturstein, Glas, Stahl, vorgehängte Elemente u. a.
Oberfläche des Baustoffes	Rau, glatt, strukturiert, glänzend, stumpf u. a.
Farbvorgaben	Umgebende Natur, angrenzende Gebäudefarben, Dachdeckung, Naturstein am Gebäude
Vorschriften/Anweisungen	Denkmalschutz, Farbleitplan der Stadt
Temporäre Einflüsse	Tageszeit mit verschiedenen Lichtspektren, Jahreszeit mit verschiedenen Umgebungsfarben

Schritte der Farbgestaltung an Fassaden

Erfassen der Gesamtsituation

Der Kundenauftrag		Baustrukturanalyse (Mikroanalyse)		Einfügung in die Umgebung (Makroanalyse)	
Aspekt	Beispiel, Anregung	Aspekt	Beispiel, Anregung	Aspekt	Beispiel, Anregung
Auftraggeber	Privatperson, Firma, Behörde	Baustil	reiner Baustil, Baustilelemente am neutralen Bau	Farben der Natur	Villa im Park, Siedlungswohnhaus mit Garten
Objektnutzung	Wohnhaus, Verwaltungsgebäude, Gaststätte ...	Gebäudetyp	Hochhaus Wohnhaus u. a.	Farben angrenzender Gebäude	Einbindung in die bestehende Farbigkeit
Anmutung/Ziel	vornehm, auffällig, repräsentativ	Proportionen	Breite: Höhe Fläche: Öffnungen	Kontur, Dachverlauf	giebel- oder traufständiger Straßenzug
Preisvorstellung, Qualitätsanspruch	preiswert, hochwertig, exklusiv ...	Struktur	Fenster, Simse, Lisenen, Faschen u. a.	Funktion im Straßenbild	Gebäudefunktion als Riegel, als Unterbrechung
		Plastische Gliederung und Ornamentik	Erkennen der Qualität der Einzelelemente		
		Öffnungen	Größen, symmetrische – asymmetrische Anordnung		
		Werkstoffe	Putz, Glas, Holz ...		
		vorgegebene Farben	Naturstein Dachfarbe		

Entwurfsarbeit vorbereiten

Zeichnung erstellen	In der Regel Vorderansicht des Gebäudes mit • Anteile angrenzender Gebäude • angrenzende Natur Ausführung • frei Hand • Reißbrettzeichnung • Computerdarstellung (über Gestaltungssoftware)

Einfache Baustrukturanalyse

Mehrere Gestaltungsideen entwickeln auf der Grundlage der Ergebnisse der Baustrukturanalyse (Mikro- und Makroanalyse)

Farbrichtung festlegen Farbspektrum festlegen	• Wahl der Grundfarbigkeit • Farbton • Helligkeit • Sättigung **Dominante** Der vorherrschende Farbton der Grundfläche, also der Fläche mit dem größten Flächenanteil **Subdominante** Der vorherrschende Farbton der Grundfläche (Dominante), aufgehellt oder abgedunkelt **Akzent** Betonender Farbton, wird gezielt eingesetzt bei Details oder schmückendem Beiwerk, kleinster Flächenanteil.

Objekt

Zeichnung vom Objekt

Farbvorschlag, bestehend aus Dominante – Subdominante – Akzent

Farbkonzept umsetzen		
Gestaltungs-konzept festlegen	**Betonung der Fassadenfläche als Ganzes** Flächenwirkung **Betonung zusammengesetzter Bauelemente** Der Gesamtbau wird optisch zerlegt, gut bei Großobjekten mit großer Baumasse. Die Grundlage eines verbindenden Farbtons (Dominante) hält das Ensemble zusammen. **Betonung der Vertikalen** Die Fassade wirkt schmaler und höher. **Betonung der Horizontalen** Die Fassade wirkt breiter und niedriger. **Horizontale und vertikale Teilung** Abgeschwächte Richtungs- und Flächenwirkung **Überlagerung der Baukörper mit Farbgliederungen, Motiven etc.** Gewagt. Das Ergebnis muss über einen langen Zeitraum erträglich sein.	• Turm und Gebäude werden voneinander getrennt. • Das Gebäude gewinnt an Bedeutung.
Ziel überprüfen		
Berücksichtigung von Gestaltungs-empfehlungen	Je dunkler der Farbton, je kontrastreicher die Fassade, umso auffälliger wirkt das Gebäude. Je größer das Haus, umso geringer darf die Farbigkeit sein. Je kleinteiliger die Fassade gegliedert ist, umso höher kann die Farbigkeit sein. Reine und volle Farben äußerst sparsam einsetzen. Eckgebäude eignen sich für höhere Farbigkeit als Zeilenabschluss. **Sockel** Abgedunkelte Fassadenfarbe erhält die Einheit in der Fassade und bildet eine gefühlte Basis für das Gebäude. **Balkon/Loggia** Die Brüstung kann die Wand durch Farbe gliedern. Dunkle Farben schließen den Balkonraum/Loggiaraum ab. Balkone belassen die Fassade in ihrer Farbigkeit. Eine Loggia sollte wegen der Verschattung hell gehalten werden. **Fenster** Glasflächen erscheinen von außen dunkelgrau. Helle Fensterrahmen bilden ein „Gitter" und trennen Innen von Außen. Je größer die Rahmenfläche im Verhältnis zur Glasfläche, umso geringerer Kontrast ist zu empfehlen. **Fensterladen** Fensterläden können als farbiger, sich wiederholender Akzent die Fassade gliedern. **Erker** Ein heller Erker gehört eher zum Bau, ein dunkler Erker trennt sich von der Fassade. **Gliedernde Elemente** Horizontale und vertikale Elemente sind in gleicher Farbe zu halten. Nur so bilden sie eine stabile Fassung der Fassade. Bei ausgewogenem Verhältnis zur Fassadenfläche ist ein hoher Helligkeitskontrast möglich, bei ungleichem Verhältnis ist ein schwächerer Kontrast zu empfehlen. In der Regel ist die Fassade dunkler gehalten als die gliedernden Elemente. So wirken diese plastischer. Dunkler gehaltene Elemente wirken bautragender.	• Turm und Gebäude bilden eine Einheit. • Der Eingang wird betont. • Das gebrochene Weiß fügt sich gut in die historische Farbigkeit der Stadt (Tübingen).  • Der Turm wird in seiner Eckfunktion betont. • Die Farben binden den Bau in die Umgebung ein. • Der Eingang wird betont.

7

7.3 Technisches Zeichnen

7.3.1 Entwurfszeichnungen

Der Maßstab

Maßstab 1 : 100

1 cm im Plan	=	100 cm in der Wirklichkeit
Plan		**Wirklichkeit**
0,75 m	=	75,00 m
35 cm	=	3500 cm = 35,0 m
2,82 cm	=	282 cm = 2,82 m

Übliche Maßstäbe für Planzeichnungen sind 1 : 20, 1 : 50, 1 : 100.

Umrechnen des Maßstabs

Berechnung des Zeichenmaßes:
Zeichenmaß =
Wirkliches Maß : Verhältniszahl

Beispiel:
Zu zeichnen sind
12,20 m im Maßstab 1 : 20
12,20 m : 20 = 0,61 m = 61 cm

Berechnung des wirklichen Maßes:
Wirkliches Maß =
Zeichenmaß · Verhältniszahl

Beispiel:
Maßstab 1 : 100,
Länge von 2 cm im Plan
2 cm · 100 = 200 cm = 2,00 m

Berechnung des Maßstabes:
Verhältniszahl =
wirkliches Maß : Zeichenmaß

Beispiel:
Zeichenmaß 1,3 cm = 0,013 m,
wirkliches Maß 6,50 m
6,50 m : 0,013 m = 500.
Der Maßstab ist demzufolge 1 : 500.

Vergrößern mit dem Malnehmer

Beispiel:
Tafelbreite 81 cm, Entwurfsbreite 8,4 cm
81: 8,4 = 15 = Malnehmer 15
Messpunkt 1 = 1,8 cm x 15 = 27 cm, von links unten eingemessen.
In dieser Weise werden auch die anderen Messpunkte (MP) ermittelt. Dann werden die Messpunkte verbunden.
Nicht für freie Entwurfszeichnungen

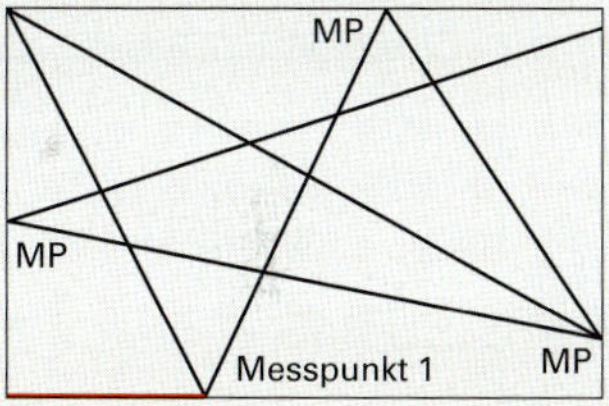

Vergrößern mit dem Raster

- Entwurf in ein Raster unterteilen.
- Bei einer Vergrößerung 15 x so groß (im Maßstab 1 : 15) wird bei einem Entwurfsraster von 0,5 cm x 0,5 cm jedes Rasterfeld 7,5 x 7,5 cm groß:
  Breite des Entwurfsrasters x Malnehmer
  0,5 cm x 15 = 7,5 cm.
- Die Zeichnung wird nun kästchenweise übertragen.
- Empfehlenswert ist die Kennzeichnung der Felder durch Zahlen am Entwurf und an der Vergrößerung.

Vergrößern mit dem Beamer, Diaprojektor oder Episkop

- Der Maßstab muss dafür nicht bekannt sein.
- Die Projektion muss genau im rechten Winkel erfolgen, um Verzerrungen zu vermeiden.

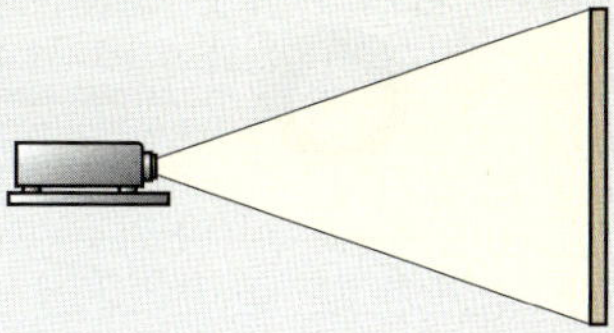

7.3.2 Planzeichnungen

Auswahl der wichtigsten Aussagen in Planzeichnungen						
Darstellung	**Bezeichnung**	**Anwendung**	**Darstellung**	**Bezeichnung**	**Abkürzung**	**Bezeichnung**
	Volllinie, mittelbreit	Sichtbare Kanten von Bauteilen		Mauerwerk aus künstl. Stein	OK	Oberkante
	Strichlinie, mittelbreit	Unsichtbare Kanten von Bauteilen		Unbewehrter Beton	UK	Unterkante
	Volllinie, breit	Begrenzung von Flächen geschnittener Bauteile		Stahlbeton	FFB	Fertigfußboden
	Volllinie, schmal	Maßlinien, Maßhilfslinien, Schraffuren		Putz, Mörtel	RFB	Rohfußboden
	Strichpunktlinie, breit	Schnittebenen		Dämmschicht	BRH	Brüstungshöhe
	Freihandlinie	Schnitt- und Bruchlinien bei Holz		Holz im Schnitt		

Bemaßungsbeispiele

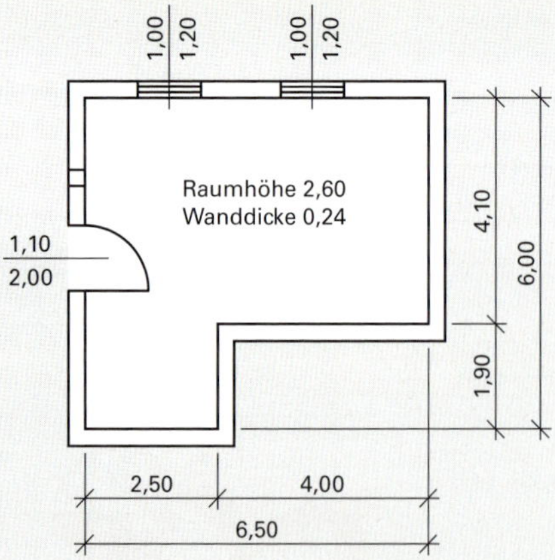

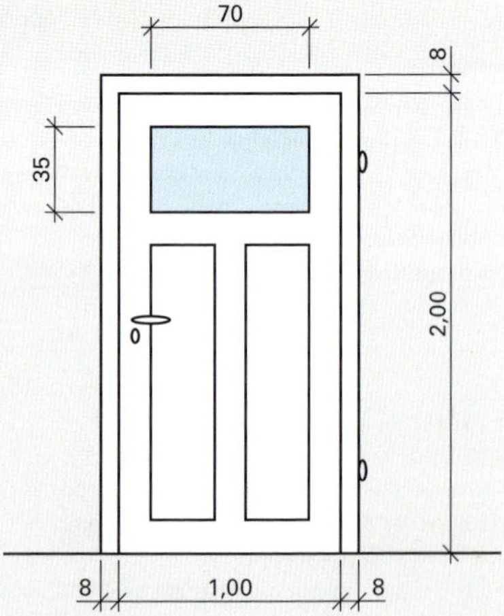

Alle Maße in mm

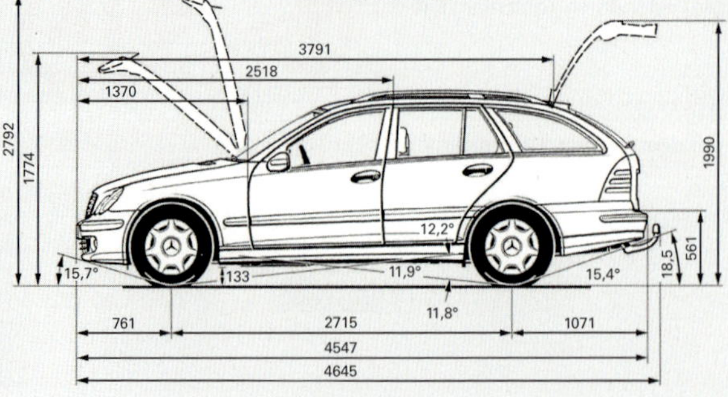

Bemaßungsregeln nach DIN 406 und 1356

Maßlinien

- Diese verlaufen parallel zum Baukörper.

Maßhilfslinien

- Sie begrenzen die Maßlinie im rechten Winkel.

Maßbegrenzungszeichen

- Die Maßzahl gilt vom Maßbegrenzungszeichen bis zum nächsten Maßbegrenzungszeichen, auch wenn sich Linien überschneiden.

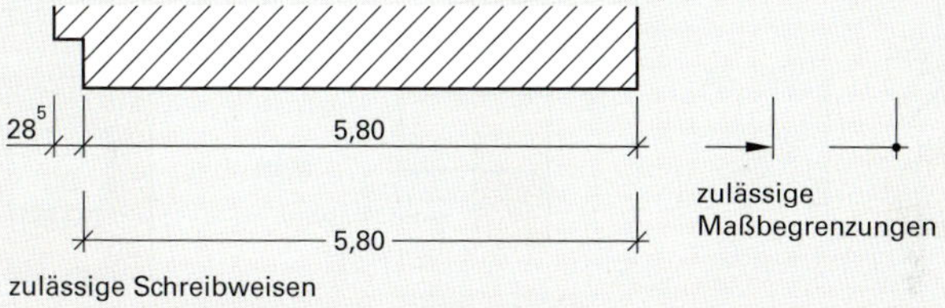

Maßzahlen

- Maßzahlen können auf oder zwischen der Maßlinie stehen, aber nie unterhalb der Maßlinie (außer Höhenmaße bei Fenstern und Türen).
- Maßzahlen müssen deutlich lesbar und in ihrer Größe der Zeichnungsart angepasst sein. Ihre Mindesthöhe beträgt 2,5 mm.
- Die Bemaßung erfolgt in Metern, geschrieben auf 2 Stellen hinter dem Komma, auch bei ganzen Meterangaben. Bei Maßen unter 1,00 m wird die Zahl in cm ohne Komma geschrieben. Millimeter-Zahlen werden hochgestellt hinter die cm geschrieben.
- Alle Maßzahlen müssen von unten oder von rechts lesbar sein.
- Ist der Platz für die Maßzahl zu eng, so sollte sie möglichst rechts darüber eingetragen werden.

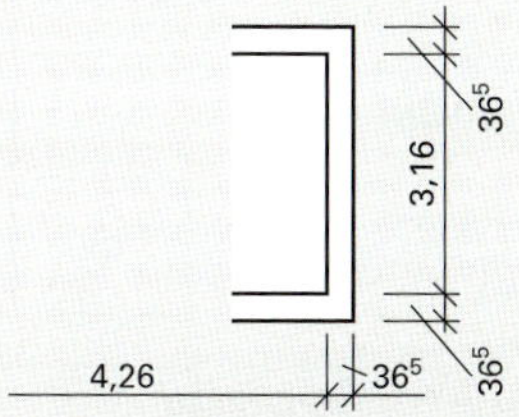

Maßketten

- Diese bauen sich von den Detailmaßen zum Gesamtmaß auf.
- Die Abstände richten sich nach den Maßzahlen, lieber größer als zu klein.

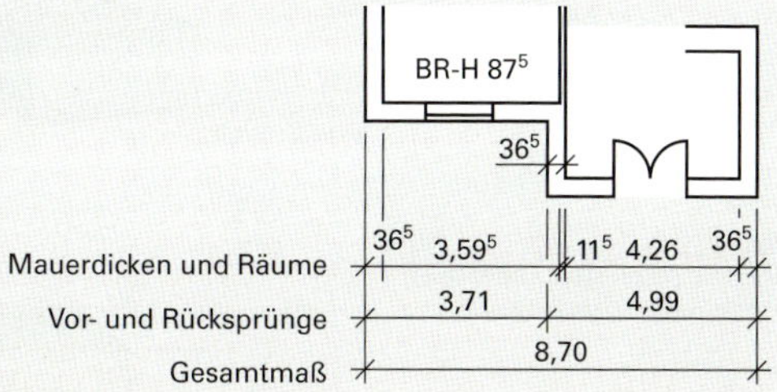

Grundsätzlich sind Bemaßungen sauber, gut lesbar und eindeutig zu erstellen.

7.3.3 Darstellung von Objekten in rechtwinkliger Parallelprojektion

Vorteil	Nachteil
Alle Maße sind ablesbar. Körper in der Vorderansicht, Seitenansicht und der Draufsicht erfasst.	Man muss sich das Objekt aus den drei Ansichten „zusammenbauen". Dafür braucht es Übung und räumliches Vorstellungsvermögen.

Vom Objekt zur Darstellung

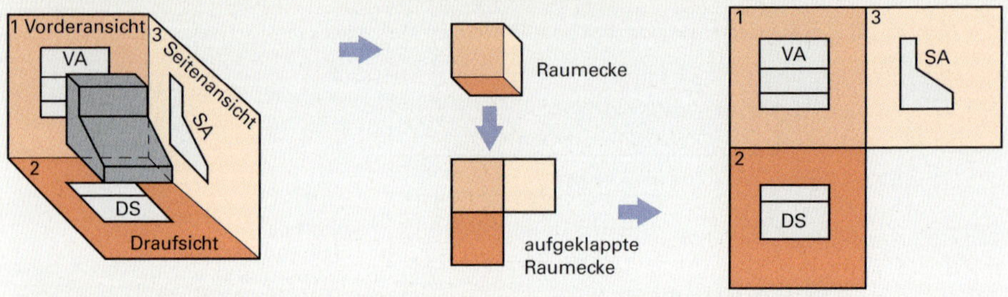

Konstruktionsschritte

1. Zeichnen der Achsen x und y im rechten Winkel zueinander.
2. Erstellen der Vorderansicht (VA), in einem festgelegten Abstand zu den Achsen.
3. Aus der Vorderansicht lassen sich mit den Maßen der Körpertiefe die Seitenansicht links (Sal) und die Draufsicht (DS) konstruieren.
   Der Abstand zu den Achsen bleibt bei jeder Ansicht gleich.
   Bei der Übertragung der Maße hilft die 45°-Linie.
   Breiten-, Höhen- und Tiefenmaße müssen in allen drei Ansichten übereinstimmen.
4. Aus der Betrachtung des Objekts im Raum ergeben sich sichtbare und unsichtbare Kanten, die nach den Regeln liniert werden.

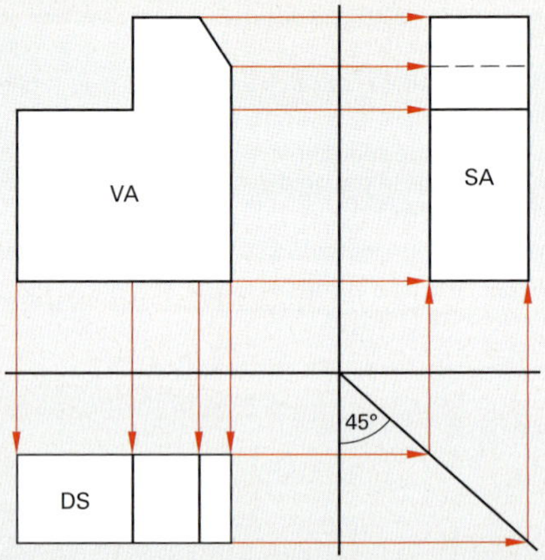

7.3.4 Darstellung von Objekten in schräger Parallelprojektion

Betrachtung und Darstellung eines Körpers

Die Wirklichkeit

Betrachtet man einen Körper von schräg oben, so laufen alle horizontalen Linien in Fluchtpunkten zusammen, auch wenn sie in Wirklichkeit am Objekt parallel sind. Es ist schwierig und häufig nicht sinnvoll, die Wirklichkeit so genau wiederzugeben. Aus einer solchen Zeichnung können z. B. keine Maße entnommen werden.

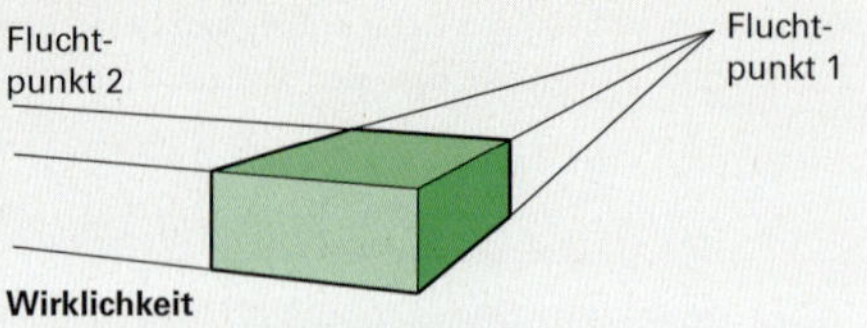

Schrägbild, Isometrie, Dimetrie

Schräge Parallelkonstruktionen stellen das Objekt so dar, dass der Betrachter es beinahe realistisch sieht, aber auch Maße aus der Zeichnung entnommen werden können.

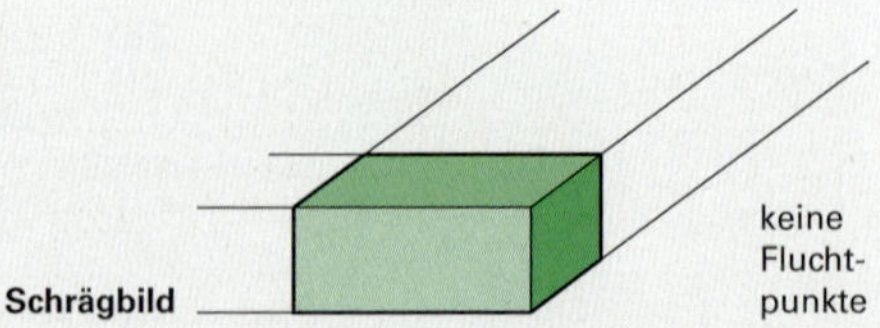

Übliche Parallelprojektionen

Schrägbild	Isometrie	Dimetrie

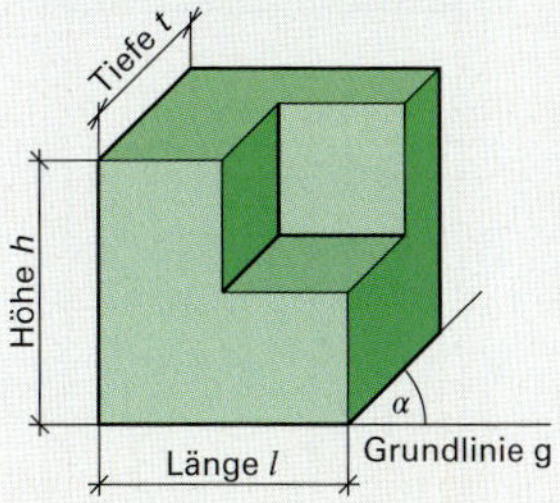

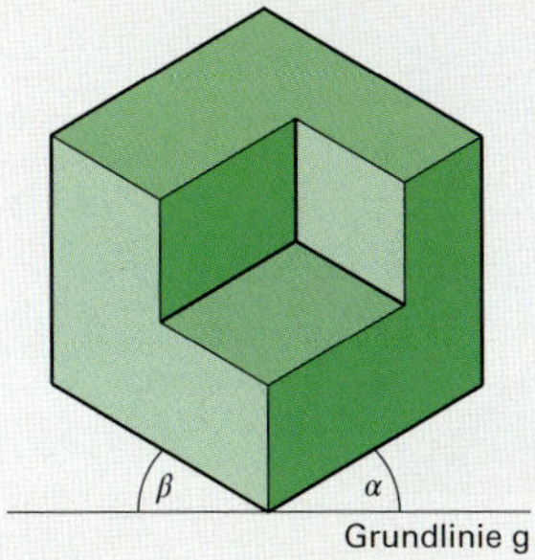

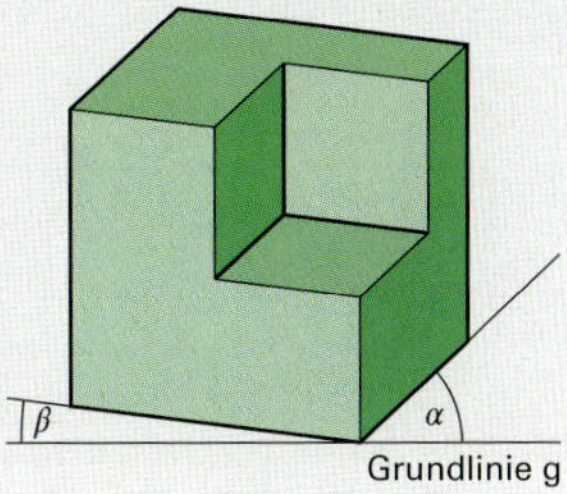

Winkel zur waagerechten Grundlinie		
Winkel $\alpha = 45°$	Winkel $\alpha = 30°$, Winkel $\beta = 30°$	Winkel $\alpha = 42°$, Winkel $\beta = 7°$
Hauptansichtsfläche		
Sie bleibt unverändert.	Sie verändert sich.	Sie verändert sich.
Körpermaße		
h = nicht verkürzt l = nicht verkürzt t = verkürzt auf die Hälfte der wahren Tiefe	h = nicht verkürzt l = nicht verkürzt t = nicht verkürzt	h = nicht verkürzt l = nicht verkürzt t = verkürzt auf die Hälfte der wahren Tiefe

Aufbau komplexer Darstellungen als Schrägbild

Aufbau ausgehend vom Grundriss

Dimetrie, Isometrie, Schrägbild

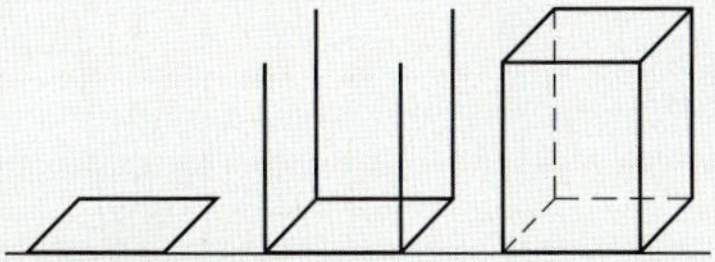

Aufbau ausgehend von der Vorderansicht

Schrägbild

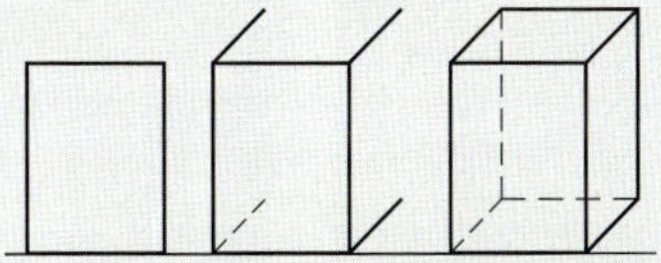

Subtraktion der Teile

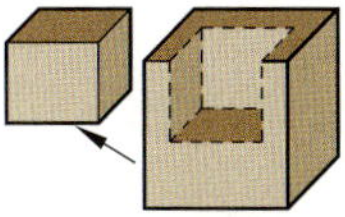

Subtraktion

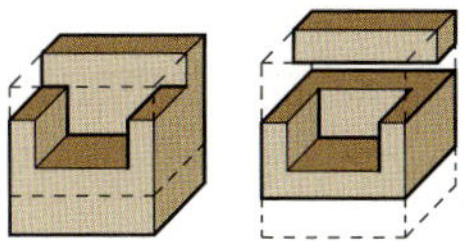

Der erste Schritt ist immer das Zeichnen eines Kubus.

Durch Ausschneiden von Teilflächen aus dem Kubus entsteht der gewünschte Körper.

Durch Anbauen von weiteren Teilflächen an den Kubus entsteht der gewünschte Körper.

Durch die Kombination beider Methoden lassen sich alle Körper mit geometrischem Aufbau zeichnen.

Addition der Teile

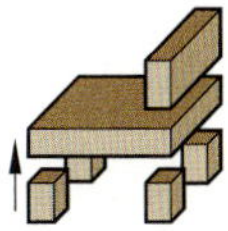

Addition

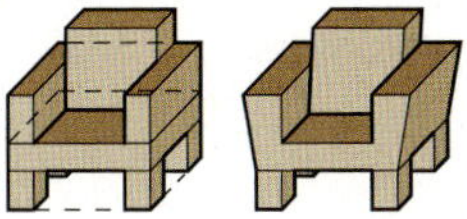

7.3.5 Raumdarstellung in Zentralperspektive

Grundlagen

Zentralperspektive bedeutet Sicht in den Raum direkt auf eine Wand im 90°-Winkel.

Alle horizontalen Linien in der Raumflucht treffen sich im Fluchtpunkt. Hier befinden sich die Augen des Betrachters.

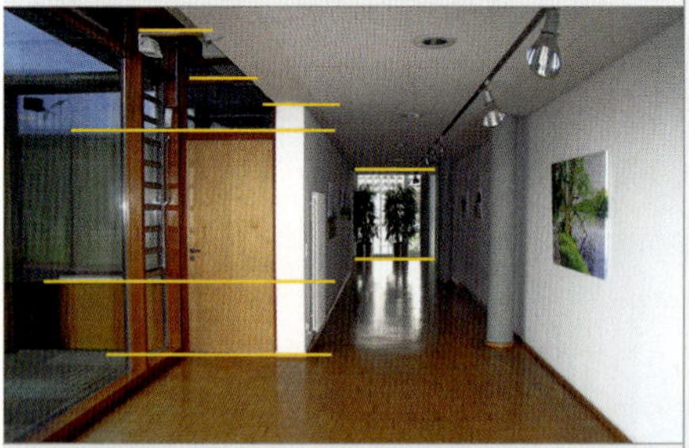

Horizontale Linien im rechten Winkel zum Betrachter bleiben horizontal und parallel.

Alle senkrechten Linien bleiben senkrecht und parallel.

- Die Raumdarstellung erfolgt aus dem Grundriss heraus.
- Positionierung des Betrachters = Standort S
- Die Linie der Bildebene steht für die Projektionsfläche, eine Fläche wie eine Glasscheibe durch die der Betrachter blickt und auf die er diese Ansicht zeichnet.

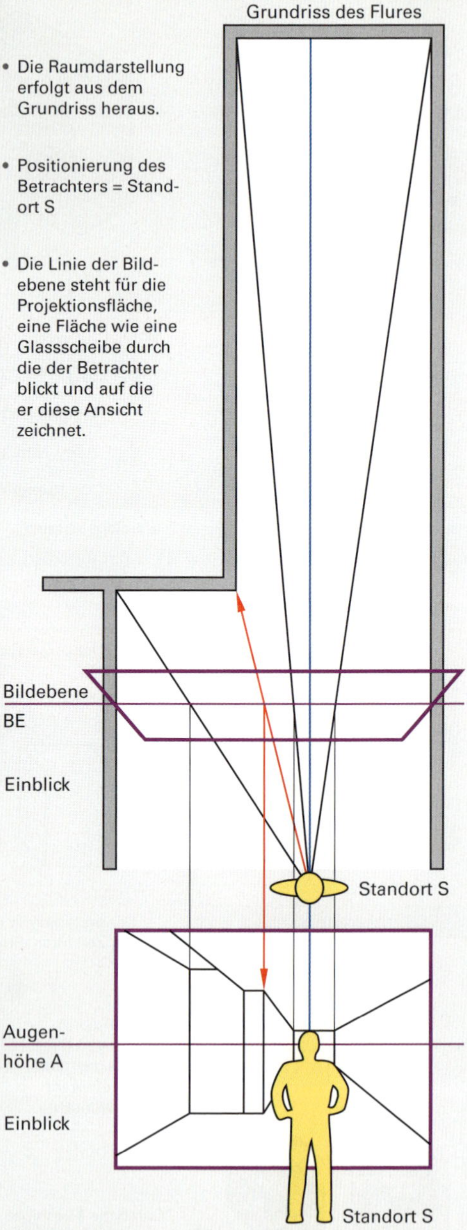

Wichtige Begriffe:

Bildebene	BE	Augenhöhe	A
Standort	S	Fluchtpunkt	F

Erste Konstruktionsschritte zur Zentralperspektive

Schritt 1

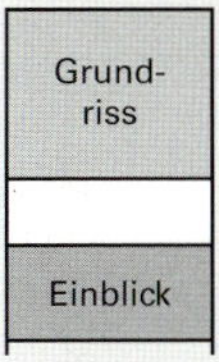

Der Grundriss wird auf dem Zeichenblatt so angeordnet, dass der Einblick darunter konstruiert werden kann. Die Raumhöhe wird im Einblick im Maßstab übertragen.

Schritt 2

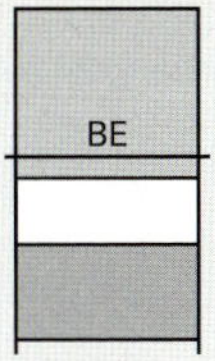

Die Bildebene BE ist einzuzeichnen. Sie darf nicht zu weit hinten im Grundriss liegen, da nur gezeichnet wird, was hinter der Bildebene sichtbar ist.

Schritt 3

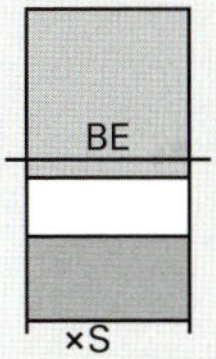

Der Standort S wird festgelegt. Damit möglichst keine Verzerrungen in der Zeichnung auftreten, sollte er möglichst weit vor der Bildebene liegen (1,2- bis 1,5-fache Breite des Raumes = Erfahrungswert). Der Standort kann unterhalb des Einblicks liegen.

Schritt 4

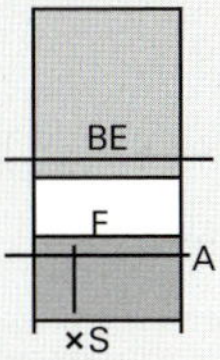

In den Einblick wird die Augenhöhe des Betrachters eingezeichnet. Aus Augenhöhe und Standort ergibt sich der Fluchtpunkt F im Einblick.

Weitere Arbeitsschritte der Konstruktion einer Raumdarstellung

Rechteckiger Raum

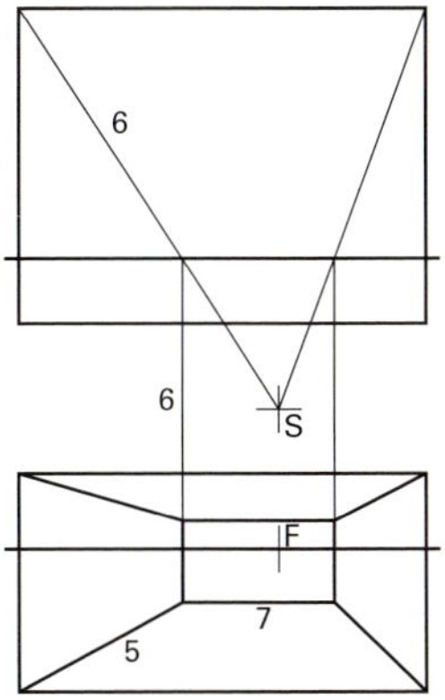

Raum mit Raumecke

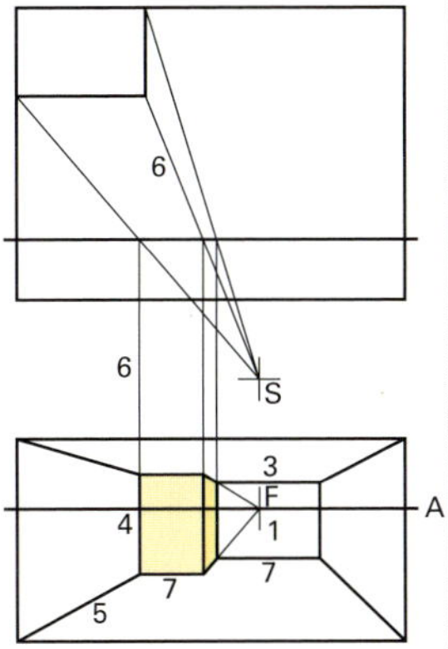

Raum mit Türe und Fenster

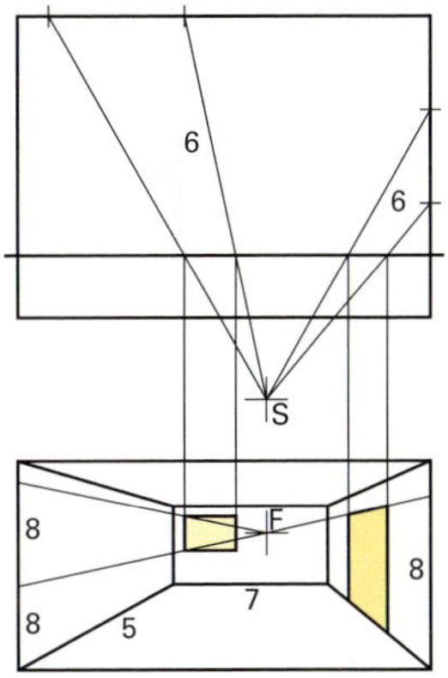

1. Die Raumecken des Einblickes werden mit dem Fluchtpunkt verbunden. Man erhält ein Tunnel, ohne Begrenzung in der Tiefe.
2. Vom Standort des Betrachters aus werden die Raumecken im Grundriss angepeilt. Der Betrachter sieht diesen Eckpunkt im Einblick genau im Schnittpunkt mit der Bildebene. Dieser Schnittpunkt wird in den Einblick übertragen.
3. Horizontale Begrenzungen werden horizontal ergänzt.
4. Höhen im Raum, z. B. Fensterhöhen, Türhöhen etc. können am Rahmen des Einblicks im Maßstab des Grundrisses angetragen werden. Über den Fluchtpunkt und die Horizontale können diese Höhen in den Raum hinein übertragen werden. Die Begrenzungen in der Breite ergeben sich aus dem Grundriss heraus nach Schritt 2.

Zentralperspektive eines Raumes mit Möblierung

Möbel können in die zentralperspektivische Zeichnung genau eingezeichnet werden.

Immer ist die Bildebene die Ebene im Maßstab, an der man sich beim Zeichnen orientiert.

Schrägbild der Raumsituation

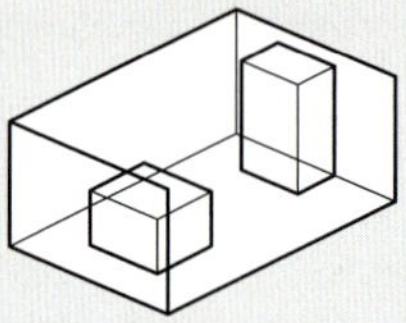

Grundriss und Einblick dieses Raumes

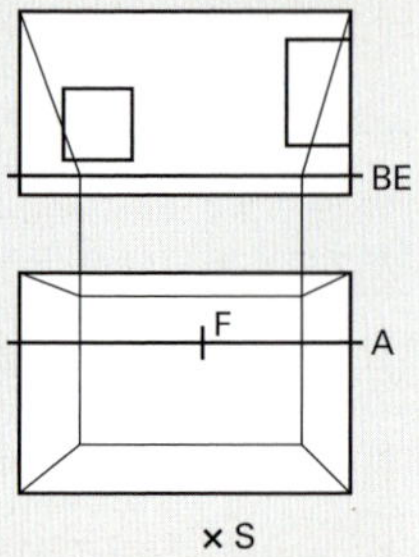

Arbeitsschritte

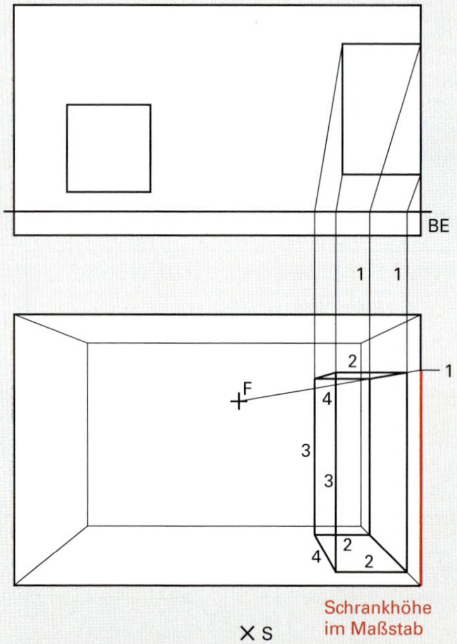

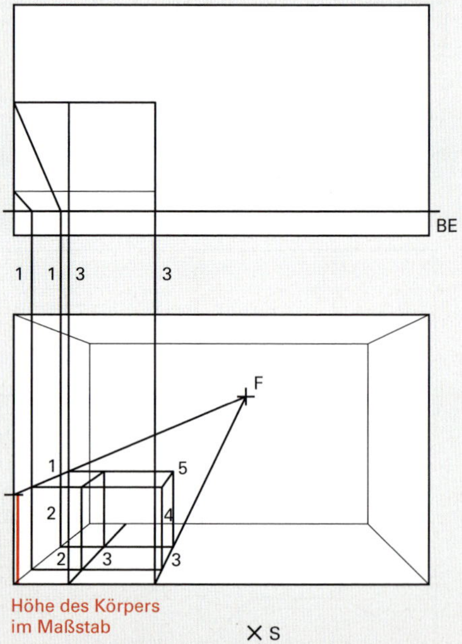

Eingestellter Schrank an der Wand

1. Zuerst wird die Schrankrückwand auf die Wand konstruiert.
2. Die Schrankhöhe wird auf der Bildebene im Maßstab angetragen. Aus der Verbindung mit dem Fluchtpunkt ergibt sich die Höhenbegrenzung des Schranks.
3. Die horizontalen Begrenzungslinien der Schrankseiten werden waagerecht in den Raum gezogen.
4. Die senkrechte Begrenzung der Seiten erfolgt durch die Konstruktion der vorderen Kantenlage des Schranks.
5. Die Verbindung der Eckpunkte ergibt den Schrank. Diese Linien weisen auf den Fluchtpunkt.

Eingestellter Würfel im Raum

1. Der Körper wird zuerst auf die Seitenwand im Einblick konstruiert.
2. Die horizontalen Begrenzungslinien der Körpers werden waagerecht in den Raum gezogen.
3. Die Maße der Bodenfläche werden an der Bildebene angetragen und zur Konstruktion der Bodenfläche benutzt.
4. Auf der Grundfläche wird der Körper aufgebaut.
5. Die Eckpunkte werden zum Körper verbunden.

7.3.6 Raumkonstruktion in Übereckperspektive

Grundlagen

- Bei der Übereckperspektive liegen keine Linien parallel oder im rechten Winkel zum Betrachter.
- Die Konstruktion erfordert zwei Fluchtpunkte.
- Die Bildebene, an der die wahren Maße im Maßstab angetragen werden können, ist jetzt nur noch eine Kante im Raum oder am Gebäude.
- Die Standortentfernung beträgt etwa das 1 – 1,5-Fache der Einblicksbreite.
- Durch Parallelverschiebung der Wände durch den Standort ergeben sich die Fluchtpunkte F1 und F2 auf der Bildebene.
- Liegen die beiden Fluchtpunkte näher beisammen, so ergeben sich Verzerrungen.
- Alle horizontalen Linien laufen entweder auf den Fluchtpunkt F1 oder den Fluchtpunkt F2.

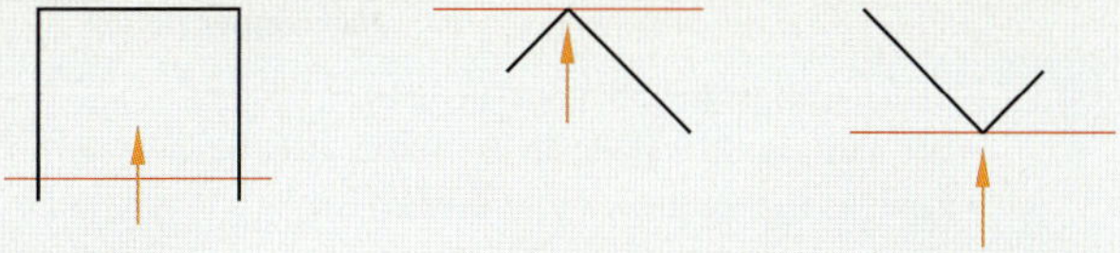

Zentral-perspektive
mit 1 Fluchtpunkt

Raum-darstellung

Gebäude-darstellung
mit 2 Fluchtpunkten

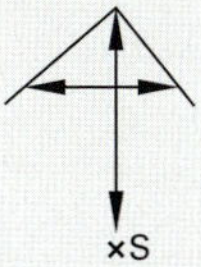

Ermittlung der Standort-Entfernung

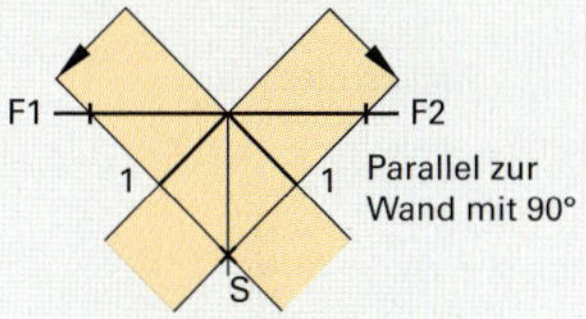

Ermittlung der Fluchtpunkte

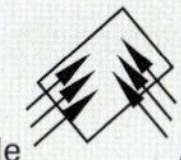

Alle Linien laufen auf F2

Alle Linien laufen auf F1

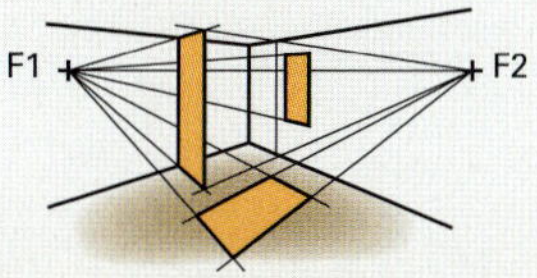

Arbeitsschritte der Konstruktion einer Raumecke in Übereckperspektive

Raumecke

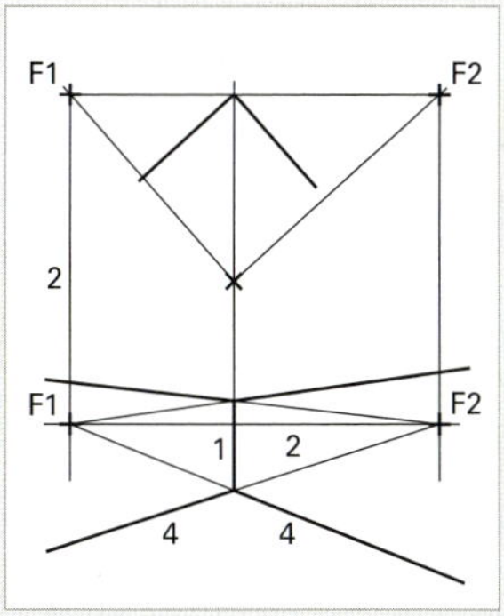

1. Die Raumeckenlinie wird im Maßstab übertragen.
2. An der Raumkante wird die Augenhöhe/der Horizont angetragen.
3. F1 und F2 werden über den Standort festgelegt.
4. Wird über die Raumecken-Enden auf die entsprechenden Fluchtpunkte die Verbindung gezogen.

Raumecke mit Schrank

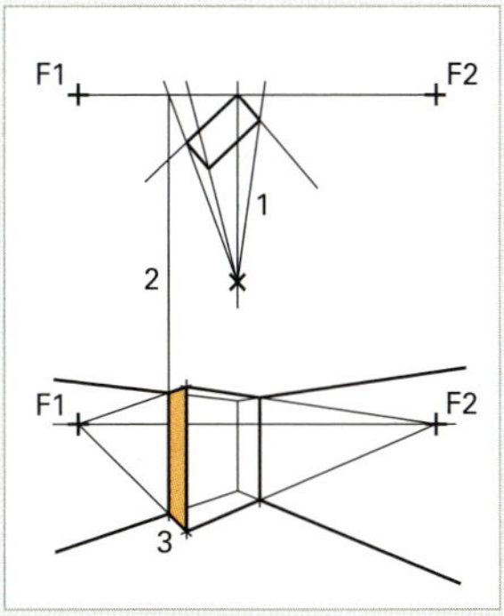

1. Über die senkrechten Kanten der Raumecke lässt sich deren Begrenzung ermitteln.
2. Von diesen Schnittpunkten ist auf den entsprechenden Fluchtpunkt zu ziehen. Die Raumecke entsteht.

Raumecke mit Fenster

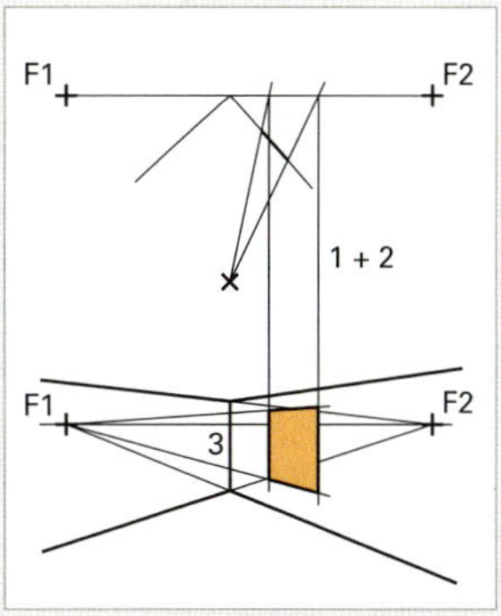

1. Die Höhe des Fensters kann im Maßstab an der Raumeckenlinie auf der Bildebene angetragen werden. Von dort ist auf den richtigen Fluchtpunkt zu ziehen.
2. Die senkrechte Begrenzung erfolgt über die Bildebene.

7.4 Dekorative Techniken

7.4.1 Übersicht

Planungspunkte	
Idee	• Ist der vorliegende Untergrund geeignet? • Wie muss der Untergrund für die Technik vorbereitet werden? • Kann die Technik ausgebessert werden? • Beherrsche ich diese Technik? • Wie kalkuliere ich den Preis?

Gestaltungstechniken mit Spielraum für individuelle, kreative Ausführung

Abklatschtechniken	Kombinationstechniken	Sondertechniken
• Folientechnik • Wickeltechnik • Stupftechnik • Wischtechnik	• Verlauftechnik • Lack-in-Lack-Technik • Verblasetechnik • Spinnwebtechnik • Rußtechnik • Einstreuen/Einblasen von Pigmenten • Spiritustechnik • Lösemitteltechnik	• Schablonieren • Abdecktechnik • Einbetttechnik • Reißlacktechnik • Wassertropfentechnik • Kammzugtechnik • Spachteltechnik • Airbrushtechnik • Kleistertechnik
Schleiftechniken	**Imitationstechniken**	**Einlegetechniken**
• Durchschleiftechnik • Schleiflacktechnik	• Wurzelholzimitation • Steinimitation • Illusionsmalerei • Holzimitation (Maserieren)	• Gold, Silber oder andere Blattmetalle einlegen • Vergolden

Effektlackierungen mit besonderem Augenmerk auf Sauberkeit und Ausführung

• Metalleffekt-Lackierung • Glimmereffekt-Lackierung • Perlmutt-Lackierung • Flip-flop-Lackierung	• Candy-Lackierung • Chromeffekt-Lackierung • Neoneffekt-Lackierung • Rosteffekt-Lackierung

Neue Kombinationen führen zu neuen Gestaltungstechniken

Untergrund	Holz, Metall, Putz, Pappe u. a. muss dauerhaft tragbar sein. Saugend, dicht, abweisend, glatt, strukturiert
Applikation	Spritzen, wischen sprenkeln, wickeln, gießen, spachteln
Werkzeug	Pinsel, Finger, Lappen, Spritzpistole, Kamm, Feder, Schwamm
Musterung	Punkte, Linien, Flächen, geordnet, ungeordnet, sauber, absichtlich unsauber
Material	Lack, Tinte, Schlagmetall, Dispersion, hochviskos, niedrigviskos …
Pigmentierung	Pulver, Paste, Glimmer, Sand, Gewürze …
Kombination	Nass-nass, nass-trocken, verträglich-unverträglich, Werkstoffe …
Zwischen- und Schlussbehandlung	Bürsten, schleifen, föhnen, blasen, schaben, übergießen …

- Die aufgelisteten dekorativen Techniken sind meist in Lack ausführbar.
- Einige Techniken, vor allem historische Techniken, eignen sich auch für Wandflächen.

7.4.2 Abklatschtechniken

- Diese Techniken decken den Untergrund nicht ab.
- Der Untergrund muss vorher vollflächig beschichtet worden sein.

Folientechnik

Auf die trockene Lackfläche wird Lack aufgetragen. In die nasse Fläche wird Folie eingelegt, verschoben und abgezogen.

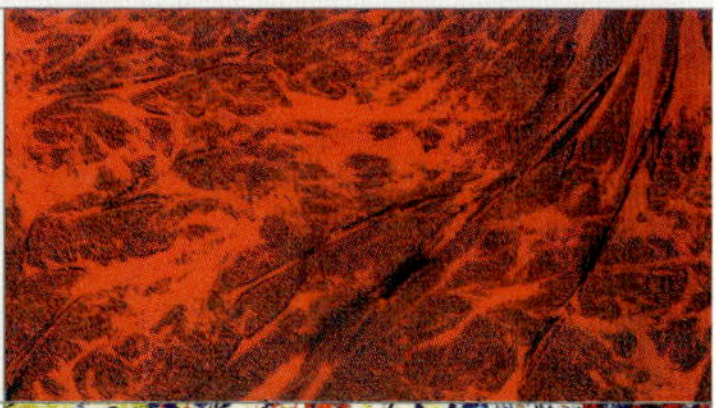

Wickeltechnik

Ein lackgetränkter Lappen wird über die trockene Lackfläche gerollt. Wichtig ist die richtige Viskosität des Lackes, darum ist ein Probewickeln auf einem Karton etc. erforderlich. Kreuz und quer wickeln verhindert Bahnenbildung.

Stupftechnik

Der lackgetränkte Lappen, Schwamm oder Stoff wird immer wieder aufgesetzt und ohne Verwischen abgehoben. Dabei ist der Lappen immer wieder zu drehen, um Musterbildung zu verhindern.

7.4.3 Kombinationstechniken

- Es werden meist Lacke, aber auch andere Werkstoffe miteinander kombiniert.
- Das Ergebnis entsteht während der Ausführung, begrenzt steuerbar, nicht korrigierbar.

Verlauftechnik

Wenn zwei oder mehr Lacke ineinander verlaufen, ergeben sich interessante Effekte. Diese Technik ist nur auf ebenen Platten ausführbar, die nach dem Aufgießen hin und her bewegt werden, bis alle Bereiche abgedeckt sind. Diese Technik ist sehr materialaufwendig. Vorversuche sind ratsam.

Lack-in-Lack-Technik

Zwei **unverträgliche Lacke** (LM-Basis + Wasser-Basis) entmischen sich nach der Applikation mit Pinsel etc.:

Zwei **verträgliche Lacke** (2x LM-Basis) ergeben harmonischere Übergänge.

Oft kombiniert mit der Verblasetechnik.

Verblasetechnik

Aufgetragener Lack wird mittels Drucklust zu interessanten Formen und Farbübergängen gezielt verblasen.

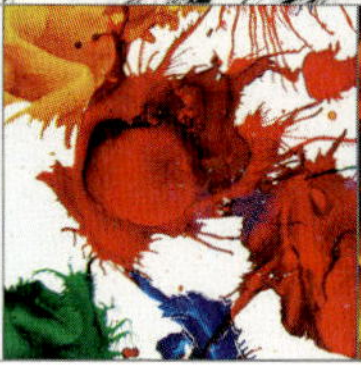

7

Spinnwebtechnik

Diese Technik entstand während eines Verarbeitungsfehlers beim Spritzen. Lack in zu hoher Viskosität „rotzt" beim Spritzen, d. h. er zieht Fäden wie Spinnweben.

Um eine glatte Fläche zu erhalten, muss unter Umständen mehrmals Klarlack gespritzt werden.

Rußtechnik

Diese Technik lässt sich nur auf Flächen ausführen, die im nass lackierten Zustand umgedreht werden können. Eine rußende Kerze wird unter der Fläche bewegt, dabei wird der Ruß in den weißen Lack eingebettet.

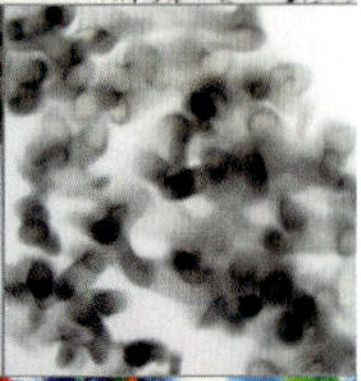

Einstreuen, Einblasen von Pigmenten

Jedes Pigment kann in Pulverform in Lack eingeblasen werden. Vorsicht, das Pigmentpulver ist hochgradig färbend.

Häufchenbildung kann vermieden werden, indem man das Pigment in ein Sieb gibt und dann vorsichtig in den Klarlack siebt. Darunter ist eine weiße trockene Lackierung.

Spiritustechnik, Lösemitteltechnik

Spiritus ist Äthylalkohol mit Vergällungsmittel. Spritzer davon in frischen Lack lassen durch die Unverträglichkeit interessante Effekte entstehen. In Brauntönen entsteht ein Effekt wie Wurzelholz.

Im Prinzip kann jedes Lösemittel ausprobiert werden.

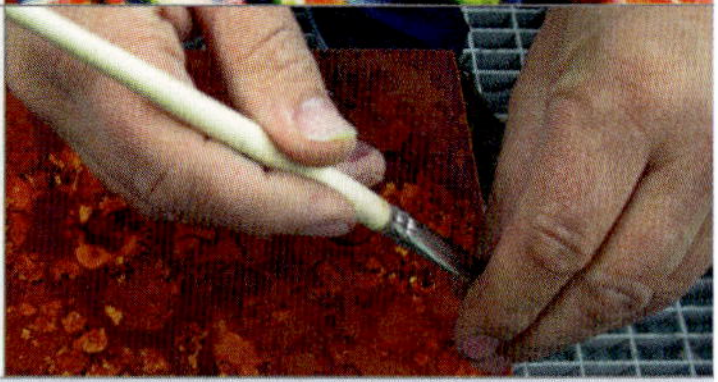

7.4.4 Sondertechniken

- Die Ausführung erfolgt meist in mehreren Arbeitsgängen.
- Arbeitsgänge genau einhalten.

Schablonieren/ Abdecktechnik

Die ausgeschnittene Form eines Motivs wird durch Spritzen oder Stupfen übertragen. Mehrfarbige Motive erfordern mehrere Schablonen und Markierungen auf dem Untergrund wegen der Passgenauigkeit.

Als Schablonen können aber auch Lochbleche, Zahnräder, Spitzendeckchen u. a. Objekte eingesetzt werden.

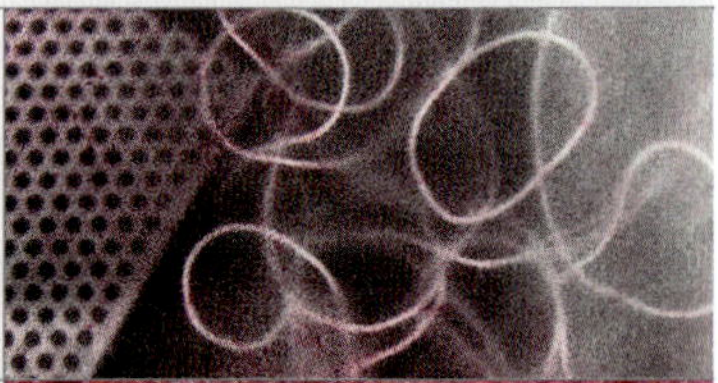

Einbetttechnik

Fasern, Fäden, Stoffe lassen sich in Lack einbetten, sorgen aber für eine strukturierte Oberfläche, die leicht verschmutzt.

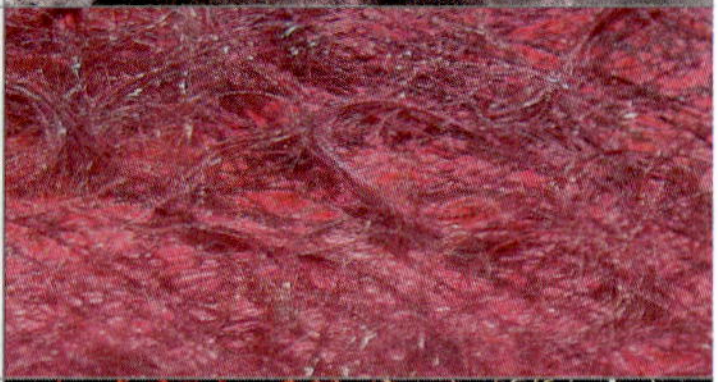

Reißlacktechnik

Jeder Maler weiß, dass hart trocknende Lacke auf weichen Lacken reißen. Reißlacksysteme sind im Handel erhältlich. Die Angaben der Hersteller müssen eingehalten werden.

Risse erscheinen in der darunterliegenden Lackfarbe.

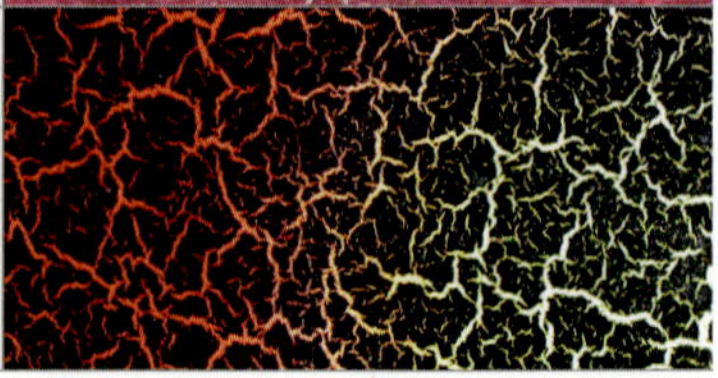

Wassertropfentechnik

Nachdem der Untergrund lackiert und gut getrocknet vorliegt, wird Wasser aufgesprüht. Es bilden sich Tropfen. Im Anschluss wird in gleichem Winkel zuerst von links weiß, dann von rechts schwarz eingenebelt. Der Lacknebel legt sich über die Tropfen. Mit dem Verdunsten des Wassers sinkt der Lack auf den Untergrund. Der Effekt muss mit einem Klarlacküberzug geschützt werden.
Interessant ist die Kombination mit einer anderen Technik.

Kammzugtechnik

Wird ein Kamm durch die nasse Lackschicht gezogen, so hinterlässt er eine Linienspur. Wie deutlich das Linienbild ausfällt, hängt von der Untergrundfarbe ab. Diese ist vorzulegen und muss gut trocken sein. Blanker Metalluntergrund ergibt besondere Effekte.

Bei der Kammzugtechnik können je nach verwendetem Kamm und je nach Arbeitsweise tiefe Riefen und entsprechend hohe Grate entstehen.

Zu hohe Materialschichten können zu Rissen führen.

Spachteltechnik mit Lack

Nimmt man verschiedene Anteile von Farben auf die Spachtel, so ergeben sich beim Auftrag interessante Tiefeneffekte. Zu dicke Schichten können reißen.

Spachteltechnik auf Wandflächen

Diese Technik eignet sich auf Kalk- und Zementputzen sowie glattem Vlies. Und gehört zum Angebot für die Gestaltung von Wandflächen. Spachtelfähige Kalkmasse mit Marmormehlzuschlägen wird in mehreren Schichten unter Druck aufgetragen und verdichtet.

Es werden auch Spachtelmassen auf Dispersions- und Acrylbasis eingesetzt. Bei der Verarbeitung dispersionsbasierter Werkstoffe hat sich die offene Fleckspachtelung bewährt. Dabei werden die Spachtelschläge versetzt ausgeführt, sodass zunächst Überschneidungen vermieden werden. In weiteren Spachtelgängen werden die offenen Flächen geschlossen. Durch mehrmaliges Wiederholen dieser Arbeitsweise (mindestens 3 Lagen) erzielt man die individuelle Charakteristik der Glättetechnik.

Kalkspachtelmassen mit Marmormehl werden nicht unbedingt in Fleckspachteltechnik verarbeitet werden. Die Arbeitsgänge können auch ohne lange Zwischentrocknung hintereinander ausgeführt werden. Der letzte Spachtelgang dient zum Verdichten der Fläche. Das Verpressen des Materials erzeugt den marmornen Oberflächenglanz.

Je nach Objektfläche wird die Größe des Spachtelwerkzeugs gewählt. Zum Einsatz kommen Japanspachteln, auf besonders großen Flächen die Doppelblattspachtel.

Airbrushtechnik

Unter Airbrush versteht man die Maltechnik mit einer kleinen Spritzpistole, ähnlich einem Kugelschreiber mit Farbzerstäubung, der an einen Kompressor angeschlossen ist.

Mit dieser Technik sind feinste Farbübergänge möglich.

Die verbreitetste Airbrush-Farbe ist auf Acryl-Basis. Ein Klarlackauftrag schützt die Arbeit.

Regeldruck zwischen 1,5 bar und 2,0 bar. Düse 0,15 mm bis 1,2 mm.

Kleistertechnik

Mit dick angesetztem Kleister werden Linien oder Formen auf die trockene, lackierte Fläche gemalt. Nach der Durchtrocknung des Kleisters wird die ganze Fläche in einem anderen Farbton überspritzt. Dies erfolgt mehrmals. Dann Abwaschen mit Wasser. Es erscheint das Muster der Linien oder Formen.

7.4.5 Schleiftechniken

Durchschleiftechnik

Eine mit Spachtelmasse strukturierte, durchgetrocknete Fläche wird mehrfach lackiert. Durch Schleifen werden die darunterliegenden Schichten freigeschliffen und sichtbar.

Ohne Untergrundstruktur ergeben sich weichere Übergänge.

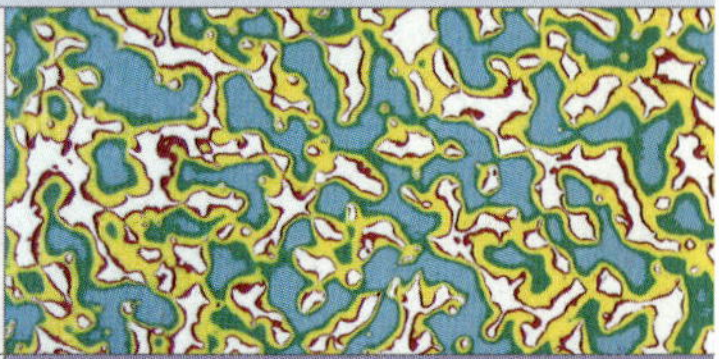

Schleiflacktechnik

Geschliffen wird mit feinem Bimsmehl und einem Modler unter Zugabe von Wasser. Der Modler muss dabei gerade gehalten werden und exakt gerade geführt werden.

Durch Folie geschützte Flächen bleiben nach dem Schleifen hochglänzend. Es entsteht eine dezent gestaltete Fläche.

7.4.6 Imitationstechniken

Steinimitation (Marmor, Granit, Malachit)

Jeder weiß, dass z. B. auf Metall mit einer Steinimitation das Original nicht erreicht werden kann. Das Ergebnis darf also ruhig etwas vom Original abweichen, nicht jedoch in seinem typischen Charakter. Dies erfordert genaues Studieren des Steins und kreative Ideen zur Umsetzung.

Granit:

Stupftechnik auf grauen Untergrund mit anderen Graustufen.

Marmor:

Jede Marmorart erfordert eine andere Spezialtechnik mit feinsten Pinseln, Federn, Spachteln, Schwämmen und Vertreibern. Immer ist genaues Studieren der Marmorart und langes Üben von Hand nötig.

Malachit:

Die typische Malachitaussehen erhält man durch den richtigen Farbton und Ziehen unregelmäßiger Kreisformen mit einer selbst erstellten Rakel.

Holzimitation mit der Rakel

Vorgefertigte Gummirakeln erlauben eine schnelle, wenn auch ungenaue Darstellung der Holzmaserung. Das Einmalen von Rissen und Ästen sowie weiteres Überarbeiten mit Lasieren verbessern das Ergebnis.

Holzimitation durch Maserieren

Blütezeit um 1900 bis 1950.

Furniere waren rar, wertvolle Hölzer für Möbel konnten sich nur wenige leisten.

Spezialisten, die es bis zur Perfektion brachten, sind für Restaurationsarbeiten gefragt. Alte Meister nahmen oft ihre Kenntnisse mit ins Grab.

Man unterscheidet Maserieren mit Öl- oder Bierlasur.

Aufbau einer Nussbaumimitation mit Bierlasur vom Autor

Illusionsmalerei / Tromp-l'œil

Der Begriff kommt aus dem Französischen und heißt soviel wie „das Auge täuschen" (tromper = täuschen; l'œil = Auge).

Es handelt sich um eine Malform, bei der durch fotorealistische Darstellung die vorhandene Architektur optisch vergrößert wird. Gebäudeteile, Landschaften und Skulpturen werden täuschend echt dargestellt. Kenntnisse der Perspektive und des freien Malens sind erforderlich.

7.4.7 Einlegetechniken

Einlagen von Papieren, Folien, Geweben

Gefärbte und/oder bedruckte Papiere und Folien lassen sich dekorativ in Klarlack einlegen.

Achtung: Papiere können schnell ausbleichen!

Gewebe besitzen je nach Bindungsart eine ausgeprägte Struktur.

Einlegen von Gold und anderen Blattmetallen

Im Handel können Blattmetalle, auch Schlagmetalle genannt, zum flächenfüllenden Veredeln von Objekten, aber auch zum Einlegen in Lack bezogen werden.

Da das Blattmetall hauchdünn vorliegt, trägt es beim Einlegen in vorgespritzen 2K-Acryl-PUR-Klarlack kaum auf. Um eine glatte, glänzende Oberfläche zu erhalten, sind eine oder auch mehrere Klarlackbeschichtungen nötig.

Das gezielte Einlegen erfordert etwas Übung.

Mit Ammoniumsulfiddampf oder nachträglich mit Schwefelleber behandelte Metalle oxidieren zu interessanten Effekten.

7

Vergolden

Blattgold, aber auch andere hauchdünne Metallfolien aus Kupfer, Aluminium, Silber und deren Legierungen, z. B. Gold-Silber-Legierung (Weißgold), Kupfer-Zink-Legierung (Kompositionsgold oder Messing), Kupfer-Zinn-Legierung (Bronze) werden mit speziellen Klebemitteln und speziellen Werkzeugen angelegt.

Klebemittel sind im Handel erhältlich, wie z. B. Mixtion, andere müssen aufwendig selbst hergestellt werden.

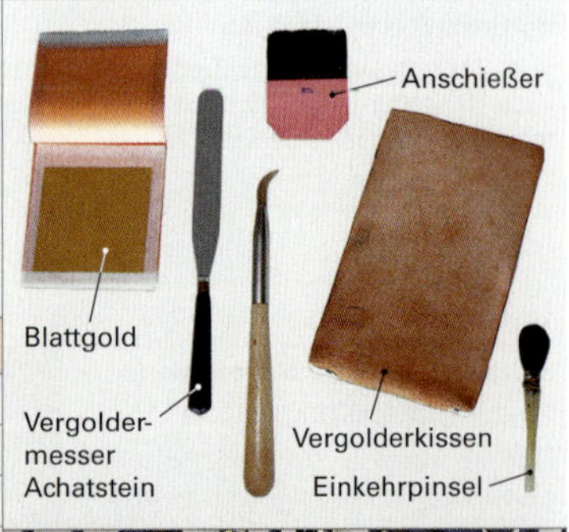

Anlegeöl	Trocknung	Offenzeit
Schnell-Mixtion	0,5 Std.	Bis 24 Std.
3-Stunden-Mixtion	2 bis 3 Std.	Bis zu 1 Std.
12-Stunden-Mixtion	12 bis 16 Std.	3 bis 4 Std.

Bei Blattgold wird der Goldanteil in Karat gemessen. Reines Gold (100 %) entspricht 24 Karat und korrodiert nicht. Der Goldgehalt für Außenvergoldungen muss mindestens 23,5 Karat betragen.

Vergolder ist ein anerkannter 3-jähriger Ausbildungsberuf.

Es werden folgende Vergoldetechniken unterschieden:

- Ölvergoldung
- Mordentvergoldung
- Polimentvergoldung
- Hinterglasvergoldung

Arbeitsschritte der Polimentvergoldung:

Leimtränke

Verdünnter organischer Leim (Knochen-/Hautleim)

Kreidegrund

1. Steingrund (1 bis 2 Schichten)
Bestehend aus:
3 VT Steinkreide in 1,5 VT Wasser eingesumpft +
1 VT Hasenleim in 1,5 VT warmem Wasser

2. Weißgrund (4 bis 6 Schichten gestupft):
Bestehend aus:
1 VT Hasenleim + 4 VT warmem Wasser +
1 VT Champagnerkreide + 1 VT Bologneserkreide +
1 VT Chinakreide

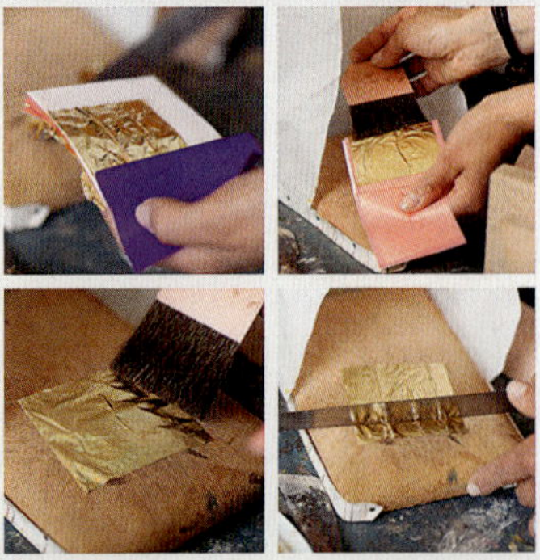

Poliment

Gelbpoliment (für Mattvergoldung)
50 g Polimentleim (bestehend aus 8 g Hautleim + 250 g Wasser) + 15 g Boluspaste (bestehend aus zersetztem Kalk- und Basaltstein mit Hautleim und Eiweiß präpariert)

Rotpoliment (für Glanzvergoldung)
50 g Polimentleim + 20 g Boluspaste

Netze (zur Aktivierung des Leimanteils im Poliment)
1 VT Alkohol+ 3 VT destilliertes Wasser

7.4.8 Effektlackierungen

- Einsatz von Pigmenten, Spezialpigmenten, Farbstoffen
- Lackierungen am Fahrzeug dürfen nicht gegen die StVO (Straßenverkehrsordnung) oder die StVZO (Bau- und Betriebsvorschriften für Kraftfahrzeuge) verstoßen.
- Man bezieht nur gering mehr als die genau bemessene Menge, die benötigt wird.
- Für optimale Ergebnisse sind unbedingt die technischen Informationen und Anwendungsempfehlungen zu beachten.
- Vor der Verarbeitung aufrühren? Besonders Farbmittel auf Metallbasis sinken im Gebinde ab.
- Verdünnen? Häufig muss das Material in Lieferviskosität verarbeitet werden.
- Immer in gleichmäßiger Schichtdicke und ohne Kantenüberschichtung spritzen.

Metallic-Lackierung

Die Ausrichtung der Aluminiumblättchen entscheidet über die optische Wirkung des Hell/Dunkel-Flops. Bei nassem Auftrag richten sich die Blättchen fast waagerecht aus. Der Flop ist kontrastreicher. Bei weniger nassem Auftrag (Auftrag mit größerem Abstand, schnellerer Spritzweise u.a.) können sich die Blättchen nicht waagerecht ausrichten, da das System zu schnell trocknet. Der Flop ist geringer. Zugluft beim Spritzen unbedingt vermeiden.

Glimmereffekt-Lackierung

Je größer die Aluminiumteilchen, umso gröber der Effekt. Er erinnert an Raureif, Glitter, Glimmer, Flakes ... unter entsprechender Bezeichnung sind diese Pigmente im Handel. Etwa ein Teelöffel Glimmerblättchen werden in 1 Liter spritzfertigem 2K-Klarlack oder farblosem Basislack eingerührt.

Das Aufspritzen erfolgt in mehreren dünnen Schichten mit einem Spritzdruck von ca. 1,8 bar bis 2,0 bar und einer Düse von 1,4 mm bis 1,6 mm. Je nach Rauigkeit glätten 2 bis 3 Klarlack-Spritzgänge.

Perlmutt-Lack oder Perleffekt-Lackierung

Je nachdem, aus welchem Blickwinkel man die Oberfläche betrachtet, scheinen die Farben in ihrer Helligkeit zu variieren. Der effektgebende Basislack wird anschließend mit Klarlack überzogen.

Flip-Flop-Lackierung (Chamäleon-Lackierung)

Bei diesen Lacken variiert das Farbspektrum je nach Blickwinkel noch wesentlich ausgeprägter als bei der Perleffekt-Lackierung.

Candy-Lackierung

Es handelt sich um ein Dreischicht-Lacksystem. Als erste Schicht ist silberner Basislack zu applizieren. Nach der Trocknung wird der Candy-Basislack in mehreren dünnen Spritzgängen gespritzt. Die Candylasur wird spritzfertig geliefert. Sie ist eingefärbt. Je nach Anzahl und Dicke der Schichten mit Candylasur kann von einem hellen Candy-Farbton bis hin zu einem kräftigen Candy-Farbton frei variiert werden. Abschließend wird mit einem Klarlack versiegelt.

Rost-Lackierung

Die Oberfläche erscheint flächig verrostet, ganz im Sinne des „Rat Styles". Durch aktive Bestandteile oxidiert der Lack an der Oberfläche. Gespritzt wird mit der Füller/Spritzspachtel-Pistole bei ca. 3 bar und mit einer Düse von 2,0 bis 2,5 mm. Zwei bis drei nicht zu dünne Aufträge sind üblich.

Chromeffekt-Lackierung

Zuerst ist eine hochglänzende weiße 2K-Lackschicht zu applizieren. Die einkomponentige Chromlacklösung wird zur Erzielung des Chromeffektes als Zwischenschicht gespritzt.

Nachfolgend muss die Chromlösung mit dem 2K-Klarlack versiegelt werden.

Metallic-Lack mit Klarlack

Glimmereffekt

Candy-Lackierung

Galvanisieren

metallischer Untergründe im Elektrolysebad. Meist für Klein- und Anbauteile am Fahrzeug. Teuer.

- Verchromen
- Vergolden, Versilbern
- Galvanisieren mit Rhodium, Palladium, Ruthenium

7.5 Schrift

7.5.1 Schriftentwicklung bis heute

Erste Schritte der Schriftentwicklung	
• 3000 v. Chr. entstanden etwa zeitgleich in Ägypten die Hieroglyphenschrift und in Mesopotamien die Keilschrift. • Unbekannt ist der Zeitpunkt der Erfindung der Lautschrift. • 1000 v. Chr. entwickelten die Griechen ein Alphabet mit Konsonanten und Vokalen.	
Die Römer entwickelten daraus die Basis unserer Schriften, die **römische Kapitalis**. Es handelte sich um eine reine Großbuchstabenschrift.	ABCD
Den täglichen Schreibbedarf erledigten die Römer mit der **Capitalis Rustica**. Sie wurde mit der Rohrfeder geschrieben.	IFRSVNICON
Um 400 n. Chr. wurde daraus die Schrift der frühen. Chr.sten, die Unziale, ebenfalls eine Großbuchstabenschrift. Um 600 n. Chr. kam mit der Halbunziale eine Kleinbuchstabenschrift dazu.	BERSCRIBITU hominirurderer

Schriftentwicklung der zwei wesentlichen Schriftgruppen

Gebrochene Schriften	Stilepoche	Antiquaschriften
autem mendic	**Romanik** Karl der Große führte zur Vereinheitlichung der vielen handgeschriebenen Schriftvarianten die **karolingische Minuskel** ein.	
mehr hohe und er tritt Mibiverbn et mana	**Gotik** Wie im Baustil der Gotik wurde auch in der Schrift die Senkrechte betont. Sie erscheint eckig. Rundere Formen werden in Spanien und Italien geschrieben.	
Schwabacher Schwabacher Fraktur abc Fraktur	**Renaissance** Die Schriften wurden wieder runder geschrieben. 1450 erfand Johannes Gutenberg den Druck mit beweglichen Lettern. Neben den gebrochenen Schriften wurden erste Antiquaschriften für den Druck entwickelt.	ABCDabcd Venezian. Renaiss.-Antiqua (Bembo) ABCD abcdefg Französ. Renaiss.-Antiqua (Garamond)
RLM stuvw Kanzlei	**Barock** Nun gab es viel Bewegung in der Schrift durch Wechsel der Schaftstärken und Vermeidung von Geraden. Bei Druckbuchstaben wird die Arbeit mit dem Stichel deutlich.	SPECIM Barock-Antiqua (Baskerville) *Quelle nouvelle force ce* handschriftliche Barock-Antiqua
	Klassizismus Die Senkrechte wurde stärker betont. Sehr feine Querstriche und Serifen.	ABCD abcd Bodoni ABCD abcd Walbaum

7

Gebrochene Schriften	Stilepoche	Antiquaschriften
	Ab 1800 Mit zunehmender Industrialisierung und wachsender Produktion gewann die Werbung immer mehr an Bedeutung. Die Reklame in Zeitungen und auf Plakaten an Litfaßsäulen forderte Schriften, die sich den Menschen aufdrängten. Neuheiten: Ab 1815: serifenbetonte Schriften Ab 1816: serifenlose Schriften Nach 1850 erfolgte keine Weiterentwicklung der Schriften. Nun werden historische Schriften verziert, variiert und verschnörkelt.	ABCDEFGHI fette Antiqua The Types manufacture Egyptienne LETTERFOUND CENOR Porträtmalerei ABCDEFG Grotesk ORNEES
	Jugendstil Handschriftliche Umsetzung der Antiqua in die Formensprache des Jugendstils.	ABCDEF abcdef
	Bauhaus Kreationen verschiedener serifenloser, unverzierter Schriften aus den Grundformen Quadrat, Rechteck, Dreieck und Kreis.	ABCDEF abcdefg Futura
Germania	**1933-1945** Einsatz gebrochener Schriften als Ausdruck der damaligen Denkweise. Ab 1941 mussten alle staatlichen Schreiben aus Gründen der Lesbarkeit in Normalantiqua erscheinen.	Mitteilung

Schriftentwicklung nach 1945 bis heute

- Grotesk- und Antiquaformen gewannen wieder an Bedeutung.
- Schriften wurden konstruiert nach einfachen Regeln.
- In der Hippiezeit der 1970er-Jahre wurden verspielte Schriften entworfen.

Heute
- Mit Desktop-Publishing können Schriften beliebig gewählt, gestaltet und abgeändert werden.
- Nicht die Schrifterstellung ist heute das Problem, sondern die richtige Anwendung. Garamond, Bodoni, Walbaum ... die alten Stempelschneider entwickelten über Jahre Schriften. Dafür ergab dann auch jede Buchstabenkombination ein schönes Schriftbild und die Schrift war leicht und flüssig zu lesen.
- Gute Schriften altern nicht, siehe die Anwendung der Antiqua und gebrochenen Schriften vom Autobauer, IT-Unternehmen bis zum Bierbrauer.

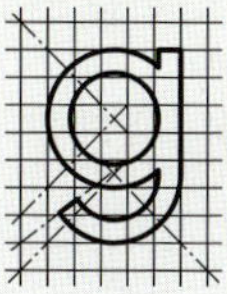

Ha Ha Ha Ha Ha
Ha Ha Ha Ha
Ha HA Ha Ha
ha Ha Ha Ha Ha

7.5.2 Schrift als Mittel der Kommunikation

Wahrnehmung des Menschen

Der Mensch erlebt seine Umgebung und seine Handlungen durch seine Sinne. Nervenbahnen leiten die Eindrücke ans Gehirn weiter. Dort werden sie mit Erfahrungen verglichen und als „Erlebnis" erfasst. Nur dadurch ist die Welt „da draußen" einem Menschen zugänglich. Das Sehen ist eine spezifische Form des Wahrnehmens. Jede Wahrnehmung bewirkt eine gefühlsmäßige Reaktion. Viele Zeichen haben keine besondere Bedeutung, der Mensch kann sie aber sehr treffend Gefühlen zuordnen.

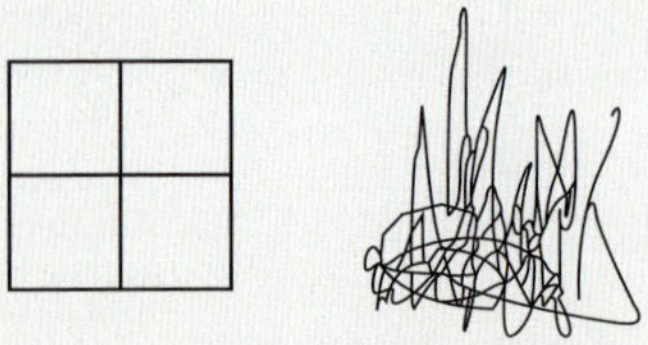

Schrift

Schrift ist ein Mittel der Übertragung von Informationen von Mensch zu Mensch. Dabei sind Raum und Zeit von geringerer Bedeutung als bei der Sprache. Schrift hält Informationen über große Zeiträume hinweg fest.

Schrift besteht in unserem Kulturkreis aus Zeichen und Zeichenkombinationen. Diese Zeichen müssen erlernt werden, sonst sieht man nur Strichkombinationen ohne Sinn.

Wörter bis zu 8 Schriftzeichen werden als Einheit wahrgenommen, als Bild. Erst dann beginnen wir im Wort zu lesen und reihen Buchstaben und Wortteile aneinander.

Die Information kann durch eine entsprechende Schriftart verdeutlicht, aber auch manipuliert werden.

Tiger

Welthandelskonferenz

Mut

Angst

Typografie

Wörter, Texte und Beschriftungen am Bau oder Werbeträger lassen sich durch Anordnung, Schriftwahl, Schriftgröße … zielgerichtet gestalten = Typografie.

Metzgerei
Johann Knapp

Der Geist wird angesprochen
= intellektuelles Erlebnis

Mitteilung

Es gibt keine Schrift, die *nur* gelesen wird.

Metzgerei
Johann Knapp

Typografie

Gasthof
Alte Mühle

Das Gefühl wird angesprochen
= emotionales Erlebnis

Bild

Schrift, die nicht lesbar ist, hat ihren Zweck verfehlt

GASTHOF
ALTE MÜHLE

Angestrebtes Ziel	Information, Hinweis, Werbung, Anregung, Warnung, Flächengliederung u. a.
Mittel zum Erreichen des Ziels	Schriftart, Schriftgröße, Schriftschnitt, Flächenaufteilung, Farbkontrast, Gliederung, Gestaltbeeinflussung, Buchstabenveränderung
Was zu berücksichtigen ist	Ästhetische Werte, Zeitgeist, Schönheit

Merkmale einer Schrift

Serifen

So bezeichnet man die Ausläufe am Ende eines Buchstabenstriches oder Schaftes. Sie stehen bei Großbuchstaben am Fuß (Schaft unten) und auch am Kopf (Schaft oben), bei Kleinbuchstaben nur am Fuß.

Serifen sind je nach Schrift unterschiedlich gestaltet.

Schaft und Haarstrich

Beim Schreiben mit Feder oder Pinsel ergeben sich unterschiedliche Strichstärken. Dies wurde bei vielen Schriften beibehalten. Als Schaft bezeichnet man die breiten senkrechten Striche, als Haarstrich die dünnen Querstriche.

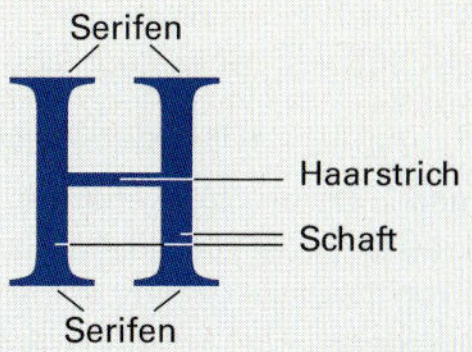

Bezeichnungen zum Buchstaben

Symmetrie-Achse

Bei einigen Buchstaben scheint die Form symmetrisch vorzuliegen. Je nach Schriftart kann sie auch nach links geneigt sein.

Besonderheiten am Buchstaben

Am Kleinbuchstaben, z. B. dem e, kann im Vergleich erkannt werden, ob zwei Schriften gleich sind.

Grundsätzlich eignen sich alle Buchstaben zum Vergleich.
Beim kleinen a und kleinen g gibt es zwei verschiedene Formen.

Besonderheiten an Buchstaben

Schriftgröße, Gradation

Das kleinste Maß einer Schrift ist der Punkt (pt). 1 Punkt = 0,353 mm, basierend auf der Längeneinheit inch, und ist im Druckgewerbe üblich. Auch in den meisten Computerprogrammen werden Schriftgrößen in Punkt angegeben.

Bei großen Schrift wird mit mm gerechnet.

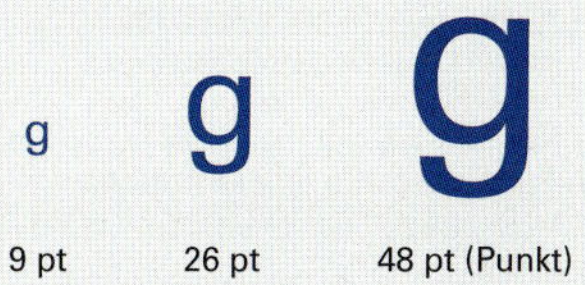

Gradation

Mittel-, Ober-, Unterlänge

Alle Schriften lassen sich durch vier Linien horizontal begrenzen.

Mittel- und Oberlänge werden in jüngster Gegenwart immer mehr angeglichen.

Begrenzungslinien

Schriftfamilie, Schriftschnitt

Zu einer Schrift ergeben sich bei unterschiedlicher Strichstärke und Strichrichtung viele Buchstabenbilder z. B.

- Eng, normal, extrabreit
- Mager, halbfett, fett
- Kursiv (schräg gestellt)
- Konturiert

Schriftfamilie

Groß- und Kleinbuchstaben

Großbuchstaben bezeichnet man auch als Versalien oder Majuskeln, Kleinbuchstaben als Gemeine der Minuskel.

In der Schriftgeschichte gibt es reine Majuskelschriften (römische Schriften) oder Minuskelschriften (einige Schriften des Mittelalters).

Initialen

So bezeichnet man in Form und Farbe betonte Anfangsbuchstaben. Diese wurden im Mittelalter häufig kunstvoll verziert.

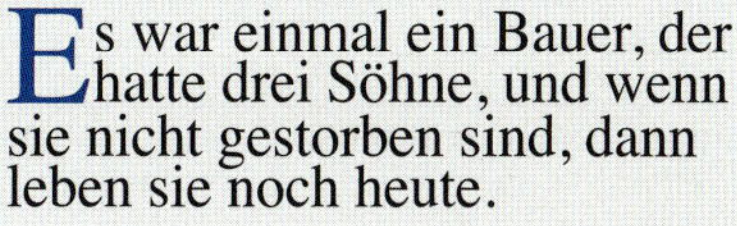

Initiale

7.5.3 Schriftgruppen nach DIN

In DIN 16518 sind alle Schriften in 11 Gruppen klassifiziert. Auch wenn diese Klassifizierung Schwächen in einzelnen Zuordnungen aufweist, ist sie doch eine gute Orientierung.

Schriftgruppe nach DIN 16518	Beispiele am Schriftartnamen
Gruppe 1 und 2: Renaissance-Antiqua **Venezianische Renaissance-Antiqua:** Der Querstrich im kleinen e liegt schräg. Haar- und Grundstriche unterscheiden sich nur wenig. Die Achse der Rundungen ist nach links geneigt. Die Serifen sind ein wenig ausgerundet. **Französische Renaissance-Antiqua:** Es bestehen größere Unterschiede in der Strichdicke. Der Querstrich im kleinen e liegt waagerecht.	Bembo Garamond
Gruppe 3: Barock-Antiqua Es gibt größere Unterschiede in den Strichstärken als bei den Renaissance-Schriften. Die Achse der Rundungen ist fast senkrecht. Die Serifen der Kleinbuchstaben sind oben schräg, unten waagerecht angesetzt.	Caslon Times Baskerville
Gruppe 4: Klassizistische Antiqua Die Serifen sind waagerecht angesetzt. Der Serifenansatz ist gering oder gar nicht gerundet. Haarstriche unterscheiden sich sehr stark vom Schaft. Die Achse der Rundungen steht senkrecht.	BODONI Walbaum
Gruppe 5: Serifenbetonte Linear-Antiqua Geringe Unterschiede zwischen den Grund- und Haarstrichen. Die Serifen sind auffällig betont.	Clarendon Rockwell
Gruppe 6: Serifenlose Linear-Antiqua (Grotesk-Schriften) Vorwiegend einheitlich. Groß- und Kleinbuchstaben besitzen keine Serifen. Nüchterner, sachlicher Ausdruck.	Helvetica Futura Buch
Gruppe 7: Antiqua-Varianten In dieser Gruppe befinden sich alle Antiqua-Schriften, die nicht den Gruppen 1 bis 6 zugeordnet werden können. Den Kern der Gruppe bilden Versalschriften für dekorative Zwecke.	FILETTE ORNEES
Gruppe 8: Schreibschriften Diese Druckschriften sollen den Eindruck einer geschriebenen Schrift vermitteln.	Künstler
Gruppe 9: Handschriftliche Antiqua Diese sind in persönlicher Weise abgewandelte Antiqua-Schriften.	abcdefghijk
Gruppe 10: Gebrochene Schriften Gemeinsam ist diesen Schriften die unterbrochene Linienführung. So ist die Gotisch eng und hochstrebend, die Rundgotisch grob gerundet, die Schwabacher relativ breitlaufend und geschwungen, die Fraktur besitzt gegabelte Oberlängen.	Gotisch Fraktur Schwabacher
Gruppe 11: Fremde Schriften Schriften, die nicht römischen Ursprungs sind.	АБВГДЕЖЗИ رطخظمنابل

7

7.5.4 Schrift und Lesbarkeit

Eine Schrift, die nicht gelesen werden kann, verliert ihren Sinn.

Schrift muss erlernt werden

Die Schrift muss erlernt worden sein. Nur dann werden die Striche zum Buchstaben, zum Wort mit Sinn.

BAUM

NO XING

Hinweisschild:
no crossing

Das Wort, der Text

Es gibt Wörter, insbesondere Namen, die sich nicht ändern lassen, aber gut lesbar auf Objekten angebracht werden sollen. Je klarer das Schriftbild, umso leichter kann ein solches Wort gelesen werden.

Wortmonster können durch Bindestriche oder mit Farbe in besser lesbare Abschnitte getrennt werden.

Franz Moor + Ilja Scilizcisinsci

Wohnmobilinnenausbau

Wohnmobil-Innenausbau

Wohnmobilinnenausbau

Schriftart, Schriftschnitt

Schriften der serifenlosen Antiqua sind am besten lesbar. Es folgen die Antiquaschriften und die Schreibschriften. Schlechter lesbar sind meist gebrochene Schriften und Modeschriften. Für Texte und lange Wörter sind gut lesbare Schriften zu wählen.

Ein grober Fehler ist der Einsatz nur von Großbuchstaben bei Schreibschriften und gebrochenen Schriften. Diese sind NUR SEHR SCHWER LESBAR.

BERTA

Berta

Berta

Lesbarkeit der Schriften

Buchstabenabstand

Ist dieser im Wort optisch immer gleich, so wirkt es in sich einheitlich geschlossen. Den Vorgang, die Buchstabenabstände auszugleichen, nennt man spationieren. Der Ausgleich wird nach Gefühl vorgenommen. Er ist kaum zu berechnen. Bei Schriften mit einem sehr runden O entsteht eine Leseunterbrechung im Buchstaben, die durch den Buchstabenabstand ausgeglichen werden muss.

SPATIONIEREN

SPATIONIEREN

Wortabstand, Zeilenabstand, Zeilenlänge, Textanordnung

Der Zeilenabstand muss größer als der Wortabstand sein, der Wortabstand größer als der Buchstabenabstand. Diese Einflüsse auf die Lesbarkeit betreffen weniger den Maler und Lackierer als den Mediengestalter.

Schriftgröße

Passanten gehen auf Fassaden zu. Fahrzeuge bewegen sich, dabei wechselt der Abstand zum Betrachter.

Für einen angenommenen Abstand des Lesens muss die geeignete Schriftgröße gefunden werden. Man kann üblicherweise von etwa 20 Metern Abstand ausgehen.

Ein Truck, der vorwiegend auf der Autobahn unterwegs ist, wird größer beschriftet werden als das Lieferfahrzeug eines Pizzaservices. Dabei spielt auch die Größe der Beschriftungsfläche eine Rolle.

Qualität der Ausführung

Schlampige Ausführung, bei der die Buchstaben nicht sauber konturiert sind, führt zur Unleserlichkeit.

Die Schrift am Fahrzeug des Beispiels rechts wurde absichtlich unsauber gewählt, da in diesem Fall in Verbindung mit dem Fahrzeug auf Auffälligkeit gesetzt wird.

Farbe, Kontrast

Die Eigenfarbe und Struktur des Untergrundes beeinflussen die Lesbarkeit.

Bestimmte Farbkontraste (Schrift – Grund) bieten die Möglichkeit, die Lesbarkeit von Worten oder Zeichen zu verbessern. Aufgrund von Leseproben wurde eine Reihenfolge der optimalen Farbwahrnehmungskontraste aufgestellt.

Lesbarkeit und Untergrundfarbe

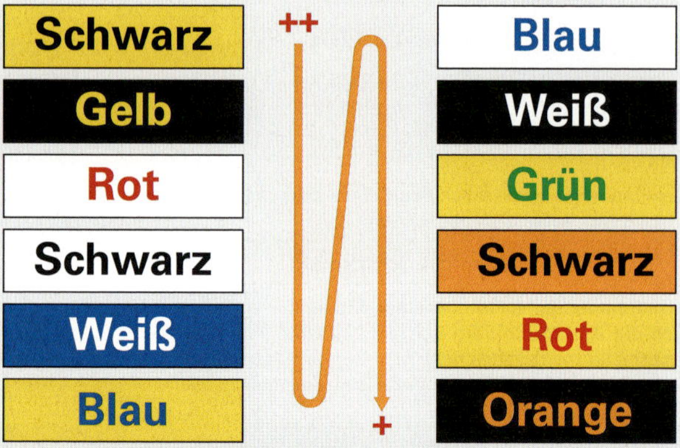

Lesbarkeit und Farbkontrast

Typografische Gestaltung

- In Europa wird von links nach rechts geschrieben.
- Die Beschriftung von oben nach unten entspricht nicht unserem Lesefluss. Eher ist noch eine von rechts zu lesende senkrechte Schrift lesbar, wie auf den Buchrücken im Regal.

Die Möglichkeiten des Computers zur Schriftgestaltung sind sehr vorsichtig einzusetzen.

Beispiele:

- übertriebene Kursivstellung,
- Schattenwirkung durch Abheben von der Fläche durch Versetzen,
- Raumwirkung durch Darstellung als Schrägbild, in Zentralsperspektive oder Fluchtpunktperspektive.

Verzerrte Schriften wirken als Blickfang, sind aber sehr schlecht lesbar und nicht für Beschriftungen mit Informationsgehalt zu empfehlen.

Graffiti

- Graffiti-Sprayer spielen mit Schriftelementen. Ziel ist allein die gestaltende Wirkung.
- Gute Graffiti sind künstlerisch akzeptabel, solange sie nicht fremdes Eigentum verschandeln.

Kaum lesbar in der Fahrzeugbewegung. Wirkt eher als Logo.

Nur passend für Karneval und Billigprodukte.

Graffiti sind meist sinnfrei. Insider erkennen sich an ihren Werken.

7.5.5 Gestaltung mit Schrift

Gebrauchsschriften

Eine Gebrauchsschrift dient der Informationsvermittlung. Sehr gut lesbar ist eine serifenlose Linearantiqua. Immer müssen folgende Einflüsse beachtet werden:	Dies ist eine übliche Gebrauchsschrift

Duktus	Größe	Proportionen	Strichstärke
Unter Duktus versteht man die Linienführung. Die hat Einfluss auf den Lesefluss. Normalerweise entsprechen die Buchstabenzwischenräume den freien Flächen im einzelnen Buchstaben.	Eine Gebrauchsschrift ist bei normaler Sehschärfe flüssig zu lesen. Am Gebäude und Fahrzeug ändert sich der Abstand des Lesers. Auch Gebrauchsschriften können dann oft nur schlecht gelesen werden, da sie nur in einer Größe vorliegen können.	In einer Gebrauchsschrift ist das H ein optisches Quadrat, etwas höher als breit. Das Verhältnis von Groß- zu Kleinbuchstaben entspricht etwa 7: 5. 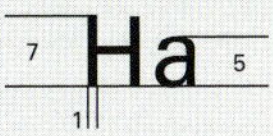 	Die Schaftstärke steht bei Gebrauchsschriften im gleichwertigen Verhältnis zum Untergrund. Das Schwarz der Schrift entspricht dem Weiß des Untergrundes zwischen den Buchstaben des Wortes.
DUKTUS Duktus Duktus Duktus g e s p e r r t	Größe Größe Grö	Hallo *Hallo* Hallo **Hallo** Hallo *HALLO* **Hallo**	**Stärke** **Stärke** Stärke **Stärke**

Möglichkeiten der Gestaltung mit Schrift

Farbe	Kontrast	Schriftbild
Gedruckt wird üblicherweise Schwarz auf Weiß. Schriftgestalter haben die Möglichkeit mit Farbe die Wortaussage zu beeinflussen.	Je besser die Trennung der Schrift vom Untergrund, umso besser die Lesbarkeit und umso höher die erreichte Aufmerksamkeit.	In einer guten Schrift wirken Buchstaben, Wörter und Texte immer in sich harmonisch. Dabei spielt auch die Bedeutung des Wortes oder des Textes eine Rolle.
Farbe Farbe Farbe Farbe	Kontrast Kontrast Kontrast Kontrast Kontrast	*Die neue Frühlingsmode* *ACTION IM URLAUB* Heute Ruhetag Badespaß im Wellenbad Besondere Gestaltungsideen erwecken Aufmerksamkeit. Di bstahl ver2felt

Möglichst nur zwei oder drei Ideen innerhalb einer Gestaltung einsetzen.

Werbung mit Schrift und Logo

Firmenlogo

Das Logo ist das Zeichen, mit dem sich eine Firma auf dem Markt präsentiert. Es weckt Aufmerksamkeit und soll sich möglichst positiv und dauerhaft einprägen.

Das Logo kann aus Bild, Wort und Zeichen bestehen. Der immer gleiche Farbeinsatz gehört meist zur Unternehmensdarstellung.

Bild: meist ein grafisches Symbol
Wort: Firmenschriftzug
Zeichen: Typografisch gestaltete Schriftzeichenkombination

Mercedes-Benz

Ford

Zeichenfarbe – Untergrundfarbe

Werden gleichzeitig mehrere Farben in einem Firmenzeichen eingesetzt, so ist ein grauer Untergrund oder ein metallischer Untergrund am neutralsten. Er verhindert, dass ein Teil der farbigen Gestaltung sich in der Untergrundfarbe „verliert". Dann kann das Zeichen nur durch eine Umrandung erhalten bleiben.

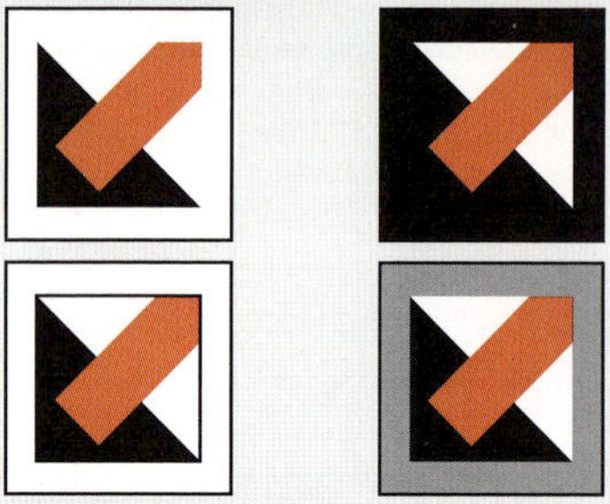

Beispiel

- Firmenlogo und Firmenname gehören in der Regel zusammen.
- Die Schrift unterstützt durch gleiche Ausstrahlung das Logo.

Wort, Thema	Schrift, Linie	Bild, Logo	Farben	Beispiel
Blumenladen	Bewegt Schwungvoll Schreibschrift	Blume Blumenstrauß Blatt	Grün Gelb Farben der Natur	Kuck mal Blumen mit Herz
Laufsport	Dynamisch Schrift kursiv Schreibschrift Serifenlose Linear-antiqua	Laufschuhe Läufer Schuhabdrücke	Reine Farben	SPORTLIFE DER Sportladen in Ihrer Stadt!
Anwaltskanzlei	Ruhig Seriös Antiqua Serifenlose Linear-antiqua	Logo aus Punkt, Linie, Fläche Paragraphenzeichen	Farben im Hell-Dunkel-Kontrast, Graustufen	ANWALTSKANZLEI BALAUCH

7.5.6 Schriftausführung

Möglichkeiten

kleben schablonieren drucken stempeln
kopieren prägen zeichnen formen
schreiben konstruieren setzen pausen

Schrift konstruieren

Selbst konstruierte Schriften sind einfach und grob in der Form und können mit der Qualität einer professionell entwickelten Schrift nicht konkurrieren. Je eleganter die Form, umso schwieriger die Konstruktion.

Viele Schriften, z. B. Schreibschriften, lassen sich nicht konstruieren.

Schrift mit dem Flachpinsel schreiben

Dies erfordert Talent und Übung. Durch geringe Unregelmäßigkeiten „lebt" die geschriebene Schrift. Unebene Untergründe sind schlecht zu beschreiben.

Bereits vorliegende Beschriftung abpausen. Schrift mit Flachpinsel auf Transparentpapier üben. Renovierten Untergrund einlinieren. Dann Transparent darunterheften und darüber nachschreiben. So stimmen die Abstände.

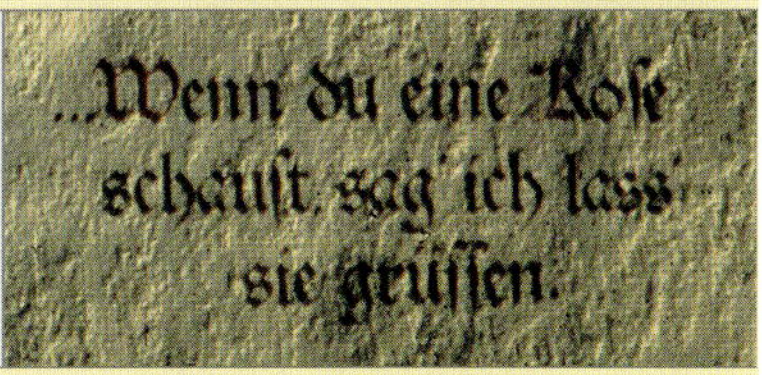

Schablonieren

Heute werden Schriftschablonen meist über Computerprogramme geplottet. Das Schablonieren eignet sich auch für Ornamente und Zeichen. Schablonen mit Stegen werden nur noch selten eingesetzt.

Kleben

Schnelle Beschriftung erfolgt durch Kleben von Folienschriften. Der Untergrund muss glatt und tragfähig sein.

Zeichnen, Skizzieren

Das Zeichnen und schnelle Skizzieren einer Schrift ist für Maler und Lackierer in der Kundenberatung von Bedeutung. Dafür muss die Schrift mit ihren Merkmalen bekannt sein. Mit einer Vorlage des Alphabets kann die Beschriftung skizziert werden. Es erfordert einige Übung, mit freiem Strich zu zeichnen und dabei die Schrift mit ihren wesentlichen Merkmalen zu erfassen.

a:
Zuerst sind Hilfslinien zur Höhenbegrenzung zu ziehen und, soweit nötig, Hilfslinien zum Winkel der Schrift.
Mit einfachem Strich wird das Wort vorgeschrieben. Auf Spationierung ist zu achten.

b:
Die Schrift wird locker mit freiem Strich ausgearbeitet. Auf einheitliche Strichstärken ist zu achten.

c:
Es folgt die genaue Ausarbeitung der Serifen und anderer Merkmale. Als Skizze ist diese Darstellung bereits ausreichend.

d:
Je nach Anspruch erfolgt die Fertigstellung.

7.5.7 Schriftanwendung an Gebäuden im Stadtkern

Schrift ist in der Stadt allgegenwärtig. Sie wirbt, markiert Gebäude oder/und weist auf etwas hin.

Jedes Gebäude besitzt einen eigenen Ausdruck

Schrift hat sich der Gebäudeausstrahlung unterzuordnen. Sie darf das Straßenbild nicht dominieren. Sonst wird man ihrer überdrüssig, wenn der erste Effekt verflogen ist.

Entfernung zur Schrift beim Laufen

Im Straßenraum erlebt man Schrift aus der eigenen Bewegung heraus. Die Schrift wird größer, je näher man kommt und verschwindet aus dem Blickfeld, wenn die Schrift über Kopfhöhe angebracht ist. Der Winkel im engen Straßenraum verzerrt Schrift bei größerem Abstand bis zur Unleserlichkeit

Schriftausführung

Mit dem Flachpinsel geschriebene oder schablonierte Schriften stören die Bauform des Gebäudes weniger als montierte Leuchtschriften und Aussteller, die vom Bau abstehen.

Auch die Lesbarkeit direkt auf die Fassade gemalter oder schablonierter Schriften ist besser.

Das Problem der Werbewirksamkeit bei Nacht kann mit Strahlern gelöst werden.

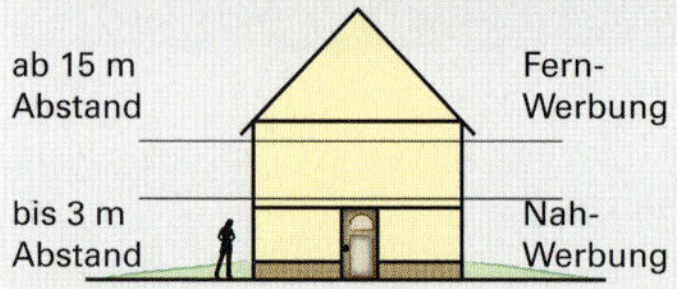

Lesbarkeit

Fernwerbung ist durch Anbringung einer Schrift im Giebelbereich möglich. Schrift hat am Giebel jedoch keine Bedeutung, wenn im engen Straßenraum der Giebel der Bebauung gar nicht wahrgenommen werden kann. In den engen Straßen einer Altstadt verliert zu hoch angebrachte Schrift ihren Sinn.

Im Nahbereich ist die ideale Höhe in Augenhöhe. Schrift am Schaufenster kann leicht angebracht werden, hat jedoch häufig einen unruhigen Hintergrund.

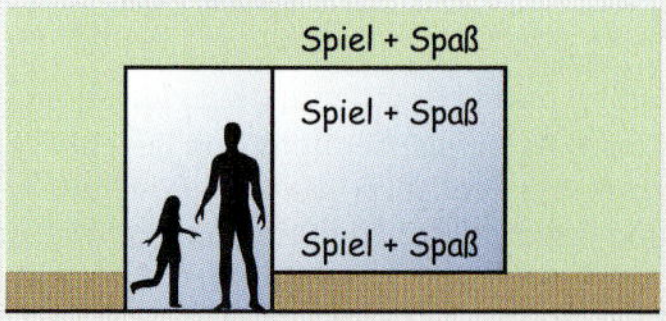

Schriftart und Baustil

An historischen Gebäuden sind Schriften aus der gleichen Epoche am besten geeignet.

Am Fachwerk eignen sich besonders gebrochene Schriftarten aus der entsprechenden Stilepoche. Sie wirken wie das Gebäude rustikal und bodenständig. Eine weitere Möglichkeit ist der Einsatz einer völlig neutralen Schrift, z. B. einer serifenlosen Linearantiqua. Die Schrift wird zum Informationsvermittler ohne Bezug zum Baustil.

Bestehende Firmenlogos sind dem Baukörper in Größe, Ausführung, Farbe und Platzierung anzupassen. Unter Umständen muss die Schrift auf einem Träger vom Bau getrennt werden.

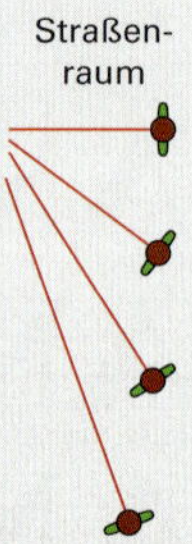

Schriftart

Häufig ist der Schriftzug vom Ladenbesitzer in Schriftart und Farbe vorgegeben und kann nicht geändert werden.

In den meisten Einkaufsstraßen wird in den Erdgeschoss-Etagen von Ladenbesitzern auf das Gebäude bei der Anbringung der Beschriftung wenig Rücksicht genommen.

Untergrund
Auf groben Putzen kann keine scharfe Schriftkontur bei aufgemalten Schriften erreicht werden. Je glatter der Untergrund, umso sauberer kann die Schrift auf die Fassade geschrieben werden.

Schrift und Fassadengliederung
Fassaden bieten entweder eine symmetrische oder eine asymmetrische Ansicht. Symmetrische Fassaden wirken harmonisch und ausgeglichen. Die Schrift sollte ebenfalls symmetrisch angebracht werden. An asymmetrischen Fassaden kann Schrift meist wirkungsvoller angebracht werden. Mit der Schrift kann auch durch die Anordnung auf den Eingang hingewiesen werden.

Schriftgröße
Diese ergibt sich aus der Forderung nach harmonischer Beziehung zwischen Fassade und Schrift, sowie der Lesbarkeit aus erwünschter Entfernung.

7.5.8 Schriftanwendung am Industriebau

Gewerbegebiete werden von Besuchern nicht direkt erlebt. Sie werden durchfahren oder tangiert.

Die Gebäude verschiedener Firmen stehen selten so nahe beieinander, dass sie sich in Farbgebung, Baustil und Beschriftung gegenseitig beeinflussen. Jede Firma ist bestrebt, ihr Gebäude von der Umgebung abzuheben.

Je nach Alter, Funktion, Kapitaleinsatz und Firmenphilosophie findet man ausdruckslose Bauten, aber auch individuell entworfene Firmengebäude.

Fern- und Nahwirkung
Ziel des Schrifteinsatzes ist die Fernwirkung hin zu Schnellstraßen und Zubringern. Leuchtschriften, große Schriften, hochfarbige Schriften, gut lesbare Schriften werden meist im oberen Teil des Gebäudes angebracht, unter Umständen mit einer überhöhten Werbekonstruktion. Im Eingangsbereich des Gebäudes wird mit kleinerer Beschriftung geworben. Informationen werden in Gebrauchsschriften vermittelt.

Schrift und Firmenimage
Bestandteil der Firmenziele ist das gesamte Erscheinungsbild der Firma nach außen. Dazu gehören der Name, die Schriftart, das Firmenzeichen und Firmenfarben. Die Farben der Firma sind bereits bei der Farbwahl zur Fassade zu berücksichtigen. Ist das nicht möglich, oder gehören Schrift- und Untergrundfarbe zusammen, so kann eine freistehende Schrifttafel eine Lösung sein.

Schrift und Ausführung
Große Firmen mit Filialen schreiben die Beschriftung genau vor. Der Maler und Lackierer ist lediglich Ausführender. Für kleine und mittlere Betriebe kann er jedoch kompetenter Partner für die Schriftanwendung sein.

7.6 Stilkunde

7.6.1 Wichtige Begriffe zur Architektur

Merkmale eines Baustils

Gebäude; Baukörper

- Ein Gebäude ist umbauter Raum.
- Im Idealfall folgt die Form der Funktion.
- Jede Epoche besitzt neben den Wohngebäuden ihre speziellen Gebäudegattungen, wie Kirchen, Museen, Burgen, Schlösser, Verwaltungsgebäude usw.
- Materialwirkung, Bauweise und Farbgebung beeinflussen die Formqualität.

Konstruktionssystem

- Die Eigenschaften der Werkstoffe beeinflussen die Vorgehensweise beim Bauen.

Konstruktionssysteme:

- Mauerwerkkonstruktion (z. B. Naturstein, Ziegel). Wände tragen die Baulast.
- Skelettbau (z. B. Stahlträger, Betonträger, Holzbalken). Das Skelett trägt die Baulast.
- Das Skelett muss anschließend verfüllt werden zu Wänden, Boden etc.
- Stahlbetonbau (Beton mit Stahlmatteneinlage)

Stahlbetonbauweise

Stahlträgerkonstruktion

Fachwerk mit Mauerwerk

Fassade

- Von außen sichtbare Hülle des Hauses.
- Besitzt außer funktionalen auch eine stark repräsentative Funktion.
- Besonders gestaltet ist meist die Eingangsseite als das „Gesicht" des Hauses.
- In der Regel weist die Fassade zur Straße, zum Verkehrsweg. Dies kann regional unterschiedlich der Giebel oder die Traufseite sein.
- Die Wirkung der Fassade ergibt sich aus Größe, Form, Material, Sockel, Gesimsen, Öffnungen, Anbauten und dem Dekor.

„Alles nur Fassade"

Traufständige Fassaden

Giebelständige Fassaden

Risalit

Dies ist ein Bauteil, welches über die gesamte Gebäudehöhe vorspringt.

Erker

Fassadenanbau ohne Bodenverbindung

Balkon

Offener, außen am Baukörper angebrachter Anbau

Loggia

Innen, im Baukörper liegender Balkon

Gesims

Aus der Wand hervortretender Streifen zur Fassadengliederung und Betonung der Etagen

Lisene

Lisenen gliedern die Wandfläche durch schmale, flache, senkrechte Mauerbänder.

Pilaster

Diese sind ähnlich den Lisenen, besitzen aber zusätzlich eine Basis und ein Kapitell (Säulenabschluss unten, oben) und wirken so als der Fassade vorgesetzte Säulen.

Fasche

Dieser Begriff bezeichnet eine in Struktur oder Farbe abgesetzte Umrandung von Fassadenöffnungen. Fenster werden damit optisch vergrößert, die Fassade wird aufgewertet.

Baudekor

Ornamente, Figuren, Malereien schmücken den Bau ohne direkte Funktion, tragen jedoch wesentlich zur äußeren Erscheinung eines Gebäudes bei.

Dach und Dachformen

Das Dach hält das Wetter ab und schließt den Baukörper nach oben. In der Regel trägt ein Holzskelett (der Dachstuhl) die Dacheindeckung und gibt die Neigung. Für die Eindeckung eine Schrägdaches kommen meist anthrazitfarbige Schieferplatten oder rotbraune Ziegel infrage, regional begrenzt auch Dachschindeln aus Lärchenholz oder Dachschauben aus Schilf oder Stroh.

Je nach Ziegeldeckung unterscheidet man Klosterziegeldach, Biberschwanzziegeldach und Pfannenfalzziegeldach.

Je nach Art des Dachstuhls unterscheidet man Dachformen:

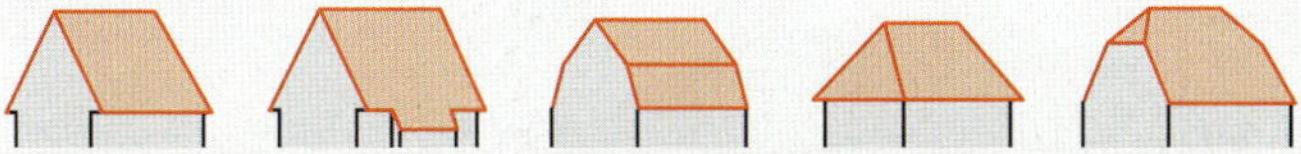

Satteldach — Schleppdach — Mansarddach — Walmdach — Krüppelwalmdach

Portal und Außentreppe

Der Begriff Portal steht für einen repräsentativen Eingang. Manche Bauwerke haben nur Portalfunktion, z. B. Triumphbogen, Stadttor.

Außentreppen dienen häufig nicht nur der Funktion, sondern weisen auf den Eingang hin, führen zum Bau hin und wirken in Verbindung mit dem Portal repräsentativ.

Fenster und andere Wandöffnungen

Fenster sind die Licht- und Luftöffnungen des Gebäudes, die „Augen“. Sie unterbrechen und gliedern die Fassade. Fenster und Türen sollen das Gebäude öffnen und trotzdem Schutz bieten. Problematisch ist die Begrenzung nach oben, gelöst durch Bogen, Sturz oder durch kleine Fenster.

Erker

Fassade mit Gesims, Pilaster und Baudekor

Satteldach

Mansarddach

Fenster am Hochhaus

Gotisches Fenster

7

Innenraum

Ob Küche, Wohnzimmer, Büro, Flur, Klassenzimmer ... die Raumform folgt meist der Funktion. Innen ist eine größere Materialvielfalt als Außen möglich, da keine Wetterbeständigkeit gefordert wird. Innenräume werden durch Sehen, Riechen und Tasten erlebt. Die Gestaltung des Innenraumes ist alleinige Sache des Bewohners.

Innenraum Biedermeier

Profan- und Sakralräume

Räume, die für weltliche Zwecke genutzt werden, bezeichnet man als Profanräume. Sakralräume sind Räume in Kirchen und Tempeln. Diese Räume sind nicht auf den Menschen ausgerichtet, sondern auf den Altar oder das Allerheiligste. Der Sakralraum dient als Versammlungsraum von Christen (Kirche) oder er ist „Wohnort" der Gottheit (Tempel).

Einrichtung

Zur Einrichtung von Wohnräumen gehören Gebrauchsgegenstände zur Raumnutzung, aber auch dekorative Gegenstände. Die Einrichtung erfolgt je nach Wohnform und Geschmack des Bewohners, beeinflusst vom Zeitgeist.

Profaner Innenraum

Möblierung

Der Begriff Möbel entstand aus dem lateinischen Wort mobilis: mobil, beweglich. Er beschreibt bewegliche Objekte im Raum. Wie Bauwerke durchlief auch die Möblierung eine kulturelle Entwicklung.

Renaissance

Barock

Rokoko

Chippendale

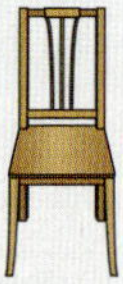
Biedermeier

Sakraler Innenraum

Baustil

Prägen Bauwerke mit gleichen Merkmalen eine Epoche im Ablauf der Geschichte, so bezeichnet man dies als Baustil seiner Zeit.

Der Wandel der zeittypischen Bauweisen erfolgte nicht gleichmäßig, ähnlich der Geschichte. Neue Baustile wurden nicht erfunden, sondern entwickelten sich aus dem Zeitgeist der Epochen und regional unterschiedlich.

In einigen Epochen beschränkt sich die Ausprägung des Stils vorwiegend auf den Innenraum.

Beispiel: Fassade mit Mansarddach, Freitreppe, Portal und Baudekor.
(Altes Rathaus, Bonn, erbaut 1737, ein Bauwerk des Rokoko, infolge von Kriegsschäden 1949 neu aufgebaut.)

7.6.2 Der Maler in der Denkmalpflege von Bauwerken

- Bauobjekte, die unter Denkmalschutz stehen, dürfen nur unter Einhaltung der Auflagen der Denkmalschutzbehörde des Landes instandgesetzt werden.
- Die Zusammenarbeit mit privaten und öffentlichen Besitzern sowie der Denkmalsschutzbehörde erfolgt über Restauratoren, Architekten, Gutachter, Vertreter der Behörden und den Besitzern.
- Maler müssen über Baustile und Farbgebung Bescheid wissen, um stilistische und sachliche Schäden auch an üblichen, nicht denkmalgeschützten Gebäuden zu vermeiden.

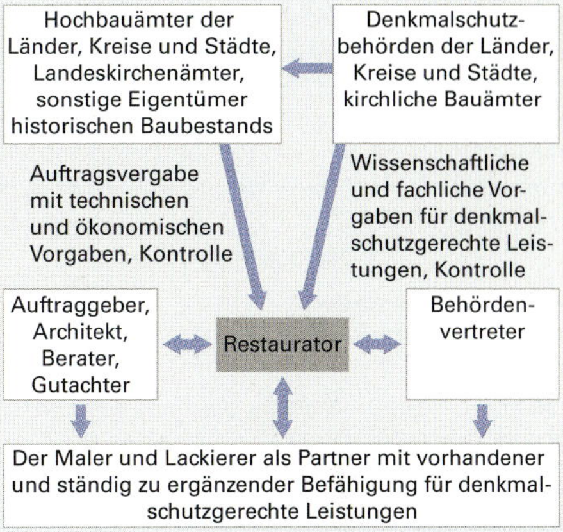

7.6.3 Erste Hochkulturen im Mittelmeerraum

Im Mittelmeerraum sowie dem südöstlich angrenzenden Gebiet des Euphrat und Tigris entwickelten sich vor 3 000 bis 2 000 v. Chr. staatsähnliche Organisationen. Gründe waren mildes Klima, beste Handelsbedingungen sowie fruchtbares Schwemmland.

Zu den ersten Kulturen gehörten die wechselnden Reiche in Mesopotamien, die Hochkultur der Ägypter mit Pyramiden und Tempelanlagen, sowie weitere Reiche im Mittelmeerraum (Minoisches Reich, Mykenisches Reich, Hethitisches Reich) und Stadtstaaten (Ugarit, Troja, Tyros).

Um 1 200 v. Chr. versanken innerhalb von 20 bis 30 Jahren fast alle Kulturen, die Ursachen sind noch nicht vollständig geklärt.

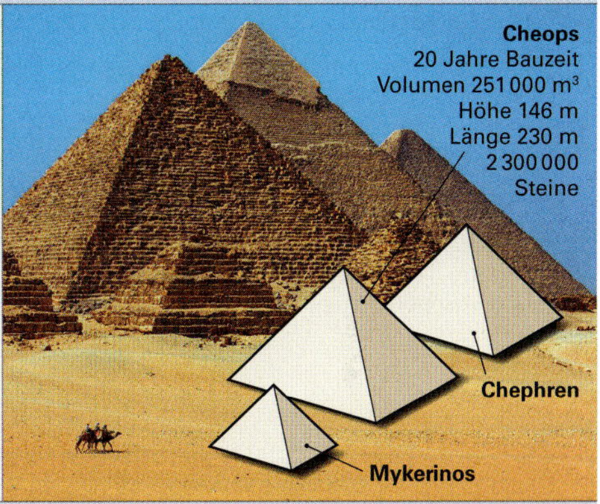

7.6.4 Die Griechen — 1 000 v. Chr. – 25 n. Chr.

- Ab 1 200 v. Chr. entwickelte sich die griechische Kultur.
  Archaik: 700 – 500 v. Chr.
  Klassik: 500 – 330 v. Chr.
  Hellenismus: 330 – 25 n. Chr.
- Das Schönheitsideal der Griechen lag in der Proportion, d. h. dem Maß der Dinge zueinander und dem Maß der Dinge zum Menschen.
- Mit der Eingliederung Griechenlands in das römische Reich endet die griechische Kultur.
- Die griechische Baukunst ist Ausgangspunkt der Architektur, aber auch der Kunst und Kultur in Süd- und Mitteleuropa.

Tempelbau

- Der Tempelbau erfolgte immer gleich mit Unterbau, Säulen, Giebel.
- Die Cella, der Raum, in dem die Gottheit wohnte, durfte nur von Priestern betreten werden.

Viele architektonischen Feinheiten am griechischen Tempel sind „unsichtbar“, bewirken jedoch die Vollkommenheit des Bauwerkes:

- Zugrundelegung eines Malnehmer (Moduls)
- Anwendung des Goldenen Schnittes
- Entasis
- Kurvatur
- Verstärkte Ecksäulen mit leichter Säulenneigung nach Innen
- Tempel und Figuren waren bunt bemalt. Die Farben haben sich jedoch nicht erhalten.

Details am griechischen Tempel

Merkmale und Ausdruck

- Drei Säulenordnungen
- Ornamente am Bau
- Freifiguren

Griechische Bildhauer kommen der Darstellung der Idealform des Menschen sehr nahe.

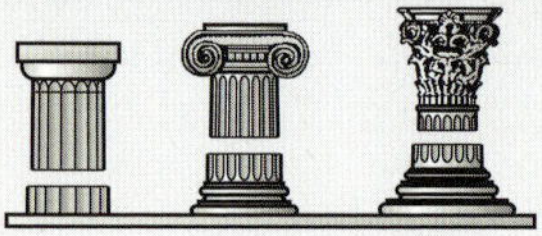

Dorische, Ionische und Korinthische Säulenordnung

Beispiele

- Akropolis in Athen: Der Tempelberg Athens mit Pantheon und Niketempel
- Olympia: Sportstätten
- Delphi: Orakel
- Freifiguren des Phidias

Die griechische Baukunst ist Ausgangspunkt der Architektur, aber auch der Kunst und Kultur in Süd- und Mitteleuropa.

7.6.5 Römer

500 v. Chr. – 476 n.Chr

Dem Aufstieg Roms ging in Italien die Herrschaft und Kultur der Etrusker voraus, die um 1 000 – 800 v. Chr. ältestes Kulturgut von Kleinasien und Mesopotamien nach Italien, nach Europa brachten.

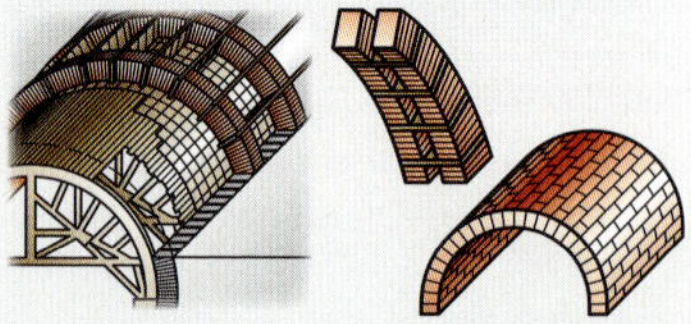
Bauen mit opus caementitium

Merkmale und Ausdruck

- Weiterentwicklung des Gewölbebaus der Etrusker.
- Die Römer beherrschten ingenieurmäßiges Können. Sie schufen die Grundlagen des heutigen Bauens mit Beton. Anders als heute wurde die Verschalung mit Ziegeln gemauert. Die damalige Zusammensetzung nannte man opus caementitium.
- Durch das Bauen mit Beton und Ziegel und den Gewölbebau waren monumentale Bauwerke möglich.
- Künstlerische Gestaltungselemente wurden fast ausschließlich von den Griechen kopiert.

Kolosseum, Rom

Beispiele

- Pantheon in Rom: Kuppeldurchmesser 50 m
- Forum Romanum: Ehemaliges Stadtzentrum Roms
- Kolosseum: Stadion für Aufführungen und Spiele
- Aquädukte: Fernwasserleitungen zu den Städten
- Wohnhäuser: Rom war eine Großstadt mit mehr als 1 Million Einwohner. Je nach Mitteln wohnte man im Landhaus (Villa), Mietshaus (Insula), Stadthaus (Domus) oder in ärmlichen Verhältnissen.

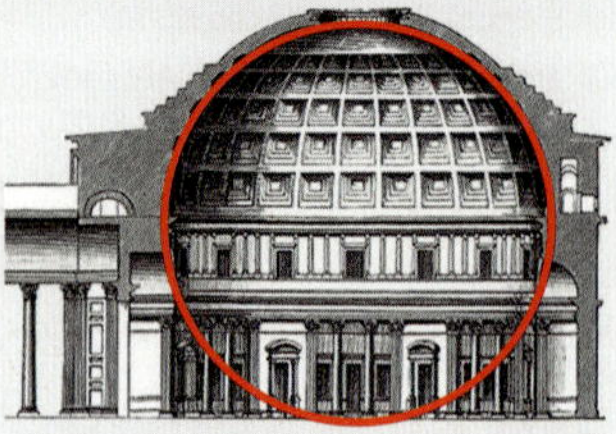
Pantheon, Rom, Schnittzeichnung

- Thermen: Badeanlagen mit angeschlossenen Konferenzräumen und Freizeitmöglichkeiten
- Triumphbögen
- Basiliken: Sie dienten als Markthallen, als Raum für öffentliche Versammlungen und als Gerichtsgebäude.

Das römische Reich umfasste in seiner Blüte den gesamten Mittelmeerraum und Teile Mitteleuropas. Überall finden sich Spuren römischer Baukunst.

- Porta Nigra: Römisches Stadttor in Trier
- Limes: Schutzwall gegen Germanen in Mitteldeutschland

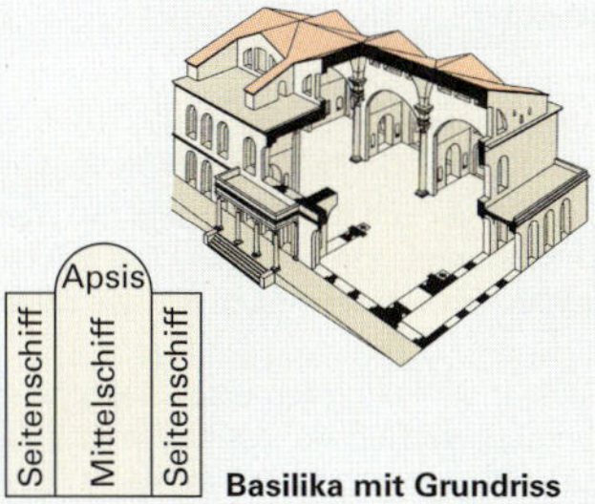

Basilika mit Grundriss

Aquädukt

7.6.6 Frühe Christen — ab 25 n. Chr.

Um 60 n. Chr. entstanden erste christliche Gemeinden in Rom. Unter einigen Kaisern wurden die Christen verfolgt (z. B. Nero, Diokletian). Im Durchschnitt kommen auf 30 Jahre Duldung 2 Jahre Verfolgung.

391 n. Chr. wird das Christentum zur römischen Staatsreligion.

Merkmale und Ausdruck

- Kirchen wurden Treffpunkt der Gemeinde.
- Die Bauweise wurde von den römischen Markthallen übernommen.

Beispiele

- Ehemalige Peterskirche in Rom
- Mosaiken in Ravenna
- Katakomben: Unterirdische Grabanlage, in denen auch Gedenkfeiern und Gottesdienste stattfanden. Sie dienten nicht der Zuflucht bei Verfolgung.

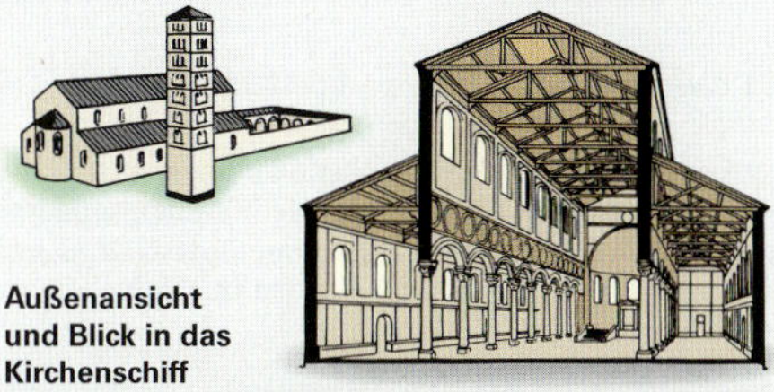
Außenansicht und Blick in das Kirchenschiff

Frühchristlicher Kirchenbau

Ravenna, Mosaik

7.6.7 Mitteleuropa vor 500 n. Chr.

Die indogermanische Völkergruppe der Kelten bevölkerte ab etwa 1 200 v. Chr. Mitteleuropa. Diese hatten bereits eine hochstehende Kultur. Um 200 v. Chr. wurden die Kelten von Germanenstämmen verdrängt (Goten Sachsen, Alemannen u.a.).

Die Römer eroberten ab 57 v. Chr. weite Teile Mitteleuropas bis zum Rhein und zur Donau. Rückzug ab 250 n. Chr.

Merkmale und Ausdruck

- Durch Holzbauweise blieben so gut wie keine Bauwerke erhalten.
- In römisch besetzten Gebieten blieben vereinzelt Bauwerke der Römer erhalten.

Beispiele

- Keltische Ornamentik
- Limes: Schutzwall gegen die germanischen Stämme
- Porta Nigra: Römisches Stadttor in Trier
- Ausgegrabene Fundamente ehemaliger römischer Versorgungshöfe

Entwicklung im mitteleuropäischen Raum

Entwicklung im Mittelmeerraum

Keltische Ornamentik

Porta Nigra in Trier

Beginn einer hohen kulturellen Entwicklung in Mitteleuropa

7.6.8 Frühes Mittelalter — 500 – 1000

In den Wirrnissen der Völkerwanderung und dem Zerfall des römischen Reiches gelang es den Franken, ein Reich zu gründen. 800 n. Chr. erneuerte Karl der Große das römische Kaisertum.

Aus der Zeit der Merowinger und Karolinger sind nur wenige Kirchen, Kaiserpfalzen und Klosteranlagen erhalten. Die Bauwerke wirken schwer und gedrungen. Sie verfügen über massive Mauern mit kleinen Fenstern.

Die Klöster waren Träger des kulturellen Erbes. Mönche schrieben antike Schriften ab und übersetzten sie. Als Lehrer und Berater waren Mönche häufig den weltlichen Herrschern an Macht überlegen.

Reichenau, Kirche St. Georg

7.6.9 Romanik — 1000 – 1250

Mönche übernahmen das frühchristliche Vorbild der Basilika und des Kreuzganges.

Die Kaiserdome der Romanik repräsentierten den Staat. Sie waren deshalb größer und mächtiger als die Klosterkirchen.

Der Grundriss romanischer Kirchen war das Kreuz. Konsequent ergab sich der romanische Grundriss aus dem Vierungsquadrat. Dies ist das entstehende Quadrat von Längs- und Querschiff. Durch Vervielfältigung der Vierung entstand die Kreuzform. Die Teilung ergab das Maß der Seitenschiffe.

Kloster Maria Lach

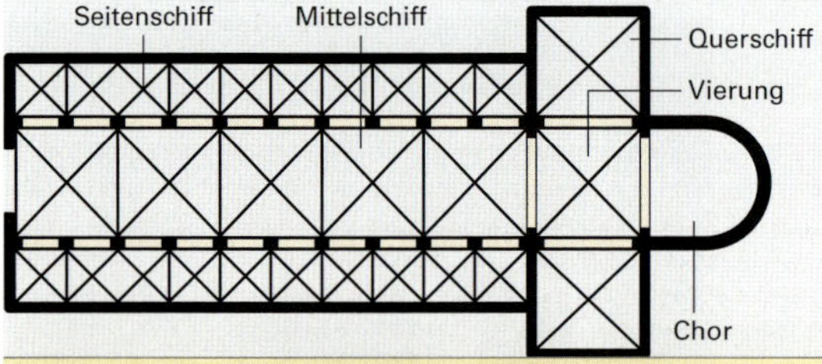

Rundbogenfenster

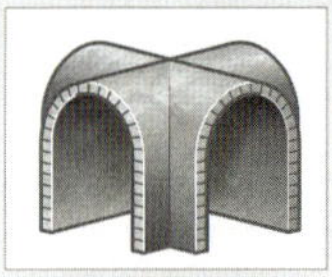

Kreuzgratgewölbe

Merkmale und Ausdruck

- Schwere, wehrhafte und erdverbundene Wirkung der Gebäude.
- Rundbogen. Ableitung der Gebäudelast zur Mauer. Darum sind diese sehr dick.
- Kreuzgratgewölbe. Anfangs frei sichtbare Dachstühle, ab dem 12. Jhdt. baute man gewölbt.
- Die runden Säulen sind meist massiv und glatt.
- Das wichtigste Kapitell der Romanik war das Würfelkapitell. Kapitelle zeigen geometrische Formen, Pflanzenformen, Tiermotive und auch Fabelwesen.
- Radfenster
- Wandmalerei, biblische Szenen in Fresko- oder Kaseintechnik
- Wuchtige Mauern mit kleinen Fenstern
- Ornamentik, oft in Sandstein

Romanische Ornamente

Radfenster

Würfelkapitell

Figurenkapitell

Beispiele

- Kloster Alpirsbach
- Kloster Maulbronn
- Kaiserdome zu Speyer, Worms und Mainz
- Pfalzkapelle Aachen
- Kirche St. Michael, Hildesheim
- Kloster Maria Laach
- Torhalle Lorsch

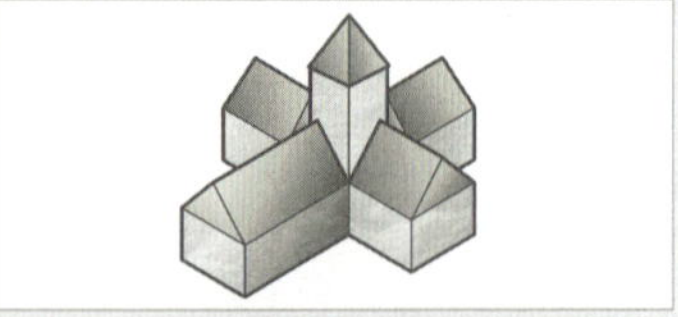

Vierungsquadrat mit Turm

7.6.10 Gotik — 1250 – 1500

Der gotische Baustil war eine nordische Neuschöpfung, ausgehend von Frankreich, weitgehend frei von antiken Einflüssen.

In sogenannten Bauhütten planten und errichteten Architekten und Handwerker gemeinsam den Kirchenbau.

Aufgrund der immensen Kosten blieben die Bauwerke häufig unvollendet und wurden Jahre später in einem anderen Stil weitererbaut.

Ein Skelett trägt die Last des Baus und leitet das Gewicht ab. So sind dicke Mauern nicht mehr nötig und große Fenster erhellen den Raum. Stützbögen und Strebepfeiler haben statische Bedeutung, sind aber auch in das Gestaltungskonzept der Gotik einbezogen. Die Vierung ist nun rechteckig und lässt andere Grundrisse zu.

Gotische Kathedralen können einen oder zwei Türme besitzen. Diese sind häufig durchbrochen und reich verziert. Französische Kathedralen-Türme sind meist nicht spitz auslaufend, sondern besitzen einen stumpfen Abschluss.

Backsteingotik:
In Norddeutschland wurde mangels Naturstein häufig mit Backsteinen (gebrannten massiven Ziegeln) gebaut.

Kölner Dom

Merkmale und Ausdruck

- Spitzbogen
- Maßwerk, Zierformen in den Bogenfeldern
- Kreuzrippengewölbe
  Zuerst wurde das Skelett erstellt, welches dann gefüllt wurde.
  So blieben Rippen sichtbar. Der entscheidende Stein, der über die Tragfähigkeit des Skeletts entscheidet, ist der Schlussstein.
- Strebewerk
  So bezeichnet man vorgesetzte Säulen und Säulchen, die der Lastableitung und der Betonung der Senkrechten dienen. Die Wandflächen wurden optisch aufgelöst.
- Betonung der Senkrechten
- Rosettenfenster über dem Eingang
- Farbige Glasfenster
- Ornamentik und Freifiguren:
  Steinornamente mit pflanzlichen oder geometrischen Figuren zierten den Bau. Besonders an der Fassade und am Portal dienten Figuren und Szenen mit religiöser Bedeutung der Belehrung des Volkes.

Die Wirkung ist feierlich und schwerelos, dem Himmel zugewandt. Mauern wirken aufgelöst. Heller Innenraum durch große Fenster.

Spitzbogenfenster mit Maßwerk

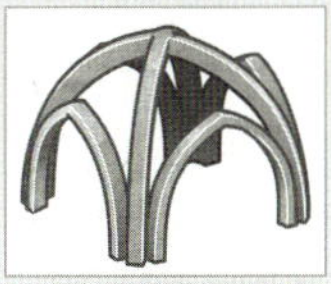

Kreuzrippengewölbe

Schlussstein

Fensterrose

Typischer Grundriss

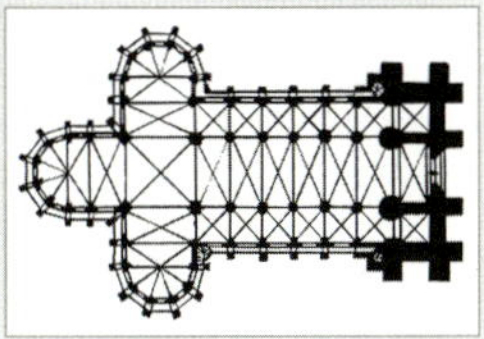

Strebewerk mit Strebepfeilern

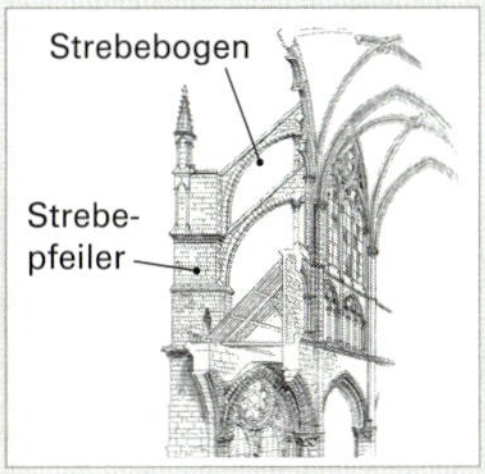

Beispiele

- Kölner Dom: Grundsteinlegung 1248, Einstellung der Bauarbeiten 1520, Grundsteinlegung zur Domvollendung nach den Originalplänen erst 1842
- Münster in Ulm, Straßburg, Freiburg
- Französische Kathedralen
- Rathaus Münster

7

7.6.11 Renaissance 1450 – 1600

Der Mensch mit seinem Denken und Handeln wurde zum Mittelpunkt. Der Einfluss der Kirche schwand, das Bürgertum erstarkte.

In Rückbesinnung auf die antiken Ursprünge entstand, ausgehend von Italien, die neue Bauweise der Renaissance. Italien hatte zur Zeit der Renaissance außergewöhnlich viele Genies: Michelangelo, Leonardo da Vinci, Botticelli, Tizian und andere, darunter auch große Baumeister wie Palladio, Alberti und Peruzzi.

Die deutschen Baumeister hielten lange an der Gotik fest. Als man sich endlich umstellte, wurden schon die ersten frühbarocken Elemente berücksichtigt.

Die Dreiecksgiebel, Säulen und Harmoniegesetze der Griechen erlebten eine Wiedergeburt (dies ist die Bedeutung des Wortes rinascità, Renaissance). Der Baustil der Griechen wurde jedoch nicht einfach kopiert, sondern in Gebäude mit eigener Formensprache umgesetzt.

Stuttgart, Altes Schloss

Vicenza, Villa Rotonda

Merkmale und Ausdruck

- Simse zur Fassadengliederung
- Symmetrische Bauweise
- Wiederholung antiker Säulenordnungen
- Harmonie der Proportionen, oft nach dem Goldenen Schnitt

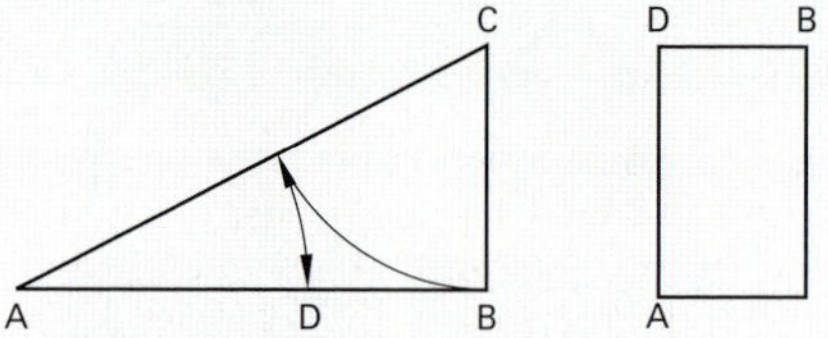

- Bossenwerk im Sockelbereich
- Kuppelbauten
- Gliederung der Wände durch Säulen, Dreiecksgiebeln und Simse
- Balustraden an Balkonen und Treppenaufgängen
- Schräge Treppenaufgangsfenster sind typisch für die Renaissance.

Die Wirkung ist ruhig, harmonisch und etwas streng. Durch Symmetrie und die Betonung der Waagerechten erhalten die Gebäude eine festliche, weltliche Ausstrahlung.

Ornamente der Renaissance

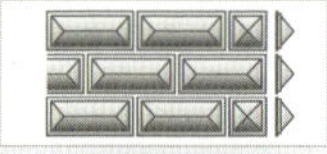

Bossenwerk

Säulen der Renaissance

Fassadengliederung

Kuppelbau

Balustrade

Beispiele

- Peterskirche und Vatikan in Rom
- Stadtansicht Florenz
- Villa Rotonda, Vicenza, Italien
- Loire-Schlösser (Frankreich)
- Rathaus Augsburg, Tübingen
- Schloss Heidelberg, Tübingen, Aschaffenburg
- Altes Schloss Innenhof, Stuttgart

Perspektivische Darstellung

Erstmals werden in der Renaissance die Zusammenhänge der perspektivischen Darstellung mit Fluchtpunkt, Augenhöhe, Standort usw. erkannt.

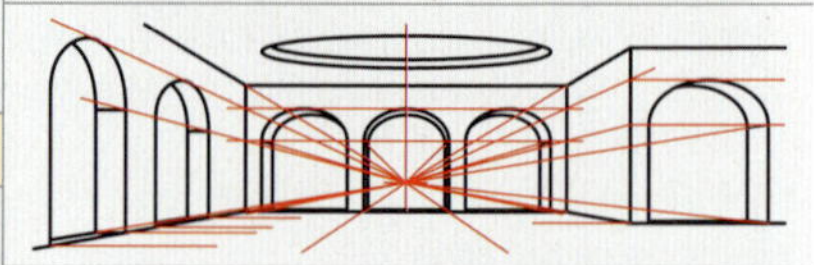

Entwicklung der Raumperspektive

7.6.12 Barock 1600 – 1770

Nach dem 30-jährigen Krieg 1618 – 1648 bestand Deutschland aus 300 kleinen Ländchen, in denen Landesfürsten uneingeschränkt und selbstherrlich absolutistisch regierten. Die französische Lebensart wurde zum Vorbild.

Besonders im süddeutschen Raum findet man sehr viele barocke Kunstschätze, meist reizvoll in die Landschaft gestreute Kirchen und Klöster.

Landesfürsten errichteten ganze Städte nach ihren Vorstellungen um ihre Residenz. Karlsruhe, Ludwigsburg, Bruchsal, Dresden sind Beispiele dafür.

Das Barock bringt kein neues Architektursystem hervor, sondern fußt auf der Renaissance.

Würzburg, Residenz

Merkmale und Ausdruck

- Werkstoffe wie Marmor, Gold, Silber
- Licht schafft Kontraste und modelliert.
- Ornamente sind Teil des Gesamtkonzeptes.
- Raum- und Illusionswirkung durch Konzentrierung und Steigerung. Stuckarbeiten gehen in Malerei über.
- Bewegung durch Kreise, Kurven, Wellen. Neu ist das Oval.

Neue Gewölbeformen ergaben ungewöhnliche Gewölbeüberschneidungen.

Dekoration am Bau

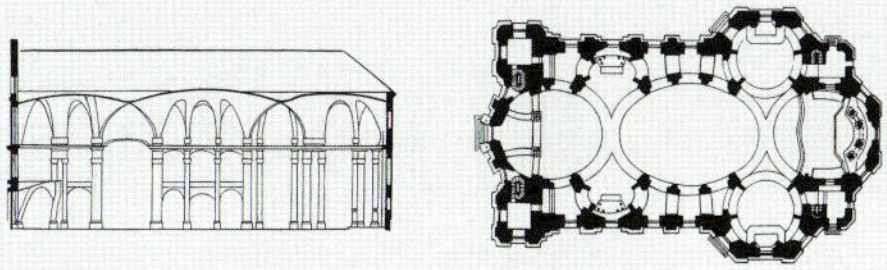

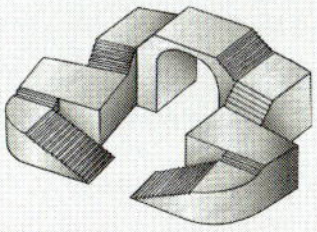

Barockes Treppenhaus

- Prunktreppen

Sie wurden im absolutistischen Schloss Aktionsraum zur fürstlichen Selbstdarstellung.

- Gesamt-Ensemble

Residenzen waren eingebunden in ein Gesamt-Ensemble aus Parkanlagen, Pavillons, Gärten, Dienerwohnungen.

Die Wirkung ist bewegt, häufig überladen und übertrieben.

Barocke Gartenanlage Potsdam,
Neues Palais im Park Sanssouci, 1763 – 69

Beispiele

- Schloss Versailles (Frankreich)
- Schloss Ludwigsburg
- Zwinger und Frauenkirche Dresden
- Residenz Würzburg
- Theatinerkirche München
- Wieskirche in Bayern
- Kloster Andechs

Rokoko 1735 – 1770

In der Schlussphase wurden die Bauformen und Ornamente spielerisch übersteigert. Zu den Formen des Barock kam eine neue Form hinzu, die Muschelform. Die Muschel, französisch „rocaille“, wurde bald zum Namensgeber dieses Stils. Am deutlichsten kommt dieser Umschwung zum Zierlichen in der Innenraumgestaltung zum Ausdruck.

Wieskirche, Bayern

7.6.13 Klassizismus 1750 – 1830

Erneute Rückbesinnung auf antike, insbesondere die griechische Bauform. Adel und Kirche vergaben in dieser Zeit kaum größere Aufträge, dies geschah mehr und mehr durch das Bürgertum. Der neue Gebäudebedarf bestand daher in Theatern, Akademien, Museen, Börsen u.a.

Einige Architekten prägen Städte:

Berlin – Friedrich Schinkel
München – Leo von Klenze, Friedrich von Gärtner
Karlsruhe – Friedrich Weinbrenner

Neue Wache, Berlin

Merkmale und Ausdruck

- Einfache Baukörper (Prismen, Zylinder)
- Klare Linien
- Glatte Mauerfugen
- Kaum Dekor
- Säulen und Dreiecksgiebel

Im Vergleich zur griechischen Bauweise sind klassizistische Bauten wuchtiger und massiver.

Beispiele

- Berlin Reichstagsgebäude, Brandenburger Tor, Neue Wache
- Walhalla bei Regensburg
- München Glyptothek, Propyläen

An Objekten der Baustile bis zum Klassizismus ist der Maler und Lackierer in der Regel Ausführender unter Anleitung. Gebäude ab dem Klassizismus sind in allen Städten zu finden, meist ohne Denkmalschutz. Der Maler und Lackierer muss die Farbgebung in eigener Verantwortung festlegen können.

7.6.14 Historismus 1830 – 1900

Die beginnende Industrialisierung führte zum rasanten Anwachsen der Städte. Zu den neuen Bauaufgaben gehörten Arbeitersiedlungen, Mietshäuser, Fabrikantenvillen, Fabriken, Brücken und Bahnhöfe.

Alle historischen Baustile wurden wieder aufgenommen. Die Ergänzung des Stils durch die Vorsilbe Neo- bedeutet Neu-.

Gotik – Neo-Gotik
Renaissance – Neo-Renaissance
Barock – Neo-Barock

Sind gleichzeitig mehrere Baustile in einem Gebäude vereinigt, so nennt man diesen Stilpluralismus Eklektizismus.

Häuserzeile des Historismus

Merkmale und Ausdruck

- Je nach übernommenen Baustil
- Häufig ist nur die Fassade im Stil gestaltet.
- Heldenhafte Figuren am Bau
- Neue Materialien wie Glas, Stahl, Gusseisen und Stahlbeton

Baudetail des Historismus

Beispiele

- Rathaus München
- Eiffelturm in Paris
- Straßenzüge in den Randgebieten unserer Stadtzentren
- Schloss Neuschwanstein

Schloss Neuschwanstein

7.6.15 Jugendstil — 1900 – 1920

Um 1900 entstand eine Bewegung, welche die Kunst von historischer Nachahmung befreien wollte, der Jugendstil. Diese Bewegung betraf zuerst das Kunstgewerbe und war auf die Erneuerung des Ornaments gerichtet. Pflanzliche Ornamente, später auch klare geometrische Formen bestimmen den Jugendstil.

Frankreich: „Art Nouveau“

England: „Modern Style“

Österreich: „Sezessionsstil“

Merkmale und Ausdruck

- Pflanzliche Ornamente
- Geometrische Formen

Die Wirkung ist spannungsreich und bewegt.

Beispiele

- Jugendstilgebäude in Darmstadt
- Gebäude von Gaudi in Barcelona

Baudetail des Jugendstils

7.6.16 Bauhaus und Moderne — 1910 – 1933

Der Zweck und die Funktion bestimmten die Bauform der Moderne. Einsatz genormter Bauelemente, klarer, geometrischer Baukörper und weitgehender Verzicht auf Dekoration. So wurde Bauen preiswerter.

Erste Architektengruppen und Architekten:

Werkbund (Deutschland): Walter Gropius, Peter Behrens, Josef Maria Olbrich u. a.

Künstlergruppe „De Stijl“ (Niederlande):

Piet Mondrian, Gerrit Rietveld u. a.

Le Corbusier: wichtiger französischer Architekt

Frank Lloyd Wright: wichtiger amerikanischer Architekt

Anfangs des Jahrhunderts existierten die drei Strömungen Historismus, Jugendstil und Moderne über Jahre zeitgleich, wenn auch mit unterschiedlichen Bauanteilen.

Bauhaus

1919 gründete Walter Gropius das Staatliche Bauhaus Weimar, ab 1925 in Dessau. Ihm gehörten namhafte Architekten an, z. B. Hannes Meyer, Ludwig Mies van der Rohe u.a. Maler der Zeit ergänzten den Bereich Form und Farbe, z. B. Paul Klee, Wassily Kandinsky, Oskar Schlemmer, Johannes Itten. Es bestand bis 1933.

Haus Le Corbusier, Weißenhofsiedlung Stuttgart

Le Corbusier

Der französische Architekt experimentierte mit Wohnanlagen, in denen alles zum Leben Notwendige vorhanden war, vom Kindergarten bis zum Restaurant. Auch er ging beim Bauen vom Mensch aus als Maß der Dinge.

Merkmale und Ausdruck

- Beton, Stahl, Glas
- Einfache geometrische Formen
- Bezug zum Menschen

Die Gebäude und Objekte wirken meist sehr zweckbestimmt.

Beispiele

- Weißenhofsiedlung in Stuttgart
- Bauhaus in Dessau
- Kapelle in Ronchamp

Bauhaus, Dessau

7.6.17 Bautechnischer Fortschritt

- 1856 erfand Henry Bessemer das für die Stahlherstellung bahnbrechende Windfrischverfahren (Bessemerverfahren). Stahl konnte nun höher auf Zug beansprucht werden. Stählerne Fachwerkkonstruktionen wurden möglich.

Beispiele: Eiffelturm, Paris, zahlreiche Eisenbahnbrücken

- 1867 regte der Gärtner Joseph Monier über Versuche mit Beton und Stahlstäben in Blumenkästen die Entwicklung des Stahlbetons an.

Beispiele: Betonbauwerke mit größerer Spannweite, die heute weltweit das Bild der Städte prägen, zahlreiche Brücken.

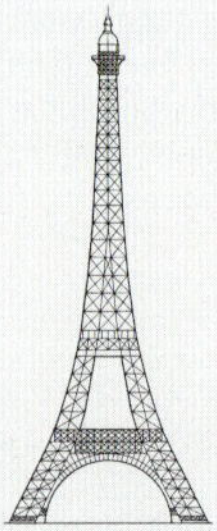

Eiffelturm
Paris, Stahlkonstruktion
300 m Höhe
10100 t Gewicht
18038 Stahlelemente

7.6.18 1933 – 1945 und danach

Das Bauen diente als Stütze des Regimes. Öffentliche Bauten von Partei und Staat hatten Vorrang. Die überdimensionalen Bauten in historischen Stilen strahlten eine herrische und kultische Wirkung aus.

Bedeutende Architekten hatten Deutschland verlassen und verbreiteten die Ideen der Moderne.

In der Nachkriegszeit entstanden in großer Zahl Vorortsiedlungen mit aufgereihten Wohnblöcken, um neuen Wohnraum zu schaffen.

Nicht mehr benötigte Säulen

Hochhaus der Nachkriegszeit

7.6.19 1960 bis heute

Führende Bauhaus-Architekten lehrten an Instituten im Ausland, z. B. Walter Gropius an der „Graduate School of Design" der Harvard-Universität in Cambridge, Massachusetts (USA) und verbreiteten die Lehre der Moderne. Durch die Internationalisierung wurden im Laufe der Jahre so viele Gebäude nach gleichen Regeln erstellt, dass sich die Architektur von London, Tokio, Frankfurt ... heute nicht mehr wesentlich unterscheidet.

Die Bauweise der Moderne setzte sich durch. Auch der normale Wohnhausbau entwickelte sich aus der Moderne heraus.

Treppenstraße Kassel.
Städtebaulicher Wettbewerb 1947
Ende der Bauarbeiten 1953

Aktuelle Baustilentwicklung

Für besondere Objekte, wie Stadthallen, Museen, Kaufhäuser und Kulturzentren haben sich drei Strömungen herausgebildet:

- Postmoderne
- Moderner Klassizismus
- Hightech-Architektur

Postmoderne

- Die Postmoderne entspricht der Moderne, kombiniert aber deren Bauweise mit historischen Details.
- Kontrastierende Elemente zum Baukörper lockern die Einfachheit der Moderne am Baukörper auf, meist im Sinne des „Scheins", der „Illusion".

Wirkung: ironisch, lustig, belebend
Beispiel: J. Stirling, Staatsgalerie Stuttgart

Postmoderne. Staatsgalerie Stuttgart

Postmoderne Baudetails

7

Moderner Klassizismus

- Weiterentwicklung des Klassizismus
- Klare Grundformen von Kubus, Säule, Bogen unter Einsatz moderner Materialien

Wirkung: mächtig, ernst, repräsentativ

Beispiel: M. Botta, Bank für internationalen Zahlungsausgleich, Basel

Moderner Klassizismus. BIZ Bank, Basel

Hightech-Architektur

- Flexible und demontierbare Funktionsbauten
- Alle konstruktiven Elemente sind erkennbar, die ideale Bauweise für Fabriken, Sportanlagen, Supermärkte und Kulturzentren.
- Hightech-Bauten sollen funktionieren ohne den Anspruch eines Baustils auf Ästhetik.

Wirkung: sehr technisch, funktionell

Beispiel: Rogers & Piano, Centre Pompidou, Paris

Hightech-Architektur. Centre Pompidou, Paris

Öko-Architektur

- Mensch und Umweltschutz stehen im Mittelpunkt des Bauens.
- Vorrang von Energieeinsparung und/oder von gesetzlichen Auflagen vor Ästhetik.
- Begrünte Dachflächen und Anlagen zur Sonnenenergiegewinnung sind ein sichtbarer Teil der Öko-Architektur.
- Wesentliches des ökologischen Bauens bleibt eher unsichtbar, z. B. der Aufbau dämmender Wandflächen, der Einbau von Wärmepumpen etc.

Avantgardistische Architektur / Architekten

- Bedeutende repräsentative Objekte sind einer Gruppe international agierender Architekten mit eigener Formensprache vorbehalten.
- Heute werden Aufträge für Bauvorhaben, die das ganze Stadtbild prägen können, in der Regel über Wettbewerbe vergeben.

Architekten mit individueller Formensprache:

- Günter Behnisch, Frank Gehry, Jacques Herzog & Pierre de Meuron, Lord Norman Foster, Zaha Hadid …

F. O. Gehry, Guggenheimmuseum, Bilbao

Herzog & de Meuron, Allianz-Arena, München

Herzog & de Meuron, Elbphilharmonie, Hamburg

Zaha Hadid, Phaenon, Wolfsburg

Sir Norman Foster, Reichstagsgebäude, Berlin

Rem Koolhaas + Ole Scheeren, CCTV-Tower, Peking

7.6.20 Baustil und Farbgebung

Farben des Mittelalters

- Farbige Fassaden im Straßenbild des Mittelalters waren selten.
- Farbige Häuser bekamen oft Namen z. B. „Grünes Eck" oder „Rothaus".
- Das Stadtbild war vorwiegend geprägt vom Rot der Ziegel und der weißen Kalkfarbe mit schwachen Farbtönungen durch Ziegelmehl und Ruß sowie durch die graphische Struktur des Fachwerks.

Miltenberg

Farbbefund

Um die Farbe früherer Fassadenbeschichtungen zu ermitteln, wird an einer unscheinbaren und wettergeschützten Stelle, z. B. unterhalb der Dachuntersicht, die oberste Beschichtung abgeschabt, beim Erscheinen weiterer Farben verkürzt weitergeschabt, bis die gesamte Farbstaffelung über die Epochen sichtbar vorliegt. Auch an Gesimsen und Balken lohnt sich eine Freilegung. An historischen Gebäuden spricht in der Regel der Denkmalpfleger mit.

Farben der Neuzeit

In der Gotik und Renaissance war der großflächige, farbige Anstrich noch weitgehend auf Schlösser, Rathäuser, Kirchen oder Häuser der Patrizier beschränkt.

Die regionale Vielfalt der Befunde sowie unterschiedliche Farbauffassungen im Norden oder Süden Deutschlands lassen allgemeingültige Gestaltungsregeln für einzelne Stilepochen nicht zu.

Während im süddeutschen Barock eine Farbenfreude zur Zeit der Gegenreformation einsetzte, war man in pietistisch geprägten Landesteilen eher zurückhaltend.

- Erst im Klassizismus setzte sich eine einheitliche Richtung durch.

Dresden, barocke Farbigkeit

	Putzflächen	Einfassungen Verzierungen	Weitere Farben am Bau
Romanik, Gotik	Weiß, Graustufen	Ocker, Englischrot. Satte Farben waren beliebter als helle und gebrochene Farben.	In allen Epochen wurde Naturstein verbaut und in seiner natürlichen Farbigkeit erhalten. Der Steinfarbton bestimmte die Farbigkeit der Epochen mit, je nach Ausprägung. Abhängig vom Vorkommen in der Region kamen gelber Sandstein, roter Sandstein, Granit u. a. zum Einsatz, vorwiegend im Sockelbereich und für Fenster- und Türeinfassungen. Die Backsteingotik war mangels Naturstein in ihrer Verbreitung und Farbigkeit auf Norddeutschland begrenzt. Mit der Moderne kommt der Beton mit seiner grauen Farbigkeit dazu. Heute werden Fassaden auch mit Metall verkleidet.
Renaissance	Weiß, Graustufen	Ornamente ordnen sich in die Farbigkeit ein, Grautöne, aber auch Blau, Rot, Purpur, Grün, Gelb.	
Barock	Helle Pastelltöne in Gelb, Rosa, Grün oder Blau	Weißer Stuck, Vergoldungen, Marmor-Imitationen	
Klassizismus	Weiß, Graustufen oder Ocker, Farbpalette von Kieselsteinen	Farblich dezentes Dekor	
Historismus	In den Farben der imitierten Baustile	Naturstein	
Jugendstil	Grün- und Rosatöne, Violett, Ocker, Rotbraun	Metall, Gold, Glas. Reine Farben, Farben, die nicht in der Natur vorkommen, z. B. Violetttöne.	
Moderne	Weiß	Reine Farben	
Heute	Weiß, Graustufen	Alle Farben – rein gebrochen, pastell etc.	

8 Naturwissenschaftliche Grundlagen

8.1	**Physik**	**376**
8.1.1	Zustandsformen der Stoffe (Aggregatzustand)	376
8.1.2	Masse, Volumen und Dichte	377
8.1.3	Kohäsionskräfte und Adhäsionskräfte	377
8.1.4	Stoffe und Stoffgemische	378
8.1.5	Lösungen	378
8.1.6	Physikalische Eigenschaften von Stoffen	379
8.1.7	Luftfeuchte	381
8.1.8	Feuchteverhalten von Untergründen	382
8.1.9	Viskosität und Thixotropie	382
8.1.10	Optik	383
8.1.11	Wärmelehre (Kalorik)	386
8.1.12	Akustik	387
8.1.13	Elektrizitätslehre	388
8.2	**Chemische Grundlagen**	**389**
8.2.1	Vom Stoff zum kleinsten Baustein	389
8.2.2	Aufbau der Atome	389
8.2.3	Moleküle und ihre Zusammensetzung	391
8.2.4	Chemische Formeln	392
8.2.5	Chemische Reaktionen	392
8.2.6	Elektrolyse	392
8.2.7	Chemie des Wassers	392
8.2.8	Luft und Sauerstoff	393
8.2.9	Oxidation und Reduktion	393
8.2.10	Säuren und Laugen	394
8.2.11	Neutralisation und Salzbildung	395
8.2.12	Kohlenstoff und Kohlenstoffverbindungen	396

1 Berufsfeld und Sicherheit 9 – 46

2 Beschichtungsstoffe 47 – 92

3 Untergründe und ihre Beschichtung 93 – 158

4 Verfahrenstechniken 159 – 188

5 Besondere Arbeitsbereiche 189 – 260

6 Fachmathematik 261 – 310

7 Gestaltung 311 – 374

8 Naturwissenschaftliche Grundlagen 375 – 396

8.1 Physik

Die Physik beschäftigt sich mit der Lage, der Form und dem Zustand von Stoffen. Bei physikalischen Vorgängen ändert sich der Stoff selbst nicht.

Teilgebiete der Physik sind
- Mechanik: Lehre von der Bewegung und von Kräften
- Optik: Lehre vom Licht, vom Sehen und der farblichen Wahrnehmung
- Akustik: Lehre vom Schall
- Kalorik: Wärmelehre
- Elektrizitätslehre: Lehre vom elektrischen Strom

8.1.1 Zustandsformen der Stoffe (Aggregatzustand)

Wirkung der Kräfte in Stoffen

Gäbe es in der Natur keine Kräfte, so würde nichts zusammenhalten, kein Untergrund, keine Dose, kein Lack, aber auch kein Mensch. Je nach Ausprägung dieser Kräfte zwischen den kleinsten Bausteinen eines Stoffes, den Atomen und Molekülen, unterscheidet man zwischen festen, flüssigen und gasförmigen Stoffen.

Zustandsform	fest	flüssig	gasförmig
Beispiel	Stein, Pigment, Eis	Lösemittel, Lack, Wasser	Lösemittel, Erdgas, Dampf
Kräfte zwischen den Mollekülen	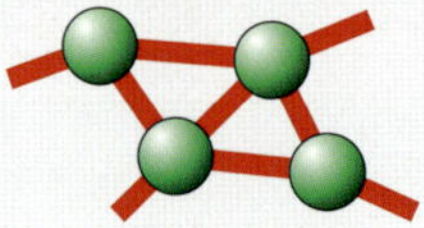	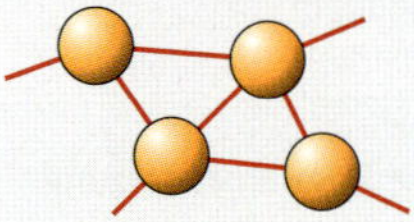	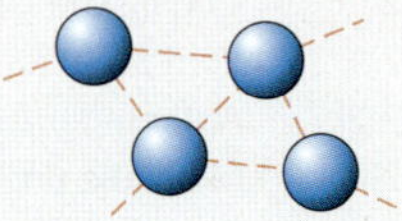
Form	Sie bleibt bestehen 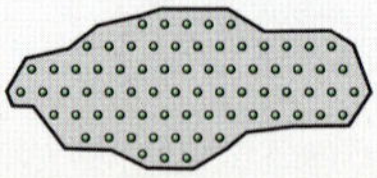	Sie passt sich Gefäßen an 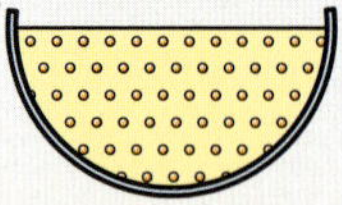	Sie passt sich Räumen an 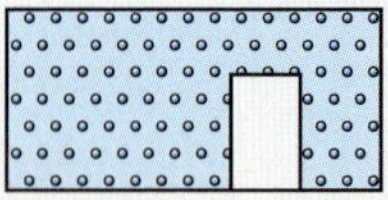

Wirkung der Kräfte in Stoffen – Einflüsse auf den Aggregatzustand

Temperatur	Sie kann den Aggregatzustand eines Stoffes verändern. So liegen Lösemittel als Flüssigkeit im Lack vor, verdunsten dann bei Wärme als Gas. Der feste Zustand der organischen Lösemittel kommt bei Temperaturen der Natur nicht vor, außer bei Wasser als Eis. Stoffe dehnen sich bei Wärme aus. Bei Wärme verringern sich die Kräfte zwischen den Molekülen. Diese rücken auseinander und brauchen mehr Platz. Bei Kälte ziehen sich Stoffe zusammen. Ausnahme ist das Wasser durch Umlagerung der Wassermoleküle bei Kälte.
Druck	Der Luftdruck der Umgebung hat Einfluss auf den Aggregatzustand. In Sprühdosen gepresstes Treibgas liegt unter Druck flüssig im Lack vor und muss hier mit dem Lack verträglich sein, damit es den Lack feinteilig versprühen kann.

Übergangsformen

Zustandsform	fest	flüssig	gasförmig
Bezeichnung des Vorgangs der Zustandsänderung			

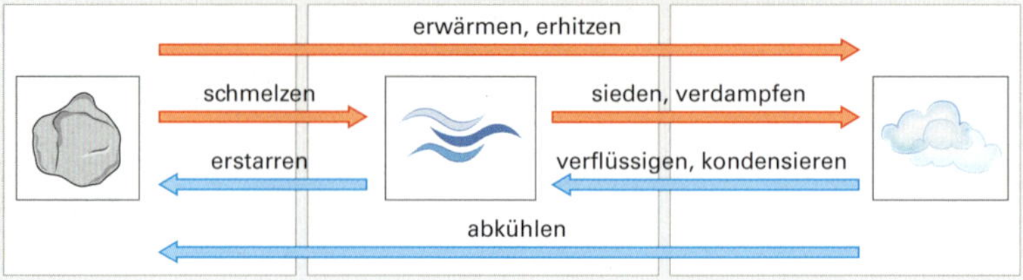

8.1.2 Masse, Volumen und Dichte

Bedeutung der Größen

Je dichter und schwerer die Moleküle vorliegen, umso schwerer ist der Stoff.

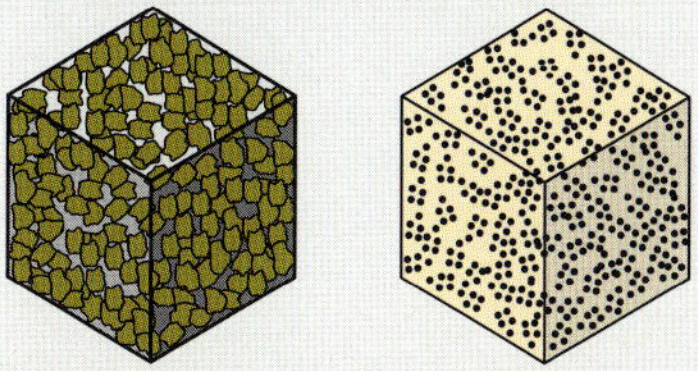

Masse

Was üblicherweise als Gewicht eines Körpers bezeichnet wird, ist seine Masse, gemessen in Kilogramm (kg), Gramm (g) und Milligramm (mg).

Liegen die Moleküle eines Stoffes nicht so dicht beieinander oder bestehen im Stoff Hohlräume, so ist dieser Stoff leichter als ein dichter, kompakter Stoff.

Die Masse wird durch Wiegen ermittelt.

Stoff	kg/dm^3
Blei	11,3
Kupfer	8,9
Stahl	7,85
Glas	2,6
Mauervollziegel	1,8
Dispersionsfarbe	etwa 1,5
Lack	etwa 1,3
Wasser	1,0
Toluol	0,8669
Butanol	0,8098
Porenbeton	0,8
Testbenzin	0,774 – 0,785
Polystyrolhartschaum	0,02

Volumen (Rauminhalt)

Das Volumen ist der Raum, den ein Stoff einnimmt. Er wird in Kubikmeter (m^3) und seinen Untereinheiten gemessen, bei Flüssigkeiten in Liter (l) und seinen Untereinheiten.

$1\ m^3 = 1000\ dm^3$

$1\ dm^3 = 1000\ cm^3$ $\quad 1\ dm^3 = 1\ l$ (bei 4°C)

$1\ cm^3 = 1000\ mm^3$ $\quad 1 l = 1000\ ml^3$

Das Volumen wird mit dem Messbecher gemessen (Flüssigkeiten und Pulver) oder aus seinen Maßen berechnet (feste Stoffe).

Dichte

Die Dichte ϱ (sprich rho) eines Stoffes ist das Gewicht von 1 dm^3 oder 1 l des Stoffes. Sie ist das Verhältnis seiner Masse zu seinem Volumen.

Jeder Stoff hat seine charakteristische Dichte.

Zusammenhang und Umrechnung

$$\textbf{Dichte } \varrho = \frac{\text{Masse}}{\text{Volumen}} \text{ in } \frac{kg}{l} = \frac{g}{ml} = \frac{g}{cm^3}$$

$$\textbf{Masse } m = \text{Volumen} \cdot \text{Dichte in g, kg}$$

$$\textbf{Volumen } V = \frac{\text{Masse}}{\text{Dichte}} \text{ in l, ml}$$

8.1.3 Kohäsionskräfte und Adhäsionskräfte

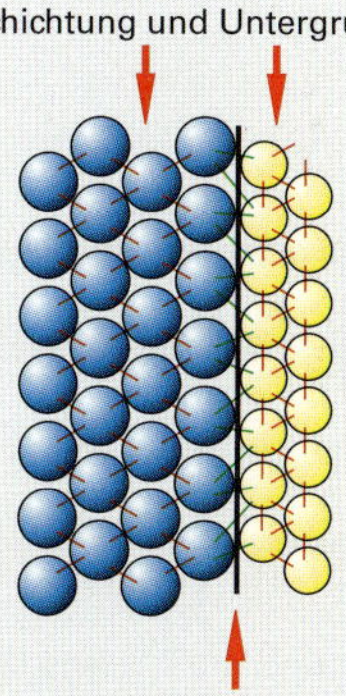

Kohäsionskräfte

Jeder Stoff besteht aus Molekülen, die für ihn typisch sind. Im Stoff wirken zwischen den Molekülen Kohäsionskräfte

Sie bestimmen die Zustandsform und wichtige physikalische Eigenschaften,

z. B. in festen Stoffen
- Härte
- Zähigkeit
- Sprödigkeit
- Dehnbarkeit

z. B. in Flüssigkeiten
- Viskosität
- Thixotropie
- Oberflächenspannung

z. B. in Gasen
- Diffusion
- Osmose

Diese Kräfte wirken nur auf sehr kurze Entfernung im Stoff.
Kohäsionskräfte entscheiden über die
- Untergrundeigenschaften von Putzen, Holz usw.
- Eigenschaften des trockenen Anstrichfilms
- Verarbeitungseigenschaften des flüssigen Beschichtungsstoffes

8

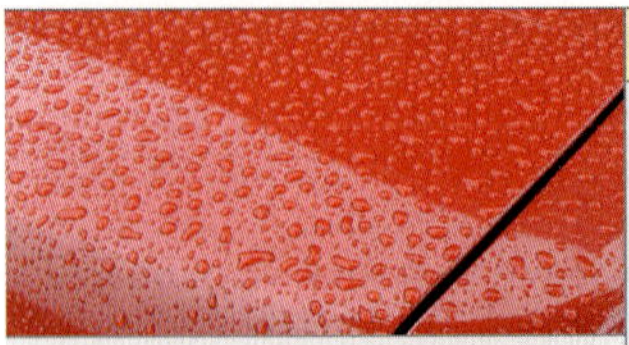

Abperlende Wassertropfen durch geringe Adhäsionskräfte

Adhäsionskräfte

Zwischen den Molekülen verschiedener Stoffe wirken Adhäsionskräfte, die auch Anhangskräfte genannt werden. Sie bewirken, dass ein Stoff auf einem anderen Stoff haftet. Die Ausprägung dieser Kräfte erklärt die geringe Haftung von Staub auf einem Kunststoffuntergrund sowie die hohe Haftung eines Klebers zum Zusammenfügen von Teilen.

Sie bestimmen wichtige physikalische Eigenschaften zwischen Stoffen
z. B. Haftung z. B. Saugwirkung z. B. Benetzbarkeit

8.1.4 Stoffe und Stoffgemische

Stoffarten

Aggregatzustand Äußere Phase	Innere Phase	Name des dispersen Systems	Beispiel
fest	fest	Legierung	Messing, Bronze
flüssig	fest	Suspension Lösung	Dispersionsfarbe Salzlösung
gasförmig	fest	Rauch	Luftstaub
fest	flüssig	Gel	Schmierseife
flüssig	flüssig	Emulsion Lösung	Milch Alkohol in Wasser
gasförmig	flüssig	Dampf, Nebel	Nebel
fest	gasförmig	Poröser Stoff	Tuffstein
flüssig	gasförmig	Schaum	Badeschaum
gasförmig	gasförmig	Gasgemisch	Luft

Reiner Stoff

Ein reiner Stoff besteht aus nur einer Stoffart. Sind alle Atome im Stoff gleich, so spricht man von einem Element. Besteht er aus einheitlichen Molekülen, die sich aus verschiedenen Atomarten zusammensetzen, so liegen chemische Verbindungen vor. Diese reinen Stoffe sind in ihren Eigenschaften immer gleich.

Stoffgemisch

Stoffgemische liegen vor, wenn zwei oder mehrere reine Stoffe miteinander gemischt werden. Da die Eigenschaften der einzelnen Stoffe erhalten bleiben, lassen sich die Reinstoffe physikalisch wieder zurückgewinnen, z. B. durch Sieben, Abdampfen, Destillieren oder Zentrifugieren.

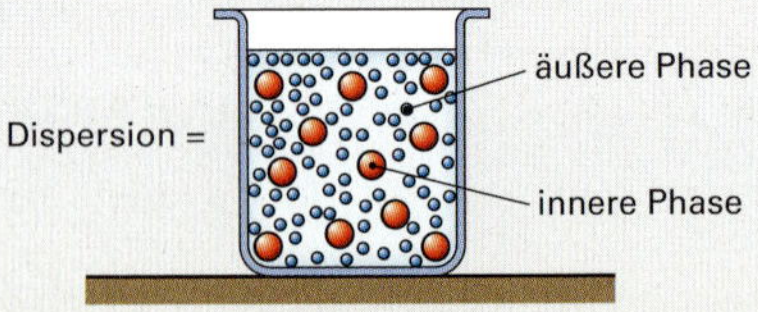

Dispersion

Unter dem Begriff **Dispersion** versteht man die feinste Verteilung eines Stoffes in einem anderen Stoff, ohne sich zu lösen oder chemisch zu verbinden.

Man unterscheidet zwischen
- dem Stoff, in dem der andere Stoff verteilt ist (äußere Phase)
- dem Stoff, der in dem anderen Stoff verteilt ist (innere Phase)

Viele Dispersionen gehören zum täglichen Leben (siehe Tabelle). Für den Maler sind besonders Emulsionen und Suspensionen von Bedeutung.

Dispersionsfarbe ist aufgrund der festen Kunststoffteilchen in Wasser eine Suspension.

8.1.5 Lösungen

Lösen und Verdünnen

Lösen	Verdünnen
bedeutet, dass sich Lösemittelmoleküle zwischen die Moleküle eines Stoffes schieben und dadurch die Kohäsionskräfte zwischen den Molekülen verringern. Nicht immer lösen sich Stoffe bis zu ihrer molekularen Verteilung.	Liegt ein Stoff bereits flüssig vor, so wird das weitere Senken der Viskosität als Verdünnen bezeichnet.

Unterscheidung nach Löslichkeit

Der Stoff, der gelöst werden soll

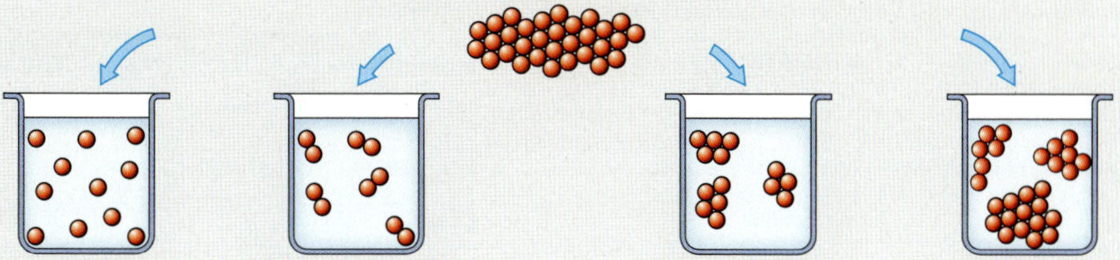

echte Lösung	kolloidale Lösung	disperse Mischung	grobes Gemenge
vollständige Verteilung der Moleküle unter 0,01 µm	Verteilung kleiner Molekülhaufen 0,01 µm bis 0,1 µm	Ballungen der Molekülhaufen 0,12 µm bis 5 µm	Bestandteile erkennbar 0,12 µm bis 5 µm

Voraussetzung für den Lösevorgang ist ein geeignetes Lösemittel. Es gibt kein Universallösemittel.

Jedes Lösemittel eignet sich mehr oder weniger zum Lösen einer bestimmten Stoffgruppe.

	Ladungsverteilung (Polarität) polar	**Ladungsverteilung (Polarität) unpolar**
Lösemittelmolekül	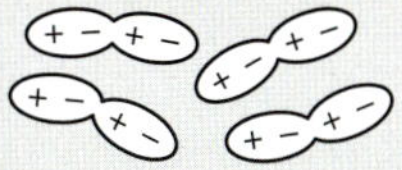	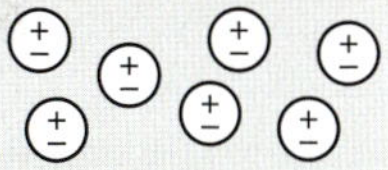
Bindemittelmolekül	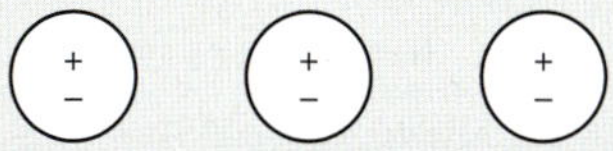	
Ergebnis	Das Bindemittel wird nicht gelöst	Das Bindemittel wird gelöst

Dieser Grundsatz bezieht sich auf die elektrische Ladungsverteilung im Molekül. Im Wassermolekül ist aufgrund seines Aufbaus die elektrische Ladung nicht überall gleich, man spricht von Polen, von einem **polaren** Lösemittel.

In organischen Lösemitteln ist die elektrische Ladung meist gleichmäßig verteilt. Der Stoff ist **unpolar**. Da fast alle harzartigen Bindemittel ebenfalls unpolar sind, können sie in unpolaren Lösemitteln gelöst werden, nicht aber in polarem Wasser oder anderen polaren Lösemitteln. Die Übereinstimmung in der Polarität entscheidet, wie gut der Stoff im Lösemittel löslich ist.

8.1.6 Physikalische Eigenschaften von Stoffen

Mineral	Mohshärte	Bis 6: ritzbar mit
Talk	1	
Gips	2	Fingernagel
Kalkspat	3	Kupfermünze
Flussspat	4	Messer
Apatit	5	Messer
Feldspat	6	Stahlfeile
Quarz	7	ritzt Fensterglas
Topas	8	ritzt Glas
Korund	9	ritzt Topas
Diamant	10	ritzt alle Materialien

Härte

Unter Härte versteht man den Widerstand eines Stoffes gegen das Eindrücken oder Einritzen in seiner Oberfläche.

Die Mohs'sche Härteskala unterscheidet die Härtegrade 1 (weich) bis 10 (hart). Den Stufen sind Mineralien zugeordnet, die jeweils mit dem nächstfolgenden angeritzt werden können, das vorhergehende aber anritzen kann. Nach diesem Prinzip entstand die Tabelle 1.

Schleifmittel müssen immer eine höhere Härte als der zu schleifende Untergrund besitzen, um wirksam zu sein.

Eine besondere Form der Beanspruchung der Beschichtungen kann diese geforderte Eigenschaft besonders betonen, z. B.

Maschinengehäuse: Stoß- und Schlagfestigkeit

Fußböden, Sitzflächen, Handläufe: Abriebbeständigkeit

Fahrzeugbeschichtung: Steinschlagbeständigkeit

Zähigkeit

Bei Beanspruchung durch Schlag, Stoß oder Biegen geben zähe Stoffe zwar nach, aber sie reißen oder brechen nicht.

Sprödigkeit

Spröde Stoffe verformen sich bei Schlag, Stoß oder Biegebelastung nicht, sondern brechen. Die meisten Anstrichfilme verspröden im Laufe der Zeit und neigen dann zur Rissbildung.

Dehnbarkeit

Ein Beschichtungsstoff sollte möglichst alle Untergrundbewegungen mitmachen. Sonst reißt er oder verliert seine Haftung auf dem Untergrund und blättert ab.

Ein Stoff, der gedehnt wird, verhält sich

- plastisch, wenn er die neue Form widerstandslos beibehält.
- elastisch, wenn er bestrebt ist, die Ausgangsform wieder einzunehmen.

Übergangsstufen sind möglich. Der Stoff ist dann elastoplastisch oder plastoelastisch.

Die Dehnbarkeit eines Stoffes ist temperaturabhängig. Bei Kälte nimmt die Dehnbarkeit ab.

Haftung und Benetzbarkeit

Die Haftung ist eine der wichtigsten Eigenschaften eines Beschichtungsstoffes. Zwischen Beschichtung und Untergrund müssen dazu möglichst hohe Adhäsionskräfte (Anhangskräfte) aufgebaut werden. Dies ist vom chemischen Aufbau der Moleküle des Beschichtungsstoffes sowie des Untergrundes abhängig. Die baustellenübliche Prüfung der Haftung von Altbeschichtungen erfolgt durch den Gitterschnitt.

Da Fette, Öle oder Schmutz den Kontakt zweier Stoffe stören, müssen diese vor der Beschichtung entfernt werden.

Durch Anschleifen lässt sich die Haftung auf glatten Oberflächen verbessern. Durch das Schleifen erhält man eine Oberflächenvergrößerung des Untergrundes und somit viel mehr Kontaktmöglichkeiten zum Aufbau von Adhäsionskräften.

Ist die Kohäsionskraft im Beschichtungsstoff größer als die Adhäsionskraft zum Untergrund, so ist der Untergrund schlecht benetzbar.

Haftung und Benetzbarkeit sind verwandte Eigenschaften, abhängig von zwei Stoffen. Sie können also nicht als Materialeigenschaft eines einzelnen Beschichtungsstoffes gelten, sondern immer in Zusammenhang mit einem zweiten Stoff, auf den der Werkstoff haften oder den er benetzen soll.

Diffusionsfähigkeit

Diffusion ist die selbstständige Durchmischung von Teilchen verschiedener Stoffe. Das sind in der Regel Gase oder Flüssigkeiten. Es kommt dadurch zum Ausgleich von Konzentrationsunterschieden.

Diffusionsoffene Beschichtungen auf mineralischen Untergründen am Bau regulieren das Raumklima, denn sie lassen Wasserdampfteilchen durch. Beschichtungen, die Metall schützen sollen, dürfen auf keinen Fall Feuchte diffundieren lassen.

Abblätternde Beschichtung

Rissbildung

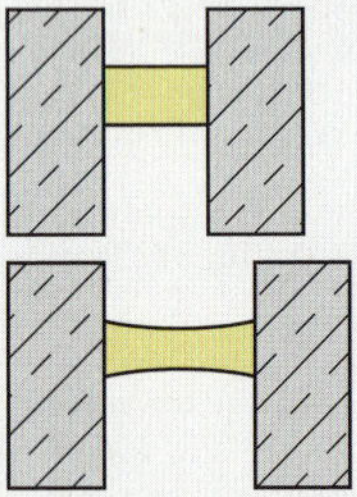

Sind die Rückstellkräfte zu groß, so löst sich das Fugenmaterial.

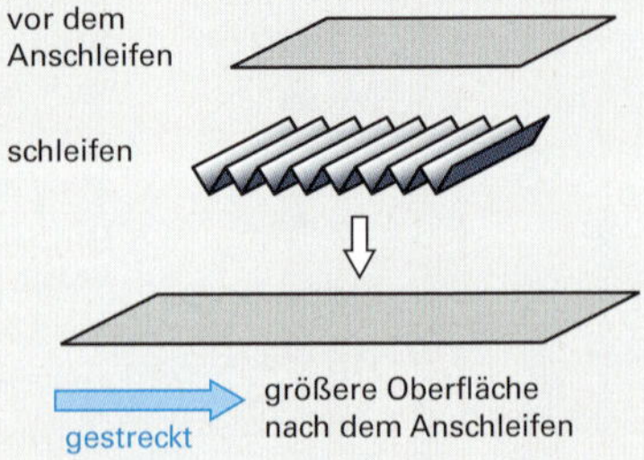

Oberflächenvergrößerung durch Schleifen

8.1.7 Luftfeuchte

Begriffe zur Luftfeuchte

Luft kann Feuchte in Form von Wasserdampf aufnehmen. Die Luftfeuchte wird mit einem Hygrometer gemessen.

Absolute Luftfeuchte

Dies ist die in 1 m^3 enthaltene Wasserdampfmenge in Gramm.

Maximale Luftfeuchte

Die Feuchteaufnahmefähigkeit der Luft hängt von ihrer Temperatur ab. Je niederer die Temperatur, umso weniger Feuchte kann die Luft speichern, je höher die Temperatur, umso mehr. So kann Luft bei einer Temperatur von 10 °C maximal 9,4 g Wasserdampf je m^3 speichern, bei einer Temperatur von 24 °C maximal 21,8 g/m^3.

Relative Luftfeuchte

Enthält die Luft nicht die maximal mögliche Feuchte, also 100 %, sondern weniger, so gibt das Verhältnis der absoluten Luftfeuchte zur maximalen Luftfeuchte in % die relative Luftfeuchte an. Sind bei einer Lufttemperatur von 24 °C in der Luft je m^3 10,9 g Wasserdampf enthalten, so beträgt die relative Luftfeuchte 50%.

Zusammenhänge

$$\text{relative Luftfeuchte} = \frac{\text{Absolute Luftfeuchte} \times 100}{\text{Maximale Luftfeuchte}}$$

Relative und absolute Luftfeuchte

Temperatur °C	Relative Feuchte in %								
	20	30	40	50	60	70	80	90	100
	Absolute Feuchte in g/m^3								
0	1,0	1,5	1,9	2,4	2,9	3,4	3,9	4,3	4,8
2	1,1	1,7	2,2	2,8	3,3	3,9	4,4	5,0	5,6
4	1,3	1,9	2,5	3,2	3,8	4,5	5,1	5,7	6,4
6	1,5	2,2	2,9	3,6	4,4	5,1	5,8	6,5	7,3
8	1,7	2,5	3,3	4,1	5,0	5,8	6,6	7,4	8,3
10	1,9	2,9	3,8	4,7	5,6	6,5	7,5	8,5	9,4
12	2,1	3,2	4,3	5,3	6,4	7,4	8,5	9,6	10,7
14	2,4	3,6	4,8	6,0	7,3	8,5	9,7	10,9	12,1
16	2,7	4,1	5,5	6,8	8,2	9,5	10,9	12,3	13,6
18	3,1	4,6	6,2	7,7	9,2	10,7	12,3	13,8	15,4
20	3,5	5,2	6,9	8,6	10,4	12,1	13,8	15,6	17,3
22	3,9	5,9	7,8	9,7	11,7	13,6	15,5	17,5	19,4
24	4,4	6,5	8,7	10,9	13,1	15,3	17,4	19,6	21,8
26	4,9	7,4	9,8	12,2	14,6	17,1	19,6	22,0	24,4
28	5,5	8,2	10,9	13,6	16,3	19,1	21,8	24,5	27,3
30	6,1	9,2	12,1	15,2	18,2	21,3	24,3	27,4	30,4
32	6,7	10,1	13,5	16,9	20,3	23,7	27,1	30,5	33,8
34	7,5	11,3	15,0	18,8	22,6	26,3	30,1	33,9	37,7
36	8,3	12,5	16,7	20,9	25,0	29,2	33,4	37,6	41,7
38	9,2	13,9	18,6	23,2	27,8	32,4	37,0	41,6	46,2
40	10,2	15,3	20,4	25,6	30,7	35,8	40,9	46,0	51,1

Die Feuchte wird meistens mit einem Hygrometer gemessen, das die relative Feuchte in % der Sättigung (= 100 %) für die jeweilige Raumtemperatur anzeigt. Aus der Tabelle kann die absolute Feuchte in g/cm^3 bei gegebener Temperatur und gegebener relativer Feuchte entnommen werden.

Taupunkt

Der Taupunkt ist diejenige Temperatur, auf die Luft abkühlen kann, bevor sie Wasserdampf in Tropfenform abgibt (kondensiert). Der Taupunkt beschreibt die maximale Luftfeuchte bei einer bestimmten Temperatur.

8.1.8 Feuchteverhalten von Untergründen

Kapillarität

Viele Stoffe sind durchzogen von feinsten Haarröhrchen, den Kapillaren. Je feiner die Kapillaren sind, umso größer sind an der Grenzfläche zwischen Flüssigkeit und festem Haarröhrchen die Adhäsionskräfte. In der Flüssigkeit wirken dagegen Kohäsions- und Schwerkräfte. In den besonders feinen Kapillaren z. B. mineralischer Untergründe und Holz überwiegen die Adhäsionskräfte und die Flüssigkeit wird vom Stoff aufgesaugt, gegen die Schwerkraft. Je feiner die Kapillaren, umso größer das Saugvermögen.

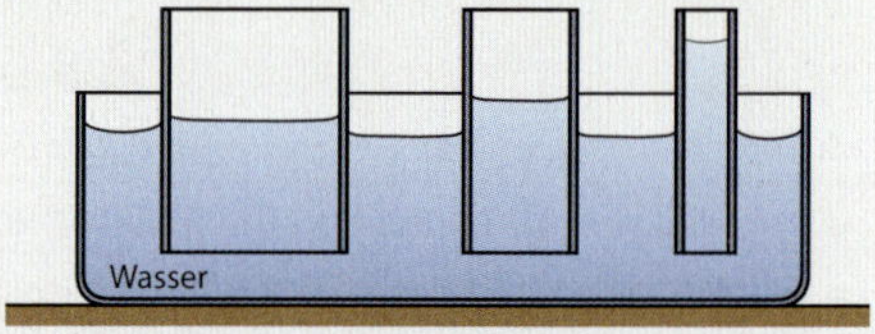

Kapilarwirkung

Porosität

Entstehen beim Herstellungsprozess Gase oder Flüssigkeiten, so bilden sich Hohlräume, z. B. in Putzen. Nach dem Verbauen können sich die Hohlräume wieder mit Feuchte füllen, wenn sie miteinander verbunden sind oder ihre Wände Feuchte über die Kapillarität leiten.

Wasserdampf-Diffusion

Wasserdampf kann feste Stoffe durchdringen = diffundieren, wenn dies der innere Aufbau eines Stoffes zulässt. Wichtig ist dabei, dass nur der Wasserdampf diffundieren kann, nicht aber Wasser in flüssiger Form. Ein Wassertropfen besitzt mindestens den Durchmesser von 1 mm, das Wasserdampfmolekül dagegen von etwa 1/25 000 mm. Es kann durch mikroporöse Baustoffe und Beschichtungen diffundieren.

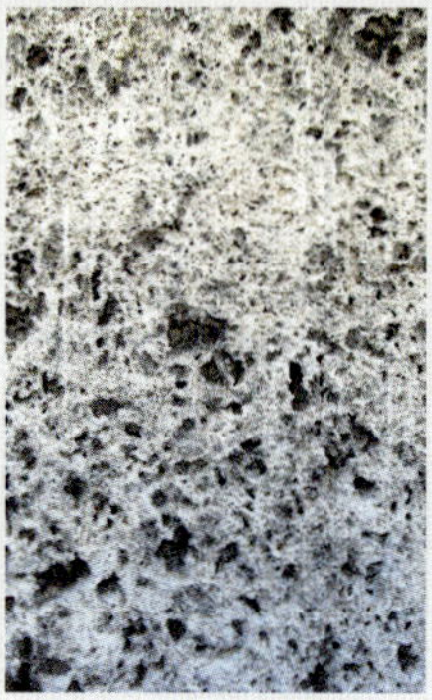

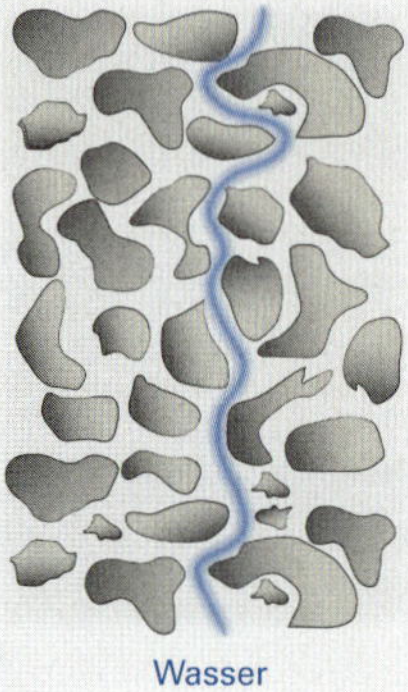

Hohlräume in Untergründen

8.1.9 Viskosität und Thixotropie

Viskosität

Das Fließverhalten von Flüssigkeiten nennt man Viskosität. Beim Fließen gleiten die Moleküle aneinander vorbei. Widerstand beim Fließen ergibt sich aus Kohäsionskräften und der inneren Reibung.

Je nach Fließverhalten unterscheidet man

hochviskose Stoffe = langsam fließen (Kleber, Kleister)
mittelviskose Stoffe = normal fließend (Lack, Öl)
niedrigviskose Stoffe = schnell fließend (Wasser, Lösemittel)

Ab Werk werden Lacke immer in gleicher Viskosität geliefert. Je nach Verarbeitungsverfahren (streichen, rollen, fluten....) muss der Lack auf Verarbeitungsviskosität gebracht werden. Immer das Lösemittel/die Verdünnung verwenden, die vom Hersteller empfohlen wird.

Lack kann nur „dünner" eingestellt werden, nie „dicker".

Die Viskosität ist temperaturabhängig. Je wärmer, umso niedrigviskoser ist die Flüssigkeit. Gemessen wird die Viskosität mit dem DIN-Auslaufbecher. Da diese Messung aufwändig ist, bevorzugt der Maler die Messung der Viskosität mit dem Tauchauslaufbecher. In beiden Fällen wird die Zeit gemessen, die die Flüssigkeit braucht, um das Volumen von 100 ml durch eine 4 mm-Düse zu verlassen, beim DIN-Becher bis zum Fadenabriss, beim Tauchauslaufbecher bis zum Aufreißen der Auslauföffnung.

Thixotropie

Durch geringe Kräfte zwischen den Molekülen sind thixotrope Anstrichstoffe im Ruhezustand gelartig eingedickt. Beim Verarbeiten brechen diese Kräfte zusammen und der Anstrichstoff lässt sich leicht verarbeiten. In Ruhe, nach dem Aufbringen, bauen sich diese Kräfte wieder auf. Thixotrope Beschichtungsstoffe bilden in der Dose kaum Bodensatz, sind weitgehend tropffrei und in hoher Schicht auftragbar.

8.1.10 Optik

Licht und Sehen

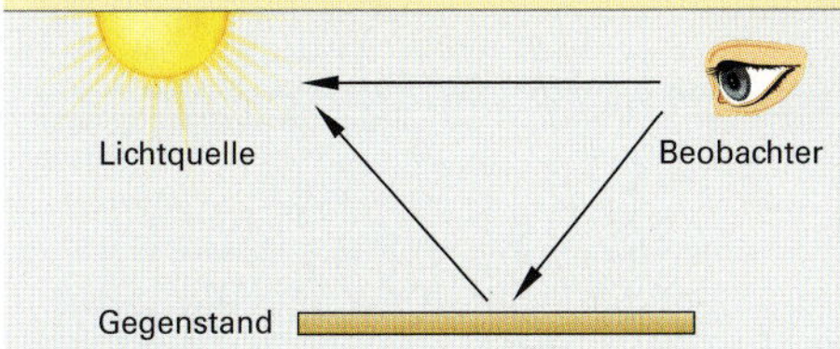

Zum Sehen ist Licht notwendig.

Natürliche Lichtquellen sind Körper, die Licht aussenden (Sonne, Feuer oder Kerzenlicht).

Künstliche Lichtquellen sind Neonröhre, Glühlampe, Halogenlampe und andere.

Die Geschwindigkeit des Lichts beträgt 300 000 km pro Sekunde.

Sichtbares Licht besteht aus elektromagnetischen Wellen. Diese Wellen sind reine Energie ohne Masse.

Nur zwei „Empfänger", die Augen, können einen geringen Wellenbereich (380 – 740 nm) als „Sehen" an das Gehirn weiterleiten.

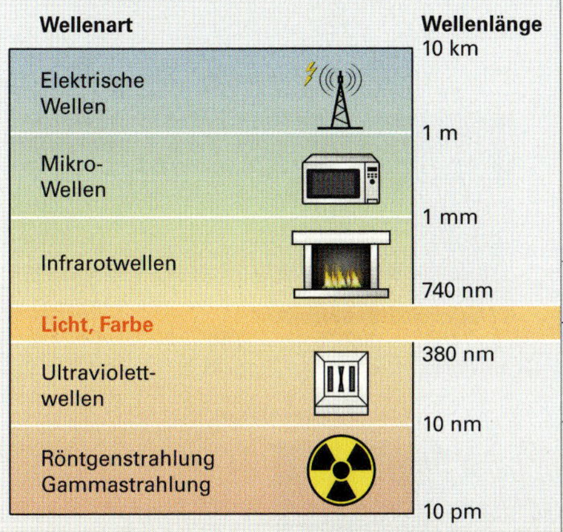

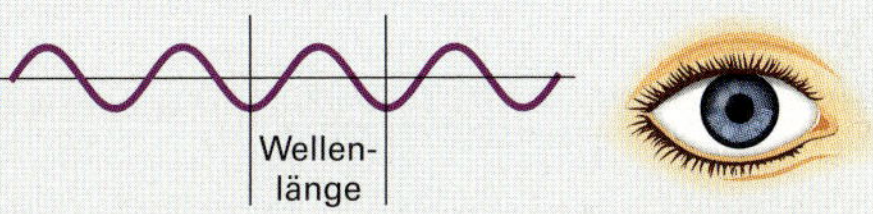

Die Wellenlänge wird in Nanometern gemessen. Ein Nanometer (nm) ist ein Millionstel mm. So viel wächst ein Haar in 1/10 sec.

Optische Gesetze und ihre Bedeutung für das Berufsfeld

Reflexion und Glanz

Alle Lichtstrahlen werden von Flächen im gleichen Winkel zurückgeworfen, wie sie einfallen.

Einfallswinkel α (alpha) = Ausfallswinkel β (beta)

Dringen sie in Flüssigkeiten, so werden sie in Abhängigkeit von der Dichte abgelenkt.

Gerichtete Reflexion: Alle Lichtwellen werden von einer Fläche im gleichen Winkel reflektiert.

Dafür muss die Oberfläche völlig glatt sein.

Diffuse Reflexion: Von rauen Oberflächen werden die Lichtwellen durcheinander zurückgeworfen

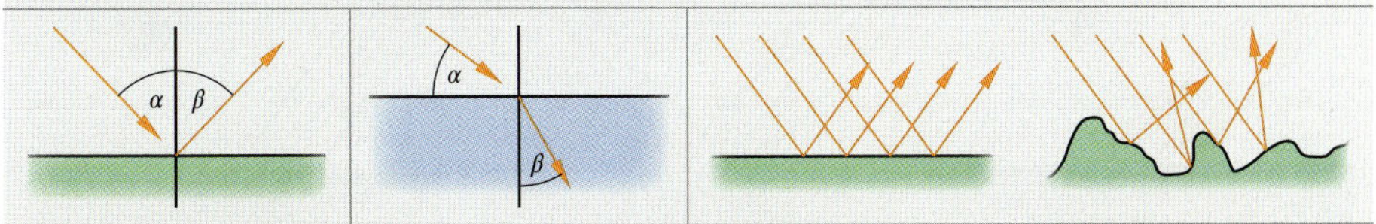

Reflexionsgesetze | glänzend | matt

Matte, also raue Oberflächen, bekommen durch Polieren oder durch eine Beschichtung mit Klarlack wieder eine glatte Oberfläche und glänzen.

Lichtbrechung

- Fällt ein Lichtstrahl auf einen durchsichtigen Stoff, so dringt er durch diesen hindurch. Ist er dichter als die umgebende Luft, so wird er an der Grenzfläche zur Mittelachse hin gebrochen.
- Ein Lichtstrahl wird nicht als Ganzes gebrochen. Lenkt man ihn durch ein Glasprisma, so wird der Lichtstrahl in alle Farben zerlegt, die in ihm enthalten sind. Im Tageslicht sind dies die Spektralfarben.

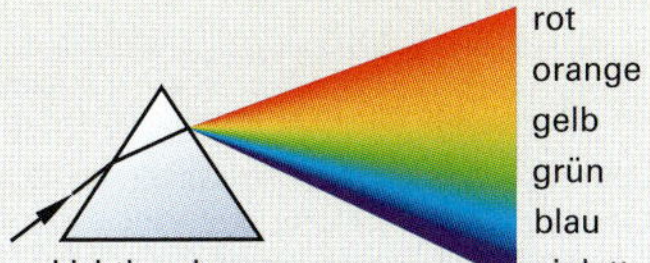

Lichtbrechung

Farbiges Sehen

Jeder Lichtstrahl ist ein ungeordnetes Bündel verschiedener elektromagnetischer Wellen. Jede elektromagnetische Welle besitzt einen eigenen Farbton, der von der jeweiligen Wellenlänge abhängt. Dies bedeutet, dass im Sonnenlicht alle Farben enthalten sind.

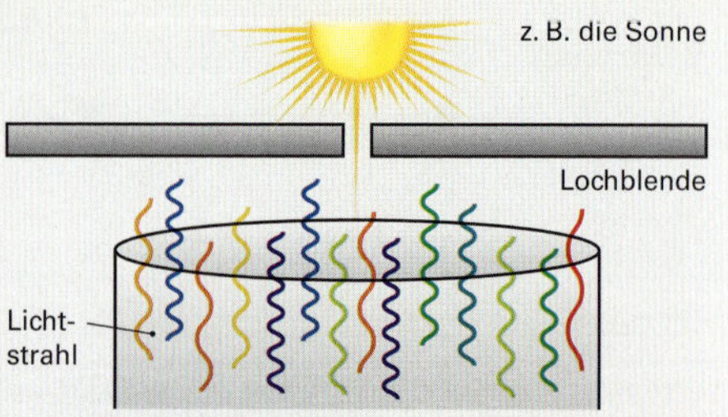

Farbige Wellen im Lichtstrahl

Lichtquelle – Lichtstrahl

Der Mensch sieht immer die Summe der Wellen, die im Idealfall das Weiß ist. Elektromagnetische Wellen unter 380 Nanometer oder über 740 Nanometer werden vom Menschen nicht als Farbton wahrgenommen.

Farbspektrum

Werden die Farben nach ihrer Wellenlänge geordnet, so erhält man ein Farbband, das als Farbspektrum bezeichnet wird. Es entsteht durch Lichtbrechung. Die enthaltenen Farben nennt man Spektralfarben.

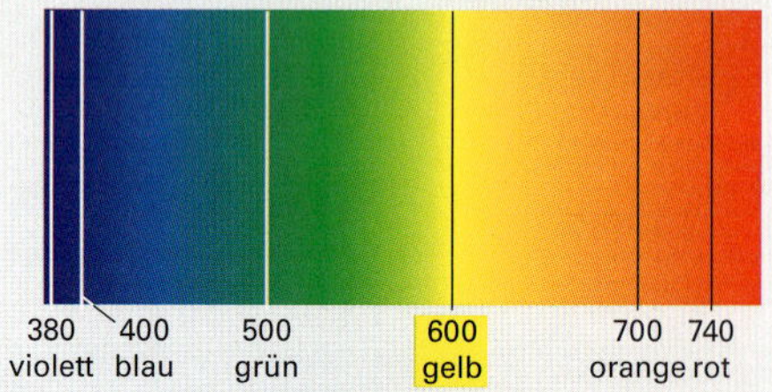

Farbspektrum

Farbiges Sehen von Objekten

Es sind entweder natürliche Stoffe im Untergrund oder Pigmente und Farbstoffe, welche die Gegenstände farbig erscheinen lassen.

Pigmente bewirken im Beschichtungsstoff den Farbton. So kann damit die Eigenfarbe der Untergründe abgedeckt werden.

Absorption

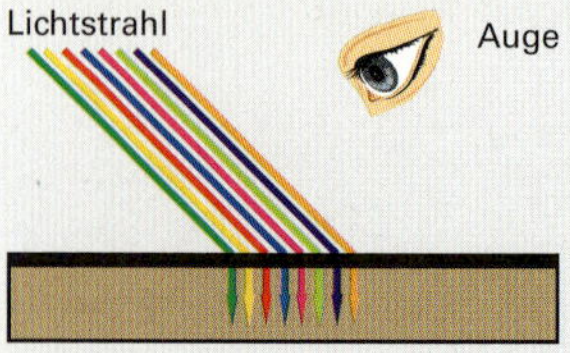

Der Untergrund erscheint schwarz.

Alle Lichtwellen werden absorbiert (verschluckt). Es gelangen keine Lichtwellen ins Auge, somit kann auch nichts gesehen werden.

Reflexion

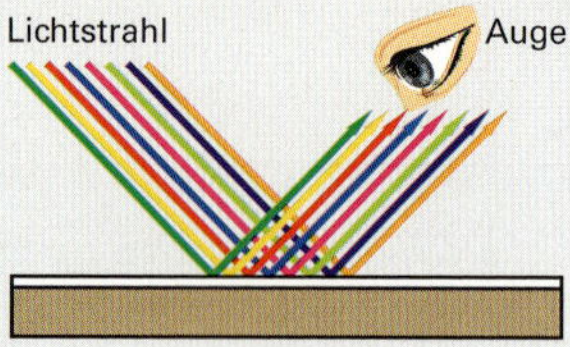

Der Untergrund erscheint weiß.

Alle Lichtwellen werden reflektiert (zurückgeworfen). Alle Wellen gelangen ins Auge und ergeben Weiß.

beides gleichzeitig

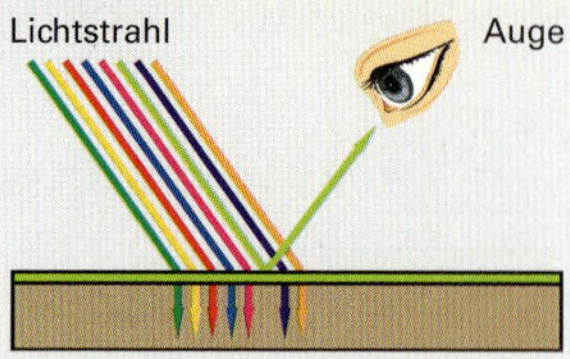

Der Untergrund erscheint rot, grün ...

Farbton je nach absorbierten und reflektierten Lichtwellen. Nur die reflektierten Wellen werden gesehen.

Farbtonänderung unter farbigem Licht

Der Farbton ist keine Materialeigenschaft. Unter farbigem Licht ist der farbige Eindruck anders als unter weißem Licht. Eine grüne Beschichtung erscheint unter dem orangefarbigen Licht der Natriumdampflampe (589 nm) im Idealfall schwarz, da das grüne Pigment die roten Lichtwellen absorbiert und grüne Wellen nicht vorhanden sind.

Additive und subtraktive Farbmischung

Additive Farbmischung

Das Licht verschiedenfarbiger Lampen kann miteinander vermischt werden, indem man die Lichtkegel übereinanderstrahlt. Jede Lichtquelle strahlt einen Teil des Farbspektrums ab. Das Auge empfängt die Summe der Farbwellen. Die Überstrahlung zweier Lichtkegel ergibt eine neue Farbe, die Summe der Überstrahlungen ergibt Weiß.

Grün + Violett = Cyanblau

Grün + Orangerot = Gelb

Orangerot + Violett = Magentarot

Die Mischung von Lichtfarben ist für den Maler und Lackierer kaum von Bedeutung.

Subtraktive Farbmischung

Die Farbwirkung pigmentierter Beschichtungsstoffe entsteht durch Absorption. Vom weißen Licht werden Lichtwellen abgezogen, subtrahiert. Die Mischung von Rot, Gelb, Cyanblau und Magentarot absorbiert alle Lichtwellen, sodass keine Lichtwellen ins Auge reflektiert werden. Das Ergebnis ist Schwarz. Ist in der Praxis das Ergebnis ein dreckiges Braun, so liegt dies an der Qualität der Pigmente.

Gelb + Cyanblau = Grün

Gelb und Magentarot = Orangerot

Magentarot + Cyanblau = Violett

Gelb, Cyanblau und Magentarot sind aus anderen Farben nicht mischbar.

Spektralkurven und Metamerie

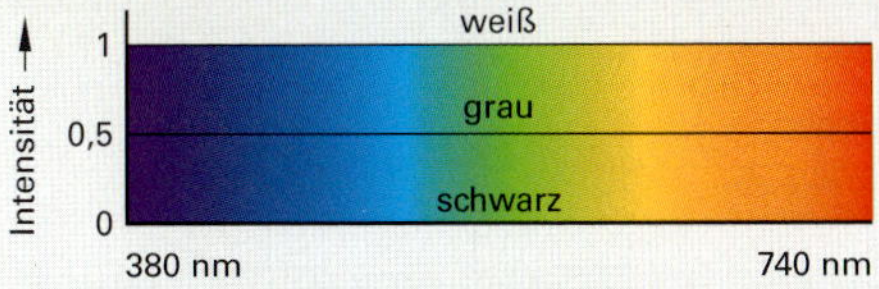

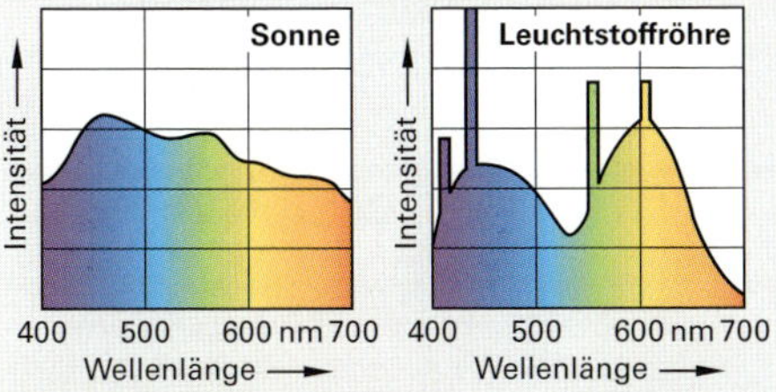

Wellenspektrum verschiedener Lichtquellen

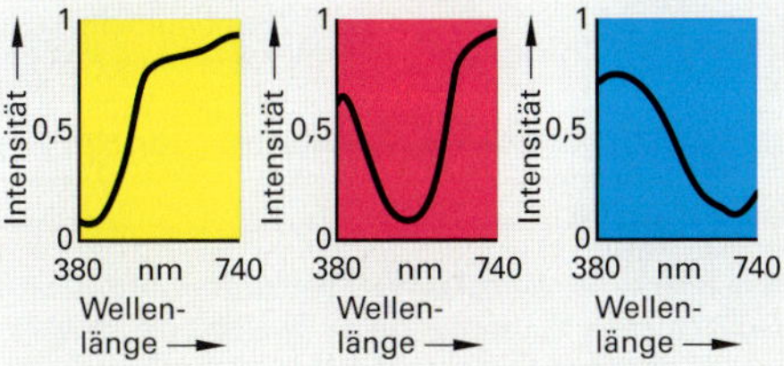

Wellenspektrum verschiedener Farben

Spektralkurven

Die ideale Lichtquelle sendet alle Farben des Spektrums mit der Intensität 1 aus. Dies ergibt in der Darstellung eine gerade Linie bei 1 mit dem Farbton weiß. Ein mittleres Grau liegt als gerade Linie bei 0,5.

Lichtquellen geben nicht alle Wellen gleich intensiv ab. So ergeben sich charakteristische Kurven der Lichtquellen.

Der typische Farbton eines Pigmentes bezieht sich auf Tageslicht. Die dargestellten Reflexionskurven zeigen die Wellen, die den Farbton des Pigments beschreiben.

Strahlt eine andere Lichtquelle einen Teil dieser Wellen nicht ab, so fehlen sie im Farbton des Pigments. Der Farbton ist ein anderer geworden.

Metamerie

Muss für eine Farbtonausbesserung nachgemischt werden, so darf das Nachmischen nur mit Pigmenten des Originallackes erfolgen. Ansonsten kann die ausgebesserte Stelle unter einer anderen Lichtquelle sichtbar werden. Dies versteht man unter Metamerie.

8.1.11 Wärmelehre (Kalorik)

Grundlagen

Wesen der Wärme

Atome und Moleküle sind immer in Bewegung.
Die Bewegungsenergie der Moleküle eines Stoffes bezeichnet man als Wärme.

In Gasen bewegen sich die Moleküle ungeordnet durcheinander, in festen Stoffen schwingen sie in ihrer Ruhelage hin und her. Wird Energie zugeführt, so nimmt die Molekülbewegung zu, der Stoff wird erwärmt.

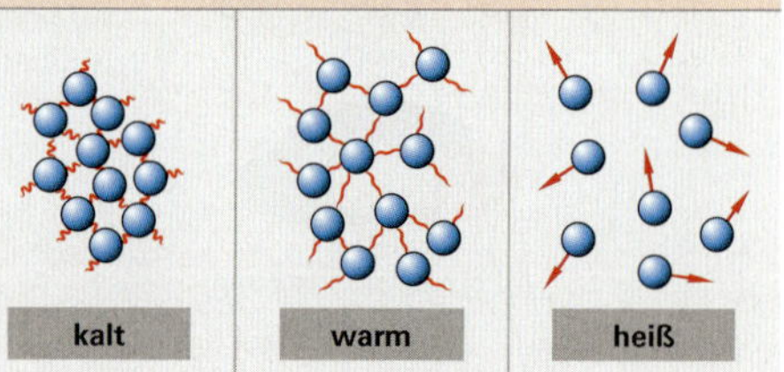

Wärmewirkung in Stoffen

Erwärmung lässt die Moleküle eines Stoffes heftiger schwingen. Sie benötigen dafür mehr Platz. Der Stoff dehnt sich aus. Er vergrößert sein Volumen und verkleinert dadurch seine Dichte. Bei Energieentzug zieht er sich zusammen, verkleinert sein Volumen und vergrößert seine Dichte.

Eine Ausnahme bildet Wasser. Bei Abkühlung verkleinert sich sein Volumen bis +4 °C, vergrößert dann aber sein Volumen durch die Bildung von Eiskristallen bis 0 °C. Darum hat gefrierendes Wasser in Rissen Sprengwirkung.

Wärmemessung

Die Temperatur wird mit dem Thermometer gemessen in Kelvin (K) oder Grad Celsius (°C).

Bei 0 °C gefriert Wasser, bei 100 °C siedet es bei normalem Luftdruck.

Die tiefste Temperatur liegt bei –273 °C. Diese Temperatur bezeichnet man als den absoluten Nullpunkt. Bei dieser Temperatur gibt es keine Molekülbewegung mehr. Alle Stoffe sind in festem Zustand erstarrt.

Die Einheit Kelvin beginnt am absoluten Nullpunkt. 0 K entsprechen –273 °C. 373 K entsprechen dem Siedepunkt von Wasser (373 K – 273 K ergeben 100 °C).

Wärmetransport

Wärmeleitung

In festen Stoffen wird die Molekülbewegung durch Anstoßen danebenliegender Moleküle weitergegeben.

Wärmeleitung

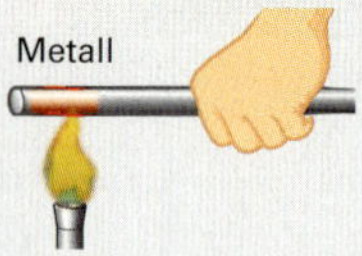

Dichte Stoffe leiten sehr gut, da in ihnen die Moleküle eng beieinanderliegen.

Wärmeströmung

In Flüssigkeiten und Gasen verringert sich in den erwärmten Bereichen die Dichte. Die Flüssigkeit oder das Gas (die Luft) wird teilweise leichter und steigt nach oben. Kalte Flüssigkeit bzw. Gas strömt nach.

Wärmeströmung

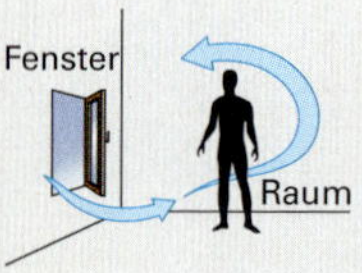

Kalte Luft fällt, warme Luft steigt aufgrund veränderter Dichte. Es kommt zur Luftzirkulation im Raum.

Wärmestrahlung

Einige Energiequellen geben elektromagnetische Strahlung ab, die erst nach dem Auftreffen auf einen Untergrund in Wärme umgewandelt wird.

Wärmestrahlung

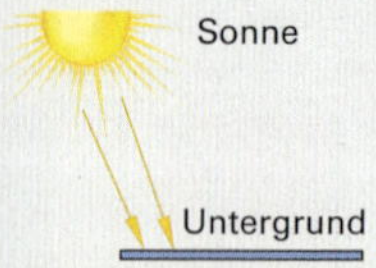

Umwandlung von Strahlung in Wärme beim Auftreffen auf einen Untergrund. Beispiel: Sonne, Infrarotstrahler.

Wärmedämmung (siehe Kap. 5.4)

Wärmedämmung soll Wärmetransport in Baustoffen verhindern oder vermindern. Der Wärmetransport erfolgt nach dem Prinzip der Wärmeleitung. Je dichter der Baustoff, umso schlechter die Wärmedämmung. Je weiter die Moleküle auseinanderliegen, umso besser ist die Wärmedämmung, da die Molekülbewegung verzögert und unter Energieverlust weitergegeben wird.

8.1.12 Akustik

Grundlagen

Schall

Schall entsteht durch Schwingungen und Vibrationen. Moleküle der Umgebung werden angestoßen und leiten die erzeugten Schallwellen weiter. Gelangt der Schall in das Ohr, so wird er vom Menschen über das Trommelfell im Ohr wahrgenommen.

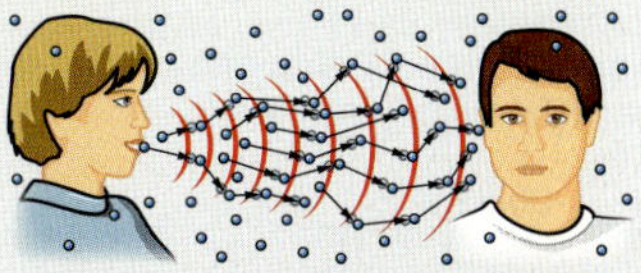

Schallübertragung

Frequenz

Als Frequenz bezeichnet man die Schallschwingungen pro Sekunde. Die Einheit der Frequenz ist das Hertz (Hz). Mit zunehmender Frequenz steigt die Tonhöhe an. Der Hörbereich des Menschen liegt im Bereich von 16 Hz, einem sehr tiefen Ton, bis etwa 16000 Hz, einem sehr hohen Ton.

Leitender Stoff	Geschwindigkeit der Schallausbreitung
Luft	340 m/sec
Wasser	1480 m/sec
Mauerwerk	3000 – 4000 m/sec
Kork	540 m/sec

Lautstärke

Sie wird in Dezibel A angegeben als db(A) und bezeichnet die Lautstärke, die im Ohr ankommt und empfunden wird. Geräusche über 90 db(A) gelten als gesundheitsschädlich, auch wenn dies nicht immer so empfunden wird. Gehörschäden können schon bei kurzer Einwirkung entstehen und sind nicht heilbar.

Schallgeschwindigkeit

Je dichter der Stoff, umso enger sind die Moleküle beieinander. Der Stoßimpuls wird schneller weitergegeben. Dies erklärt, warum Stoffe mit höherer Dichte den Schall besser leiten. Durch die direkte Weiterleitung des Impulses in diesen Stoffen geht unterwegs weniger Schall verloren, d.h. der Schall wird weniger abgeschwächt als an der Luft.

Schallintensität dB (A)		
schädigender Bereich	140	Düsentriebwerk
	130	Niethammer
	120	Propellermaschine
	110	Bohrmaschine
	100	Autohupe, Diskothek
	90	Schweres Fahrzeug
belästigender Bereich	80	Starker Straßenverkehr
	70	Personenwagen
angenehmer Bereich	60	Normales Gespräch
	50	Wohnstraße
	40	Leise Radiomusik
	30	Flüstern
	20	Ticken einer Uhr
	10	Blätterrauschen

Die Steigerung um 10 dB (A) bedeutet eine Verdoppelung der Lautstärke.

Schall und Schallschutz im Raum

Lärm

Lärm (unharmonisches Geräusch) stört besonders, wenn man ihm nicht entkommen kann, in der Wohnung.
- Luftschall: Schallausbreitung über die Luft
- Körperschall: Schallausbreitung über die Bausubstanz
- Trittschall: Körperschall entsteht beim Gehen und wird weitergeleitet.

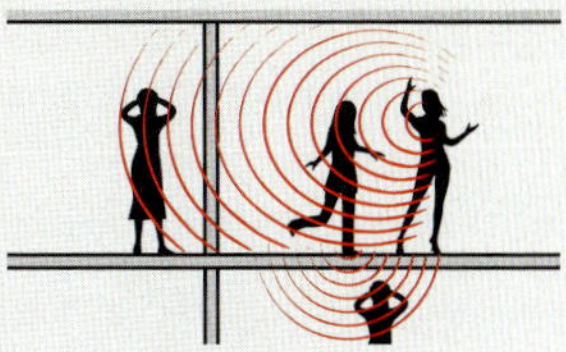

Schallausbreitung

Schalldämmung

Die Weiterleitung des Schalls wird abgeschwächt, z.B. durch Verwendung von Dämmstoffen.

Schallbrücke

Ein raumverbindendes, dichtes Raumteil (z.B. Eisenträger) überbrückt die Wanddämmung.

Schallschluckung

Gegen Hall und Echo helfen schallabsorbierende Oberflächen, z.B. Teppiche, Vorhänge etc. So kommt nur der direkt gerichtete Schall beim Hörer an.

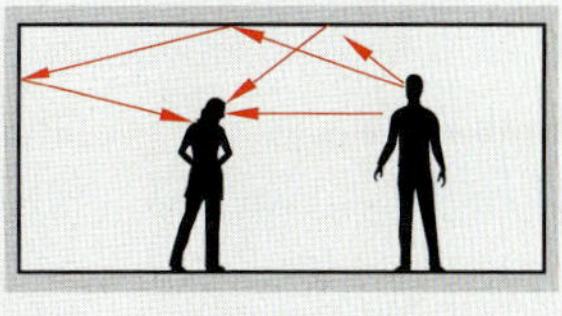

Hall im Raum

8.1.13 Elektrizitätslehre

Wesen des elektrischen Stroms

Manche Atome besitzen auf ihrer äußersten Schale freie Elektronen, die sich frei im Stoff bewegen können, elektrischer Strom ist Elektronenfluss. Schlechte Leiter oder Nichtleiter, z. B. Kunststoffe, haben wenige oder keine freien Elektronen auf ihrer äußersten Schale.

Spannung *U* gemessen in Volt (V)	**Stromstärke *I*** gemessen in Ampere (A)	**Widerstand *R*** gemessen in Ohm (O)
Durch einen Generator wird an einem Anschluss (Minuspol) ein Elektronenüberschuss, am anderen Anschluss (Pluspol) ein Elektronenmangel erzeugt. Dadurch entsteht ein Elektronendruckunterschied, den man elektrische Spannung nennt. Wird ein elektrisches Gerät eingeschaltet, so fließt durch diese Spannung elektrischer Strom. Die vom Elektrizitätswerk über die Steckdose bereitgestellte Spannung ist meist 220 Volt.	Sie besagt, wie viele Elektronen je Zeiteinheit durch den Leiter fließen. Erhöhter Energiebedarf beim Gebrauch eines leistungsstarken Gerätes oder mehrerer angeschlossener Geräte kann die Leitung überlasten. Darum ist in den Stromkreis eine Sicherung eingebaut. Bevor die Leitung durch Überlastung beschädigt wird, unterbricht die Sicherung den Stromfluss. Übliche Haushalte sind mit 16 A abgesichert.	Elektrische Leitungen und Geräte setzen dem elektrischen Strom durch Reibung beim Elektronenfluss mehr oder weniger Widerstand entgegen.

Zusammenhang: $U = R \cdot I$ $\quad I = U : R$ $\quad R = U : I$

Stromkreis

Nur im geschlossenen Stromkreis fließt Strom.

Der bereitgestellte Strom fließt vom Elektrizitätswerk ins Gerät (Hinleitung, schwarz), verrichtet dort Arbeit (Licht, Hitze, Kraft ...) und fließt wieder zurück (Rückleitung, blau). Der grün-gelbe Schutzleiter ist leitend mit der Erde verbunden.

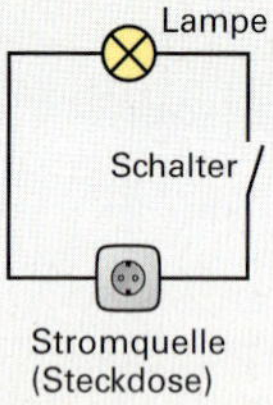

Schutzleiter

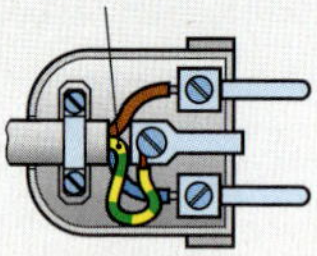

Stecker

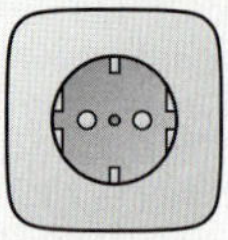

Stedose

Elektrische Nennleistung

Die elektrische Nennleistung eines Gerätes wird in **Watt** angegeben. Die Wattzahl gibt Auskunft über die Leistungsfähigkeit des Gerätes, z. B. eines Hochdruckreinigers. Je höher die Wattzahl, umso höher der Energiebedarf. Sie ist meist auf dem Gerät angegeben. Sie kann auch berechnet werden:

Berechnung:
Elektrische Nennleistung = Stromstärke · Spannung
Watt = Ampere · Volt

Die meiste Energie wird durch die Erzeugung von Wärme verbraucht, es folgt der Verbrauch für die Erzeugung von Bewegung. Gering fällt dagegen der Energieverbrauch von Licht und Ton aus.

z. B. Hochdruckreiniger	
max. Druck in Bar	Übliche Wattzahl
110	1600
130	2200
180	2700
215	5000
380	15000

Gefahren

Gefahrenbereich I bis 0,025 Ampere	Kann zur schreckhaften Reaktion führen, z. B. zum Herunterfallen von der Leiter. Ab 0,01 Ampere erlaubt die Muskelverkrampfung kein Loslassen mehr.
Gefahrenbereich II 0,025 bis 0,080 Ampere	Fließt Strom über das Herz, kann es zu Herzstillstand, Atemlähmung und Muskelverkrampfung führen. Sofort Wiederbelebungsmaßnahmen ergreifen!
Gefahrenbereich III 0,080 bis 5 Ampere	Herzkammerflimmern schon nach 0,3 Sekunden. Falls nicht durch Herzmassage und Atemspende ein wirksamer Notkreislauf entsteht, tritt nach kurzer Zeit der Tod ein.

8.2 Chemische Grundlagen

Die Chemie beschäftigt sich mit den Stoffen an sich, woraus sie zusammengesetzt sind und wie es zum Ergebnis bei chemischen Vorgängen kommt. Bei chemischen Vorgängen ändert sich der Stoff, sodass ein neuer Stoff mit neuen Eigenschaften entsteht.

Teilgebiete der Chemie sind

- Anorganische Chemie: Sie beschäftigt sich mit Stoffen aus dem Bereich der Mineralien, d. h. dem Bereich der Erden, Steine, Metalle und Salze.
- Organische Chemie: Alle Stoffe aus dem Tier- und Pflanzenbereich besitzen ein Grundgerüst aus Kohlenstoff. Die organische Chemie beschäftigt sich mit Kohlenstoff und Kohlenstoffverbindungen, z.B. Erdöl, Kohle, Holz und Kunststoff.

8.2.1 Vom Stoff zum kleinsten Baustein

Stoffe	Moleküle	Atome	Elemente
Der Mensch spürt, sieht und riecht eine Vielzahl von Stoffen, letztendlich fast alle Stoffe, die es auf unserer Erde gibt. Einige Stoffe lassen sich durch menschliche Sinne nicht wahrnehmen.	Der kleinste Baustein eines Stoffes ist sein Molekül. Es bestimmt die Eigenschaften des Stoffes. Wird es verändert, entsteht ein neuer Stoff mit neuen Eigenschaften.	Moleküle bestehen aus wenigen bis unzähligen kleiner Bausteine, den Atomen Diese sind mehr oder weniger fest zum Molekül miteinander verbunden. Es gibt etwa z. Z. 118 verschiede Arten von Atomen, einige davon sehr häufig, andere dagegen sehr selten und instabil.	Besteht ein Stoff nur aus einer Sorte von Atomen, so nennt man ihn ein Element. Es kann nur so viele Elemente geben, wie es Atomarten gibt. Die 80 stabilen Elemente kommen alle in der Natur vor.
Salzsäure	HCl	H, Cl	Wasserstoff
Kalkstein	$CaCO_3$	Ca, C, O	Calcium, Kohlenstoff, Sauerstoff
Rost	$Fe(OH)_2$, $Fe(OH)_3$, FeOOH	Fe, O, H	Eisen, Sauerstoff, Wasserstoff
Stoffe bekamen ihren Namen meist lange bevor der innere Aufbau der Stoffe bekannt war.	Chemiker benennen die Stoffe oft nach dem Molekülaufbau: $CaCO_3$ = Calciumcarbonat	In der Chemie steht für jedes Atom ein Buchstabenkürzel: Fe = Ferrum	Häufig vorkommende Elemente besitzen bekannte Namen: Fe = Ferrum = Eisen

8.2.2 Aufbau der Atome

Alle Atome bestehen aus einem Kern und einer Hülle.

Im Kern befinden sich die Protonen, kleinste positiv geladene Teilchen. Vorhandene Teilchen ohne Ladung nennt man Neutronen.

Die Hülle besteht aus Bahnen, auf denen die Elektronen, negativ geladene Teilchen, unvorstellbar schnell kreisen.

Im neutralen Atom ist die Anzahl der Protonen im Kern und Elektronen auf der Hülle gleich.

Alle Atome unterscheiden sich in der Anzahl ihrer Protonen und Elektronen, z. B. Sauerstoff je 8, Eisen je 26, Gold je 79.

Es handelt sich um Modell-Vorstellungen, wie es sein könnte. Das bekannteste ist das Bohr'sche Atommodell des Beispiels.

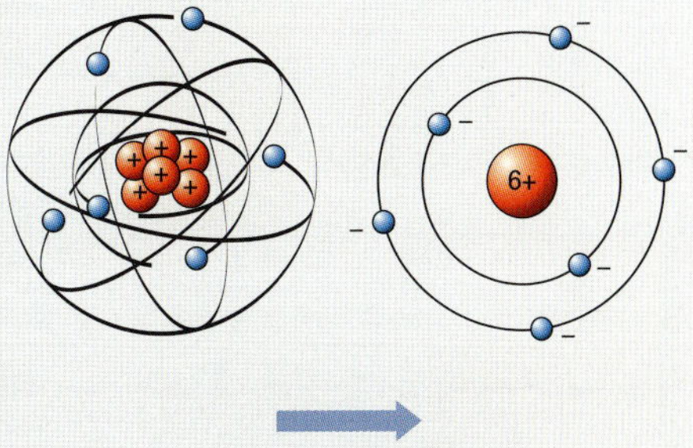

Das Bohr'sche Atommodell

Periodensystem der Elemente

Das Periodensystem der Elemente (PSE)

Ordnungszahl (= Protonenzahl) — Elementname — Relative Atommasse; Beispiel: 94 *Pu* Plutonium (244)

Relative Atommasse: () Klammer: stabilstes Isotop; rote Schrift: alle Nuklide radioaktiv

Kurzzeichen; kursive Schrift: künstliches Element

Zustand bei 273 K (0°C) und 1,013 bar:
- fest: Schwarze Schrift
- flüssig: Braune Schrift
- gasförmig: Blaue Schrift

Periode	1 I A (Hauptgruppen)	2 II A (Hauptgruppen)	3 III B (Nebengruppen)	4 IV B	5 V B	6 VI B	7 VII B	8 VIII B	9 VIII B	10 VIII B	11 I B	12 II B	13 III A (Hauptgruppen)	14 IV A	15 V A	16 VI A	17 VII A	18 VIII A
1	1 H Wasserstoff 1,008																	2 He Helium 4,002
2	3 Li Lithium 6,941	4 Be Beryllium 9,012											5 B Bor 10,81	6 C Kohlenstoff 12,011	7 N Stickstoff 14,007	8 O Sauerstoff 15,999	9 F Fluor 18,998	10 Ne Neon 20,1797
3	11 Na Natrium 22,99	12 Mg Magnesium 24,305											13 Al Aluminium 26,982	14 Si Silicium 28,085	15 P Phosphor 30,974	16 S Schwefel 32,06	17 Cl Chlor 35,45	18 Ar Argon 39,948
4	19 K Kalium 39,098	20 Ca Calcium 40,078	21 Sc Scandium 44,956	22 Ti Titan 47,867	23 V Vanadium 50,942	24 Cr Chrom 51,996	25 Mn Mangan 54,938	26 Fe Eisen 55,845	27 Co Cobalt 58,933	28 Ni Nickel 58,693	29 Cu Kupfer 63,546	30 Zn Zink 65,38	31 Ga Gallium 69,732	32 Ge Germanium 72,630	33 As Arsen 74,922	34 Se Selen 78,971	35 Br Brom 79,904	36 Kr Krypton 83,798
5	37 Rb Rubidium 85,468	38 Sr Strontium 87,62	39 Y Yttrium 88,906	40 Zr Zirconium 91,224	41 Nb Niob 92,906	42 Mo Molybdän 95,95	43 *Tc* Technetium (98)	44 Ru Ruthenium 101,07	45 Rh Rhodium 102,906	46 Pd Palladium 106,42	47 Ag Silber 107,868	48 Cd Cadmium 112,414	49 In Indium 114,818	50 Sn Zinn 118,710	51 Sb Antimon 121,760	52 Te Tellur 127,60	53 I Iod 126,904	54 Xe Xenon 131,293
6	55 Cs Cäsium 132,905	56 Ba Barium 137,33	57 La Lanthan 138,905	72 Hf Hafnium 178,49	73 Ta Tantal 180,948	74 W Wolfram 183,84	75 Re Rhenium 186,207	76 Os Osmium 190,23	77 Ir Iridium 192,217	78 Pt Platin 195,084	79 Au Gold 196,967	80 Hg Quecksilber 200,592	81 Tl Thallium 204,38[1)]	82 Pb Blei 207,2	83 *Bi* Bismut 208,980	84 Po Polonium (209)	85 At Astat (210)	86 Rn Radon (222)
7	87 Fr Francium (223)	88 Ra Radium (226)	89 Ac Actinium 227,028	104 *Rf* Rutherfordium (267)	105 *Db* Dubnium (268)	106 *Sg* Seaborgium (271)	107 *Ns* Bohrium (272)	108 *Hs* Hassium (270)	109 *Mt* Meitnerium (276)	110 *Ds* Darmstadtium (281)	111 *Rg* Roentgenium (280)	112 *Cn* Copernicium (285)	113 *Uut* Ununtrium (284)	114 *Fl* Flerovium (289)	115 *Uup* Ununpentium (288)	116 *Lv* Livermorium (293)	117 *Uus* Ununseptium (288)	118 *Uuo* Ununoctium (288)

Lanthanoide	58 Ce Cer 140,116	59 Pr Praseodym 140,907	60 Nd Neodym 144,242	61 Pm Promethium 145	62 Sm Samarium 150,36	63 Eu Europium 151,964	64 Gd Gadolinium 157,25	65 Tb Terbium 158,925	66 Dy Dysprosium 162,500	67 Ho Holmium 164,930	68 Er Erbium 167,259	69 Tm Thulium 168,934	70 Yb Ytterbium 173,054	71 Lu Lutetium 174,967
Actinoide	90 Th Thorium 232,038	91 Pa Protactinium 231,036	92 U Uran 238,029	93 *Np* Neptunium 237	94 *Pu* Plutonium (244)	95 *Am* Americum (243)	96 *Cm* Curium (247)	97 *Bk* Berkelium 247	98 *Cf* Californium (251)	99 *Es* Einsteinium (252)	100 *Fm* Fermium (257)	101 *Md* Mendelevium (258)	102 *No* Nobelium (259)	103 *Lr* Lawrencium (262)

Legende: Nichtmetalle, Halbmetalle, Leichtmetalle, Schwermetalle, Edelmetalle, Halogene, Edelgase

Ionen

Ein Ion ist ein Atom mit ungleicher Zahl von Protonen und Elektronen.

Bei Elektronenüberschuss ist das Atom ein Anion, ein negativ geladenes Ion. Im elektrischen Feld wird es von der positiv geladenen Anode angezogen.

Bei Elektronenmangel ist das Atom ein Kation, ein positiv geladenes Ion. Im elektrischen Feld wird es von der negativ geladenen Katode angezogen.

Siehe elektrostatisches Spritzen

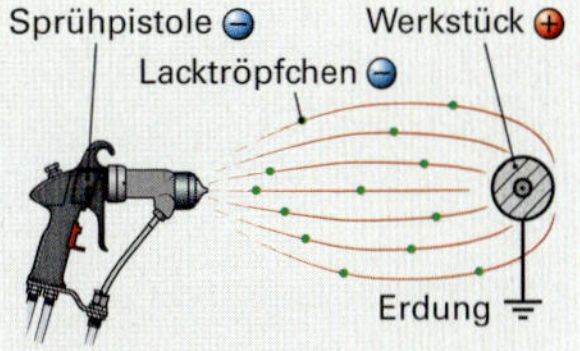

Die negativ geladenen Lacktröpfchen fliegen auf den Feldlinien zum positivgeladenen Werkstück

8.2.3 Moleküle und ihre Zusammensetzung

Bindungsmöglichkeiten

Elektronenpaarbindungen	Ionenbindung	Metallbindung
Nichtmetall + Nichtmetall	Metall + Nichtmetall	Metall + Metall
CH^4 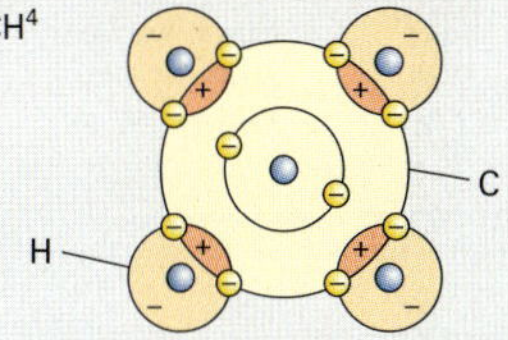	NaCl 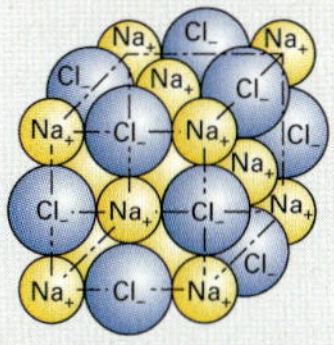	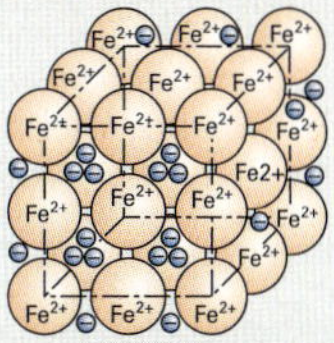
Die Bindungspartner sind auf ihrer Außenschale nicht voll mit Elektronen besetzt. Durch Überlagerung von gemeinsamen Elektronen findet ein Ausgleich und damit eine Bindung statt.	Durch Abgabe bzw. Aufnahme von Elektronen entstehen Ionen. Durch die entgegengesetzten Ladungen zwischen den Ionen bilden sich Anziehungskräfte in allen Richtungen und damit Kristalle.	Metalle haben im festen Zustand frei bewegliche Elektronen (Elektronengas). Die Metallbindung beruht auf der Anziehung zwischen den positiven Atomrümpfen und dem Elektronengas. Es bilden sich Kristalle.

Wertigkeit

Man versteht darunter, wie viele Verbindungen ein Atom mit anderen Atomen eingehen kann.

z.B. Kohlenstoff C = 4-wertig
Wasserstoff H = 1-wertig
Sauerstoff O = 2-wertig

Jede Bindungsmöglichkeit muss abgedeckt sein. Dies kann durch Einfachbindungen, Doppelbindungen oder sogar Dreifachbindungen erfolgen.

Gruppen-Name	Typische Atomanordnung/ Funktionsgruppe		Beispiele
Alkane	C – C	Einfachbindung	Ethan, Methan, Propan, Butan, Pentan; Halogenalkane: Trichlormethan, Tetrachlormethan, Trichlorethan
Alkene	C = C	Doppelbindung	Ethen, Propen, Buten, Butadien
Alkine	C ≡ C	Dreifachbindung	Ethin (Acetylen), Butin, Propin
Aromate	⌬	Benzolring	Benzol, Naphthalin, Toluol, Styrol, Phenol
Alkohole	— OH	Hydroxylgruppe	Methanol, Ethanol, Propanol, Butanol, Pentanol Spiritus (Ethanol und Zusätze)
Aldehyde	–C(=O)OH	Aldehydgruppe	Methanal (Formaldehyd), Ethanal
Ketone	–C(=O)–	Carbonylgruppe	Aceton, Butanon, Cyclohexanon
Ester	–C(=O)O–	Estergruppe	Ethansäuremethylester, Butensäuremethylester, Butansäureethylester
Ether	— O —		Diethylether Methyl- und Butylglykol
Amine	— NH_2	Aminogruppe	Harnstoff, Anilin

8.2.4 Chemische Formeln

Formeln lassen erkennen, aus welchen Atomen die Moleküle aufgebaut sind.

Summenformeln geben aneinandergereiht die enthaltenen Atome an. **Strukturformeln** zeigen darüber hinaus, wie die Atome miteinander verbunden sind.

8.2.5 Chemische Reaktionen

Chemiker können heute durch **Synthese** (Zusammenbau) oder **Analyse** (Zerlegung) viele Moleküle künstlich herstellen. Sie schaffen neue Bedingungen (hoher Druck, extreme Temperatur) und bringen Stoffe zusammen, die in der Natur nicht zusammenfinden würden.

Endotherme Reaktionen

Läuft eine chemische Reaktion erst ab, wenn ihr Wärmeenergie zugeführt wird, so handelt es sich um eine endotherme Reaktion.

Exotherme Reaktionen

Wird bei der chemischen Reaktion Wärmeenergie frei, so spricht man von einer exothermen Reaktion. Dies geschieht z. B. beim Verbrennen und bei der Härtung von 2K-Material.

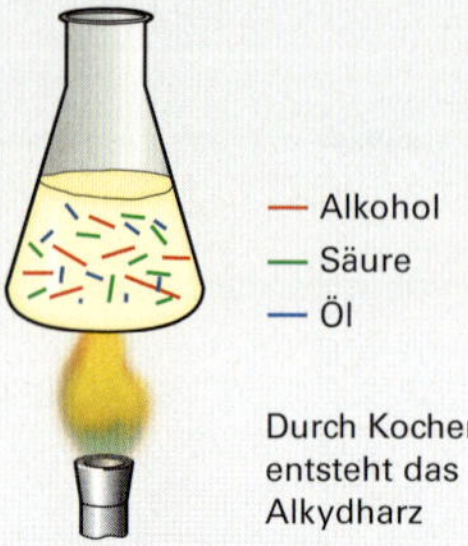

Durch Kochen entsteht das Alkydharz

8.2.6 Elektrolyse

Unter **Elektrolyse** versteht man die chemische Umsetzung in einer elektrisch leitenden Flüssigkeit (Elektrolyt) durch die Wirkung des elektrischen Stromes. Fließt Strom durch einen Elektrolyt, so werden am Pluspol (Anode) negativ geladene und am Minuspol (Kathode) positiv geladene Teilchen (Ionen) angezogen. **Elektrolyte** sind die wässrigen Lösungen der Säuren, Laugen und Salze. Die elektrische Leitfähigkeit von wässrigen Lösungen beruht auf der Bewegung und Entladung ihrer Ionen an den Elektroden. Die Stromleitung erfolgt durch Ionenwanderung.

Technische Anwendung:

Wichtige chemische Grundstoffe, z. B. Wasserstoff, elementare Halogene und unedle Metalle, wie Kalium, Natrium oder Aluminium, werden durch die Elektrolyse gewonnen. Die elektrolytische Abscheidung von Metallen aus ihren wässrigen Lösungen wird in der Technik zum Verkupfern, Vernickeln (Galvanisieren) eingesetzt.

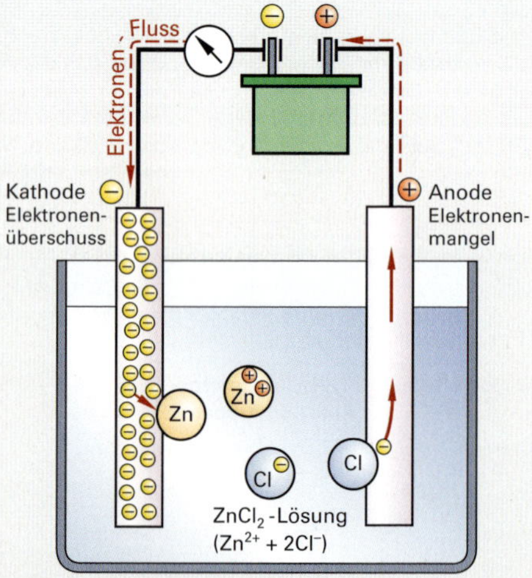

Elektrolyse (schematisch)

8.2.7 Chemie des Wassers

- Wasser (H_2O) ist die verbreitetste chemische Verbindung in der Natur. Wasser bedeckt in verschiedenen Erscheinungsformen ungefähr ¾ der Erdoberfläche.
- Chemisch reines Wasser ist eine geruchsneutrale, farblose, geschmacksneutrale Flüssigkeit mit einer Dichte von 1 g/cm³ bei + 4 °C.
- Wasser vergrößert beim Gefrieren durch Umlagerung der Moleküle sein Volumen. Darum führt es häufig zu Bauschäden. Es leitet gut Wärme ab. Es transportiert Salze etc. im Mauerwerk. Eis ist leichter als Wasser.
- Unter VE-Wasser versteht man vollentsalztes Wasser. Es ist chemisch rein. Ebenso wie destilliertes Wasser, das durch Verdampfen rein gewonnen wird.

8.2.8 Luft und Sauerstoff

Luft = Gemisch aus 78 % Stickstoff, 21 % Sauerstoff, etwa 1 % Edelgasen sowie Verunreinigungen durch Abgase, Staub etc.

Sauerstoff (chem. Zeichen O) = wichtigster Bestandteil in der Luft. Es ist ein geruchfreies, geschmackloses und farbloses Gas. Als Gas liegen immer zwei Sauerstoffatome als gemeinsames Paar, also O_2 vor. Sobald sich eine Möglichkeit bietet, reagiert der Sauerstoff lieber mit anderen Stoffen.

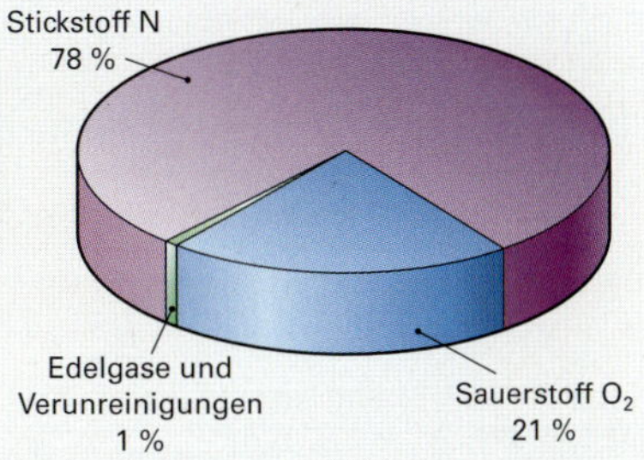

8.2.9 Oxidation und Reduktion

Oxidation

Eine chemische Reaktion, bei der Sauerstoff von anderen Stoffen aufgenommen wird, bezeichnet man als Oxidation.

Das Ergebnis einer Oxidation ist ein neuer Stoff, ein Oxid. Durch die Aufnahme von Sauerstoff wird der Stoff schwerer.

Bei Oxidationsvorgängen wird Wärmeenergie frei.

Oxidationsvorgänge

- Verbrennung, Explosion

Beim Brennen von Holz, Kunststoff, aber auch bei der Verbrennung von Nahrung im Körper wird Sauerstoff verbraucht. Kein Sauerstoff, keine Verbrennung. Dieser Vorgang läuft langsam ab, die Wärmeenergie wird langsam abgegeben.

Bei einer Explosion z. B. eines Gases erfolgt die gesamte Verbrennung im Bruchteil einer Sekunde. Schlagartig wird die gesamte Energie frei.

- Korrosion von Metall

Damit Eisen rostet, müssen Sauerstoff und Feuchte vorliegen. Die eintretenden chemischen und elektrochemischen Abläufe führen zum Rost in verschiedenen Varianten. Da Teile des Wassermoleküls im Rostmolekül enthalten sind, ist Rost kein Oxid, sondern ein Hydroxid.

Edelmetalle wie Gold und Silber werden kaum von Sauerstoff angegriffen.

- Chemische Trocknung

Trocknende Öle nehmen Sauerstoff aus der Luft auf und bilden den Beschichtungsfilm. Dabei verbinden sich die kleinen Ölmoleküle zu einem Makromolekül.

Oxide

Das Ergebnis der Oxidation ist ein Oxid. Einige wichtige Pigmente sind Oxide, z. B. Titandioxid, Zinkoxid und Eisenoxide. Oxide mit Wasserstoffanteil nennt man Hydroxide, so z. B. die üblichen Rostarten FeOOH, $Fe(OH)_2$, $Fe(OH)_3$.

Eisenoxid als Pigment enthält keinen Wasserstoff.

Reduktion

Darunter versteht man den Entzug von Sauerstoff aus einer chemischen Verbindung. Dabei wird Energie verbraucht.

Die Herstellung reinen Eisens aus Eisenerz ist ein Reduktionsvorgang. Durch das Brennen im Hochofen wird dem Eisenerz Sauerstoff entzogen.

Kohlenstoff + Sauerstoff

$$C + O_2$$

$$\Downarrow$$

$$CO_2$$

Kohlendioxid + Wärmeenergie

Eisenoxidpigmente

Wärmeenergie +
Eisenoxid + Kohlenmonoxid

$$Fe_2O_3 + 3\,CO$$

$$\Downarrow$$

$$2\,Fe + 3\,CO_2$$

Eisen + Kohlendioxid

8.2.10 Säuren und Laugen

Eine Säure entsteht, wenn ein Nichtmetalloxid in Wasser gelöst wird. Beispiel:	Eine Lauge entsteht, wenn ein Metalloxid in Wasser gelöst wird. Beispiel:
SO_2 + H_2O = H_2SO_3 Schwefeloxid Wasser schweflige Säure	CaO + H_2O = $Ca(OH)_2$ Calciumoxid Wasser Calciumhydroxid
Das Ergebnis ist eine Säure. Diese reagiert sauer.	Das Ergebnis ist eine Base. Wird diese mit Wasser verdünnt, nennt man sie Lauge. Diese reagiert alkalisch.
Säuren färben Indikatorpapier rot. Je nach Stärke besitzen Sie einen pH-Wert von 0 bis 7.	Laugen färben Indikatorpapier blau. Je nach Stärke besitzen sie einen pH-Wert von 7 bis 14.

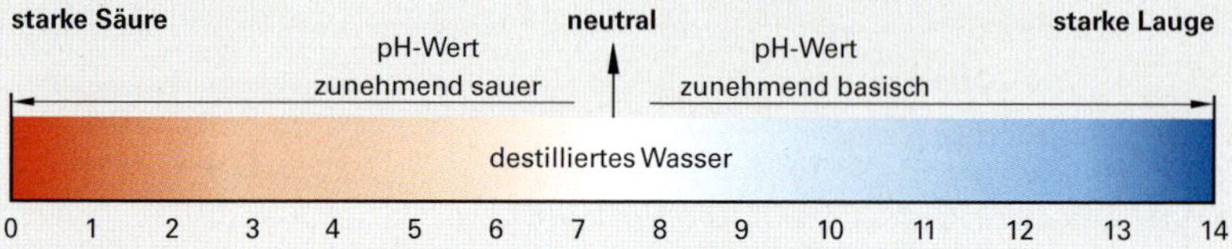

pH-Wert

Säuren und Laugen liegen weitgehend nicht als vollständiges Molekül vor. Sie bestehen aus positiven und negativen Ionen. Der pH-Wert gibt die Ionenkonzentration an.

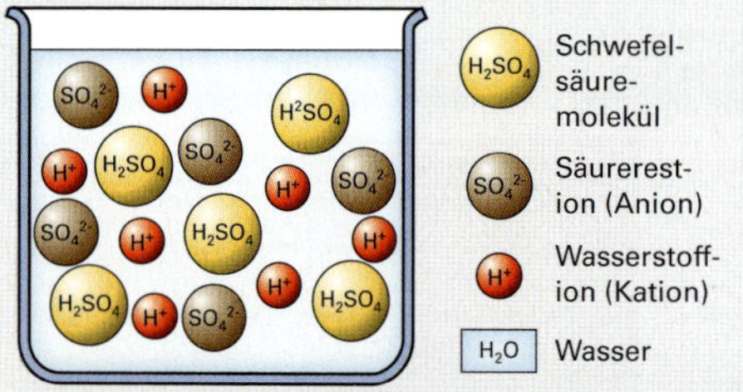

Zusammensetzung der Schwefelsäure

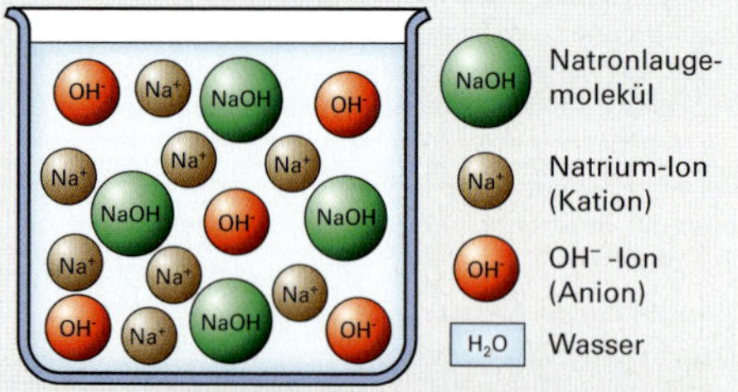

Zusammensetzung der Natronlauge

Säuren • zerstören Mauerwerk und Putz, • ätzen die Haut und zerstören Gewebe, • greifen die meisten Metalle an, • fördern die Rostung des Eisens.	**Laugen** • ätzen die Haut und zerstören Gewebe, • wirken fettlösend, zerstören Öle und Borstenpinsel, • greifen einige Metalle an, z. B. Aluminium, • schützen Eisen vor Rost.
Wichtige Säuren: • Salzsäure (HCl) zum Anrauen von Lackoberflächen (stark verdünnt) • Schwefelsäure (H_2SO_4) • Kieselflusssäure H_2SiF_6 ist Bestandteil im Fluat • Salpetersäure (HNO_3) • Essigsäure (CH_3COOH) (organische Säure)	**Wichtige Laugen:** • Natronlauge ($NaOH$) für Ablaugarbeiten • Kalkmilch ($Ca(OH)_2$) als Anstrichstoff • Kalilauge (KOH) für Ablaugarbeiten • Ammoniak (NH_3) ist ein Gas. Ammoniakgas mit Wasser ergibt Salmiakgeist (NH_4OH) für Reinigungsarbeiten. **Wichtige Bindemittel und Untergründe sind alkalisch:** • Kalk, Kalkfarbe • Zement, Zementfarbe, Beton • Wasserglas, Silikatfarbe
Säuren und Laugen ätzen und greifen Gewebe an. Die Haut, insbesondere die Augen, sind zu schützen. Werden Säuren und Laugen verdünnt, so muss immer Säure/Lauge in Wasser hineingegeben werden, nie umgekehrt.	

8.2.11 Neutralisation und Salzbildung

Neutralisation

Werden Säuren und Laugen zusammengegeben, so neutralisieren sich beide. Die Lösung ist dann weder sauer, noch alkalisch.

Wirkt sich die Alkalität im Untergrund auf die Beschichtung nachteilig aus, so muss der Untergrund vor der Beschichtung neutralisiert werden.

Salzbildung

Bei der Neutralisation entsteht ein Salz sowie Wasser.

Salze entstehen auch aus der Verbindung von bestimmten Metallen mit Säuren. An der chemischen Bezeichnung erkennt man, aus welchen Säuren und Metallen sie entstanden sind.

Ein Salz spaltet sich in wässriger Lösung wie Säuren und Laugen weitgehend in Ionen auf und leitet daher den elektrischen Strom.

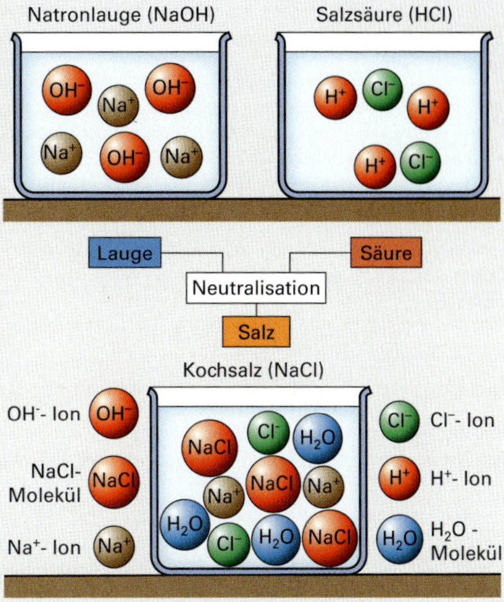

Säuren	Salze	Beispiele
Schwefelsäure H_2SO_4	Sulfate	Zinksulfat $ZnSO_4$
Salzsäure HCl	Chloride	Zinkchlorid $ZnCl_2$
Kohlensäure H_2CO_3	Karbonate	Calciumcarbonat $CaCO_3$
Salpetersäure HNO_3	Nitrate	Silbernitrat $AgNO_3$
Kieselsäure H_2SiO_3	Silikate	Aluminiumsilikat $AlSiO_5$
Phosphorsäure H_3PO_4	Phosphate	Calciumphosphat $Ca_3(PO_4)_2$

$$Zn + H_2SO_4 \Rightarrow ZnSO_4 + H_2$$

Zink Schwefelsäure Zinksulfat Wasserstoff

Salzausblühungen am Fassadensockel

Eigenschaften von Salzen

- Salze bilden Kristalle, wenn das Wasser aus ihrer Lösung verdunstet.
- Salze können wasserlöslich und wasserunlöslich sein. Wasserlösliche Salze wirken meist hygroskopisch, d.h. sie ziehen Wasser an. Dadurch kommt es häufig zu Beschichtungsschäden durch Ausblühungen, durch den osmotischen Druck zu Abplatzungen und Blasenbildung.
- Wasserunlösliche Salze werden zum Teil als Pigmente verwendet, z.B. Lithopone oder Chromgelb.
- Salzlösungen können alkalisch, sauer oder neutral sein. Saure Salzlösungen wirken besonders korrosionsfördernd. Alkalische Salzlösungen können Anstriche auf Ölbasis durch Verseifung zerstören.

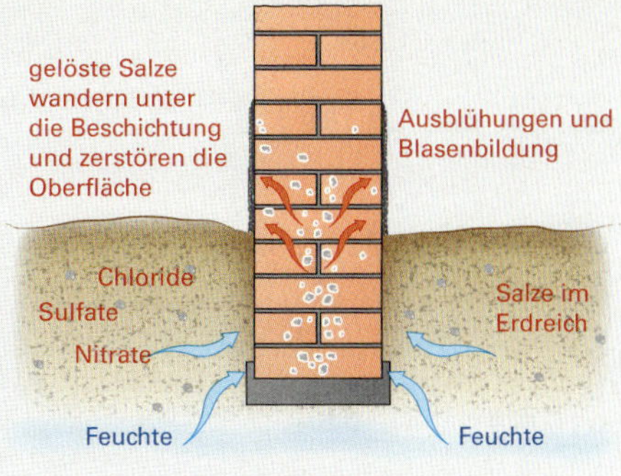

8.2.12 Kohlenstoff und Kohlenstoffverbindungen

Kohlenstoff kommt in reiner Form in der Natur als Graphit und als Diamant vor. Seine besondere Eigenschaft ist seine Reaktionsträgheit. Wenn er Verbindungen eingeht, so sind diese ziemlich stabil.

Alle Lebewesen bestehen aus Stoffen mit einem Grundgerüst aus Kohlenstoffen. Die Chemie der Kohlenstoffe, ausgehend von ehemals lebenden Stoffen wie Erdöl und Kohle, ist ein wichtiger Teilbereich der Chemie.

C

Aliphaten	Aliphaten	Aromaten
Kohlenstoff-Atome können als Kette oder Ring angeordnet sein. Im Allgemeinen nennt man diese Moleküle Aliphaten.	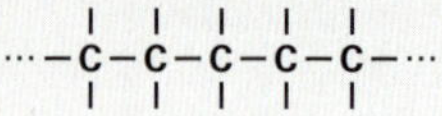	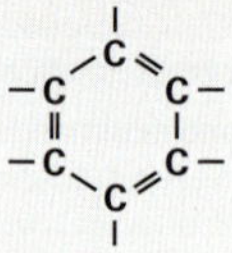
Aromaten		
Ringförmige Moleküle mit Doppelbindungen nennt man. Diese stammen in der Regel vom Benzol ab und sind viel gesundheitsschädlicher als Aliphaten.	• Kunststoffe (PE, PVC) • Lösemittel (Testbenzin) • Bindemittel	• Kunststoffe (PS) • Lösemittel (Xylol, Toluol) • Bindemittel • Farbstoffe

Chemische Reaktionen am Kohlenstoffmolekül

Beim Ablauf einer chemischen Reaktion verbinden sich zwei Stoffe zu einem neuen Stoff. Dabei erfolgt an Kohlenstoffketten die Verbindung der Moleküle nicht am gesamten Molekül, sondern über funktionelle Gruppen. Diese funktionellen Gruppen geben einer ganzen Stoffgruppe den Namen und sind Grundlage der Systematik der organischen Chemie.

Am Namen des Stoffes erkennt man die Stoffgruppe.

Beispiel: Poly*ester*, Form*aldehyd*, Methylisobutyl*keton*, Diäthyl*äther*

Bildung kleiner Moleküle	Bildung großer Moleküle
Ausgangsstoffe mit nur einer funktionellen Gruppe	Ausgangsstoffe mit je zwei funktionellen Gruppen
------x + y------ ⇨ ------xy------	y------x + y------x + y------x ⇨ ------xy------xy------xy------

Herstellung von Makromolekülen

Fast alle Bindemittel und Kunststoffe bestehen aus Makromolekülen = Großmolekülen. Für die künstliche Herstellung gibt es nur drei Verfahrensmöglichkeiten:

Die Ausgangsstoffe können Gase oder Flüssigkeiten sein, deren Moleküle sich über funktionelle Gruppen verbinden lassen.

Polymerisation	Polykondensation	Polyaddition
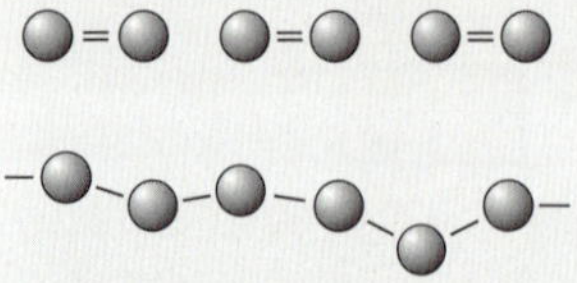	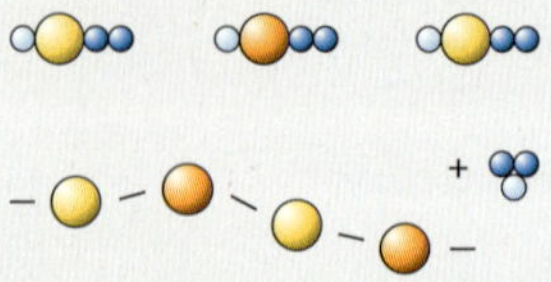	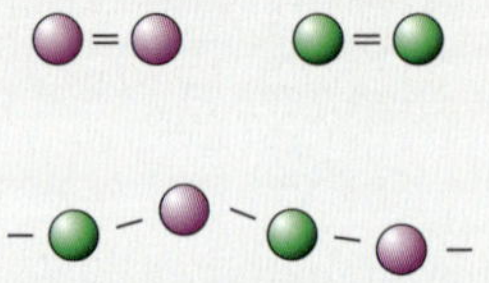
Gleiche Moleküle verbinden sich über vorhandene Doppelbindungen. z. B. PE, PVC.	Zwei verschiedene Molekülarten verbinden sich und spalten dabei Wasser ab. z. B. Alkydharz	Zwei verschiedene Molekülarten werden in sich so umgebaut, dass sich die Moleküle verbinden. z. B. EP, PUR

Sachwortverzeichnis

2K-EP-Kleber 60
2K-PUR-Acryllack 61

A

Abdeckmaterialien 162
Abfallentsorgung 16
Abfallschlüssel 16
Abklatschtechniken 341
Absolute Luftfeuchte 381
Absorption 384
Acryl-Spachtel 77
Acrylharz 59
Acrylharzfarben 59
Acrylspachtel 177
Additive 74
Additive Farbmischung 317, 385
Adhäsionskräfte 378
Aggregatzustand 376
AGW (Arbeitsplatzgrenzwert) 21
AGW-Werte 64
Airbrushtechnik 344
Airless-Verfahren 188
Airmix-Verfahren 188
Akkordlohn 305
Aktive Pigmente 104
Akustik 387
Alemannisches Fachwerk 256
Aliphaten 396
Alkalische Abbeizer 175
Alkydharz 58
Alkydharzkombinationen 59
Alkydharzlack 58, 59
Aluminium 107
Ammoniakalische Netzmittellösung 130
Anhydrit 230
Anlagenplanung 90
Anlegeleiter 29
Antiausschwimmmittel 74
Antifrostmittel 74
Arbeitsplatz 12
Arbeitsschutzgesetze 17
Armierungsfarben 55
Aromaten 396
Asbestzement-Werkstoffe 158
Asphalt-/Bitumenlacke 57
Asymmetrie 313
Atemschutz 35
Atemschutzgeräte 36
Atome 389
Aufmaß-Formular 276
Aufmaßrechnen 276
Aufmaßregeln 277
Aufprallprüfungen 82
Auftragsabwicklung 10
Augenschutz 39
Außendämmung 227
Äußere Weichmachung 242
Avantgardistische Architektur 373

B

Balkonbeschichtungen 210
Barock 369
Bauhaus 371
Baustellenübliche Prüfmethoden 161
Baustil 362
Baustil, Merkmale 360
Baustil und Farbgebung 374
Baustromverteilerkasten 34
Bautrocknung 147
Beizen 118
Bemaßungsregeln nach DIN 406 und 1356 333
Benetzbarkeit 380
Beschichtungsaufgaben 10
Beschichtungsstoffe, Einteilung 50
Beschichtungsstoffe, Zusammensetzung 48
Beton 52, 138
Beton, Einteilung 138
Betonboden 195
Betoninstandsetzung 191
Betonschutz 156
Betriebsanweisung 25, 26
BetrSichV 18
Bewehrungsstreifen 239
BFS-Merkblätter 11, 12
BGB 11
BGV 18
BGW (biologischer Grenzwert) 21
Bindemittel, Arten 51
Binderfarbe 55
Bläueschutz 118
Bodenbeläge 197
Bodenbeläge, Kennzeichnung 197
Brandschutz 42
Brandschutzzeichen 28
Brandverhalten von Baustoffen und Bauteilen nach DIN 4102 42
Brandverhalten von Holz 44
Brandverhalten von Metall 43
Brechzahl 70
Brillux-Skala (Fa. Brillux, Münster) 319
Bruchrechnen 265

C

Candy-Lackierung 347
Carbonatisierung 78, 134, 139
ChemG 18
Chemische Härtung 79
Chemischer Holzschutz 117
Chemische Trocknung 77, 78
Chlorkautschuk 58
Chlorkautschuklack 58
Chromeffekt-Lackierung 347
CO_2-Sperre 55
Coil Coating 90
Cold-Check-Test 84
Corona-Verfahren 89
CV-Beläge 205

D

Dachdämmung 226
Dämmschichtbildner 44
Dämmsysteme im Innenraum 225
Dampfsperre 220
Deckenberechnung 279
Decklack 76
Dehnbarkeit 380
Dekorputze 137
Denkmalpflege 363
Dezimalsystem 262
Dichte 64, 300, 377
Dickschichtlasur 122
Diffusionsfähigkeit 380
Dimetrie 335
DIN-Becher 83
Dispersion 54, 378
Dispersionsfarbe 54, 153
Dispersionslack 55, 59
Dispersionslasuren 55
Dispersionssilikatfarbe 153
Dispersions-Silikat-Farbe 53
Doppelständerwand 233
Dreisatzrechnen 269
Dreischichtverfahren 76
Druckluft 185
Duplex-System 107
Durchschleiftechnik 344
Duromere 125
Duromere, Kunststoffe 126
Duroplaste 125

E

Ecklohn 303
Effektlackierungen 347
Egalisations-Farbe 53
Einbetttechnik 342
Einfachständerwand 233
Einlegetechniken 345
Einschichtverfahren 76
Einteilung von Putzen 135
Elastomere 125
Elastomere, Beläge 205
Elastoplaste 125
Elektrische Nennleistung 388
Elektrischer Strom 33
Elektrizitätslehre 388
Elektrochemische Korrosion 96
elektrochemische Spannungsreihe 96
Elektrolyse 392
Elektrolytische Verzinkung 106
Elektronenpaarbindungen 391
Elektrostatisches Spritzen 188
Elemente 389
Eloxal 108
Emission 14
Endotherme Reaktionen 392
Energieausweis 216
Entlohnung 303
Entrostungsverfahren 102
Entschäumer 74
Entschichtungsverfahren 164
EP-Bitumen-Kombination 57
EP-Flüssigkunststoff 60
Epoxidharz 60
Epoxidharzester-Lack 60
Epoxidharzlacke 60
Ergiebigkeit eines Beschichtungsstoffes 302
Erneuerungsbeschichtung 160
Erschwerniszuschläge (Auszug) 303
Erste-Hilfe-Maßnahmen 41
E-Sätze 23
Estricharten 195
Estrich auf Dämmschicht 196
Estrich auf Trennlage 196
Estrichschutz 209
EUH-Sätze 23
Exotherme Reaktionen 392
Expandiertes Polystyrol (EPS) 222
Extrudieren 127
Extrudiertes Polystyrol (XPS) 222

F

Fachwerk, Aufmaß 260
Fachwerkarten 256
Fachwerkwand 257
Fahrgerüste 30

Farbbefund 374
Farbcode am Fahrzeug 319
Farbe-an-sich-Kontrast 320
Farbempfinden 314
Farbenlehre 314
Farbfächer 318
Farbgestaltung an Fassaden 329
Farbgestaltung von Innenräumen 326
Farbharmonie 322
Farbiges Sehen 384
Farbkennzeichnung von Rohrleitungen 28
Farbklang 322
Farbkontraste 320
Farbkreis nach Itten 316
Farbmittel 67
Farbregister 318
Farbroller 181
Farbstoff 67, 68
Farbton 316
Farbtonmessgerät 84
Farbwahrnehmung 315
Farbwalzen 181
Faserverbundkunststoffe (FVK) 126
Fassadenabwicklung 280
Fassadenfarbe 55
Fenster, Aufmaß 281
Festkörper 48
Feuchte im Bau 145
Feuerverzinkung 106
Feuerwiderstandsklassen nach DIN 4102-2 und DIN EN 13501-2 42
Filmbildungsstoffe 74
Filmziehgerät 81
Flächenberechnung, Formeln 274
Flammpunkt 64
Flammspritzverzinkung 106
Fliesen 207
Flimmer-Kontrast 320
Flip-Flop-Lackierung 347
Fluate 143
Fluoreszenz 72
Fluten 91
Folientechnik 341
Folienverklebung 244
Formenlehre 312
Fossile Harze 56
Fränkisches Fachwerk 256
Frequenz 387
Frühe Christen 365
Fugenarten 211
Fugendichtstoffarten 212
Fugenfüller 239
Fugenmassen in Sanitärbereichen 214
Füller 76
Füllstoff 67, 68
Fungizide 74
Furnierplatte 114
Fußschutz 39

G

Galvanisches Element 96
Galvanisieren 347
Gebäudeenergiegesetz 216
Gebotszeichen 27
Gebrauchsklassen 117
Gefährdete Werkstattbereiche 46
Gefährdungsbeurteilung 19
Gefahren bei Malerarbeiten 17
Gefahrstoffe 20
GefStoffV 18
Gehörschutz 39
Gerüste 31
Gestaltungstechniken 340
Gewässerschutzsysteme 210
GHS 18
Gießen 92
Gips 230
Gipsbauplatten 231
Gipsfaserplatten 231
Gipsplatten 231, 232
Gipswandbauplatten 239
Gitterschnittprüfung 82
Glanzmessgerät 84
Glas 140
Glasfaserkunststoffe (GFK) 126
Gleichungen 267
Glimmereffekt-Lackierung 347
Goldener Schnitt 313
Gotik 367
Graffiti 354
Graphit-Pigmente 73
Grenzwerte von Gefahrstoffen 21
Griechen 363
Grundierung 75
Grundrechenarten 264
Grundwert 271

H

Haftung 380
Härte 379
Hautschutz 38
Hautverhinderungsmittel 74
Heizestrich 196
Hell-Dunkel-Kontrast 320
Helligkeit 316

High-Solid-Lack 48
Hightech-Architektur 373
Historische Farbordnungssysteme 315
Historismus 370
Hochdruckreinigung 171
Hochdruck-Spritzverfahren 184
Hochkulturen im Mittelmeerraum 363
Holz, Eigenschaften 112
Holz, Offenporige Beschichtungssysteme 121, 122
Holz, Schichtbildende Beschichtungssysteme 121, 122
Holzarten 109
Holzbestandteile 111
Holzboden 195
Holzfaserdämmplatten 223
Holzfehler 119
Holzfenster, Beschichtung 123
Holzfeuchte 112
Holzfeuchtemessung 113
Holzimitation 345
Holzschädlinge 116
Holzschutz 115
Holzschutzimprägnierungen 118
Holzschutzsalze 118
Holzwerkstoffe 113
H-Sätze, hazard statements (Risikosätze) 23
HVLP-Pistole 184
Hydraulische Härtung 78, 134
Hydrophobierung 149

I

Illusionsmalerei 345
Imitationstechniken 344
Immission 14
Imprägnierlasur 122
Industriebodenbeschichtung 210
Initialen 351
Innendämmung von Außenwänden 224
Innere Weichmachung 242
Insektizide (= Biozide) 74
Integralschaum 129
Interferenz-Pigmente 73
Interkristalline Korrosion 96
Ionen 391
Ionenbindung 391
Isometrie 335

J

Jahresringe 111
Jugendstil 371

K

Kalkfarbe 52
Kalkputz 52
Kalter Fluss 54, 78
Kältetest 84
Kalt-Warm-Kontrast 320, 321
Kammzugtechnik 343
Kapillarität 382
Kellen 178
Kernholz 111
KH-Spachtel 77
Klassizismus 370
Klebebänder 163
Klebebandtest 82
Klebefolie 242
Kleister 55, 254
Kleistertechnik 344
Kohäsionskräfte 377
Kohlenstoff 396
Kombinationstechniken 341
Komplementär-Kontrast 320
Kompriband 215
Kondenswasser 219
Konservierungsstoffe 74
Konstruktiver Korrosionsschutz 98
Kontaktkorrosion 96
Kopfschutz 37
Körperberechnung, Formeln 275
Korrosion 96
Korrosionsschutzsysteme 104
Kreisdiagramm 309
Kunststoff 124
Kunststoff, Beschichtungssysteme 131
Kunststoff, Einteilung 125
Kunststoff, Herstellung 124
Kunststofferkennung 129
Kunststoffputz 55, 137
Kupfer 108
Kurvendiagramm 309

L

Lackherstellung 49
Lack-in-Lack-Technik 341
Lager 13
Laminat 206
Laminieren 126
Latexfarbe 55
Laugen 394
Lautstärke 387
Legierungen 94
Leichtbeton 157
Leime 55

Leimfarbe 55
Leinöl 56
Leistungslohn 305
Leitfähige Bodenbeschichtungen 210
Licht 315
Lichtbrechung 383
Licht und Sehen 383
Lignin 111
Linoleum 205
Lohn- und Gehaltsabrechnung 306
Lohnzuschläge 303
Lösemittel 62, 65
Lösemittel, Einteilung 63
Lösemittel, Gefahrenklasse 64
Lösemittel, Gefahren und Schutz 66
Lösemittel, Herstellung 63
Lösemittelhaltige Abbeizmittel 175
Lösen 378
Löslichkeit 379
Luft 393

M

Makromoleküle 396
Maschinenkosten 308
Maschinenstundensatz 308
Maserieren 345
Masse 377
Maßhaltigkeit 113
Maßstab 331
Materialberechnung 300
Mattierungsmittel 74
Mauerwerk 133
Maximale Luftfeuchte 381
Memory-Effekt 127
Metallbindung 391
Metalle, Eigenschaften 96
Metalle, Einteilung 94
Metalleffekt-Pigmente 72
Metallic-Lackierung 347
Metamerie 385
Mindestlohn 303
Mineralische Untergründe 132
Mineralische Untergründe, Beschichtung 148
Mineralwolle 222
Minimax-Effekt 321
MIO-Pigmente 73
Mischungsrechnen 301
Mitteldruck-Spritzverfahren 184
Moderne 371
Moderner Klassizismus 373
Modifizierte Alkydharzlacke 59
Moleküle 389
Mörtel 133
Mörtelgruppen 137
Multiplexplatte 114

N

Nachhaltigkeit 14
Nachleuchtende Pigmente 72
Nassschichtdicke 76
Nassschliff 170
Nassstrahl-Verfahren 173
Naturharzfarben 56
NCS-System 318
Netzmittel 74
Neubeschichtung 160
Neutralisation 395
Nichtlöser 65
Nichttextile Bodenbeläge 197
Niederdruck-Spritzverfahren 184
Niedersächsisches Fachwerk 256
Nitrokombilack (NCKb-Lack) 57
Nitrolacke 57
Nitro-Spachtel 77
Nitroverdünnungen 65

O

Oberflächenvorbereitungsgrad 101
Oberflächenvorbereitungsgrade 100
Öko-Architektur 373
Ökologie 14
Ökonomie 14
Öle 56
Ölfarben 56
Ölkitt 56
Optik 383
Optische Aufheller 74
Optische Gesetze 383
Organigramm 310
OSB-Platte 114
Osmose 105
Oxidation 393
Oxide 393

P

Parkett 206
Parkhausbeschichtung 210
Passivieren 102
Passivierende Pigmente 104
Perimeterdämmung 228
Periodensystem 390
Perleffekt-Lackierung 347

Perlglanzpigmente 73
Persönliche Schutzausrüstung 35
Phosphatieren 102
Phosphoreszenz 72
Physikalische Trocknung 77, 78
Pigment 67
Pigment, Herstellung 71
Pigmentgruppen nach DIN 55944 69
Pigmentvolumenkonzentration 70
Piktogramme in Technischen Merkblättern 80
Pinsel 179
Pinselarten 180
Pinselpflege 180
Plastomere 125
Plastomere Kunststoffe 127
Poliment 346
Polyaddition 124, 396
Polyesterlacke 61
Polyesterspachtel 177
Polyester-Spachtel 77
Polykondensation 124, 396
Polymerisate 57
Polymerisatharzlacke 57
Polymerisation 124, 396
Polyolefin-Beläge 205
Polystyrol-Hartschaumplatten 222
Polyurethanharz 60
Polyurethanharzlacke 60
Porenbeton 157
Porosität 382
Postmoderne 372
Potenzieren 268
Preisberechnung 307
Profilleisten aus Metall für Ständerwandkonstruktionen 234
Progression 314
Prozentrechnen 271
Prozentsatz 271
Prozentwert 271
P-Sätze, precautionary statements (Sicherheitssätze) 23
Pulverbeschichtung 88
PUR-Flüssigkunststoff 61
Putzaufbau 134, 150
Putzgrundiermittel „Tiefgrund“ 55
Putzmörteleinteilung 136
Putzmörtelgruppen 150
Putzstrukturen 151
PVAc-Lack (Polyvinylacetatlack) 57
PVC-Beläge 205
PVC-Lack (Polyvinylchloridlack) 57
PVK 70

Q

Qualitätskontrast 320
Qualitätsprüfung 81
Qualitätsstufen der Verspachtelung 240
Quantitätskontrast 320

R

Radizieren 268
Rahmentarifvertrag 303
RAL-Farbsystem 318
Raster 313
Raumabwicklung 280
REACH 18
REA-Gips 230
Rechenregeln 266
Rechenzeichen 264
Rechtwinklige Parallelprojektion 334
Reduktion 393
Reflexion 384
Reflexion und Glanz 383
Reihung 314
Reiner Nitrolack (NC-Lack) 57
Reine Silikatfarbe 53, 153
Reinigungsverdünnungen 65
Reißlacktechnik 342
Relative Luftfeuchte 219, 381
Renaissance 368
Resistenzklasse 115
Rettungskette 40
Rettungszeichen 28
Rezente Harze 56
Rhythmus 314
Risse im Mauerwerk 144
Rokoko 369
Romanik 366
Römer 364
Römische Ziffern 262
Rost 95, 97
Rostgrade 100
Rost-Lackierung 347
Rostumwandler 102, 103
RP-Pistol 184
Rußtechnik 342

S

Salzbildung 395
Sättigung 316
Sauerstoff 393
Säulendiagramm 309
Säurehärtender Lack 61
Säuren 394
Schablonieren 342

Schall 387
Schallgeschwindigkeit 387
Schallschutz 387
Schellack 56
Schichtdicke 76
Schichtdickenmessung 83
Schichtdickenumrechnung 302
Schichten im Beschichtungssystem 75
Schimmelbeseitigung in Wohnbereichen 229
Schleifen 165
Schleiflacktechnik 344
Schleifleiter 170
Schleifmaschinen 169
Schleifmittel 166
Schleifpapier 167
Schleifpaste 166
Schleifsysteme 168
Schleiftechniken 344
Schleifvlies 168
Schlussbeschichtung 76
Schrägbild 335
Schräge Parallelprojektion 334
Schrauben für den Trockenbau 235
Schrift 350
Schriftausführung 357
Schriftentwicklung 348
Schriftgruppen nach DIN 352
Schrift, Merkmale 351
Schrift und Logo 356
Schuppen-Pigmente 104
Schutzkleidung 37
Schwerer Korrosionsschutz 98
sd-Wert 220
Serifen 351
Shopprimer 103
Sicherheitsdatenblatt 23, 24
Sicherheitsfarben 27
Sicherheitskennzeichen 27
Sicherheitskennzeichnung von Gefahrstoffen 22
Sichtmauerwerk 149
Siedebereich 64
Siedepunkt 64
Silane 53
Silikatfarben 153
Silikonharz 53, 58
Silikonharz-Imprägniermittel 54
Silikonharzfarben 53, 54, 153
Silikonharzlack 58
Silikonöle 53, 54
Siloxane 53
Simultan-Kontrast 320, 321
Sol-Silikat-Farbe 53
Sondertechniken, Gestaltung 342
Spachtelmasse 77, 177
Spachteltechnik 343
Spannung 388
Spanplatte 114
Spektralkurven 385
Spezialverdünnungen 65
Spinnwebtechnik 342
Spiritustechnik 342
Splintholz 111
Spraydosen 87
Spritzen 92, 183
Spritzen, Lackiertechnik 186
Spritzgießen 127
Sprödigkeit 380
Stahlbezeichnungen 95
Stahlprofile, Aufmaß 295
Stehleiter 29
Steinfestigung 149
Steinfußböden 207
Steinimitation 344
Stocolor System (Fa. Sto, Stühlingen) 319
Stoffe 378
Stoffgemisch 378
Strahlmittel 172, 173
Straßenmarkierungsfarbe 58
Stromkosten, Berechnung 308
Stromkreis 388
Stromstärke 388
Strukturen 313
Stundenverrechnungssatz 307
Stupftechnik 341
Subtraktive Farbmischung 317, 385
Sukzessiv-Kontrast 321
Symmetrie 313
Synthese 63

T

Tabellen 310
Tagesleuchtfarben 72
Tapeten, Einteilung 247
Tapetenermittlung 250
Tapetenkennzeichen 251
Tapezieren 247
Tapezierpraxis 255
Tapezierwerkzeuge 252
Tauchauslaufbecher 83
Tauchen 91
Teerpigmente 68
Tempern 130
Teppichböden 202
Textile Bodenbeläge 197
Thermische Entschichtung 174

Thermoplaste 125
Thixotropie 382
Thixotropiermittel 74
Tiefungsgerät 85
Tischlerplatte 114
Topfzeit 86
Trennmittel 130
Treppenhaus, Aufmaß 287
TRGS 18
Tribo-Verfahren 89
Trockenbau 230
Trockenbauarbeiten, Aufmaß 289
Trockenbauplatten 231
Trockenestriche 196
Trockenschichtdicke 76
Trockenschliff 170
Trockenstoff Sikkativ 74
Trockenstrahl-Verfahren 173
Trocknungsbeschleunigung 79
Trocknungsstufen 79
Trocknungsverlauf von Lacken 65
Trocknung von Beschichtungen 77
Tropentest 84
Türen, Aufmaß 281
Typografie 350

U

UA-Wert 43
Übereckperspektive 339
Überholungsbeschichtung 160
Überstreichbarkeit 155
Umweltschutz 14
Unfallplan 40
Unfallversicherung 25
Ungesättigter Polyester 61
Universalverdünnungen 65
UV-Absorber 74
U-Wert 218

V

Verblasetechnik 341
Verbotszeichen 27
Verbrauch eines Beschichtungsstoffes 302
Verbundstrich 196
Verdickungsmittel 74
Verdünnen 378
Verdünnung 65
Verdunstungszahl (VZ) 64
Verfugen am Hochbau 213
Vergolden 346
Verhältnisrechnen 269
Verkieselung 78
Verlackung 68
Verlaufmittel 74
Verlauftechnik 341
Verursacherprinzip 14
Verzinkungsverfahren 106
VE-Wasser 392
Vinyllacke 57
Viskosität 83, 382
VOB 11
VOC 18
VOC-Verordnung 21
Volumen (Rauminhalt) 377
Vorlack 76

W

Walzen 92
Walzhaut 97
Wandberechnung 278
Wärmebrücken 219
Wärmedämm-Materialien 221
Wärmedämm-Arbeiten 223
Wärmedämmkonstruktionen 224
Wärmedämmputz 228
Wärmedämmung 216
Wärmedämmverbundsysteme 227
Wärmedurchlasskoeffizient U-Wert 218
Wärmelehre (Kalorik) 386
Wärmeleitfähigkeit 221
Wärmeleitfähigkeit ⊠ (Wärmeleitwert) 218
Wärmeleitung 217, 386
Wärmemessung 386
Wärmespeicherung 217
Wärmestrahlung 386
Wärmeströmung 386
Wärmetransport 386
Warnzeichen 27
Washprimer 103
Wasser 392
Wasser als Lösemittel 62
Wasserdampf-Diffusion 220, 382
Wasserglas 53
Wasserlacke 182
Wasserreinhaltung 15
Wassertropfentechnik 343
Wasserverdünnbarer Epoxidharzlack 60
Wasser-Zement-Wert 138
WDVS, Aufmaß 293
Weichmacher 74
Werkstatt 12
Wertigkeit 391
Wetterprüfgerät 84

Wickeltechnik 341
Widerstand 388

Z

Zähigkeit 380
Zahlensysteme 262
Zahnspachteln 178
Zeitlohn 304
Zellulosenitrat 57
Zementfarbe 52
Zementputz 52
Zentralperspektive 336
Zink 106
Zinkstaubfarben 105
Zinsberechnung 273
Zunder 97
Zusammengesetzter Dreisatz 270
Zweikomponenten-Polyurethanharzlack 61
Zweikomponenten-Acryllack 59
Zweikomponenten-Epoxidharzlack 60
Zweikomponentenlacke 86
Zweischichtverfahren 76

Bildquellenverzeichnis

Die nachfolgenden Firmen haben die Autoren mit Bild- und Informationsmaterial unterstützt. Es wird ihnen hierfür recht herzlich gedankt.

3M Deutschland GmbH, Neuss: S. 35/3, S. 35/4, S. 35/5, S. 35/7, S. 39/1, S. 39/2, S. 39/3, S. 168/5-6, S. 168/8-9

Adobe Systems Software Irland Ltd., Adobe Stock, IRL-Dublin: S. 10/7 © AGDER, S. 33/1 © Lisa F. Young, S. 35/2 © Anterovium, S. 35/6 © Sergey, S. 137/1 © luna, S. 158/2 © Bernard MAURIN, S. 165/1-8 © Ingo Bartussek, S. 165/1-8 © khunaspix, S. 178/2 © Frog974, S. 214/2 © mariesacha, S. 230/2 © © Ingo Bartussek, S. 247/8 © JiSIGN, S. 325/1 © stefanfister, S. 325/2 © fischer-cg.de, S. 325/7 © Martina Berg, S. 325/8 © antoha713, S. 325/9 © arbaes, S. 346/2 © gianliguori, S. 346/3 © contrastwerkstatt, S. 362/2 © © zhu difeng, S. 363/2 © Dan Breckwoldt, S. 365/4 © Stefan Krber, S. 372/4 © runzelkorn, S. 373/5 © Hieronymus Ukkel, S. 373/6 © Yasnee, S. 373/7 © Wolfgang Jargstorff, S. 373/8 © testing

Air Liquide Deutschland GmbH, Düsseldorf: S. 143/2

akg images GmbH, Berlin: S. 365/3

Beeck GmbH + Co KG, Stuttgart und Laichingen: S. 53/1

Bildarchiv Monheim, Meerbusch: S. 366/2, S. 367/1, S. 368/2, S. 370/1, S. 370/6

Brillux GmbH + Co KG, Münster: S. 192/1-3, S. 193/1-4, S. 223/3-11, S. 319/3-4

Bühler AG, CH-Uzwil: S. 49/1

DEKRA Automobil GmbH, Reutlingen: S. 359/4

dpa Picture-Alliance GmbH, Frankfurt am Main: S. 371/3 © dpa/ ZB/ Jens Wolf, S. 373/2 dpa, S. 373/4 © dpa/ Euroluftbild,

Euramax Coated Products BV, NL-Roermont: S. 90/1

Falch GmbH, Merklingen: S. 143/1

Festool GmbH, Wendlingen: S. 120/4

Fobo Flooring GmbH, Paderborn: S: 205/2-3

Gatkowsky, Gerd, IKS, BYCK-IKSA, Halle/Saale: S. 116/1

GUT e. V., Aachen: S. 203/1

Henkel AG + Co, KgaA, Thomsit Fußbodentechnik: S. 200/3-6, S. 201/2, S. 201/3, S. 210/1

IQ-Oberflächentechnik, Hattingen/Ruhr: S. 88/1-3

Isocell GmbH + Co KG, A-Neumarkt am Wallersee: S. 223/2

Jackon Insulation GmbH, Steinhagen: S. 222/1

KEIMFARBEN GmbH + Co KG, Diedorf: S. 142/9

Kemmler + Riehle GmbH , Reutlingen: S. 359/5

Knauf Insulation GmbH + Co KG, Simbach am Inn: S: 222/2

Maler Schäffer, GmbH, Kusterdingen-Wankheim: S. 201/1

Maschinenbau SCHOLZ GmbH + Co KG, Coesfeld: S. 157/2

Minimax GmbH + Co KG, Bad Oldesloe: S. 44/1

Museum CH-Bischofszell: S. 325/5, S. 362/1

Nassal, Markus, Leinfelden: S. 342/2-3

PAVATEX by Soprema, Mannheim: S. 223/1

SAPI Sandstrahl- und Anlagenbau GmbH, Möttingen: S. 172/5

SATA GmbH + Co KG, Kornwestheim: S. 35/1, S. 36/1-4, S. 184/2

Scheidel GmbH + Co KG, Hirschaid: S. 120/6

Schenck, Manfred, München: S. 366/1

Shutterstock, Inc., USA-New York: S. 317/2 © posteriori

SIKA Deutschland GmbH, Stuttgart: S. 100/1-7

Sto AG, Stühlingen: S. 142/8, S. 200/7, S. 200/7, S. 210/2, S. 319/1-2,

Storch Malerwerkzeuge + Profigeräte GmbH, Wuppertal: S. 141/5, S. 141/6, S. 143/3, S. 152/1-9, S. 204/1-4, S. 252/1-14, S. 254/2-4, S. 343/5-6

Torsten Rachu, Airbrush-Atelier, Berlin: S. 344/1

Tourismusgesellschaft Miltenberg-Bürgstadt-Kleinheubach: S. 374/1

Wladyslaw Sojka: S. 373/1

Alle Bilder im Buch ohne Quellenangaben wurden vom Zeichenbüro des Verlags Europa-Lehrmittel, Ostfildern, von GP Neumann in Rimpar, oder von den Autoren erstellt und bearbeitet.